中 国 环 境 通 史

第二卷（魏晋—唐）

王利华 编著

中国环境出版集团 • 北京

图书在版编目（CIP）数据

中国环境通史. 第二卷，魏晋—唐/王利华编著. —北京：中国环境出版集团，2019.9
ISBN 978-7-5111-3833-0

Ⅰ. ①中… Ⅱ. ①王… Ⅲ. ①环境—历史—中国—魏晋南北朝时代②环境—历史—中国—隋唐时代 Ⅳ.①X-092

中国版本图书馆 CIP 数据核字（2018）第 211755 号

审图号：GS（2018）5892 号

ZHONGGUO HUANJING TONGSHI DI-ERJUAN WEIJIN—TANG

出 版 人　武德凯
责任编辑　陶克菲
责任校对　任　丽
封面设计　宜然鼎立文化发展（北京）有限公司

出版发行　中国环境出版集团
（100062　北京市东城区广渠门内大街 16 号）
网　　址：http://www.cesp.com.cn
电子邮箱：bjgl@cesp.com.cn
联系电话：010-67112765（编辑管理部）
发行热线：010-67125803，010-67113405（传真）

印　　刷　北京中科印刷有限公司
经　　销　各地新华书店
版　　次　2019 年 9 月第 1 版
印　　次　2019 年 9 月第 1 次印刷
开　　本　787×1092　1/16
印　　张　31
字　　数　500 千字
定　　价　160.00 元

弁　言

《中国环境通史》编纂工作从立项至今已逾10年，现在终于要出版了。作为编者，我们百感交集，心情忐忑，于此略赘数言，述其原委，表明心迹，谨致谢忱。

2008年7月间，全国环境史学同仁在南开大学举行“社会—生态史研究圆桌会议”，探讨中国环境史学科理论和研究进路等问题。会议期间我们获悉原环境保护部拟组织编纂《中国环境通史》和《中国环境百科全书·环境史卷》，我和几位环境史领域的同仁也被授权负责或参与编纂工作。这个突然降临的重要信息让我们感到既兴奋又纠结。所以兴奋者，是主管部门已把支持环境史研究列入工作计划，同仁将学有所用；所以纠结者，是国内环境史学研究刚刚起步，基本学理尚且不明，知识体系更待建构，素来拘谨的历史学者何敢贸然编纂“通史”并且还要编撰《中国环境百科全书·环境史卷》？经过一番“讨价还价”，我们决定组织力量先启动中国环境史编写工作，至于百科全书的环境史卷则暂且搁置，以待时机成熟。

以当时的相关学术积累，编纂一套大型的中国环境史实有极大困难，我们勉力承接这一重要任务，既是鉴于国际环境史学发展迅速，洋学者已经编写出版了两部通史性质的中国环境史，我们必须加快步伐迎头赶上；更是因为中国环境保护事业发展如火如荼，形势催人奋进，同时也是受到环保战线同志白手创业、勇往直前精神的感召。

众所周知，新中国环境保护事业，从最初对突发环境事件的临时应急，到如今生态文明建设事业全面展开，经历了一个从无到有、从小到大，由局部到整体、由表层向基底，日益壮阔和不断深化的过程。在我们承接本书编纂任务之前不久，2007年10月中国共产党第十七次全国代表大会胜利召开，首次明确提出了“建设生态文明”的战略任务，不仅更加确认了环境保护这个基本国策，而且做出了意义极其深远的新型文明抉择。作为一个坚定的国家意志，中国率先提出的建设生态文明，关乎中华民族永续发展和长远福祉，引领人类文明前进方向，是一个空前伟大的文明壮举。作为历史学者，我们对其丰富而深刻的时代意蕴及其在历史坐标上的重要地位具有特殊体认，深感探究历史上的人与自然关系演变过程和规律，积极服务生态文明建设大业，是新时代历史学者必须担当的重大学术责任。

我们注意到：当代环境保护事业自20世纪70年代肇兴以来，相关行政、法制、科技、工程、产业等硬件建设一日千里，而生态文化建设则相当滞后，作为其重要基础的中国环境史研究更加显得迟缓，优质学术产品严重短缺，导致大众对当今环境生态问题缺乏应有的历史理性认知，一些错误观点广泛流播，对此我们身负重责。作为中国环境史研究较早的一批寻路垦荒者，我们自认肩负着一项特殊文化使命，胸怀着推动这门新史学在本土落地生根和建构中国特色环境史学体系的强烈愿望；我们理解国家环境保护管理部门专门设置这个项目的良苦用心：虽然此前已有学者开展了许多有益的探索，发表了数量可观的论著，但中国环境史研究总体处于随机、零散、话语分异和各自为战状态，思想知识缺少必要的整合和汇通，组织开展一项大型编纂工程，有助于相关知识的系统化，有利于加快推出紧缺学术产品以满足生态文明建设事业迅猛发展之亟需，这与历史学者骎骎汲汲、志欲提升中国环境史学水平的愿望极相契合。

在原环境保护部政策法规司和原中国环境科学出版社有关领导的召唤下，来自多所高校和科研机构的一众学人集结起来。起初，大家因学术背景差异，视角不同，腔调各异，其情形颇似黄梅戏发展初期的“草台班子”和“三打七唱”。但是基于共同的学术理想和文化使命感，10多年来，我们互相学习，彼此砥砺，凝结共识，很快成为了亲密无间的同志。我们深知：这项编纂任务很光荣也极繁重，因为它是一次必须跨越人文、社会和自然科学疆界和鸿沟的漫长思想旅行，在框架设计、资料搜集、内容拣择、事象解说、价值判断等方面都无可循之先例，进路不明，必须面对大量不曾有过的困难和障碍。事实证明：即便我们从一开始就做了最为困难的估计，实际遭遇的困难仍然远超当初预期。

编纂工作前后迁延了10多年，其间发生了多次人事等方面的变动，几位主要编写者的科研、教学任务层层叠加，一位老同志还因之过劳成疾。唯一感到心安的是，我们认真地付出过，顽强地坚持了。全书四卷二百余万字，单论卷帙字数，或可算得上是一项有规模的“工程”，但显而易见它是一项应急的工程，其成果更毫无疑问只是一个“急就章”，对此我们深有自知之明。我们努力将各种资料和史实摞到一起，尽量编写成一部我们心中想象的环境史。一些章节是我们独立探究的新成果，但也有许多章节是汇集和吸收了历史地理学、农林渔牧史、生物学史、灾荒史、气候史……众多领域学者的相关论著，好在“集众家之长，参之以己意，立一家之言”是符合规范的大型历史编纂通例的。由于所涉历史问题和学科知识过于庞杂，难免错会和误解前人之意，相信众多前贤愿意宽宥。更需坦白的是：一个大型编纂能否成为“通史”具有若干基本标准，比如是否具有圆融自洽的学理架构，是否提供了上下贯通、左右周顾的完整知识体系等。以此衡之，这套《中国环境通史》恐有名不符实之嫌。站在编者角度，我们更愿意称之为《中国环境史初稿》。对环境史同仁和相邻领域学者来说，它很可能只是一个批判的靶子。换言之，我们理想中的编纂目标并未实现。

即便如此，作为迄今最大的一套多卷本中国环境史，本书承载着不少领导同志的期望，浸透了多位编辑老师的心血。项目进行期间，原环境保护部的有关部领导给予我们很多重要勉励和支持；杨朝飞同志曾是项目的直接领导者，若无他的卓越努力就不可能有此项编纂；李庆瑞、别涛以及冯燕等同志也一直关心、支持项目进展。唐大为同志在前期策划和组织中付出了不少辛劳。李恩军同志在中后期编纂工作中做了许多协调组织工作。十分感谢中国环境出版集团的领导，没有他们的支持，也不可能取得今天的成果。另外特别感谢季苏园、陶克菲、李雪欣等几位责任编辑，正是他们的敬业精神和辛勤工作使得本书增色许多。李雪欣编辑还参加了个别章节的编写工作，付出了辛劳。还有许多同志为本书编纂出版提供过支持和帮助，在此一并表示衷心感谢！

最后还要特别感谢一位刚刚逝世的长者——著名的马克思主义经济史家、中国环境史研究的重要引路人，大家都非常崇敬的李根蟠先生。李先生曾经多次参加本书编纂工作会议并提供真知灼见，还审阅过部分书稿并提出具体修改意见。但是天妒贤才，不待本书出版，他便猝然驾鹤远游，我们失去了一位最具高卓识见的明师，这是一件多么令人痛惜和感伤的事情！然则哲人虽逝，其道犹存。我们将赓续其学术，绍述其志业，更加努力探寻中华民族的“生生之道”，守护中国文明的自然之根，传载祖国河山的文化之魂，为生态文明和美丽中国建设不断提供历史文化资源！

编著者（王利华代笔）

2019 年 9 月 11 日凌晨

目　录

时代概述

魏晋南北朝至隋唐（学人常称之为中古）是继战国、秦、汉之后又一个历史回旋周期，其间包括若干不同阶段，出现过众多的王朝和政权（见表 0-1）。

表 0-1　中古时代王朝更替简表

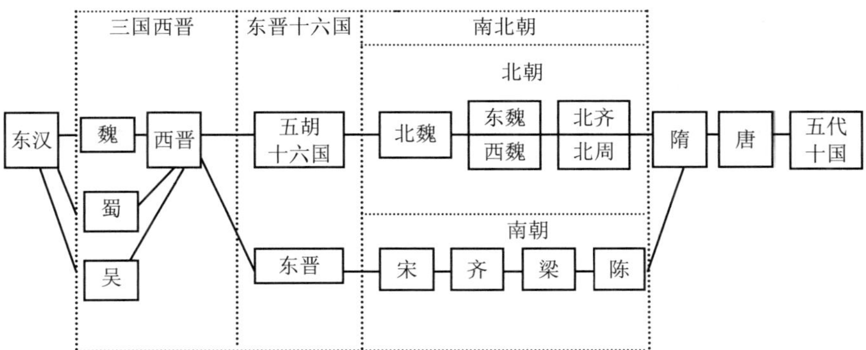

自公元 196 年曹操挟制汉献帝迁都许昌，到公元 907 年李唐王朝覆灭，历时七个多世纪。其间历史风云变幻，跌宕起伏，既有三国、五胡十六国、南北朝和晚唐的战乱、分裂与萧条，亦有阶段性的政治稳定、经济繁荣和文化昌明，盛唐时期更是达到中国古代文明发展的一个巅峰，不仅傲视寰宇于当时，亦且光耀史册于后世，至今令人思慕、追怀。经过这个时代的发展，中国历史地理空间、社会形态、经济结构、政治制度、文化风尚乃至种族构成和民族气质，都发生了诸多深刻变化。最近一个世纪以来，“民族迁徙与文化融合”、“经济重心南移”、“中古贵族社会”和“唐宋历史变革”等一系列重大学术命题的陆续提出和展开，都反映了史学家对这个时代历史巨变的高度关注，学者通常把唐代中期视为中国古代历史由前期向后期变化的转折点。在这里我们想要特别指

出的是，中古时代的一系列重大历史变迁，并不单纯是社会性因素所致，它们的背后还有诸多自然因素曾经发挥过这样或者那样的作用，有些因素（如气候）的影响巨大，是许多重大历史变化的导因和推手。换言之，中古历史变迁并非一个完全由社会自行决定的过程，不仅仅是社会内部一些现象衍生或者替代另外一些现象，而是有诸多自然因素参与其中、诸多环境变化伴随其间——从整体上说，这是一个人类系统与自然系统诸多因素交相影响、彼此因应的历史过程。

规模空前的民族迁徙和人口流动，是中古历史大剧中最为悲壮亦最富动感的景象。大规模民族迁徙和人口流动先后发生了三次：第一次发生在东汉帝国崩溃之际，黄巾起兵继以军阀混战，中原板荡，百姓流离，西北少数民族则乘虚而入，大举向东南方向迁移，拉开了中古历史序幕；第二次，亦是规模最大的一次，发生在西晋末年“永嘉之乱”以后，持续到所谓“五胡十六国”乃至南北朝时期，黄河中下游地区陷入全面混乱，匈奴、鲜卑、羯、氐、羌等民族如潮水一般涌入中原，汉族士庶则大批逃亡到南方蛮荒之地；第三次大迁徙始于唐代中期的“安史之乱”，延及五代十国时期，南迁人口数量不逊于前。大规模的民族迁移和人口流动，伴随着铁血烽火，以今人难以想象的惨烈方式极大地改变了中国历史面貌，推动民族融合、文化交流、政治重构和社会整合，甚至深刻地影响了中华民族的生理与体质——正是由于大规模的民族迁移与人口流动，导致不同种族血脉和基因经历了前所未有的大混杂和大交融。在此过程之中，中国大地上的人与自然的关系也发生了巨大的甚至可能是更根本性的变化。

直观地看，中古民族迁徙和人口流动，毫无疑问极大地改变了中国文明的历史空间格局。这绝不只是中华帝国疆域版图显著扩大这么简单，而是伴随着人口、经济和文化的整体全局性历史巨变，其中有许许多多重要课题值得深入探究，以往史家已经深度论说过的“古代经济重心南移”问题，从环境史的角度来看，亦有更多值得继续深入挖掘的历史内涵。

民族、人口迁移运动显著改变了南北区域的人口—资源关系，华夏文明随之拓殖到更加广阔的地理空间，中华民族亦从此面临着更加复杂多元化的自然环境。最重要的是，南方亚热带和热带区域更加丰富的自然资源，从此成为中华民族生存和繁衍更为重要的环境基础。换言之，进入中古之后，中华大地上人与自然共同上演的历史戏剧，不仅舞台更加辽阔，而且剧情内容亦是判然有别——经历这段巨变以后，北方黄土区域在许多方面都逐渐丧失了以往的优势地位，南方地区则呈现迅速崛起、后来居上之势。

大量考古资料证明：中国文化乃是多元起源，黄河、长江两大流域以及其他地区都曾经拥有发达的原始文化。然而，进入农业时代以后，各地历史发展走向和步调并不一致。由于自然与文化诸多因素的交相作用，黄河中下游最早表现出阶段性的区域优势，自夏商周迄止两汉，那里一直是中华民族主体——汉族人民活动的基本区域，与长江流域以及其他地区相比，黄河两岸的人口最多、经济最发达，并且长期是政治中心所在地。因此我们把那个历史阶段称为“黄河轴心时代”，把那个时代居于主导地位的区域文明称为“黄土文明”。

东汉末期以后，黄河中下游的绝对支配地位开始发生动摇，历史发展亦开始偏离“黄河轴心”。魏晋南北朝时期，南北政权对峙，社会分途发展，并且由于自然环境的显著差异，呈现出了不同的区域特征和风土气质。曾经长期领先的中原地区，由于社会内部骚乱，继以异族冲击、统治，政治、经济和文化秩序经历了一个全面崩溃、修复和重整的过程：在政治上，胡汉民族从相互对抗、疑忌到逐渐合流；在经济上，农耕与畜牧此消彼长，经济制度全面革易；社会生活习惯和文化风尚则是“胡风”与“汉俗”互相错杂、彼此交融。直到汉代仍然是地广人稀的广大南方，则经历了一个不断崛起的过程。随着中原人口大量移入和以正统自居的偏安王朝的建立，新移入的华夏文化不断流播、扩散，并与土著文化彼此交融、互摄，长江流域特别是中下游地区逐渐被打上不可磨灭的“中国”印记。

公元589年，隋朝重新混一南北，政权归于一统，经历数个世纪的冲突与融合，中国历史终以新的姿态进入新的统一时期；李唐因之不断强化，经济和社会发展达到新的鼎盛。以长安、洛阳为中心的北方地区不仅恢复了两汉的经济繁荣，而且更有新的进步，在政治上保持着对广大南方地区的控驭地位，中国文明发展似乎又回归于“黄河轴心”。然而实际情况较之两汉时期已然发生了十分显著的变化，主要表现在三个方面：一是人口分布格局变化显著——与两汉人口主要聚居于黄河中下游不同，中古南方人口稳定增长，在全国人口中所占的比重持续上升，中唐以后更稳定地超过了北方。二是经济发展的空间格局和经济结构都发生了显著变化——在北方地区，农耕与畜牧曾经历了一个互相竞争和彼此消长的过程，但并未改变农重牧轻的基本格局，且尔后又回归到了原有的轨辙。[1]就农耕经济内部而言，延续了数千年之久的粟米主粮地位愈来愈被动摇，麦子不仅与粟类平分秋色，而且逐渐后来居上。更重要的是，广大南方经过六朝至隋唐数个世纪开发，社会经济在相对安定的局势下持续发展，逐渐与北方并驾齐驱，成为冀朝鼎所谓“基本经济区”的重要部分，甚至对北方的地位渐成蓦越之势。中唐以后，因“安史之乱”和“藩镇割据”的影响，“东南八道”已经成为国家财政的主要支撑地区，至宋代更是牢固确立了在全国的经济重心地位。与此相应，更加高产的水田稻作不仅逐渐堪与旱地农业相颉颃，而且愈来愈成为大多数人口的主要热量来源，稻米逐渐成为中华民族的第一大主粮。南方地区的水、热和生物资源条件，较之北方地区原本就更加优越，在新的历史条件下，其经济发展潜势终于发挥出来。除稻作经济地位迅速上升之外，以茶叶为代表的经济作物生产亦迅速发展，显著改变了中华民族生存繁衍的物质基础，中国文明因之呈现出了与过去时代显著不同的历史面貌。三是由于上述发展，在中国社会思想观念中，南方的形象亦发生了明显改变——尽管政治和文化中心仍然是在北方，但长江中下游逐渐不再被视为蛮獠之区和瘴疠之地，“中国”的范围由黄河流域扩展到了长江流域，南北经济、政治和文化得到了前所未有的整合，大运河全线贯通即是最好的历史见证。正是从隋唐开始，大运河作为社会交通和物质能量传输的大动脉，取代了黄河的轴心地位，中华民族活动的主线亦因之由东西互动转变为南北沟通。

这一系列重大历史变迁，对后代中国历史进程产生了广泛而深远的影响，有些影响甚至一直持续到现代，如政治中心与经济中心“错位”、“南粮北调”和“南财北运”等。对于这些重大变化，单从社会层面进行考察难以获得圆融的认识，必须充分注意自然环境的历史作用。从环境史视野看，无论是经济结构改变还是社会空间变化，都始终伴随着人与自然（包括人口、技术、生计和自然资源诸因素）关系的不断调整：一方面，自然环境的诸多因素不断对人类活动和社会发展施加限制和影响；另一方面，人类活动特别是人口变化、经济活动和产业发展，亦成为日益强大的“自然环境变迁的社会驱动力”。这是一个双向作用、协同演变的历史过程。

将中古时代单独立卷，一方面因为其所涉及的时代文献资料较前相对丰富；

[1] 王利华：《中古时期北方地区畜牧业的变动》，《历史研究》2001 年第 4 期，第 33-47 页。

另一方面更是由于这个时代中华民族生存、发展的空间格局发生了巨大变化，人与自然关系在更加辽阔的地理区域不断展开，人们所面对的自然环境问题亦远为复杂。由于这些原因，本卷章节设置和事实铺陈亦与前卷颇有不同，思想脉络大体沿着天（气候）、人口、土地、水环境和生物资源次第展开，与第一卷相比，更重视对自然环境结构性要素的历史变化进行专门叙述和解说。当然，人与自然双向作用的历史关系依然是本卷的主题。

第一章

气候变化与社会响应

气候条件及其变化对经济发展和社会生活具有广泛影响，这是毋庸置疑的事实。需要特别指出的是，气候是一种极富变化的自然因素，社会应对气候变化的能力和方式亦因时代发展、地域差异而不断变化。因此，不同历史时期的气候状况和人类社会的应对机制，都具有高度复杂性。从短期来看，气候变化具有一定的韵律性；从长期来看，气候冷暖干湿变迁则表现出一定的周期性。采用不同的时间与空间尺度加以考察，可能获得不同认识和判断。然而不论是从长期还是短期来看，气候变化都在不同层面对人类活动造成不同程度的影响，有时甚至影响社会发展的历史进程，这在魏晋南北朝隋唐时期曾经有过相当突出的表现。关于这个时代的气候变化波动，自 20 世纪中期至今已有不少气候史专家做过探讨，取得了丰硕的成果。

第一节　魏晋南北朝气候显著寒冷

魏晋南北朝时期，中国特别是东部气候经历了一个显著的转冷过程，属于比较典型的寒冷期。这个寒冷期从 2 世纪一直延续到 6 世纪初。竺可桢认为：在经历了春秋至西汉一个相当长的温暖期之后，东汉时期，我国东部气候出现了转向寒冷的趋势，都城洛阳曾经发生过晚春降霜冻死贫民的事件，其后略有转暖，但至曹魏时期又出现了铜雀台种橘花而不实的情况，并且出现了现今所知关于淮河结冰的最早记载，说明那时气候已比现在寒冷了，并且这种寒冷气候一直持续，直到 3 世纪后半叶特别是晋武帝太康元年至太熙元年（280—290 年）达到顶点。满志敏亦认为：自东汉末年开始，黄淮海平原的气候就表现出向寒冷转变的迹象，此后，一直到五代时期，这个地区先后出现了几次寒冷期，第一个寒冷期自东汉末开始，3 世纪 70 年代至 4 世纪初叶大约 40 年，是魏晋南北朝的第一个寒冷低值时期；第二个寒冷期在北魏初年已有迹象，大约延续到 6 世纪 20 年代。[1]至于这个时期的气候寒冷程度，竺可桢认为："那时（3 世纪末）年平均温度比现在低 1～2℃"；他又根据文献关于南朝时期南京覆舟山"冰房"的记载，推测"南京在那时的冬天要比现在大约冷 2℃，年平均温度比现在低 1℃"[2]。刘昭民则更在分节标题上径直指出：西汉末年至隋初"气候转寒旱，为中国历史上第二个小冰河期"[3]。其他学者的相关探讨，虽在具体叙述上有所不同，但这个时期气候显著寒冷已经成为共识。进一步细化的研究表明：在此期间也并非没有波动，张丕远等的研究结果表明："360 A.D.左右气温转暖，后期高出现代气温，温暖期至少延致 480A.D."[4]；刘禹等则发现："348—413 A.D.出现过一次快速的由寒冷到温暖的气候突变事件"，他们称之为"东晋事件"[5]。

学者们对这个时期气候冷暖状况的判断，主要依靠文献所载平均物候时间、农事时宜、防冻措施以及极端寒冷事件等。

《齐民要术》是中国古代最重要的一部农学经典，作者贾思勰是后魏时期的山东寿光人，曾经担任过高阳郡（今河北中部）太守，该书主要反映了魏晋北朝时期黄河中下游地区的旱作农业生产状况，其中不仅保留了十分丰富的农业技术和经验知识，而且记录了多种农时物候现象。根据现代物候学，大致而言，在气候寒冷时期，春、秋两季同一地区的同一物候现象，春季出现的时间较晚，秋季出现的时间则较早。从该书记载可知：在贾思勰生活的时代，春季多种物候现象出现的时间明显晚于现代，表明当时该地区的气候明显偏于寒冷。例如，书中记载：黄河下游地区栽种栗树、枣树生叶、杏花盛开和桑花凋谢等农事和物候现象，都比现代的时间要晚 10 天到 4 周，这正是当时春季气温明显低于现代的重要证据。不仅如此，该书还提到：当时黄淮海平原中部地区种植石榴需

[1] 邹逸麟主编：《黄淮海平原历史地理》，安徽教育出版社，1991 年，第 24 页。

[2] 竺可桢：《中国近五千年来气候变迁的初步研究》，《考古学报》1972 年第 1 期，第 15-38 页。

[3] 刘昭民：《中国历史上气候之变迁》，商务印书馆（台北），1992 年，第 82 页。

[4] 张丕远等：《中国近 2000 年来气候演变的阶段性》，《中国科学》（B 辑：化学生命科学 地学）1994 年第 9 期，第 1002 页。

[5] 刘禹等：《青藏高原中东部过去 2485 年以来温度变化的树轮记录》，《中国科学》（D 辑：地球科学）2009 年第 2 期，第 166-176 页。

要采取包裹过冬的措施，以防冻死，现代当地种植石榴则无须包裹，这亦说明其时冬季比现在寒冷。[1]

当时气候偏于寒冷，更表现在极端寒冷事件明显较多。满志敏根据史书记载列举了当时自今河北中部至江南南京一带陨霜、降雪和冰冻事件共 21 次，其中特别显眼的是异常“陨霜”事件：始霜时间明显偏早，终霜时间则明显偏晚，大部分接近甚至超过现代的极端，表明当时春、秋两季气候明显偏于寒冷（见表 1-1）。

表 1-1　魏晋南北朝时期的极端霜雪现象

时间	地点与现象	资料出处
嘉禾四年七月（235 年 8 月 2—31 日）	南京一带陨霜	《晋书・五行志》
泰始九年四月（273 年 5 月 4—6 月 2 日）	洛阳一带陨霜	《晋书・五行志》
咸宁三年八月(277 年 9 月 15—10 月 15 日）	河北中部至山东中部暴风寒冰及陨霜	《晋书・五行志》
太康八年四月（287 年 4 月 30—5 月 30 日）	山东中部陨霜	《晋书・五行志》
光熙元年闰八月甲申（306 年 9 月 24 日）	洛阳一带陨霜	《太平御览》卷 34
太宁元年三月丙戌（323 年 4 月 30 日）	南京一带陨霜	《晋书・明帝纪》
太宁三年三月癸巳（325 年 4 月 26 日）	南京一带陨霜	《晋书・五行志》
建元元年八月（343 年 9 月 6—10 月 4 日）	南京一带大雪	《晋书・五行志》
永和二年八月（346 年 9 月 2—10 月 1 日）	河北中北部大雪，人马冻死	《晋书・五行志》
永和十一年四月壬申（355 年 4 月 28 日）	南京一带陨霜	《晋书・五行志》
天赐五年七月（408 年 7 月 9—8 月 7 日）	河北中部陨霜	《魏书・灵征志》
义熙五年三月己亥（409 年 4 月 11 日）	南京一带雪深数尺	《晋书・五行志》
太和六年四月（482 年 5 月 4—6 月 1 日）	河南中部陨霜	《魏书・灵征志》
太和九年四月（485 年 4 月 30—5 月 29 日）	山东中部陨霜	《魏书・灵征志》
太和九年六月（485 年 6 月 28—7 月 27 日）	河南中部、河北中南部陨霜	《魏书・灵征志》
景明元年八月（500 年 9 月 9—10 月 8 日）	河南中部暴风陨霜	《魏书・灵征志》
天监三年三月（504 年 4 月 1—4 月 29 日）	南京一带陨霜	《南史・梁本纪》
正始二年四月（505 年 5 月 19—6 月 16 日）	山东中部陨霜	《魏书・灵征志》
正始四年九月(507 年 9 月 22—10 月 21 日）	洛阳一带大雪	《魏书・灵征志》
延昌四年三月（515 年 3 月 31—4 月 28 日）	黄河中上游南部八州陨霜	《魏书・灵征志》
熙平元年七月（516 年 8 月 14—9 月 11 日）	黄河中下游南北地区十一州陨霜	《魏书・灵征志》

资料来源：邹逸麟主编：《黄淮海平原历史地理》，安徽教育出版社，1991 年，第 21 页。

明显偏多的极端霜雪事件对当时社会造成了显著影响，北魏前期的都城平城（今山西大同东北）和东晋、南朝的都城建康（今江苏南京），都频繁地遭受到霜雪灾害困扰。《魏书》记载：自神瑞元年（414 年）之后，平城一带“比岁

[1] 竺可桢：《中国近五千年来气候变迁的初步研究》，《考古学报》1972 年第 1 期，第 15-38 页；邹逸麟主编：《黄淮海平原历史地理》，安徽教育出版社，1991 年，第 17-18 页。

霜旱，五谷不登”，云、代等郡的人民死亡甚多[1]；太延元年（435 年）七月，平城一带“大陨霜，杀草木”；太平真君八年（447 年）五月，“北镇寒雪，人畜冻死”；等等。这些都属极端霜雪事件。此外，和平六年（465 年）、太和三年（479 年）、七年（483 年）和九年（485 年）也都发生了类似的情况。[2]霜雪灾害严重甚至成为北魏迁都洛阳的动因之一，《资治通鉴》称：太和十七年（493 年），“魏主以平城地寒，六月雨雪，风沙常起”，故将都城由平城迁往洛阳。[3]上述情况与现代大同一带的情形差异显著，现代当地平均在阳历 4 月上旬就已经断雪，盛夏飞雪之事闻所未闻。

地处长江南岸的建康亦屡次出现极端雨雪天气，并且受灾。例如，东晋时期太元二十一年（396 年）十二月，南京一带曾连续“雨雪二十三日”[4]；南朝刘宋元嘉二十九年（452 年），“自十一月霖雨连雪，太阳罕曜”，次年正月又是“大风飞霰且雷”[5]，其时“大风拔木，雨冻杀牛马”[6]；南齐时期，南京亦曾连月雨雪，建元三年（481 年），南京或阴或晦共持续了 80 余日，至次年二月才停止。现代南京一带年下雪日数的平均值仅 8.4 天多，此类极端气候事件多次出现，亦反映出当时南方地区的气候比现代明显寒冷。[7]

随着相关研究的深入，学者对该时期气候波动和冷暖程度的认识不断细致和具体化。2005 年，郑景云、满志敏、方修琦、葛全胜根据魏晋南北朝时期的异常霜雪和植物物候记载，推算了中国东部地区部分年代及每 30 年的冬半年温度距平，并结合有关自然证据分析了这个时代中国气候的冷暖变化特征，得出的结论是：第一，魏晋南北朝气候在总体上以寒冷为主要特征。从当时文献所记载多数寒冷事件与小冰期期间的寒冷事件相似以及西部山地冰川数度出现前进等项证据判断，魏晋南北朝是一个可与小冰期相比拟的寒冷气候阶段。认识到这一点不但对于深入认识魏晋南北朝的气候特征具有指导意义，而且对进一步分析气候系统的长期变化规律亦有重要作用。第二，从历史文献及自然证据所记录的寒冷事件次数变化趋势看，魏晋南北朝的气候存在“冷—暖—冷”的

[1]《魏书》卷 105 之三《天象志三》，中华书局，1974 年，第 2396 页。
[2]《魏书》卷 112 上《灵征志上》，中华书局，1974 年，第 2905-2906 页。第 2905-2908 页多载此类灾害。
[3]《资治通鉴》卷 138《齐纪四》，中华书局，1956 年，第 4329 页。
[4]《晋书》卷 29《五行志下》，中华书局，1974 年，第 876 页。
[5]《宋书》卷 99《二凶传》，中华书局，1974 年，第 2426 页。
[6]《宋书》卷 34《五行志》，中华书局，1974 年，第 984 页。
[7] 邹逸麟主编：《黄淮海平原历史地理》，安徽教育出版社，1991 年，第 21-25 页；胡阿祥：《魏晋南北朝时期的生态环境》，《南京晓庄学院学报》2001 年第 3 期，第 45-52 页。

世纪波动，其中两个冷谷分别在270—350年和450—530年，而360—440年则相对温暖一些。第三，从推算的中国东部冬半年温度距平看，魏晋南北朝时期整个时段的平均温度较现代约低0.5摄氏度，其中最冷的20年（480—500年）较现代约低1.2摄氏度，而两个明显寒冷时段的温度距平分别较现代低0.5摄氏度（270—350年）和0.9摄氏度（450—530年）。他们还特别说明："若考虑到在利用异常霜雪日期进行古今温度差异推算时，对古今日期差异都采取了最低限处理，当时的实际温度距平可能还应比上述数值更低一些。"[1]根据他们的研究，那个时代寒冷阶段年均温度较之现代低1摄氏度左右，应该是一个比较持重和可以接受的估计。

第二节　隋唐五代气候寒暖状况

魏晋南北朝气候寒冷已经成为普遍共识。与之不同，学人对隋唐五代气候状况的认识存在显著分歧，一向争论颇多。归纳起来主要有两种不同意见：第一种是温暖说，竺可桢、刘昭民等认为唐代气候处于温暖湿润期，对此种观点的采纳和支持者颇多；第二种是寒冷期但稍有变暖说，认为隋唐气候较之前一时期略微变暖，但总体上仍处于寒冷时期，这种意见以满志敏为代表。不过，在这些争论中并非全无相近之处，至少对唐前期气候相对比较温暖，大家一致认同。以下简要加以介绍，并略谈几点我们自己的看法。

唐代气候温暖说是由竺可桢率先提出。他认为："中国气候在第七世纪的中期变得和暖"，虽没有直言整个唐代都是属于气候温暖期，但列举了不同年代京城冬季无雪无冰，皇宫生长梅树、柑橘等喜温植物的证据，并援引、对照西方学者根据挪威雪线升降情况和格陵兰冰川块同位素分析结果而描绘的世界温度波动曲线图，观点倾向性非常明显[2]；其后，刘昭民主要根据文献材料进行论证，认为隋初至宋初"气候比较暖湿"，称之为"中国历史上的第三个暖期"。刘氏分阶段列举了反映隋朝至北宋初期气候温暖情况的文献证据，指出："在唐代的三百年中，大雪奇寒和夏霜夏雪的年数都比较少，而冬无雪的年数竟

[1] 郑景云、满志敏、方修琦、葛全胜：《魏晋南北朝时期的中国东部温度变化》，《第四纪研究》2005年第2期，第129-140页。

[2] 竺可桢的《中国近五千年来气候变迁的初步研究》一文明确指出："汉、唐两代则是比较温暖的时代"，正文中亦云"在殷、周、汉、唐时代，温度高于现代"，"唐代高温"。

达十九次之多，居中国历史上各朝代之冠。”[1]为了证实自己的意见，他举证了关于长安种橘成实、桃李杏等果树春天“始华”和冬季“重花”的大量记载，以及南方象、犀和鳄鱼等喜温动物资料。至于当时气候的温暖程度，他认为“唐初气候暖于今日”“气候学家根据以上有关物候和柑橘分布之种种论证，推算唐代年平均温应比今日高1℃左右”[2]。

竺文发表之后，曾被学者广泛引用，历史地理学教材一般都沿用其说。[3]然而，20世纪90年代以后，随着相关研究不断深入，陆续有学者提出不同观点。如牟重行对竺氏用以说明历史气候的诸多证据提出了质疑[4]，只是没有明确否定其唐代“气候温暖期”之说；对相关问题论辩最力且与竺可桢观点明显相左者是满志敏。1990年，满氏发表《唐代气候冷暖分期及各期气候冷暖特征的研究》一文，整理了较竺、刘二人远为翔实的证据，将隋唐五代时期气候划分为前、后两期，认为：第一期从7世纪初至8世纪中叶，“这近150年气候冷暖的总体特征与现代相近”；第二期从8世纪中叶至10世纪中叶，从“8世纪中叶开始，气候明显转寒”“气候带要比现代南退一个纬度”。此后，他又在一系列论著中讨论了相关问题[5]，通过大量文献考订和史实分析系统阐述了自己的意见，结论是“隋唐时期并不存在一个稳定的气候温暖期”，以8世纪中叶为界，前期“气候冷暖接近现代的程度，但没有证据表明当时比现代温暖”；后期“在8世纪中叶以后气候明显转寒，一方面寒冷事件的频率出现了明显的增加，另一方面寒冷顶峰时的某些特征已经可以与明清小冰期相比较，如海冰等”“从整个隋唐时期的气候冷暖波动来看，在魏晋南北朝时期顶峰在6世纪初的第二个冷锋过后，气候开始回暖。一则寒冷的事件开始减少，二则在经过数十年的时间，6世纪80年代，今南京一带已经形成了一定规模的橘树种植，表明此时的气候温暖程度已经超过了现代。当然目前标识这个转暖的证据还太少，需要进一步研究以充实。在7世纪中叶以后的三四十年，寒冷事件又有一些增加，但增加的幅度很有限。到8世纪中叶气候出现迅速转寒。从目前寒冷事件的记

[1] 刘昭民：《中国历史上气候之变迁》，商务印书馆（台北），1992年，第99-100页。
[2] 刘昭民：《中国历史上气候之变迁》，商务印书馆（台北），1992年，第110-111页。
[3] 蓝勇：《唐代气候变化与唐代历史兴衰》，《中国历史地理论丛》2001年第1辑，第4-15页。
[4] 牟重行：《中国五千年气候变迁的再考证》，气象出版社，1996年。
[5] 满志敏：《关于唐代气候冷暖问题的讨论》，《第四纪研究》1998年第1期，第20-30页；邹逸麟主编：《黄淮海平原历史地理》，安徽省教育出版社，1991年，第17-28页；满志敏：《中国历史时期气候变化研究》，山东教育出版社，2009年，第164-186页。

载资料来看，这段寒冷事件频繁出现和极寒事件发生大约延续近百年的时间……”“……唐后期的寒冷气候基本上波动不大，一直到10世纪30年代左右才回暖”。[1]总之，满氏的基本观点是：包括隋唐在内的魏晋至五代时期总体上处于一个气候寒冷期，基本气候特征是寒冷，只是6世纪初至8世纪中叶曾经一度偏于温暖，与现代气候约略相当。

满氏因上述与前人显著不同的结论，成为否定隋唐五代气候温暖说的主要代表，得到了一批学者的支持。不过，最近十多年来，温暖抑或寒冷的争论一直在持续，支持温暖说的学者仍不在少数。例如，蓝勇在《唐代气候变化与唐代历史兴衰》一文中虽承认8世纪中叶气候有一个由暖转冷的过程，但总体判断“唐代是中国历史上一个温暖时期”；同样，吴宏岐等亦依据物候、动物分布、孢粉、雪线和海平面等相关资料考察隋唐气候冷暖特征，重新肯定了竺可桢关于中国气候变迁研究的基本结论，只是对隋唐温暖期起讫时代和波动情况作了修正和补充。他们认为：“隋唐时期气候冷暖特征是以温暖为主，如与现代气候相比较，则当时年平均温度高1℃左右，气候带的纬度北移1°左右。包括南北朝晚期、五代、北宋中前期在内的隋唐温暖期（550—1050年）存在由温暖—寒冷—温暖的气候波动，其中的寒冷期持续时间为150年左右（800—950年），第1个温暖期（550—800年）和第2个温暖期（950—1050年）则分别为250年和100年左右。这一现象反映了在持续时间约500年的隋唐温暖期中有渐趋寒冷的趋势，而这正与中国近5000年来气候总体上由暖转寒的趋势相吻合”[2]；朱士光等也撰文指出：“总的看来，隋与唐前、中期为接近亚热带的暖润气候，年平均温度高于现代1℃左右，年均降水量也略多于现在；唐后期及五代时期，气候又转向凉干。”[3]从这些论述看来，持唐代气候温暖说的学者，亦多承认唐中后期气候有所转冷。张德二等的一份最新统计亦支持这个看法，指出：“历史文献显示：从8世纪中期开始，气候进入一个寒冷阶段，公元756—907年的寒冷事件是公元618—755年的两倍多，这意味着唐后期冬季季风强劲”[4]。

学人在论说气候冷暖波动之时，多会涉及气候干湿变化和降水量，通常认

---

[1] 满志敏：《中国历史时期气候变化研究》，山东教育出版社，2009年，第184-186页。

[2] 吴宏岐、党安荣：《隋唐时期气候冷暖特征与气候波动》，《第四纪研究》1998年第1期，第31-36页。

[3] 朱士光、王元林、呼林贵：《历史时期关中地区气候变化的初步研究》，《第四纪研究》1998年第1期，第1-9页。

[4] De'er Zhang and Longhua Lu，Anti-correlation of Summer/Winter Monsoons？，Nature，2007，Vol. 450，E7.

为：在位于大陆性季风气候区的中国，气候的冷暖与干湿是彼此相应的，一般来说，温暖时期较湿润，年均降水量较大；反之，寒冷时期降水偏少，较为干旱。所以学人描述一个时期的气候状况，常以“暖湿”“冷干”来概括。具体到中古时代，大体而言，魏晋南北朝时期气候较干，隋唐时期则比较湿润。例如，朱士光等指出：“就降水情况而言，隋、唐、五代时期较曹魏、西晋、十六国、北朝时期有所增加，但旱灾仍时有发生。”[1]蓝勇也认为：唐代是一个旱灾相对较少的时代，同时却是中国历史上水灾比例最高的时期。[2]但这种匹配关系乃是就较大时间尺度而言，短期气候冷暖、干湿的具体情形则不尽然，存在着诸多变数，例如，张德二等的统计显示：“在700—900年的22个严重寒冷案例（严重霜冻和大雪）中，只有2例发生于夏季少雨年份，说明90%的严冬事件是与充分的夏季降水相配的，而这意味着冷冬与湿夏是唐后期气候的特点，同时亦意味着在这个阶段冬夏季风的强度并非反相关”[3]。

类似的研究（包括长期气候变迁、断代气候和区域气候研究），以及在其他讨论中涉及隋唐五代气候的论著甚多，无法一一列举。论者所持意见各有所据，短时期内恐难形成共识。但从这些纷纭聚讼的讨论中，我们仍然受到了不少启发，形成了下列几点看法：

（1）气候冷暖干湿变化是一个机制十分复杂、充满变数的自然现象，在目前的情况下，最应当尊重的是科学探索精神，最应当关注的是研究方法和过程，而非充满分歧的结论。即使在气象科学发达的当代，人们对现时气候冷暖干湿的判断仍然存在很大的分歧，近期关于“全球气候变暖”的争论就是一个很好的例子。对于尚无科学仪器观测、记录和统计方法时代的历史气候变化，研究者主要凭借现存相关文献记录，辅以（仍有待完善的）雪线、冰核、岩芯、湖相沉积等科学方法，研究结论充满分歧和争论是非常自然的。对于相关问题，须尽可能多方面地寻找证据，并进行多学科合作的综合研究。在目前的情况下，任何判断恐怕都只是反映了部分研究者的看法，是一种或然判断而非不刊之论。

（2）现存历史文献中的气候记录存在严重缺陷，对它们进行提取、分析和解释必须十分小心。虽然中国有着数千年不曾中断的文献记录，历史信息极其

[1] 朱士光、王元林、呼林贵：《历史时期关中地区气候变化的初步研究》，《第四纪研究》1998年第1期，第1-9页。
[2] 蓝勇：《唐代气候变化与唐代历史兴衰》，《中国历史地理论丛》2001年第1辑，第4-15页。相关问题，么振华的《唐代自然灾害及其社会应对》（上海古籍出版社，2014年）一书中有详细的统计分析。
[3] De'er Zhang and Longhua Lu，Anti-correlation of Summer/Winter Monsoons?，Nature，2007，Vol. 450，E7.

丰富，但具体到气候方面，史书关于冷暖干湿状况的资料亦是相当零碎，多是主观经验性的记述而非确切的科学数据，甚至往往难免夸大其辞。学人经常引用的材料（如物候、动植物分布、农作时宜）固然在一定程度上可以作为气候变动的代用指标，但毕竟都是需要小心判断的间接记录，用以说明特定时代和地区的气候状况，必须充分注意问题的复杂性，因为特定动植物对高低气温的耐受力均具有一定幅度，对环境变化具有一定的调节适应能力，特定小环境的局部气温亦可能受到多种因素的影响，未可一概而论；在种植和饲养条件下，人们对于动植物本身及其生长环境均实施人工干预，干预的强度又有大小不同，相关问题就更加复杂化了。即使是关于风雨霜雪、极端寒热事件和水旱灾害的直接记录，现存资料亦不足以充分说明特定时代的整体气候状况，因为就算排除了作者的主观性，这些记录亦不足以说明长期气候冷暖干湿波动：一方面，人们对于寒暑的描述，都是局限于一时的观察，难以超出一代、两代人的经验，并且有众多因素（包括经济贫富状况）可能影响人们的冷暖感受和经验；另一方面，文献记载的，多是那些极端和显著的气候现象，它们甚至未必能够真实地反映全年的降水量大小和气温高低，更不要说大周期的气候冷暖干湿变化了。举例来说，最近一个时期，由于多种因素影响，地球气候变化异常，2008 年初波及岭南的连旬大雪、2012 年初北半球的酷寒天气，若发生在古代，定然被视为极端寒冷事件被记录下来，但并不能据以断言近年属于寒冷气候。渤海和黄海沿海冬季结冰，自然是属于严重寒冷事件，学者们都将其视作气候寒冷的重要证据。此类现象在唐代后期曾经多次发生。如长庆元年（821 年）二月，海州湾“海水冰，南北二百里，东望无际”[1]；长庆二年（822 年）正月，“青州奏海冻二百里”，海州湾亦有“海冰”[2]；天复三年十二月（904 年初），苏北沿海“江海冰”[3]；天福六年（941 年）正月，“青州奏，海冻百余里”[4]。但最近一个世纪以来，沿海结冰现象亦时有发生，例如，1935—1936 年冬，渤海曾发生严重冰冻；2012 年沿海冰冻亦严重影响了航运，然而学界公认现代属于气候温暖时期。由此可见，气候变化具有高度复杂性，根据有限史料实难以做

[1]《新唐书》卷 36《五行志三》，中华书局，1975 年，第 936 页。
[2]《新唐书》卷 8《穆宗纪》，中华书局，1975 年，第 224 页；《旧唐书》卷 16《穆宗纪》，中华书局，1975 年，第 494 页。
[3]《新唐书》卷 36《五行志三》，中华书局，1975 年，第 937 页。
[4]《旧五代史》卷 179《晋书·高祖本纪》，中华书局，1976 年，第 1045 页。

出绝对的判断。

（3）从不同的时间和空间尺度对气候冷暖干湿变化进行研究，可能会得出相当不同的判断和结论。例如，许多学者都曾提到：气候的冷暖与干湿彼此相应，在大陆性季风气候区（如中国），气候冷暖干湿与冬夏季风强度有着相当密切的联系，一般来说，温暖时期的夏季风强，气候湿润，年均降水量大；反之，寒冷时期的冬季风强，降水偏少，气候较干旱。从大时空尺度变化趋势来看应是可以接受的，但短时期和小区域变化却存在许多变数，“冷—干”与“暖—湿”未必总是呈正相关的关系。

（4）尽管气候变化具有如上复杂性，文献资料又存在严重缺陷，造成历史气候变迁研究具有极高的难度，但我们仍然应该充分肯定众多学者的努力探索，在现有科学技术条件下，他们的思想方向和技术路线无疑是正确的。在此过程中，无论是对文献资料的搜集（包括物候、动植物分布、极端气候现象和农业、灾害资料），还是对冰川雪线、冰核岩芯、树木年轮、湖相沉积的科学考察，都是富有成效的，深化了我们对相关历史问题的认识，也为今后研究积累了丰富的学术资源。

（5）具体到魏晋南北朝隋唐五代的气候，尽管目前学界仍然存在显著分歧，但从众多学者的论著中，我们仍然可以找到一些共识：首先，对于魏晋南北朝气候寒冷，研究者的意见基本一致或者很相近；其次，隋唐五代气候较之前一历史时期温暖、湿润，诸家亦无太大的分歧，大多数学者都认为：与魏晋南北朝寒冷期相比，隋朝和唐朝前期气候明显回暖；其三，中唐（8 世纪中叶以后）时期，气候又经历了一个转冷过程，对此多数学者的意见也比较一致。目前争论焦点集中在隋唐究竟属寒冷期曾有偏暖阶段，还是总体上都属于温暖期。一种意见认为唐代属于温暖期，只是中后期有所转冷；另一种则认为隋唐五代与魏晋南北朝共处于一个寒冷期，只是中唐以前气候偏于温暖。至于这个时代气候寒暖变化幅度，有学者对比现代气候估计，认为：魏晋南北朝气候寒冷时期，年均温可能低于现代 1～2 摄氏度；唐代暖期年均温可能高于现代 1 摄氏度左右。这些估计固然各有依据，但终究都只是推测。

最后，综合学者现有的成果，我们的基本判断是：魏晋南北朝处于一个相当明显的气候寒冷期，隋朝至唐代前期气候比较温暖，中唐以后至五代时期则偏于寒冷，但并不像魏晋南北朝那样处于一个显著寒冷期。

第三节 气候变化的社会响应

气候条件是影响和制约人类活动的主要环境因素之一。气候的显著变化必然会对生态系统造成诸多影响，进而引起人类社会响应。气候变化莫测，对经济、社会乃至政治往往产生无法控驭的影响，导致难以预料的后果，人类至今难以把握。自古以来，人们对于气候变化总是充满着希望、神秘、忧惧和不安。充斥于正史和其他文献中的“祥瑞”“五行”“妖（灾）异”记录表明：在中国先民的自然—社会关注中，气候变化始终备受重视。“天人相应”的思想观念并非纯粹出于玄想，在很大程度上正是基于气候深刻影响人事的无数幸运或者痛苦的经验。事实上，气候变化对人类社会的巨大影响并不局限于某一国家和民族，而是一个普遍的人类经验事实。对此，近代以来的历史学家和地理学家多有探讨。20 世纪初，美国著名历史地理学家亨廷顿（Ellsworth Huntington）就曾经说过如下一段话：

> 气候成为一个最普遍的话题并不是偶然的。新英格兰人谈论东风带来的难事；中国人不厌其烦地想知道春天的第一场雨水什么时候降临，好开始播种作物；阿拉伯人在遇见一个陌生人时总要询问哪里下了雨。同样，埃及人谈论尼罗河涨水，爱斯基摩人则可能一连几日跟朋友谈论温度计上升到冰点以上的可怕热度。所有这一切，仅仅是表明这样一个事实：在诸多自然现象之中，没有哪种像与气候相关现象这样直接而严重地影响人类。[1]

亨廷顿和他的先辈、同行（包括地质学家 Raphael Pumpelly 等）在 19 世纪后期至 20 世纪初曾在亚洲内陆进行过地质、地理和历史考察，注意到自然因素特别是气候对当地人类活动的历史影响。[2]1907 年（光绪三十三年），亨廷顿出版《亚洲的脉动》一书[3]，其中特别援引中国古代史实，论证了民族迁徙、

[1] Ellsworth Huntington，Changes of Climate and History，The American Historical Review，1913，Vol. 18，No. 2，pp. 213-232.

[2] John E. Chappell，Jr.，Society Climatic Change Reconsidered：Another Look at ‘The Pulse of Asia’，Geographical Review，1970，Vol. 60，No. 3，pp. 347-373.

[3] Ellsworth Huntington，The Pulse of Asia：A Journey in Central Asia Illustrating the Geographic Basis of History，Houghton-Mifflin Co.，1907.

社会震荡与气候波动之间的紧密关联。

社会治乱盛衰与气候冷暖变化互相对应的历史“脉动”现象，在过去一个世纪愈来愈受中国历史学者关注，20 世纪 90 年代以来，更有多位学者相继发表论著，阐述民族迁移、人口升降、经济变动和社会治乱等重大历史变动与气候周期性冷暖变迁的对应关系，提出了不少具有启发性的观点。[1]

在中古波澜壮阔的历史运动中，大规模民族迁徙与人口流动无疑是最令人震撼的事件。其中有北方游牧民族大举内徙，有内部骚乱和异族冲击所致的中原汉族流散四方特别是南迁长江流域，以及两者所造成的连锁反应——南方原住民族的流动。在中国历史上，如此全局性、连锁性地发生的大规模民族人口迁移，历史影响之巨大深远，可谓前所未有。不论从其导因还是结果来看，都具有极其复杂的历史机制，其中既有复杂的社会动因与效应，亦有不容忽视的自然因素和生态后果。关于前者，自古论者众多、解说详尽；对于后者，现代史家亦时有论述，虽言犹未尽，但气候变化之于中古民族和人口迁移已经受到了高度关注。如 1984 年许倬云曾发表《汉末至南北朝气候与民族移动的初步考察》一文，详述汉末至南北朝气候变化与少数民族内迁史实，对两者之间的因应关系进行了审慎论述，指出：

……北方草原民族的移动，每以南迁为目的。民族移动，须有引力及推力，否则不能取得移动的即时动机。引力者，中原若有内乱，边防空虚，甚至邀约北族为援，则北族自易成军南下。中原人口减少，劳力不足时，北族的劳力也可能以零散的方式，迁入边塞，担任佃作劳力。推力者，原居地生活条件不佳，或是后面更有其他民族压迫，则北族也有南徙动机。后面又有人推挤的局势，仍须归结到更北地区的生活条件有了问题。如果其他条件不变，忽然生计不足，最大可能即是因气候变化引起。北土植物生长期本已短促，塞外干寒，可以容忍的变化边际极为微小。气候一有改变，越在北边，越面临困境。于是一波压一波，产生了强大的推力。本文的所拟考察，即是中国历史上中古的寒冷期内，

[1] 蓝勇：《从天地生综合研究角度看中华文明东移南迁的原因》，《学术研究》1995 年第 6 期，第 71-76 页；蓝勇：《唐代气候变化与唐代历史兴衰》，《中国历史地理论丛》2001 年第 1 辑，第 4-15 页；王会昌：《2000 年来中国北方游牧民族南迁与气候变化》，《地理科学》1996 年第 3 期，第 274-279 页；王铮：《历史气候变化对中国社会发展的影响——兼论人地关系》，《地理学报》1996 年第 4 期，第 329-339 页；满志敏等：《气候变化对历史上农牧过渡带影响的个例研究》，《地理研究》2000 年第 2 期，第 141-147 页；方修琦等：《环境演变对中华文明影响研究的进展与展望》，《古地理学报》2004 年第 1 期，第 85-94 页。

气候与民族移动之间，有无呼应的关系。所惜气候史料并不充分，于是天气与人事间的相应，难以建立密合的因缘。然而由其大势观察，天人之际的呼应，仍可说相当的明显。[1]

1987年，许倬云进一步阐述了他对相关问题的看法，指出：

中国北方的草原，也是一个边际地区，微小的气候变化，可以立刻引发生态的改变，从而导致人类行为的因应，其显著的现象则是因此而迁徙南方。

中国与北边草原的游牧民族之间，自古和战靡常。不少人以为游牧民族总想入侵中原，其实游牧民族的生活方式，中原并不是他们理想的居住地区……若游牧民族大量移入中国，必是在北方草原上有了住不下去的困难。天然灾难，每是使他们不能不迁徙的原因。在北方干冷的地区，水灾不可能出现，天然灾难不外瘟疫与虫灾及过寒或大旱。蝗灾造成的灾害，也可以造成生活上极大的困难。[2]

许氏立言谨慎、持重，没有作过多的展开，但观点很明确：游牧民族之南下迁徙，是由于气候变化和自然灾害驱迫的结果，因为草原生态脆弱，气候变化很容易导致他们生计困顿，在气候寒冷时期不得不通过迁徙获取生活资料。随后学者们所开展的一系列研究，似乎从更长的历史时段证明了周期性气候变冷与游牧民族周期性南迁之间的对应关系，蓝勇归纳为：中国历史上北方游牧民族周期性南迁往往是以中高纬度地区的寒冷气候作为潜在动力，故中国历史上几次重大的北方游牧民族南迁高潮对应着千年尺度的寒冷期，西周时期北方游牧民族南迁正对应着公元前1000年前后的寒冷期，东汉两晋南北朝时期游牧民族南迁正对应着100—500年的寒冷期，南宋时期游牧民族南迁正对应着1100—1200年的寒冷期，明末清初满清南下，正对应着“明清宇宙期”……这不是一种简单的次序—事件对应，而是有其因果联系和历史事实作为根据的。[3]

东汉末年以后，所谓的“五胡乱华”，以及随后游牧民族入主中原，可以视

[1] 该文初刊于1984年，兹据许倬云：《许倬云自选集》，上海教育出版社，2002年，第237-238页。
[2] 许倬云：《历史分光镜》，上海文艺出版社，1998年，第207-208页。
[3] 蓝勇：《从天地生综合研究的角度看中华文明东移南迁的原因》，《学术研究》1995年第6期，第71-76页。

作气候影响人类活动、改变历史进程的典型例证。当时北方游牧民族大举南迁的直接推动力，是伴随着寒冷气候而来的巨大生存压力。唐代气候变化对游牧民族活动的影响同样有迹可循，蓝勇认为“8 世纪中叶后的气候转寒使北方游牧民族南下压力增大”。作为一种历史变化趋势，这个意见是可以接受的，唐代后期游牧民族朝东南方向的移动确实亦相当显著，造成了五代至北宋时期中原王朝与少数民族政权对峙分立的新格局。蓝勇还将“安史之乱”当作这轮游牧民族南下进程开始的标志性事件，认为与近 2000 年气候变化和唐代百年以上尺度的气候变化有内在联系[1]，似乎在暗示“安史之乱”本身亦是游牧民族对气候变冷的一种反应，这是需要进一步审慎分析和论证的。虽然叛军集团的民族成分复杂，将士之中有大量人员来自游牧民族，但这场动乱发生在唐帝国的鼎盛阶段，而且毕竟属于中原王朝的内部骚乱，恐怕未可与一般情形下的游牧民族南下冲击农耕社会的事件等量齐观。

游牧民族与农耕民族的互动，是前近代亚欧大陆文明演进的一个非常重要的历史机制，游牧部族向农耕世界三次冲击的浪潮，演绎了极其宏阔的历史戏剧。[2]气候周期性变冷，即使不是引发三次游牧民族冲击浪潮的唯一原因，至少亦是它们的第一推手。恶劣气候显著降低草原生产力，加剧游牧民的生计压力和生存风险，驱迫他们向更温暖的区域寻找活命机会，从而构成对农耕社会的冲击力量。这是一个既符合自然法则亦符合社会人性的历史逻辑。然而游牧民族能否成功地突破农耕民族的“长城防线”，并不单纯取决于游牧民族冲击力量之强弱，亦视农耕社会防御能力之大小，而农耕社会防御能力之大小，则由其自身政治、经济和军事综合实力所决定。魏晋南北朝时期“五胡乱华”进而统治中原，此种历史局面的形成，一个直接原因就是汉末以降中原社会动荡为之提供了乘虚而入的机会；唐朝后期至宋代的情形亦应作如是观。对此史家早有深论，毋庸置疑。

然而中原汉族社会之所以动荡，固然由于统治阶级腐朽、国家政治黑暗、社会矛盾激化，但其背后的自然因素特别是气候变化亦不可忽视。草原地区和农耕区域，南北纬度高低不同，气候条件存在很大差异，气候变化的具体情形更是复杂多变，但周期性冷暖变迁的长期趋势则具有同步性和一致性。寒冷期

[1] 蓝勇：《唐代气候变化与唐代历史兴衰》，《中国历史地理论丛》2001 年第 1 辑，第 4-15 页。
[2] 吴于廑：《世界历史上的游牧世界与农耕世界》，《云南社会科学》1983 年第 1 期，第 47-57 页。

的气候不仅于草原游牧民族生计不利，对中原农耕民族生计的影响亦非常显著；在草原游牧民族因气候寒冷而生计维艰的时期，中原农耕民族的境况同样不能乐观。

气候变化对农耕社会的影响，当然首先并且主要体现在农业经济上。气候是影响农作物生长的主要自然因素之一。不论是长期周期性的气候冷暖干湿变迁，还是短时风调雨顺或旱涝风霜，都对农业生产造成显著影响，其后果最终反映于经济产量的高低。一般来说，温暖的气候有利于农业生产发展。在气候温暖时期，农耕地区的无霜期较长、活动积温增大，更适宜于包括农作物在内的植物生长。现代科学研究也证实：在其他条件不变的情况下，气候的冷暖程度与植物生产总量的升降呈正相关的关系——年均气温较高，植物生产总量亦相应较大，农作物的产量也较高；反之亦反。气候的冷暖干湿变化，对高纬度地区，如我国华北的农作物产量有直接影响。根据气象史家张家诚的推算：在其他条件不变的情况下，“气温每变化 1℃，各季作物的熟级均可相应变化 1 级”，而“每相差一个熟级，产量变化约为 10%”；而 100 毫米降水量的变化相当于每亩 100 斤水分潜力的变化，即每亩经济产品的收获量亦将发生 100 斤的变化。[1]

显著的气候冷暖干湿变化，还导致农作结构与作物布局发生改变，并迫使人们在农作时令安排和生产技术措施上做出相应调整。气候史家经常举证的古代农业史实充分证明：气候冷暖变化对喜温作物南北进退、作物播收时令早晚，以及具体栽种技术措施，都产生了显著影响，这些在当时两部重要农学著作——《齐民要术》和《四时纂要》中均有反映。

气候冷暖干湿变化，不仅分别影响农耕和游牧两个区域的经济与生计，而且通过两个民族社会之间的互动，导致农耕和畜牧经济彼此消长，使农牧经济的地理格局发生显著变化。简要地说，古代周期性气候冷暖变化导致农牧分界线沿长城一线作南北拉锯式移动。通常的情形是：农耕区域在气候暖湿时期向北扩张，在气候干冷时期向南退却；游牧区域则呈相反的趋势。此种农牧经济交替进退、彼此消长的情形，在中古时代表现显著：东汉末期气候转冷，引起北方游牧民族大举南迁，游牧生产和半农、半牧经济因之朝东南方向显著扩张，

[1] 张家诚：《气候变化对中国农业生产的影响初探》，《地理学报》1982 年第 2 期，第 8-14 页。

至魏晋北朝时期，黄土高原上的放牧经济曾经排挤农耕种植而占据了优势，北魏的国营牧场甚至一度扩张到中原腹地——洛阳以东地区。随着气候逐渐转暖，自北朝末期开始，至唐朝前中期，黄土高原上的农耕经济逐渐夺回优势，农牧分界线重新向西北推移。史念海曾经详细考察了隋唐时期农牧地区的变迁及其对王朝盛衰的影响，指出：这个时期的农牧分界线向北有所推移，曾经的农牧分界线变成了农耕地区与半农、半牧地区的分界线，且有所北移，东段北移到燕山山脉以下，西南端向南延伸，达到陇山之西，东北端也可以伸向辽水的下游；半农、半牧区与牧区之间的分界线，则由阴山山脉西达居延海，东达燕山山脉。在魏晋北朝时期处于农牧交错状态的一些地区，如泾渭河下游、汾水下游、涑水流域、伊洛两水下游等均再次成为繁盛的农耕区域；在半农、半牧区则已经有相当的农业基础——尽管当时国家监牧主要设置在这个地区，是唐代马匹和畜产品的主要供给地[1]；距离关中甚远的西北陇右地区，农业经济亦曾呈现出“闾阎相望，桑麻翳野”的繁荣面貌。[2]及至晚唐五代，气候又转寒冷，并且再次引发农退牧进趋向。这两种经济类型进退消长的历史意义并不局限于经济本身，同时还引起了黄河中下游地区生态—经济—社会的一系列重大变化。[3]

对长期气候冷暖变化与经济社会盛衰关系的上述宏观思考，是基于历史大趋势而做出的判断。以“历史之同情”去理解和认识当时的社会和当时的人，我们需要更多地关注即时性（短期）的气候冷暖、干湿状况及其影响。古代农业生产技术水平低下，人们“靠天吃饭”，气候变化对农业经济的影响非常明显而且直接，风调雨顺自然于农业生产有利，倘遇阴阳失和，旸雨不时，或旱或涝，都必定给农牧生产造成损害，轻则减产歉收，重则颗粒无收形成灾荒，导致千里饥馑、饿殍满途。这是中国古代人民始终未能摆脱的“历史宿命”，中古时代亦不例外。不仅如此，在中古特定的历史条件下，大规模迁徙、流移的民族和人民，还不得不面临新地区气候环境的挑战——不论对于内迁中原的游牧民族还是对于南徙湿热之区的汉族人民来说，认识和适应移入地区新气候条件都是一个极其艰辛的过程。

[1] 史念海：《河山集》（七集），陕西师范大学出版社，1999 年，第 77-99 页。
[2]《资治通鉴》卷 216《唐纪三十二》，中华书局，1956 年，第 6919 页。
[3] 王利华：《中古时期北方地区畜牧业的变动》，《历史研究》2001 年第 4 期，第 33-47 页。

无论从大的历史进程，还是从生产生活的具体实际来看，气候对于中古社会的影响都是十分广泛而深刻的。我们有理由认为：在汉末至魏晋南北朝中原社会动荡、经济萧条、民族迁徙的历史变动之中，气候转冷可能是一个非常重要的诱发因素；隋朝和唐代前期，北方经济和社会在长期战争动荡后能够恢复并取得超迈前代的新发展，与比较温暖的气候亦不无关系；气候冷暖波动还通过一系列复杂的社会机制间接地推动中国文明发展空间南向扩展。不过，我们并不主张将历史上的民族迁移和王朝兴衰进行对应的简单解释，而是需要更多地研究迁移人民对新地区气候条件的具体适应过程。毫无疑问，不论对内迁的游牧民族还是南逃的中原士庶来说，与原居地显著不同的气候无疑是他们所遭遇的最重大环境挑战之一，这是中古史研究者尚需更多关注的一个重要课题，还有很多历史故事值得细细地讲述。

第四节　唐朝亡于干旱？质疑和讨论

气候变化对人类的影响是一个全球性话题。对当代气候问题的普遍高度关切，促使一些自然科学家的思想触角向社会历史领域延伸。他们试图采用科学的方法，在历史气候变化与文明兴衰之间建立因果关系解释，提取气候影响社会的人类历史经验，为认识当今气候变化提供参照和警示，其立意之深邃、志向之高远，无疑都是值得钦佩的。然而，气候变化本身既已十分复杂，其作用于人类社会系统进而影响文明进程的历史机制更是极其扑朔迷离。因此，不论是采用传统的历史文献学方法，还是运用现代自然科学手段，对各种代用气候记录所呈现的气候变化“面相”，都需十分审慎地予以判断，绝不能仅凭某种单项证据，就将历史上的文明盛衰、王朝兴亡简单机械地对应并且归因于气候的冷暖干湿变化。

数年前发生于中外科学家之间的一场争论，是一桩很值得评述的学术公案。争论双方的一个主要关切点是唐朝是否果真因为夏季风减弱所导致的气候干旱而衰亡？由于双方的讨论均发表在世界顶尖科学杂志——《自然》和《科学》上，引起了中外媒体的广泛关注，一时间曾经掀起不小的波澜。

2007 年 1 月 4 日，《自然》杂志发表了德国科学家豪格（G. H. Haug）所率研究小组的论文——《热带辐合带对东亚季风的影响》。[1]该文利用在广东湛江西南部湖光岩玛珥湖获得的岩芯样品作为气候代用资料，通过分析岩芯样本磁属性和钛物质含量变化，讨论16 000年来东亚季风变化及其机制。文章认为：湖泊与洞穴沉积物的两种测量值曲线，分别反映冬季风和夏季风的强度变化，对它们进行对比的结果显示：冬、夏季风强度在年际尺度变化上存在反相关的关系——冬季风强，夏季风则弱；反之亦反。文章通过对该气候代用资料序列的分析，提出了一个让人惊讶的观点：由于气候变化（夏季风减弱、冬季风加强）而引起的干旱，在太平洋东西两岸分别导致唐朝覆灭和古代玛雅衰亡！为了准确呈现他们的观点，兹将其文的相关部分摘译如下：

气候和环境变迁在社会兴衰中的作用是一个争论激烈的问题。将所有社会变化的情节都归因于气候事件驱动也许是一种简单化的想象，对于王朝时代的中国这样一个发达和复杂社会尤其如此。然而我们注意到：根据我们的湖光岩玛珥湖新资料，中国朝代的主要变化确实发生于冬季风强劲之时。对比湖光岩玛珥湖的资料和洞穴资料而呈现出来的冬夏季风强度负相关，说明王朝改变倾向发生于夏季风弱、降水减少的时期。在中国，改朝换代常常伴随着粮食歉收和饥馑时期的人民起义，并与降水减少相联系。唐朝被认为是中国文明的巅峰，是一个文化艺术的黄金时代。8世纪时，以公元751年同阿拉伯军队之间的一次战争失败为起点，王朝力量开始衰退，叛乱进一步削弱了唐王朝，最终于公元907年崩溃。

耐人寻味的是，古代玛雅兴亡与中国唐王朝的黄金年代和衰落彼此吻合。湖光岩玛珥湖和卡里亚科盆地钛资料的比较显示了若干相似性，包括自公元750年前后气候走向干旱的一般转变，和此总体干旱时期中的3个多年降水极少期，其中最后一个正与玛雅崩溃的最后阶段和唐朝的末日相吻合。鉴于这些结果，重大的环太平洋热带复合带位置移动，看来似乎在太平洋两岸文明中同时催化了（衰亡）事件。

该文发表之后，很快吸引了不少眼球，中西方媒体都作了不少报道，也在

[1] Yancheva G，et al.，Influence of the Intertropical Convergence Zone on the East-Asian Monsoon，Nature，2007，Vol. 445，pp.74-77，doi：10.1038/nature 05431.

学界引发了争论。2007 年 11 月 15 日，《自然》杂志同时刊出了中国气候史家张德二的质疑文章以及豪格小组的回应。[1]张德二等对豪格小组的上述观点提出质疑，主要有三点：①“所谓唐朝后期夏季少雨和长期干旱的推论，与中国历史气候记录不符”——历史气候记录显示唐朝后期气候并非一直干旱，唐朝并非亡于干旱。②所谓“冬季风强导致夏季干旱”的推论依据和“冬季风与夏季风强度反相关”结论均是不正确的——“由寒冬频繁出现而认定的 2 个强冬季风的时段即公元 810—839 年和 880—899 年，大致对应于由历史气候记录建立的湿润指数曲线的夏季多雨位相，而寒冬罕见的弱冬季风时段，即公元 850—879 年，则对应于湿润指数曲线的少雨位相。这样的对应关系和‘冬季风强导致夏季干旱’的推论竟然完全相反”。③豪格小组所提供的湖泊沉积岩芯钛含量变化曲线所表示的冬季风强度变化与中国历史寒冬记录不符，钛含量值是否能够作为冬季风强弱变化的代用指标值得怀疑。对张德二等的批评，豪格小组虽有回应，但并无足够力度。

像豪格小组一样，张平中率领的中外联合研究团队，亦试图运用科技手段和地质资料，揭示气候波动与王朝兴衰之间的对应关系。他们对甘肃一处石灰岩溶洞——万象洞中的石笋进行分析研究，在另一份世界顶级杂志——《科学》上发表了题为《由一份 1810 年的中国洞穴记录考查气候、太阳与文化的关系》的论文[2]，描绘了中国历史上季风与干湿变化的时间序列。认为：

公元 190—530 年（汉朝末期和分裂时代的大部分时期）夏季风强度中等，但包括不少十年至百年时间尺度的波动；530—850 年（分裂时代末期、隋朝和唐朝大部分时间），夏季风普遍弱，860 年急剧下减到一个相对最低点，并保持着低值，直到 910—930 年的另一次急剧下降。此后则经历了 60 年戏剧性的上升，至 980 年达到最高点，保持高值至 1020 年。我们把 850—940 年的弱季风期称为“晚唐弱季风期”（LTWMP，包括唐朝最后 60 年和五代十国前 30 年）；同样，把强季风高峰期（960—1020 年）称为“北宋强季风期”（NSSMP，北宋初期 60 年）。1020 年以后，季风明显波动，但通常相当强大，直至 1340—1360

[1] De’er Zhang and Longhua Lu，Anti-correlation of Summer/Winter Monsoons？；Yancheva et al.，“Reply”，Nature，2007，Vol. 450，E7-E9。

[2] Pingzhong Zhang，et. al.，A Test of Climate，Sun，and Culture Relationships from an 1810-Year Chinese Cave Record，Science，2008，Vol.322. Adopted from www.sciencemag.org.

年一度急剧下降。14 世纪中期季风减弱，保持低值水平并伴有许多波动，直至 1850—1880 年的一次急剧上升；19 世纪季风增强。在 14—19 世纪普遍偏弱季风之波动中，1350—1380 年（晚元弱季风期，LYWMP）和 1580—1640 年（晚明弱季风期，LMWMP）是异常偏弱阶段。最后一个夏季风表征是 20 世纪后期（1960—2000）的一次显著转弱。

张平中团队尽管已经了解到张德二等对豪格小组的批评，但仍然作了如下表述：

9 世纪干旱期被认为促成了唐朝和中美洲玛雅文明的衰落，这个观点引起了重大争议。“晚唐弱季风期”的时间与这个观点相吻合，特别像唐代最后数十年的衰落。由于“晚唐弱季风期”的时间超出了唐代，它也可能对五代十国时期的未能统一发挥了作用。不仅如此，随后的“北宋强季风期”可能促进了水稻栽培的快速增加、人口的戏剧性增长以及北宋前期的普遍稳定。此后，元末和明末均以夏季风异常偏弱为特征，表明了气候与这些朝代灭亡之间的一种联系。其他因素肯定影响了中国文化历史的这些“章节”，但我们（所揭示的）关联表明气候发挥了关键作用。

如果说前者在陈述结论时尚较委婉的话，后者则显得很是“断然”。并且在他们看来，夏季风与王朝兴衰之间的对应关系不止可见于唐末，还存在于其他多个朝代。因张平中团队的成果似乎为豪格小组的观点提供了强有力的支持，一些西方科学家感到异常兴奋，在《科学》杂志的同一期，理查德 • 科尔（Richard A. Kerr）竟以《中国岩洞诉说善变的太阳打倒了古代王朝》为题[1]，对该项成果予以评介，而国内有的媒体则把该项成果排列在“2008 年中国十大科学发现”之首，一时之间有关问题与争论被炒得沸沸扬扬。

作为历史学者，我们并不具备与以上两项研究有关的基本科学素养，因此对豪格小组和张平中团队研究材料和方法的科学性，及其关于季风、气温、干湿变化结论的确切性，均无置喙资格，这些应由相关领域的科学家去讨论和评

[1] Richard A. Kerr，Chinese Cave Speaks of a Fickle Sun Bringing Down Ancient Dynasties，Science，2008，Vol.322. Adopted from www.sciencemag.org.

判。[1]但唐代兴衰与气候变化之间的关系，却是本节无法绕开的问题，故兹亦从环境史角度发表几点浅见。

人类生存和社会发展必须依存于一定的自然条件，受生态规律最终支配，环境变迁必然会对人类活动和文明发展造成不同程度的影响，社会文明的发展并非完全由人类独自决定，众多自然因素亦参与其间。强调自然因素的历史作用，注重环境变化的社会影响，不仅值得提倡，而且非常必要，这是环境史区别于传统历史学的一个重大进步。漫长历史上的丰富经验事实表明，气候变化对人类历史具有十分重要的影响，这一点是毋庸置疑的。

事实上，近年所发生的这场争论，从历史学角度来看并非一个原创论题。20 世纪后期就有历史学者开始讨论中国古代周期性的统一与分裂、安定与动荡、繁荣与衰落同周期性气候冷暖变迁之间的关系。[2]所不同的是：这场争论发生在自然科学家们之间，是关于重大历史问题的不同“科学观点”。在一个崇尚科学的时代，采用科学方法和手段来解说历史问题，似乎更具科学性和说服力，亦更能触动公众神经和引起社会轰动效应。毫无疑问，自然科学家关注历史问题，利用自身学科专业优势，透过自然因素探寻人类社会文明的历史演变，包括运用气候资料观察古代王朝和文明兴衰，为历史研究提供了新的视角、思路、技术、方法乃至资料信息，是弥足珍贵和值得特别赞赏的，历史学者应当予以充分尊重，并且努力地学习和借鉴。

但是我们必须指出：王朝兴亡和文明起落终归是人类主导的历史，不能因为重视自然因素就把历史的主角——具有文化能力的人类完全等同于其他动物。历史事实证明：自然环境及其变化对人类生命活动具有不容忽视的重要影响，但人类并非单凭本能而是通过文化和社会机制来应对环境变化，并未完全消极地承受自然灾难，不可过分地低估古代社会特别是一个复杂文明体系对自然变化的适应和应对能力。我们注意到：一个时期以来，有些学者热衷于把王朝兴衰、文明起落等重大历史变动归咎于特定的环境变化，甚至简单排列气候

[1] 中国科学院地质与地球物理研究所的丁仲礼院士指出：豪格小组的研究成果，尚需解决“年代标尺”、“时间尺度”和“气候指标”三个关键性的问题。张德二：《由中国历史气候记录对季风导致唐朝灭亡说的质疑》（附件1，《丁仲礼院士点评》），《气候变化研究进展》2008 年第 2 期，第 129-130 页。

[2] Kawai Fan，Climatic Change and Dynastic Cycles in Chinese History：A Review Essay，Climatic Change，2010，Vol. 101，pp.565-573.

寒冷与王朝灭亡在时间上的对应关系，过分夸大单一自然因素的影响。[1]如此这般解说历史，不但无助于揭示历史真相，而且可能重新坠入“环境决定论”的陷阱，最终导向历史“宿命论”。

固然，在影响人类社会发展的诸多自然因素中，气候最为善变，与其他因素相比更具有不确定性和难以捉摸，亦更易造成灾难性影响。因此，气候变化自古至今一直令人深感困扰。在古人的思想观念中，上天的责罚是很严重的，其威力主要通过气候异常所致的水、旱、霜、雪、瘟疫等自然灾害来显现。当人们试图求索国家兴亡、文明变迁的根源之时，气候的“关键作用”自然而然地最受重视。我们也承认：在合理的时空尺度内，从气候角度解释历史问题确实具有一定的合理性。然而气候变化终究只是影响人类历史进程的众多自然因素之一，其他因素（包括自然因素和社会因素）始终发挥着不同作用，特定时期哪些因素对经济盛衰、王朝兴替和文明起落的作用最为关键，则需结合具体的历史情境进行具体分析，不可一概而论。况且，气候变化波动的机理原本即是十分复杂，人类至今仍然未能充分掌握。且不论大时间尺度的气候变迁判断起来多么困难，就是确实发生了大霜、大雪、大旱和大涝的年份，亦并不必然与年均温度高低和降水量大小完全相应（再次提请注意近年围绕“全球气候变暖”的争论），气候作用于社会和文明的历史机制、程度与后果，更不可能被轻而易举地加以说明。请恕直言，前述两项科学成果的贡献者虽是语出惊人，却似乎缺乏中国历史的常识，不能自圆其说，这是因为学有专攻，我们无意指责。正如张德二等所批评的那样：仅用一个钻孔的测量数据来揭示太平洋东西两岸人类文明的兴衰问题，把某一自然因子（如降水量）十年尺度的变化指为一个王朝或文明崩溃瓦解的原因，未免太过简单化。周力平指出：“朝代兴衰、更替的原因这一考古学家与史学家们一直关注的重大问题不会轻而易举地被自然科学家们解决，而是需要不同领域的科学家对特定时段的气候变化、环境背景、政治格局、经济形态、文化基础等高度复杂的社会生态系统进行综合研究。”[2]

至于唐代衰落和灭亡的真正原因，即便不考虑当时的人口分布、经济布局、

[1] 除上引数篇之外，还有不少自然科学家进行了相关讨论。如章典等：《气候变化与中国的战争、社会动乱和朝代变迁》，《科学通报》2004 年第 23 期，第 2468-2474 页；刘禹等：《青藏高原中东部过去 2485 年以来温度变化的树轮记录》，《中国科学》（D 辑：地球科学）2009 年第 2 期，第 166-176 页。

[2] 张德二：《由中国历史气候记录对季风导致唐朝灭亡说的质疑》（附件 2：《周力平教授读〈Nature〉Yancheva 等和张德二等论文有感》），《气候变化研究进展》2008 年第 2 期，第 130 页。

生产技术及其发展变化，不考虑经济制度变革的影响和国家—地主—农民之间的矛盾，不考虑藩镇、宦官、党争和外患，甚至亦不考虑唐代社会对气候变化的响应能力，姑且遵循气候变化导致经济衰退，进而导致国家衰落、王朝覆灭这个思想逻辑，一两个地点的地质学气候代用资料的科学分析结果，能否真实地说明唐后期气候的整体情况令人怀疑，因中国幅员辽阔、自然环境复杂，不同区域的气候条件及其变化机理颇多差异，多种因素都有可能影响具体地区的季风、降水和温度；就算是同一地区的气候代用资料，放到不同时空尺度进行分析，亦可能得出颇不相同的结论。湖光岩玛珥湖、万象洞的所在地，都远离唐朝政治、经济和社会中心区域，从中采集获得的气候资料，如何能证明唐朝衰落灭亡的重要原因之一是气候干旱或夏季风减弱呢？！

第二章

人口变化与土地利用

从“广域生态”视野来看，人类历史其实是一个漫长而宏大的文化（文明）与自然互动的生态过程，我们称之为“人类生态系统”过程。[1]居于系统中心地位、在过程之中发挥主导作用的无疑是人，但以生存发展为主线的人类活动，深受诸多自然因素及其变化的影响，天、地、生、人诸多历史因素交相作用，协同演变。在中古700多年中，中华大地不但气候冷暖波动显著，人口、土地及其配置关系亦经历了巨大的变化。气候变化纯属自然过程，非人力所能掌控和左右（至少在当时是如此），人们只能承受和应对；人地关系变化则是由人类主导和主动作为的，是人类活动特别是经济生产的表现和结果，包括气候在内的诸多自然要素亦直接或间接地“介入”和“参与”其中。环境史既以揭示历史上的人与自然关系作为目标，就不能不始终关注历史上的人口、土地问题及其相互关系变化。在农业时代，人口（劳动力）是最重要的社会生产力，土地则是最重要的生产资料，经济发展的基本前提则是两者有效结合。相应地，那个时代的人与自然关系，首先直接体现于人口与土地之间的关系。人口变化是环境变迁的主要社会驱动力，荒野土地不断被垦辟为农田或以其他方式被加以利用，则是自然环境变迁最直观的表现之一。那个时代人类活动改变自然环境的历史时空过程、速率、规模和强度，取决于众多自然（气候、地形、土壤、物种等）和社会因素（政治、经济、技术等）共同作用下的人口与土地的矛盾运动。

与前一时代相比，中古人地关系无疑经历了巨大变化，与同一时代中国文

[1] 关于“人类生态系统”的思想概念的来源及其在环境史研究中的运用，参见王利华：《生态环境史的学术界域与学科定位》，《学术研究》2006年第9期，第5-11页。

明空间格局的变化相伴随行，两者互为表里。由于气候变化、民族冲突、人口迁移和政权分合等一系列因素驱动，长江流域及其以南成为中古人口增长和土地垦殖的重点区域，也是那个时代人与自然关系诸多变化之中最突出的表现。自孙吴开端到李唐灭亡大约 7 个世纪中，南方人口持续增长，广袤的原始荒野逐渐被垦殖，终成堪与黄河中下游相抗衡甚至最终超迈其上的新兴农业经济区域。当然，黄河中下游的人口与土地关系也经历了许多变化：人口在动荡中耗减，在安定时回升；耕地因战乱而荒废，又因和平而复垦；人口与土地的关系亦处于不断调整变化之中。区域内部不同地区的人口变化和土地垦废情形也是相当复杂：一些曾经人烟稠密、农业繁盛的地区（如汉代“新秦中”）相对衰退，而另一些原本比较次要的地区则成为最重要的经济基地（如北朝和唐前期的河北地区）。本章将综合前人的丰富成果，努力从环境史角度对中古人口、土地及其相互关系变化稍作解说。[1]

第一节　人口的升降、流动和分布

在人力经济时代，技术增长缓慢，经济增长主要通过增加活劳动量投入来实现，因而，人口（劳动力）总量的增减是社会盛衰和经济起伏的一个重要标志；人口密度大小则是区域经济水平高低的一个主要指标。而人口总量和人口密度，亦反映一个时代和区域环境与社会关系演变的基本态势。故关于中古人口，我们介绍三个方面的情况：一是人口总量的升降，二是民族和人口迁移过程，三是由于人口升降和迁移所引起的不同区域人口分布密度的变化。第一个方面反映这个时代人与自然关系演变的整体态势，第二个方面关乎人口与资源关系的空间变化，第三个方面则反映不同区域的人口—资源配置情况。由于我们对人口史问题没有专门研究，故只能依恃前人的成果，尽量说明中古中华民族生存活动的空间格局和人口与资源（土地）配置关系经历了怎样的演变过程。

[1] 关于中古人口、土地及其相互关系变化，前人已经做过大量研究。但其具体历史过程和情形极其复杂，以简短文字做出允当的概括非常困难。这里只能尽力而为，略述其概貌。

一、人口总量之估测

由于几代学人的艰苦努力，关于中古人口的已有论著可谓甚夥。然而不论从哪个方面来看，中古人口的实际状况都还不能说已经清晰、明了，其中魏晋南北朝时期的情况更是难以把握，这主要由于史料本身存在严重缺陷。现存文献中所保留的三国至唐末的户口统计数字，都不足以充分说明不同朝代人口总量及其分布的实际情况。原因有三：其一，现存历代户口统计数字，都只是国家所掌握的在籍户口而非实际户口数量，由于多种原因，大量脱籍、隐漏的人口并未登记入籍，没有进入国家户口统计之中——中古如此，其他时代也是这样；其二，与两汉相比，中古是一个社会动荡频繁的历史时期，大部分时间处于政权分立和地方割据状态，魏晋南北朝分裂时期和中唐以后藩镇割据阶段，都无法实施全国性户口统计，所以这个时代户口数据的完整性明显不及两汉；其三，中古社会构造亦远比两汉复杂，大量民众因多种合法和不合法的因素，成为世家大族、官僚将帅、寺院富商和职司官府的庇荫与控制人口，而不在国家“编户齐民”之列。即便是在隋唐统一时期，国家对户口的控制和管理亦不如汉代严格。因此，目前保留下来的那些统计数字，不仅只是朝廷所能掌握的户口数字，并且常常是残缺不全的数字，与实际人口之间存在着相当大的差距。然而，在没有其他资料可供利用的情况下，我们又不得不对这些统计数字予以重视，因为它们毕竟在一定程度上反映了当时全国户口增减和地区变化的基本趋势。

为了从人口数量的变化窥知中古人口—土地关系演变的基本趋势，兹首先摘录葛剑雄据梁方仲《中国历代户口、田地、田赋统计》改编的中国历代户口统计表之相关部分，如表 2-1 所示。

表 2-1　三国—唐代官方户口统计数字

年度			公元年份	户数	口数	户均口数
三国	蜀	刘禅炎兴元年	263	280 000	940 000	3.36
	魏	曹奂景元四年	263	663 423	4 432 881	6.68
	吴	孙皓天纪四年	280	530 000	2 300 000	4.34
西晋		武帝太康元年	280	2 459 840	16 163 860	6.57
十六国前燕			370	2 458 960	9 987 935	4.06

年度			公元年份	户数	口数	户均口数
南北朝	宋	孝武帝大明八年	464	906 870	4 685 501	5.17
	北魏	明帝熙平年间[注]	516—520	5 000 000		
		孝庄帝永安年	528—530	3 375 368		
	北齐	幼主承光元年	577	3 932 528	20 006 880	6.60
	北周	静帝大象中	579—580	3 590 000	9 009 604	2.51
		大定元年	581	3 599 604		
	陈	宣帝时	569—582	600 000		
		后主祯明三年	589	500 000	2 000 000	4.00
	隋	炀帝大业五年	609	8 907 956	49 019 956	5.17
	唐	高祖武德年间	618—626	2 000 000		
		太宗贞观年间	627—649	3 000 000		
		高宗永徽元年	650	3 800 000		
		中宗神龙元年	705	6 156 141	37 140 000	6.03
		玄宗开元十四年	726	7 069 565	41 419 712	5.86
		开元二十二年	734	8 018 710	46 285 161	5.77
		天宝元年	742	8 525 763	48 909 800	5.74
		天宝十四年	755	8 914 709	52 919 309	5.94
		肃宗乾元三年	760	1 933 174	16 990 386	8.79
		代宗广德二年	764	2 933 125	16 920 386	5.77
		德宗建中元年	780	3 805 076		
		宪宗元和十五年	820	2 375 400	15 760 000	6.63
		文宗开成五年	840	4 996 752		
		武宗会昌五年	845	4 955 151		

资料来源：葛剑雄：《中国人口发展史》，福建人民出版社，1991 年，第 102 页。

注：引案，指孝明帝熙平年间（516—518 年）。

由表 2-1 可以看到：这个时代最大的官方统计数据，出自唐玄宗天宝十四载（755 年），全国共有户 8 914 709[1]，口 52 919 309。只需作一简单比较便可发现：它们比现存最早的一份全国性户口数字即西汉平帝元始二年（公元 2 年）的统计数字要小得多。元始二年，全国有户 12 223 062，口 59 594 978。与之相比，开元十四年（726 年）的户数少了 330 多万，口数则少了 660 多万。表 2-1 中的第二大数据是隋炀帝大业五年（609 年）的统计，有户 8 907 956，口 49 019 956。两相比较，亦甚不合情理：隋末战乱固然造成了较大人口减耗，但

[1] 按：这组数字出自（唐）杜佑：《通典》卷 7《食货七》，“历代盛衰户口”。其中户数实应作 8 914 790。但同书同条注文所载“课户”、“不课户”和“课口”、“不课口”相加之户口数，与总数稍有不同，其中户数相差 72，口数则整差 1 万。此外，诸书所载的户口数量也互有出入，天宝十四载（755 年）户数比《唐会要》和《旧唐书·玄宗纪》所载之天宝十三载（754 年）户数少一二十万户。即唐代最高的户数出自天宝十三载（754 年）而非十四载（755 年）。

战乱持续的时间并不太长，经历了唐前期长达 130 余年的经济恢复与和平发展，人口增加竟然不到 400 万。这些数字都是和平统一时期的统计，尚且不能反映全国人口实际，其他年代的统计数字就更不用说了。

以下分别对不同阶段的人口增减情况略作叙述。

为了解魏晋南北朝时期的人口实情，不少学者曾经做过十分艰苦的努力，他们详尽地搜罗历史文献中的每一条信息，采用不同的方法进行分析和测算，力图做出接近历史实际的推测。由于史料的严重局限，兼以解读和分析方法存在差别，不同研究者所得出的推测性户口数字存在着较大的差距，我们比较诸家意见，努力择善而从，选取那些更接近历史实情的数字予以叙述。必须提醒读者的是：所有推测性的数字都可能存在较大误差，只可作为参考而不能完全执以为实。

作为中古时代的开端，三国时期正值汉末大乱之后，战争杀戮、饥荒和瘟疫接踵而至，侥幸生存下来的百姓亦四散流徙，寻找托命苟活之所。于是，曾经人烟稠密、城市繁荣、聚落相望的黄河中下游地区处处沦为废墟。东汉末年著名政论家仲长统的《昌言・理乱篇》说：自黄巾战乱爆发之后，“以及今日，名都空而不居，百里绝而无民者，不可胜数”[1]。三国鼎立局面形成之后，战乱情况稍见缓解，人口逐渐安辑，然而彼此攻伐未尝停歇。经此剧烈的战争动荡，人口急剧减耗，国家所能掌握的户口数字少得可怜。唐代杜佑《通典》卷七《食货七》“历代盛衰户口”如此叙述当时的户口情况：

> 魏武据中原，刘备割巴蜀，孙权尽有江东之地。三国鼎立，战争不息。刘备章武元年（221 年），有户二十万，男女口九十万。及平蜀，得户二十八万，口九十四万，带甲将士十万二千，吏四万，通计户九十四万三千四百二十三，口五百三十七万二千八百八十一。除平蜀所得，当时魏氏唯有户六十六万三千四百二十三，口有四百四十三万二千八百八十一。孙权赤乌五年（242 年），有户五十二万，男女口二百三十万。

在随后的一段注文中，他又指出：“……当三国鼎峙之时，天下通计户百四十七万三千四百三十三，口七百六十七万二千八百八十一，以奉三主，斯

[1]《后汉书》卷 49《仲长统传》，中华书局，1974 年，第 1649 页。

以勤矣”[1]！

唐长孺曾将曹魏景元四年（263 年）、蜀汉炎兴元年（263 年）和孙吴天纪四年（280 年）的三组户口数字合并计算，得出三国时期著籍户口的大致数量：户 1 466 423，口 7 672 881。与东汉最盛时期相比，户口真的接近了“十不存一”的程度：东汉永寿三年（157 年），全国在籍户口为 10 677 960 户，56 486 856 人，与之相比，三国户数下降了近 86.3%，口数则下降了 86.4%强。[2]

实际户口数量当然不至于如此之少。一般认为：《通典》所记载的只是郡县掌管的在籍编户而非全部户口。由于天下纷乱造成大量户口流散，东汉以来豪强地主经济发展造成了人口大量荫附于私家，以及三国政权掌控劳动力有若干特殊方式等因素影响，更多的户口并未纳入郡县编户人口统计范围。王育民综合各种资料进行分析估测，认为那时的实际户口数量应有 680.1 万户，3 978.8 万口。他还特别指出：

> 三国时期从政府分割出去的部曲、佃客、奴婢等世家豪族的私家户口，由国家典农机构管辖下的屯田上的生产者屯户，郡县编户之外另立户籍的兵户、吏户以及仍保持其原有部落组织形式的少数民族的牧户等不属于郡县管辖下的人户，已经远远超过封建国家的编户齐民。再加上郡县编户中广大自耕农因逃避赋役而流亡的逃户、漏户，封建国家地方行政机构郡县所能直接控制的人户仅仅是整个户口数的一小部分而已。[3]

葛剑雄在对王氏的研究予以部分肯定的同时，提出了多项质疑。葛氏谨慎地给出了一个三国人口最多之时的数量下限，认为：“在原东汉的疆域范围内，到三国末期有 3 000 万人，应该是没有问题的。”他还指出：“……东汉三国间的人口谷底大致在 2 224 万～2 361 万。如果东汉的人口高峰以 6 000 万计，则已经减少了 60%强。虽然远远谈不上是‘十不存一’，但也是中国历史上人口下降幅度最大的几次灾祸之一。”[4]

尽管诸家关于三国人口数量的推测颇有分歧，但对当时全国人口状况终究

[1]（唐）杜佑撰，王文锦、王永兴等点校：《通典》，中华书局，1988 年，第 145 页。
[2] 唐长孺：《魏晋南北朝隋唐史三论》，武汉大学出版社，1992 年，第 29 页。
[3] 王育民：《中国人口史》，江苏人民出版社，1995 年，第 130 页。
[4] 葛剑雄：《中国人口史》（第 1 卷），复旦大学出版社，2002 年，第 447-448 页。

还是取得了一些概貌性认识，亦为我们思考中古时代人与自然关系的发展演变在何种状态下起步提供了一个大致依据。

继三国鼎立之后是西晋短暂统一时期。经过几十年的恢复，人口理应有所增长。不过，同样由于资料匮乏，我们无法得知当时的人口实情。《通典》记载晋武帝太康元年（280 年）的户口时称："晋武帝太康元年，平吴，收其图籍，户五十三万，吏三万二千，兵二十三万，男女口二百三十万，后宫五千余人。九州攸同，大抵编户二百四十五万九千八百四十，口千六百一十六万三千八百六十三，此晋之极盛也。"[1]这份数据与《晋书·地理志》"总序"中的记载相同，大约就是本于《晋书》。《通典》又云：自魏元帝景元四年（263 年）曹魏灭蜀，至晋武帝太康元年（280 年）的 18 年，"户增九十八万六千三百八十一，口增八百四十九万九百八十二"[2]。这些数字中间颇存在一些问题，梁方仲指出：上述户口数字与《晋书·地理志》所载各郡户口之合计数不符，葛剑雄亦指"在 18 年中，正常的人口增长绝不可能达到如此高的幅度，应该是统计指标的改变或数字上的误差所致"[3]。即便它们确为当时国家所掌握的户口数量，与永寿三年（157 年）相较，户数亦下降了 77%，口数下降了 71.4%。[4]至于当时的实际户口数量，王育民认为：西晋人口最多时约有 800 万户、4 500 万口；葛剑雄则力证其非，认为："从三国末期约 3 000 万人口的下限开始，永康元年（300 年）的实际人口可能达到 3 500 万"。[5]

西晋的统一局面未能维持多久。晋惠帝永平元年至光熙元年（291—306 年），因统治阶级内部矛盾激化爆发了所谓"八王之乱"并彻底动摇了司马氏王朝的政治根基，给西北边境少数民族提供了乘虚而入的机会。晋怀帝永嘉五年（311 年），匈奴兵攻陷洛阳，怀帝被掳走，晋朝皇室及衣冠士民南渡建康，中原因而再度陷入了战乱，甚至是比东汉末期更严重、持续时间更长的大混乱，成为人口严重损耗和大量流出地区。在此后的五胡十六国时期，黄河中下游成为众多少数民族杀伐、逐鹿的猎场，人口既不可避免地大量耗减，亦根本无从统计，直到北魏统一，才逐渐开始有所恢复。另一方面，广大南方则由于中原

[1]（唐）杜佑撰，王文锦、王永兴等点校：《通典》卷 7《食货七》，"历代盛衰户口"，中华书局，1988 年，第 145 页。
[2]（唐）杜佑撰，王文锦、王永兴等点校：《通典》卷 7《食货七》，"历代盛衰户口"，中华书局，1988 年，第 145 页。
[3] 葛剑雄：《中国人口史》（第 1 卷），复旦大学出版社，2002 年，第 453 页。
[4] 唐长孺：《魏晋南北朝隋唐史三论》，武汉大学出版社，1992 年，第 30 页。
[5] 葛剑雄：《中国人口史》（第 1 卷），复旦大学出版社，2002 年，第 458 页。

士庶的到来，成为主要的人口移入地区，经历东晋、宋、齐、梁、陈诸朝代，虽然亦曾有过短暂的战争混乱，但总体处于和平安定的发展状态，户口在持续增长，此前地广人稀的局面逐渐在发生改变。

不过，正如唐长孺所指出的那样：自孙吴至陈六个王朝、长达 300 年的时间里，江南户籍上的户口数量几乎完全没有增长，与此一时期江南经济的迅速发展极不相称。他认为：这并非因为实际人口没有增长，而是由于各种原因导致大量人口不入户籍。虽然人口不入户籍的现象在十六国北朝时期同样非常普遍，但北朝户口统计的总体情况远比南朝要好，特别是北魏实施“均田制”和“三长制”以后，国家掌握的户口显著增多。杜佑估计：北魏盛时有户 500 余万；其后虽经魏末战乱和东、西政权争斗，至北周末年仍然有户 359 万、口 900 余万。[1]这说明：当时南北政权的户籍人口管理存在相当明显的差异。[2]

那么，这个时期人口的实际情况究竟如何？

葛剑雄运用史籍中的零碎资料，按照人口增长规律，对东晋十六国和南北朝时期的人口进行了一系列分析和估计。他认为：在东晋南方新开发土地上，以年均增长率为 4‰～5‰估计，东晋境内的总人口可以达到 1 500 万～1 746 万；刘宋时期的人口最高峰可能超过东晋的人口上限，达到 1 800 万～2 000 万；梁朝时期的人口总数在梁武帝末“侯景之乱”发生之前已经达到 1 800 万～2 100 万的新高峰；陈朝由于疆域大为缩小，人口总数比南朝各代要低，可能在 1 500 万左右；至于北朝人口，北魏人口的高峰数应在 3 150 万～3 500 万。最后，“以公元 6 世纪 20 年代北魏的 3 000 余万人口，加上南朝梁同时期的 2 000 万，南北人口的总数合计已经超过 5 000 万，这是比较保守的估计”。[3]

隋文帝开皇九年（589 年），隋军渡江灭陈，混一南北，政治重归一统，进入了中国历史上的另一个大统一时期。在隋、唐两代（至少是在“安史之乱”以前），国家的户籍资料远比魏晋南北朝时期丰富而且相对完整，为今人了解当时全国人口状况提供了相对便利。不过，正如前文一开始即已明言：史书所载的只是在籍户口数量，与实际人口存在相当大的差距。

且容我们慢慢道来。

---

[1]（唐）杜佑撰，王文锦、王永兴等点校：《通典》，中华书局，1988 年，第 146-147 页。按：口 900 余万之数与户数不称，详下。

[2] 关于东晋十六国南北朝的户籍人口情况，详参唐长孺：《魏晋南北朝隋唐史三论》，武汉大学出版社，1992 年，第 83-105 页讨论。

[3] 葛剑雄：《中国人口史》（第 1 卷），复旦大学出版社，2002 年，第 465、第 466、第 468、第 475 页。

隋炀帝大业五年（609 年），全国著籍户口分别达到 907 万余户、4 600 余万口。冻国栋指出：这是魏晋以降数百年来国家所掌握的在籍户口的最高值，“和西晋短期统一时全国的著籍户数 240 余万相比则增加了近 4 倍”[1]。这个“历史成就”之取得殊为不易，是多方面因素共同作用的结果：首先是继承了北周境内的人口。北周大象年间（579—580 年），境内有户约 359 万，口约 901 万[2]，自然为隋所继承。其次灭陈，得“户五十万，口二百万”[3]。其三是隋文帝采取一些恢复农业生产的积极政策，社会经济发展较快，人口以较大幅度增长。其四则是颁行“输籍之样”，实施“大索貌阅”等项措施，重整国家对人口的管理控制，检出大量隐匿户口并编入国家户籍。以上成绩可以增加国家的赋役来源，自然非常重要。

然而好景不长，隋初迅速繁荣发展的局面未能长期延续，只是给隋炀帝的好大喜功和穷奢极欲创造了条件。《通典》称：炀帝“承其全实，遂恣荒淫。登极之初，即建洛邑，每月役丁二百万人。导洛至河及淮，又引沁水达河北，通涿郡，筑长城东西千余里，皆征百万余人。丁男不充，以妇人兼，役而死者大半。及亲征吐谷浑，驻军青海，遇雨雪，士卒死者十二三。又三驾东征辽泽，皆兴百余万众，馈运者倍之。又逆征数年之赋，穷侈极奢，举天下之人，十分九为盗贼……”[4]终于酿成了全国大乱，不仅自己“身死国减”，更造成了全国性的巨大灾难。经历隋末战争之后，百姓死散，社会经济重归萧条，许多原本很富庶的地区，因此变得杳无人烟。《隋书》称：“自燕、赵跨于齐、韩，江淮入于襄、邓，东周洛邑之地，西秦陇山之右，僭伪交侵。盗贼充斥。宫观鞠为茂草，乡亭绝其烟火，人相啖食，十而四五。”[5]太行山以东地区作为当时主要的经济中心，情况最为严重，魏徵称：“今自伊、洛之东，暨乎海、岱，萑莽

[1] 冻国栋：《中国人口史》（第 2 卷），复旦大学出版社，2002 年，第 130 页。按：应是相当于西晋户数的近 4 倍，或增加到西晋户数的近 4 倍，而不是增加了 4 倍。

[2] 但是，按照这个数字，当时户均人口只有 2.51 人/户，颇不合情理。我们怀疑首位数字脱漏：大象年的人口数字应是 19 009 604，而非 9 009 604。若果真如此，则当时的户均口数约为 5.28，与前后时代的户均口数相比，合情合理。冻国栋认为：《通典》所载大象年间户数“三百万”应是“五百万”，系字形相似讹误所致，也就是说，隋初受禅时的户数为 559 万；他同时还根据通常户均人口为四至五人的理由，认为：该书所载九百余万之口数，应是二千九百余万。但其著作印刷出来的数字却是“2 909 604”。详见冻国栋：《中国人口史》（第 2 卷），复旦大学出版社，2002 年，第 128 页。

[3]《北史》卷 11《隋帝纪》，中华书局，1974 年，第 414 页；（唐）杜佑撰，王文锦、王永兴等点校：《通典》卷 7《食货七》，中华书局，1988 年，第 148 页。

[4]（唐）杜佑撰，王文锦、王永兴等点校：《通典》卷 7《食货七》，中华书局，1988 年，第 148 页。

[5]《隋书》卷 24《食货志》，中华书局，1973 年，第 673 页。

巨泽，茫茫千里，人烟断绝，鸡犬不闻。道路萧条，进退艰阻。”[1]户口急剧下降到一个新的低谷，以致李唐建国之初有户才二百余万；至唐太宗贞观年间（627—649 年），社会局势已经初步安定，朝廷所掌握的户数亦不满三百万；到唐高宗永徽三年（652 年），仍然只有三百八十万户——此时距大业末年已有36 年。[2]《通典》所称唐初户口寡少的情况，亦为《旧唐书·地理志》所载之贞观十三年（639 年）十道旧领户口数量所证明。[3]

自武德元年（618 年）李唐王朝建立，到天宝十四年（755 年）“安史之乱”爆发，是中古社会形势最稳定、经济发展持续最长的一个阶段。近 140 年的和平发展成就了大唐帝国的辉煌鼎盛，人口自当取得了显著增长。然而如前所说：现存文献记录的唐代最高人口数字尚未达到七个半世纪以前西汉元始二年（2 年）的水平，亦未达到东汉时期的最高水平。冻国栋根据《新唐书·地理志》所载之诸州郡户口数量总计：天宝十一年（752 年）全国有口 59 975 543[4]，算是超过了元始二年（2 年），但所增之数甚微。这是一个极其令人不解的情况，唐人杜佑已经深表怀疑并试图予以解释，他在叙述了唐代极盛时的户口数之后，有如下一段按语：

按后汉自建武初至桓帝永寿三年（157 年），凡百三十年，有户千六十七万。按自周武帝建德六年（577 年）平齐，至隋文帝开皇九年（589 年）灭陈，凡十四年，然后车书混一，甲兵方息。至大业二年（606 年），凡十八年，有户八百九十万。我国家自武德初至天宝末，凡百三十八年，可以比崇汉室，而人户才比于隋氏，盖有司不以经国驭远为意，法令不行，所在隐漏之甚也！[5]

同书同卷《丁中》条还有另一段议论，称：

国家贞观中有户三百万，至天宝末百三十余年，才如隋氏之数。圣唐之盛，迈于西汉，约计天下编户合逾元始之间，而名籍所少三百余万。[杜佑自注]：自

[1]（唐）吴兢：《贞观政要》卷 2《纳谏第五·直谏》，上海古籍出版社，1978 年，第 70 页。

[2] 杜佑云：“大唐贞观户不满三百万。”又引高履行奏：“隋大业中户八百七十万，今户三百八十万。”均见《通典》，第 148 页。

[3] 唐长孺：《魏晋南北朝隋唐史三论》，武汉大学出版社，1992 年，第 241-242 页。

[4] 冻国栋：《中国人口史》（第 2 卷），复旦大学出版社，2002 年，第 97 页（表 2-2 中）。

[5]（唐）杜佑撰，王文锦、王永兴等点校：《通典》卷 7《食货七》，中华书局，1988 年，第 153 页。

贞观以后，加五百九十万，其时天下户都有八百九十余万也。汉武黩兵，人户减半，末年追悔，方息征伐。其后至平帝元始二年（2 年），经七十余载，有户千二百二十余万。大唐百三十余年中，虽时起兵戎，都不至减耗，而浮浪日众，版图不收。若比量汉时，实合有加数，约计天下人户少犹可有千三四百万矣。[1]

杜佑的主要意思可以概括为两点：一是唐朝全盛时期的户口数量不应该比西汉还少，实际户数至少应有一千三四百万户。如果按照“五口之家”的常规计算方法，至少应有 6 500 万～7 000 万人口。二是唐朝著籍户口之所以少于汉朝，仅能与隋朝相埒，主要由于“有司不以经国驭远为意，法令不行，所在隐漏之甚”，由于“浮浪日众，版图不收”。换言之，是由于唐代户口管理不严，有大量的“隐漏”“浮浪”人口没有入籍。

杜佑的上述议论，不仅是唐人说唐事，且是行家之言。他长期掌管朝廷政务，对有关方面的实际情况相当了解，自然有很高的可信度，所以自宋以降，历代史家对其分析一致予以赞同。只是诸家对唐代实际人口数量的估计仍然存在差距，多数估计在 8 000 万上下，个别学者的估计超过了 9 000 万甚至 1 亿。葛剑雄综合多种因素进行分析，认为：唐代人口峰值在 8 000 万～9 000 万。这个人口数字的统计范围，大致北至阴山山脉、燕山山脉，南到今两广、海南及越南北部，东至辽河下游西岸及东部沿海（不含台湾等岛屿），西至今新疆乌鲁木齐一带、河湟谷地、四川盆地西缘、云贵高原大部[2]。冻国栋对唐代各类户口情况进行了详细考订和分析，认为：“唐代盛时主要是天宝十三载（754 年）的实际户数，应为州郡户口（包括著籍户和隐漏户）加上诸色特殊人户、都市中的流动人口及唐代版图内的一些少数民族人户，约合 1 430 万～1 540 万户……而当时之口数，则约合 7 475 万～8 050 万口，即著籍口数与隐漏口数加上诸色特殊人口的合计数。”[3]我们认为他的这个估计是比较平实和可以接受的。这也是魏晋南北朝隋唐时代中国（当时的版图）人口的峰值。在经历了唐后期和五代的人口下降之后，至北宋时期恢复并超过了此数。

“安史之乱”爆发以后，黄河中下游地区遭受严重战乱破坏，随后又是长期

[1]（唐）杜佑撰，王文锦、王永兴等点校：《通典》卷 7《食货七》，中华书局，1988 年，第 157 页。
[2] 葛剑雄：《中国人口发展史》，福建人民出版社，1991 年，第 159 页。
[3] 冻国栋：《中国人口史》（第 2 卷），复旦大学出版社，2002 年，第 182 页。

的藩镇割据、大小战事不断，最后是大规模的农民战争，唐帝国最终覆灭，盛唐时期“稻米流脂粟米白，公私仓廪俱丰实”[1]的繁荣景象，成为唐人不断追思怀想的历史遗梦。社会经济破坏严重，户口减损自不待言。史称，“自天宝十四年至乾元三年（755—760 年），损户总五百九十八万二千五百八十四……损口总三千五百九十二万八千七百二十三”[2]。此后州县（主要是北方诸道州县）多不申报户口，对当时的实际人口情况无法进行估计，但可以肯定的是，唐代中期以后中央政府所能掌握的著籍户口数量较之盛唐时期大量减少，并且实际人口亦大量减少，应是无可怀疑的事实。

相比较而言，黄河中下游人口减损较之南方地区远为严重。《旧唐书·郭子仪传》称，洛阳畿内之地，经“安史之乱”摧残，“不满千户”，洛阳以东地区“东至郑汴，达于徐方，北自覃怀，经于相土，人烟断绝，千里萧条”[3]。整个大河南北，昔日繁荣景象荡然无存，处处荒无人烟。除死于战乱之外，有大量人口流徙南方；同时期的南方地区，由于经受战乱的破坏较小，加上北方移入人口补充，人口减损情况缓和得多，甚至还在逐渐增长。据《元和郡县图志》记载：与开元、天宝繁盛年代相比，唐宪宗元和时期南方各州户口数量有升有降，但降者不如北方诸州严重，升者却有不少增加明显，其中苏、洪、鄂、饶、吉、衡、道等州元和户数远远超过开天时期。如天宝时期苏州有户 76 421、口 632 650[4]，《元和郡县图志》载元和时苏州有户 100 808，较前时增加显著，口数虽未记载，理应亦有明显增长。[5]这种增减消长的南北差异，促进了中国人口布局的调整和南北人口比重的升降。

二、民族迁徙与人口流动

以上讲述人口总量变化之时，不断涉及民族迁徙和人口流动情况。这不仅是一个重要的人口史问题，也是一个重要的环境史问题，因为一个时代人口与环境、资源之间的关系，不仅随着人口总量的升降而变化，而且随着人口的空

[1]（唐）杜甫著，（清）仇兆鳌注：《杜诗详注》卷 13《忆昔二首之二》，中华书局，1979 年，第 1163 页。
[2]（唐）杜佑撰，王文锦、王永兴等点校：《通典》，中华书局，1988 年，第 153 页。
[3]《旧唐书》卷 120《郭子仪传》，中华书局，1975 年，第 3457 页。
[4]《新唐书》卷 41《地理五》，中华书局，1975 年，第 1058 页。
[5]（唐）李吉甫撰，贺次君点校：《元和郡县图志》卷 25《江南道一》，中华书局，1983 年，第 600 页。

间运动而改变。

规模浩大的民族大迁徙，无疑是魏晋南北朝社会变迁中的一个重要情节，也是这个时代宏大历史运动的一个显著特征，其中既包括草原游牧民族像潮水一般涌入中原，也包括规模空前的中原汉族人口南迁。无论是前者抑或后者，都对这一时期的人与自然关系和社会经济发展产生了巨大影响。

前章已经提到：同一时代，东亚和欧洲都曾发生历史巨变，气候变化乃是诱因之一，至少对民族大迁徙发挥了推波助澜的作用。在中国，从东汉后期开始，气候渐趋寒冷，“逐水草而牧畜”的草原民族因生活空间不断移动，经济体系建立在活体动物（包括牛、马、羊、驼等驯养动物）的基础之上，不像农耕民族那样重积贮，具有不完全性和脆弱性，更容易受到气候变化的影响，在寒冷的气候条件下，他们的生存危机逐渐加重，物质生活渐感窘迫，不得不逐渐朝东南方向移动以寻找较为温暖的生存空间。事实上，西汉末期以后，西北游牧民族就已开始向农耕区域逼近，东汉末期的中原社会动荡与残破，更是天赐良机，使之得以乘虚而入。“永嘉之乱”以后，西晋王朝土崩瓦解，鲜卑、匈奴、羯、氐、羌等族更是大举内迁至黄河中下游地区并纷纷建立政权，成为这个区域的统治者。

游牧民族大量内迁改变了中原地区的种族构成，也大大改变了这一地区的资源利用方式和经济生产面貌，社会构造和文化风尚亦随之发生了显著变化。十六国北朝时期，大多数游牧民族的统治者在进入中原以后，出于对汉族经济文化的仰慕和政治统治的需要，大多力图推行一些缓和民族矛盾、恢复农业经济的政策和措施，逐渐走上农耕经济道路。但是，习惯于骑射牧畜的牧民并不能立即割断其游牧经济文化的脐带，而是在相当长的一段时期、在很大程度上保留着他们原有的生产和生活传统，这对中原地区的许多方面都产生了不容忽视的影响。自十六国到北朝时期，畜牧业经济比重曾经一度上升，正与当时特殊的历史形势密切相关；而因农田一度被大量废弃，森林草地曾经有所恢复，从而带来了黄土高原水土流失减轻、黄河水文状况相对平稳等多种生态后果，对此后面还将有所讨论。

然而，中原农牧经济的上述消长、波动只是一种暂时性的局部逆转，并没有从根本上改变该区域的生计体系和传统经济发展方向，采用农耕方式开发和利用自然资源，通过作物种植获得基本物质能量，仍是当地人民主要的生态适应模式。随着时间的推移，北朝后期至隋、唐两代，黄河中下游的农耕经济不仅恢复了绝对支配地位，而且继续有所扩张。从社会层面来看，这段迂回曲折，与游牧民族内迁及其生态适应性转变是互相联系的。游牧民族在进入中原甚至成为政治统治者以后，面临着一种完全不同于此前的资源环境与生态条件，比起他们世代驰骋的草原大漠，这里并不具备发展游牧生产的优势，却具有悠久的农耕传统，与前者相比具有更高的能量转换效率，可以带来更充足的生活资料、社会财富并且能够养活更多人口。事实上，中原农业社会的富庶繁荣很早就令他们羡慕不已。因此，在战乱之后人少地多的情况下，内迁的游牧民族并未持续扩张游牧生产，而是把恢复农耕作为主要的经济取向。统治者大都试图采取措施稳定社会秩序，恢复农业生产，甚至让自己的部众也放弃射猎、畜牧而从事树艺种植，实现由牧民向农民的历史性转变。史家所论之少数民族“汉化”正是以这种转变为经济基础。总而言之，由于汉末动荡以及接踵而至的游牧民族内迁，中原地区的人与自然关系经历了一次显著调整，但“以农为本”的生计模式和以此为基础的人与自然关系并没有从根本上改弦易辙。

在西北游牧民族蜂拥进入中原的同时，广大汉族人民则在巨大的内部激荡和外来冲击下，不断掀起规模空前的人口南迁浪潮，可谓一波未平、一波又起。东汉末年已有大量中原人口向四方流散，许多地方村邑为空，史书颇多记载。其时，幽州、辽东、益州、淮南等地区相对安定，不少中原人士逃往避难。例如，刘虞担任幽州牧时，“青、徐士庶避黄巾之难归虞者百余万口”[1]；由河南、关中等地流往益州的人口以万家计数[2]；曹操进攻徐州的陶谦时，在笮融率领下流徙江南的男女人口亦多达万人。[3]这些亡命的百姓往往依一方宗族首领结伴流亡，例如，鲁肃曾率领一批民众辗转流徙，因“江东沃野万里，民富兵强，可以避害”，是可以安生的“乐土”，故率众归于周瑜，南投江左[4]；曹魏与孙吴抗衡于江淮，既争夺土地亦争夺人口，曾有大批民众东渡长江、投奔江南。《三国志》称：“初，曹公恐江滨郡县为权所略，征令内移。民转相惊，自庐江、九江、蕲春、广陵户十余万皆东渡江，江西遂虚，合肥以南惟有皖城。”[5]这些

[1]《后汉书》卷73《刘虞传》，中华书局，1965年，第2354页。

[2]《三国志》卷31《蜀书·二牧传》注引《英雄记》曰：“先是，南阳、三辅人流入益州数万家，收以为兵，名曰东州兵。”中华书局，1959年，第869页。

[3]《后汉书》卷73《陶谦传》云：融“将男女万口、马三千匹走广陵，……因以过江，南奔豫章”。中华书局，1965年，第2368页。

[4]《三国志》卷54《吴书·周瑜等传第九》及裴注引《吴书》，中华书局，1959年，第1267页。

[5]《三国志》卷47《吴书·孙权传》，中华书局，1959年，第1118-1119页。

情况都改变了各地的人口状况。

西晋末年之后至东晋十六国时期，又先后发生了三轮大规模人口流徙。第一轮发生于“八王之乱”期间，如晋惠帝元康八年（298 年）就有大量关西人口翻越秦岭逃徙汉川，史称“流移就谷，相与入汉川者数万家。……由是散在益梁，不可禁止”[1]。“永嘉之乱”以后，“自夷狄乱华，司、冀、雍、凉、青、并、兖、豫、幽、平诸州，一时沦没，遗民南流”[2]“洛京倾覆，中州士女避乱江左者十六七”[3]即是历史上著名的“永嘉南渡”。第二轮发生在石赵灭亡之后，“荆、楚、扬、徐间，流叛略尽”[4]，“青、雍、幽、荆州徙户及诸氐、羌、胡、蛮，数百余万，各还本土，道路交错”[5]，雍秦流民多南出樊沔、汉中。第三轮则是“淝水之战”符坚失败之后。

由于众多因素的影响，人民流徙去向飘忽不定，总体上是以中原为中心，呈放射状四处逃散：或由河北迁移辽东，或自关中奔逃河西，或由三辅、南阳逃徙汉沔、巴蜀，有的甚至流亡漠北乌桓、鲜卑之地。但南迁仍是主要选择，奔逃江淮以南地区的人数最多，有的甚至辗转流徙到岭南的广州、交趾地区。由于安全和互助的需要，流徙的百姓往往举族、结伙而行，多由士族领袖和地方豪帅带领。如山东士族徐邈“遂与乡人臧琨等率子弟并闾里士庶千余家，南渡江，家于京口”[6]；范阳旧姓“（祖）逖率亲党数百家避地淮泗”，后来亦迁往京口。[7]此后每有大乱到来，众多百姓除于本地山区依险固、建坞堡屯聚据守之外，大抵选择逃亡异地他乡，广大南方是他们主要的避难之所。

自晋室南渡之后，南北政权分立，中原地区每经历一次重大变乱，即必有规模可观的人口流徙，祖逖北伐、淝水之战、刘裕北伐、北魏南征等历次战争期间均有大量人口流徙，具体数量很难估计。有人根据侨置州郡县人口进行推考，认为上起东晋永嘉年、下迄刘宋初期，从中原南逃的人口估计不下 90 万，约占刘宋初年治内人口总数（约 540 万）的 1/6，即当时南方地区 6 人之中即有 1 人为北方南迁侨民。[8]这些流移人民集中在长江上游的成都平原，江汉流域的襄阳、江陵、武昌以及长江下游的今江苏境内，以淮阴、扬州、南京、镇

[1]《晋书》卷 120《李特载记》，中华书局，1974 年，第 3022-3023 页。
[2]《宋书》卷 35《州郡志一·序》，中华书局，1974 年，第 1028 页。
[3]《晋书》卷 65《王导传》，中华书局，1974 年，第 1746 页。
[4]《晋书》卷 106《石季龙载记上》，中华书局，1974 年，第 2777 页。
[5]《晋书》卷 107《石季龙载记下》，中华书局，1974 年，第 2795 页。
[6]《晋书》卷 91《儒林传》，中华书局，1974 年，第 2356 页。
[7]《晋书》卷 62《祖逖传》，中华书局，1974 年，第 1694 页。
[8] 谭其骧：《晋永嘉乱后之民族迁徙》，收入谭其骧：《长水粹编》，河北教育出版社，2000 年，第 294 页。

江、常州一带最多。国家为了安辑流民，对这些人口实行有效管理，同时纾解其思乡之念，曾大批设立侨置州、郡、县，侨置在今江苏镇江一带的南徐州，侨民数量甚至多于当地土著人口。

除北方游牧民族内徙和中原汉族南迁之外，南方各地的土著汉族和蛮、越、獠等少数民族，流徙活动亦非常频繁。这些土著民众和部族是江淮及其以南地区的原住民，两汉以前一直散布在秦岭、淮河以南的广大地域，在魏晋南北朝民族迁徙的巨大浪潮中，他们同样被裹挟进来，加入了流徙的队伍。随着中原汉族人口大量南迁，这些土著中的一部分受到诱引或者围剿，被迫走出山林湖泽，成为国家的“屯田客”“编户齐民”，或充当地主的私家僮仆、佃客。早在汉末三国时期，孙吴政权就曾经极力招诱甚至动用军队围剿“山越”，强迫他们出山屯田农作和服役；更多的族群则不断被迫流徙到更加封闭险峻的深山大壑和更加僻远的华南、西南地区。

这个时期的人口流动，除逃避战乱、酷役自发流徙的大量民众之外，因不同武装集团或政权劫掠、强制所导致的人口迁移，亦非常频繁而且规模浩大，为此前时代所未见。一般来说，这些被劫掠和强迁的人口，多被安置在作为统治中心的都城附近和重要州郡。各种政治势力大肆劫掠和强迁人口的目的，无疑是为了充实其政治中心区域，纾解因战乱所造成的人口稀少和经济萧条状况，从而巩固本政权的社会经济基础。这类情况主要发生在三国、十六国以及南北朝时期的战争期间。[1]

总之，魏晋南北朝的长期战争动荡，造成了比其他任何一个时期都要严重的人口减耗，人口与资源的关系变化显著。从总体上看，当时经济社会发展的主要矛盾并非人多地少，而是人稀地广、人少地荒，劳动人口严重不足。如何稳定政治秩序，恢复和促进人口增长，并把流散的百姓安置在土地上，促进劳动人口与自然资源的互相结合，既是经济、社会发展的一个基本问题，亦是那个时代环境史的一个基本特征。大规模的民族迁徙和人口流动，促进不同区域劳动人口与自然资源的配置关系不断发生变化，那些原本地广人稀的落后区域因此获得了特殊的发展机遇。中原人口的大量移入，对于广大南方地区尤其具有重大而深远的历史意义，既增加了当地的劳动人口，又促进了生产工具、技

[1] 详细情况，请参见高敏主编：《魏晋南北朝经济史》（上），上海人民出版社，1996 年，第 109-134 页。

术及农业物产的传播和交汇，还推动了中原先进生产组织方式和经营思想观念向南方地区移植。更重要的是，由于大量人口迁入，对物质生活产品的需求显著增加，这实际上就是增强了大量开发和利用南方自然资源的动力，亦即增强了区域生态变迁的社会经济驱动力。

隋唐时期的政治统一，曾带来了一段长期和平发展的局面，其间虽然经历了多次动荡，但不似前一阶段那样频繁地发生全局性、爆发性的民族大迁徙。然而不同形式的民族迁徙与人口流动，包括周边少数民族内迁、汉族人口外流，以及其他形式的人口迁移，从来都没有停止过[1]，并且继续保持着汉魏以降北方人口向南方迁移的主要趋势，而南移人口的绝对数量亦并不比魏晋南北朝时期少。这进一步促进了中华民族生存发展的空间向气候湿热、土地辽阔、生物资源更加丰富的广大南方亚热带、热带地区拓展。

毫无疑问，战争仍然是这个时期发生大规模人口迁移的主要原因和契机。因战争而掀起的人口大流动，主要发生在三个阶段：一是隋末农民战争期间，二是唐朝中期的“安史之乱”及随后的藩镇割据时期，三是唐末农民战争及其之后的军阀混战，一直延续到五代十国时期。每次大乱都不仅再次造成中原人口的严重减耗，而且再度掀起了人口南迁的浪潮。[2]为了躲避战争动乱，衣冠士庶大量奔逃到秦岭—淮河以南的江淮、江西、荆湘、剑南乃至岭南地区。其中，后两个阶段的北方人口南迁数量尤其巨大，吴松弟估计：“……在安史之乱结束时大约有250万北方移民定居在南方。”平定安史之乱以后，中原地区的社会形势并未完全稳定，藩镇叛乱频繁发生，虽然每次战争持续的时间不是很长，但是不断造成大量难民逃亡他乡，秦岭、淮河以南仍是主要方向；而唐末农民战争期间逃往南方并且定居在那里的移民，更可能达到400万。[3]

与战乱时期相比，和平年代人口迁移的形式多样，情形复杂，亦很值得注意。唐代正常社会状态下的人口流动，大致可以划分为两类：一是由国家官府组织或强制的移民，其中又有“移狭就宽”、募民屯戍、流配罪人等多种方式。

[1] 人口史家吴松弟曾对这个时期周边少数民族内迁和汉族人民向边疆地区迁移进行过相当细致的考察。详情请参见吴松弟：《中国移民史》（第3卷），福建人民出版社，1997年。

[2] 吴松弟在前人的基础上，进一步指出：“发生在唐代后期和五代的北方人口的大规模南迁，是对我国南方的地区开发和经济发展产生重大影响的三次北方人口大规模南迁浪潮之一。此次移民潮，始于玄宗天宝十四载（755年）安史之乱爆发，止于五代结束，持续了近两个世纪，影响十分深远。”他将这个时期的北方人口南迁统称为“唐后期五代北方人民的南迁”，将其划分为“安史之乱”“藩镇割据”“唐末战争”“五代十国”四个阶段。本节多参考其观点，但稍有不同叙述。吴松弟：《中国移民史》（第3卷），福建人民出版社，1997年，第232-268页。

[3] 吴松弟：《中国移民史》（第3卷），福建人民出版社，1997年，第243、第260页。

只是总体来说，隋唐由官方组织和强制的移民，频率和规模都不及汉代。二是自发性的人口迁移，其中最值得注意的是农民大量脱籍逃亡，成为“浮逃户”。同其他朝代一样，隋唐法令不允许人口自由迁徙流动，自发性迁移受到严格限制，尤其是京畿、军府州和边州的人户不得移往其他地区。但严格的法令管制并未有效阻止大量农民脱籍逃亡，由于不堪官府赋役压榨或因土地兼并失去了生计，成千上万的贫苦农民或隐匿、依附于富室官宦之家和寺院，或游食于都市、受雇于商贾和手工作坊，更多的则是逃亡、屯聚于官府统治力量相对薄弱同时人口稀少的州郡之间、山泽之中。此类情况在唐朝建立不久即已开始发生，至高宗、武后统治时期已经相当普遍，时人有“天下户口，亡逃过半”[1]之语。以剑南道为例：圣历元年（698 年），陈子昂《上蜀川安危事》称：“今诸州逃走户，有三万余在逢、渠、果、合、遂等州山林之中，不属州县。土豪大族，阿隐相容，征敛驱役，不入国用。其中游手惰业亡命之徒，结为光火大贼，依凭林险，巢穴其中。”[2]到了唐玄宗统治时期，逃户问题愈演愈烈，成为一个严重的社会经济难题，对国家财赋征收和兵役、徭役征发都造成了重大影响，于是朝廷任命宇文融等主持全国大规模“括户”，于“诸道括得客户凡八十余万”[3]，若以户均五口计算，则括出人口 400 多万，这些“客户”即是脱离原籍流徙他乡的民户。可见，与汉代流民相比，唐代浮浪逃户之众，实有过之而无不及。由于人口逃亡无法抑止，唐朝不得不逐渐调整政策，对人口流徙的既成事实予以承认，让他们就地著籍而不必遣返故里。安史之乱以后，流移异乡的客户数量暴增，因此唐德宗建中元年（780 年）杨炎主持实行“两税法”，规定“户无土客，以见居为簿；人无丁中，以贫富为差”[4]。即是承认大量流移户口存在这个事实，不分土著与客民，一律就地落户著籍、纳入赋役征取范围。

大致而言，古代农民之所以脱籍逃亡，自发性地向异地迁移，成为像汉代的流民或唐代的浮浪逃户，直接原因是他们不堪官府沉重的赋役压迫，难以维持基本生计，但是在这种现象的背后还有更深层的原因——不同时期的原因并不相同，有可能正好相反。

一种原因是经济繁荣、人口稠密地区，人地关系高度紧张，大量民众无法

[1]《旧唐书》卷 88《韦思谦传》附《韦嗣立传》，中华书局，1975 年，第 2867 页。
[2]（唐）陈子昂：《陈子昂集》，中华书局，1960 年，第 174 页。
[3]《旧唐书》卷 105《宇文融传》，中华书局，1975 年，第 3218 页。
[4]（宋）王溥：《唐会要》卷 83《租税上》，中华书局，1955 年，第 1536 页。

获得必要的生存资源。就全国整体的土地承载能力而言，唐代及其以前并未达到人口过多的程度。但是各个地区自然条件不同，农业开发和土地垦殖有先有后，各地人口分布状况存在很大差别。黄河中下游某些地区（如关中等地）的人地关系早在西汉时期就已经相当紧张，土地兼并进一步加剧了这种紧张关系，出现了董仲舒所说的“富者田连阡陌，而贫者亡立锥之地”[1]的情况，导致了无地流民的大量出现；但广大南方地区那时仍处于“地广人稀”的落后状态。唐代黄河中下游人地关系的紧张程度自不亚于西汉。事实上，唐初制定和实施“均田制”时已有所谓“狭乡”（人多地少）与“宽乡”（人少地多）之分，人口由狭乡向宽乡迁移受到国家政策的鼓励，反之则遭禁止。随着天下承平日久，生齿日繁，人多地少的矛盾愈来愈突出，少地甚至无地的农民自然无法承担赋役，只能脱籍逃亡，造成均田制和以此为基础的租庸调制等都逐渐无法继续实行。毫无疑问，这些流亡农民主要是逃往那些人少地多和国家管理不及的荒野之地，其中又主要是开发程度较低的广大南方。

另一种原因则正好相反。在荒闲土地大量存在、劳动人口严重不足之时，像魏晋南北朝和唐朝初年，同样发生了大批农民脱籍逃亡的情况，这不是由于无地可种，而是因为有田无法耕种——劳动力严重不足，而国家兵役、徭役和赋税繁重，这些负担集中在数量有限的农民身上，造成他们无法生活下去，只能选择逃离家园，亡命山泽，以摆脱官府控制。他们新的栖身之地主要是那些更加荒僻和国家权力所不能及的地区。

不论是上述哪种情形下的移民，大体均是人口由经济较发达、人口较多的地区，流向资源开发较晚、经济发展迟缓、荒野土地广大且国家控制不力的地区，南方地区同样是主要的迁移方向。冻国栋曾经总结唐代人口迁移的历史特征，指出：

> 不论是官府所组织的移民或者是一般民户与官僚士大夫自发的迁移，就其总的趋势而言，是由人口较为稠密的地区迁往相对稀疏的地区以及从北方迁往长江流域及其以南地区。人口迁出的主要地区是关中和两河一带，迁入的地区主要是长江中下游各道州以及巴蜀、岭南、闽中一带。旧士族的迁移地点固然是两京附近，但迁至南方的也颇有其人。特别是在北方战乱之际，他们与一般

[1]《汉书》卷24上《食货志》引董仲舒语，中华书局，1962年，第1137页。

官僚士大夫一样举家南迁。此外，作为屯垦的民丁、客户以及配流的囚徒一部分是在北方的边州，少数的逃户也曾移往北方各州，甚至一部分汉族人民流落到北方边地少数民族地区乃至高丽境内，然而从总体上看，迁移到南方的规模最大，人数最多，影响也最为显著。[1]

事实上，这不仅是唐代人口迁移的特征，而且是整个中古时代人口流动的基本态势。人口迁移的显著影响，首先表现在人口与土地以及其他自然资源之间的关系得到了历史性的调整——一方面缓解了人口稠密地区（人口移出）的人地矛盾，另一方面则是增加了人口稀少地区的劳动人口，促进了南方落后地区的自然资源开发和经济社会发展。

三、人口分布重心的移动

由于众多历史因素的共同作用，伴随着不同导因和层面的社会运动，特别是由于历次大规模的人口迁移，这一时期中国人口分布状况较之两汉时代发生了非常显著的变化，其中最突出、最具深远历史意义的是人口分布重心南移——经过大约 8 个世纪的人口此消彼长与波浪式变动，到了中古晚期，以秦岭—淮河一线为界，中国人口分布格局逐渐由“北重南轻”转变为“南重北轻”，从而确立了新的人口分布局面，并且一直延续至今。

总体来看，这个时期中国人口分布的变化，具有显著不同的区域特征：在北方（即黄河中下游地区）主要表现为人口耗散—恢复—再耗散—再恢复，在南方（长江流域及其以南地区）则表现为不断吸纳外来移民（北方移入人口）并且人口持续稳定增长。在这一变动过程之中，人口比重的天平逐渐发生了南北倾斜。

为了更好地认识这一变化过程，我们首先回顾一下两汉时期的人口分布状况。

葛剑雄对西汉人口分布做了相当系统细致的研究，他指出：当时人口分布的基本情况很不均衡，人口最密集的济阴郡（今山东省菏泽、定陶、东明一带）

[1] 冻国栋：《中国人口史》（第 2 卷），复旦大学出版社，2002 年，第 355 页。

高达 262 人/平方千米，江南、岭南和西北很多地区人口密度不足 3 人/平方千米，有的甚至不到 1 人。当时，最大的人口集中分布区是关东，在北自渤海湾，沿燕山山脉而西，西以太行山、中条山为界，南自豫西山区循淮河至海滨之间的地区，人口平均密度约 77.6 人/平方千米，这一区域土地仅占西汉疆域的 11.4%，人口却占了 60.6%；关中平原、成都平原和南阳盆地亦是人口密集地区，平均人口密度接近甚至超过 100 人/平方千米。在广大的南方和西北地区，除了一些平原、盆地、江河河谷沿线或交汇处和区域政治中心与重要交通路线近侧人口相对集中之外，人口相当稀少。[1]与西汉相比，东汉人口分布的基本格局没有改变，关东依然是最集中的人口分布区。由于西北游牧民族的冲击和政治中心东移洛阳，关中及其以西地区的人口密度大幅度下降。同一时期，由于人口逐步南迁，经济区域向南方开拓扩展，长江以南地区的人口密度大幅度乃至数倍增长，但南方人口密度的绝对数字还很低，除个别地区（如蜀郡）之外，很多地区的人口密度都没有超过 20 人/平方千米。“总之，这一阶段的基本状况是黄河中下游地区人口集中并且达到了相当高的密度，局部地区已经相对饱和；而南方、西南、西北除了较小的局部地区外，人口相当稀少。”[2]

汉代人口分布的显著不均衡，反映了人口与土地资源配置关系的不同状况。在经济、社会发展水平最高的黄河中下游，人口与土地的关系渐趋紧张。在当时的农业技术条件下，即便不考察其他资源需求和消耗（如薪柴），单就农业生产和食物供给能力而言，一些地区的人口密度已接近了当地环境容量[3]，自然资源利用和消耗达到了比较紧张的程度，人多地少的矛盾已经发生，并引起了相当严重的生态—社会后果，这个时代所出现的多种环境生态与经济社会问题，都与人口—土地这一紧张关系直接相连。然而另一方面，在更加广大的地区，人口密度仍然非常低，尤其是在水、土、光、热和动植物资源极为丰富的南方广大亚热带、热带地区，司马迁所描绘的“地广人稀”面貌并无显著改变，不少地区甚至尚处于未受人类活动明显干扰的原始状态。这意味着，那个时代的人与自然

[1] 葛剑雄：《中国人口发展史》，福建人民出版社，1991 年，第 327-333 页。

[2] 葛剑雄：《中国人口发展史》，福建人民出版社，1991 年，第 334-340 页。

[3] 笔者曾经综合多种因素进行测算，在唐代，农耕地区一平方千米的土地理论上可以供养 62.5 人，并持续较高的热量摄取水平，日均摄入热量达 3100 千卡以上。参见王利华：《中古时期北方地区畜牧业的变动》，《历史研究》2001 年第 4 期，第 33-47 页。即便不考虑其他方面资源消耗，单以人日均热量摄入水平约 2000 千卡计算，人口密度达到每平方千米 100 人，人与资源的关系亦已经达到了相当紧张的程度。因此，葛剑雄“局部地区已经相对饱和”的判断是正确的。

关系、资源开发程度和经济发展水平，都存在着显著的南北差异。

由于中古时代的一系列巨大社会变迁，南北人口状况都发生了许多变化，总体趋势是南方人口不断增长，北方人口的优势地位则逐渐丧失，直至为南方地区所取代。

魏晋南北朝时期，北方地区由于长期处于战争动乱状态，成为人口流失的主要地区；秦岭—淮河以南则接收了大量南逃的人口，除了“侯景之乱”等几次短暂的混乱之外，社会政治局面基本保持安定，人口增长亦比较平稳。在这种此消彼长的历史形势下，南北人口比重的天平逐渐向南方倾斜乃是必然之势。但是，由于人口统计资料非常残缺而且混乱，对于当时南北人口比重的变化，无法做出很具体的估计。

相比较而言，现存史料关于隋唐时期南北人口比重的变化则呈现出一个相对清晰的脉络。

在隋代，关东地区（相当于唐代河南、河北二道）仍然是人口最为稠密的地区。隋炀帝大业年间（605—618 年），全国著籍户数为 8 907 546，口数为 46 019 956，关东地区的户数为 4 884 617，占全国总户数的 54.8%，居于全国首位；南方地区则仅有 210 多万户，不到全国总户数的 1/4。北方人口仍居于绝对优势地位。

隋末大乱造成了人口急剧下降，唐初武德、贞观年间，全国著籍户数仅二三百万，由于华北地区为当时战乱中心，故这一地区人口下降也最为明显。时人魏徵称：“今自伊洛之东，暨乎海岱，灌莽巨泽，茫茫千里，人烟断绝，鸡犬不闻。道路萧条，进退艰阻。”[1]贞观年间这一地区的户数仅及隋大业时的 1/9，其中相、卫、贝、博四州不及隋时的 1/10；北方其他地区的户口比起隋代亦明显减少。[2]这一情况造成当时人口分布出现了暂时性的南多北少局面。据《旧唐书·地理志》所载：贞观十三年（639 年）全国十道领户 3 041 871，口 12 351 681，其中关内、河南、河北、河东、陇右等道合计有户 1 370 569，占全国总户数的 45%；口 5 699 877，占全国总口数的 46%；南方江南、淮南、山南、剑南、岭南诸道合计的户数为 1 671 302，占全国总数的 55%，口 6 651 804，占全国总数的 54%（见表 2-2）。正如论者所指出的那样：“南方人口超过北方，

[1]（唐）吴兢：《贞观政要》卷 2《直谏》，上海古籍出版社，1978 年，第 70 页。
[2] 唐长孺：《魏晋南北朝隋唐史三论》，武汉大学出版社，1992 年，第 241-244 页。

这在自汉代以来长达 600 多年的历史进程中是第一次，也是中国人口重心南移的一个重要起点。”[1]

表 2-2 唐贞观十三年（639 年）各道户口数、平均户口数及各道户口数之比较

道别	县数	户数	口数	每县平均户数	每户平均口数	各道户数占诸道总数百分比/%	各道口数占诸道总数百分比/%
关内	111	398 066	1 744 628	3 586.18	4.38	13.09	14.12
河南	145	275 618	1 169 214	1 900.81	4.24	9.06	9.47
河东	82	271 199	998 493	3 307.30	3.68	8.92	8.08
河北	160	369 730	1 589 320	2 310.81	4.30	12.15	12.87
山南	136	180 724	787 697	1 328.85	4.36	5.94	6.38
淮南	51	91 091	405 737	1 786.10	4.45	2.99	3.29
江南	179	403 939	1 959 510	2 407.49	4.85	13.28	15.86
陇右	56	55 956	198 222	999.21	3.54	1.84	1.60
剑南	231	638 200	2 856 679	2 762.77	4.48	20.98	23.13
岭南	257	357 348	642 181	1 390.46	1.80	11.75	5.20
				2 201.07	4.31		
总计	1 408	3 041 871	12 351 681	2 160.42	4.06	100.00	100.00

资料来源：冻国栋：《中国人口史》（第 2 卷）《隋唐五代时期》，复旦大学出版社，2002 年，第 193 页。

但是，上述南北人口比重的变化，是由于隋末战乱的特殊形势所致，北方地区人口的优势并未就此终结。随着北方社会经济恢复，户口亦较快地回升，故整个唐朝前期的人口分布仍以北方占优势。这是因为，与新近开发的南方地区相比，黄河中下游农业经济毕竟具有更悠久而雄厚的历史基础。唐代前期 100 余年，社会政治局势稳定，北方人口不仅以较快的速度恢复，而且还有相当显著的增长，河北地区更成为全国经济最为繁盛的区域。不过，与此同时，南方亦继续六朝以来不断开拓和发展的趋势，人口增长同样十分显著，呈现出了一种前所未有的并驾齐驱、同步增长态势。至唐玄宗天宝时期，总体分布格局虽然仍是北重于南，但与隋朝及其以前相比则发生了非常显著的变化。分析两《唐书·地理志》所载天宝全国各道州户口之数（见表 2-3），可以得出以下几点结论：

[1] 冻国栋：《中国人口史》（第 2 卷），复旦大学出版社，2002 年，第 195 页。

表 2-3 两《唐书·地理志》所载唐玄宗天宝时期诸道户数[1]

道别	旧唐志户数	新唐志户数
关内	810 263	815 998
河南	1 795 539	1 850 588
河东	632 611	630 511
河北	1 514 765	1 556 858
山南	576 883	640 657
淮南	412 448	418 674
江南	1 824 004	1 817 618
陇右	112 874	138 228
剑南	922 353	851 707
岭南	326 512	356 691
合计	8 928 252	9 077 530

资料来源：唐长孺：《魏晋南北朝隋唐史三论》，武汉大学出版社，1992 年，第 245 页。

其一，当时全国户口达到了一个新的鼎盛时期。由于多种原因，在籍户口数量未能达到两汉极盛时期之数，实际数量则肯定已经超过了汉代（参见上文节叙述）。其二，这时人口分布已经不再是以往南北畸轻畸重的局面，江南、剑南已经成为堪与河北、河南、关中等传统人口密集区域互相颉颃的繁盛之区，其中江南道的户数增长尤其显著：隋大业时江南仅有 89 万余户，而天宝户数达到了 1 824 004 户，接近大业时期整个南方的户数。其三，以秦岭—淮河一线为界，南方的山南、淮南、江南、剑南和岭南五道，户数达到了 4 062 200，占全国著籍户数的 45.5%；北方的河南、河北二道仍是人口最密集的地区，有户 3 310 304，占全国总户数的 37.1%，加上关内、河东和陇右三道，北方五道一共有户 4 866 052，占全国总户数的 54.5%（具体情况请参见表 2-3“旧唐志户数”）。[2]由此可见，经过几个世纪的发展变化，到了盛唐时期，人口分布渐成南北均衡之势。

南北人口此长彼消的趋势并未到此停止，而是进一步加快推进，其动因有三：其一，与黄河中下游地区相比，虽然早期南方区域资源开发和经济发展明显迟缓，但是其水、土、光、热和动植物资源却具有更加巨大的环境容量与发展潜势，随着社会文化特别是生产技术发展，这些优势在中古后期已经愈来愈清晰地显露出来，当地人口迅速增长并凌驾于北方之上，只是一个时间问题。其二，作为中国古代最先发展起来的社会经济区域，黄河中下游地区开发最早、

[1] 按：唐氏为便于对不同区域户数变化进行分析，没有采用开元二十二年（734 年）以后十五道的行政区域划分，而仍依初唐十道区划之旧，兹亦因袭之。

[2] 唐长孺：《魏晋南北朝隋唐史三论》，武汉大学出版社，1992 年，第 244-246 页。

程度最高，在传统农业生产方式之下，那里的人口早在汉代就已趋于饱和，并日益暴露出各种环境生态问题，黄河不断决口泛溢就是一个集中表现。因此，汉代以后那里的人口、经济和社会变动的总体态势经历了几轮凋敝与恢复，即使在唐代前期和平安定的环境下，虽有河北道的显著增长和繁荣，但就整个黄河中下游地区而言，较之汉代并无特别重大的进步，人口至多是恢复到接近两汉盛期的水平。其三，自安史之乱爆发直至北宋建立，黄河中下游地区再次陷入了大约两个世纪的动荡不安，掀起了新一轮的中原人口南迁浪潮，进一步加速了人口比重向南方地区的倾斜。

中唐至五代时期人口变化和重心南移的结果，在北宋建立之后便很清晰地显示出来，乐史《太平寰宇记》一书所载宋太宗太平兴国年间（976—983 年）的户口资料可以充分证明，有多位学者曾对这一资料进行过列举和分析，表 2-4 是冻国栋所做的统计表：

表 2-4 北宋初期诸道户数及其比重

道别	主户	客户	各道总户数	各道占诸道总户数百分比/%
河南	662 694	1 230 139	1 892 833	28.0
关西	212 259	146 636	358 895	5.3
河东	204 993	56 060	261 053	3.9
河北	381 385	205 239	586 624	8.7
剑南	556 739	300 749	857 488	12.7
江南	1 100 115	733 842	1 833 957	27.1
淮南	161 776	216 840	378 616	5.6
山南	173 131	260 581	433 712	6.4
陇右	25 204	35 969	61 173	0.9
岭南	72 501	24 477	96 978	1.4
合计	3 550 797	3 210 532	6 761 329	100.0

资料来源：冻国栋：《中国人口史》第 2 卷《隋唐五代时期》，复旦大学出版社，2002 年，第 208 页。

北宋初期的疆域版图和人口统计范围，与唐朝相比发生了一些变化（主要是河北、西北和西南），但对人口统计的影响较小，与唐朝户口情况进行比较时，其影响并不显著。根据表 2-4 可知：宋初诸道户数，以河南居首，有户 1 892 833，约占总户数的 28%，应与那里是北宋的京畿之地有关；其次是江南，有户 1 833 957，约占总户数的 27.1%；第三是剑南，有户 857 488，约占总户数的 12.7%；三道合计，已占全国户数的 67.8%。因此，北宋初期，河南、江南和剑南是全国人口最密集的三个地区；河北、关中等地则已经是风光不再。

如果以秦岭—淮河作为南北地区分界线，则河南、河北、关西、河东和陇右之一部，一共有户 2 497 884，约占全国总户数的 40.9%；江南、剑南、淮南、山南和岭南五道，有户 3 610 751，约占总数的 59.1%。南北人口之比约为 6∶4[1]。这是一个具有重大历史意义的改变，与此前特殊情况下曾出现过的户口统计数字南方暂时超过北方不同，这次超越乃是以后来居上的南方社会经济发展为坚实基础的，从此形成人口分布“南重北轻”的格局，此后再也不曾发生逆转，至今中国人口比重依然是南重北轻。这一重大历史变化表明：经历近 8 个世纪、多次的北方社会政治动荡与人口南迁浪潮，亦由于南方自然资源持续开发特别是以农业为主体的社会经济稳定增长，到了北宋时期，黄河中下游自上古以来一直保持着的人口优势已经不复存在，南方人口的优势地位则得到最终确立。

不论从经济、社会还是环境史角度来看，人口分布重心的南移都无疑是中古时代最具革命性意义的历史巨变之一。从经济史角度看，由于古代农业是以“活劳动力”投入作为基础，生产总量和经济水平与劳动人口的数量呈现直接对应的正相关关系——人口密度增加，意味着经济特别是农业生产发展，人口分布重心的变化则意味着经济重心的移动。从社会史角度看，人口分布格局的变化，意味着中华民族基本生存空间的转移和拓展，意味着社会空间构造、中央与地方关系、政治权力运行和社会管理机制，乃至民俗风尚、文化气质和日常生活面貌等，都相应地发生一系列变化。从环境史即人与自然关系史角度而言，人口重心变化则意味着人口—资源（土地和其他资源）配置关系发生改变。这种改变既是众多社会因素和自然因素交相作用的结果，又将导致一系列新的社会—生态变迁。总之，本节所述之人口变化，标志着中古经济、社会与环境之间的相互作用和协同演变关系，在中国文明演进的宏大进程中，跨入了一个崭新的阶段。

第二节　土地开发的基本态势

接下来说土地问题，主要关注三个方面：一是土地开发的总体态势和全国

[1] 由于《太平寰宇记》所列户数包括了一些已不在北宋境内的州，故对其进行了核减，具体论述参见冻国栋：《中国人口史》（第 2 卷），复旦大学出版社，2002 年，第 209 页。

耕地总面积；二是土地制度和垦殖方式的主要变化，特别是国家和私家力量在土地开发过程中的地位和作用；三是不同类型土地的经营利用方式、耕作制度和土壤改良等技术层面的问题。这三个方面既涉及人与自然的关系——在这里主要指人地关系，亦关联人与人的社会经济关系——国家、地主与个体小农之间的利益博弈。从环境史角度看，在传统农业时代的诸多关系之中，人地关系最具有基础性，其紧张与松弛必然表现为社会经济关系的冲突或缓和。生产力因素包括工具、技术、农作制度乃至物种品种，直接或间接地影响土地的利用率及其人口承载能力，既受制于人地关系亦影响人地关系。由于诸多因素互相交织，彼此作用，相关历史现象和问题十分复杂，因此不得不分几节予以讨论，本节首先概述土地垦殖利用的总体状况。

东汉帝国崩溃以后，中国进入了第三个治乱交替、分而复合的历史回旋周期。与前一周期相比，此期中华民族生存和发展的地理空间经历了意义深远的历史巨变：黄河两岸作为古老文明中心区域的地位逐渐发生动摇，其社会经济经历了残破—恢复—再残破的历史轮回；与之相对，广大南方则随着北方人口移入和华夏化进程的不断推进，逐渐走出“蛮荒”的状态，被打上永不磨灭的“中国”烙印。到了这一历史回旋周期的末期，长江中下游与黄河中下游两大地区实现了较高程度的社会经济整合，成为冀朝鼎所谓“基本经济区”的另一主要板块，甚至开始后来居上，人口、经济总量都相继取代北方地区的优势，众多学者在“经济重心南移”的学术命题下曾经予以大量论说。总而言之，在魏晋南北朝隋唐波澜壮阔的历史运动中，规模空前的人口迁移、农区拓展和自然资源开发是最本底的时代故事。

毫无疑问，故事发生的主要场景是黄河中下游和长江中下游，其时代契机与动力则来源于一连串的自然—社会交相作用，自然层面的气候变化和社会层面的战争动乱，共同引发规模空前的民族迁移和人口流动，造成了连锁性的历史后果，在给北方传统农区土地垦废和经济起伏带来严重影响的同时，也为南方土地开发和经济崛起提供了历史机遇，进而推动南北社会经济地位发生此升彼降的戏剧性变化。

一、北方土地复垦与新垦

下面先看看北方地区土地垦殖和利用的情况。

由于东汉帝国崩溃和接踵而来的频繁战乱，黄河中下游传统农区陷入长达数个世纪的大倒退和大萧条，村邑荡毁，人民流散，土地荒芜，其间虽有若干间歇性的恢复，但都为时短暂。直到北魏以后，随着社会政治局势渐转安定，一些地区的荒废土地逐渐得以复垦，但大量土地依然荒闲或者垦废无常。进入隋朝以后，特别是唐朝建立之后，国家复归统一，社会长期稳定，北方农区包括关内、河东、河南等道陆续恢复了两汉旧景，陇右地区且有新的开拓，在盛唐时期呈现出司马光所描述的“自安远门西尽唐境万二千里，闾阎相望，桑麻翳野”[1]的兴旺繁荣局面。

但更加值得注意的是，新开拓发生在黄河下游的华北平原。曹魏以降，那个区域广大低湿平原的咸卤草泽逐渐得到垦辟，北魏统一北方并推行“均田制”以后，农田区域得到进一步拓殖。及至唐朝前期，河北道南部乃成为全国最重要的经济区域，人口密度和土地垦殖利用率都显著超迈于两汉之上。

应当说，两汉时期河北地区已有较好的经济基础，故曹魏政权以那里作为重要依托。魏明帝时期，杜恕曾上疏言“冀州户口最多，田多垦辟，又有桑枣之饶，国家征求之府”。又称“其所恃内充府库、外制四夷者，惟兖、豫、司、冀而已”[2]。卢毓《冀州论》则云：“冀州乃圣贤之渊薮，帝王之宝地。东河以上，西河以来，南河以北，易水以南，膏壤千里，天地之所会，阴阳之所交，所谓神州也。”又云：“常山为林，大陆为泽，蒹葭蒲苇，云母御席；魏郡好杏，常山好梨，房子好绵，河内好稻，真定好稷，中山好栗，地产不为无珍也。”[3]这些议论虽不免有所夸饰，但两汉时代积累下来的基础不可忽视。为了经营河北，曹魏曾经大举开凿河渠，发展当地内河航运事业（详后），一些地方渐有新的开发。例如，《三国志》记载：曹魏末，镇北将军刘靖“开拓边守，屯据险要，

[1]《资治通鉴》卷216《唐纪三十二》，中华书局，1956年，第6919页。

[2]《三国志》卷16《魏书·杜恕传》，中华书局，1959年，第499页。

[3]（唐）徐坚：《初学记》卷8《州郡部》，中华书局，1962年，第176页；（清）严可均辑：《全三国文》卷35《魏三十五》，商务印书馆，1999年，第360页。按：“房子好绵”，中华书局影印宋本《太平御览》卷818引作“房子好绨”。

又修广戾陵渠大堨，水溉灌蓟南北；三更种稻，边民利之”[1]。《水经注》记载更加详细具体，称东汉时期“渔阳太守张堪，于县开稻田，教民种殖，百姓得以殷富。童谣歌曰：‘桑无附枝，麦秀两岐，张君为政，乐不可支’”。刘靖到此之后，通过积极努力，使今桑干河、永定河流域的土地垦殖和水稻生产较之东汉张堪任职渔阳之时规模有了明显扩大。

……登梁山以观源流，相漯水以度形势，嘉武安之通渠，美秦民之殷富。乃使帐下丁鸿，督军士千人，以嘉平二年（250 年），立遏于水，导高梁河，造戾陵堨，开车箱渠。其《遏表》云：高梁河水者，出自并州，潞河之别源也。长岸峻固，直截中流，积石笼以为主遏，高一丈，东西长三十丈，南北广七十余步。依北岸立水门，门广四丈，立水十丈。山水爆发，则乘遏东下；平流守常，则自门北入。灌田岁二千顷。凡所封地，百余万亩。至景元三年（262 年）辛酉，诏书以民食转广，陆废不赡，遣谒者樊晨更制水门，限田千顷，刻地四千三百一十六顷，出给郡县，改定田五千九百三十顷。水流乘车箱渠，自蓟西北迳昌平，东尽渔阳潞县，凡所润含，四五百里，所灌田万有余顷。高下孔齐，原隰底平，疏之斯溉，决之斯散，导渠口以为涛门，洒滮池以为甘泽，施加于当时，敷被于后世。[2]

五胡十六国时期，包括河北在内的整个黄河中下游地区，遭到匈奴、鲜卑、羯、氐、羌等游牧民族铁蹄相继的残酷蹂躏，社会经济遭到毁灭性摧残，土地荒芜自是必然之势。史称“自永嘉丧乱，百姓流亡，中原萧条，千里无烟，饥寒流陨，相继沟壑”[3]；诸族政权彼此攻掠，战乱迭起，杀戮不已，致使“诸夏纷乱，无复农者”[4]。在此期间，后赵、前燕和苻秦都曾经有过一些恢复农桑的政策与行动，但无法改变满目疮痍、遍地荒芜的残破局面。及至公元 5 世纪，鲜卑拓跋部入主中原，招辑人口、重建乡里秩序特别是普遍实施均田制度，黄河中下游社会局势渐转安定，河北则成为农业恢复和发展最显著的地区，也

[1]《三国志》卷 15《魏书·刘馥传》，中华书局，1959 年，第 464-465 页。
[2]（北魏）郦道元：《水经注》卷 14《鲍丘水注》引《刘靖碑》。此据陈桥驿：《水经注校证》，中华书局，2007 年，第 338、第 339-340 页。
[3]《晋书》卷 109《慕容皝载记》引封裕之语，中华书局，1974 年，第 2823 页。
[4]《晋书》卷 107《石季龙载记下》，中华书局，1974 年，第 2795 页。

是北魏政权最稳定的经济后方，故时人元晖称：“河北数州，国之基本”“国之资储，唯藉河北。”[1]然而隋末丧乱再次对河北经济造成巨大的破坏，武德六年（623年）唐高祖曾在一份诏书中称“大河南北，乱离永久，师旅荐兴，加之饥馑，百姓劳敝，此焉特甚”[2]。至唐太宗贞观年间，魏徵仍称：“今自伊、洛以东，暨乎海岱，灌莽巨泽，苍茫千里，人烟断绝，鸡犬不闻，道路萧条，进退艰阻”[3]。

贞观之后，河北社会秩序得到恢复，进入了100多年的稳定发展时期，两汉时期曾经严重困扰该地区的黄河决溢之患也明显减轻，自然与社会两方面的条件都比较有利，当地农业经济也达到了前所未有的繁荣程度。这一繁荣，与农田水利发展和低湿草莽土地开发直接相关。据《中国水利史稿》作者的不完全统计：唐朝时期，河北道境内共兴修水利工程22处[4]，实则兴修项目还多于此数。这些水利工程，除了防洪和通漕之外，多与开发低湿土地、化除盐卤和种植水稻有关。盐碱治理与农田水利建设和水稻种植相结合，是当时当地湿地垦辟的一个重要特点。另外一个值得注意的历史特点是：在华北低湿平原进一步开发垦殖过程中，国家力量曾经发挥了很重要的作用，不仅体现在官府组织水利工程兴修方面，而且体现在国家直接和强力地介入土地垦殖和经营之中。对此后面仍将叙述，兹且从略。

当然，除河北之外，北方其他地区也有规模较大的农地开垦，究竟属于新垦抑或复垦，则不能一概而论。且以关中地区为例，初唐时期，京畿周围仍有大量隙地陂泽尚未开垦，唐太宗贞观十八年（644年），朝廷“以京兆府、岐、同、华、邠、坊州隙地陂泽可垦者，复给京官职田”[5]；开元年间（713—741年）姜师度任同州刺史，“又于朝邑、河西二县界，就古通灵陂，择地引洛水及堰黄河灌之，以种稻田，凡二千顷，内置屯十余所，收获万计”[6]。京兆府栎阳等县（今陕西富平县南）至盛唐时期仍多有咸卤隙地，唐玄宗开元二十六年（738 年），皇帝下诏称：“顷以栎阳等县，地多咸卤，人力不及，便至荒废。

[1]《魏书》卷15《昭成子孙·元晖传》，中华书局，1974年，第380页。

[2]（宋）宋敏求编：《唐大诏令集》卷111《简徭役诏》，中华书局，2008年，第578页。

[3]《旧唐书》卷71《魏徵传》，中华书局，1975年，第2560页。

[4] 具体史实，见武汉大学水利电力学院《中国水利史稿》编写组：《中国水利史稿》（中册）的“附表”，水利电力出版社，1987年，第75-79页。

[5]《新唐书》卷61《食货五》，中华书局，1975年，。

[6]《旧唐书》卷185下，《姜师度传》，中华书局，1975年，第4816页。同州，治所在今陕西大荔县境；朝邑县，在今朝邑县；河西县，在今合阳县。

近者开决，皆生稻苗，亦既成功，岂专其利。京兆府界内，应杂开稻田，并宜散给贫丁，及逃还百姓，以为永业。”[1]而据出土韦述所撰《大唐故少府监范阳县伯张公去奢墓志铭》称：“泾渭之汭，旧多泻卤，流浸所集，耕者弃之。公（引案：即张去奢）决潢污于近渎，变蒲稷为良畴。奏开屯田，岁收亿秭。”[2]由这些记载可以发现两个问题：其一，即便到了盛唐时期，经济最繁荣、人口最密集的长安周围地区也仍然存在继续扩大土地垦殖的空间，那些自然条件相对较差的土地（主要是盐卤之地）尚未尽行得到开垦；其二，由于人口压力不断增大，人们努力通过兴修水利，化斥卤为良田。这些陂泽咸卤之地新垦之时，主要是用于种植水稻，因为相对而言，水稻属于耐盐碱作物，稻田灌溉有洗盐化卤的作用。关中地区尚且如此，北方其他地区的情况自可想见。

不过，由于两汉时期黄河中下游的土地垦殖率已经相当之高，中古时代总体上是以旧地复垦为主，个别地区可能尚未完全恢复到西汉时期的水平。例如，唐代的关内道北部、河套以南地区，在汉代曾经是相当繁荣的农业区域，魏晋北朝时期当地转为半农半牧地区，甚至是以畜牧业为主，直到唐代，这个地区的畜牧经济仍然保持较高的比重，为唐朝最主要的官牧分布区和畜产品供给地。

二、南方特别是长江下游的土地垦殖

与北方地区不同，中古秦岭—淮河以南区域，除成都平原等几个局部地区外，土地开发主要表现为新兴农区的不断拓殖。东汉以后的历次战争动荡，都造成了北方农业经济的严重衰退，但中原人口四散亦促使自然资源开发和利用范围在更大的地域空间逐渐展开。长江中下游作为中原流散人口的主要接纳地，正是在这种背景之下开始了大规模的土地垦殖。

历史记载表明：六朝时期，南方土地开发渐次展开，局部地区已经达到较高的水平，但各地区很不平衡。长江中下游荆、扬二州是南方偏安王朝的主要依恃，其中长江下游南岸特别是建康附近的宁镇扬丘陵、浙东和皖南等地区经济发展最受注目，土地开发进程最快，土地利用率明显高于其他地区。南朝史

[1]《全唐文》卷 24 唐玄宗：《春郊礼成推恩制》，中华书局，1983 年；（宋）宋敏求编：《唐大诏令集》卷 73 唐玄宗《亲祀东郊德音》，中华书局，2008 年，第 408 页。

[2] 陕西省古籍整理办公室编，吴钢主编：《全唐文补遗》（第三集），三秦出版社，1996 年。原碑现藏于西安博物馆。

学家沈约曾经有一番议论被后世史家频繁引用，其称：

> 江南之为国盛矣，虽南包象、浦，西括邛山，至于外奉贡赋，内充府实，止于荆、扬二州。自汉氏以来，民户凋耗，荆楚四战之地，五达之郊，井邑残亡，万不余一也。自义熙十一年（415 年）司马休之外奔，至于元嘉末，三十有九载，兵车勿用，民不外劳，役宽务简，氓庶繁息，至余粮栖亩，户不夜扃，盖东西之极盛也。既扬部分析，境极江南，考之汉域，惟丹阳会稽而已。自晋氏迁流，迄于太元之世，百许年中，无风尘之警，区域之内，晏如也。及孙恩寇乱，歼亡事极，自此以至大明之季，年逾六纪，民户繁育，将曩时一矣。地广野丰，民勤本业，一岁或稔，则数郡忘饥。会土带海傍湖，良畴亦数十万顷，膏腴上地，亩直一金，鄠、杜之间不能比也。荆城跨南楚之富，扬部有全吴之沃，鱼盐杞梓之利，充仞八方，丝绵布帛之饶，覆衣天下。……[1]

沈氏之言大致反映了当时南方经济的地理格局。在他看来，荆、扬二州由于政治局势相对安定，百年左右时间没有大战乱，民人繁育，土地垦辟，呈现出一派繁荣的局面，成为南朝经济繁盛之区。在当时人们的心目中，吴（兴）会（稽）地区乃如两汉时期的关中、三河，刘宋人范泰即云："今之吴、会，宁过二汉关、河？"[2]刘浚称吴兴郡是"彼邦奥区，地沃民阜，一岁称稔，则穰被京城，时或水潦，则数郡为灾"[3]。南齐人萧子良则谓"……三吴内地，国之关辅，百度所资"[4]。可见这些地区经济地位的重要性。

除三吴地区外，今皖南、赣北土地开发也比较有成就。刘宋人雷次宗称豫章（今江西南昌一带）"地方千里，水陆四通；风土爽垲，山川特秀；奇异珍货，此焉是出；奥区神皋，处处有之。嘉蔬精稻，擅味于八方；金铁篠簜，资给于四境。沃野垦辟，家给人足，蓄藏无阙，故穰岁则供商旅之求，饥年不告臧孙之粜。人食鱼稻，多尚黄老清静之教；重于隐遁，盖洪崖先生徐孺子之遗风"[5]。又称："郡（引案：豫章郡）江之西岸有盘石，下多良田，极膏腴者一亩二十斛，

[1]《宋书》卷 54"史臣曰"，中华书局，1974 年，第 1540 页。
[2]《宋书》卷 60《范泰传》，中华书局，1974 年，第 1619 页。
[3]《宋书》卷 99《二凶传》，中华书局，1974 年，第 2435 页。
[4]《南齐书》卷 26《王敬则传》，中华书局，1972 年，第 482 页。
[5]（宋）乐史编：《太平寰宇记》卷 106《风俗》引《豫章记》，中华书局，2007 年，第 2101 页。按：《豫章记》，一般认为是南朝刘宋时人雷次宗撰。

稻米之精者，如玉映澈于器中。”[1]而史书记载姑孰（今安徽省当涂县一带）土地饶旷，梁朝时已是“……良畴美柘，畦畎相望，连宇高甍，阡陌如绣”。[2]

然而，南方幅员辽阔，自然环境远比北方复杂。六朝时期，丘陵山区还到处都是古木高森的苍茫林海，蛊瘴肆虐，虎象成群；平原地区则是巨浸大泽，蒹葭丛生，鲛龙出没，土地垦辟和农业发展较之北方地区天然要困难得多。更重要的是，六朝时期南方人口依然相当寡少，广袤南方大地上的人地关系基本状况还是“地广人稀”，劳动力严重不足。相对而言，长江下游的人口最集中，经济发展水平最高，历次中原士庶南逃，都以那里作为主要的托命之地，且除了几次短期的动乱之外，区内并“无风警之患”，人口和劳动力增长比较持续而且稳定。即便如此，要将当地林簏、草泽荒野之地尽行垦辟为农田，仍然需要经历一个很长的过程。故六朝时期大规模的新兴农区拓殖主要发生在长江下游，包括都城建康附近和浙东、皖南以及赣北等地区，长江中游的荆湘地区次之。其他地区，若今日之两广、福建诸省区，那时的农耕生产仍然呈点、线分布，人口稀少、经济落后的蛮荒状态并未得到显著改变，许多地方甚至依然杳无人烟。由于南北政权长期对峙，南征北伐的拉锯式争夺，则使长江以北的江淮之间形成了一个很大的空荒地带。由于上述种种原因，直到陈朝灭亡、南北重归一统之时，广大南方土地垦辟与经济发展水平，较之黄河中下游地区仍然存在一定的距离。

东汉末年以后的历次人口大南迁，固然给南方地区增加了劳动人口，但南下人民需要经历一个十分艰难的过程才能逐渐认识和适应南方新环境。广大南方自然环境复杂，气候炎热，土地卑湿，类型多样，开发难度不一。中原人民一向习惯于陆地旱作，他们的农业生产经验知识和工具技术体系是在旱地农业区域形成和发展起来的，并不完全适用于南方湿热环境，在湖沼广布的低湿平原上更是一时难以施展，因而，在南下初期，他们更倾向于开垦地势较高的土地。历史记载所反映的情况是六朝时期，就土地垦辟最快的长江下游而言，大抵是先陆田而后水田，由高地向低地渐次推进。宁镇扬丘陵、浙东、皖南、赣北等地因为地势较高，可以大量垦辟旱地，对于初来乍到、熟习旱作的中原人民来说，开发、利用相对容易，而世家大族“封锢山泽”亦是首先霸占这些地

[1]（宋）李昉：《太平御览》卷821引《豫章记》，中华书局，1960年影印宋本，第3658页。
[2]《陈书》卷5《宣帝纪》，中华书局，1972年，第82页。

区。从土地利用方式上看，这些高亢陆地最初大多用于种植大、小麦和粟、菽等旱粮作物。正因为如此，南朝时期南方麦类生产取得了显著发展，成为仅次于水稻的重要粮食，而历朝统治者也一直重视推广麦作[1]；水田开垦和水稻种植则需要与水利建设相配套，从形式上看，也主要是沿袭汉代陂塘水利旧制。由此看来，南移人民首先是利用其原有经验和技术来适应、选择和利用南方新的环境。与北方地区有所不同的是，六朝时期此类的工程多被称作“湖”或者“塘”，将其概括为“湖塘水利”，以区别于北方的“陂塘水利”，似乎更加合适。[2]“湖塘水利”虽有南方土著文化的基础，但由北方移植而来的“陂塘水利”技术方式的影响也不可以被忽视。

随着人口持续增长，局部地区高丘土地逐渐不能满足需要，故在南朝时期已经出现了向湖泊沼泽索要耕地的趋势，“湖田”开发于是亦出现于当时的文献记载，发生在刘宋时期的一个事件就颇具标志性意义，《宋书》述之甚详，唐人杜佑《通典》据以作了如下概括，称：

时山阴县人多田少，孔灵符表请徙无赀之家于余姚、鄞、鄮三县界，垦起湖田。帝令公卿博议，咸曰：“夫训农修政，有国所同。土著之人，习玩日久，如京师无田，不闻徙居他县。寻山阴豪族富室，顷亩不少，贫者肆力，非为无处。又缘湖居人，鱼鸭为业，小人习始既难，劝之未易。远废之畴，方翦荆棘，率课穷乏，其事弥难，资徙粗立，徐行无晚。”帝违众议，徙人并成良业。[3]

整个事件，有三个最值得注意的要点：一是当时山阴一带已经出现了土地不足的情况，所以孔灵符上表请求朝廷准许移民到余姚、鄞、鄮三县地界开垦

---

[1] 相关史实，可参见黎虎：《东晋南朝时期北方旱田作物的南移》，《北京师范大学学报》1988 年第 2 期，第 30-35 页。

[2] 兹略引相关资料以证其事：《元和郡县图志》卷 25《江南道一》云：“娄湖县东南五里，吴张昭所创，溉田数十顷，周回七里，昭封娄侯，故谓之娄湖，宋时为苑”；“练湖在县北百二十步，周回四十里。晋时陈敏为乱，据有江东，务修耕绩，令弟谐遏马林溪以溉云阳，亦谓之练塘，溉田数百顷”；“新丰湖在县东北三十里，晋元帝大兴四年（321 年），晋陵内史张闿所立。旧晋陵地广人稀，且少陂渠，田多恶秽，闿创湖，成溉灌之利。初以劳役免官，后追纪其功，超为大司农”（《晋书》卷 76《张闿传》“新丰湖”作“新丰塘”）。又据《太平寰宇记》卷 89《江南东道一》云：“思湖在（金坛）县南六里，长塘湖在县南三十里，高湖在县北一十二里，灌田一十二顷，[南北谢塘] 此二塘梁普通五年（524 年）庐陵王记室参军谢德威置”；《南史·循吏沈瑀传》载南齐明帝时沈瑀在句容县开赤山塘，用于灌溉。此类记载颇多，不能一一列举，大抵皆是在地势相对较高的地区开辟稻田，创设湖、塘以资灌溉。提请读者注意这些记载中往往有“湖”“塘”互用的情况。

[3]（唐）杜佑撰，王文锦、王永兴等点校：《通典》卷 1《食货一》，中华书局，1988 年，第 16 页。

湖田；二是参与这件事的众多朝臣几乎是一片反对之声，理由无非是徙民前往开垦湖田困难太多[1]；三是皇帝没有听从诸大臣的意见，而是同意了孔灵符的请求，结果开垦取得了成功，“并成良业”。

组织民众开垦“湖田”，就是围湖造田、与水争地。自六朝以降，迄至当代，围湖造田、与水争地一直是长江中下游平原地区人地关系发展演变的一条主线，对当地水土环境具有至关重要的影响。虽然第一个围湖造田的标志性事件是发生在浙东地区，但此后陆续展开的更大规模的与水争地活动，主要发生在浙北和苏南的太湖平原。但由于太湖流域特殊的自然环境，广大湖滩土地围垦十分困难，农田垦殖起步较晚，历史上推进拓殖的速度总体上亦比较迟缓。六朝时期太湖平原周边的丘陵山地得到了较快开发，而平原腹地的围湖造田活动只是零散发生，广袤湖泽土地尚未得到全面垦辟。直到中唐以后才陆续被大量垦辟成农田，并且国家组织与参与发挥了至关重要的作用。

南北重归一统之后，特别是唐朝以后，天下承平日久，人口不断孳繁，对耕地的需求不断扩大，南方各类土地不断得到拓殖，唐人元结称：开元、天宝时期，由于人口繁众，“耕者益力，四海之内，高山绝壑，耒耜亦满”[2]。他的说法虽然未免夸饰，但大体能够反映当时全国土地垦辟迅速发展的趋势。“安史之乱”再次掀起的移民浪潮，使南方土地开发在更加广阔的地理空间展开。大致而言，唐朝时期，南方土地垦殖是上山、下湖同时进行。在山区，农田逐渐向山岭高处攀登，适宜于山区农田需要的多种水利工具设施（如筒车、高转筒车、连筒等）的出现和使用正反映了这个事实[3]；茶叶生产的快速兴起，亦推动茶园不断向群山深处拓展[4]；僻居于各地深山大壑的土著蛮獠，则继续持守着他们火耕畬田的垦殖传统。与此同时，平原地区的土地开垦，则是由冈丘地带向低洼湖沼不断推进——围湖造田活动不但在长江下游进一步加速，在长江中游亦渐次展开；甚至连众多江河之中的洲、渚滩地也成为人们争相占夺和开

[1] 大臣们的不同意见，见于《宋书》卷76《孔灵符传》，中华书局，1974年。

[2]（唐）元结：《元次山集·七问进士第三》，中华书局，1960年，第140页。

[3] 关于唐代的水利工具，可参见杨希义：《唐代的水车》，《西北大学学报》1983年第4期，第114-117页；唐耕耦：《唐代水车的使用与推广》，《文史哲》1978年第4期，第73-76页。另参见王利华：《连筒与筒车》，《农业考古》1997年第1期，第136-152页。

[4] 关于唐代茶叶生产的情况，可参见王洪军：《唐代的茶叶生产——唐代茶业史研究之一》，《齐鲁学刊》1987年第6期，第14-21页。

垦的对象。[1]

唐代南方平原垦殖最有成就的，是太湖周围低湿平原的全面开发。唐朝官府和五代时期的吴越政权，均采用准军事化的屯垦方式，陆续在这里大量围湖造田，对当地农田水利进行整体规划、建设和管理，逐渐形成了集抗旱、御涝和漕运诸功能于一体的庞大的“塘浦圩田系统”。“塘浦圩田系统”的形成，标志着太湖流域基本上完成了其合理的土地拓殖过程，以苏南、浙北为中心的江南地区从此成为 1 000 余年来中国最繁盛的经济区域。

三、土地开发中的环境难题

中古时代在垦辟不同区域、各种类型土地过程中曾经遭遇过怎样的环境难题？人们如何努力克服不利环境因素，将广袤荒野逐渐垦辟为肥沃良田？是本书需要予以重点解说的问题。但由于全国各地情况极其复杂，分区予以详述殆无可能。

前已述及：战国、秦、汉时期，农业区域向华北平原大举推进，面对那里低湿沮洳、斥卤广布的环境难题，人们通过兴修水利，种植水稻，淤灌压盐，以水洗盐，将不少斥卤之地逐渐垦为良田。中古时代，黄河下游平原和关中、河东一些地区的土地垦殖和改良，仍然主要延续上述方式，兹不再重复论说，以便把重点放在南方，讲述围湖造田过程中的一些问题。

长江下游地区的土地开发和经济崛起，无疑是中古时代最具根本性意义的重大发展变化。其中最突出的历史成就又数太湖流域土地开发。太湖平原北临长江，南界钱塘，东面大海，西以天目山、茅山等与宁镇丘陵和皖南山地相隔。整个区域周高中低，以太湖为中心，呈一巨大碟形，中心地带地势低洼，湖荡成群，水域辽阔，河网如织，仅有少数低矮山丘点缀。历史上当地湖泽远比当今辽阔，水潦茫茫，蒹葭丛生，鲛龙出没，素称“水乡泽国”。由于地形呈周高中低的碟形，西部高峻，溪河大水倾泻而下，北、东、南三面则因江涛、海浪推积形成冈丘带，导致腹地积宣泄不畅，极易遭受洪水漂没之患。正是由于这些特殊环境因素的影响，当地土地垦殖经历了一个漫长而艰难的过程，其间人

[1] 关于唐代长江中游地区的土地开发包括湖沼、洲渚和山地垦殖情况，牟发松曾有比较全面的考述，兹不详述。读者可参见牟氏：《唐代长江中游的经济与社会》，武汉大学出版社，1989 年，第 48-63 页。

与自然关系演变亦表现出了诸多鲜明的地区特点。无论从传统的经济史、水利史还是从新兴的环境史角度看，这个区域由最初零零星星的围湖造田，到实施区域整体性规划，形成多重功能有机协调的“塘浦圩田系统”，都特别值得大书一笔，其本身便是一部独特而壮丽的人与自然关系史，既经历了无数的艰难困苦，亦发生了许多精彩动人的故事，堪称中华民族认识、改造和利用水土资源环境的一个突出典范。为了更好地认识“塘浦圩田系统”的环境史意义，请容我们对它的形成过程稍予追述。

从现存历史记载看，太湖流域零星的围湖造田活动肇始甚早。《吴越春秋·吴太伯传》称：商代末年，周族人泰伯、仲雍为了躲避族内权力斗争，率领一支族人迁移到吴地（即以太湖平原为中心的地区），在这里经营、发展农业生产，“数年之间，民人殷富”。泰伯还营建了吴城，“周三里二百步，外郭三百余里……人民皆耕田其中。”[1]前卷我们曾经讨论过：历史早期筑城，除了防御敌寇侵扰外，另一重要作用就是防御洪水。如果泰伯奔吴、营造吴城确属事实，则他很可能是沿袭了北方地区的国、野之制，可以想象：其所营造的吴城，城内为聚居之地，外郭之内则是农田区域。春秋时期吴国的水利建设引人注目，不仅已经开凿了一批通运和捍水工程，而且开始了零星的围湖造田活动。史书记载：吴、越两国都先后重用过一批擅长修建水利工程的楚国逃亡人士如文种、伍子胥、伯嚭等，由他们主持组织营建城池、开凿河渠、筑堤造田。根据先师缪启愉的意见：《越绝书·吴地传》记载的“大疁”“鹿陂”“胥卑虚”“胥主疁”“世子塘”“洋中塘”等，都是成片农田的田段名称，周围高而中间低的地方叫作“虚”或“疁”。“所有这些用‘虚’、‘疁’、‘陂’命名的田段，实际都有筑堤围田的迹象。”[2]可见，早在西周时期、最晚在春秋吴国时期，太湖地区已发后世大规模筑堤捍水、围湖造田事业之先声。相关事业的起步，与其时荆楚地区较为先进的水工技术之传入有着一定关系。

然而，正如前文已经论说的那样，由于人口稀少、工具技术落后，早期南方土地开发和经济发展进程，较之黄河中下游地区明显滞缓，需要解决的环境问题亦与北方迥然不同。即就南方本身而言，湖泊众多、河川纵横的太湖平原，较之丘陵低山地区亦更难垦辟。因而，战国、秦、汉时代，北方地区已经进入

[1]（汉）赵煜撰，张觉校注：《吴越春秋》卷1《吴太伯传》，岳麓书社，2006年，第10页。
[2] 缪启愉：《太湖地区塘浦圩田的形成和发展》，《中国农史》1982年第1期，第12-32页。

集约农业时代，江南地区依然是地广人稀，“或火耕而水耨”，两汉时期南方地区土地垦殖程度和农业发展水平较高的，大抵都是水患较少的高丘地带，而非太湖平原这样的“水乡泽国”。水土环境的差异，是导致南北、东西土地开发进程差异的一个决定性因素。

东汉末年以降，在频繁战乱驱迫下初来乍到南方的人民，为了糊口活命，必须在完全不熟悉的自然条件下垦辟土地，所经历的艰难险阻恐非今人所能想象。毫无疑问，他们必须向南方土著人民学习许多谋生的经验和知识，而历史文献所透露出来的信息是，在土地垦殖方面，他们最初选择那些地势相对高燥的地方进行开垦，而非一开始即大量开垦水潦泽地，因为他们既无法很快地适应后者那种自然环境，也难以仅凭小家小户之力开垦那些土地。那个时期逐渐发生的湖泽湿地垦辟活动，主要是依靠国家和大家族的力量有组织地进行。对此后节将有专门讨论，兹暂从略。

三国时期，孙吴雄踞江东，在太湖周围营建了一些屯田，主要地域正是地势相对较高的宁镇丘陵和太湖平原交界地带，虽有少量的水面围垦，也是很零星分散的。以那个时候的人口状况，尚无向湖泽平原大举进军的必要和条件。南朝时期，向太湖以东低平湿地开拓的进程逐渐开始，但如何与水患作斗争，一开始便成为最大的环境难题。前引刘濬的上疏，虽云吴兴经济相当繁荣，对国家十分重要，但农业发展面临着严重水患，更大规模的土地垦辟却遇到了严重阻碍。根据他的上疏，“……吴兴郡，衿带重山，地多污泽，泉流归集，疏决迟壅，时雨未过，已至漂没。或方春辍耕，或开秋沈稼，田家徒苦，防遏无方。”水患问题成为主要环境制约。在刘濬上疏之前曾经长期考察当地水文的州民姚峤，“以为二吴、晋陵、义兴四郡，同注太湖，而松江、沪渎壅噎不利，故处处涌溢，浸渍成灾。”为了解决水患，“欲从武康纻溪开漕谷湖，直出海口，一百余里，穿渠浛必无阂滞。自去践行量度，二十许载”。地方官亦试图予以整治，与姚峤一同展开调查，然而意见并不统一，“互生疑难，议遂寝息”。刘濬认为：此“既事关大利，宜加研尽”，地方官员亦曾对地形、地势和“川源由历”进行过考察并有所规划。然而这个地区的四郡同属于一个水系，从水环境来说是一个互相关联的整体，水患治理亦是一项规模宏大的系统工程，需要耗费巨量人力和物力，不可能由农户自行实施，即便由国家组织推动，亦是起步极难。正如刘濬所言，“寻四郡同患，非独吴兴，若此浛获通，列邦蒙益。不有暂劳，无由永晏。然兴创事大，图始当难”。所以他想组织差遣治下诸县的人力先搞一个小工程做试验，“若宜更增广，寻更列言”。他的建议得到了朝廷批准，然而“功竟不立”[1]。可见太湖平原土地垦辟和农业草创之艰。

然而，自南朝至唐末五六个世纪中，江南社会持续比较稳定，少有战乱，人口不断增长，由此亦造成了耕地需求持续增加，这构成江南农业不断向湖泽推进、“与水争地”的强大社会经济驱动力。随着劳动人口逐渐增长，治水垦田经验、技术不断积累，这个地区的围湖造田规模也逐渐扩大，小型零散的围田渐趋密集，逐渐由零散的围田发展为成片的圩田，圩圩相接，原本蒹葭丛生、鲛龙出没的水乡泽国逐渐成为经济繁盛的新兴农业区，原始的自然生态景观亦逐渐为人造的农业文化—生态景观所替代。

我们注意到：即使到了中唐时期，太湖东南的低湿平原仍未得到全面垦殖，而国家力量在当地土地开发中仍然发挥了重要作用。唐人李翰《苏州嘉兴屯田纪绩颂并序》中详细地记载了代宗时期为解决“安史之乱”以后的军粮、财政问题在嘉禾一带大兴屯田的情况，留下了关于国家组织屯田、大举垦殖太湖平原的一份最珍贵的史料。我们甚至可以说：这篇文章虽然难免有夸饰过誉之辞，但如果读懂了它，便既可理解太湖平原开发的特殊过程，亦能理解中古国家在土地垦殖和经营中的特殊历史作用。故兹不避赘重之讥，全录其文如下：

禹平九土，沟洫之功大；弃粒蒸人，稼穑之务重。自古有国家，未尝不率由斯道，底慎其业。故登平足以厚生殖，祸难足以定凶灾，未有易此而能理者。自羯戎乱常，天步多艰，兵连不解，十有四年。因之以饥馑，重之夭札，死者曝露，亡者惰游，编版之户，三耗其二，归耕之人，百无其一。将多于官吏，卒众于农人，古者八家为邻，一家从军，七家从之，犹曰兴师十万，内外骚动，不得操农桑者七十万家。今乃以一夫家食一伍，一余子衣一卒，师将不立，人将不堪，此圣上所以旰食宵兴、求古今令典，可以济斯难者，莫出乎屯田。广德初，乃命相国元公昌其谟，分命诸道节度观察都团练使统其事，择封内闲田荒壤人所不耕者为其屯，求天下良才善政以食为首者掌其务，屯有都知，群士为之，都知有治，即邑为之官府。官府既建，吏胥备设，田有官，官有徒，野

[1]《宋书》卷 99《二凶传》，中华书局，1974 年，第 2435-2436 页。

有夫，夫有任，上下相维如郡县，吉凶相恤如乡党，有诛赏之政驭其众，有教令之法颁于时，此其所以为屯也。虽天子命之，股肱赞之，至于宣上命、齐下力、经地域、制地事、辨土宜、均土法、简穑器、修稼政、陈三壤之种而敬其始，考九农之要而成其终，则都知之职，专达其事焉，讵可以非其人哉？

浙西观察都团练使御史中丞兼吴郡守赞皇公，上国大贤，忧公如家，慎择厥官，以对明命。浙西有三屯，嘉禾为之大，乃以大理评事朱自勉主之。且扬州在九州之地最广，全吴在扬州之域最大，嘉禾在全吴之壤最腴。故嘉禾一穰，江淮为之康；嘉禾一歉，江淮为之俭。公首选于众，独当其任，有宽简惠和之德，知艰难勤俭之事，政达乎本，智通乎时，仁爱足以结下，机权足以成务。

嘉禾大田二十七屯，广轮曲折千有余里。公画为封疆，属于海；浚其畎浍，达于州。求遂氏治野之法，修稻人稼泽之政：芟以殄草，剔以除木，风以布种，土以附根，颁其法也；冬耕、春种、夏耘、秋获，朝巡夕课，日考旬会，趋其时也；勤者劳之，惰者勖之，合耦助之，移田救之，宣其力也；下稽功事达之于上，上制禄食复之于下，叙其劳也。至若义感于内，诚动于中，徇国忘家，恤人犹已，野次露宿，箪食瓢浆，尽四体之勤，趋一时之役，大寒栗烈而犹执鼛鼓，盛暑赫曦而不传车盖，如登高去梯，与之死生，投醪均味，忘其饥渴，然后知仁义之政必见于耕获，井田之法可施于甲兵，夫如是，人将竭其力，地将尽其利，天将与其时。自赞皇为郡，无凶年；自朱公为屯，无下岁。元年冬，收入若干斛数与浙西六州租税埒，朝嘉厥庸，授廷尉评。公又稽气授时如前代法，有白雀集于高丰屯廪，盖大穰之征也。屯官某乙等聚而称曰："初，公为屯，人有二惧焉：邑人惧其暴，屯人惧其扰。今沟封犬牙而不相侵，疆场日履而人不知。方舟而上，以馈师旅，此功及于国也；登量而入，以宽征税，此德加于人也。古者智效一官，政修一乡，犹歌之、咏之，手之、足之，况朱公之绩如此其大者乎？遂相与斫琬琰，表阡陌，南阳太守，岂专刻石之功？桐乡啬夫，终践大农之位。其辞曰：

茫茫九区，阳九骧灾。丘荒札瘥，田卒污莱。天步未移，连师满野。
不耕不获，仰食于下。嗷嗷遗人，糊口馈军。帝曰予忧，爰立其屯。
且战且耕，古之善经。辟师肃只，王命是听。嘉禾之田，际海茫茫。
取彼榛荒，画为封疆。朱公莅之，展器授方。田事既饬，黎人则康。
我屯之稼，如云漠漠。夫位棋布，沟封绮错。朱公履之，劝耨趋获。

稂莠不生，螟蝥不作。岁登亿计，征宽税薄。息我蒸人，遂其耕凿。
我屯之庾，如京如坻。嘉量是登，方舟是维。赞皇献之，达于京师。
饱我六军，肃将天威。畎距于沟，沟达于川。故道既堙，变将为田。
朱公浚之，执用以先。浩浩其流，乃与湖连。上则有涂，中亦有船。
旱则溉之，水则泄焉。曰雨曰霁，以沟为天。俾我公私，永无饥年。
公田翼翼，私田薿薿。不侵其畔，不犯其穑。我仓既盈，尔廪维亿。
屯人熙熙，邑人怡怡。不扰其务，不干其时。我无尔暴，尔无我欺。
我有官属，朱公训之。我有徒侣，朱公恤之。我有众役，朱公率之。
我有微功，朱公序之。起于田中，印绶累累。何以况之，福禄如茨。
何以久之，刻篆于碑。[1]

单从土地开发利用的技术层面看，中晚唐时期太湖平原地区的土地垦辟已经不再局限于简单的排水围垦，建造一个个小院落式的孤立“围田”，而是筑堤与开浦并举，御水与用水结合，逐渐形成了兼具蓄水泄洪、排涝抗旱、挡水护田、灌溉航运等多种功能，并且在形制上位位相承、圩圩相接的塘浦圩田系统。正是由于这样大规模的土地开发，江南地区跃升为全国最为繁盛的经济区域，特别是在“安史之乱”以后，北方藩镇割据，经济残破，天下之计仰于东南，以太湖流域苏、常、杭等州为中心的江南地区，乃成为国家主要财赋供给地。故韩愈说：“当今赋出于天下，江南居十九。”[2] 白居易则谓：“……当今国用多出江南，江南诸州苏最为大，兵数不少，税额至多。”[3]

至五代吴越国时期，太湖地区塘浦圩田系统进一步臻于完善和巩固。当时，吴越国统治者为了维护自己的割据政权，保证区域社会经济稳定，对整个区域的塘浦圩田工程极其重视，80 多年中，官府采取了一系列行政和技术措施，促进圩区建设和圩田保护。在技术策略上，主要采用高田、低田分别治理，腹里圩田以高筑堤岸、挡水排涝为主，沿海高地以深浚塘浦、蓄水溉田为要。吴越国还特别创建了一支“撩浅军”，专门负责疏浚塘浦、修堤种树、养护航路和保障居民饮水等事务，此外还建立了分区负责的养护制度，做到大修与常年养护

[1]（唐）李翰：《苏州嘉兴屯田纪绩颂并序》，收入（宋）姚铉：《唐文粹》卷 21，据《四库全书》本。个别误字（如“我有徒位”“朱公卒之”）已作改正。
[2]（唐）韩愈：《送陆歙州诗序》，收入《唐文粹》卷 96，据《四库全书》本。
[3]（唐）白居易：《白氏长庆集》卷 68《苏州刺史谢上表》，据《四库全书》本。

相结合，对河湖淤滩控制、管理的立法甚备，虽募民大力垦荒，但绝不允许乱围滥垦。这些措施有效地保证了塘浦圩田系统得以长期维持，由于这个系统是横塘纵浦布列有序，堤岸高厚，塘浦深阔，并且河网有纲，港浦有闸，水系完整，因此即使遇到相当大的洪水，亦可保护圩区安全，大大减少了水旱灾害。据记载，吴越国统治86年，“岁多丰稔”，整个太湖流域见于记载的水旱灾害，水灾仅有4次，旱灾仅1次，是这个地区水旱灾害最少的一个历史时期。

令人遗憾的是，从北宋开始，当地乱围滥垦的情况开始发生，宋室南渡以后更迅速加剧，塘浦圩田系统逐渐被瓦解，关于它的整体规模、布局和景观，如今已经难以想象。但两宋时期的人们还不断提起。据北宋水利专家郏亶《吴门水利书》记载：当时分布在腹地和东北部沿海的横塘纵浦共计有360余条，其东南部自吴淞江至嘉兴一带也有大浦20条，形成整个区域“五里一纵浦，七里一横塘”，圩田与塘浦相应布列的棋盘式格局。在这个系统中，“沿塘以置泾，由径以通港，使塘以行水，泾以均水，塍以御水，脉络贯通，纵横分布”，外通江海，内灌农田，“旱潦有备，仿佛井田遗象”。横塘纵浦之间，圩田位位相承，每个大圩或十余方里，或二三十方里不等。大圩之中又分若干小圩，其中除农田、沟渠、堤岸外，道路纵横，农舍星列，自成一统，宛若一个个古代城邦小国。

塘浦在河流分支及沿江、边海之外多设有堰、闸，用以调节水位，旱则开闸引江水之利，潦则闭闸拒江水之害。圩内干渠的形式，按照地形开成十字、丁字或月、弓之样；干渠之外又有支渠、沟洫通布田间，并修有堤坝和道路。内堤主要用于防止内涝和作为圩岸的第二道防线，一旦某一面圩岸崩塌，可藉以抢救防护，不致危及全圩。沟渎在通过内堤处又设有小斗门或者涵洞。一圩专设圩长，负责组织圩丁于岁晏水落之时修筑圩岸。圩岸临水坡面常常种植杨柳以抵御风涛冲噬，其材亦备作紧急时堵塞决口之用；堤脚的外滩上则种植茭芦用以防风杀浪。圩堤之上，柳荫之下，还是牧养的理想场所。事实上，由于常有牛儿践踏，堤岸更加坚固，不至于漏水；堤上的柳树得牛粪和塘浦淤泥滋养亦能生长茂盛，诸多方面的有机结合，有力地保证了圩区安全。如此的布局，令人遐想当年，牧童牵着老牛在徜徉，牧笛袅袅，牛角弯弯；碧草萋萋，柳叶似剪；而稠密如织的河网上，大小船只往来穿梭，那是一幅多么令人神往的水乡胜景！总之，太湖地区的塘浦圩田系统，曾经具有极高的系统性、完整性和功能协调性。如此完备的形制，如此宏大的规模，应不稍逊于荷兰的围海造田，在世界范围之内，恐怕都是首屈一指，不愧为中国泽农文化的一大奇观！

毫无疑问，经过先民长期艰苦奋斗逐渐形成的这一庞大的人文—生态景观，不仅极大地促进了太湖地区的经济发展，使之一跃成为唐宋以来中国最为富庶繁荣的地区，其特有的空间格局和景观还深刻地影响了当地人民的生活方式。随着圩田逐渐向湖沼洼地推进，在原来的“龙宫鳖窟”之上，逐渐营建起越来越多的农舍村庄，“圩”不仅是一个个生产单位，同时也是一个个最基层的乡村社区，各圩依其规模大小，往往包括一个或多个自然村，其居民从三二家至千百家不等。各圩的命名也很有规律：有的以圩主姓氏起头，有的以天干地支命名，有的则按天、地、日、月、山、川、草、木名字编号。直至今日，太湖地区的大量地名中仍然带有“塘”“泾”“浦”“圩”“渎”等字，而这些都是古代各种水利工程的名称，说明以塘浦圩田为主体的农田和水利建设对当地社会生活产生了广泛和深远的影响。

总而言之，塘浦圩田系统是古代江南人民根据自然环境特点、充分利用资源条件并且与不利因素持续抗争逐步构筑形成的。作为江南水乡的一个独特景观，它凝集了古代人民卓越的环境智慧，呈现出江南农耕文化的独特风情。圩区景观，既不同于南方山区横麓、危巅节级而上的层层梯田，也不同于华北平原和黄土高原（曾经有过的）千里平畴、如磨如砥，更不同于塞北草原“天苍苍，野茫茫，风吹草低见牛羊”的牧区风光。在这里的千里沃野之上，处处是水塘柳岸，清溪碧浦，稻麦腾浪，菱荷漾波。其秀丽而灵动的风光，曾经让无数异地来客乐而忘返，更令众多离乡游子魂牵梦萦，古籍中保留了众多千年传诵的吟唱。凭借中古以来的长期发展优势，如今江南地区已经实现高度工业化和城镇化，成为全国乃至世界上人口最密集、经济最繁盛的区域之一。然而，古人所描绘的江南自然胜景，如今是否依旧处处存在？新时代的江南人在建设更宜居、幸福的家园时，能否留下人文与自然协调统一的生态之美？

要之，中古 7～8 个世纪的土地垦殖开发，是在远比此前时代辽阔的地域上逐渐展开的，以上只是略陈其梗概，远非全部面貌。但读者应可想象：中华民族在这一开发进程之中曾经历了怎样的历史艰辛。正是由于这个时代的持续开发，中国文明获得了更加辽阔的发展空间，在更加多样化的生态环境和更加丰厚的自然资源条件下，以新的历史姿态继续演进。

四、中古土地垦殖的整体水平

然而，很可能让读者感到失望的是，对中古各王朝到底开垦和耕种了多少土地？人均占有耕地多少？我们都无法做出明确回答。现存史籍关于田亩数量的记录同样缺乏可靠数据。魏晋南北朝史料记载极其缺少而且混乱，强行讨论全无意义；关于隋唐的情况或可赘言几句。

史家公认：唐代出现了继两汉以后的又一农业发展和户口增长高峰，但现有相关史料却不足以支持我们对当时全国耕地和人均占有耕地情况做出合理的评估。兹仅能根据有限材料在前人基础上稍做推测。

《通典》记载了隋唐时代若干全国垦田和户均占田数字。该书卷二《食货二》记载："隋开皇九年（589 年），任垦田千九百四十万四千二百六十七顷。"作者自注称："开皇中，户总八百九十万七千五百三十六。按定垦之数，每户合垦田二顷余也。""至大业中，天下垦田五千五百八十五万四千四十顷。"注云："按其时有户八百九十万七千五百三十六，则每户合得垦田五顷余，恐本史之非实。"这两组户口和垦田数字错误甚多，无法据信。首先，将开皇年间（581—600 年）的垦田数除以户数，平均每户垦田 2 顷余，或许差强可以接受，但文中一作"任垦田"，一作"定垦田"，一字之差，相距甚远；大业年间（605—618 年）的垦田和户口数字则是完全无用，平均每户垦田达到 5 顷多，这是不可能的，杜佑已然不信，并且大业与开皇两个户口数量完全相同，肯定也不对。

姑且设想开皇年间的户口和垦田数字比较接近实际：户均占田 2 顷余即 200 多亩，以户均 5 口计算[1]，人均占耕田达到 40 亩。隋代亩制可能承袭后魏，一大亩约合 1.135 6 市亩，以此换算，则隋开皇时人均占地可达 45 市亩多；若以百步小亩即 1 亩合 0.473 市亩计算，则人均占地亦近 19 亩，仍然是一个很大的数字。

同书同卷又载：唐"天宝中应受田一千四百三十万三千八百六十二顷十三亩。"文中小字注云："按十四年（755 年）有户八百九十万余，计定垦之数，每户合一顷六十余亩。至建中初，分遣黜陟使按比垦田田数，都得百十余万顷。"

[1] 据上文大业二年（606 年）的数字计算，其时户均人口约 5.17，姑以 5 口计。

按照杜佑所说：天宝时期户均占田 1.6 顷余即 160 余唐亩，其时户均人口大约为 5.94 人，且以 6 口计算（见表 2-1），则人均可有垦田约 27 亩（以总田亩数除以总人口数，结果相同），折合市亩约为 12.5 亩（以每唐亩为 0.544 市亩计算。如以百步小亩即每亩合今 0.226 6 市亩换算，则仅有 6 市亩多）。其实，杜佑虽是唐人，但其记述似乎也有问题：正文中为“应受田”之数，注文中却云“定垦之数”。如此这般的人口和田亩数字，在多大程度上反映了隋唐时期全国垦田和人均占有耕地的实际，实在难以做出肯定判断。

其实，前辈史家对此早已是疑窦丛生。例如，汪篯曾征引大量文献资料，推定唐玄宗天宝时期全国的实际耕地面积在 800 万～850 万顷。倘若汪氏的结论更接近史实，则唐朝户均占田不足 1 顷，人均占有的耕地亦要较上述数量大大降低。[1]姑且以每户占地 1 顷（即 100 亩）、户均 6 口人计算，人均占有耕地约 16.7 亩，换算成市亩，若用大亩折算，则合 9 市亩余；若以小亩折算，则人均仅有耕地 3.78 市亩。

我们可将隋唐人均占有耕地的数量与两汉时期做一比较，同据《通典》，其卷一记载：西汉平帝元始二年（2 年）、东汉顺帝建康元年（144 年）户均占田分别为 67.6 亩和 70 亩，人均分别约占田 14 亩，依汉时 1 大亩合今 0.69 市亩折算，折合成今亩均不足 10 市亩；如依小亩折算，汉代 1 小亩可折合 0.288 市亩，则其时人均占耕地仅有 4 市亩。

单从以上推测数字来看[2]，隋唐人均占有耕地与两汉颇有出入。其中隋朝开皇年间的数字大得令人难以置信：即便隋朝依小亩计而汉朝以大亩计，隋代人均占有耕地亦接近汉时的两倍。但是汉唐之间农业生产力并未取得显著突破，每个农户所能耕种的土地，即使采用粗放的耕作、经营方式，面积亦不能太大。假定对唐代的田亩采用大亩制，人均占地 9 亩，而人口采用比较折中的数字，全国人口约 8 000 万人，则其时全国最多应开垦了耕地约 7.2 亿市亩。当然这个数字大致可以说明一个问题，即不论与唐代疆域版图还是与现今全国耕地总面积相比，其时的土地垦殖和利用率仍然都是相当之低，还有广袤的荒野土地尚待开发。换言之，尽管唐代在若干人口密集、农业发展的中心区域已经出现人地关系紧张的情况，并且引起了严重的经济问题和社会矛盾（其实早在汉代的

[1] 汪篯：《唐代实际耕地面积》，收入《汪篯隋唐史论稿》，中国社会科学出版社，1981 年，第 56-69 页。
[2] 古亩与市亩折算率均据吴慧：《中国历代粮食亩产研究》附录表四，农业出版社，1985 年，第 236 页。

中原地区就已经发生），但就全国整体而言，还远远没有达到人满为患的程度。

第三节　国家力量与土地垦殖

细心的读者或许已从上节叙述中注意到：中古时代，不论新区拓殖还是旧地复垦，国家力量都发挥了特殊重要的作用。国家直接组织大规模的土地垦殖，直接参与农牧经营是中国经济史上一个很引人注目的现象。中古国家仍然沿袭秦汉旧制——以军事化或准军事化方式组织实施屯田（唐朝亦称营田），但与秦汉颇不相同的是，内地屯田占据了很大比重，从中原到江南都曾经有过广大的屯田，并不局限在西北边疆地区。在战乱恢复时期，内地屯田甚至曾一度占据了主导地位；即使在和平时代，中原核心地区也有规模可观的屯田经营。中古屯田分布之广，在全国耕地中所占比重之大，及其之于国家财政的重要性，都明显超过了秦汉，亦为后代所不能及。

关于中古屯田问题，以往史家已经做了大量研究，论著数以百千计，可谓成果丰硕。然而，一个很大的疑问始终萦绕在我们心中，即自战国以降，土地垦殖、经营不断朝着个体家庭化方向发展，小农经济在秦汉时期已经成为社会经济的主体，宋代以后更是居于绝对支配地位，但在中古时代似乎曾经出现重大的曲折甚至逆转，大土地占有和经营相当引人注目，一方面是大地主私营田庄和庄园经济曾几度发达；另一方面是国家力量（包括中央和地方官府）大举组织屯田和开展其他形式的大土地经营。大地主和官府都控制着大批的劳动人口，强制组织“集体化”生产，垦辟土地，经营农作，令人感觉农业经营方式在向古老的“共耕公田”倒退。由于国家和地主垦辟和占有的土地规模都很大，有的学者甚至怀疑小农家庭生产是否占据了当时农业经济的主导地位。[1]这一重大历史逆转或曲折何以发生？是否意味着中古人与自然关系特别是人地关系具有时代特殊性？

在我们看来，若说中古时代的土地垦辟、占有和经营的主体是国家和地主而非个体农民家庭，可能有点言过其实。那个时代的各类依附性人口诚然众多，国家直接垦殖和经营的土地（包括屯田、营田以及其他官地），所占比重确实明

[1] 例如，英国学者伊懋可教授即怀疑中古以前小农经济是否占据主导地位，笔者曾与之进行过讨论。

显要高于其他时代，中古前期世家大族肆意封山占水，晚期僧俗地主和权势之家疯狂扩张田庄、别业，大地产经济确实显得比其他时代要发达。与之相对应的是，个体小农（自耕农）经济经历了显著的兴衰和起伏过程。但是，并没有充分证据表明那个时代的小农经济果真丧失了主导地位，至多只是在战乱时期发生了阶段性、暂时性动摇。一旦社会政治局势回转安定，自耕农经济即逐渐恢复，国家基于赋役需要，也会努力地促进其恢复，保护其发展。

关于中古国家、地主和自耕农三种经济消长沉浮的政治、军事背景及其社会经济史意义，前贤已有大量论说，这里仍尝试从环境史角度再做一点探讨。我们的基本看法是：就自然资源开发和农业恢复而言，国家大举组织和直接参与土地垦殖经营，世族和权贵地主大量封占山泽和营建庄园、别业，的确是中古农业经济的一个重要特色。上述曲折甚至逆转，从大的历史背景说，是特殊的民族关系、政治对抗和军事斗争形势驱迫所致；从具体过程看，则与自然和社会两大系统的诸多历史因素互相纠缠，关系错综复杂，梳理起来非常困难。总体而言，是那个时代人与自然（特别是人口与土地资源）关系波动变化的历史反映。为了避免叙事过于混乱，兹先略述国家力量在土地垦殖和农业经营中的具体表现。

前面提到：屯田肇始于秦朝，发展于汉代。其时，为了供给边境戍卒的生活资料，减少远途转运巨量靡费，国家大力实施边地屯田。开始只是组织戍卒且耕且守，只有军屯；后来为了进一步充实边防，又实施民屯。军屯的劳动力是军队士兵，民屯则从内地征募普通民众前来耕垦。基于当时的民族关系形势，秦汉屯田基本上都是在西北地区进行；两汉时期曾有内地屯田举动，但并未推广。

东汉末年，天下大乱，“……中国萧条，或百里无烟，城邑空虚。”[1]人口转死沟壑、四散流徙，曾经繁盛的黄河中下游农业区，千里榛莽，万户萧疏，农业经济遭到毁灭性打击，粮食严重匮乏，军粮亦无保障。其时，群雄蜂起，彼此杀掠，局势极其混乱，谁拥有粮食，谁就可以招兵买马，安辑人口，壮大实力。面对严峻的社会经济形势和军事斗争需要，枣祗等一批有识之士陆续提出屯田建议。建安元年（196 年），曹操在众僚属的建议下，利用攻破黄巾军残

[1]《三国志》卷 56《吴书・朱治传》注引《江表传》，中华书局，1959 年，第 1304 页。

部所获物资，以枣祗为屯田都尉，命任峻等“募民屯田许下，得谷百万斛。于是州郡例置田官，所在积谷。征伐四方，无运粮之劳，遂兼灭群贼，克平天下”[1]。《晋书》亦载：“汉自董卓之乱，百姓流离，谷石至五十余万，人多相食。魏武既破黄巾，欲经略四方，而苦军食不足，羽林监颍川枣祗建置屯田议。魏武乃令曰：‘夫定国之术在于强兵足食，秦人以急农兼天下，孝武以屯田定西域，此先世之良式也。’于是以任峻为典农中郎将，募百姓屯田许下，得谷百万斛。郡国列置田官，数年之中，所在积粟，仓廪皆满。祗死，魏武后追思其功，封爵其子。”[2]曹魏将秦汉屯田制度大力推行于内地，无疑是一个至关重要的经济举措。正是由于大规模屯田，中原农业生产渐有恢复，奠定了曹操翦灭群雄、统一北方的经济基础。曹操曾在追述枣祗的功劳时说：“……其时岁则大收，后遂因此大田，丰足军用，摧灭群逆，克定天下，以隆王室，（枣）祗兴其功……”[3]

曹魏屯田分为民屯、军屯两种形式，先行民屯，后起军屯，此亦与秦汉时期不同。民屯实行之初，主要是将俘获的人口（如黄巾旧部）强行编制起来，令其农作，后来亦不断招募人口。这些被组织起来的农民，被称为“屯田客”或“屯田民”，不同于郡县管理的“编户齐民”，他们归各地农官控制和管理，对国家有着强烈的依附性，缺少人身自由，不具备平民身份。地方各级典农官以军事编制方式控制“屯田客”或“屯田民”，令他们耕种国家土地，缴纳高额地租。由于屯田客大多是几乎一无所有的赤贫农民，不少人需向官府租用耕牛，而国家则按照农民租用耕牛的数量征收更高额地租，是所谓“计牛输谷”或“僦牛输谷”[4]，“持官牛田者官得六分，百姓得四分，私牛而官田者与官中分”[5]，即屯田客须将50%～60%的收获物上交给官府。由于许多屯田客并非出于自愿，国家剥削非常沉重，故“新募民开屯田，民不乐，多逃亡”[6]。

军屯始于建安十八年（213年）或稍后，曹操接受司马懿的建议，“又于征伐之中，分带甲之士，随宜开垦”“于是务农积谷，国用丰赡”[7]。军屯上的劳动力是“带甲之士”即士兵，他们平时农作，遇有战事则出征打仗，被称为“田

[1]《三国志》卷1《魏书·武帝纪》注引《魏书》，中华书局，1959年，第14页。
[2]《晋书》卷26《食货志》，中华书局，1974年，第783-784页。
[3]（宋）王钦若等撰：《册府元龟》卷132《帝王部·褒功》引“魏太祖令”，中华书局，1960年影印本，第1590页。
[4]《三国志》卷16《魏书·任峻传》注引《魏武故事》，中华书局，1959年，第490页。
[5]《晋书》卷109《慕容皝载记》，中华书局，1974年，第2823-2824页。
[6]《三国志》卷11《魏书·袁涣传》，中华书局，1959年，第334页。
[7]《晋书》卷1《宣帝纪》，中华书局，1974年，第2页；《晋书》卷26《食货志》，中华书局，1974年，第792页。

兵”“屯兵”“佃兵”。曹魏实行“士家”制度，被编入“士籍”的兵士父死子继，兄终弟及，世代为兵，无法脱离军籍，被称为“士家”，其妻子儿女则被称为“士妻”“士女”“士息”。为了确保兵源，防止士兵逃亡，曹魏颁布“重士亡之法”，士家不得改行转业，兵士死后，寡妻、遗女亦配士家；如果士兵逃亡，其家属要受到严厉惩罚。故与“屯田客”相比，屯田士家的人身自由受到更加严格的控制，对国家具有更强的依附性，几乎就是贱民。

曹魏的民屯和军屯，不仅起始时间和劳动者身份不同，而且还存在着若干其他差别，在地理分布上，民屯主要集中于邺城周围，洛阳、颍川、弘农、魏郡、汲县以及河内等地，军屯则主要集中在青州、徐州、沿淮一线和关中地区。日本学者西嶋定生曾经指出：“汉代的屯田主要设在边疆地区，而魏的屯田则是主要设在中原的沃野之中，由典农部官吏所掌握，作为军国财政收入的主要来源。曹操的儿子曹丕接受汉帝的禅让而建立了魏王朝，除原有的典农部屯田外，还设置了由度支尚书或者都督、刺史所掌管的屯田。典农部屯田是属民屯，而后者则是军屯，而且它主要是设置在边境的前线一带。”[1]大体符合当时事实。从功能上看，民屯首先是为了恢复农业生产，而军屯则主要是为了积粟充军，加强战争前沿地带的“边防”力量。从管理上说，民屯的基层组织是“屯”，每屯50人，隶属于与郡县并立的农官系统（典农中郎将、典农都尉、典农校尉等），各级农官统属于中央大司农；军屯则通常隶属于不同的军队编制，其基层组织为“屯”，亦或为“营”。两者之间的共同之处在于：与一般的编户齐民相比，在国家大力组织和严格控制之下的屯田农民，受到了十分严厉的超经济强制，没有土地所有权和占有权，甚至没有最基本的生活自由（如婚姻自由），对国家有着很强烈的人身依附性。

诸史记载表明曹魏屯田分布广、规模大，效果显著。不仅在传统农区的土地复垦中发挥了十分重要的作用，还有力地促进了一些地区的新土地开发，其中江淮地区的屯田事业发展和土地垦辟经营最为引人注目。那里是曹魏与孙吴互相对垒的区域，长期驻有重兵，为了解决军粮问题，曹魏时期先后有众多将帅在那个地区辛苦经营，大力兴修水利，发展军事化屯田农业生产。

曹魏大举实施江淮屯田，始于东汉献帝建安年间（196—220年）。《三国志》

[1]［日］西嶋定生著，冯佐哲等译：《中国经济史研究》，农业出版社，1984年，第203-204页。

记载：建安五年（200 年），“太祖（引按：指曹操）方有袁绍之难，谓馥可任以东南之事，遂表为扬州刺史。……数年中恩化大行，百姓乐其政，流民越江山而归者以万数。于是聚诸生，立学校，广屯田，兴治芍陂及茹陂、七门、吴塘诸堨以溉稻田，官民有畜。又高为城垒，多积木石，编作草苫数千万枚，益贮鱼膏数千斛，为战守备。”[1]刘馥卒于建安十三年（208 年），在当地经营屯田约 8 年之久。随后，曹操又于建安十四年（209 年）“置扬州郡县长吏，开芍陂屯田”[2]，建安十七至十八年（212—213 年），庐江太守朱光“屯皖，大开稻田”[3]，可见曹魏屯田一直延伸到了长江北岸，但最集中的屯田区域乃是淮河两岸，曹魏末期臻于极盛，名将邓艾功绩卓著。对此，《三国志》和《晋书》中都有相当详细的记载，由它们可知，曹魏齐王芳在位时，“欲广田畜谷，为灭贼资，使艾行陈、项已东至寿春。”邓艾经过考察，以为当地“田良水少，不足以尽地利，宜开河渠，可以引水浇溉，大积军粮，又通运漕之道”，建议兴水利、广屯田。他建议说：“陈、蔡之间，土下田良，可省许昌左右诸稻田，并水东下。令淮北屯二万人，淮南三万人，十二分休，常有四万人，且田且守。水丰常收三倍于西，计除众费，岁完五百万斛以为军资。六七年间，可积三千万斛于淮上，此则十万之众五年食也。以此乘吴，无往而不克矣。”[4]自正始二年（241 年）开始，邓艾在司马懿的支持下于两淮大兴屯田，淮南“遂北临淮水，自钟离而南横石以西，尽沘水四百余里，五里置一营，营六十人，且佃且守”[5]；淮北则广兴陂渠水利，发展灌溉和水运。为了配合屯田，解决灌溉用水问题，邓艾组织大量人力“穿广漕渠，引河入汴，溉东南诸陂”，又“修广淮阳、百尺二渠，上引河流，下通淮颍，大治诸陂于颍南、颍北，穿渠三百余里，溉田二万顷，淮南、淮北皆相连接”[6]。由于邓艾大开河渠，引黄河之水进入颍、汴诸河，黄、淮两大水系因之连通，不仅形成了“上引河流，下通淮颍”的水运网络，大大有利于军需物资的漕运，而且显著改善了当地水文环境，为屯田农业发展提供了良好的灌溉条件。正是由于水利建设和屯田事业取得显著成功，

[1]《三国志》卷 15《魏书・刘馥传》，中华书局，1959 年，第 463 页。
[2]《三国志》卷 1《魏书・武帝纪》，中华书局，1959 年，第 32 页。
[3]《三国志》卷 54《吴书・吕蒙传》，中华书局，1959 年，第 1276 页。
[4]《三国志》卷 28《魏书・邓艾传》，中华书局，1959 年，第 775-776 页。
[5]《晋书》卷 26《食货志》，中华书局，1974 年，第 785 页。
[6]《三国志》卷 28《魏书・邓艾传》，中华书局，1959 年，第 776 页；《晋书》卷 1《宣帝纪》，中华书局，1974 年，第 14 页；《晋书》卷 26《食货志》，中华书局，1974 年，第 785 页。按：关于淮阳、广漕等渠的修造时间，二书记载不同。

曹魏在与孙吴的军事和政治对抗中取得了明显的战略优势，史书记载："自寿春到京师，农官兵田，鸡犬之声，阡陌相属。"[1]"每东南有事，大军兴众，泛舟而下，达于江、淮，资食有储而无水害。"[2]

在古代区域经济开发史上，曹魏大举屯田江淮具有特殊重要意义。如前所述，东汉时期，农业区域逐渐向淮、汉流域拓展，但还主要局限在淮河上游。淮河中下游和江淮之间河湖众多，泽潦广大，单个或少数农户没有足够能力在这里自行垦辟、经营，而当时人口一直寡少，农业技术落后，汉末大乱和随后的魏、吴对抗更使这个地区形成了广大的空荒地带。由于军事战略方面的特殊需要，曹魏在这里大量驻军，为解决军粮问题，不得不运用国家力量、采用军事组织形式集中劳动人口屯垦经营，同时努力开展水利建设，遏河水、造陂堰、凿沟渠，以通行漕运和灌溉农田。由于曹魏国家力量主导垦殖经营，淮河流域成为当时最大的屯垦区，农业发展较之前代很有起色，亦为后来淮河以南地区土地开发和陂塘水利发展积累了重要经验。

东汉大乱之后，不只是曹魏大举屯田，孙吴和蜀汉两个政权亦尝行之。

各种迹象表明，东吴屯田或系仿效曹氏制度，亦分民屯和军屯两类。民屯主要分布在丹阳郡、吴郡和会稽郡等地，孙氏设立典农校尉、典农都尉、屯田都尉等以掌其事；军屯则主要分布在各州郡的屯军之地附近。建安初，孙策初定江东霸业，为了获得劳动力，孙策出兵征伐山越，虏其民众迫令屯种，在收服太史慈以后，即任命他为建昌都尉，应是利用他控制当地山越人口，组织屯种。建安五年（200 年），孙权又命陆逊"出为海昌屯田都尉，并领县事"[3]。黄武五年（226 年）春，孙权下令称："军兴日久，民离农畔，父子夫妇，不听相恤，孤甚愍之。今北虏缩窜，方外无事，其下州郡，有以宽息。"而陆逊"以所在少谷，表令诸将增广农亩"[4]。可见，东吴亦以屯田作为恢复农业经济、解决粮食问题的重要国策。

太湖流域是孙吴屯田最早亦最重要的区域。陆逊为海昌屯田都尉时，即在太湖平原经营屯田。其后，又曾设屯田都尉于溧阳，设典农校尉于毗陵等地，

[1]《晋书》卷 26《食货志》，中华书局，1974 年，第 785 页。
[2]《三国志》卷 28《魏书・邓艾传》，中华书局，1959 年，第 776 页。
[3]《三国志》卷 58《吴书・陆逊传》，中华书局，1959 年，第 1343 页。
[4]《三国志》卷 47《吴书・孙权传》，中华书局，1959 年，第 1132 页。

规模相当可观，晋人左思《吴都赋》所谓“屯营栉比，廨署棋布”[1]，即指此而言。被迫从事屯田劳作的人口众多，据《三国志》记载：“赤乌中，诸郡出部伍，新都都尉陈表、吴郡都尉顾承各率所领人会佃毗陵，男女各数万口。”[2]永安六年（263 年），丞相濮阳兴建议“取屯田万人以为兵”[3]。所谓“屯田万人”显然本来不是士兵，而是从事屯田的一般农民。还有不少军士被迫从事屯种，孙吴末期的陆凯曾向孙皓进谏说：“先帝战士，不给他役，使春惟知农，秋惟收稻，江渚有事，责其死效。今之战士，供给众役，廪赐不赡，是不遵先帝十五也。”[4]证明东吴曾以大批军士从事屯种。

孙吴屯田地区并不局限于江浙，在今安徽、湖北等省境内亦有屯田。事实上，在当时曹吴对峙的江北地区，一直都有相当规模的军事屯田。早在建安十九年（214 年），孙权征皖，俘虏魏庐江太守朱光以下男女数万人，为了对抗曹魏和巩固江北战略基地，即以皖口为中心大兴屯田；至嘉禾四年（235 年），又“遣兵数千家佃于江北”[5]；嘉禾六年（237 年），诸葛恪“乞率众佃庐江皖口，因轻兵袭舒，掩得其民而还”[6]。从敌方的言论和军事行动中亦可略窥孙吴在江北屯田的某些情况。例如，曹魏明帝青龙三年（235 年），魏将满宠称孙权江北屯田，“田向收熟，男女布野，其屯卫兵去城远者数百里，可掩击也。遣长吏督三军循江东下，摧破诸屯，焚烧谷物而还”[7]；及至西晋咸宁四年（278 年），晋军攻破皖城之时，“焚其积谷百八十余万斛，稻苗四千余顷”[8]，可见皖城屯田规模颇大，积谷甚丰。长江中游的武昌一带也有屯田，故《水经注》记载：“吴时旧立屯于水侧，引巴水以溉野。”又载：“（富）水之左右，公私裂溉，咸成沃壤，旧吴屯所在也”。[9]

东吴屯田制度与曹魏颇有类似，不同之处在于南方特殊的发展基础和自然环境。由于当地开发晚于北方，基础条件薄弱，多水的自然环境则使得其农田、水利和交通等方面的基础建设更加困难，屯田兵民不得不承担更繁重的苦役。

[1]（西晋）左思：《吴都赋》，收入（南朝梁）萧统编：《文选》卷 5《京都》下，上海古籍出版社，1986 年，第 217 页。
[2]《三国志》卷 52《吴书・诸葛瑾传附子融传》裴注引《吴书》，中华书局，1959 年，第 1236 页。
[3]《三国志》卷 48《吴书・孙休传》，中华书局，1959 年，第 1161 页。
[4]《三国志》卷 61《吴书・陆凯传》，中华书局，1959 年，第 1407 页。
[5]《三国志》卷 26《魏书・满宠传》，中华书局，1959 年，第 725 页。
[6]《三国志》卷 64《吴书・诸葛恪传》，中华书局，1959 年，第 1432 页。
[7]《三国志》卷 26《魏书・满宠传》，中华书局，1959 年，第 725 页。
[8]《晋书》卷 42《王浑传》，中华书局，1974 年，第 1202 页。
[9] 陈桥驿：《水经注校证》卷 35《江水》，中华书局，2007 年，第 808-810 页。

赤乌八年（245年）八月，孙权“遣校尉陈勋将屯田及作士三万人凿句容中道，自小其至云阳西城，通会市，作邸阁”；赤乌十三年（250年）十一月，“遣军十万，作堂邑涂塘以淹北道”[1]；永安三年（260年），“都尉严密建丹杨湖田，作浦里塘。诏百官会议，咸以为用功多而田不保成，唯（濮阳）兴以为可成。遂会诸兵民就作，功佣之费不可胜数，士卒死亡，或自贼杀，百姓大怨之”。[2]也正因如此，东吴屯田更具有垦辟新土的拓荒意义。

蜀汉屯田规模不大，盖因所据成都平原号为“天府之国”，农业开发甚早，经济发达，汉末大乱期间受害亦少，农业经济无须通过组织屯田进行恢复。蜀汉屯田主要分布在汉中，亦尝屯田于渭南，都只是为了解决北伐军队的粮食问题。建兴十年（232年），诸葛亮屯田汉中，命吕乂为汉中太守，“兼领督农，供继军粮”[3]。所谓“督农”应是负责民屯事务的农官。至建兴十二年（234年），“亮悉大众由斜谷出，以流马运，据武功五丈原，与司马宣王对于渭南。亮每患粮不继，使己志不申，是以分兵屯田，为久驻之基。耕者杂于渭滨居民之间，而百姓安堵，军无私焉”[4]。史载渭南屯田“十二更下，在者八万”[5]，即士兵一年之中每个月轮流耕种和休息，在当地从事作战和屯田的士兵有八万之众，显然是军屯，但是当地屯田维持的时间不长。汉中屯田一直持续到姜维掌军、蜀汉行将覆亡之时。蜀汉政权曾设置庲降都督治理南中（即今大渡河以南的四川省、云南省、贵州省部分地区），在那里开过少量的屯田。史载霍弋曾任“参军庲降屯副贰都督”[6]；《水经注》载“（宁州）州故庲降都督屯，故南人谓之屯下。刘禅建兴三年（225年）分益州郡置”[7]。此皆蜀汉曾于南中设置屯田之证。

随着社会政治局势暂转安定，经济生产有所恢复，粮食严重匮乏的问题亦渐缓解，强制控制大批劳动人口实施屯田逐渐不再是必要之举。因而，至三国末期，不论是北方曹魏还是南方孙吴的民屯都逐渐瓦解，国家甚至主动撤除民屯。曹魏元帝咸熙元年（264年），诏“罢屯田官以均政役，诸典农皆为太守，都尉皆为

[1]《三国志》卷47《吴书·孙权传》，中华书局，1959年，第1148页。
[2]《三国志》卷64《吴书·濮阳兴传》，中华书局，1959年，第1451页。
[3]《三国志》卷39《蜀书·吕乂传》，中华书局，1959年，第988页。
[4]《三国志》卷35《蜀书·诸葛亮传》，中华书局，1959年，第925页。
[5]《三国志》卷35《蜀书·诸葛亮传》注引郭冲《五事》，中华书局，1959年，第926页。
[6]《三国志》卷41《蜀书·霍峻附子弋传》，中华书局，1959年，第1007页。
[7] 陈桥驿：《水经注校证》卷33《江水》，中华书局，2007年，第769页。

令长”[1]；至西晋武帝泰始二年（266年）十二月，又诏“罢农官为郡县”[2]。至此，民屯被正式废止，大部分屯田客转变为郡县管理的编户齐民。孙吴屯田民众的生存境况原本就比曹魏艰难，至其统治末期，田兵“供给众役，廪赐不赡”[3]，“前后出为兵者，生则困苦无有温饱，死则委弃骸骨不反……每有征发，羸谨居家重累者先见输送。小有财货，倾居行赂，不顾穷尽。轻剽者则迸入险阻，党就群恶。百姓虚竭，嗷然愁扰……民间，非居处小能自供，生产儿子，多不起养；屯田贫兵，亦多弃子”[4]。其最后结局似乎也比曹魏的“屯田客”悲惨，由于实行所谓“复客”制度，屯田民众常常被朝廷以“赐民”“复客”“守冢户”等名义赏赐给大小将帅，成为他们私属的佃客，无法获得平民身份。至于军屯，虽也逐渐衰败和变质，但在两晋南北朝时期一直存在，主要功能都是为了满足军粮供给需要，分布地域则主要是不同政权之间相互对抗的前沿地带。

西晋平吴之前，关陇、荆州等地仍多有屯田，一些地方的屯垦事业还颇有成绩。例如，西晋初年，司马骏在治理雍、凉和关中等地期间，“善抚御，有威恩，劝督农桑，与士卒分役，己及僚佐并将帅兵士等限田十亩，具以表闻。诏遣普下州县，使各务农事”[5]；羊祜任荆州都督时，曾将“戍逻减半，分以垦田八百余顷”[6]。晋室南渡之初，粮食非常紧缺，皇帝乃“课督农功，诏二千石长吏以入谷多少为殿最。其非宿卫要任，皆宜赴农，使军各自佃作，即以为廪”[7]。在南渡之初极其困难的时期，朝廷有重兴军屯之议。例如，应詹曾建议效“魏武皇帝用枣祗、韩浩之议，广建屯田，又于征伐之中，分带甲之士，随宜开垦，故下不甚劳，而大功克举也”“宜选都督有文武经略者，远以振河洛之形势，近以为徐豫之藩镇，绥集流散，使人有攸依，专委农功，令事有所局。……今诸军自不对敌，皆宜齐课”；他还主张“宜简流人，兴复农官，功劳报赏，皆如魏氏故事，一年中与百姓，二年分税，三年计赋税以使之。公私兼济则仓盈庾亿，可计日而待也”[8]。及至东晋明帝之时，温峤又建议“诸外州郡将兵者及都督府非临敌之军，且田且守。又先朝使五校出田，今四军五校有兵者，及护军所统外军，可分

[1]《三国志》卷4《魏书·陈留王纪》，中华书局，1959年，第153页。
[2]《晋书》卷4《武帝纪》，中华书局，1974年，第55页。
[3]《三国志》卷61《吴书·陆凯传》，中华书局，1959年，第1407页。
[4]《三国志》卷57《吴书·骆统传》，中华书局，1959年，第1335-1336页。
[5]《晋书》卷38《宣五王·扶风王骏传》，中华书局，1974年，第1125页。
[6]《晋书》卷34《羊祜传》，中华书局，1974年，第1015页。
[7]《晋书》卷26《食货志》，中华书局，1974年，第791页。
[8]《晋书》卷26《食货志》，中华书局，1974年，第792页。

遣二军出，并屯要处。缘江上下，皆有良田，开荒须一年之后即易”[1]。其后，朝廷和地方将帅时有屯田之举，例如，祖逖北伐期间督劝“子弟耕耘”[2]，且令士兵“佃于（谯）城北，虑贼来攻，因以为资，故豫安军屯，以御其外。谷将熟，贼果至，丁夫战于外，老弱获于内，多持炬火，急则烧谷而走”[3]；又有甘卓，在襄阳“散兵使大佃”[4]；庾翼为了北伐亦“请据乐乡，广农穑谷”，后于江州“缮修军器，大佃积谷，欲图后举”[5]；殷浩北伐时“以淮南太守陈逵、兖州刺史蔡裔为前锋，安西将军谢尚、北中郎将荀羡为督统，开江西疁田千余顷，以为军储”[6]。至东晋安帝义熙年，刘裕为了北伐后秦，遣毛修之先行，修复淮南芍陂，屯田数千顷以积蓄军粮[7]。刘宋文帝元嘉五年（428 年），张邵在襄阳“筑长围，修立堤堰，创田数千顷，公私充给”[8]。南齐武帝时，垣崇祖镇守寿春，亦曾屯田芍陂一带[9]。梁武帝天监元年（502 年），荆州刺史萧憺鉴于“军旅之后，公私空乏”，乃“励精为治，广辟屯田”[10]。天监年间（502—519 年），竟陵太守裴邃亦“开置屯田，公私便之”，后又在北梁、秦二州“复开创屯田数千顷，仓廪盈实，省息边运，民吏获安”[11]。豫州刺史夏侯夔曾“帅军人于苍陵立堰，溉田千余顷，岁收谷百余万石，以充储备，兼赡贫人，境内赖之”[12]，颇获百姓赞誉。但是，南朝屯田较之三国时期总体上已经明显衰落，过去最主要的军屯区域——缘淮河一线甚至形成了很大一片人迹渺茫的“空荒地带”。

同一时期，进入中原地区的北方诸民族政权面对一片残破、萧条的局面，亦多相当重视屯田。即使是那些极其凶残暴虐的统治者也知道粮食的重要性。他们借鉴前代经验，任命农官，劝课农桑，兴建屯田，以应对粮食极度匮乏的经济局面。

史书记载五胡十六国时期，后赵石勒曾“以右常侍霍皓为劝课大夫，与典农使者朱表、典劝都尉陆充等循行州郡，核定户籍，劝课农桑。农桑最修者赐

[1]《晋书》卷 67《温峤传》，中华书局，1974 年，第 1789 页。
[2]《晋书》卷 62《祖逖传》，中华书局，1974 年，第 1696 页。
[3]《晋书》卷 77《蔡谟传》，中华书局，1974 年，第 2037 页。
[4]《晋书》卷 70《甘卓传》，中华书局，1974 年，第 1866 页。
[5]《晋书》卷 73《庾亮附弟翼传》，中华书局，1974 年，第 1934-1935 页。
[6]《晋书》卷 77《殷浩传》，中华书局，1974 年，第 2045 页。
[7]《宋书》卷 48《毛修之传》，中华书局，1974 年，第 1429 页。
[8]《南史》卷 32《张邵传》，中华书局，1975 年，第 825 页。
[9]《南齐书》卷 25《垣崇祖传》，中华书局，1972 年，第 463 页。
[10]《梁书》卷 22《太祖五王·始兴忠武王憺传》，中华书局，1973 年，第 354 页。
[11]《梁书》卷 28《裴邃传》，中华书局，1973 年，第 414 页。
[12]《梁书》卷 28《夏侯亶附弟夔传》，中华书局，1973 年，第 421-422 页。

爵五大夫”[1]，这应是实行民屯。石虎统治时期“谋伐昌黎，遣渡辽曹伏将青州之众渡海，戍蹋顿城，无水而还，因戍于海岛，运谷三百万斛以给之。又以船三百艘运谷三十万斛诣高句丽，使典农中郎将王典率众万余屯田于海滨”，此属军屯无疑。后来石虎又“自幽州东至白狼，大兴屯田”[2]。氐族苻氏所建立的前秦，是十六国时期相对开明的政权，苻坚在汉人王猛的辅佐之下倡儒学、兴学校、扶助农桑、兴修水利，鼓励工商活动，曾经一度出现“小康”景象并且统一北方，在其与东晋军事对峙的地区，也曾有过屯田之举。[3]

但北方屯田取得更大发展是在北魏时期。登国九年（394 年）春，道武帝拓跋珪北巡，“使东平公元仪屯田于河北五原，至于棝杨塞外”[4]，是为北魏屯田之始，应属官府与农民“分农稼”的民屯，据称因地租额不算太高，屯田“大得人心”[5]；登国十年（395 年），燕兵自五原伐魏，“降魏别部三万余家，收穄田百余万斛”[6]，可见元仪在五原的屯田规模不小，颇有成效。《魏书》还记载：“自太祖平中山，多置军府，以相威摄。凡有八军，军各配兵五千，食禄主帅军各四十六人。……州有宗子稻田，屯兵八百户，年常发夫三千，草三百车，修补畦堰。”[7]道武帝皇始二年（397 年）“夏四月，帝以军粮未继，乃诏征东大将军东平公元仪罢邺围，徙屯钜鹿，积租杨城。普邻出步卒六千余人，伺间犯诸屯兵”[8]。刁雍曾在薄骨律镇（今宁夏境内）大举兴办屯田。太平真君五年（444 年），雍上表论“督课诸屯”事宜，建议重修大渠、开垦水田，渠成之后可“溉官私田四万余顷”。其建议得到朝廷批准；两年后，朝廷令高平、安定、统万及薄骨律诸镇出车五千乘，“运（薄骨律镇）屯谷五十万斛付沃野镇，以供军粮。”而刁雍表请改以水运，送粮六十万斛。可见其屯田规模和效益相当可观。[9]所有这些记载说明：北魏从一开始就重视屯田，在一些地区屯田还颇有成绩。

孝文帝迁都洛阳、实行汉化政策和“均田制”之后，仍然保留了一定规模

[1]《晋书》卷 105《石勒载记下》，中华书局，1974 年，第 2741 页。
[2]《晋书》卷 106《石季龙载记上》，中华书局，1974 年，第 2768、第 2771 页。
[3]《晋书》卷 114《苻坚载记下》记载：前秦在与东晋对峙的沔北等地边境开有屯田，东晋将领朱绰曾经“焚践沔北屯田，掠六百余户而还。”中华书局，1974 年，第 2911 页。
[4]《魏书》卷 2《太祖纪》，中华书局，1974 年，第 26 页。
[5]《北史》卷 15《魏诸宗室・秦王翰附卫王仪传》，中华书局，1974 年，第 562 页。
[6]《资治通鉴》卷 108《晋纪三十》，中华书局，1956 年，第 3422 页。
[7]《魏书》卷 58《杨播附弟椿传》，中华书局，1974 年，第 1287 页。
[8]《魏书》卷 2《太祖纪》，中华书局，1974 年，第 29-30 页。
[9]《魏书》卷 38《刁雍传》，中华书局，1974 年，第 867-868 页。

的民屯。太和十二年（488 年），李彪建议实行屯田制度改革，“别立农官，取州郡户十分之一以为屯民，相水陆之宜，料顷亩之数，以赃赎杂物余财市牛科给，令其肆力。一夫之田，岁责六十斛，蠲其正课并征戍杂役”[1]。其建议得到了皇帝赞许并付诸实施。此事《魏书》卷一一〇《食货志》亦载，称：太和十二年（488 年），皇帝因前年灾荒，“诏群臣求安民之术。有司上言请……又别立农官，取州郡户十分之一以为屯民，相水陆之宜，断顷亩之数，以赃赎杂物市牛科给，令其肆力，一夫之田，岁责六十斛，甄其正课并征戍杂役。……帝览而善之，寻施行焉。自此公私丰赡，虽时有水旱，不为灾也。”此一建议的实施使北魏民屯进一步制度化，国家取州郡民户的 1/10 充任屯田民，分与土地，还配给部分耕牛，屯田民众所需缴纳的地租数额为每年 60 斛，还免除其他课税和各种征戍杂役，较以往朝代明显要低，意味着当时屯田农民的负担应有明显减轻。只是，北魏在普遍推行和实施“均田制”后仍专设民屯，将两种制度同时并存，其具体用意和作用如何尚待考察，或许是为了运用国家力量，组织和帮助那些贫困农户开垦土地、维持生计。从随后的国家屯田举措看，所谓“寻施行焉”可能只是施行于西北地区。[2]若然如此，则北魏民屯，实即征募百姓到魏国西北边境进行屯垦，与汉朝募民屯田实边意图略同。值得注意的是，朝廷对水田垦殖特别重视，屡有诏令。《魏书》记载：太和十二年（488 年）“五月丁酉，诏六镇、云中、河西及关内六郡，各修水田，通渠溉灌”；次年八月，又“诏诸州镇有水田之处，各通溉灌，遣匠者所在指授”[3]。

北魏后期屯田的发展情况则颇诡谲，可以“北衰南盛”概括之。北魏入主中原之后，面临着南北两面受敌的窘境：在北方，继起的游牧民族构成了对中原的威胁；南方则是与之对峙的南朝。南北边境都需戍守，按照常理都应发展军事屯田，但实际情形却非如此。如前所言，北魏前期河北地区曾颇有军屯，至献文帝时可能已然渐衰，故源贺曾建议恢复北方边镇的军屯，但并没有被采纳[4]。值得注意的是，原驻定州军府的“八军之兵，渐割南戍”，至宣武帝时，杨椿又建议“罢四军，减其帅百八十四人”，同时建议废除定州原有耕种宗子稻

[1]《魏书》卷 62《李彪传》，中华书局，1974 年，第 1386 页。

[2] 李宝通认为：李彪所建议的屯田，实际上是施行于西北地区。李宝通：《北魏太和十二年（488）李彪屯田史实略考》，《中国经济史研究》1998 年第 1 期，第 87-92 页。

[3]《魏书》卷 7 下《高祖纪下》，中华书局，1974 年，第 164-165 页。

[4]《魏书》卷 41《源贺传》，中华书局，1974 年，第 922 页。

田的屯兵。[1]故孝文、宣武以后，河北军屯逐渐衰落，军屯呈不断减少之势。

与此同时，南部地区特别是缘淮两岸的屯田却取得了较大发展，其中有不少屯民是从河北调集而来。《魏书》记载，孝文帝太和十六年（492年）以后，“朝廷有南讨之计，发河北数州田兵二万五千人，通缘淮戍兵合五万余人，广开屯田”[2]，虽未明言是将河北田兵调往南方，但从情形分析应是如此。由于对南朝战争的需要，北魏南境屯田日益受到重视并颇有成绩。例如，孝文帝延兴年（471—476年）和太和四年（480年）崔鉴、薛虎子先后在徐州一带屯田；孝文帝还曾诏令宋弁“于豫州都督所部及东荆领叶，皆减戍士营农，水陆兼作”[3]；宣武帝时（500—515年在位），杜纂“诣赭阳、武阴二郡，课种公田，随供军费”[4]；正始元年（504年）九月，宣武帝下诏：“缘淮南北所在镇戍，皆令及秋播麦，春种粟稻，随其土宜，水陆兼用，必使地无遗利，兵无余力，比及来稔，令公私俱济也。”[5]这些都反映了北魏于其南境积极发展屯田的事实。此外，北魏在关中地区也有过大片屯田，受命担任西道六州营田大使的范绍曾在治下州境“勤于劝课，频岁大获”。所谓“西道六州”，指关中地区的岐、泾、华、雍、豳、东秦六州。[6]

北魏以后，北齐、北周均有屯田。北齐曾设置多个主管屯田事务的机构和职官，在尚书省祠部设“屯田曹”“掌藉田、诸州屯田等事”[7]；在司农寺下设“典农署”“别领山阳、平头、督亢等三部丞”[8]，亦掌地方屯田事务。其时，“缘边城守之地，堪垦食者，皆营屯田，置都使子使以统之。一子使当田五十顷，岁终考其所入，以论褒贬”[9]。屯田区域大抵分布于南、北、西三面边境，废帝乾明时（560年），“尚书左丞苏珍芝，议修石鳖等屯，岁收数万石。自是淮南军防，粮廪充足”；孝昭皇建中（560—561年），“平州刺史嵇晔建议，开幽州督亢旧陂，长城左右营屯，岁收稻粟数十万石，北境得以周赡。又于河内置怀义等

[1]《魏书》卷58《杨播附弟椿传》，中华书局，1974年，第1287页。
[2]《魏书》卷79《范绍传》，中华书局，1974年，第1756页。
[3]《魏书》卷63《宋弁传》，中华书局，1974年，第1415页。
[4]《魏书》卷88《良吏·杜纂传》，中华书局，1974年，第1905页。
[5]《魏书》卷8《世宗纪》，中华书局，1974年，第198页。
[6]《魏书》卷79《范绍传》，中华书局，1974年，第1756页。
[7]《隋书》卷27《百官志中》，中华书局，1973年，第753页。
[8]《隋书》卷27《百官志中》，中华书局，1973年，第757页。
[9]《隋书》卷24《食货志》，中华书局，1973年，第678页。

屯，以给河南之费。自是稍止转输之劳”[1]。屯田目的自是为了解决边军粮食供给问题。至于北周屯田史迹，则有宇文贵曾“表请于梁州置屯田，数州丰足”[2]；李贤在河州“大营屯田，以省运漕”[3]；苏绰、韦孝宽等均曾提出过兴置屯田的建议，屯田事务由中央的司农寺统一管理，地方设屯监负责监管具体屯田事务。

与三国时期一样，十六国北朝屯田制度下的劳动者也都丧失了自耕农身份，他们事实上都是国家的农奴，受到国家的严格管控，对国家有着强烈的人身依附关系。屯田农民没有独立经济地位，甚至没有婚姻自由，他们必须将收获物的大半甚至70%～80%上交给国家，生活境况可想而知。

然而，在魏晋南北朝特定的政治、军事和经济形势下，国家强力介入甚至主导土地垦殖，大举推行屯田经营，具有其历史合理性。国家实施屯田其实是为了解决一个道理非常简单却又十分重要的实际问题，就是运用国家力量安辑四处流散的劳动人口，把他们强制组织在一起，实现劳动人口与生产资料（首先是土地）的互相结合，使农业首先是粮食生产得以维持并且逐渐恢复。从当时的实际历史情形看，大举实施屯田制度，直接受益的固然是统治者，解决了其迫切需要解决的军粮问题，等于掌握了争夺政权的战争主动权[4]。但大量贫苦农民由于失去了农业生产的基本条件和自我组织能力，也必须找到一条活命的出路。在那个兵荒马乱的年代，成千上万身罹战祸的农民被迫逃离乡土，如浮萍一般四处漂荡，不仅缺乏工具、耕牛和种子，而且往往是家庭残破，又没有和平年代那种“守望相助”的乡里组织，几乎完全无力自行组织开垦种植，在那种特殊历史情形下，流散的农民唯图一饱，别无他求。他们要么托命于保据一方的宗族、豪帅[5]，要么依附于国家官府，被强制地纳入国家屯田组织控制之下。屯田兵民固然是生存艰难，但至少尚能苟延残命。

另一方面，长期战争动荡产生了大量的无主荒地，这些土地理论上都属国有，这就给国家安辑人口、大兴屯田提供了可能。曹操政权就是将那些无主荒地尽行

[1]《隋书》卷24《食货志》，中华书局，1973年，第677页。

[2]《周书》卷19《宇文贵传》，中华书局，1971年，第313页。

[3]《周书》卷25《李贤传》，中华书局，1971年，第417页。

[4]《晋书》卷26《食货志》云：“魏武之初，九州云扰，攻城略地，保此怀民，军旅之资，权时调给。于时袁绍军人皆资堪枣，袁术战士取给羸蒲。魏武于是乃募良民屯田许下，又十州郡列置田官，岁有数千万斛，以充兵戎之用。”很清楚地说明了曹魏屯田的基本目的和显著效果。

[5]《三国志》卷21《魏志·卫觊传》云：“归者无以自业，诸将各竞招怀，以为部曲”，即指此而言。

收归国有，所谓“大乱之后，民人分散，土业无主，皆为公田”[1]“其地有草者，尽曰官田”[2]。因为掌握了大量的无主荒地，乃可将黄巾军残部以及其他流散人口招辑和控制起来从事屯种。其他政权或朝代的情形大抵亦是如此。要之，在魏晋南北朝的特殊历史情势下，虽然广大农民是被强制、驱逼而非自愿从事屯垦，所受到的压榨远甚于和平时代，但是国家屯田具有其特定的时代合理性和积极意义，它以特殊的方式在一定程度上促进了人口与土地相结合，为农业生产的恢复和继续提供了可能性，对此应当予以历史的肯定。

隋唐时期国家屯田，与前代相比既有继承也有发展，既有相同也有差别。隋朝曾有塞北屯田与河西营田的议论和举动，终因国祚短促，未能大举。但唐代国家屯田大量存在，屯田事业进一步较大发展。只是，随着南北政权复归一统，唐朝前期社会经济进入了一个新的长期稳定发展阶段，此时的国家屯田，无论是组织方式、分布地域还是其功能与目标，都较魏晋南北朝那个乱离时代发生了诸多变化，若干方面（特别是屯田功能和目标）逐渐回归汉代屯田本旨。有唐一代历时近 300 年中，其间的屯田亦多有变化，以“安史之乱”为界，前期与后期屯田有相当显著的不同，既与经济制度变化有关，更与民族关系和政治、军事形势变化有关。大致而言，唐代前期屯田以北方和西北边境为主；后期则以内地屯田占据更大比重。

唐甫立国，即有屯田之举。如唐高祖武德初年，薛大鼎于山南道“开屯田以实仓廪”[3]。李孝恭在平定萧铣后出任荆州大总管，“于是开置屯田，创立铜冶，百姓利焉”[4]。李唐在其“龙兴”之地——并州太原一带亦开屯田，史载：“时突厥为边患，师旅岁兴，军粮不属。（窦）静上表请于太原多置屯田以省馈运。议者以人物凋零，不宜动众，书奏不省。静复上书，辞甚切。于是征静入朝，与裴寂、萧瑀、封德彝等争；不能屈，竟从静议。岁收数十万斛，高祖善之。武德六年（623 年），秦王（李世民）又奏请益置屯田于并州界，高祖从之”[5]。而窦轨远在益州之边陲亦“始屯田松州”[6]。此类举动虽主要为解战时乏粮之急，但对恢复各地经济亦有一定作用。

[1]《三国志》卷 15《魏书·司马朗传》，中华书局，1959 年，第 467-468 页。
[2]《后汉书》卷 49《仲长统传》，中华书局，1965 年，第 1656 页。
[3]《新唐书》卷 197《循吏·薛大鼎传》，中华书局，1975 年，第 5621 页。
[4]《旧唐书》卷 60《宗室·李孝恭传》，中华书局，1975 年，第 2348 页。
[5]（宋）王钦若等编：《册府元龟》卷 503《邦计部·屯田》，中华书局，1960 年，第 6035-6036 页。
[6]《新唐书》卷 95《窦威附侄轨传》，中华书局，1975 年，第 3845 页。

从太宗贞观时期开始，由于同突厥等少数民族政权军事对抗的形势需要，西北边境屯田逐渐增多。贞观三年（629年），太宗“遣李靖经略突厥，以公谨为副。公谨因言突厥可取之状”，建议实施屯田，朔、代、丰、胜等州屯田因而相继兴起。其中，“张俭为朔州刺史，广营屯田，岁致数十万斛，边粮益饶”。瀚海都护李素立则在丰、胜州境“开置屯田”[1]。而李靖破吐谷浑、侯君集平高昌、阿史那社尔开西域之后，唐朝设置安西四镇，“……岁调山东丁男为戍卒，缯帛为军资，有屯田以资糗粮，牧使以娩羊马。大军万人，小军千人，烽戍逻卒，万里相继，以却于强敌”[2]。西域屯田亦兴起。自此以后，历高宗、武后、中宗、睿宗诸朝，经以刘仁轨、黑齿常之、娄师德、冉实、哥舒翰、宋庆礼、姜师度等为代表的一批将帅和官员积极努力，北方和西北边境屯田持续发展，仅黑齿常之在河源一带的屯田即达5 000余顷。[3]至玄宗开元时期，屯田事业达到了极盛。[4]《资治通鉴》有一段文字概括其盛况，称：“唐自武德以来，开拓边境，地连西域，皆置都督、府、州、县。开元中，置朔方、陇右、河西、安西、北庭诸节度使以统之。岁发山东丁壮为戍卒、缯帛为军资，开屯田、供糗粮，设监牧、畜马牛。军城戍逻，万里相望”[5]。据《唐六典》记载：开元时期各道屯数计有1 039屯，唐制规定诸屯隶州镇诸军者，每五十顷为一屯[6]，依此推算，当时全国屯田垦殖面积可达5万余顷。单从《唐六典》所载之屯数来看，屯田主要集中在北方边地和西北地区，接近总屯数的80%；其余地区仅河南及剑南两道共有116屯，如表2-5所示。

表2-5 《唐六典》所载屯田数量及其分布

地区	州、镇、军设置屯数	合计
河北道	幽州55，清夷15，北郡6，威武15，静塞20，平川34，平卢35，安东12，长阳使6，渝关10	208
河东道	大同军40，横野军42，云州37，朔州3，蔚州3，岚州1，蒲州5	131

[1]《旧唐书》卷68《张公谨传》，中华书局，1975年，第2507页；《册府元龟》卷503《邦计部·屯田》，中华书局，1960年，第6036页；《旧唐书》卷185上《良吏·李素立传》，中华书局，1975年，第4786页。

[2]《旧唐书》卷196上《吐蕃传上》，中华书局，1975年，第5236页。

[3]《旧唐书》卷109《黑齿常之传》记载：“河源军正当贼冲，欲加兵镇守，恐有运转之费，……度开营田五千余顷。”中华书局，1975年，第3295页。

[4] 关于唐代屯田的研究成果甚多，研究动态可参见李文益、李少林：《唐代屯田研究综述》，《中国史研究动态》2011年第4期，第36-44页。唐代前期的发展情况，可参见黄正建：《唐代前期的屯田》，《人文杂志》1985年第3期，第79-82页；以及李宝通：《北朝隋唐的屯田与均田》第7-9章，博士学位论文，首都师范大学，2001年。

[5]《资治通鉴》卷223《唐纪三十九》，中华书局，1956年，第7146页。

[6]（唐）杜佑撰，王文锦、王永兴等点校：《通典》卷2《食货典·屯田》，中华书局，1988年，第44页。

地区	州、镇、军设置屯数	合计
关内道	北使 2，盐州监牧 4，太原 1，长春 10，单于 31，定远 40，东城 45，西城 25，胜州 14，会州 5，盐池 7，原州 4，夏州 2，丰安 27，中城 41	258
河西道	赤水 36，甘州 19，大斗 16，建康 15，肃州 7，玉门 5，安西 20，疏勒 7，焉耆 7，北庭 20，伊吾 1，天山 1	154
陇右道	渭州 4，秦州 4，成州 3，武州 1，岷州 2，军器 4，莫门军 6，临洮军 30，河原 28，安人 11，白水 10，积石 12，富平 9，平夷 8，绥和 3，平戎 1，河州 6，鄯州 6，廓州 4，兰州 4，南使 6，西使 10	172
河南道	陈州 23，许州 22，豫州 35，寿州 27。 开元二十二年（734 年），河南道陈、许、豫、寿，又置百余屯。二十五年（737 年）敕“以为不便”，并长春宫田三百四十余顷，并合分给分人	107
剑南道	巂州 8，松州 1	9
诸道总计		1 039

不过，从其他文献的记载来看，除河南道外，唐代在内地其他地区亦曾设有屯田，例如，在关内道，唐太宗“贞观四年（630 年）置醴泉监，兼置屯五所，隶司农寺”[1]。淮南楚州宝应县在武后时期亦曾开有屯田[2]；玄宗时期姜师度先在沧州鲁城县“种稻置屯”，后于同州朝邑、河西二县“就古通灵陂，择地引洛水及堰黄河灌之，以种稻田，凡二千余顷，内置屯十余所，收获万计”，受到了皇帝表彰。[3]开元末期，由于水旱灾害等原因，张说、张九龄等更有于河北、河南广置屯田的议论和举动。张说曾上表称：“臣再任河北，备知泽川。窃见漳水可以灌巨野，淇水可以溉汤阴，若开屯田，不减万顷。化萑苇为稻田，变斥卤为膏腴，用力非多，为利甚溥。……乞与大臣筹谋，速下河北支度及沟渠使，检料效功，不后农节。”[4]而“（张）九龄在相位时……又教河南数州水种稻，以广屯田。议置屯田，费功无利，竟不能就，罢之。”[5]其建议的实施情况不详。又据《册府元龟》记载：“玄宗开元二十五年（737 年）夏四月庚戌诏曰：陈、许、豫、寿等四州，本开稻田，将利百姓；度其收获，甚役功庸，何

[1]（唐）李吉甫撰，贺次君点校：《元和郡县图志》卷 3《关内道三》，中华书局，1983 年，第 63 页。

[2]《新唐书》卷 41《地理五》载：楚州宝应县“西南八十里有白水塘、羡塘，证圣中开，置屯田”。

[3]《旧唐书》卷 185 下《良吏・姜师度传》，中华书局，1975 年，第 4816 页。《全唐文》卷 28 引开元八年（720 年）九月唐玄宗《褒姜师度诏》云：“昔史起溉漳之策，郑白凿泾之利，自兹厥后，声尘缺然。同州刺史姜师度，识洞于微，智形未兆。匪躬之节，所怀必罄，奉公之道，知无不为。顷职大农，首开沟洫，岁功犹昧，物议纷如。缘其中款足嘉，委任仍旧。暂停九列之重，假以六条之察，旧藏过半，绩用斯多。食乃人天，农为政本。朕故兹巡省，不惮祁寒，将申劝恤之怀，特冒风霜之弊。今原田弥望，畎浍连属，繇来榛棘之所，遍为秔稻之川。仓庾有京坻之饶，关辅致珠金之润。本营此地，欲利平人，缘百姓未闲，恐三农虚弃，所以官为开发，冀令递相教诱，功既成矣，思与共之。其屯田内先有百姓挂籍之地，比来召人作主，亦量准顷亩割还。其官屯熟田，如同州有贫下欠地之户，自办功力能营种者，准数给付，余地且依前官取。师度以功特加金紫光禄大夫，赐帛三百匹。”

[4]（唐）张说：《张燕公集》卷 9《请置屯田表》，中华书局，1985 年，第 98 页。

[5]《旧唐书》卷 99《张九龄传》，中华书局，1975 年，第 3099 页。

如分地均耕，令人自种。先所置屯田，宜并定其地，量给逃还及贫下百姓。”[1]可见河南地区曾多置屯田，旋又罢之，应即是表 2-5 所列河南道 107 屯。综合相关史料可以肯定：唐代前期屯田主要分布在北方和西北边境，内地甚少。值得注意的是：北方和西北许多地区宜农宜牧、亦农亦牧，唐代前期不仅在那里大开屯田，亦广设监牧，具有重要战略意义，唐代 48 个监牧大多设置于兹。故北方和西北屯田不仅提供戍卒军粮，亦为国家监牧的牲畜提供刍秣，《新唐书》的相关记载可以为证。[2]

“安史之乱”以后，全国经济形势大变：黄河中下游农业经济再次遭受战争的严重摧残。唐代宗时期，刘晏称：“函陕凋残，东周尤甚。过宜阳、熊耳，至武牢、成皋，五百里中，编户千余而已”；元结亦谓：“天下兵兴，今七年矣。河淮之北，千里荒草。”[3]彼时，一方面是经济凋敝，人口减耗，民不聊生，国家财政陷入极度困窘；另一方面是战争再度造成人地分离，出现广袤的荒芜土地。此种形势，既产生了经济上的迫切需要，亦为大举设立内地屯田提供了可能。正如前引李翰之语云：“自羯戎乱常，天步多艰，兵连不解，十有四年。……编版之户，三耗其二。……今乃以一夫家食一伍，一余子衣一卒，师将不立，人将不堪，此圣上所以旰食宵兴。求古今令典，可以济斯难者，莫出乎屯田。”于是，“广德初，乃命择封内闲田荒壤人所不耕者为之屯”[4]。而此后国家屯田目的、地理布局和实施方式都较前期相应发生了重大变化，对此史家亦有许多研究。

黄正建曾将唐后期屯田划分为两个阶段：第一个阶段为自“安史之乱”至穆宗时期，屯田多在内地；第二个阶段则是穆宗以后迄止唐亡，屯田多在边地。[5]在第一个阶段，内地屯田超过了边境屯田规模，主要分布在黄河中下游和江淮地区。黄河中下游特别是河南地区，因受战争影响土地大量荒芜，“安史之乱”以后，为了防遏藩镇和保证运河畅通，这里是驻军重点，驻扎了大量军队。为了供给军粮，唐朝在此大量设置屯田，遍布东都洛阳附近以及汴、陈、许、郑、

---

[1]（宋）王钦若等编：《册府元龟》卷 503《邦计部・屯田》，中华书局，1960 年，第 6036 页。

[2]《新唐书》卷 50《兵志》云：“初，用太仆少卿张万岁领群牧。自贞观至麟德四十年，马七十万六千，置八坊岐、豳、泾、宁间，地广千里。……八坊之田千二百三十顷，募民耕之，以给刍秣。”中华书局，1975 年，第 1337 页。

[3]《旧唐书》卷 123《刘晏传》，中华书局，1975 年，第 3513 页；（唐）元结：《元次山集》卷 7《左黄州表》，中华书局，1960 年，第 105 页。

[4]（唐）李翰：《苏州嘉兴屯田纪绩颂》，收入《唐文粹》卷 21。据《四库全书》本。

[5] 黄正建：《唐代后期的屯田》，《中国社会经济史研究》1986 年第 4 期，第 42-52 页。

滑、溵等州和河阳一带。在邻近的山南东道邓、襄、兴州以及京畿道的同、华等州亦多有屯田。这些地区的屯田大抵以土地复垦为主。由于“安史之乱”导致中原经济残破，以及其后藩镇割据造成贡赋不入朝廷，唐后期的粮食和财赋主要仰赖江淮，故此阶段淮河以南的屯田经营甚受国家重视，大抵集中分布在楚州、扬州和以苏州为中心的江南，这三个地区的屯田规模都比较大。例如，淮南节度使杜佑曾设置屯田三十所，积米至五十万斛[1]；据前引李翰文，江南嘉禾一带二十七屯，“岁收与浙西六州租税等”，可见其规模和成效。

在第二个阶段，随着内地社会政治局势渐转稳定，基于军事需要的内地屯田复有低落，而西北地区为防御吐蕃、回鹘、党项等诸少数民族力量侵袭，屯田又有恢复和发展，有的地方屯田规模相当可观。例如，唐穆宗长庆初年杨元卿为泾原节度使，曾“奏置屯田五千顷，每屯筑墙高数仞，键闭牢密，卒然寇至，尽可保守”。虽然后来实际屯田未必达到此数，但他在当地经营六年，颇有成绩，后来还受到特殊褒奖，“以其营田纳粟二十万石，以裨经费故也”[2]。而河东地区，“振武、天德良田，广袤千里”“元和中，振武军饥，宰相李绛请开营田，可省度支漕运及绝和籴欺隐。宪宗称善，乃以韩重华为振武、京西营田、和籴、水运使，起代北，垦田三百顷，出赃罪吏九百余人，给以耒耜、耕牛，假种粮，使偿所负粟，二岁大熟。因募人为十五屯，每屯百三十人，人耕百亩，就高为堡，东起振武，西逾云州，极于中受降城，凡六百余里，列栅二十，垦田三千八百余顷，岁收粟二十万石，省度支钱二千余万缗。重华入朝，奏请益开田五千顷，法用人七千，可以尽给五城”。关中以北的灵武、邠、宁等地，“土广肥而民不知耕。太和末，王起奏立营田。后党项大扰河西，邠宁节度使毕诚亦募士开营田，岁收三十万斛，省度支钱数百万缗”。[3]

总体而言，唐后期的屯田分布广泛，格局较之前期变化显著。乌廷玉曾指出：唐后期营田区相当广泛，全国 48 个方镇中，至少有 26 个都设置了营田机构，营田地区有 2/3 分布在内地，分布于西北边疆的只有 1/3 左右，说明唐后期屯田区域主要在内地。至于内地广设营田的原因，一是由于“安史之乱”后中原地区“民户耗减，野多闲田”，为内地开辟营田区提供了重要条件；二是“安

[1]《新唐书》卷 166《杜佑传》，中华书局，1975 年，第 5088 页。

[2]《旧唐书》卷 161《杨元卿传》，中华书局，1975 年，第 4229 页。

[3]《新唐书》卷 53《食货三》，中华书局，1975 年，第 1373 页。关于韩重华在振武军大开屯田，《文苑英华》卷 730，韩愈《送水陆运使韩约侍御归所治序》一文叙述甚详，殆为《新唐书》所本。

史之乱”后，河西、陇右广大区域都被吐蕃、回鹘侵占，国防线大大缩短，西北边防军也相应减少。与此同时，内地军阀却握有重兵，中央政府为了对付割据的军阀，在内地大量扩军，德宗和武宗时期，中央掌握的神策军和地方军分别多至 77 万余人和 99 万余人，90%都分布在内地，“大都通邑，无不有兵”，既产生了粮食供给的需求，亦拥有了从事营田的劳动力。[1]

至于唐代屯田的经营方式，则不仅有别于前代，即使在有唐一代之内，前后也有很大变化。大要而言，不论魏晋南北朝还是隋唐时代，屯田目标都是解决粮食问题。但由于时势不断发生变化，屯田经营、管理方式相应改变。唐代中叶以前，由尚书省工部总领全国屯田营田之政令，但并不直接设置机构管理各地具体屯田事务，屯田营田使多由节度使兼领。至元和十四年（819 年），朝廷将各道营田改由中央统一掌管，并划归户部总领，营田管理体系因而发生了重大改变。此后屯田营田既不受工部管理，亦不归节度使实际管辖，而是由户部尚书总领，户部在各道设置“营田务”作为实际管理机构，“营田务”之下还置营田判官、巡官等职专门管理营田具体事务，这反映了朝廷试图加强中央集权、削弱藩镇经济权利的一种努力。至于屯田农民的来源、身份及其经济地位，亦是情况复杂，多有变化。这些皆非本书重点，不做详述。

同此前一样，唐代屯田亦主要服务于军事需要，是依靠国家力量强制组织农民开展屯田经营，实现劳动力与土地相结合。但这种结合都是以大量荒闲土地存在作为基础的，在特定的情势之下对于土地复垦和新垦发挥了一定的积极作用。正如《新唐书》所指出的那样：“唐开军府以捍要冲，因隙地置营田。”[2]我们知道，唐代前期普遍实行“均田制”，农业经济总体上是持续稳定发展，不论就国家财政还是民众生计而言，即使屯田面积达到了 5 万顷，屯田收入达到近 200 万石[3]，其在整个社会经济中所占比重和地位都是相当有限的。那时国家屯田的主要着眼点自然不是为了土地复垦和经济恢复，而那些人口密集、土地紧缺的地区亦无须实行屯田。“安史之乱”后的国家屯田固然有助于经济恢复，亦基本上是着眼于解决军粮问题，而非为流散百姓寻找生存出路，这一点与曹魏屯田有所差别。但从土地垦殖角度而言，史家所指以隙地置屯田或营田非常

[1] 乌廷玉：《关于唐代屯田营田的几个问题——和郑学檬同志商榷》，《文史哲》1964 年第 2 期，第 48-53 页。

[2]《新唐书》卷 53《食货志》，中华书局，1975 年，第 1372 页。《资治通鉴》卷 248《唐纪六十四》胡三省注引宋白之语则云：“盖缘边多隙地，蕃兵镇戍，课其播殖以助军需。”

[3]《通典》卷 2《食货二》，《田制下》，《屯田》云：“天宝八年（749 年），天下屯收者百九十万三千九百六十石。”

值得注意。不同地区的“隙地”具有不同的内涵，有些是原本已经垦殖、后因战乱被荒废的“隙地”，但也有很多“隙地”是不曾开发的原始荒野。那些此前不曾被开发的原始荒野，或因处在偏远的边地（如北方和西北、岭南和西南边境），或属内地自然条件较差的地方（如中原咸卤下湿之地和江南水乡泽潦之地）。开垦这些土地往往需要建设大型水利工程与之配套，普通百姓和单个农户都难以自行垦辟。国家力量的强力介入，无疑有助于对它们的开发和利用。值得注意的是：经过国家组织屯田开发以后，随着经济形势的变化，有不少土地被陆续地分授给了无地民户耕种——这种情况不仅发生在内地（如关中、河南），北方边地亦有之。由此看来，在那些地处偏远、自然条件较差而农业经济和农田水利基础较薄弱的地区，国家力量通过屯田方式进行初始的土地垦殖，具有值得肯定的特殊积极作用。如果比较一下唐代中原和江淮以南的屯田，似乎更加可看到其重要意义所在。与中原地区的屯田复垦不同，淮河以南屯田固然亦主要出于军事需要，但那里的屯田多属于新开垦土地，而且大多是配合农田水利工程建设和水土环境整治。我们或许可以说，国家力量的介入和南方屯田事业的发展，对于南方土地垦辟和农业区域拓展曾经发挥过重要历史作用，这一点在我们一再提到的嘉禾屯田中得到了突出反映。若无国家大举屯田和统筹规划，曾经泽潦茫茫的太湖平原也许需要经历更长时间才能成为天下最为富庶的区域。

第四节　土地制度变革与人地关系

上节专门考察屯田在中古土地垦辟（包括旧地复垦和新区垦殖）中的作用，并非刻意地强调国家力量的“贡献”，而只是客观地陈述一个历史实情。与其他时代相比，中古国家在直接组织土地垦辟和开展生产经营方面，确实都表现出了更大的积极性和控制力。

我们知道，有史以来的土地，都可根据所有权性质划分为国有与私有两大类别，魏晋—隋唐亦然。进一步细致观察历代土地问题可以发现，国有与私有土地所占的比重始终处于动态变化之中，土地占有和使用方式亦是代有更易。中古土地国有制明显发达，国家不仅直接控制着大量屯田，还曾经控制着多种形式的其他土地，如南朝的州郡公田、北朝至隋唐的国营牧场，隋唐两代还有大量"职分田""公廨田"，均属国有土地。事实上，"均田制"下的土地，本质上亦属于国家所有制，受田农民并不拥有充分的土地所有权，而只是享有占有权和使用权。大部分土地都要定期进行重新授受，不能继承和随意买卖，只有少部分土地作为家庭的"永业"。

中古国家对土地控制力的增强，不仅表现在积极组织屯垦和直接介入生产经营，还体现在土地及其相关经济制度变革上。由于土地是最主要的农业生产资料，土地所有制乃是影响农业经济的主要制度性因素，因而以往社会经济史家一直都是着力考察土地制度变革对农业发展的影响，各种社会性因素之间的矛盾运动则被视为土地制度变革的主要动因。然而在我们看来，土地制度并不单单是一个社会经济史问题，它同时还是一个环境史问题。一个时代和国家究竟实施怎样的土地制度，既与人口密度和国土面积紧密相关，亦与国土资源禀赋、生产技术以及由两者所共同决定的土地承载力直接相关，土地制度不仅与社会经济因素有关，与诸多自然环境因素亦存在着尚待厘清的复杂"生态关系"。魏晋隋唐时期土地制度迭经变革，土地占有和使用方式多种多样，呈现出了相当显著的时代特色。这里我们主要关心的是这些制度变革背后的人口（劳动力）与资源（土地）关系变化，以及制度变革如何反过来影响人们的环境行为并对自然环境本身造成影响。

我们知道，中国古代"以农为本"，而农业经济发展的前提是劳动力与土地有效结合。至晚从战国时代开始，统治者就始终重视驱民归农，"使地无遗利，人无游手"[1]，拥有足够数量的务农人口、耕种足够广大的土地，生产足够的粮食及其他物质产品，经济才能正常运行，社会才有充足能量，国家才能维持稳定。然而，一个基本事实是：魏晋至唐代大部分时间里，农业经济发展的主要困难并非土地短缺，而是人口大量死徙导致劳动力严重不足。正因为如此，那时国家与地主（世家大族及其他势力）之间争夺劳动人口的斗争非常激烈，这不仅仅是经济利益博弈，而且往往表现（或者上升）为政治对抗。

考察历朝土地制度不难发现，中古国家，不仅实施屯田是为了强制促进人口与土地结合，实施其他形式的土地制度之目的亦在于此。无论是西晋"占田课田制"，还是北朝至唐初"均田制"，核心问题其实都并非如何解决占地不均，

[1]（唐）杜佑撰，王文锦、王永兴等点校：《通典》卷2《食货二》，《田制下》，中华书局，1988年，第26-27页。

而是如何更多地掌控民户、丁口。国家通过土地的占、课、分、受，力图将更多人口（劳动力）纳入直接掌控之下，作为赋税征敛和徭役征发的对象，这才是他们的真正目的。关于中古土地制度，必须了解三个最基本事实：其一，土地制度与赋役制度是互相配套的，当时赋役征取是以“人丁为本”而非以耕地数量作为主要依据；其二，按户、丁征取赋税徭役的（理论或假设）前提，是农民拥有足够数量的可耕地；其三，大量空闲土地之存在并且在理论上“莫非王土”，乃是国家制定和实施“占田课田制”“均田制”的基本条件。如此一来，我们似乎在制度与环境之间找到了一个重要历史关联：土地制度变革，既是由于社会经济矛盾运动所驱动，亦是基于当时的人与自然关系——具体来说，就是人口缺少与土地充裕的基本状况。

下面试就相关问题稍作展开叙述。

一、西晋“占田课田制”

太康元年（280 年），西晋平吴，旋即颁布“户调之式”，其中不仅包括户调，亦包括占田、课田和品官占田荫客的规定。以下是《晋书·食货志》的记载：

又制户调之式：丁男之户，岁输绢三匹，绵三斤，女及次丁男为户者半输。其诸边郡或三分之二，远者三分之一。夷人输賨布，户一匹，远者或一丈。男子一人占田七十亩，女子三十亩。其外丁男课田五十亩，丁女二十亩，次丁男半之，女则不课。男女年十六已上至六十为正丁，十五已下至十三、六十一已上至六十五为次丁，十二已下六十六已上为老小，不事。远夷不课田者输义米，户三斛，远者五斗，极远者输算钱，人二十八文。其官品第一至于第九，各以贵贱占田，品第一者占五十顷，第二品四十五顷，第三品四十顷，第四品三十五顷，第五品三十顷，第六品二十五顷，第七品二十顷，第八品十五顷，第九品十顷。而又各以品之高卑荫其亲属，多者及九族，少者三世。宗室、国宾、先贤之后及士人子孙亦如之。而又得荫人以为衣食客及佃客，品第六已上得衣食客三人，第七第八品二人，第九品及举辇、迹禽、前驱、由基、强弩、司马、羽林郎、殿中冗从武贲、殿中武贲、持椎斧武骑武贲、持级冗从武贲、命中武贲武骑一人。其应有佃客者，官品第一第二者佃客无过五十户，第三品十户，第四品七户，第五品五户，第六品三户，第七品二户，第八品第九品一户。[1]

这份材料一直被学人当作考察西晋土地、赋税制度的主要依据，事实上它是现存文献中关于西晋土地、赋税制度唯一较详细的记载。[2]因文字内容存在明显缺漏，学者（包括中国和日本学者）解读不一，长期以来一直存在很大的观点分歧，争论不休。[3]

毫无疑问，西晋颁布“户调之式”的最终目的是保障国家赋税征取。然而以上“户调之式”并未记载田赋（地租），岁输的户调数额却甚高，远高于后代“均田制”下的户调，很是令人费解。[4]关于土地，则有“占田”和“课田”两个名目，即“男子一人占田七十亩，女子三十亩。其外丁男课田五十亩，丁女二十亩，次丁男半之，女则不课”。我们认为，其中规定的“占田”之数应源于“一夫百亩”之成说——由丁男当家的农户，当户男子每人占田70亩，其妻30亩，合于前代“一夫百亩”之数，后代规定一个正丁或一夫一妇的受田数量时或有所不同，但大多仍是参照百亩之数。对于“其外”家庭成员，则不称“占田”而称“课田”。“其外丁男”指那些已经达到成丁年龄但不当户主的男子，相当于前代所谓的“余夫”，“课田五十亩”即是制度要求他们耕种50亩土地[5]；

[1]《晋书》卷26《食货志》，中华书局，1974年，第790-791页。

[2]《通典・食货典》所载本于此书，其他文献仅有只言片语。

[3] 20世纪中期以来，国内许多学者包括唐长孺、高敏、陈连庆、朱绍侯、郑佩鑫、王天奖、张维华、柳春藩等众多前辈史家都曾作专门探讨，主要意见分歧可参见柳春藩：《关于西晋田赋制度问题——对王天奖“西晋的土地和赋税制度”一文的意见》，《史学集刊》1956年第2期，第15-19页；曹文柱、李传军：《二十世纪魏晋南北朝史研究》，《历史研究》2002年第5期，第142-165页。直到近年还有学人结合出土简牍继续讨论，但意见分歧并未缓解，相关论著众多，可谓众说纷纭，一一罗列非常烦琐，恕不俱引；日本学者的研究和争论，可参见［日］伊藤敏雄：《日本学者关于占田课田制的研究的回顾与展望》，收入中国魏晋南北朝史学会编：《魏晋南北朝史研究：回顾与探索——中国魏晋南北朝史学会第九届年会论文集》，湖北教育出版社，2007年，第76-83页。

[4] 它规定：“丁男之户，岁输绢三匹，绵三斤，女及次丁男为户者半输。”若据《汉书・食货志》所云“布帛广二尺二寸为幅，长四丈为匹”，丁男户岁输绢3匹即12丈，还要输3斤绵，数额相当之大。宋代马端临认为这是全部当输之数，包括了“均田制”之下的“租”和“调”，近人邓之诚赞成此说。然而，（唐）苑咸编《初学记》卷27《宝器部》引《晋故事》云：“凡民丁课田，夫五十亩，收租四斛，绢三匹，绵三斤。”则当时实另有田赋之征纳。在“均田制”中，绢（或布）、绵（或麻）属于户调。《晋书》所载“户调之式”对一般农户应输纳的田赋租米没有规定，却指“远夷不课田者输义米，户三斛，远者五斗”。如果一般农户不纳租米，却只征诸远夷，从物资调运角度而言亦甚是不合情理。

[5]《周礼・地官・遂人》云：“辨其野之土，上地、中地、下地，以颁田里。上地，夫一廛，田百亩，莱五十亩，余夫亦如之；中地，夫一廛，田百亩，莱百亩，余夫亦如之；下地，夫一廛，田百亩，莱二百亩，余夫亦如之。”而此处“其外丁男”课田之数不像《周礼》对“余夫”所规定的那样与“夫”相同。按：关于“占田”“课田”，历来有很多种说法，我们认为：所谓“课田”，是指制度督促其他农民家庭成员应当耕种的田地，而并非应该纳赋的田亩，有同书记载为证。《晋书》卷47《傅玄传》载玄上疏：“其四曰：古以步百为亩，今以二百四十步为一亩，所觉过倍。近魏初课田，不务多其顷亩，但务修其功力，故白田收至十余斛，水田收数十斛。自顷以来，日增田顷亩之课，而田兵益甚，功不能修理，至亩数斛已还，或不足以偿种，非与曩时异，天地横遇灾害也，其病正在于务多顷亩而功不修耳。”鄙意以为：“课”字的含义，在汉唐之间发生了重大变化，这个变化在南北朝时期已经开始，西晋“课田”之“课”与唐代均田制和租庸调制下的“课”，存在很大差别，不能以后者来理解前者。

“其外丁女”指已成年但非当户男子之妻，课田20亩；次丁男亦课田一半，可能是“其外丁男”课田的一半，即25亩；次丁女则不课田。这些规定是要求凡具有一定劳动能力者都耕种相应数量的土地，意在“驱民归农”，使百姓“人无游手”。

因此，“户调之式”总体上包含两层意思：其一，国家设定一位当户的丁男及其妻共占百亩耕地，这是一个正常农户占有（不妨理解为有能力耕种）土地的基准数，国家根据这个基准征收户调；其二，凡具有劳动能力的农民家庭成员，都必须从事农业生产，因劳动能力大小不同，故制度要求他们分别耕种数量不等的土地。这些关于“占田”“课田”数量的规定，固然可能隐含着某种限田意图——防止一些地方的一些人过度霸占土地（主要是人口密集地区），但就整体经济形势推测，它们并非农民被允许或只能占有的土地数量，相反，国家希望有更多土地被开垦耕种，这是由当时人地关系的总体态势——荒闲土地众多而劳动力不足所决定的。[1]

“户调之式”接下来是关于品官占田、荫族、荫客的具体规定：占田从第一品50顷至第九品10顷，每品之间递减5顷。多数论者一向认为，这一方面承认了特权阶层的既得利益，另一方面又对他们过度占有土地予以限度，大致不错。不过，之所以做出这种限制，主要由于官僚贵族聚居在人口密集地区特别是京畿周围，人地关系相对紧张，必须有所限制，而并非因为全国的人地关系都已经紧张。《晋书·食货志》在“户调之式”之前的一段记载多少反映了这种意图，其称：

> 及平吴之后，有司又奏：“诏书‘王公以国为家，京城不宜复有田宅。今未暇作诸国邸，当使城中有往来处，近郊有刍藁之田’。今可限之，国王公侯，京城得有一宅之处。近郊田，大国田十五顷，次国十顷，小国七顷。城内无宅城外有者，皆听留之。”[2]

---

[1] 唐长孺在《西晋户调式的意义》一文（收入《魏晋南北朝史论丛续编》）中提出：占田、课田的意义在于国家以最高土地所有者的地位对全国的土地进行督课耕种，包括国有荒田和私田，而私人占有的土地也没有完整的所有权。与课田、占田相适应的“户调式”，一方面肯定了地主占有耕地和荫庇户口的特权，另一方面规定农民耕种一定数量的土地是一种国家义务。我们的想法与之接近，认为占田和课田的意义、主要意图是驱民归农，使更多土地得到垦殖耕种，这是保证户调征收的基础。

[2]《晋书》卷26《食货志》，中华书局，1974年，第790页。

相比较而言，其对品官荫亲和荫占“衣食客”“佃客”的限制更具有实质意义，数量亦自高向低依次减少。这些规定给予我们的第一印象是那时土地和人口（劳动力）都很重要，但占有劳动人口的意义更大。若对官僚、贵族享有的大量占有土地、庇荫人口的经济特权不加以限制，而允许其无度荫占，则必然严重损害国家经济利益。

颁布“户调之式”，意味着对曹魏屯田制度的否定与变革。不论其实际执行效率究竟如何，都是基于新形势下的国家经济需要、结合人地关系实际状况而制定的。自汉末曹操始兴内地屯田，至曹魏末叶和西晋初年，全国趋于统一，中原农业亦逐渐复苏，军事化和准军事化的屯田制度日益不合时宜，废除内地屯田是迟早要发生的事情。事实上，就在屯田制实施过程中，曹魏和孙吴都不断把土地和屯田民赏赐给功臣将帅，在那些生产条件较好、土地比较紧缺的地方，权势之家侵占土地、私募佃客的情况愈来愈频繁地发生。例如，淮南豪强为了兼并水田而使“孤贫失业”，汲郡豪强为了得到渔蒲之饶而使吴泽不能通泄，造成数十万亩良田变成湖沼[1]；贵族之门因惮役而自愿被荫占的小民动辄百数，太原诸郡甚至还有人将匈奴胡人大量招募为“田客”[2]。国家利益因此受到损害，西晋政权曾颁布过私占国有土地和招纳佃客的禁令，泰始三年（267 年）李憙上书告发刘友、山涛等“各占官三更稻田”，裴秀亦因此遭到李憙检举。武帝曾先后下诏禁止私占和私募，泰始五年（269 年），皇帝“敕诫郡国计吏、诸郡国守相令长，务尽地利，禁除游食商贩。其休假者令与父兄同其勤劳，豪势不得侵役寡弱，私相置名”[3]。但私自占田、募客逐渐成为屡禁不止的普遍现象，屯田日益难以为继。故至曹魏常道乡公咸熙元年（264 年），诏“罢屯田官以均政役”[4]。次年，西晋开国皇帝晋武帝重申此令，从制度上正式废屯置县，取消了内地民屯，把“屯田客”转变为国家编户齐民，同时颁布“户调之式”。

颁布“户调之式”，体现了国家促进土地与劳动力相结合，进一步恢复和发展农业经济的意图。土地与人口相较，后者更加重要。限制贵族阶层的人口荫占数量，让更多劳动力回归于农业生产和国家编户，使国家赋役征取更有保障，

[1]《晋书》卷 46《刘颂传》，中华书局，1974 年，第 1294 页；《晋书》卷 51《束皙传》，中华书局，1974 年，第 1431-1432 页。

[2]《晋书》卷 93《外戚·王恂传》称：“魏氏给公卿已下租牛客户数各有差，自后小人惮役，多乐为之，贵势之门动有百数。又太原诸部亦以匈奴胡人为田客，多者数千。”

[3]《晋书》卷 26《食货志》，中华书局，1974 年，第 786 页。

[4]《三国志》卷 4《魏书·三少帝纪》，中华书局，1959 年，第 153 页。

乃是颁布“户调之式”的根本目的。因而它一方面把官僚贵族荫占人口和土地的特权合法化，同时限制其荫占数量；另一方面承认农民占有一定数量土地的合法权益，由此课民归农并将他们纳入国家户籍的控制之下。

二、北朝“均田制”

北魏实行“均田制”，既有先前的制度渊源，更是统一北方之后社会经济和政治形势发展所需。在入主中原以前，北魏政权就曾经实行过“计口授田”的制度。《魏书》称：天兴元年（398 年）正月，“徙山东六州民吏及徒何、高丽杂夷三十六万，百工伎巧十万余口，以充京师”。二月“诏给内徙新民耕牛，计口受（授）田”[1]。其中说得很明白，按人口数量向内徙到平城一带的新民授田，让他们从事农业生产，保证国家经济收入。

北魏统一北方之初，黄河中下游经历晋末大乱和十六国长期战争动荡，人民转死沟壑，流窜异乡，耕地大量荒废，无主土地所在皆是；另一方面，在战乱时期，不少农民为了苟求生存，被迫依附于强宗大族，保聚山险，成为“宗主”庇荫之下的“包荫户”，他们耕种宗主的土地，人身自由受到宗主严厉控制，国家则无从向他们征调赋税徭役。对于北魏政权来说，这个局面不仅难以保障国家经济利益，而且还面临着来自强宗大族的潜在政治威胁。北魏初期曾经实行“宗主督护制”，承认宗主对包荫户的控制和奴役，但那是政权尚未稳固之时不得不采取的一种妥协策略。

孝文帝迁都洛阳以后，推行一系列改革，其中包括设立“三长制”和实行“均田制”，前者是为了重建地方社会秩序，后者则主要为了使大量荒废耕地得到复垦，恢复和稳定经济生产，将隐匿户口纳入国家控制之下，保证赋税和徭役来源，同时借以削弱强宗大族的势力。太和九年（485 年），皇帝下诏均给天下民田，正式发布和实施“均田令”。内容如下：

诸男夫十五以上，受露田四十亩，妇人二十亩，奴婢依良。丁牛一头受田三十亩，限四牛。所授之田率倍之，三易之田再倍之，以供耕作及还受之盈缩。

[1]《魏书》卷 2《太祖纪》，中华书局，1974 年，第 32 页。

诸民年及课则受田，老免及身没则还田。奴婢、牛随有无以还受。

诸桑田不在还受之限，但通入倍田分。于分虽盈，没则还田，不得以充露田之数。不足者以露田充倍。

诸初受田者，男夫一人给田二十亩，课莳余，种桑五十树，枣五株，榆三根。非桑之土，夫给一亩，依法课莳榆、枣。奴各依良。限三年种毕，不毕，夺其不毕之地。于桑榆地分杂莳余果及多种桑榆者不禁。

诸应还之田，不得种桑榆枣果，种者以违令论，地入还分。

诸桑田皆为世业，身终不还，恒从见口。有盈者无受无还，不足者受种如法。盈者得卖其盈，不足者得买所不足。不得卖其分，亦不得买过所足。

诸麻布之土，男夫及课，别给麻田十亩，妇人五亩，奴婢依良。皆从还受之法。

诸有举户老小癃残无授田者，年十一已上及癃者各授以半夫田，年逾七十者不还所受，寡妇守志者虽免课亦授妇田。

诸还受民田，恒以正月。若始受田而身亡，及卖买奴婢牛者，皆至明年正月乃得还受。

诸土广民稀之处，随力所及，官借民种莳。役有土居者，依法封授。

诸地狭之处，有进丁受田而不乐迁者，则以其家桑田为正田分，又不足不给倍田，又不足家内人别减分。无桑之乡准此为法。乐迁者听逐空荒，不限异州他郡，唯不听避劳就逸。其地足之处，不得无故而移。

诸民有新居者，三口给地一亩，以为居室，奴婢五口给一亩。男女十五以上，因其地分，口课种菜五分亩之一。

诸一人之分，正从正，倍从倍，不得隔越他畔。进丁受田者恒从所近。若同时俱受，先贫后富。再倍之田，仿此为法。

诸远流配谪、无子孙、及户绝者，墟宅、桑榆尽为公田，以供授受。授受之次，给其所亲；未给之间，亦借其所亲。

诸宰民之官，各随地给公田，刺史十五顷，太守十顷，治中别驾各八顷，县令、郡丞六顷。更代相付。卖者坐如律。[1]

[1]《魏书》卷110《食货志》，中华书局，1974年，第2853-2855页。

“均田令”对土地类型、授田对象和数量、还授原则和方法等都做了相当具体的规定。根据这些规定：土地被划分为“露田”和“桑田”（或“麻田”）两个部分。其中“不栽树者谓之露田”，是用于种植一般农作物的土地；与之相对的“桑田”，则用于栽种桑树和果木。

授田数量，年满 15 岁，男子受露田 40 亩，女子受露田 20 亩，奴婢受田数量相同；每头耕牛受露田 30 亩，以 4 头牛为限。土地都是两倍分授，有些甚至三倍分授。露田需要按期还授，年老免课及身殁即须归还，奴婢、耕牛则随其有无还授。土地还授在每年正月进行，若受田之后即发生人丁死亡和奴婢、耕牛买卖等情况，则来年正月再行还授。农民之于露田，只享有使用权而无所有权，不得买卖。

农民初受田时，还被授以桑田 20 亩，奴婢亦然。桑田之中必须栽种桑树 50 株、枣树 5 株、榆树 3 株；其地不宜种桑，则只授以桑田 1 亩，用于种植枣树 5 株、榆树 3 株。农民须在 3 年之内按规定数量栽种桑、枣、榆树或其他果木，否则桑田将被收回；多种不限，但不得在应当还授的土地（露田）上栽种。桑田分配，首先满足应授的定额，有余则按“倍田”计算；若有不足，则以露田的一部分补足；若于桑田及其倍田定额数量之外还有多余，亦不能视为露田，仍属于桑田。桑田属于农户的“世业”，可由家人继承，死后不必归还。若超过 20 亩，多余部分可以出卖；少于 20 亩亦可以买入，但不得超过多余和不足的那部分限额。如此一来，桑田似乎具有一定私有土地性质。之所以如此规定，显然与桑田用途的特殊性有关，因它是已经种植或者允许种植桑、榆、枣等果木的土地，不能像一般农地那样每年都重新栽种，必须保持长期稳定性；另一方面，为了防止有人将露田变为桑田，制度规定露田上不得种桑、榆、枣、果。另外，在适宜种麻的地区，年满 15 岁的男子都可受麻田 10 亩，女子 5 亩，奴婢亦然；因麻乃是年年栽种，故麻田还授方法与露田相同。

制度还规定，那些家口尽为老幼病残的民户，年满 11 岁及残疾之人，被授予一定数量的露田，数额是成年男子的一半；年过 70 岁可不必还田；寡妇虽不交纳租调，亦授以“妇田”。这些主要考虑各类残缺家庭的基本生计。地方官员根据品阶高低被授予不同数量的“公田”：刺史 15 顷，太守 10 顷，治中、别驾各 8 顷，县令、郡丞 6 顷。在官员交接之时，公田也相应交付给下任官员，严禁出售公田。这一规定主要是为官员提供必需的生活条件。

考察当时的人地关系状况，制度规定的授受土地数量最值得注意。通观相关条文可知，当时授田数量是相当多的。在前面的叙述中，我们多次提到，自周代以降，“一夫百亩”是常见的说法，那时也提到“余夫亦如之”，但并未涉及女子。北魏“均田制”规定：15 岁以上男子就可以受露田 40 亩，加上倍授则有 80 亩，再加上桑田 20 亩，已经合于“一夫百亩”之数；15 岁以上女子也能受露田 20 亩，加上倍授则为 40 亩。始授田年龄是 15 岁，这是相当低的，按照通常标准还没有真正成年，只是半个劳动力。不仅如此，奴婢和耕牛都要授田，奴婢受田数与“良人”相同，且没有人数限制；每头成年耕牛（4 头以内）可受田 30 亩，加上倍授则为 60 亩——如果某农户拥有 4 头耕牛，则可因此另外获得 240 亩授田。也就是说，在北魏“均田制”下，不论是男是女、良人还是奴婢，甚至不管是人是畜，只要具有一定生产能力，都可获得授田。为了“地尽其利”，国家还鼓励农民开垦荒地和从“地狭之处”向空荒地区迁移。凡此种种情况，都说明当时土地是十分充裕的，否则国家就不会做出诸如此类规定；国家推行均田的主要目的并非限制土地占有，而是为了把所有农业生产潜力都尽量发挥出来。当然，对国家来说，首先是为了控制更多交纳赋税、承担劳役的农民。实现这一目的之途径则是通过土地分授、全面促进劳动人口与土地有效结合。总而言之，“均田制”之推出乃是根据当时人少地多的基本状况，实施这一制度，对于推动长期战乱后黄河中下游大量荒闲土地的垦殖，扩大自耕农数量，恢复和发展农业经济，无疑具有非常重要的意义。

当然，这个制度尽量满足了官僚和地主的利益，官僚可按官品获得大量土地，奴婢的受田数量与普通农民相同，耕牛每头可受露田 30 亩（加上倍授则为 60 亩），但 8 个奴婢、20 头耕牛只需要按照普通农户一夫一妇的标准缴纳租调，即每年缴纳帛 1 匹、粟 2 石。很明显，这对那些拥有大量奴婢和耕牛的富裕权贵阶层有利。但倘若当时没有土地充裕这个基本条件，国家不可能向富裕权贵阶层做如此大幅让利。

北魏灭亡后，继起的东魏、西魏和北齐、北周都继续实行“均田制”，基本原则相同，具体内容则有一些变化。例如，河清三年（564 年），北齐颁布了新的“均田令”[1]，与北魏太和九年（485 年）的“均田令”相比有所变化。其中出现了“永业田”；受田年龄提高到了 18 岁；受田没有“正田”与“倍田”之分，而是统一规定为男子受露田 80 亩、女子 40 亩，“桑田”和“麻田”皆为 20 亩。相关规定给我们的总体感觉是，由于劳动人口有所增加，故受田（意味着承担赋役）的年龄提高到了 18 岁，也不再有倍田和再倍之田。这些都是根据人地关系的变化而做出的制度调整。同一时期北周均田亦取消了“倍田”，受田数额改为一夫一妇 140 亩，单丁 100 亩；受田年龄为 18 岁成丁受田，66 岁年老退田。受田年龄提高、退田年龄下降，取消加倍受田，同样反映出人地关系正朝着土地趋紧方向演变这一基本态势。

由于人地关系逐渐朝着土地趋紧的方向演变，而均田制度往往难以严格执行，北齐时期，在一些人口比较集中的地区已出现了土地私有化趋势。宋孝王《关东风俗传》有如下记载：

其时强弱相凌，恃势侵夺，富有连畛亘陌，贫无立锥之地。昔汉氏募人徙田，恐遗垦课，令就良美。而齐氏全无斟酌，虽有当年权格，时暂施行，争地文案有三十年不了者，此由授受无法者也。其赐田者，谓公田及诸横赐之田。魏令：职分公田，不问贵贱，一人一顷，以供刍秣。自宣武出猎以来，始以永赐，得听卖买。迁邺之始，滥职众多，所得公田，悉从货易。又天保之代，曾遥压首人田，以充公簿。比武平以后，横赐诸贵及外戚佞宠之家，亦以尽矣。又河渚山泽有可耕垦肥饶之处，悉是豪势，或借或请，编户之人不得一垄。纠赏者，依令，口分之外知有买匿，听相纠列，还以此地赏之。至有贫人，实非剩长买匿者，苟贪钱货，诈吐壮丁口分，以与纠人，亦既无田，即便逃走。帖卖者，帖荒田七年，熟田五年，钱还地还，依令听许。露田虽复不听卖买，卖买亦无重责。贫户因王课不济，率多货卖田业，至春困急，轻致藏走。亦有懒惰之人，虽存田地，不肯肆力，在外浮游。三正卖其口田，以供租课。比来频有还人之格，欲以招慰逃散。假使暂还，即卖所得之地，地尽还走，虽有还名，终不肯住，正由县听其卖帖田园故也。广占者，依令，奴婢请田亦与良人相似。以无田之良口，比有地之奴牛。宋世良天保中献书，请以富家牛地先给贫人，

[1] 详细内容，见《隋书》卷 24《食货志》，中华书局，1973 年，第 677 页。

其时朝列，称其合理。[1]

自北魏实行“均田制”以后，北方经济进入了相对稳定的发展时期，人口逐渐有所恢复，宋孝王所说的情况在局部地区是存在的。但就整体形势而言，尚未完全恢复两汉时期的繁荣局面，人少地多的基本面貌亦未改变，“富有连畛亘陌，贫无立锥之地”，恐怕只是因袭旧文的夸饰之辞。

三、隋唐“均田制”及其瓦解

隋朝和唐朝前期继续实施“均田制”。但是随着国家重归统一，政治局势持续安定，社会经济不断取得新发展，人地关系形势亦相应发生了重大变化，“均田制”逐渐完成了它的特殊历史使命。

隋文帝开皇二年（582 年），朝廷颁布“均田令”。据《隋书·食货志》记载，朝廷对人口进行了较细致的年龄段划分，以确定赋役的承担者。“男女三岁已下为黄，十岁已下为小，十七已下为中，十八已上为丁。丁从课役。六十为老，乃免。”然后规定：

自诸王已下，至于都督，皆给永业田，各有差。多者至一百顷，少者至四十亩。其丁男、中男永业、露田，皆遵后齐之制。并课树以桑榆及枣。其园宅，率三口给一亩，奴婢则五口给一亩。丁男一床，租粟三石，桑土调以绢絁，麻土以布，绢絁以匹，加绵三两。布以端，加麻三斤。单丁及仆隶各半之。未受地者皆不课。有品爵及孝子顺孙义夫节妇，并免课役。京官又给职分田。一品者给田五顷。每品以五十亩为差，至五品，则为田三顷，六品二顷五十亩。其下每品以五十亩为差，至九品为一顷。外官亦各有职分田，又给公廨田，以供公用。

看来，隋朝主要劳动人口的受田数量是遵从北齐旧制，但增加了职分田、公廨田这两个新名目。值得注意的是，年老免役年龄进一步下降，说明农业劳

[1]（唐）杜佑撰，王文锦、王永兴等点校：《通典》卷 2《食货二》，《田制下》，中华书局，1988 年，第 27-28 页。

动力呈继续增加趋势。虽然这个时期仍然非常重视对劳动力的控制，故有进行“大索貌阅”，制定“输籍定样”之举，严惩户口不实，然而有些地区已经出现了“地少人众，衣食不给”，狭乡农民受田严重不足的情况。《食货志》称：“时天下户口岁增，京辅及三河，地少而人众，衣食不给。议者咸欲徙就宽乡。其年冬，帝命诸州考使议之。又令尚书以其事策问四方贡士，竟无长算。帝乃发使四出，均天下之田。其狭乡，每丁才至二十亩，老小又少焉。”也就是说，随着人口快速恢复增长，以往“人少地多”的人地关系形势不断发生改变，授口不足的情况逐渐增加，实施“均田制”的基础在隋朝已开始发生动摇。

然而，人地关系渐趋紧张的基本走向，因为隋末战乱影响再次发生“非轨道性”改变。初唐时期，由于战争造成了严重人口耗减，至少从国家所掌握的户口数字看，人地关系的基本状况是土地相当充裕而劳动力严重不足，故国家为了恢复发展农业生产、保证国家赋役来源，仍然沿袭前代“均田制”，只是具体内容颇有变化。

关于唐代均田制及其实施情况，已有研究成果可谓堆积如山，但观点分歧同样很大。若不过多地纠缠在那些分歧而专注于本章主题，则从其与前代相比的若干重要变化之中，仍可看出中古前期与后期人地关系演变的总体趋势，及其之于土地制度变迁的某些影响。无论从授田数量，还是从成丁授田、输课、服役以及老免的年龄都可以看出，唐代“均田制”与前代相比发生了不少改变。仅就唐朝本身来看，前期百余年中，国家曾多次颁布过“田令”[1]，前后田令的具体内容亦颇有调整，这些调整之所以发生的主要原因之一，就是劳动人口逐渐增加而土地资源逐渐趋紧。劳动人口增长，导致成丁和承担赋役的年龄屡次提高，而老退免课役的年龄有所下降[2]；土地资源逐渐趋紧，则导致对“宽

[1] 唐朝至少在高祖武德七年（624 年）、玄宗开元七年（719 年）和二十五年（737 年）都颁布过均田法令。诸书记载颇不相同，在传统文献中以《通典·食货典》所载之开元二十五年（737 年）令最为详细。近年有学者根据《天圣令》中所发现的相关材料，对唐代田令进行了卓越的复原工作。但长期以来，学人在其制度文本和内容解读方面可谓聚讼纷纭，观点悬隔。参见戴建国：《唐〈开元二十五年令·田令〉研究》，《历史研究》2000 年第 2 期，第 36-50 页；杨际平：《〈唐令·田令〉的完整复原与今后均田制的研究》，《中国史研究》2002 年第 2 期，第 59-71 页。

[2]《通典》卷 7《食货七》，“历代盛衰户口·丁中”记载西晋至盛唐时期成丁服役年龄的变化情况是：西晋：男女年 16～60 为正丁，13～15 及 61～65 为次丁；刘宋：15～16 为半丁，17 为全丁；北齐：18～65 为丁，16～17 为中。隋朝：文帝初，以 18 以上为丁，60 以上为老，开皇三年（583 年）以 21 成丁；其后，炀帝因天下户口益多，男子以 22 成丁。唐朝：高祖时以 16 为中，21 为丁，60 为老；中宗时以 22 成丁，58 免役；玄宗天宝时，18 以上为中男，23 成丁。此外，代宗广德元年（763 年）制以天下百姓 25 成丁、55 入老，疑为“安史之乱”爆发前所议定。

乡”和“狭乡”授田的操作方式发生一些改变。我们的总体印象是由于土地不像前代那么充足，较之前代制度，唐令对“狭乡”授田的规定更加严格，对乐迁宽乡的农民则给予更多鼓励。[1]

事实上，唐令与北魏法令关于土地还授的规定，主要着眼点存在相当不同之处。杨际平指出，唐代“土地还授之际，首先考虑的不是该乡该里其他各户的应、已受田情况，而是考虑该应退田户减员之后该户田土是否充分、足额。这一规定类似于北魏太和九年（485 年）令所规定的‘诸地狭之处，有进丁受田而不乐迁者，则以其家桑田为正田分；又不足，不给倍田；又不足，家内人别减分’。所不同的是，北魏太和九年（485 年）《地令》是着眼于进丁受田，而《唐令·田令》则着眼于减员退田”[2]。前后着眼点的变化，亦当由于北魏至唐代人地关系和土地供需条件不同所致。更突出的表现是，在“均田制”具体施行过程中，唐朝前期百姓受田严重不足的现象日益普遍，直至最终无法实施均田。历来论者都将土地兼并视为“均田制”渐遭破坏的一个主要因素，史书记载的相关事件和情形的确是如此。然而这只是历史的表象，随着社会局势转为安定，人口不断增殖，密度不断提高，人地关系渐趋紧张，才是导致这个制度不断走向崩溃的最根本原因。土地兼并之所以愈演愈烈，亦因人口增殖导致土地逐渐成为紧缺资源，占有土地愈来愈能带来更大的经济利益。

总而言之，汉末以降，由于一系列宏大历史变局，中国人口、土地及其相互关系都发生了巨大变化，由于长期战乱导致人力资源严重短缺，个体小农独立开展土地垦辟和经营的能力严重下降，国家力量的作用便阶段性地凸显了出来，主要表现为国家以屯田方式（特别是内地屯田）组织大量劳动力集中垦殖土地，并且直接介入土地经营。另一方面，国家因应人地关系变化形势，推行相应的土地分配制度，旨在促进劳动力与土地的相结合。西晋实行“占田课田

[1]“大唐开元二十五年令”关于宽、狭乡授田的具体操作规程占据了相当大的文字篇幅，其中规定：“……丁男给永业田二十亩，口分田八十亩，其中男年十八以上亦依丁男给，老男、笃疾、废疾各给口分田四十亩，寡妻妾各给口分田三十亩，先永业者，通充口分之数。黄、小、中、丁男女及老男、笃疾、废疾、寡妻妾当户者，各给永业田二十亩，口分田二十亩。应给宽乡，并依所定数；若狭乡新受者，减宽乡口分之半。其给口分田者，易田则倍给。（原注：宽乡三易以上者，仍依乡法易给。）……若当家口分之外，先有地非狭乡者，并即回受，有剩追收，不足者更给。……所给五品以上永业田，皆不得狭乡受，任于宽乡隔越射无主荒地充。（原注：即买荫赐田充者，虽狭乡亦听。其六品以下永业，即听本乡取还公田充，愿于宽乡取者亦听。应赐人田，非指的处所者，不得狭乡给。……其州县界内所部受田，悉足者为宽乡，不足者为狭乡。诸狭乡田不足者，听于宽乡遥受。……乐迁就宽乡者，并听卖口分。……诸买地者，不得过本制，虽居狭乡，亦听依宽制，其卖者不得更请。……诸以工商为业者，永业口分田各减半给之，在狭乡者并不给。……其城居之人，本县无田者，听隔县受。”见（唐）杜佑撰，王文锦、王永兴等点校：《通典》卷 2《食货二》，《田制下》，中华书局，1988 年，第 29-32 页。

[2] 杨际平：《〈唐令·田令〉的完整复原与今后均田制的研究》，《中国史研究》2002 年第 2 期，第 59-71 页。

制”和北魏至唐前期实行“均田制”，都是基于这个基本形势。

总而言之，古代国家颁布土地制度，核心目标是征取赋税、征发徭役，基本措施则是“驱民归农”，促进劳动人口与土地资源相结合。只有做到人尽其力，才能实现地尽其利，国家的赋税收入才能有保障。中古土地制度与赋税、徭役制度是配套的——前者是手段，后者是目的，前者乃是后者的基础前提。由于中古大部分时间里，因战乱而荒闲的土地广阔，人力资源明显不足，故如何安辑人民，控制更多输租纳课户口，乃是国家首先需要解决的问题。因此，实施上述这些土地制度，表面上看是为了解决土地问题，但它们的主要意义其实并不在于限制土地占有数量和抑制土地兼并，而在于稳定地掌握更多从事农业生产、能够提供赋税力役的劳动人口。正因为如此，当时土地、赋役等经济制度的设计和实施都是“以人为本”，而非“以地为本”。

随着社会局势转入长期和平稳定，户口不断恢复甚至出现了超越前代的增长，人地关系必然相应地发生了变化，土地渐趋短缺，那些人口密集的经济发达地区更是出现了人满为患的局面，普通农民愈来愈难以获得足够的土地，甚至在兼并中完全丧失了土地，“均田制”和以它为基础的那些赋役制度自然也就无法继续实行，必须做出相应调整改变。从中国古代人口、土地和赋役制度演变的长期历史脉络看，前期虽然一直在抑制土地兼并，但主要针对人口密集的狭乡，赋税徭役制度始终是“以人丁为本”；宋代以后，国家对农民的人身控制逐渐松弛，亦不再抑制兼并，土地逐渐成为赋税征收、徭役征发的主要依据，清中期实行“摊丁入亩”倒是很具有历史总结性意义。总之，这一过程呈现了人地关系状况与国家经济制度互动演变的基本态势。

第五节　山居别业：山泽之利与林泉之乐

前文尝言，地主庄园经济发达是中古社会经济的一个重要特征，在魏晋南北朝和中晚唐时期最显著。庄园经济是以大地产占有和人口荫附为基础的，它一方面侵渔小民利益、压制自耕农经济；另一方面与国家经济利益互相博弈。相关问题前人研究甚多，不再过多重复。这里试图解说的问题是：在中古环境—经济—社会协同演变的历史进程中，地主庄园经济发达具有怎样的生态条件？在资源开发、利用方面具有怎样的优势和合理性？

地主庄园经济在汉代已经兴起并且与国家和小农利益产生了尖锐矛盾。汉末大乱同样对庄园经济造成了很大冲击，但也为其后来不断发展膨胀提供了机遇。随着东汉帝国分崩离析，天下群雄蜂起，大小军事集团有许多即是庄园地主和地方豪族势力，他们拥有自己的经济基础，控制着众多部曲、僮客、徒附之类依附人口，有能力纠集自己的军事武装力量。中原板荡之际，不少地方强宗大族集结成“坞壁”“坞堡”，据守一方，例如，陈延在河间、杜恕在宜阳都有坞壁，曹操集团中的李典、许褚都曾经是坞壁主。随着政治局势稍转安定，这些势力相继被组合到南北不同的割据政权之中，但各个利益共同体并未被解散。他们继续大量庇荫人户，扩大庄园经济，国家还不断赐予土地和人口。史称“魏氏给公卿以下租牛客户数各有差。自后小人惮役，多乐为之，贵势之门动有百数。又太原诸部亦以匈奴胡人为田客，多者数千”[1]。江南土地开发虽晚，两汉时期依然是地广人稀，然而晋代葛洪指斥孙吴之失，其中一点即是江东士族 “势利倾于邦君，储积富乎公室”，在他们的庄园中，“僮仆成军，闭门为市，牛羊掩原隰，田池布千里……金玉满堂，妓妾溢房，商贩千艘，腐谷万庾，园囿拟上林，馆第僭太极，粱肉余于犬马，积珍陷于帑藏”[2]。西晋统一时期，国家亦不能不承认世家大族的既得利益，甚至还通过赏赐等方式授予他们大量占有土地、庇荫人口的特权，颁布“占田课田制”原本亦非为了抑制他们大肆占夺土地。短短数十年中，许多良田美地不断被世家大族霸占，庄园经济迅速发展。例如，王戎“广收八方园田水碓，周遍天下”[3]。巨富石崇被籍没时，有司薄阅其家，有“水碓三十余区，苍头八百余人，他珍宝货贿田宅称是”[4]。其在河南县金谷涧的庄园中有“清泉茂林，众果、竹柏、草药之属”，又有“田十顷，羊二百口，鸡、猪、鹅、鸭之类，莫不毕备”，还有“水碓、鱼池、土窟”“其为娱目欢心之物备矣”[5]。潘岳亦称自己的庄园中“池沼足以渔钓，舂税足以代耕。灌园鬻蔬，供朝夕之膳；牧羊酤酪，俟伏腊之费”[6]。官僚士族役使大量衣食客、佃客等依附性劳动人口，开展庄园农业生产并经营其

[1]《晋书》卷 93《外戚 • 王恂传》，中华书局，1974 年，第 2412 页。
[2]（晋）葛洪：《抱朴子外篇》卷 34《吴失篇》，中华书局，2013 年，第 673-675 页。
[3]《晋书》卷 43《王戎传》，中华书局，1974 年，第 1234 页。
[4]《晋书》卷 33《石苞附子崇传》，中华书局，1974 年，第 1008 页。
[5]（清）严可均辑：《全上古三代秦汉三国六朝文》，《全晋文》卷 33，（西晋）石崇《金谷诗序》，中华书局，1958 年。按：该文是严氏辑录《世说新语 • 品藻》注、《水经注》“穀水注”、《文选 • 别赋》注、潘岳《金谷集诗注》《艺文类聚》卷 9、《太平御览》卷 919 和卷 964，以及《弇州四部正稿》卷 158 引《修文殿御览》所引文句合并而成。
[6]《晋书》卷 55《潘岳传》引潘岳《闲居赋》序，中华书局，1974 年，第 1505 页。

他产业，增殖财货，牟取厚利。

西晋“八王之乱”以后，黄河中下游地区陷入更加持久的战争动荡之中。为了逃避战祸，中原人口或举族迁徙，或聚族而保，以大土地占有和人口荫附为基础的庄园地主经济非但没有停止，反而以更强固的组织形式继续发展。不过，由于自然环境和社会经济基础不同，南北地区的庄园地主经济分途发展，其中既有共同性，亦有诸多差异。由世家大族所控制的土地垦殖和农业经营，在南北区域经济发展中亦具有不同的历史意义。

先看北方。晋室南渡以后，留居黄河中下游的世家大族和普通民众不得不抱团自保，以“坞壁”或“坞堡”为典型表现形式的豪强宗族得到强化。弱小民众“多依豪室”，依附于世族地主，充当他们的田客，以求得一线生机；拥有较高声望和实力的武装豪帅和宗族领袖则乘机壮大力量。故十六国时期，北方社会“或百室合户，或千丁共籍”[1]“一宗近将万室，烟火连接，比屋而居。”[2]由于他们拥有经济实力和武装力量，包括北魏在内的少数民族政权，虽然取得了政治上的统治地位，亦不得不与之妥协，承认他们既得的经济利益和政治特权。故在北魏实行“三长制”和“均田制”以前，“旧无三长，惟立宗主督护，所以民多隐冒，五十、三十家方为一户”[3]“富强者并兼山泽，贫弱者望绝一廛”。[4]随着“三长制”和“均田制”的实施，北魏政权得以稳定，强宗大族的势力受到一定抑制，但胡、汉地主亦逐渐合流，大地产经济以新的方式继续存在和发展。

从文献记载看，北朝士族庄园相当普遍并且规模可观。例如，赵郡李显甫在殷州西山，“开李鱼川方五六十里居之”[5]。北齐高洋赏赐给陆法和“田一百顷、奴婢二百人，生资什物称是”[6]。北周明帝赐裴侠“良田十顷，奴隶、耕牛、粮粟，莫不备足”[7]。东魏祖鸿勋在范阳的雕山庄，“其处闲远，水石清丽，高岩四匝，良田数顷”，又“即石成基，凭林起栋。萝生映宇，泉流绕阶”[8]。至于庄园生产经营的具体情形，则可从北周萧大圜那里窥其大略。萧大圜自称

[1]《晋书》卷127《慕容德载记》，中华书局，1974年，第3170页。
[2]（唐）杜佑撰，王文锦、王永兴等点校：《通典》卷3《食货三》，《乡党》，中华书局，1988年，第62页。
[3]《魏书》卷53《李冲传》，中华书局，1974年，第1180页。
[4]《魏书》卷7上《高祖纪上》，中华书局，1974年，第156页。
[5]《北史》卷33《李灵传》，中华书局，1972年，第1202页。
[6]《北齐书》卷32《陆法和传》，中华书局，1972年，第431页。
[7]《周书》卷35《裴侠传》，中华书局，1971年，第620页。
[8]《北齐书》卷45《祖鸿勋传》，中华书局，1972年，第605页。

其田庄：

面修原而带流水，倚郊甸而枕平皋。筑蜗舍于丛林，构环堵于幽薄。近瞻烟雾，远睇风云。藉纤草以荫长松，结幽兰而援芳桂。仰翔禽于百仞，俯泳鳞于千浔。果园在后，开窗以临花卉。蔬圃居前，坐檐而看灌畦。二顷以供饘粥，十亩以给丝麻。侍儿五三，可充纴织；家僮数四，足代耕耘。沽酪牧羊，协潘生之志；畜鸡种黍，应庄叟之言。获菽寻氾氏之书，露葵征尹君之录。烹羔豚而介春酒，迎伏腊而候岁时。披良书，探至赜。歌纂纂，唱乌乌。可以娱神，可以散虑。有朋自远，扬榷古今；田畯相过，剧谈稼穑。斯亦足矣，乐不可支！[1]

根据他的描述，其田庄规模在当时算是相当狭小的，然而其中有耕地、果园与菜圃，有桑麻种植，还有家畜饲养乃至花木栽培，是一个比较完整的自给自足自然经济单位。虽然这些描述的文学色彩比较浓重，但必有其现实的根据，多少可以反映出北朝地主庄园的一般经营状况。

世家大族广占山泽土地，大量庇荫人口，奴役贫民，经济自成一统，俨然独立王国，自然对国家政权构成一种抗衡力量，故古今史家多有贬斥之辞。然而，在十六国北朝时期独特的社会政治局势之下，不论在最初据险自保的“坞壁”制度还是在后来胡、汉妥协形成的“宗主督护”制度之下，世家大族庄园毕竟给不断遭罹战祸、穷无所依的流散民众提供了暂时托身之所，即使并非出于自愿而是被迫充当庄园地主的奴婢、田客，全无资产和自行组织生产能力的贫民终究可以挣得一口之食。更重要的是，黄河中下游固有的农业生产方式、技术知识依赖于庄园生产一定程度上得以保存下来，这对后来农业生产恢复和发展具有非常重要的意义。否则，北魏贾思勰撰写出《齐民要术》这样一部关于北方旱地农业的经典著作，乃是不可想象的。

从总体上说，十六国北朝的地主庄园经济，不论从普遍性、规模还是就其对区域环境史、经济史的历史意义来说，都远比东晋南朝逊色。如果说战乱时代汉族社会苟求自存的现实需要是北方坞壁经济发展的重要缘由，那么，逃离故土的中原士庶在异乡求得生机的迫切需求则是南方庄园经济兴起的初始动

[1]《周书》卷 42《萧大圜传》，中华书局，1971 年，第 758 页。

因。两者之间有一个共同历史特征，这就是南北世家大族都大量役使部曲、徒附、僮奴、佃客之类劳动人口开展土地垦殖和生产经营。

历来史家都承认，汉末以降一波接一波的中原人口南迁，给南方资源开发和经济成长带来了特殊历史契机——不仅带来了大量劳动人口、增强了经济发展动力，而且带来了先进的生产技术和组织方式。[1]对于世家大族封锢山泽、扩张庄园经济，则无论当时舆论还是后代史评，都是贬多褒少。其之所以遭到指斥，主要有两个理由：一是大量封山占水将理论上属于国家的资源变为私有，并且禁止百姓樵苏渔猎，既损害国家利益，亦断绝小民生计；二是庇荫和役使众多人口，更与国家对赋役的需求发生了严重冲突。因此，偏安王朝对庄园地主经济膨胀一直非常关切，制定法令予以抑制。以东晋为例，关于前者，曾有严厉的“山湖之禁”（特别是“壬辰之制”）；关于后者，亦有峻法、强吏不断实施打击。例如，王彪之为会稽内史，“居郡八年，豪右敛迹，亡户归者三万余口”“（山遐）为余姚令，时江左初基，法禁宽弛，豪族多挟藏户口，以为私附。遐绳以峻法，到县八旬，出口万余。”[2]东晋政权以吴、会为奥区，然而当地人口仍然相当寡少，位于浙东的会稽在诸郡之中算是户口较多的，所统 10 县也才有 3 万户[3]，而脱籍人口（多为豪右、豪族挟藏）竟多达三四万人，士族豪右势力之强大可以想见。

不过，在当时特殊的社会政治和经济情势之下，南方世族庄园经济发展不仅具有某种必要性（必然性），而且对于重建移民社会秩序，适应南方新的自然环境，促进资源开发和农业经济发展，都具有一定的合理性和积极意义，不能与汉代地主庄园经济完全等量齐观。

自汉末大乱，国家迭经分崩离析，杀伐战争不断，血亲纽带和宗族组织成为民众苟求生存的主要依托。留居北方的汉族“聚族结垒而自保”，逃离中原的士庶亦“举宗流徙而避难”，众所皆知的鲁肃就是一个典型。[4]贫弱细民依附豪帅“举宗避难”，自然要唯其马首是瞻，听其驱使；他们两手空空来到南方，求

[1] 有关问题，历来论者颇多，有兴趣的读者可参阅童超的论述。童超：《东晋南朝时期的移民浪潮与土地开发》，《历史研究》1987 年第 4 期，第 64-79 页。

[2]《晋书》卷 76《王廙传附彪之传》，中华书局，1974 年，第 2010 页；《晋书》卷 43《山涛等传附山遐传》，中华书局，1974 年，第 1230 页。

[3]《晋书》卷 15《地理志下》记载：“会稽统县十，户三万。”中华书局，1974 年，第 461 页。

[4]《三国志》卷 54《吴书・鲁肃传》注引《吴书》曰：“后雄杰并起，中州扰乱，肃乃命其属曰：‘中国失纲，寇贼横暴，淮、泗间非遗种之地，吾闻江东沃野万里，民富兵强，可以避害，宁肯相随俱至乐土，以观时变乎？’其属皆从命。乃使细弱在前，强壮在后，男女三百余人行”。中华书局，1959 年，第 1267 页。

取一口之食已不可得，更无法在一个自然条件迥异于故土的地区自行垦荒种地、开展农业生产，只能继续依附于宗族首领艰难求生。另一方面，南逃士族也是田园尽失、家赀殆尽，虽可凭借政治特权“求田问舍”，但恢复经济产业却需要大量劳动人口，宗族、乡里、宾客、奴婢、部曲等各类依附性人口因而成为士族组织土地垦辟和开展庄园经营的主要人力资本。为了培植政权统治的社会基础，偏安政权通过土地封占的地域分割，在土著世族与侨居世族之间担当居中协调角色，缓和南北两个地主利益集团之间的矛盾和冲突，对他们大量封占山泽予以纵容和默许，而且通过给客、赐田等制度和政策，承认他们庇荫人口、广占土地的特权，这就为世族地主发展庄园经济提供了政治上的保障。正是由于这些特殊的社会和政治原因，在六朝时期特别是中原士庶大举南渡初期的江南土地开发和农业生产中，世家大族担当了推动者、组织者和领导者的角色，在他们经营的众多大大小小的庄园中，由不同名目和身份的依附人口所组成的劳动者队伍，则是被役使和剥削的对象。

从现存文献记载来看，先后南渡的中原士族，与土著世族和偏安政权进行过激烈的斗争博弈。由于汉代和孙吴时期发展起来的朱、张、顾、陆等江东土著世族在太湖周围地区已经占据优势，永嘉以后陆续南渡的中原士族，除盘踞于金陵附近宁镇丘陵一带外，不断向浙东、皖南甚至江西、福建等地扩展。例如，王、谢、孔等家族在浙东会稽一带广占山泽，经营田庄，孔氏在皖南立墅治田，林、黄、陈、郑、詹、丘、何、胡等族则流寓到更远的福建地区。[1]这些逐渐播散到南方各地的世家大族，在不同地区封锢山泽，凿山浚湖，设置屯、邸、园、墅，利用各种不同的自然条件发展庄园经济。经过若干世纪经营，许多原本人烟稀少地区近乎原始的生态环境面貌逐渐得到改变，农业经济逐渐发展起来。

正如我们一再强调的，劳动力与土地互相结合是古代农业经济发展的基本条件。六朝时期，世家大族在促进这一结合方面曾经发挥过重要历史作用。这不仅是当时特殊的政治、经济和社会情势所致，亦由于南方独特的自然生态环境。前面已经指出：南方自然环境面貌远比黄河中下游复杂，平原地区是河网

[1]（明）陈道：《（弘治）八闽通志》（明弘治刻本）卷86《拾遗》引《闽中记》云：“【晋】永嘉二年（308年），中州板荡，衣冠始入闽者八族，所谓林、黄、陈、郑、詹、丘、何、胡是也。既以中原多事，畏难怀居，无复北向者，故六朝间仕宦名迹鲜有闻也。”

纵横交错、湖沼广大的“水乡泽国”，丘陵山地则是森林密布、古木幽深，早期农业开发难度也更大。平原垦殖必须解决大量排潦、筑堤、围湖造田等问题，山区丘陵开发则需大举凿山、伐木、通路、障陂，这些都非一家一户的小农所能为之，而必须通过较大社会组织、集中众多劳动力进行。在当时的历史条件下，除国家直接组织屯垦之外，唯世家豪族才能具备这样的能力。因而，史书关于世家大族山居、别业和庄园的记载，土地和劳动力是两个最基本的要素。例如，在会稽经营大规模山居庄园的谢灵运，“因父祖之资，生业甚厚，奴僮既众，义故门生数百，凿山浚湖，功役无已。寻山陟岭，必造幽峻，岩嶂千重，莫不备尽。……尝自始宁南山伐木开径，直至临海，从者数百人”[1]。渤海刁逵“以货殖为务，有田万顷，奴婢数千人，余资称是”[2]；陈郡谢氏有“田业十余处，僮仆千人”[3]；孔灵符在永兴（今浙江萧山）的别墅“周回三十三里，水陆地二百六十五顷，含带二山，又有果园九处”[4]；王穆之、王敬弘、沈庆之、王骞等亦经营了规模很大的庄园。产业较小的士族亦往往拥有良田十顷、奴婢数十人。如曾经在南北两地生活过的颜之推告诫子孙“止足”，标准乃是“常以二十口家，奴婢盛多，不可出二十人，良田十顷，堂室才蔽风雨，车马仅代杖策，蓄财数万，以拟吉凶急速”[5]。这应属当时小规模的庄园经济了。

中原士族在南渡之初，因自身生存需要，不仅在政治、社会秩序重建中曾经发挥过重要作用，在开发自然资源、垦辟土地和发展经济生产方面亦表现出相当积极的姿态。他们到处求田问舍、修治桑果，谋取资生之业，像谢灵运那样“寻山陟岭，必造幽峻，岩障千重，莫不备尽”，亲自指画甚至直接参与垦殖、生产活动的人物当不在少数。然而，经历数世之后，随着家业渐丰，后代士族逐渐腐朽，成为社会的寄食者。颜之推曾经十分感慨地说：

古人欲知稼穑之艰难，斯盖贵谷务本之道也。夫食为民天，民非食不生矣，三日不粒，父子不能相存。耕种之，茠钮之，刈获之，载积之，打拂之，簸扬之，凡几涉手而入仓廪，安可轻农事而贵末业哉？江南朝士因晋中兴南渡江，

[1]《宋书》卷 76《谢灵运传》，中华书局，1974 年，第 1775 页。
[2]《晋书》卷 69《刁协附孙逵传》，中华书局，1974 年，第 1845 页。
[3]《宋书》卷 58《谢弘微传》，中华书局，1974 年，第 1591 页。
[4]《宋书》卷 54《孔季恭附弟灵符传》，中华书局，1974 年，第 1533 页。
[5]（北齐）颜之推：《颜氏家训》卷 5《止足篇十三》，中华书局，2007 年，第 194-195 页。

卒为羁旅，至今八九世，未有力田，悉资俸禄而食耳。假令有者，皆信僮仆为之，未尝目观起一坺土、耘一株苗，不知几月当下，几月当收，安识世间余务乎？！[1]

虽然庄园经济不断发展，士族子弟亲力亲为者愈来愈少，农业以及其他产业经营全然仰仗僮仆、奴婢，故社会上流传有“耕当问奴，织当访婢”的俗语。[2]另一方面，世家大族依仗其雄厚的庄园经济实力，不仅侵渔小民，对国家经济乃至政治利益亦造成损害和威胁，因而发生尖锐的矛盾和冲突。因其不关本书主旨，不拟详论。

兹欲特别论说的是，这个时代的地主庄园不仅在经济上颇具时代特色，从环境史角度看亦具有若干值得特加关注之点。例如，由于许多地主庄园都是封山锢泽，占地面积广大，其中水陆动植物资源兼备，形成资源丰富、经济结构完整的混合型产业生态系统。

汉代地主庄园的经济状况和生活面貌，崔寔《四民月令》中已有相当完整的呈现。值得一提的是，在建立大型庄园经济—生态系统方面，汉光武帝外祖樊重的家族庄园具有一定的典型性。《后汉书》记载樊重“世善农稼，好货殖。重性温厚，有法度，三世共财，子孙朝夕礼敬，常若公家。其营理产业，物无所弃，课役僮隶，各得其宜，故能上下勠，财利岁倍。至乃开广田土三百余顷，其所起庐舍，皆有重堂高阁，陂渠灌注，又池鱼牧畜，有求必给……资至巨万”[3]。《水经注》亦载樊氏“爰自宅阳徙居湖阳，能治田殖，至三百顷”，其田庄之内，“广起庐舍，高楼连阁，波陂灌注，竹木成林，六畜放牧，鱼嬴梨果，檀棘桑麻，闭门成市，兵弩器械，赀至百万，其兴工造作，为无穷之功”[4]。由这些记载可以看出，樊氏庄园重楼高阁，田地广阔，陂渠灌注，其中役使着大批僮隶，经营着众多的生产项目，除粮食、桑麻外，还有畜禽牧养、水产养殖和林果栽培，甚至有兵器制作，集农、牧、林、渔、工于一体，是一个相当完整的产业—生态系统。值得特别指出的是，以往学人多以庄园经济为自给自足单位，“闭门成市”，似乎是生产和生活资料都不外求，亦无须从事商贸活动。事实上，

[1]（北齐）颜之推：《颜氏家训》卷 4《涉务篇十一》，中华书局，2007 年，第 177 页。

[2]《宋书》卷 77《沈庆之传》，中华书局，1974 年，第 1999 页。

[3]《后汉书》卷 32《樊宏传》，中华书局，1965 年，第 1119 页；（汉）刘珍：《东观汉记》卷 11《樊重传》略同。

[4]（北魏）郦道元：《水经注》卷 29“沘水注”。据陈桥驿：《水经注校证》，中华书局，2007 年，第 693 页。

不论从《四民月令》的记载还是从樊重“好货殖”看，庄园经济与商品市场都存在着相当密切的联系。樊重之辈“好货殖”，乃是以广占田产、坐拥山林湖泽自然资源作为其生态经济基础的。

与汉代相比，魏晋以后的地主庄园颇有值得重视的变化。由于特殊社会政治局势的影响，庄园经济的自给自足性质曾经一度有所加强，颜之推说：“生民之本，要当稼穑而食，桑麻以衣。蔬果之蓄，园场之所产；鸡豚之善，埘圈之所生，爰及栋宇器械，樵苏脂烛，莫非种殖之物也。至能守其业者，闭门而为生之具以足，但家无盐井耳。”[1]大体反映了大小庄园主治家营生的原则。此点前贤论说已多，且非关本书主旨，不作展开。

更重要的变化，是魏晋之后地主经营庄园愈来愈具有休闲娱乐和审美的追求。[2]两汉时期的庄园主大抵是具有雄厚经济实力、甚至拥有私人武装的地方土豪，他们经营庄园是以农桑、货殖为目的。魏晋以后，世家大族成为文化精英的渊薮，其中人物往往具有独特生活情趣和好尚，不但追逐经济利益，亦追求山林之美、耳目之娱。在士人阶层普遍崇尚自然的时代风气之下，一些人热衷于利用不同地区的自然条件，按照自己的审美趣味营造人文与自然相互结合的环境景观，这对后世环境审美观念意识和园林艺术发展都具有相当重要的影响。因而，比较两汉和魏晋以后相关文献记述可以明显感到：自然与人为景观之美，耳目之娱和林泉之乐，在地主庄园中逐渐显现出来，这在石崇《金谷诗序》和潘岳《闲居赋序》已见端倪。石崇称他在河南县界金谷涧的别庐，“有清泉茂林，众果、竹、柏、药草之属，莫不毕备。又有水碓、鱼池、土窟，其为娱目欢心之物备矣”[3]。他在金谷园中与姬妾、僚属昼夜游宴，或登高临下，或列坐水滨，鼓吹递奏，赋诗抒怀，感慨人生。潘岳则称其庄园有“池沼足以渔钓，舂税足以代耕。灌园粥蔬，以供朝夕之膳；牧羊酤酪，俟伏腊之费”。庄园之中的自然资源丰富，动物和植物种类众多，他在《闲居赋序》中罗列说：

---

[1]（北齐）颜之推：《颜氏家训》卷1《治家篇五》，中华书局，2007年，第34页。

[2] 已有研究者注意到东晋南朝世家大族经营庄园具有娱乐休闲目的和精神追求。如侯旭东指出：“士人追逐山水美，定居山泽，主要出于他们的精神追求，而封山占水，则是他们物欲的产物。东晋南朝士人在聚敛逐利上丝毫不比他们的那些嗜利如命的前辈们逊色，只不过表现形式有别罢了。就士人而言，趋走山泽，文化心态因素的作用可能大于经济目的，而封占山泽的出现与盛行，则主要出自经济上对物质的贪婪。这两者作为心态的两个不同侧面统一，在士人群体上，同时在定居山泽、封山占水中得到满足。”侯旭东：《东晋南朝江南地区封山占水再研究》，《北京师范大学学报》1993年第3期，第97-106页。文字稍显回转、曲折，观点则颇有见地。今从环境史角度，稍加详细讨论。

[3]（南朝宋）刘义庆撰，（南朝梁）刘孝标注：《世说新语》卷之下，《品藻第九》注引《金谷诗序》，上海古籍出版社，1982年影印本。

“爰定我居，筑室穿池，长杨映沼，芳枳树槁，游鳞瀺灂，菡萏敷披，竹木蓊蔼，灵果参差。张公大谷之梨，梁侯乌椑之柿，周文弱枝之枣，房陵朱仲之李，靡不毕植。三桃表樱胡之别，二柰耀丹白之色，石榴蒲陶之珍，磊落蔓衍乎其侧。梅杏郁棣之属，繁荣藻丽之饰，华实照烂，言所不能极也。菜则葱韭蒜芋，青笋紫姜，堇荠甘旨，蓼荾芬芳，蘘荷依阴，时藿向阳，绿葵含露，白薤负霜。”物产这样丰厚，风景如此宜人，生活自然优裕而闲适，极尽耳目之娱、人生之乐，所以他在园中“筑室种树，逍遥自得”[1]。

北朝庄园地主同样有着此类追求。东魏人祖鸿勋在范阳有雕山庄，“其处闲远，水石清丽，高岩四匝，良田数顷”，又“即石成基，凭林起栋。萝生映宇，泉流绕阶”[2]。前引北周人萧大圜关于其所营庄园物产、风景和闲适生活的描述，同样反映了此类情形。不过，北朝士族地主庄园，在总体规模上较之东晋南朝明显逊色，文化情韵更是远不能及，这既与南北自然环境的差异有关，亦与南北士人的不同生活风尚和品味有关。

东晋以后，大批中原士族南渡到自然风景更加秀丽旖旎的江南之后，不断求田问舍、封山占水。这固然是为了霸占山林川泽资源，重振家族经济，然而林泉之美、自然之乐日益成为他们经营山居、别墅的重要目标追求。其中最具有代表性的，当然是谢氏在会稽始宁县（今浙江上虞西南）所经营的大型山庄，其经济形态和自然景物在谢灵运《山居赋》中有相当详细的描绘。

谢灵运《山居赋》是中国古代最杰出的山水文学名篇之一，自古论者众多，而历史学者亦往往视之为重要社会经济史资料。从环境史角度来看，它也具有特殊重要的史料价值，学人已经有所论说。[3]由该赋的描述可知，谢氏山居庄园连山带水，规模巨大，田畴广阔，自然资源极其丰富，其中包含着农、林、牧、副、渔、工、商诸多项目经营，是一种典型的综合经济体。种植业自然是最重要的产业，既包括稻、麻、麦、粟、菽等多种粮食作物生产，所谓“阡陌纵横，塍埒交经。导渠引流，脉散沟并。蔚蔚丰秫，苾苾香粳。送夏蚤秀，迎

[1]（西晋）潘岳：《闲居赋》，收入（南朝梁）萧统编：《文选》卷 16，上海古籍出版社，1986 年，第 700、第 704-705 页。

[2]《北齐书》卷 45《祖鸿勋传》，中华书局，1972 年，第 605 页。

[3] 该文在《宋书》卷 67《谢灵运传》中详细引述，本节所引材料未予特别注明者，皆出此赋。对于这篇作品，英国环境史家伊懋可（Mark Elvin）早年即曾撰文专论，文章题为“Nature as revelation：a reading of Xie Lingyun's *Living in the Hills* as the first Chinese poem on the environment（《大自然的启示：解读中国最早的一篇环境诗文——谢灵运〈山居赋〉》”，主要内容收入谢氏著：《大象的退却》第 10 章。中国台湾和大陆也有两位青年学人分别作过专门讨论。

秋晚成。兼有陵陆，麻麦粟菽。候时觇节，递艺递熟。供粒食与浆饮，谢工商与衡牧。生何待于多资，理取足于满腹”。乃是水陆兼种；也包括众多种类的蔬菜、果树栽培，其中“北山二园，南山三苑。百果备列，乍近乍远。罗行布株，迎早候晚。猗蔚溪涧，森疏崖巘。杏坛、柰园，橘林、栗圃。桃李多品，梨枣殊所。枇杷林檎，带谷映渚。椹梅流芬于回峦，椑柿被实于长浦”“畦町所艺，含蕊藉芳，蓼蕺葼荠，葑菲苏姜。绿葵眷节以怀露，白薤感时而负霜。寒葱摽倩以陵阴，春藿吐苕以近阳。”此外“山作水役，不以一牧。资待各徒，随节竞逐”，药材、薪炭、蜂蜜、酿酒、造纸等应有尽有。

项目众多的综合经济产业，当然是以当地丰富的动植物物种资源作为基础。除以上所引的众多水陆栽培作物之外，还有种类众多非人工栽培和饲养的野生动植物，它们不仅是重要的经济资源，亦是整个“山居”生态系统中最具灵动性而充满生命活力的组成部分。由于当地属于亚热带气候，湿热多雨的自然生态环境本就有利于生物滋生繁衍，而其地貌既多崇山峻岭，亦多溪河、湖沼、渚洲，更使这个地区成为众多水陆生物的渊薮，动植物物种异常丰富，见于《山居赋》的植物，“其竹则二箭殊叶，四苦齐味，水石别谷，巨细各汇。既修竦而便娟，亦萧森而蓊蔚；露夕沾而凄阴，风朝振而清气。捎玄云以拂杪”“其木则松、柏、檀、栎，楩、楠、桐、榆，檿、柘、谷、栋、楸、梓、柽、樗。刚柔性异，贞脆质殊。卑高沃脊，各随所如。干合抱以隐岑，杪千仞而排虚。凌冈上而乔竦，荫涧下而扶疏。沿长谷以倾柯，攒积石以插衢。华映水而增光，气结风而回敷”；还有众多湿生和水生的植物种类，其“水草则萍、藻、蕴、菼，雚、蒲、芹、荪，蒹、菰、苹、蘩，蕝、荇、菱、莲。虽备物之偕美，独扶渠之华鲜。播绿叶之郁茂，含红敷之续翻”。丰富的植物资源，滋养着大量的水陆野生动物，故其文曰：“植物既载，动类亦繁。飞泳骋透，胡可根源，观貌相音，备列山川。寒燠顺节，随宜匪敦。”作者还自注解释说：“兽有数种，有腾者、有走者，走者骋，腾者透。谓种类既繁，不可根源，但观其貌状，相其音声，则知山川之好！兴节随宜，自然之数，非可敦戒也。”出现于该赋的正文之中，“鱼则鳢、鲋、鱮、鳟、鲩、鲢、鳊、鲂、鲔、鲹、鳜、鲙、鲤、鲻、鳣，辑采杂色，锦烂云鲜，唼藻戏浪，泛荇流渊，或鼓鳃而湍跃，或掉尾而波旋，鲈、鮆乘时以入浦，鳡、鲺沿濑以出泉”“鸟则鹍、鸿、鹅、鹄，鹜、鹭、鸨、鹕。鸡、鹊绣质，鹤、鹳绶章。晨凫朝集，时鷮山梁。海鸟违风，朔禽避凉。荑生归北，霜降客南。接响云汉，侣宿江潭，聆清哇以下听，载王子而上参，薄回涉以弁翰，映明壑而自耽”。至于兽类，“山上则猿、猙、狸、獾、犴、獌、猰、猛，山下则熊、罴、豺、虎、羱、鹿、麕、麖，掷飞枝于穷崖，踔空绝于深硎，蹲谷底而长啸，攀木杪而哀鸣”。是一个多么生机勃勃的生命世界！

《山居赋》的环境史意义，不仅在于它呈现了一个充满生机的生命世界，还在于它将当地复杂多样的地形、地貌尽入笔端，危峰、远麓、原皋、池沼、水泉、潭涧、洲渚等既是各种生命的栖息、繁衍场所，也是凿山通路、涉水架桥、开通阡陌、垦辟农田、营建屋宇楼阁，开展各种生产经营活动的环境条件。为了营造符合自己生活理想与审美趣味的美丽山居，谢灵运不仅驱使众多僮奴、佃客，其本人亦是费尽心机，所以他在赋中说自己：

爰初经略，杖策孤征。入涧水涉，登岭山行。陵顶不息，穷泉不停。栉风沐雨，犯露乘星。研其浅思，罄其短规。非龟非筮，择良选奇。翦榛开径，寻石觅崖。四山周回，双流逶迤。面南岭，建经台；倚北阜，筑讲堂。傍危峰，立禅室；临浚流，列僧房。对百年之高木，纳万代之芬芳，抱终古之泉源，美膏液之清长。谢丽塔于郊廓，殊世间于城傍。欣见素以抱朴，果甘露于道场。

整个营造活动可以用“因地制宜”来概括。在营造各种生产、生活设施和栖居环境过程中，地形、水文、气候、植被、风向、光照等众多自然环境因素，似乎都在他的考虑之列。看来，他的山居，不仅体现了那个时代士人阶层崇尚自然的生命意识，还包含着最初的环境经济观念和人居环境理念。作为一篇文学作品，《山居赋》无疑继续了汉赋极其铺陈的文学风格和特征，其中或恐有所夸饰和想象，然而总体上是比较纪实的，其中所描绘的自然景观和生态面貌，令一千数百载之后的我们产生无尽怀想！

由于这样的怀想，若将《山居赋》放置于一个更大的历史脉络之中进行前后比较，也许更能够发现它的环境史学意义。两汉至魏晋时代所盛行的赋中，多有关于自然物产和环境景观的描绘，如西汉司马相如《上林赋》、扬雄《蜀都赋》，东汉张衡《南都赋》，西晋左思《吴都赋》等，都是极尽铺陈之能事，描述了大量山水景致、动物和植物。《山居赋》不仅继承了这个传统，而且更加具体和生动，体现了更加强烈的生命意识，带有更加丰富的关于自然大美的心灵感悟。伊懋可称之为“中国第一篇环境作品”并非没有道理。其中所反映出来的生命意识、自然观念和美学意蕴，对后世文学、绘画和园林艺术都产生了非常重要而深远的影响。

继谢灵运之后，沈约曾作有《郊居赋》，虽不及谢文著名，但资生与休闲并举的庄园经营目的大体相同。值得注意的是，沈文的描述少了“山”的色彩而多了“水”的情韵。这从其关于“郊居”自然景物的描述可以看出，不妨抄录下来供读者品味。沈约自称“不慕权于城市，岂邀名于屠肆，咏希微以考室，幸风霜之可庇”，因而他如此择地营建“郊居”：

尔乃傍穷野，抵荒郊，编霜菼，葺寒茅。构栖噪之所集，筑町畽之所交。因犯檐而刊树，由妨基而剪巢。决渟洿之汀潆，塞井甃之沦坳。艺芳枳于北渠，树修杨于南浦。迁瓮牖于兰室，同肩墙于华堵。织宿楚以成门，籍外扉而为户。既取阴于庭樾，又因篱于芳杜。开合室以远临，辟高轩而旁睹。渐沼沚于霤垂，周塍陌于堂下。

以上大抵是“郊居”中人工营构的部分。所在之地种类丰富的野生植物和动物，及其所呈现的生机勃勃环境面貌，则给予郊居主人以更多的自然乐趣：

其水草则苹萍芡芰，菁藻蒹菰，石衣海发，黄荇绿蒲。动红荷于轻浪，覆碧叶于澄湖。飡嘉实而却老，振羽服于清都。其陆卉则紫鳖、绿葹，天蓍山韭，雁齿麋舌，牛唇彘首，布濩南池之阳，烂漫北楼之后。或幕渚而芘地，或萦窗而窥牖。……其林鸟则翻泊颉颃，遗音下上；楚雀多名，流嘤杂响。或班尾而绮翼，或绿衿而绛颡。好叶隐而枝藏，乍间关而来往。其水禽则大鸿小雁，天狗泽虞，秋鹭寒鹈，修鹢短凫。曳参差之弱藻，戏瀺灂之轻躯；翅抨流而起沫，翼鼓浪而成珠。其鱼则赤鲤青鲂，纤儵巨祗。碧鳞朱尾，修颅偃额。小则戏渚成文，大则喷流扬白。不兴羡于江海，聊相忘于余宅。其竹则东南独秀，九府擅奇。不迁植于淇水，岂分根于乐池。秋蜩吟叶，寒雀噪枝。来风南轩之下，负雪北堂之垂。[1]

[1]《梁书》卷13《沈约传》，中华书局，1973年，第238-239页。

这些自然物种，既是经济生产的资源，也是观赏娱乐的对象，士人阶层具有庄园性质的“郊居”经济生产与休闲生活，正是以它们作为自然环境依托。

关于庄园经营的休闲娱乐目的，以及对自然美的追求，萧梁时期的徐勉在给儿子徐崧的家书有一番自白说得相当清晰明了。他自称家世清廉，常居贫素，“至于产业之事，所未尝言”，致身显贵近三十载，“门人故旧亟荐便宜，或使创辟田园，或劝兴立邸店，又欲舳舻运致，亦令货殖聚敛，若此众事，皆距而不纳”。中年以后“聊于东田营小园”，目的并非“以要利入，正欲穿池种树，少寄情赏，又以郊际闲旷，终可为宅”。而其所经营的田庄，“历年粗已成立，桃李茂密，桐竹成阴，塍陌交通，渠畎相属，华楼回榭，颇有临眺之美，孤峰丛薄，不无纠纷之兴，渎中并饶菰蒋，湖里殊富芰莲……”[1]看来许多士族庄园，大抵都同时兼具农桑货殖与闲居寄情双重目的，有的甚至是以后者为重。在那个时代，不少士人的作品都明显地反映出了上述生活情趣，其中所表露出来的对山水风物自然之美的追求，作为一种相当普遍的时代风气，很值得环境史研究者给予特别关注。

就中国古代园林艺术的演进历程而言，《山居赋》的作者及其前后时代士人所经营的庄园、别业，或许可以被认为是古代皇家苑囿与私家园林之间的过渡形态。事实上，它不仅使得原先只为皇家（王家）所独占的苑囿逐渐走向“社会化”和“家族化”，更重要的是，由于世族士人热衷寄情于山水风物自然之美，并落实于庄园选地和景观营造之中，大小庄园的园林艺术性和文化品位不断得到增强，而经济功能则相对弱化。唐代以后，这种文化追求日益普遍而且强烈，众多文人士子在各自的田庄和别业中，不仅经营多种产业以保证其过着优裕的物质经济生活，而且极力营造优美、惬意的栖居环境，获取山水林泉之乐。王维在终南山下所建的辋川别业，无疑是唐代士人庄园、别业最突出的代表，其中不仅有着丰厚的经济产业，更有着以“辋川十景”为主体的秀丽风景，人称摩诘居士“诗中有画，画中有诗”，不论是诗是画，都主要源于辋川一带的山水风物自然之美。不仅王维如此，像李德裕这样位高权重之人，亦于执政之暇在洛阳附近营造了“平泉山居”，并著有《平泉山居草木记》[2]；中唐时期的道士

[1]《南史》卷60《徐勉传》，中华书局，1975年，第1483-1485页。
[2]（唐）李德裕：《李文饶集·别集》卷9。《四部丛刊》收录影印明刻本。

王旻著有《山居要术》一书[1]，固属山林隐逸道人的生活经验记录，可能亦是迎合文人寄情山水、经营山居生活的需要。“安史之乱”以后，此种风尚非但没有消歇，还因人口大量脱籍流散而获得了更好的机会，追逐风雅闲适的官僚权贵大量庇荫逃户，四处寻求茂林秀水、射地占田，营造兼具经济和娱乐功能的庄园、别业，掀起了庄园地主经济发展的第二个浪潮。[2]他们的大小庄园，不论叫作“山居”“郊居”“别墅”还是唤作别的什么，显然都已经具备了私家园林的基本环境要素和环境审美意象，为宋代以后私家园林艺术的发展打下了重要文化基础。

经济和文化从来就不是彼此分割的，两种追求可能通过同一行为表现出来。而历史发展有时竟是这样奇妙，自两汉以降，世家大族不断追逐良田美地，经营大型庄园，最初只是追逐经济利益，然而其中的文化精英分子，在魏晋以后日益崇尚自然之美、追逐山水之乐的时代风气之下，开始将山泽田园的经营目标朝着另外一个方向推转。由于他们名人效应和文学魅力的影响，此类好尚和行止被唐代文人士子阶层仿效、光大和弘扬，从而开辟了中国古代人与自然关系演变的另一个通道，着实有些出人意料。他们利用政治、经济特权，霸占自然资源、独享山水林泉之美，往往不惜阻断小民的樵苏生计，与国家利益亦产生矛盾冲突，在今天看来，亦毫无疑问违背了环境伦理的公平、正义原则。然而另一方面，作为社会文化精英，他们所创造、阐发和营造的不少自然审美观念、生态意象和环境景观，则具有非常值得重视的生态文化价值。

第六节　“壬辰之科”与“大明占山格”

让我们回到环境与经济的关系，毕竟这是人与自然关系史上更具有根本性的线索。

中古世家大族和官僚权贵对山泽之利和林泉之乐的追逐，不仅损害普通百姓的生计，与国家经济和政治利益之间亦存在尖锐的矛盾冲突。事实上，自先秦以降，围绕山泽资源占有、开发和利用，国家、权贵地主和普通民众之间一

[1] 原书早佚，唐末五代韩鄂《四时纂要》曾引其文，元代无名氏所编集的《居家必用事类全集·戊集》中亦有所收录。

[2] 关于唐代文士的园林别业，李浩曾有专著述论甚详，可供参阅，这里不作详细展开。李浩：《唐代园林别业考论》，西北大学出版社，1996年。

直就没有停止过利益博弈。正是在不断博弈的过程中，古代自然资源控制和管理制度逐渐发生变化，而历次制度变化反过来又对自然资源和生态环境产生深刻影响。中古时代所发生的一些重大制度变化就非常值得注意，其中最典型的是东晋“壬辰之科”的废止和刘宋“大明占山格”的颁行。

如前所述，秦汉时期，随着统一中央集权国家建立，“商鞅变法”所实施的“壹山泽”法令逐渐被推向全国，改变了以往诸侯国家和地方封君各自为政的状况，山林薮泽被纳入朝廷统一管理，所有山林川泽资源，理论上都属于国有，所在地方平民百姓可在一定条件下被允许进入山泽樵采渔猎，以贴补生计，但私自占有和大规模开发山泽资源则被法令禁止。汉武帝推行盐铁官营政策以后，国家对山林川泽的禁令更趋严峻。从总体上看，两汉时期除了偶尔开放山林川泽土地赐予贫民垦种以缓和过度紧张的人地矛盾或者度过严重灾荒之外，大多数时期都是严令禁止私自开发的。

秦汉国家对山林薮泽实施统一管理的法令政策，主要基于三个原因：其一是由于当时国家实施朝廷与皇家财政分立的制度，林木、野兽、水产、矿物等“山泽之利”乃是皇帝和皇室的“私奉养”，即皇室专有的经济财富来源，朝廷（政府）不得干预，而严格控制山林川泽资源就是为了保有山泽之利、征取山泽之税以满足皇室生活需要；其二是驱民归农，通过山林川泽专控，阻止农民脱籍逃亡、游食草莽，以保证国家赋税和力役来源；其三是基于政治上的考虑，实施山林薮泽控制，防止大量流散人口在强宗豪族纠集控制下成为游离于国家控制之外的异己甚至敌对势力。

然而这些法令制度在魏晋以后的特殊社会经济局势下逐渐松解，最终遭到破坏。这一过程在东晋南朝表现最为清晰。建武元年（317 年）七月，司马睿在称帝之后不久即下诏“弛山泽之禁”[1]，允许民众进入山林川泽樵采渔猎，或者开垦田地。这个政令的颁布，自然是迫于当时的特殊情势，永嘉丧乱之后，南逃的大量中原流民生计断绝，不得不通过樵采渔猎暂时维持生活，“弛山泽之禁”是为了安定流民社会秩序，避免造成政治动荡，同时更是为了使南迁的士族得以重建田园、安身立命。东晋政权是在众多士族扶持下建立起来的，其维持和巩固亦必须依靠南下士族与南方土著士族的联合支持和拥护，而取得他们

[1]《晋书》卷 6《元帝纪》，中华书局，1974 年，第 148 页。

支持和拥护的最有效办法就是授其以占有土地和劳动力的特权。但颁布这一政令，直接导致豪强士族掀起了封山锢泽、将大片山林川泽据为私有的圈地狂潮。

随着形势发展，士族豪强占有土地的欲望和要求逐渐超出国家所能容忍的限度，严重影响到国家财政收入。因此，对于士族地主肆意封占山林川泽的行为，政府逐渐采取一些扼制、阻止措施，包括出台私占山泽的禁令，其中最严厉的法令是东晋咸康二年（336 年）所颁布的“壬辰之科”。它规定：“占山护泽，强盗律论，赃一丈以上，皆弃市。”[1]该项法令严厉禁止侵占山林川泽，直接影响了普通百姓的基本生计。时人称：“此间万顷江湖，挠之不浊，澄之不清，而百姓投一纶，下一筌者，皆夺其鱼器，不输十匹，则不得放。”[2]但这些禁占山泽的严格法令，对大肆封锢山泽的士族豪强却并无显著约束效力，而普通民众却因此断绝生计。义熙八年（412 年）孙恩、卢循起义爆发，与此类法令政策过于严苛，百姓无以自存有着密切关系。为了缓和社会矛盾，晋末主政的刘裕又不得不下令：“州郡县屯田池塞，诸非军国所资，利入守宰者，今一切除之。”在一定程度上承认私占山泽的合法化。然而此时几乎所有山湖川泽“皆为豪强所专”，实在严重损害国家利益，于是义熙九年（413 年）朝廷又不得不再次颁布禁令。[3]

刘宋政权建立以后，山林川泽政策反复摇摆，时禁时弛，总体趋向是逐渐放弃东晋过于严苛的“壬辰之科”。元嘉九年（432 年），宋文帝颁布了新禁令，但未能扭转士家大族疯狂封、占的局面。至元嘉十七年（440 年），皇帝又下诏规定：“山泽之利，犹或禁断。役召之品，遂及稚弱。诸如此比，伤治害民。自今咸依法令，务尽优允。”[4]至宋孝武帝即位之初，又诏令“其江海田池公家规固者，详所开弛。贵戚竞利，悉皆禁绝”[5]。孝建二年（455 年）复下诏令“诸苑禁制绵远，有妨肄业，可详所开弛，假与贫民”[6]。所有这些诏令，都未能解决围绕山林川泽的“禁”与“放”和自然资源的独占与分享所产生的各种矛盾和冲突。

---

[1]《宋书》卷 54《羊玄保附兄子希传》，中华书局，1974 年，第 1537 页。

[2]（宋）李昉编：《太平御览》卷 834《资产部》引王朝之《与庾安笺》，中华书局，1960 年影印宋本，第 3724 页。引案：“王朝之”疑应为“王胡之”，“与庾安笺”疑应作“与安西笺”。

[3]《宋书》卷 2《武帝纪中》，中华书局，1974 年，第 29 页。

[4]《宋书》卷 5《文帝纪》，中华书局，1974 年，第 87 页。

[5]《宋书》卷 6《孝武帝纪》，中华书局，1974 年，第 112 页。

[6]《宋书》卷 6《孝武帝纪》，中华书局，1974 年，第 117 页。

及至宋孝武帝大明（457—464 年）初年，在羊希的主持下，朝廷又针对山林川泽占有问题，颁布了官品“占山格”，第一次对私占山泽问题做出了系统的规定。其时，扬州刺史西阳王刘子尚曾上言称：“山湖之禁，虽有旧科，人俗相因，替而不奉，熂山封水，保为家利。自顷以来，颓弛日甚。富强者兼岭而占，贫弱者薪苏无托。至渔采之地，亦又如兹。斯实害理之深弊。请损益旧条，更申恒制。”羊希以“壬辰之制，其禁严刻，事既难遵，理与时弛。而占山封水，渐染复滋，更相因仍，便成先业，一朝顿去，易致怨嗟”。故正式予以废除，在对其内容进行刊革后“立制五条”，是为“大明占山格”，新的制度，一方面对世家大族既得利益予以承认并且使之合法化，“凡是山泽，先恒熂种养竹木杂果为林芿，及陂湖江海鱼梁鰌鮆场，恒加工修作者，听不追夺”；另一方面又按照官品高低，对新占的数量做出了限制。“占山格”规定：

官品第一、第二品，听占山三顷，第三、第四品，二顷五十亩，第五、第六品，二顷，第七、第八品，一顷五十亩，第九品及百姓，一顷。皆依定格，条上赀簿。若先已占山，不得更占。先占阙少，依限占足。若非前条旧业，一不得禁。有犯者，水土一尺以上，并计赃，依常盗律论。[1]

“大明占山格”是古代国家第一次明确放弃对山林川泽资源的垄断权利，从法律层面承认它们在一定条件和数量限制之下可由私人占有，虽然其中有“若先已占山，不得更占”等规定，对不同品级官员的占有数量加以限制，但又规定“凡是山泽，先常熂爈种养竹木杂果为林芿，及陂湖江海鱼梁鳅鮆场，常加功修作者，听不追夺”[2]。这些规定，已经不再只是对士族地主原先已经占有的山林川泽给予默认，而是通过法律形式明确地使之合法化。然而这些让利很大的规定，并不能满足士族地主对山泽之利的巨大欲望，他们的侵占也并未实际受限于法令规定的那些数额，相反却是不断变本加厉。在“占山格”颁布之后几年，大明七年（463 年）七月，孝武帝再次下诏称：“前诏江海田池与民共利，历岁未久，浸以弛替，名山大川，往往占固。有司严加检纠，申明旧制。”

[1]（唐）杜佑撰，王文锦、王永兴等点校：《通典》卷 1《食货一》，《田制上》，中华书局，1988 年，第 15-16 页。事见《宋书》卷 54《羊玄保附兄子希传》，中华书局，1974 年，第 157 页。
[2]《宋书》卷 54《羊玄保附兄子希传》，中华书局，1974 年，第 1537 页。

可见这个制度差不多只是一纸空文。此后权势之家“禁断”山泽、侵渔细民之利的行为从未有所收敛，南齐、萧梁两代都一再严令禁止，如梁武帝曾下诏称：“又复公私传、屯、邸、冶，爰至僧尼，当其地界，止应依限守视，乃至广加封固，越界分断水陆采捕及以樵苏，遂致细民措手无所。凡自今有越界禁断者，禁断之身，皆以军法从事。若是公家创内，止不得辄自立屯，与公竞作，以收私利。至百姓樵采以供烟爨者，悉不得禁，及以采捕，亦勿诃问。若不遵承，皆以死罪结正。”[1]禁令不可谓不严厉，而现实情况并无好转。由此可见，在中古特别是东晋南朝特殊历史情势之下，秦汉山林川泽法令制度一经被放弃，即再无恢复之可能。国家所颁布的山林川泽法令，对特权阶层的利益承认被“坐实”了，而其中所规定的限额和禁令却未能产生长期的实际效力，屡禁屡放的结果，就只能如同扬汤止沸，愈变愈乱，愈演愈烈。

刘宋放弃“壬辰之科”而颁布“大明占山格”，是古代国家山林川泽自然资源管理政策的一个重大变化。这一变化是由于东晋南朝特殊的历史情势所驱迫和推至的，在当时也许只是临时性政策调整，但后续历史影响却非常深远。由于这个重大变化，中古国家在法律制度上部分地承认权势之家的既得利益，实际上等于放弃了以往国家对“山泽之利”的专控权力。此后，山林川泽自然资源名义上仍属国家所有，但实际情况是对自然资源的公共权力管控乏力，机制严重缺失，不但权势之家肆意占有和无序开发情况愈来愈普遍，对普通民众为了谋求生计而过度樵猎特别是盲目焚林开荒和与水争地的滥垦滥围的情况也愈来愈缺少约束，最终积渐成著，酿成了一系列严重的环境生态问题。

[1]《梁书》卷3《武帝纪下》，中华书局，1973年，第86-87页。

第三章

水环境改造与水资源利用

“水是生命之源。”水对于整个地球生命系统的存续和发展都是不可须臾缺少的环境要素，任何一个人类文明体系都与它所在环境的水资源条件及其变化有着至为紧密的历史和现实关联。古代游牧民族逐水草而放牧，土肥水美之地才能生长茂草，滋养群畜；农耕民族和社会与水资源的关系就更加复杂得多，无法用寥寥数语说明，但有一点非常清楚：治水与治田、用水与用地从来都是两位一体和不可分割的。正因为如此，水与土往往被合称为“水土”，人类生存、发展的最基础条件，所谓“一方水土养一方人”是也。水资源和水土环境对人类的影响还远不只局限在经济生产，而是攸关人类社会的众多方面，判别任何一个时代或区域自然生态环境之优劣，水资源环境状况都是最核心的指标之一，人与自然历史交往的成败得失时常在水的问题上突出表现出来。那么，中古中国的水资源环境状况如何？当时社会是如何利用水资源和处理与水相关的问题？我们的基本判断是：那个时代中国南北水资源都相当丰裕，江河湖泽生态系统整体状况良好。在水资源利用和水环境改造方面，较之此前时代取得了更大历史的成就，在整个中国历史上，那是水资源利用比较充分，“人”“水”矛盾冲突相对缓和的一个时期。本章将划分若干专题进行比较详细的述论。

第一节　中古水资源环境的基本面貌

我们首先对当时中国南北水资源环境的基本面貌作一勾勒。

由于自然环境和文明进程不同，南北各地河流、湖泊、溪泉的历史状况、变迁过程及其变迁动因都存在着显著差异，黄河中下游和长江中下游作为中华民族生存活动的主要历史舞台，在水资源利用和水环境改造方面曾经面对和需要解决的问题一直都很不同，两大区域在治水、用水方面表现出了诸多地域特征。更为重要的是，由于早期南方发展进程明显滞后，人类活动对水资源环境的破坏性影响相应发生较晚，迄止唐代尚未引发严重的生态问题。为了方便叙事，下面采用南北分述的方式，首先介绍黄河中下游的水环境情况，然后爬梳相关史料重点概述长江中下游地区的情况，对其他区域则只稍带涉及。

一、北方地区水资源环境状况

众所周知，当今中国经济社会发展所面临的最大环境资源制约之一，是淡水资源日形紧缺和地区分布严重不均。水资源地区分布不均问题自古而然，由于各地所处气候带和海陆位置不同，降水量和淡水资源由东南向西北渐趋减少。但当今北方地区水资源如此严重匮乏，并非历史上的本来情形，而是长期环境变迁的恶果。最近一两千年来，该区域水资源环境可以说发生了“沧海桑田”式的巨大变化。

前面多次提到，历史早期黄河中下游湖泽众多，河流蔓延，土地下湿、斥卤遍地，曾是当地人民在土地垦殖利用中所面临的重大困扰；黄土高原植被破坏和水土流失，导致黄河的性情逐渐改变，在汉代就已经出现了一个频繁决溢泛滥的多灾期，对下游平原的水土环境和社会经济造成了严重影响。中古时代该区域水资源环境如何？是我们首先关注的问题。[1]

中古时代北方地区是否像现代这样严重缺水呢？回答是否定的。其时，该区水系发育良好，河流丰水期比较长，在枯水期也维持着可观的水量，由于高

[1] 关于华北水环境的历史变迁，学术界已取得了相当丰硕的研究成果，关于中古的问题也有相当深入的讨论，学者对黄河及其支流河道、水文的变迁，黄淮海平原的河流、湖泊变迁等都有过专门考论。兹在前人基础上，结合个人研究作概括描述。参见史念海：《黄河流域诸河流的演变与治理》，陕西人民出版社，1999 年；谭其骧：《长水粹编》，河北教育出版社，2000 年；邹逸麟主编：《黄淮海平原历史地理》，安徽教育出版社，1997 年；郭豫庆：《黄河流域地理变迁的历史考察》，《中国社会科学》1989 年第 1 期；田世英：《历史时期山西水文的变迁及其与耕牧业更替的关系》，《山西大学学报》1981 年第 1 期；张民服：《黄河下游段河南湖泽陂塘的形成及其变迁》，《中国农史》1988 年第 2 期；王守春：《汉唐长安城的水文环境》，《中国历史地理论丛》1999 年增刊；周魁一：《唐代关中地区的农田水利和水资源》，《黄河史志资料》1986 年第 3-4 期。笔者亦曾发表多篇文章、论文讨论相关问题。参见王利华：《中古北方地区的水环境与渔业生产》，《中国历史地理论丛》1999 年第 4 辑；王利华：《古代华北水力加工兴衰的水环境背景》，《中国经济史研究》2005 年第 1 期；王利华：《中古华北水资源状况的初步考察》，《南开学报》2007 年第 3 期；王利华：《魏晋南北朝时期华北内河航运与军事活动的关系》，《社会科学战线》2008 年第 9 期；王利华：《中古华北饮食文化的变迁》，中国社会科学出版社，2000 年。

山溪谷水泉丰富，大小河流水源供给稳定，较大河流几乎不见枯竭断流记录。此为中古黄河中下游水资源环境的基本面貌。

对每个地区的河流逐一进行介绍是很困难的。这里且以地理位置比较适中的豫西地区为例。北魏郦道元《水经注》所载之当地河流，除单独立目作注的黄河、洛水、伊水、瀍水、涧水、穀水、甘水、丹水之外，它们的大小支流被称为水、溪、涧、渎、津者不下 170 条。其中卷四《河水》共记载潼关以下、孟津以上，由南岸注入黄河的支流 30 余条；卷一五《洛水》共记洛水支流 70 余条；同卷《伊水》记伊水支流 30 余条；卷一六《穀水》记穀水支流 10 余条；此外汝水（流经豫西）的支流也有 30 余条。可见当时这个地区河流数量众多，枝蔓稠密，是为水源丰富、水系发育良好之证。该书所载北方其他地区的情况亦大抵如此。

由于资料限制，我们无法对中古北方河流径流量做出具体的数量估计[1]，但是有一些重要的旁证。其中最重要的证据是，这一时期，不仅黄河和后来的大运河可以通航，其他较大的河流亦均可以航行船只，泾、渭、汾、伊、洛、汴、颍、涡、汝、淮、泗、清、济、淇、滹沱、桑干诸水，都曾经充当漕船和兵船航道；一些河流甚至在枯水季节仍可通船。

仍以豫西地区为例，发源于今陕西蓝田县东北和渭南县、华县交界处的洛水（雒水），在历史上名望很高[2]，但与黄、淮、汾、渭等大河相比只是一条小河。然而《水经注》卷一五《洛水》对这条小河有如下一段记载，称："洛水又东，径檀山南，其山四绝孤峙，山上有坞聚，俗谓之檀山坞。义熙中，刘公[3]西入长安，舟师所届，次于洛阳。命参军戴延之与府舍人虞道元，即舟溯流，穷览洛川，欲知水军可至之处。延之届此而返，竟不达其源也。"《太平御览》卷七七〇引戴延之《西征记》也说："檀山凡去洛城水道五百三十里，由新安、渑池、宜阳、三乐。三乐男女老劣未尝见舡，既闻晋使溯流，皆相引蚁聚川侧，

[1] 史念海《黄土高原主要河流流量的变迁》一文，对古代黄土高原河流流量的变化进行了相当详细的考述，但主要根据特定河流是否通航做出判断，而不能从数量上加以说明。笔者也未找到更好的论证方法。其文见于史念海：《黄河流域诸河流的演变与治理》，陕西人民出版社，1999 年，第 315-347 页。

[2] 按：洛河是黄河南岸的一个重要支流，于河南偃师县境同伊河交汇，合称伊洛河；洛河与黄河交汇区域则被称为"河洛地区"。该区域很早就孕育发展起灿烂的文化，史家称为"河洛文化"，是华夏文明的主要历史源头之一。

[3] 指刘宋开国皇帝刘裕。

俯仰倾笑。”[1]此事发生在义熙十三年（417 年）四月，雨季尚未到来，当地河流仍在枯水期，而受命探寻进军水道的戴、虞等乃可在洛水之中乘舟溯流上行数百里，到达已属高原山地的檀山坞和皇天原。他们所乘舟船可能不会很大，但即使是乘坐小船溯流而上，若洛水没有较大的水流量，也不可能做得到。由洛水的情形可以推知豫西其他河流的情况。

关中地区的大小河流数量亦颇不少，水量相当可观。长安周围河渠纵横，向有泾、渭、潏、涝、沣、滈、灞、浐八水萦绕。在中古时代，渭河能够通航自不必说，连较小的潏水，水量亦可支持漕船通行。唐朝为了从南山漕运薪炭，曾于长安城南开凿漕渠，潏水即为漕渠所资。[2]事实上，该漕渠所引之水还只是潏水的一部分，就已经可以通行船只，可见潏水流量颇大。潏水如此，关中其他诸河的水量大体亦可推知。

关中和豫西都地处内陆，而大小河流为数众多，潏水、洛水都是小河，然其水量均足以支持兵船和漕船通行，在枯水期亦可行驶。位于河流下游的华北平原，年均降水量比西部地区要大，河流水量自应比关中、豫西更加丰富而且稳定。根据这些情况可以判定：中古北方河流水量远比现代要大而且稳定，较大河流即使在枯水季节仍可以通船。这与当代该区域河流丰水期很短、动辄枯竭断流的情况相比，实有悬殊差异。

再看湖泊沼泽。史念海早就指出：古代华北地区曾经是湖泊众多、面积广大，与现代长江下游相比亦不稍逊色。[3]这种情况直到中古时代尚无很大改变。据《黄淮海平原历史地理》一书统计，《水经注》所载黄淮海平原的湖沼（包括湖、泽、淀、泊、池、陂、渚、薮、堰、塘、渊、潭等）达 190 余个，其中河北平原北部 20 个，河北平原中南部 25 个，豫东北鲁西南 34 个，鸿沟以西 31 个，汴颍之间淮河中游 15 个，汴颍之间淮河上游 20 个，颍淮间淮河上游 37 个，沿海平原地区 14 个，只有少数几个在淮河之南，其余均在淮河以北，亦即这里所指的华北东部。[4]由《水经注》的记载可以发现，除黄淮海平原外，太行山、伏牛山以西地区也有不少湖泊，其中在今山西境内有 12 个，豫西地区汝、

[1] 据中华书局，1960 年影印宋本。按：文中“劣”当为“少”或“幼”之误；“倾”亦疑当作“顾”。
[2]（宋）王溥：《唐会要》卷 87《漕运》，中华书局，1955 年，第 1595-1599 页；《新唐书》卷 118《韩思复传附韩朝宗传》，中华书局，1975 年，第 4273 页；《新唐书》卷 145《黎干传》，中华书局，1975 年，第 4721 页。
[3] 史念海：《河山集》（二集），生活·读书·新知三联书店，1981 年，第 58、第 358-359 页。
[4] 邹逸麟主编：《黄淮海平原历史地理》，安徽省教育出版社，1991 年，第 161-178 页。按：该书列表的湖沼总数及分区数量与文字叙述均稍有出入，但不影响其结论。

颍、伊、洧诸水上游有16个，关中盆地及其以西以北较大的陂、泽、池、沼也有10多个，整个黄河中下游地区的湖泊沼泽，大小合计当不下230个，其中有许多为天然湖沼，有些则在天然湖沼的基础上筑堤堰水形成大陂塘。它们宛若繁星，散落在华北大地之上。

当时黄河下游地区的一些湖泊水面相当广阔，例如，齐、青之间的巨野泽，“湖泽广大，南通洙、泗，北连青、齐”。因为湖泽面积广大，南朝刘宋时期曾在这一带部署水军、设置屏障，以阻挡北朝军队南下。[1]由于水源丰富，不少地方呈现出一派水乡风光。位于今河南中牟县一带的圃田泽，“西限长城，东极官渡，北佩渠水，东西四十许里，南北二十许里。中有沙冈，上下二十四浦，津流径通，渊潭相接。各有名焉。……水盛则北注，渠溢则南播”，俨然可比河网纵横的江南水乡泽国[2]。在今天津附近，当时有著名的雍奴薮，“其泽野有九十九淀，枝流条分，往往径通”[3]，亦是一片“水乡泽国”面貌。在今河北省望都县一带，当时有一个秀色动人的阳城淀，《水经注》载：“博水又东南径谷梁亭南，又东径阳城县，散为泽渚。渚水潴涨，方广数里，匪直蒲笋是丰，实亦偏饶菱藕。至若娈婉丱童，及弱年崽子，或单舟采菱，或叠舸折芰，长歌阳春，爱深绿水，掇拾者不言疲，谣咏者自流响，于时行旅过瞩，亦有慰于羁望矣……”[4]唐人记述阳城淀“周回三十里，莞蒲菱芡，靡所不生”[5]，水乡风情仍无太大变化。此类令人流连忘返的水乡景色，如今即使在江南亦非随处可见。

唐人李吉甫《元和郡县图志》所记该区湖陂薮泽数量比《水经注》要少得多，但这并非因为当地湖泊到唐代已经大量湮废，而是由于二书性质不同，《元和郡县图志》对湖泊泽池多有未载之故。比如今安徽宿州符离一带曾有滭湖、今天津宝坻一带曾有雍奴薮等，都是面积广大的泽薮，前后时代文献均有记载，却不见于《元和郡县图志》。由于魏晋南北朝隋唐时期黄河相对安稳，决溢改道次数较少，对湖泊沼泽的淤积侵扰不算严重，唐代这一地区的湖泊陂泽较之郦道元的时代应无太大变化，即使其中有些渐遭泥沙淤填，料想数量亦不至于减

[1]《宋书》卷64《何承天传》，中华书局，1974年，第1710页。
[2] 陈桥驿：《水经注校证》卷22《渠（沙水）》，中华书局，2007年，第525-526页。
[3] 陈桥驿：《水经注校证》卷14《鲍丘水》，中华书局，2007年，第344页。
[4] 陈桥驿：《水经注校证》卷11《滱水》，中华书局，2007年，第290-291页。
[5]（唐）李吉甫撰，贺次君点校：《元和郡县图志》卷18《河北道三》，《定州》，中华书局，1983年，第512页。

少很多。

《元和郡县图志》共记载本区湖泊陂泽62个，其中明确记载了大小的有33个。根据该书记载，当时这一地区湖沼陂泽面积在10平方千米以上者不下20个[1]，其中以巨野泽最为辽阔广大，南北三百里，东西百余里，按公制折算，湖水面积或可达到6 000平方千米左右。[2]除巨野泽外，广成泽周回一百里，圃田泽东西五十里、南北二十六里，大陆泽东西二十里、南北三十里，渻沟泊东西三十里、南北二十五里，大剂陂周回八十七里，永泰湖则周回三百六十三里，湖面亦均相当广大。

单凭如上湖陂沼泽，即有理由认为，这一时期北方地区的水资源总体上说仍然相当丰富。我们粗略估计，其时该区大小湖泊的湖水总面积当不下于10 000平方千米。由于华北湖泊主要为平原洼地湖，湖水大抵不会太深，谅亦不至于太浅。姑以平均水深为2米估算，单是巨野泽的贮水量即有可能达到120亿立方米左右，当时整个华北地区湖泊的总贮水量应不少于200亿立方米[3]，与有关部门所估测的黄淮海地区水供需缺口数量比较，这是一个十分可观的数字。[4]众多湖泊沼泽，在调节河流水量、蓄积洪水减轻涝灾、提供运输条件和灌溉水源等诸多方面，都曾经发挥了重要作用。这与当今华北一望无际俱为亢旱平陆、湖泽寥寥无几的情况大为不同。

---

[1] 具体情况可参见王利华：《中古华北饮食文化的变迁》，中国社会科学出版社，2000年，第52-54页列表。

[2] 按：唐以五尺为一步，三百步为一里。《通典》卷152《兵五》云：筑城，“每一功，日筑土二尺，计功约四十七人。一步五尺之城，计役二百三十五人；一百步，计功二万三千五百人；三百步，计功七万五百人。率一里，则十里可知。”（据中华书局，1988年王文锦等点校本）又唐尺有大小，小尺约30厘米，大尺约36厘米。姑以小尺计算，巨野泽南北约135千米，东西不下45千米，如果湖泊形状规整，则蓄水面积可能达到6 000平方千米左右，至少亦相去不太远。

[3] 按：以上是笔者根据十分有限的资料所作的大致估算。估算采取“宁小勿大”的原则，目的是避免过分高估。这些估算具有很大的主观性，只能作为参考，请读者切勿执为实数。地理学家认为：我国东部地区的湖泊，湖盆浅平，平均水深一般在4米以内。参任美锷主编：《中国自然地理纲要》，商务印书馆，1999年，第89页。笔者以为：考虑到华北的地理特点，湖水平均深度可能更小一些，但中古时期当地湖泊平均深度为2米，应是一个不太高的估计数字。又据《中国自然地理纲要》（第89页）引1981年水电部水资源研究及区划办公室所编《中国水资源初步评价》估计：20世纪80年代初，中国东部的湖泊面积约23 430平方千米，湖水贮量为820亿立方米。但基本上分布于长江中下游，华北地区的湖泊数量、湖水面积和贮水量在其中所占的比重都非常之小。

[4] www.chinawater.com.cn/newscenter/slyw/20011210/default.html 引新华社2001年12月10日的报道：“在实行节水、治污、挖潜等措施后，中国北方黄河、淮河、海河流域到2010年仍有270多亿立方米的水资源供需缺口。这是有关部门对黄淮海流域水资源合理配置情况进行研究后得出的结论……”又，中国工程院“21世纪中国可持续发展水资源战略研究”项目组：《中国可持续发展水资源战略研究综合报告》（引自www.chinawater.com.cn/CWR_Journal/200008/02.html）称：“预测到2030年，经充分挖潜和利用当地水资源，采用节水和污水回用等多种措施和考虑了目前引黄和引江的水量后，在地下水不再超采的情况下，黄淮海平原地区缺水量仍将达到（平水年）150亿～（枯水年）300亿立方米。”

不仅如此，当时该区还拥有十分丰富的泉水资源[1]，见于诸书记载的著名泉水不下100个，其中既有温泉，亦有冷泉。例如，《魏书》记载：北修武有清阳泉、马泉、熨斗泉、五里泉、马鸣泉、重泉；魏德有冷泉；蒲阴有赤泉神；长子有神农泉；寄氏有八礼泉；石艾有妒女泉；昌平有龙泉；历城有华泉；霸城有温泉；始平有温泉；槐里有板桥泉；石安有窦氏泉；宁夷有甘泉；富平有神泉；临真有白泉；翼阳有招泉。[2]《水经注》记载的泉水更多，仅卷一七至卷一九《渭水》所载秦岭近侧的泉水即多达20余个，其中包括非常著名的骊山温泉。这些被记载下来的只是各地较大而且著名的泉水，其余未见记载的泉水多不胜数。中古文献记载的这些泉水，现今只有个别仍然存留，绝大多数则已经消失。从诸书记载的情况来看，这些泉水基本上是分布在山区深切谷地与山前岩溶地带，其中以燕山—太行山两侧—秦岭一线最多，今豫西、鲁中山区也有一些分布，其他地方则少见记载。

当时该区不仅泉水数量众多，不少泉水的水量相当之大，往往是大小河川的源头；有些泉流潴积为渊池，成为重要的灌溉水源；温泉则常为人们休憩疗疾的好去处。例如，居庸关附近“有牧牛山，下有九十九泉”“积以成川”；冀州下洛城东南有温泉，“石池吐泉，汤汤其下。炎凉代序，是水灼焉无改，能治百疾，是使赴者若流”[3]；河东汾阴县某地“平地开源，濆泉上涌，大几如轮，深则不测，俗呼之为瀵魁”[4]。此泉冬温夏冷，清澈见底，隋代蒲州刺史杨尚希曾主持兴建水利工程，引其泉水灌溉稻田数千顷[5]；绛山东谷有一水泉，“寒泉奋涌，扬波北注，悬流奔壑，一十许丈。青崖若点黛，素湍如委练，望之极为奇观矣”[6]；渭水上游支流上的白龙泉，“泉径五尺，源穴奋通，沦漪四泄”[7]；华山“山上有二泉，东西分流，至若山雨滂湃，洪津泛洒，挂溜腾虚，直泻山下”[8]；丹水经过的一处山岩，“岩下有大泉涌发，洪流巨输，渊深不测。苹藻

[1] 田世英曾据李吉甫《元和郡县图志》、顾炎武《天下郡国利病书》等书的记载，并以古代山西地名多以“泉”命名为据，揭示了古代山西境内泉水众多的史实，颇具启发性。参见田世英：《历史时期山西水文的变迁及其与耕、牧业更替的关系》，《山西大学学报》1981年第1期。其实仅就中古而言，华北地区甚多泉水，不独山西为然，河北西部、鲁中、豫西、关中和陇右也有很多泉水。

[2]《魏书》卷106《地形志》，中华书局，1974年，第2458、第2460、第2464、第2467、第2468、第2493页。

[3] 陈桥驿：《水经注校证》卷13《漯水》，中华书局，2007年，第319、第323页。

[4] 陈桥驿：《水经注校证》卷4《河水四》，中华书局，2007年，第106页。

[5]《隋书》卷46《杨尚希传》，中华书局，1973年，第123页。

[6] 陈桥驿：《水经注校证》卷6《浍水》，中华书局，2007年，第166页。

[7] 陈桥驿：《水经注校证》卷17《渭水上》，中华书局，2007年，第432页。

[8] 陈桥驿：《水经注校证》卷19《渭水下》，中华书局，2007年，第466页。

茭芹，竟川含绿。虽严辰肃月，无变暄萋……”[1]汝水在汝州（今河南梁县附近）“迳温泉南，与温泉水合。温水数源，扬波于川左泉上，华宇连荫，茨甍交拒，方塘石沼，错落其间，颐道者多归之”[2]；历城县故城西南，“泉源上奋，水涌若轮”[3]，是即济南趵突泉……诸如此类，不可尽举。中古北方河流水系发育良好，流量稳定，与上中游山区泉水资源丰富有很大的关系。

固然，泉水的形成与特定地质因素有关，在石灰岩分布广泛的山地深切河谷和山前岩溶地带容易形成泉水，但良好的生态环境是泉水形成和存在的必要条件，如果没有森林覆盖，山地雨水暴降暴泻而不能由森林涵蓄浸润而下，则无法补充地下水源，进而导致附近地区水资源严重缺乏，亦难形成终年不枯的泉水。正是由于这一原因，到了晚近时代，这个区域的泉水大多相继枯竭。反过来说，有数量众多泉水存在，反映这一时期该区山地的植被状况乃至整个生态环境远比现代优越。很有意思的是，当时华北西部山区仍然分布有大片的竹林，在渭水南岸、太行山南麓的沁水和丹水附近以及中条山、王屋山和豫西山地，都生长有不少竹林。竹类是一种生长于湿润地带的植物，特别是在抽笋季节需要大量水分，因而竹林大片分布的地区，必有相当充分的水源。上述山区存在大片竹林，亦证明当地水资源很丰富，可在季春初夏（是为当地干旱少雨的季节）为竹子抽笋提供充足的水分。

如上所述河流水量之丰富稳定、湖泊沼泽和泉水数量之众多，以及若干地区所呈现的“水乡泽国”面貌，都是现代北方人们所无法想象的。尽管所述情况并不能完整反映当时该区域的水资源面貌，但仍不妨据以做出水环境总体良好，水资源比较丰裕的基本判断。

这种良好的水资源条件，对当地社会经济发展自然具有一定积极影响。与后代相比，当时的社会经济有若干方面颇为引人注目：一是内河航运相当发达，二是水稻种植规模可观，三是水力加工在若干地方曾经一度成为牟利产业，四是河湖附近水产捕捞成为重要的经济补充。这些情况可以反证那时水资源比较丰富。随着历史时代的推移，这些方面的经济活动都逐渐衰落，与水资源之渐趋匮乏直接相联。有关方面的情况，后面将逐一介绍，此暂从略。

---

[1] 陈桥驿：《水经注校证》卷9《沁水》，中华书局，2007年，第232页。
[2] 陈桥驿：《水经注校证》卷21《汝水》，中华书局，2007年，第498页。
[3] 陈桥驿：《水经注校证》卷8《济水二》，中华书局，2007年，第209页。

何以中古时代黄河中下游地区仍然具备良好的水资源条件，而在后代不断走向资源匮乏，最终形成当今如此严重缺水的局面呢？这是一个非常值得深思的问题。这里准备略陈几点浅见，以供参考。

按照一般逻辑，我们应该首先考虑降水量，因为一个地区水资源的丰俭，首先由该地区气候条件、主要是降水量大小决定。但是，降水量的大小或许导致一个区域的水资源与另一区域丰俭不同，却不足以说明同一区域水资源的前后时代变化。诚然，气候史家论证指出，中国历史上的气候曾经历过多次冷暖交替的变迁周期，自东汉以后至唐末五代亦曾经历了寒—温—寒的变化过程，但目前尚未充分证明降水量呈现出同样明显的变化周期，更无法证明干湿交替导致当地水环境发生了显著变化。黄河中下游地区降水年变率和季节变率都很大，这是事实；但从较长的时段看（比如以百年或者更长时间为单位），年均降水量是否亦有显著变化，特别是今日之年均降水是否比起中古时代明显减少？还需要气候史专家做进一步探讨，我们无力做出明确的判断。[1]因此本章的讨论暂未考虑降水量的变化问题。

综合分析历史资料，黄河中下游水资源由相当丰富到严重短缺的变化，应当主要缘于当地水源涵蓄、潴积能力下降。水源涵蓄、潴积能力下降，则因山区森林植被破坏和平原湖泊沼泽消亡。在一定的降水条件下，水流在入海之前滞留于大陆的时间长，即意味着其可供利用的时间长，水资源短缺的程度也就相对较轻；而森林植被破坏所导致的涵水能力下降和湖泊沼泽消亡所导致的潴水能力下降，则使水流在陆地滞留与可供利用的时间缩短，从而导致水资源缺乏。但在中古时代，这两方面的问题仍都不很严重，至少没有发展到明清以来这样恶劣的程度。

森林特别是山区森林对于涵蓄水源和保护表土具有至关重要的意义，这已是人所共知的常识。虽然森林涵蓄水源的作用，可能并不增加河流全年的总流量，由于蒸腾作用，甚至可能使全年总流量有所下降，但却可以保证雨水在林区滞留较长时间，并在较长时间里给河川提供较为稳定的水源，河流丰水期因

[1] 关于魏晋南北朝隋唐时期的气候寒暖变迁，有很多气候史专家曾经论及。例如，竺可桢（《中国近五千年来气候变迁的初步研究》，《考古学报》1972 年第 1 期第 15-38 页）、满志敏（见于邹逸麟主编：《黄淮海平原历史地理》，安徽教育出版社，1991 年，第 17-27 页）皆曾有详细论述，尽管两位的具体观点有所不同，但均认为东汉以后至唐末五代我国东部气候经历了寒—温—寒的变化过程。有学者认为：魏晋南北朝时期的气候偏于寒冷和干燥，但从现存史料看不出这对黄河中下游水资源环境产生了如何明显的影响。相反，文献记载反映当时这里的水资源相当丰富。

此可以较长，在枯水季节也能维持一定流量。如果没有森林的涵蓄作用，雨水旋下旋泻，不能在山区作较长时间停留，即导致雨季山洪易于暴发，甚或整个流域洪涝成灾；而待雨过天晴之后，河流又很快枯浅甚至完全断流。另一方面，森林植被可以阻挡暴雨对地表土壤的直接冲刷，减轻水土流失和降低河流泥沙含量，使下游河道与湖泊沼泽少受淤填之患。由于华北降水高度集中于夏秋之交，且多为暴雨型；又由于黄土地带土层深厚、土质疏松，极易遭受水蚀，因此森林植被对该区域水环境的保护作用就显得特别重要。[1]

史念海《历史时期黄河中游的森林》一文指出：自战国、秦、汉以后，黄河中游的森林陆续遭受严重破坏，至隋唐时期，平原地区已无林区。不过，魏晋南北朝隋唐时期，华北山区的森林资源仍较丰富，无论是渭河上游的陇山、岐山，关中南面的秦岭，还是冀晋地区的燕山、太行山、吕梁山、中条山，或者豫西地区的嵩山、崤山、熊耳山、伏牛山等，仍都可见大片的森林。[2]这种情况，使得当时黄河中游山区的水源涵蓄仍保持在良好状态。

正由于中游山区森林植被状况尚称良好，降水得以较多地涵蓄于林地，夏秋之交的雨季山洪暴发频率相对较低，雨季过后滞留和涵蓄于林地的水分，乃由无数涓涓细流和泉水汇成众多溪涧，不仅使得当时山区仍能保持相对润泽，水泉众多，而且可以源源不断地为山谷和山外的大小河川提供较为稳定的补给。当时该区域河流丰水期较长，在枯水期仍能维持可观流量，其主要原因即在于此。随着森林植被进一步遭到破坏，到了晚近时代，华北山区的森林孑遗无几，处处是荒山秃岭、岩石裸露，与此相应的是山区水源涵蓄能力下降、溪泉逐渐干枯，整个区域大小河流水量的季节变化巨大，下游湖泊沼泽亦得不到持续的水源挹注，导致了一系列严重的生态恶果。

黄河中下游湖泊沼泽消亡和水源潴积能力下降，亦经历了一个漫长的过程，原因相当复杂，需从整个区域的自然特征和长期的生态变局之中加以考索。该区域东部以平原为主，西部以高原、山地为主，地势西高东低，气候自东徂西

[1] 关于森林对一个地区降水量、河流径流量等方面的影响，林学、地理学和环境科学界仍然存在不同的看法。例如，著名地理学家黄秉维早在20世纪80年代前期，即连续发表多篇文章，认为不能过分夸大森林对于调节降水和河流水量的作用。参见黄秉维：《森林对环境作用的几个问题》，《中国水利》1982年第4期，第29-32页；黄秉维：《确切地估计森林的作用》，《地理知识》1981年第1期，第1-3页；黄秉维：《再谈森林的作用》，《地理知识》1982年第2-4期，第1-3页。关于森林对黄土高原河流年径流的影响，另参见刘昌明、钟骏襄：《黄土高原森林对年径流影响的初步分析》，《地理学报》1978年第2期，第112-127页。

[2] 史念海：《黄河流域诸河流的演变与治理》，陕西人民出版社，1999年，第179-262页。关于当时这个地区森林植被的更详细情况，后章将进一步有所介绍。

由湿润渐转干旱，东西部的生态环境存在显著差异。然而，从环境变迁的长期过程来看，整个区域实为一个不可分割的整体，西部环境变迁对东部地区产生了诸多直接或间接的巨大影响，这些影响是通过自西向东奔流的众多河流特别是黄河而施加的。

在黄河中下游水土环境变迁的历史进程中，黄河水沙变化具有关键意义。而黄河水沙变化的关键，又在于黄土高原的生态状况。三者之间的基本因果逻辑关系大体可以这样表述：黄河中游流经的黄土高原，具有极为独特的土壤、植被和气候特征，在人类活动特别是农耕经济活动的长期作用下，高原森林植被渐遭破坏，土层浓厚而质地疏松的黄土在暴雨季节逐渐失去保护，出现愈来愈严重的水土流失，本地土塬日形支离破碎，水源干涸，土地贫瘠。更为严重的是，当黄河流入地形平坦的华北平原之后，其所携带的巨量泥沙不断淤积于河道之中，导致河床不断抬高、形成举世罕见的“地上河”。黄河成为“地上河”以后，遂以“善淤、善决、善徙”而著称于世。黄河的频繁决溢、移徙严重扰乱下游水系，导致诸河水道不断发生改变，原本众多的湖泊沼泽相继淤废与消亡。湖泊沼泽的淤废消亡，进而既导致洪水调节能力下降和水患灾害加剧，亦导致流水无以潴积，陆地降水很快奔流入海，无法长期滞留利用，终致形成整个区域严重缺水的局面。

不过，对因果逻辑关系的概括不能代替对历史过程的叙述。该区域自然环境变迁的历史过程十分复杂，众多自然与社会因素的长期交相影响和彼此作用共同推进了这一过程。在此过程中处于关键地位的黄河的水文状况，亦并非直线性地走向恶化，而是呈现出了相当明显的历史阶段性差异。

总体而言，春秋以前黄河尚未对整个区域水环境构成严重的不利影响，对社会经济亦未造成重大破坏。究其原因，主要是彼时黄土高原人口不多，耕地不广，森林植被破坏和水土流失均不甚严重，下游“地上河”的局面尚未形成，因黄河决溢移徙和泥沙淤填而导致湖沼大量堙废的问题尚未出现。由文献记载可见，先秦时代，黄河下游湖泽数量众多，一些面积广大的湖泽如大野泽、大陆泽、荥泽、圃田泽等可与云梦、具区（太湖）互相媲美，南北辉映。战国、秦、汉时代，黄土高原被大举垦辟，森林植被遭到严重破坏，水土流失渐趋严重，黄河之水开始由清变浊、由浊而黄。在《诗经·魏风·伐檀》的咏颂中，这条河流还是“河水清且涟矣”，战国时期始出现“浊河”之说[1]，至汉代则更出现“黄河”一词[2]，并从此成为这条大河的固定名称，桓谭《新论·离事》所引张戎“河水浊，一石水，六斗泥”一语，足证当时黄河泥沙含量之大。中游严重的水土流失导致黄河下游河道不断淤积抬高，形成“地上河”的局面，频繁决溢和移徙的巨患继之而起，在西汉已经出现了第一个多灾期[3]，华北平原的湖泊沼泽开始受到一定程度的侵扰。

不过，历史发展往往就像江河那样迂回曲折、富于戏剧性。东汉以后，由于一系列复杂的原因（包括气候变冷、游牧民族南迁、中原社会动乱等），黄河中游人口锐减，农耕衰退，经济生产转以放牧为主。由农转牧之后，黄土高原的植被得到了一定恢复，水土流失随之减轻，河流泥沙含量下降，河道淤积抬高的情况也得到了缓解，河患并未在西汉的基础上进一步加剧，自东汉中期至唐代后期，黄河进入了谭其骧所称的“安流”时期。[4]在此八百余年中，黄河水害较西汉为轻，更远不如后代严重。由于黄河安流，下游地区不仅洪涝灾害较轻，其他水道基本未遭黄河攘夺，而且正如学者所指出的，魏晋至隋唐时期，黄、淮、海河流域之间的湖沼较少受到黄河泥沙淤填的侵害，也处于比较稳定的状态，总体情况与前代变化不大。总体来看，“汉唐时期，黄淮海平原的自然环境虽然已经有不少变化，但影响河湖布局的自然因素变化并不剧烈。因此，平原湖沼虽有逐渐淤浅趋势，但总体布局却没有发生根本性的变化，先秦时期的天然湖沼，在这一时期内基本尚存”[5]，保持了前述的那种湖泊沼泽数量众多、星罗棋布的局面，具备甚为可观的水源潴积能力。

但是，随着高原山区土地垦殖进一步发展，植被破坏和水土流失日益加剧，唐末五代以后，黄河决溢改道愈来愈频繁而且严重，湖泊沼泽或因泥沙淤填、或因缺少水源补给，数量不断减少，最后几致全部消亡。当地严重缺水局面的形成，此为主要原因之一。最近一个世纪以来，华北水环境又遇到了新的问题：

[1]《战国策》卷3《秦策一》载有张仪“济清河浊，足以为限，长城巨坊，足以为塞”之语；又同书卷29《燕策一》记载燕王与苏代的对话，也将“清济”与“浊河”对举。

[2] 就笔者所见，“黄河”一词最早出于《汉书》。该书卷16《高惠高后文功臣表》：“封爵之誓曰：使黄河如带，泰山若厉，国以永存，爰及苗裔。”又卷28上《地理志上》曰：“沮水，首受中丘西山穷泉谷，东至堂阳入黄河。”有意思的是，《史记》记事，凡涉及黄河之处，一概称之为“河”。该书卷18《高祖功臣侯者年表》同样记载了“封爵之誓”，但其语却是“使河如带”，可见在司马迁年代，“河”前尚未冠以“黄”字。

[3] 见前卷有关部分的叙述，并参见谭其骧：《长水粹编》，河北教育出版社，2000年，第481-517页。

[4] 参见谭其骧：《长水粹编》，河北教育出版社，2000年，第481-517页。

[5] 参见邹逸麟主编：《黄淮海平原历史地理》，安徽省教育出版社，1991年，第175-176、第186页。

一方面是由于人口急剧增长、工农业和城市迅速发展，对水资源的需求量大幅增加；另一方面则是水体污染日益严重，原本有限的水资源亦无法充分利用，缺水危机更进一步加剧，成为掣肘当地经济社会发展的一个主要生态因素。

从以上叙述中，读者很自然会产生这样的印象：中古时代对黄河下游水资源环境构成全局性影响的，仍然是黄河。

魏晋南北朝时期，黄河的水文状况总体上相当平稳，隋唐时代河患亦相对较轻，这就是历史地理学家谭其骧所谓的“安流局面”。谭氏指出：“从此以后[引按，即东汉明帝永平十三年（70年），王景主持完成大规模修治黄河以后]，黄河出现了一个与西汉时期迥不相同的局面，即长期安流的局面。从这一年起一直到隋代，五百几十年中，见于记载的河溢只有四次……”他认为，东汉以后黄河中游地区畜牧业较占优势，植被破坏较轻、水土流失不甚严重，是这一时期黄河安流的根本原因。[1]对于他的这些观点，学术界一直存在不同看法，特别是不同意他将牧进农退作为黄河安流的主要原因，争论持续了很长时间。[2]但是，中古时代的黄河，与此前的两汉和此后的历代相比都显得较为安稳，这是一个不容争辩的事实。

这一时期，黄河中下游各州县有关“河清”的报告达数十次，这自然是臣子对君王的谗谀之言，因为自从这条大河由“河”改名为“黄河”以后，无论如何都难以达到“数里镜澈”和“澄澈见底”的程度，至多只能是在某个清澈支流之水刚刚汇入黄河之处河流较清。但是，中古时代黄土高原植被曾一度有所恢复，水土流失稍有减轻，黄河含沙量相应较低，应是事实。正因河水含沙量较低，黄河河床抬高的速度放慢，进而也就相对安稳，决溢次数较少并且危害不若两汉严重。这对于中古时代黄河中下游经济和社会的发展来说，无疑是一件值得庆幸的事情。

要之，中古时代黄河相对安稳大致应是可以肯定的。这一局面之所以出现，可能是由于多种原因所致，其中包括王景治河的成效，自东汉后期开始黄土高原

[1] 谭其骧：《何以黄河在东汉以后会出现一个长期安流的局面》，收入谭其骧：《长水集》（下册），人民出版社，1987年，第1-38页。

[2] 最早和一直坚持向谭其骧提出质疑的是任伯平，自1962年开始，他和他的合作者先后发表一系列论文专门讨论这一问题。参见任伯平：《关于黄河在东汉以后长期安流的原因》，《学术月刊》1962年第9期；赵淑贞、任伯平：《关于黄河在东汉以后长期安流问题的研究》，《人民黄河》1997年第8期；赵淑贞、任伯平：《关于黄河在东汉以后是否长期安流的初步探讨》，《土壤侵蚀与水土保持学报》1998年第1期；赵淑贞、任伯平：《历史时期黄河中游环境变迁与下游水患问题的研究》，《中国沙漠》1998年第4期。邹逸麟、段伟、王尚义、辛德勇等众多学者相继参与争论，观点一直存在着明显分歧。

曾经出现的由农转牧过程，以及气候变化等。中古时代黄土高原农牧比重变化的作用，似乎不可遽尔完全否定。那个地区畜牧生产占据很大比重，农耕经济则不占明显优势的情况，一直持续到了唐朝前期。由于这种经济转变，当地森林植被得到了一定程度的恢复，水土流失有所减轻，从而影响黄河水沙状况，减少决溢，降低危害程度，仍然是一个值得尊重的观点。北魏以后，两河两岸之所以能在经历长期战争蹂躏之后逐渐恢复，特别是河北地区还能够在唐代成为全国最重要的经济区域之一，繁荣程度超越两汉之上，显然与黄河长期“安流”有关。

然而，进入隋唐以后，随着气候寒冷期的结束，兼以中原王朝强盛，农耕区域再次向西北推进，黄土高原再度“由牧转农”；同时，隋、唐、北宋对当地森林的砍伐规模不断扩大，黄土高原的水土流失问题重新严重起来，破坏程度更在秦汉之上，持续了近千年的黄河“安流”局面随之宣告结束。有学者统计：黄河自唐景福二年（893 年）至后周显德六年（959 年），67 年决溢了 22 次，平均每3年一次。进入宋代以后，情形逐渐变得更加严重：北宋（960—1127 年）167 年中，黄河共决溢了 110 余次（处），平均 1.5 年一次；1128—1234 年的百余年中，黄河中下游处于金朝统治之下，决溢次数不详；元代 90 余年中决溢了六七十次，平均每 1.4 年一次。[1]可见宋元时期黄河决溢频率不仅远高于中古，而且亦远高于西汉。宋元以后，黄河中下游社会经济发展滞缓，与当地水资源环境的渐趋恶化有着莫大的关联。

综上所述，从几千年的历史变迁过程来看，黄河中下游特别是华北平原地区本来并非严重缺水，中古时代仍然存在不少难以开发的水流漫延、咸卤下湿之地。这个区域水资源逐渐走向匮乏，在很大程度上是人类盲目活动的结果，与区域生态环境的整体变迁密切相关，华北平原深受黄土高原生态破坏之累。其中最重要的方面是，森林植被破坏（特别是高原山地的森林植被破坏）导致水土流失严重、黄河决溢频繁和湖泊沼泽不断消亡，水源涵蓄和潴积能力不断下降。这一历史变迁过程告诉我们，实行“南水北调”并积极节水、治污，对于解决当前严重的水资源危机固然十分重要，但采取有效措施，从整体上恢复和改善本区特别是黄土高原的生态环境，提高区域水源涵蓄和潴积能力，充分利用当地天然降水，亦应受到高度重视。

[1] 邹逸麟主编：《黄淮海平原历史地理》，安徽教育出版社，1991 年，第 87-160 页。

二、南方地区的水环境面貌

下面将目光转向南方，特别是资源开发和经济发展进程不断加速的长江中下游地区。

秦岭—淮河以南区域自然环境非常复杂，内部不同地区之间由于纬度、海陆位置、地形、地势、气候等多种因素影响，环境差异亦十分显著，可以划分为许多不同的地理单元。总体而言，广大南方的水资源环境自古便呈现出了与黄河中下游显著不同的特征，资源远比北方丰富，河流湖泊更加稠密，而历史变迁机制更为复杂多样。大致而言，中古时代，除局部地区之外，南方河流湖泊受人类活动的影响仍然微弱。长江下游的三吴地区开始发生局部“与水争地”的情况，一些浅泽湖滩开始被围垦，但尚未构成对整体水资源环境的破坏性影响，更多地区则依然保持着相当原始的面貌。当然，这并不意味着那时南方河流湖泊一直是稳定不变的，只是说人类经济活动尚未成为水资源环境变迁的主要驱动力。

关于中古南方水环境及其演变的文献资料非常寡少。考察魏晋南北朝时期的情况，目前可以借助的最重要资料却是成书于北方人士之手，这就是北魏郦道元所著的《水经注》，各种史地志记和文学作品中也有少许记述，但非常零散；隋唐时期，相关文字记录有所增加，亦是十分零碎地散见于各种史籍和文学作品之中。由于这些情况，我们一时还不能对中古南方各地水资源环境状况逐一给予清晰介绍，哪怕只做最基本描述亦是相当困难的。

《水经注》诚为古今一大奇书。虽云是为《水经》作注，但原本仅仅简略记载了 137 条河流，《水经注》则记载了大小河流多达 1 252 条。[1]郦道元以一人之力，博综千载古籍，广志天下河川，对众多河流一一记其源头、流经、交汇、分派，还大量记载了河川沿途水泉、瀑布、渊潭、湖泊、滩濑、山岳、原阜、关隘、动植物等众多自然现象，以及渠陂、农田、道路、城镇、聚落、物产……各

[1]（唐）李林甫等撰，陈仲夫点校：《唐六典》卷 7《工部·水部郎中》注云：“桑钦《水经》所引天下之水百三十七，江、河在焉”。“郦善长注《水经》，引其枝流一千二百五十二”。（唐）李林甫等撰，陈仲夫点校：《唐六典》，中华书局，1992 年，第 226 页。

种人造景观，历史掌故、风物习俗事项之多殆难胜计。[1]该书卷二七至卷四〇大抵是关于秦岭—淮河以南的记载，所记大小河流数以百计，其中单独列出条目的河流有61条（见表3-1），与单列条目的北方河流数量几乎同样多；其中所记载的大小支流的数量，南北亦不甚悬殊。但南方地区的河川远比北方稠密众多，从整部书的记述来看，北详南略的情形还是显而易见的。

表3-1 《水经注》关于南方河流的篇目

卷次	河流
卷27～29	沔水
卷29	潜水、湍水、均水、粉水、白水、比水
卷30	淮水
卷31	滍水、淯水、㶏水、溠水、潕水、瀙水、涢水
卷32	漻水、蕲水、决水、沘水、泄水、肥水、施水、沮水、漳水、夏水、羌水、涪水、梓潼水、涔水
卷33～35	江水
卷36	青衣水、桓水、若水、沫水、延江水、存水、温水
卷37	淹水、叶榆河、夷水、油水、澧水、沅水、泿水
卷38	资水、涟水、湘水、漓水、溱水
卷39	洭水、深水、锺水、耒水、洣水、漉水、浏水、溳水、赣水、庐江水
卷40	渐江水、斤江水、江以南至日南郡二十水

与北方河流相比，该书对南方河流的记载远不够周详，不仅有大量南方河流未被予以记载，已经记载的河流，记述的详细程度亦不能与北方河流相比。举例来说：该书记载长江一共用了三卷篇幅，而记载黄河则用了五卷。这些情况反映出当时社会对南方河流的了解程度还远不能够与北方相比。这种差别，与南北发展的历史差异、作者所处时代的政权分立局面以及他的个人经历都有密切关系。

由于同样的原因，《水经注》关于南方河流的记载错误甚多，有些错误还相当严重，对此古人早有批评。例如，醉心于郦氏之学的清代学者刘献廷曾评论说："郦道元博极群书，识周天壤，其注《水经》也，于四渎、百川之原委、支派、出入、分合，莫不定其方向，纪其道里，数千年之往迹故渎，如观掌纹而数家宝，更有余力铺写景物，片语只字，妙绝古今，诚宇宙未有之奇书也！时

[1] 历史地理学家陈桥驿曾以专题形式对《水经注》所载众多自然和社会事项作过系统论述，有兴趣的读者可参见阅陈氏著：《〈水经注〉研究》，天津古籍出版社，1985年。

经千载，读之者少，错简脱字，往往有之。然古玉血班，愈增声价。但其书详于北而略于南，世人以此少之。不知水道之宜详，正在北而不在南也。”看来刘献廷认为详于北略于南是合理的。不过他也指出：“予尝谓郦善长天人，其注《水经》妙绝古今，北方诸水毛发不失，而江、淮、汉、沔之间便多纰缪。郦北人，南方之水，非其目及也。”[1]其实，郦道元本人已经很清楚地认识到南方河流极多，不可能一一予以详记。他说：“……东南地卑，万流所凑，涛湖泛决，触地成川，枝津交渠，世家分伙，故川旧渎，难以取悉。虽粗依县地，缉综所缠，亦未必一得其实也。”[2]尽管如此，该书仍为今天认识中古南方水资源环境提供了最重要的资料。

该书给予我们的印象是：那时，南方各地水资源都非常丰富。地势卑下的东南地区，是“万流所凑，涛湖泛决，触地成川，枝津交渠”的“水乡泽国”，千山万岭之间处处河流奔涌。该书记述诸河途经之地，从密织如网的涓涓细流，伏流地中的暗河，到纵横分派的支脉大川；从自天而降的飞瀑，自地而涌的泉水，到水面如镜的湖泽陂池，数量之夥，难以计算。

例如，关于无数涓流逐渐汇成大川的情形，可以岷江源头为证。该书记载：“岷山即渎山也，水曰渎水矣。又谓之汶阜山，在徼外，江水所导也。《益州记》曰：大江泉源，即今所闻，始发羊膊岭下，缘崖散漫，小水百数，殆未滥觞矣。东南下百余里至白马岭，而历天彭阙，亦谓之为天彭谷也……江水自此已上至微弱，所谓发源滥觞者也。”[3]南方地区颇多喀斯特地貌，故多有“伏流”（暗河），该书记载古鱼复县的一条伏流，周边生态环境颇具特点，某村之侧“有溪，溪中多灵寿木。中有鱼，其头似羊，丰肉少骨，美于余鱼。溪水伏流，径平头山，内通南浦故县陂湖，其地平旷有湖泽，中有菱、芡、鲫、雁，不异外江。凡此等物，皆入峡所无”[4]。此外它又记载了另一条伏流，称：“叶榆水自泽又东北径滇池县南，又东径同并县南，又东径漏江县，伏流山下，复出蝮口，谓之漏江。左思《蜀都赋》曰：‘漏江洑流溃其阿，汨若汤谷之扬涛，沛若蒙汜之涌波’。”[5]

---

[1]（清）刘献廷：《广阳杂记》卷 4，清同治四年（1865 年）钞本。清代以来学人对有关问题的评论，可参见陈桥驿：《水经注研究四集》，杭州出版社，2003 年，第 298-306 页。
[2] 陈桥驿：《水经注校证》卷 29《沔水下》，中华书局，2007 年，第 688 页。
[3] 陈桥驿：《水经注校证》卷 33《江水上》，中华书局，2007 年，第 765 页。
[4] 陈桥驿：《水经注校证》卷 33《江水上》，中华书局，2007 年，第 776 页。
[5] 陈桥驿：《水经注校证》卷 33《叶榆水》，中华书局，2007 年，第 859 页。

《水经注》关于泉水的记载甚多。北方地区的情况已见前述，广大南方更是水泉无数，其中既有冷泉，亦多温泉。郦道元不仅记载了许多水泉的水文状况，还记载了它们在医疗养生和农业灌溉等多方面的利用价值。如关于沔阳一带的温泉，该书记载：

汉水又左得度口水。出阳平北山，水有二源：一曰清检，出佳鳠；二曰浊检；出好鲋。常以二月、八月取之，美珍常味。……度水南径阳平县故城东，又南径阳县故城东，而南流注于汉水。汉水又东，右会温泉水口，水发山北平地，方数十步，泉源沸涌，冬夏汤汤，望之则白气浩然，言能瘥百病云。洗浴者皆有硫黄气，赴集者常有百数。池水通注汉水。[1]

该书所记载的另外一处温泉，农史学者时常提及，因该处泉水很早就被引灌稻田，一年三熟。其称：

（耒水）又北过便县之西……县界有温泉水，在郴县之西北，左右有田数千亩，资之以溉，常以十二月下种，明年三月谷熟。度此水冷，不能生苗，温水所溉，年可三登。其余波散流入于耒水也。[2]

该书记载：诸河流经地区，湖泊陂泽数量众多。如沔水流经之地，是古老云梦大泽所在之地，既多人工拦障修筑的渠塘陂池，更有烟波浩渺的巨浸大泽，仅今湖北境内就有大浐湖、马骨湖、路白湖、中湖、昏官湖、赤湖、离湖、船官湖等众多湖泊。其中一些湖泊面积广大，浩瀚如海。沔水通接大浐、马骨诸湖之处，水“周三四百里，及其夏水来同，渺若沧海，洪潭巨浪，萦连江沔”。[3]这不奇怪，因那里本是云梦大泽的一部分，随着自然环境演变，云梦泽逐渐瓦解，形成了众多大小湖泊，直到半个世纪之前，湖北仍然号称“千湖之省”。除湖北之外，今湖南、江西、江苏、浙江等省境内亦是浩瀚巨泽、接云连天的景象。

[1] 陈桥驿：《水经注校证》卷 27《沔水》，中华书局，2007 年，第 644 页。
[2] 陈桥驿：《水经注校证》卷 39《耒水》，中华书局，2007 年，第 915-916 页。
[3] 陈桥驿：《水经注校证》卷 28《沔水上》，中华书局，2007 年，第 671 页。

良好的水资源环境给生物孳育繁殖提供了优越条件，因而处处是万类竞生的生态系统面貌，水生动植物资源极其丰富，远非今人所能想象。例如，《水经注·耒水注》关于“卢塘”极其丰富的鱼类就有如下描述，称：

（耒水）又西北过耒阳县之东……东出侯计山，其水清澈，冬温夏冷，西流，谓之肥川。川之北有卢塘，塘池八顷，其深不测。有大鱼常至，五月辄一奋跃，水涌数丈，波襄四陆，细鱼奔迸，随水登岸，不可胜计。又云：“大鱼将欲鼓作，诸鱼皆浮聚”，水侧注西北。[1]

需要特别指出的是：其时南方地区，不论河流源头还是其流经地区，众多泉、瀑、溪、涧、渊、潭、陂、池、湖、泽都是水体清亮明澈，景色优美，远胜于黄河中下游地区。这与当时南方各地都具有非常良好的森林植被覆盖紧密相关。且以长江三峡为例。该书云：

自三峡七百里中，两岸连山，略无阙处。重岩迭嶂，隐天蔽日，自非停午夜分，不见曦月。……春冬之时，则素湍绿潭，回清倒影，绝巘多生怪柏，悬泉瀑布，飞漱其间，清荣峻茂，良多趣味。每至晴初霜旦，林寒涧肃，常有高猿长啸，属引凄异，空谷传响，哀转久绝。故渔者歌曰：“巴东三峡巫峡长，猿鸣三声泪沾裳。”[2]

又记载西陵峡云：

山水纡曲，而两岸高山重嶂，非日中夜半，不见日月，绝壁或千许丈，其石彩色，形容多所像类，林木高茂，略尽冬春，猿鸣至清，山谷传响，泠泠不绝。所谓三峡，此其一也。山松言：“常闻峡中水疾，书记及口传悉以临惧相戒，曾无称有山水之美也。及余来践跻此境，既至欣然，始信之耳闻不如亲见矣。”其迭崿秀峰，奇构异形，固难以辞叙，林木萧森，离离蔚蔚，乃在霞气之表，仰瞩俯映，弥习弥佳，流连信宿，不觉忘返，目所履历，未尝有也。既自欣得

[1] 陈桥驿：《水经注校证》卷 39《耒水》，中华书局，2007 年，第 916 页。
[2] 陈桥驿：《水经注校证》卷 34《江水中》，中华书局，2007 年，第 790 页。

此奇观，山水有灵，亦当惊知己于千古矣！[1]

如此这般零散叙说，可能难使读者产生一个整体印象。这里不妨将该书卷四〇《渐江水注》中的内容做一番梳理，看看相关地区具有怎样的水资源环境面貌。

《水经注·渐江水注》所述范围大抵属于钱塘江流域及其附近地区，以今浙江省境内为主。其所谓“渐江”，即是“浙江”，亦即钱塘江。[2]此外，还重点记述了浦阳江，此江当时仍然是独流入海。钱塘江和浦阳江流域，是六朝时期资源开发和经济发展进程最快的地区之一，自然生态环境受到人类活动的影响当然也就明显较深。了解了当地的水资源环境面貌，其他地区的情况可以推知。该卷除“渐江水出三天子都，北过余杭东入于海”16个字外，全部都是郦道元的注文，大约6 000字。从整卷文字记述中，看不出作者曾经亲历当地，其文大抵都是汇集前人著述撰写而成，其中明确提到了书名（篇名）或作者的来源文献近30种。[3]正由于作者并未亲历，记述错误颇多而且相当严重，明末清初学者黄宗羲对此已有批评。[4]但是，其所援引的文献的作者则有不少都亲临过当地，有些原本即是当地的地方文献，如今这些文献大多已经散佚，因此该卷仍然有助于我们了解这个地区的自然环境面貌，可与六朝南方士人的其他相关诗文（例如，谢灵运《山居赋》）对读。

从《渐江水注》可以看到，浙江上游崇山峻岭之中有数不清的湍溪急濑，奇峰危崖之上往往瀑布高悬，往往百十丈飞流直下，坠落于山谷深潭。例如，其中记载：

浙江又北径新城县，桐溪水注之，水出吴兴郡于潜县北天目山。山极高峻，

[1] 陈桥驿：《水经注校证》卷34《江水中》，中华书局，2007年，第793页。

[2] 王国维：《浙江考》（收入《观堂集林》卷20）指出：《山海经》《史记》《越绝书》《吴越春秋》和《论衡》诸书皆只有“浙江”而无“渐江”，自东汉许慎《说文解字》开始出现“渐江”之名，与“浙江”同时存在为二江。是误。《水经注》虽于篇目中用“渐江”，但该卷除了首句“渐江水出三天子都”（为《水经》原文）外，注文不再出现，而只云“浙江”。

[3] 参见陈桥驿：《〈水经注〉研究》，天津古籍出版社，1985年，第313-314页列表。

[4]（清）黄宗羲：《南雷文定五集》卷1《今水经序》云：“水经之作，亦禹贡之遗意也。郦善长注之，补其所未备，可谓有功于是书矣。然开章‘河水’二字，注以数千言，援引释氏，无稽于事实，何当？已失作者之意。余越人也，以越水证之，以曹娥江为浦阳江，以姚江为大江之奇分，苕水出山阴县，具区在余姚县，沔水至余姚入海，皆错误之大者。”

崖岭竦迭，西临峻涧。山上有霜木，皆是数百年树，谓之翔凤林。东面有瀑布，下注数亩深沼，名曰“浣龙池”。池水南流径县西，为县之西溪。溪水又东南与紫溪合，水出县西百丈山，即潜山也。山水东南流，名为紫溪，中道夹水，有紫色磐石，石长百余丈，望之如朝霞，又名此水为赤濑，盖以倒影在水故也。紫溪又东南流径白石山之阴，山甚峻极，北临紫溪。又东南，连山夹水，两峰交峙，反项对石，往往相捍。十余里中，积石磊砢，相挟而上。涧下白沙细石，状若霜雪，水木相映，泉石争晖，名曰楼林。紫溪东南流径桐庐县东为桐溪……自县至于潜，凡十有六濑。第二是严陵濑……[1]

又载：

谷水又东，定阳溪水注之，水上承信安县之苏姥布。……水悬百余丈，濑势飞注，状如瀑布。……其水分纳众流，混波东逝，径定阳县，夹岸缘溪，悉生支竹，及芳枳、木连，杂以霜菊、金橙。白沙细石，状如凝雪，石溜湍波，浮响无辍，山水之趣，尤深人情。[2]

又云：

（浦阳江水）与泄溪合。溪广数丈，中道有两高山夹溪，造云壁立，凡有五泄：下泄悬三十余丈，广十丈；中三泄不可得至，登山远望，乃得见之，悬百余丈，水势高急，声震水外；上泄悬二百余丈，望若云垂。此是瀑布，土人号为泄也。[3]

溪流众多是山区水资源十分丰富的最重要证据。笔者粗略检索，出现于该卷的“溪”字多达62个，“濑”字也有11个，而许多没有具体名字的溪、濑，往往合计，少则数条，多则10多条乃至数十条。例如，其称：“浙江又左合绝溪，溪水出始新县西，东径县故城南，为东西长溪，溪有四十七濑，浚流惊急，

[1] 陈桥驿：《水经注校证》卷40《渐江水》，中华书局，2007年，第936页。
[2] 陈桥驿：《水经注校证》卷40《渐江水》，中华书局，2007年，第938页。
[3] 陈桥驿：《水经注校证》卷40《渐江水》，中华书局，2007年，第944-945页。

奔波聒天”[1]“浙江又东径寿昌县南，自建德至此八十里，中有十二濑，濑皆峻险，行旅所难。”[2]瀑布飞挂之所，溪水流经之处，都有着十分良好的森林植被，以故许多溪、濑、潭、涧都是水质优美，或“水甚清深，潭不掩鳞”。[3]有意思的是，时人有意无意之间时将当地清澈见底的河流与其他地区进行对比，如沈约曾将自己舟行新安江上的感受告诉亲友，云：

眷言访舟客，兹川信可珍。洞彻随清浅，皎镜无冬春。千仞写乔树，百丈见游鳞。

沧浪有时浊，清济涸无津。岂若乘斯去，俯映石磷磷。纷吾隔嚣滓，宁假濯衣巾。

愿以潺湲水，沾君缨上尘。[4]

山区溪、濑之水奔涌而下，至于山间谷地和下游平原，则是江浦如织，湖泊星罗。以下描述可以为证：

浙江又东北得长湖口，湖广五里，东西百三十里。沿湖开水门六十九所，下溉田万顷，北泻长江。湖南有覆斗山，周五百里，北连鼓吹山，山西枕长溪，溪水下注长湖……东带若邪溪。……溪水上承嶕岘麻溪，溪之下，孤潭周数亩，甚清深。有孤石临潭，乘崖俯视，猿狖惊心，寒木被潭，森沉骇观……麻潭下注若邪溪，水至清照，众山倒影，窥之如画。……溪水下注大湖。邪溪之东，又有寒溪。溪之北有郑公泉，泉方数丈，冬温夏凉。……[5]

浦阳江沿线的情况亦是如此：

（浦阳）江水又东径诸暨县南，县临对江流。……夹水多浦，浦中有大湖，春夏多水，秋冬涸浅。江水又东南径剡县，与白石山水会。山上有瀑布，悬水

[1] 陈桥驿：《水经注校证》卷 40《渐江水》，中华书局，2007 年，第 935 页。
[2] 陈桥驿：《水经注校证》卷 40《渐江水》，中华书局，2007 年，第 936 页。
[3] 陈桥驿：《水经注校证》卷 40《渐江水》，中华书局，2007 年，第 935 页。
[4] （南朝梁）沈休文：《新安江水至清浅深见底贻京邑游好一首》，收入《文选》卷 27，上海古籍出版社，1986 年，第 1268 页。
[5] 陈桥驿：《水经注校证》卷 40《渐江水》，中华书局，2007 年，第 941-942 页。

三十丈，下注浦阳江。……（浦阳）江边有查浦，浦东行二百余里，与句章接界。浦里有六里，有五百家，并夹浦居，列门向水，甚有良田。有青溪、余洪溪、大发溪、小发溪，江上有溪六，溪列溉散入江。夹溪上下，崩崖若倾。东有箪山，南有黄山，与白石三山，为县之秀峰。山下众流泉导，湍石激波，浮险四注。……浦阳江又东径石桥，……溪水两旁悉高山，山有石壁二十许丈。溪中相攻，赑响外发，未至桥数里，便闻其声。……江水北径嵊山，山下有亭，亭带山临江，松岭森蔚，沙渚平静。[1]

文才高卓的郦道元，在记述这里的山水环境时，往往博引前贤，更不吝惜华美辞藻。在他笔下，当地自然景色是那样动人心弦，令人怀想。例如，关于嵊山一带的景色，他记载：嵊山与另外一座大山虽分属两县，“而峰岭相连。其间倾涧怀烟，泉溪引雾，吹畦风馨，触岫延赏。是以王元琳谓之神明境。事备谢康乐《山居记》”[2]。东晋著名将领谢玄的“田居”所在之浦阳江侧、太康湖畔，乃是“右滨长江，左傍连山，平陵修通，澄湖远镜。于江曲起楼，楼侧悉是桐梓，森耸可爱，居民号为桐亭楼。楼两面临江，尽升眺之趣，芦人渔子，泛滥满焉。湖中筑路，东出趋山，路甚平直。山中有三精舍，高甍凌虚，垂檐带空，俯眺平林，烟杳在下，水陆宁晏，足为避地之乡矣”[3]。而始宁县境有峨浦、山阴浦汇入浦阳江，其地“江广百丈，狭处二百步，高山带江，重荫被水，江阅渔商，川交樵隐，故桂棹兰栧，望景争途”[4]。上虞县“县之东郭外有渔浦，湖中有大独、小独二山，又有覆舟山。……湖外有青山、黄山、泽兰山，重岫迭岭，参差入云。泽兰山头有深潭，山影临水，水色青绿”。[5]

他的这些描述给予我们的印象是：当时这个地区山奇水美，群山众谷和平原广陌之间，溪浦发育，湖泽广大，水资源极其丰富而且水质优美。条条溪河，清澈见底；个个潭渊，倒影山林；至于远湖大泽，亦是澄明如镜。不同环境之下众多不同的水体，共同构成了极其优美灵秀的江南水生态系统。秀美山川之间，一处又一处绝胜景色都是宛若人间仙境，令人流连忘返。在

[1] 陈桥驿：《水经注校证》卷 40《渐江水》，中华书局，2007 年，第 945 页。
[2] 陈桥驿：《水经注校证》卷 40《渐江水》，中华书局，2007 年，第 946 页。
[3] 陈桥驿：《水经注校证》卷 40《渐江水》，中华书局，2007 年，第 946 页。
[4] 陈桥驿：《水经注校证》卷 40《渐江水》，中华书局，2007 年，第 946 页。
[5] 陈桥驿：《水经注校证》卷 40《渐江水》，中华书局，2007 年，第 947 页。

魏晋南北朝纷乱的时局下，这里的青山秀水自然是“足为避地之乡矣”。难怪六朝世族“求田问舍”追逐山泽之利，士人遁迹世外寻求山水之乐，多以这里作为首选之地。

当然，由于地形、地貌复杂，当地水环境亦有不利之处。崇山峻岭、悬崖深涧之间，不少地方“湍石激波，浮险四注”“濑皆峻险，行旅所难”，像上虞南的兰风山，“山少木多石，驿路带山傍江，路边皆作栏干”“山有三岭，枕带长江，苕苕孤危，望之若倾。缘山之路，下临大川，皆作飞阁栏干，乘之而渡。”[1]下游平原地区，襟江连带，湖泽广大，土地卑湿，多有风涛之患。由“海水上潮，江水逆流”形成的钱塘大潮，固是一种奇瑰的自然景观，然而也对附近人民构成严重威胁，故自汉代即开始构筑防海大塘。郦道元不仅记载了钱塘潮兴的季节特征，还特意引用《钱塘记》说明钱塘典故，称：“防海大塘在县东一里许，郡议曹华信家议立此塘，以防海水。始开募有能致一斛土者，即与钱一千。旬月之间，来者云集，塘未成而不复取，于是载土石者，皆弃而去，塘以之成，故改名钱塘焉。”[2]当地民众将钱塘江潮与伍子胥、文种两位有功之臣联系起来，创造出了关于蒙冤功臣的神奇传说。由于潮高浪急，当年秦始皇巡游会稽至此亦不能渡，只得改道而行。湖泊既是江南人民谋取生计的重要资源，亦是水上交通的重要途径，然而一些湖泊由于水草过于丰茂，造成交通阻塞和谋生困难，这在当时被认为是一种不祥之事，民间传言临平湖“草蕨壅塞，天下乱；是湖开，天下平”[3]，便是一个曲折的反映。

如上所言，由于南方文明发展相对滞后，魏晋南北朝社会关于当地自然环境包括水资源环境的知识积累仍然有限，故代表当时地理学最高水平的《水经注》亦颇多严重谬误。历经六朝至隋唐七八个世纪中，人口不断散布到愈来愈广阔的土地上进行资源开发和经济生产，愈来愈多的文人士子在大江南北、五岭内外留下足迹，对各地山川、风土、物产和习俗的认识和了解不断加深。唐代文人关于各地水资源环境面貌的记述显著增多，散见于不同类型的文献特别是诗文之中。下面我们尽力汇集相关零散记载，并参酌前人研究成果，分区做些概貌性的描述。

[1] 陈桥驿：《水经注校证》卷40《渐江水》，中华书局，2007年，第946页。
[2] 陈桥驿：《水经注校证》卷40《渐江水》，中华书局，2007年，第939页。
[3] 陈桥驿：《水经注校证》卷40《渐江水》，中华书局，2007年，第940页。

先看长江上游。以成都平原为核心的巴蜀地区很早就有人类活动，社会经济较早发达。那里曾经拥有灿烂的三星堆文化，早就建立了巴蜀古国。当长江中下游仍是地广人稀之时，成都平原则已人口密集，经济繁荣，秦汉帝国视之为奥区、后院，有“天府之国”的美誉，至唐代乃有“扬一益二”之说。这些都与当地土肥水美，物产丰饶，生态环境得天独厚，有着密不可分的关系。

单从水资源环境而言，万里长江从巴蜀中部奔流而下，与其支流岷江、沱江和嘉陵江等共同构成区域水环境的基本格局。战国时代，秦国蜀郡守李冰在巴蜀地区兴利除弊，兴筑了一系列水利工程，其中特别是“凿离碓，辟沫水之害，穿二江成都之中”[1]，使流经成都平原的岷江得到了大规模治理，创造了举世闻名的都江堰水利枢纽工程，大大改善了成都平原水资源利用设施特别是农田灌溉条件，为“天府之国”的形成创造了必要前提。及至中古，虽然人类活动对当地水资源环境进行了较大改造，但由于长江上游森林覆盖率依然很高，水土流失轻微，长江及其支流并未受到损害，唐代成都平原地区不仅拥有极为丰富的水资源，而且水质非常优美。[2]有一个事实可以证明，三国时期，成都所产“蜀锦”就非常有名，“江东历代尚未有锦，而成都独称妙。故三国时魏则市于蜀，而吴亦资西道。”[3]其中一个十分重要的原因就是流经当地的江水水质特佳，时人多有议论。西晋文学家左思《蜀都赋》夸赞说：成都“阛阓之里，伎巧之家，百室离房，机杼相和，贝锦斐成，濯色江波”。谯周指出：“成都织锦既成，濯于江水，其文分明，胜于初成；他水濯之，不如江水也。”[4]常璩亦称：“锦工织锦濯其（江）中则鲜明，濯它江则不好，故命名‘锦里’也。”[5]隋唐以后，这个江段干脆被称为“锦江”，可见其水质之美。

因躲避“安史之乱”而长期寓居蜀地的大诗人杜甫，曾经写下很多吟咏巴山蜀水的诗句，他所呈现出的巴蜀环境面貌是巴山青，蜀水碧，树草繁茂，鱼鸟众多，生态环境十分优美。仅在《杜工部集》卷五之中就有多首这类诗歌。[6]例如，关于阆中一带、嘉陵江畔的景象，他有《南池》一诗云：

---

[1]《史记》卷 29《河渠书》，中华书局，1959 年，第 1407 页。
[2] 周宏伟：《历史时期长江清浊变化的初步研究》，《中国历史地理论丛》1999 年第 4 辑，第 21-39 页。
[3]（宋）李昉编：《太平御览》卷 815 引《丹阳记》，中华书局，1960 年，第 3624 页。
[4]（西晋）左思：《蜀都赋》，刘渊林注引谯周《益州志》，收入《文选》卷 4，上海古籍出版社，1986 年，第 185 页。
[5]（东晋）常璩撰，刘琳校注：《华阳国志校注》卷 3《蜀志》，巴蜀书社，1984 年，第 235 页。
[6]（唐）杜甫：《杜工部集》卷 5，中州古籍出版社，2008 年，第 84、第 87、第 75 页。

峥嵘巴阆间，所向尽山谷。安知有苍池，万顷浸坤轴。
呀然阆城南，枕带巴江腹。芰荷入异县，粳稻共比屋。
皇天不无意，美利戒止足。高田失西成，此物颇丰熟。
清源多众鱼，远岸富乔木。独叹枫香林，春时好颜色。

又有《阆水歌》云：

嘉陵江色何所似？石黛碧玉相因依。正怜日破浪花出，更复春从沙际归。
巴童荡桨欹侧过，水鸡衔鱼来去飞。阆中胜事可肠断，阆州城南天下稀。

关于绵州一带的江水之美和鱼类之丰，则有两首观打鱼诗为证。《观打鱼歌》云：

绵州江水之东津，鲂鱼鲅鲅色胜银。渔人漾舟沉大网，截江一拥数百鳞。
众鱼常才尽却弃，赤鲤腾出如有神。潜龙无声老蛟怒，回风飒飒吹沙尘。
饔子左右挥霜刀，鲙飞金盘白雪高。徐州秃尾不足忆，汉阴槎头远遁逃。
鲂鱼肥美知第一，既饱欢娱亦萧瑟。君不见朝来割素鬐，咫尺波涛永相失。

《又观打鱼》云：

苍江渔子清晨集，设网提纲万鱼急。能者操舟疾若风，撑突波涛挺叉入。
小鱼脱漏不可记，半死半生犹戢戢。大鱼伤损皆垂头，屈强泥沙有时立。
……

同卷又有《越王楼歌》，指绵州越王楼“楼下长江百丈清，山头落日半轮明。”成都草堂附近亦是溪水澄明，如《溪涨》一诗所咏草堂附近“当时浣花桥，溪水才尺余。白石明可把，水中有行车。”[1]此外，杜甫记广元一带“地僻无网罟，

[1] 均出自《杜工部集》卷 5，中州古籍出版社，2008 年。

水清反多鱼”；成都周围“江碧鸟逾白，山青花欲燃”“清江锦石伤心丽，嫩蕊浓花满目班”“处处青江带白苹，故园犹得见残春”；记长江三峡、白帝城一带，则“楼光去日远，峡影入江深”“峡坼云霾龙虎卧，江清日抱鼋鼍游”[1]……不可尽引。除杜甫外，唐代不少文人也都有记咏巴蜀水环境的诗句。如李商隐有“千里嘉陵江水色，含烟带月碧于蓝”[2]；王周有“巴江江水色，一带浓蓝碧”[3]等，不可胜举。要之，河流众多，江清水碧，是唐人对巴蜀水环境的普遍印象。

自巫山以东、三峡以下，乃是延袤宽窄不一的长江中下游平原和广大江南丘陵山地，自然环境各呈风姿。大体而言，平原地区多是“水乡泽国”，丘陵山地之间则有数不清的泉、瀑、溪、涧、潭、渊。

关于南方“水乡泽国”的生态景象，唐人有大量诗咏，或云“水国”，或称“泽国”，或作“水乡”，不一而足。我们对清代曹寅刊刻的《全唐诗》进行检索，发现其中一共出现“水国”99 次；“泽国”59 次；此外有“水乡”一词近 40 次，亦多是特指南方。兹按该书编次先后略予引录，以证所言不虚。抄录详略不一，请特别留意其中关于水乡生态面貌的信息。

(1)《全唐诗》卷二六（中华书局 1960 年标点本，第 352 页，下皆用此本），李端《古别离》：“水国叶黄时，洞庭霜落夜。行舟闻商估，宿在枫林下。……巫峡通湘浦，迢迢隔云雨。天晴见海樯，月落闻津鼓。人老自多愁，水深难急流。清宵歌一曲，白首对汀洲。”

(2) 卷二八（第 400 页），皇甫松《杨柳枝》：“烂熳春归水国时，吴王宫殿柳垂丝。”

(3) 卷五一（第 625 页），宋之问《玩郡斋海榴》：“泽国韶气早，开帘延霁天。”

(4) 卷五三（第 652～653 页），宋之问《夜渡吴松江怀古》：“宿帆震泽口，晓渡松江渍。棹发鱼龙气，舟冲鸿雁群。寒潮顿觉满，暗浦稍将分。气出海生日，光清湖起云。水乡尽天卫，叹息为吴君。”

(5) 卷六八（第 765 页），崔融《登东阳沈隐侯八咏楼》：“左右会稽镇，出

[1] 分见《杜工部集》卷 3《五盘》，第 57 页；卷 13《绝句二首》之二，第 259 页，《滕王亭子》，第 259 页，《将赴成都草堂途中有作先寄严郑公五首》，第 260 页；卷 14《白帝楼》，第 288 页，《白帝城最高楼》，中州古籍出版社，2008 年，第 288 页。

[2]（唐）李商隐：《李义山诗集》卷 6《望喜驿别嘉陵江水二绝》之二，据《四部丛刊》本。

[3]（唐）王周：《巴江》，收入《全唐诗》卷 765，中华书局，1960 年，第 8679 页。

入具区薮。越岩森其前，浙江漫其后。此地实东阳，由来山水乡。”

（6）卷八八（第 973 页），张说《岳州西城》：“水国何辽旷，风波遂极天。西江三纪合，南浦二湖连。……日去长沙渚，山横云梦田。汀葭变秋色，津树入寒烟。潜穴探灵诡，浮生揖圣仙。”

（7）卷一一八（第 1193 页），孙逖《淮阴夜宿二首》：“水国南无畔，扁舟北未期。”

（8）卷一四九（第 1536～1537 页），刘长卿《送姚八之句容旧任便归江南》（一作《送姚八归江南》：“故人还水国，春色动离忧。碧草千万里，沧江朝暮流。桃花迷旧路，萍叶荡归舟。……猿鸟共孤屿，烟波连数州。谁家过楚老，何处恋江鸥。”

（9）卷一五九（第 1628 页），孟浩然《自浔阳泛舟经明海》：“大江分九流，淼淼成水乡。舟子乘利涉，往来至浔阳。”

（10）卷一六〇（第 1639 页），孟浩然《洛中送奚三还扬州》：“水国无边际，舟行共使风。”

（11）卷一七一（第 1759 页），李白《赠宣城宇文太守兼呈崔侍御》：“君从九卿来，水国有丰年。”

（12）卷一九八（第 2032 页），岑参《送王大昌龄赴江宁》：“泽国从一官，沧波几千里。”

（13）卷二〇六（第 2146 页），李嘉佑《留别毘陵诸公》：“凄凉辞泽国，离乱到乡山。”

（14）卷二三一（第 2548 页），杜甫《送李功曹之荆州充郑侍御判官重赠》：“此地生涯晚，遥悲水国秋。”

（15）卷二三二（第 2559 页），杜甫《水宿遣兴奉呈群公》：“泽国虽勤雨，炎天竟浅泥。”

（16）卷二三三（第 2574～2575 页），杜甫《风疾舟中伏枕书怀三十六韵奉呈湖南亲友》：“水乡霾白屋，枫岸叠青岑。”

（17）卷二三三（第 2568～2569 页），杜甫《入乔口》：“漠漠旧京远，迟迟归路赊。残年傍水国，落日对春华。树蜜早蜂乱，江泥轻燕斜。贾生骨已朽，凄恻近长沙。”

（18）卷二六二（第 2912 页），郑锡《送客之江西》：“乘轺奉紫泥，泽国渺天涯。九派春潮满，孤帆暮雨低。”

(19) 卷二七一（第 3032 页），窦常《北固晚眺》：“水国芒种后，梅天风雨凉。”

(20) 卷二八五（第 3248 页），李端《送魏广下第归扬州宁亲》：“游宦今空返，浮淮一雁秋。白云阴泽国，青草绕扬州。”

(21) 卷二八五（第 3259 页），李端《送元晟归江东旧居》：“泽国舟车接，关门雨雪乖。”

(22) 卷三三二（第 3712 页），羊士谔《息舟荆溪入阳羡南山游善权寺呈李功曹巨》：“结缆兰香渚，柴车上连冈。晏温值初霁，去绕山河长。献岁冰雪尽，细泉生路傍。行披烟杉入，激涧横石梁。……潭嶂积佳气，荑英多早芳。具观泽国秀，重使春心伤。”

(23) 卷三九八（第 4466 页），元稹《后湖》：“荆有泥泞水，在荆之邑郛。郛前水在后，谓之为后湖。环湖十余里，岁积潢与污。臭腐鱼鳖死，不植菰与蒲。……答云潭及广，以至鄂与吴。万里尽泽国，居人皆垫濡。”

(24) 卷四四四（第 4968～4969 页），白居易《九日宴集醉题郡楼兼呈周殷二判官》：“江南九月未摇落，柳青蒲绿稻穟香。姑苏台榭倚苍霭，太湖山水含清光。……觥醆艳翻菡萏叶，舞鬟摆落茱萸房。半酣凭槛起四顾，七堰八门六十坊。远近高低寺间出，东西南北桥相望。水道脉分棹鳞次，里闾棋布城册方。人烟树色无隙罅，十里一片青茫茫。……铜鱼今乃泽国节，刺史是古吴都王。”

(25) 卷五〇五（第 5747 页），张光朝《荻塘西庄赠房元垂》：“水国信污下，霖霪即成川。”

(26) 卷五一〇（第 5817 页），张祜《题松汀驿》：“山色远含空，苍茫泽国东。”

(27) 卷五一五（第 5884 页），朱庆余《送窦秀才》：“梅天马上愁黄鸟，泽国帆前见白云。”

(28) 卷五二五（第 6015 页），杜牧《晓望》：“独起望山色，水鸡鸣蓼洲。房星随月晓，楚木向云秋。曲渚疑江尽，平沙似浪浮。秦原在何处？泽国碧悠悠。”

(29) 卷五二六（第 6027～6028 页），杜牧《题白云楼》：“……江村夜涨浮天水，泽国秋生动地风。高下绿苗千顷尽，新陈红粟万箱空。”

(30) 卷五三四（第 6101 页），许浑《酬郭少府先奉使巡涝见寄兼呈裴明府》：“江村夜涨浮天水，泽国秋生动地风。饱食鲙（鲈）鱼榜归楫，待君琴酒醉陶公。”

(31) 卷五三五（第 6111 页），许浑《陵阳春日一作移摄太守寄汝洛旧游》：

“百年身世似飘蓬，泽国移家叠嶂中。”

(32) 卷五四三（第 6269 页），喻凫《送越州高录事》：“官曹权纪纲，行李半舟航。浦溆潮来广，川源鸟去长。笋成稽岭岸，莲发镜湖香。泽国还之任，鲈鱼浪得尝。”

(33) 卷五四三（第 6271～6272 页），喻凫《游暖泉精舍》：“坞木殿前空，山河泽国同。鸟闲沙影上，泉落树阴中。缆舸蒲花水，萦幡柳絮风。翛然方寸地，何事更悲蓬。”

(34) 卷五六八（第 6574 页），李群玉《将之吴越留别坐中文酒诸侣》：“秋色满水国，江湖兴萧然。”

(35) 卷五七〇（第 6611 页），李群玉《秋登涔阳城二首》：“万户砧声水国秋，凉风吹起故乡愁。”

(36) 卷五八七（第 6811 页），李频《浙东献郑大夫》：“楼台独坐江山月，舟楫先行泽国春。”

(37) 同卷同人（第 6816 页），《送陆肱尉江夏》：“泽国三春早，江天落日迟。县人齐候处，洲鸟欲飞时。”

(38) 卷五八八（第 6821～6822 页），李频《江夏春感旧》：“东风出海门，处处动林园。泽国雪霜少，沙汀花木繁。暖鱼依水浅，晴雁入空翻。何处阳和力，生萍不驻根。”

(39) 卷六二四（第 7173 页），陆龟蒙《别墅怀归》：“水国初冬和暖天，南荣方好背阳眠。……遥为晚花吟白菊，近炊香稻识红莲。”

(40) 同卷同人（第 7173 页），《寄淮南郑宝书记》：“炀帝帆樯留泽国，淮王笺奏入班书。清词醉草无因见，但钓寒江半尺鲈。”

(41) 卷六三一（第 7240 页），羊昭业《皮袭美见留小燕次韵》：“泽国春来少遇晴，有花开日且飞觥。”

(42) 卷六四七（第 7431 页），胡曾《汨罗》：“襄王不用直臣筹，放逐南来泽国秋。自向波间葬鱼腹，楚人徒倚济川舟。”

(43) 卷六六五（第 7611 页，又见卷 19），罗隐《江南行》：“江烟湿雨蛟绡软，漠漠小山眉黛浅。水国多愁又有情，夜槽压酒银船满。细丝摇柳凝晓空，吴王台榭春梦中。鸳鸯瀏鶒唤不起，平铺绿水眠东风。”

(44) 同卷同人（第 7616 页），《江南》：“玉树歌声泽国春，累累辎重忆亡陈。”

(45) 卷六六八（第 7647 页），高蟾《秋日北固晚望二首》之二：“泽国路岐当面苦，江城砧杵入心寒。”

(46) 卷六七四（第 7708 页），郑谷《送人之九江谒郡侯苗员外绅》：“泽国寻知己，南浮不偶游。”

(47) 同卷同人（第 7709 页），《南游》：“山城多晓瘴，泽国少晴春。”

(48) 卷六八四（第 7854 页），吴融《秋日渚宫即事》：“漠漠澹云烟，秋归泽国天。风高还促燕，雨细未妨蝉。静引荒城望，凉惊旅枕眠。更堪憔悴里，欲泛洞庭船。”

(49) 同卷同人（第 7854 页），《和严谏议萧山庙十韵》：“泽国瞻遗庙，云韶仰旧名。一隅连障影，千仞落泉声。老狖寻危栋，秋蛇束画楹。……”

(50) 卷六九六（第 8009 页），韦庄《家叔南游却归因献贺》：“旅梦远依湘水阔，离魂空伴越禽飞。遥知倚棹思家处，泽国烟深暮雨微。”

(51) 卷七〇七（第 8135 页），殷文圭《江南秋日》：“水国由来称道情，野人经此顿神清。”

(52) 卷八四〇（第 9486 页），僧齐己《江上值春雨》：“江皋正月雨，平陆亦波澜。半是峨嵋雪，重为泽国寒。农田淹浸尽，客棹往来难。愁杀骚人路，沧浪正渺漫。”

(53) 卷八四五（第 9561～9562 页），僧齐己《荆门寄题禅月大师影堂》：“泽国闻师泥日后，蜀王全礼葬余灰。”

(54) 卷八四六（第 9570 页），僧齐己《荆渚逢禅友》：“泽国相逢话一宵，云山偶别隔前朝。”

(55) 同卷同人（第 9577 页），《中秋夕怆怀寄荆幕孙郎中》：“白莲香散沼痕干，绿筱阴浓藓地寒。……行僧尽去云山远，宾雁同来泽国宽。”

(56) 卷八八二（第 9971 页），萧颖士《□□□赵载同游焦湖夜归作》：“□□将泽国，溯腾迎淮甸。东江输大江，别流从此县。……遥岫逢应接，连塘乍回转。划然气象分，万顷行可见。波中峰一点，云际帆千片。”

……

从上引诗歌可以清楚地看到：从唐初开始直至唐末五代，“水国”“泽国”都是诗人们对南方自然环境的一个最典型印象，对于许多初来乍到南方的人士来说，这种印象自然是在与北方对比之中凸显出来的；被诗人们称为“水国”“泽国”的地区，西起荆湘，东至吴越，包括淮河以南长江中下游的广大平原地区；有些地方虽然多山仍亦称为“水国”或者“泽国”（如浙东）。因担心堆砌资料过多引读者反感，上文只汇集了含有“水国”“泽国”等词语的诗歌，还有更多具体描写水乡生态的精彩诗句未予抄录。

仅举孟浩然的诗为例。除前文所录外，《全唐诗》卷一六〇就收入了他描写水乡泽国景观的诗歌多首，《望洞庭湖赠张丞相》（一作《临洞庭》）是一首千古传唱、众所周知的杰作，其中“八月湖水平，涵虚混太清；气蒸云梦泽，波撼岳阳城”，是多么气势磅礴！他的另一首诗——《洞庭湖寄阎九》则包含了更多环境史信息，其中唱道：

洞庭秋正阔，余欲泛归船。莫辨荆吴地，唯余水共天。
渺弥江树没，合沓海潮连。迟尔为舟楫，相将济巨川。

自云梦泽瓦解之后，洞庭洞曾经几度成为中国第一大淡水湖。在其日益萎缩、枯浅的今天，唐宋时代浩浩汤汤的岳阳胜景是那么令人追怀！在孟浩然心目中，浙东永嘉、天台一带也是“水乡泽国”，其《宿永嘉江寄山阴崔少府国辅》一诗谓：

我行穷水国，君使入京华。相去日千里，孤帆天一涯。
卧闻海潮至，起视江月斜。借问同舟客，何时到永嘉？

又有《舟中晓（一作晚）望》一诗云：

挂席东南望，青山水国遥。舳舻争利涉，来往接风潮。
问我今何去？天台访石桥。坐看霞色晓，疑是赤城标。[1]

特别值得指出的是，汉唐时代，人们对长江中下游即“楚越之地”的水资

[1] 孟氏诸诗，分见《全唐诗》，中华书局，1960 年，第 1634、第 1652 页。按：《舟中晓望》一作“晚望”，诗中的“接风潮”一作“任风潮”，“今何去”一作“今何适”，“霞色晓”一作“霞色晚”。

源环境，前后发生了非常重要的观念变化。唐代诗人虽仍然抱怨“江南卑湿”，并且颇有一些人士因不能适应南方卑湿、瘴疠环境而患上风毒、脚弱之类疾病，但他们对“水乡泽国”所产生的美感在不断增加并且反映到许多文学作品之中。例如，关于南方各地江河水质，在汉代文献中很少见有好的评赞，惟《淮南子》曾对各大河流的水质特性有如下一段评论，称：“汾水蒙浊而宜麻，济水通和而宜麦，河水中浊而宜菽，雒水轻利而宜禾，渭水多力而宜黍，汉水重安而宜竹，江水肥仁而宜稻。”[1]作者何以有此判断不得而知，或许“江水肥仁”与南方森林植被密布、水体腐殖质含量较高有关。类似说法，在唐代元结的诗中也有出现，其《说洄溪招退者》一诗云：

长松亭亭满四山，山间乳窦流清泉。洄溪正在此山里，乳水松膏常灌田。松膏乳水田肥良，稻苗如蒲米粒长。麋色如珈玉液酒，酒熟犹闻松节香。溪边老翁年几许，长男头白孙嫁女。问言只食松田米，无药无方向人语。浯溪石下多泉源，盛暑大寒冬大温。屠苏宜在水中石，洄溪一曲自当门。吾今欲作洄溪翁，谁能住我舍西东。勿惮山深与地僻，罗浮尚有葛仙翁。[2]

这是一首饶有趣味的诗歌，描写永州南部江华县（即今湖南省永州市江华瑶族自治县）的风土人情。诗的大意是说：那里满山都是高大的美松，山间有许多汩汩清泉，汇成洄溪（浯溪），水质肥美，用以灌溉水稻，禾苗壮而籽粒大，稻米酿成玉液美酒犹带松香。由于自然环境优美，松田米营养丰富，生活在溪边的老翁长寿健康，儿孙满堂，令人羡慕。

元结将此地山间清泉称为“乳水松膏”“松膏乳水”，并非没有根据的文学修辞之词，而是相当写实的说法。这里泉水丰富而且溪清水美，毫无疑问是得益于周围满山的松树，泉水不仅清澈，而且富含营养物质，引之灌溉水稻自然品质极佳。唐代永州虽地处僻远，却颇有“文人缘”，例如，大文学家柳宗元曾贬谪于此，对当地风土人情多有记诵，是为人所习知。唐代永州一带依然是人口稀少，自然环境保持着相当原始的状态，森林茂密，物种众多，泉水资源丰富。所以，关于当地泉流及其利用，元结在随后的《宿丹崖翁宅》一诗中又有

[1]《淮南子》卷4《地形训》。此据何宁：《淮南子集释》，中华书局，1998年，第351-352页。

[2]（唐）元结：《元次山集》卷4《四部丛刊》本；又见《全唐诗》卷241，中华书局，1960年，第2715页。

如下吟唱：

> 扁舟欲到泷口湍，春水湍泷上水难。投竿朱泊丹崖下，得与崖翁尽一欢。
> 丹崖之亭当石颠，破竹半山引寒泉。泉流掩映在木杪，有若白鸟飞林间。
> 往往随风作雾雨，湿人巾履满庭前。丹崖翁，爱丹崖，弃官几年崖下家。
> 儿孙棹船抱酒瓮，醉里长歌挥钓车。吾将求退与翁游，学翁歌醉在鱼舟。
> 官吏随人往未得，却望丹崖惭复羞。

事实上，《元次山集》中有不少诗文都记述到永州及其周围地区的众多溪泉，反映当时这个地区溪泉众多的水环境面貌。其他地区的水环境总体上也都相当良好。例如，今湖北省境内，唐时仍然保持着非常优美的水环境面貌，在春天桃花水涨的时节，李白所见之荆门一段长江水“依然锦江色”“江色绿且明”，芳洲、两岸“雪照聚沙雁，花飞出谷莺”“碧树森森迎”[1]；同样在春季，储光羲在江夏（今武昌）所见亦是“江水带冰绿，桃花随雨飞”[2]；黄鹤楼下、鹦鹉洲上的景色，则从孟浩然《鹦鹉洲送王九之江左》一诗可见一斑，其诗云：

> 昔登江上黄鹤楼，遥爱江中鹦鹉洲。洲势逶迤绕碧流，鸳鸯鸂鶒满沙头。
> 沙头日落沙碛长，金沙耀耀动飙光。舟人牵锦缆，浣女结罗裳。
> 月明全见芦花白，风起遥闻杜若香。君行采采莫相忘。[3]

大致而言，唐人诗咏长江及其支流，虽时或提及汹涛恶浪，但更多赞美其碧绿清波。上引诸诗中就有不少，白居易《忆江南》组诗更是家喻户晓，其中唱道：“江南好，风景旧曾谙。日出江花红胜火，春来江水绿如蓝，能不忆江南！”[4]此外张籍也有“长江春水绿堪染，莲叶出水大如钱”[5]之句；韦庄更感叹说：“人人尽说江南好，游人只合江南老。春水碧于天，画船听雨眠。”[6]宋儒朱熹有诗云：“问渠那得清如许，为有源头活水来。”长江之水清碧，实因众多支流

[1]（唐）李白：《李太白集》卷20《荆门浮舟望蜀江》，岳麓书社，1989年，第188页。
[2]（唐）储光羲：《储光羲诗集》卷5《汉阳即事》，《四库全书》本。
[3]（唐）孟浩然：《孟浩然集》卷2，《四部丛刊》本。
[4]《全唐诗》卷457，中华书局，1960年，第5196页。
[5]（唐）张籍：《春别曲》，收入《全唐诗》卷382，中华书局，1960年，第4290页。
[6]（唐）韦庄：《菩萨蛮》，收入《全唐诗》卷892，中华书局，1960年，第10075页。

之水清碧，有众多唐诗为证。随手拈来，关于汉水，李白有“江城回渌水，花月使人迷”“岘山临汉江，水绿沙如雪”[1]；皮日休有“汉水碧于天，南荆廓然秀”[2]。关于湘水，李白称“日晚湘水绿，孤舟无端倪。明湖涨秋月，独泛巴陵西”[3]；庄南杰赞“湘江水碧湘山绿”[4]；僧人皎然云“澄澈湘水碧，泬寥楚山青。”[5]赣江流域水生态之美，王勃《滕王阁序》“鹤汀凫渚，穷岛屿之萦回”“潦水尽而寒潭清，烟光凝而暮山紫”“落霞与孤鹜齐飞，秋水共长天一色”“闲云潭影日悠悠”等句已然穷尽其极，令人痴醉，无须再置一词。至于其他更多、更小、有名或者无名的溪河，大抵也都是如此。如湖北蕲州“兰溪春尽碧泱泱，映水兰花雨发香”[6]；江西吉安“龙溪之山秀而峙，龙溪之水清无底。”[7]今江浙地区的“三吴烟水，百越山川”[8]，素来令人心驰神往。由《水经注》《山居赋》众多文献的描述，可知六朝时期那里重重山嶂之间，泉流飞注，瀑布如练，清流碧浪，入境通幽；广袤平原上的无数湖泊沼浦，则是清波绿染，芳草碧树，丽影倒生。这种优美水生态景观，在唐代并无明显改变，也有众多诗文为证。如孟郊《越中山水》诗云：

日觉耳目胜，我来山水州。蓬瀛若仿佛，田野如泛浮。碧嶂几千绕，清泉万余流。莫穷合沓步，孰尽派别游。越水净难污，越天阴易收。气鲜无隐物，目视远更周。举俗媚葱蒨，连冬撷芳柔。菱湖有余翠，茗圃无荒畴。赏异忽已远，探奇诚淹留。永言终南色，去矣销人忧。

崔尚对天台山的优美生态环境则有如下描述，称其地：

连山峨峨，四野皆碧；茂树郁郁，四时并青。大岩之前，横岭之上，双峰如阙，中天豁开。长涧南泻，诸泉合漱，一道瀑布，百丈悬流，望之雪飞，听

[1]（唐）《李太白集》卷5《襄阳曲四首》，岳麓书社，1989年，第42页。
[2]（唐）皮日休：《鲁望读襄阳耆旧传见赠五百言过褒庸材靡有称》，收入《全唐诗》卷609，中华书局，1960年，第7023页。
[3]《李太白集》卷18《夜泛洞庭寻裴侍御清酌》，岳麓书社，1989年，第174页。
[4]（唐）庄南杰：《湘弦曲》，收入《全唐诗》卷470，中华书局，1960年，第5344页。
[5]（唐）僧皎然：《杼山禅居寄赠东溪吴处士冯一首》，收入《全唐诗》卷815，中华书局，1960年，第9171页。
[6]（唐）杜牧：《兰溪》，收入《全唐诗》卷522，中华书局，1960年，第5968页。
[7]（唐）何敬：《题吉州龙溪》，收入《全唐诗》卷772，中华书局，1960年，第8759页。
[8]（唐）黄滔：《黄御史集》卷7《蒋先辈》，收入《全唐文》卷824作《与蒋先辈启》，中华书局，1983年。

之风起，石梁翠屏可倚也。琪树珠条可攀也。仙花灵草，春秋互发；幽鸟清猿，晨暮合响，信足赏也。[1]

类似卢象“吴越山多秀，新安江甚清”[2]，李白“吴山高，越水清”[3]之类关于吴越地区青山绿水的概括性记诵，可谓俯拾即得，无须多引。

上游江河水体清碧，则湖泊水质自然良好。仅以地处长江尾闾的太湖为例，单是白居易就曾有“姑苏台榭倚苍霭，太湖山水含清光”“太湖烟水绿沉沉”等不少诗句，极赞太湖水美。[4]

细心的读者从上引诗句中应已注意到：唐人常将“青山”与“绿水”相并提。这一点毫不奇怪，自来青山绿水总是一体，没有青山即无绿水，保有青山即保有绿水。唐代长江中下游经济开发不断开展，但整体生态环境尚未发生显著的负面改变。最重要的是，当时山地焚林开荒尚少，各大山区依然树木高森、古林密布，能够大量涵蓄雨水，延缓雨季洪水涌向下游的速度，更重要的是能够有效保护表土，山区水土流失很轻，因而唐代长江及其众多支流之水的泥沙含量都不高，此为当时南方江河湖泊水体仍保持清澄碧绿的主要原因。宋代以后特别是明清以来，经济开发不断向崇山峻岭之中盲目推进，原始森林不断遭到掠夺式砍伐、终至摧毁，长江中下游整体水环境随之逐渐发生令人慨叹的巨大变化。

读者一定也已经注意到，唐人对各种水体景观的描绘，总是与其中的各类生物包括动物和植被融为一体。事实上，不论是山区泉、瀑、溪、潭，还是平原江、河、湖、泽，各类水体都是一个个大大小小的生态系统，是万类竞生的生命场。芳草、碧树、芰荷、芦荻，翔鸟、游鱼、攀猿、走兽等无数鲜活的生命因水而生，赖水以长，拥有丰美的水资源即意味着拥有繁众的生灵。关于这一点，唐人亦是多有描述。李华《润州丹阳县复练湖颂并序》即提到：练湖“幅员四十里，菰蒲菱芡之多，龟鱼鳖蜃之生，厌饫江淮，膏润数州”[5]。水生生

[1]（唐）崔尚：《唐天台山新桐柏观颂（并序）》，收入《全唐文》卷304，中华书局，1983年，第3089页。
[2]（唐）卢象：《句》，《全唐诗》卷122，中华书局，1960年，第1222页。
[3]（唐）李白：《李太白集》卷20《下途归石门旧居》，岳麓书社，1989年。
[4]（唐）白居易：《九日宴集醉题郡楼兼呈周殷二判官》，收入《全唐诗》卷444，中华书局，1960年，第4968页；（唐）白居易：《宿灵岩寺上院》，收入《全唐诗》卷447，中华书局，1960年，第5033页。
[5]（唐）李华：《润州丹阳县复练塘颂并序》，收入（宋）李昉编：《文苑英华》卷779，中华书局，1966年，第4111页。

物资源之丰富可以想见。对于人类，各种生命形式既是生存的资源，亦是审美的对象，还是精神情感的寄托。

这里抄录颇多的唐人诗句，介绍长江中下游水资源环境面貌，不知不觉受其感染，亦采用相当文学化的语言发思古之幽情，难免赘重之嫌，或招弄词之讥，但我们却是有意为之。唐人以优美文字，对南方各类水景做了大量描绘，这里只是抄引了其中很小的一部分，更多诗文尚待做专门搜集、整理和解读。那些难以计数的美丽诗句，不仅是中国古典文学的瑰宝，亦是研究唐代环境史的重要资料。文学作品中固然存在不少想象和夸饰成分，但大量描述乃是写实性的，认真鉴别而后使用，可在一定程度上重新描绘当时环境资源的实际状况。不用说，正是南方优美的水环境景观和水生态面貌，给予了唐代诗人以极其丰富的创作灵感，中国诗歌从此更具水的灵秀之美，更充满大自然的生命气息，亦更能体现并唤醒人类心灵深处的深层生态伦理精神。文学艺术的生成和发展，从来都无法离开特定自然环境。失去大自然的滋养，也就失去了创造美的源泉和活力。

当然，历史叙述终归需要回到科学理性。事实上，唐代南方水环境给予人们的并不只有爽心悦目的美景，也有卑湿泥泞的烦恼，更有险滩急湍和汹涛恶浪的恐惧。就本书主旨而言，更需要客观指出的是：这个时期长江中下游的水环境并非静止不变，而是发生了诸多改变，其中湖泊变迁尤其显著。下面综合前人成果稍予介绍。

自古以来，长江中下游都是我国湖泊沼泽分布最密集的地区，直到 20 世纪 90 年代初，该区域仍有大小湖泊 1 200 多个，其中包括鄱阳湖、洞庭湖、太湖、洪泽湖、巢湖等著名大湖。[1]在漫长的环境演变中，当地湖泊沼泽也经历了复杂的消长变化过程。不少自然科学家认为：全新世初期到秦汉时期，长江中下游平原以湿地沼泽湖泊为主，魏晋南北朝时期湖泊面积进一步扩大，至隋唐时期湖泊广布的地貌格局基本形成。[2]在我们看来，由于人类活动和自然演变的双重作用，有史以来这个区域湖泊沼泽演变的基本趋向是水体面积渐趋缩小，只在魏晋—两宋 1 000 年左右的时间里，经历了一个阶段性的显著扩张过程。这意味着，长江中下游湖泊沼泽演变的总体历史趋势之中，水体面积并非直线

[1] 任美锷主编：《中国自然地理纲要》，商务印书馆，1992 年，第 89 页。
[2] 中国科学院《中国自然地理》编辑委员会：《中国自然地理・历史自然地理》，科学出版社，1982 年，第 86-151 页。

性地减缩。下面主要对云梦泽、洞庭湖、鄱阳湖和太湖的变化稍作叙述。

首先是云梦泽的变迁。云梦泽位于长江中游的故楚之地，曾经拥有众多大湖，浩瀚辽阔的“云梦大泽”令人遐想。史载先秦时期云梦泽“方九百里”。[1]在后来的历史进程中，云梦泽的主体，一方面在不断移动，另一方面则在逐渐瓦解，魏晋时期只剩下方圆三四百里。《水经注》称：“沔水又东得浐口，其水承大浐、马骨诸湖水，周三四百里，及其夏水来同，渺若沧海，洪潭巨浪，萦连江沔。”[2]据此，当时云梦泽主体应当位于今湖北省云杜、惠怀、监利一线以东，由大浐、马骨诸湖组成，水体面积已经远远不能与先秦时相比。“南朝以后，随着江汉三角洲的进一步扩展，原已平浅的云梦泽主体，在唐宋时代基本上已填淤成平陆”，历史上著名的云梦泽作为一个整体已然不复存在，“大面积的湖泊水体，已为星罗棋布的湖沼所代替”。[3]并且其中有些湖泊的水体也很不稳定，例如，位于复州沔阳县的马骨湖，“周回一十五里”，其水文特征是“夏秋汛涨，淼漫若海；春冬水涸，即为平田”。[4]这应该不是个案。在大举实施垸田垦殖之前，这些星罗棋布的湖泊还能发挥较大的吞吐江水的作用，因此早先这个地区的洪涝灾害尚少。然而，由于“唐宋时代，云梦泽消亡，下荆江完全摆脱漫流状态，统一的河谷河床塑造完成。从此以后，洪水过程日益显著，筑堤工程随之迅速兴起，河滩迅速堆积的结果，形成河漫滩相的黏土层，使河床边界组成与结构发生根本变化”[5]。元明以后，随着长江中游经济开发不断扩大和加快，“与水争地”愈演愈烈，长江荆江段也就成为继黄河之后中华民族与江河洪水进行艰难博弈的另一个重点地区。此是后话。

其次是洞庭湖的扩张。在云梦泽逐渐消失的同时，失去潴积之地的荆江之水开始分流南注，并顶托湘江等众多江河的来水，致使长江南岸洞庭湖盆地湖泊面积不断扩大。《水经注·湘水注》云：“四水同注洞庭北，北会大江，名之五渚。……湖水广圆五百余里，日月若出没于其中。”也就是说，南北朝时期洞庭湖已然非常广阔。唐宋时期，当地的湖泊一直处于不断分合之中，《元和郡县图志》记载：岳州巴陵县有若干大湖，其一即为著名的洞庭湖，“在县西南一里

[1]《史记》卷117《司马相如传》云：“楚有七泽……。云梦者，方九百里。”中华书局，1959年，第3003-3004页。
[2] 陈桥驿：《水经注校证》卷28《沔水》，中华书局，2007年，第671页。
[3] 张修桂：《云梦泽的演变与下荆江河曲的形成》，《复旦学报》1980年第2期，第40-48页。
[4]（唐）李吉甫撰，贺次君点校：《元和郡县图志》卷21《山南道二》，《复州·沔阳县》云：“马骨湖在县东南一百六十里”，“周回一十五里。”中华书局，1983年，第537页，可见是一个不大的小湖泊。
[5] 张修桂：《云梦泽的演变与下荆江河曲的形成》，《复旦学报》1980年第2期，第40-48页。

五十步，周回二百六十里，湖口有一洲，名曹公洲”；另有巴丘湖，“又名青草湖，在县南七十九里，周回二百六十五里，俗云古云梦泽也”；还有滃湖，“一名翁湖，在县南一十里”[1]，未载面积大小。随着洪水漫涨，这几个湖泊逐渐连成一个浩渺无际的整体，是即后来声名日著的洞庭湖。换言之，后来的洞庭湖乃是原洞庭湖与巴丘湖（青草湖）等汇合而成。一个重要证据是，君山是众所周知的洞庭湖胜景之一，历来吟咏甚多，而《元和郡县图志》记载君山在青草湖亦即巴丘湖中。自唐代开始，洞庭胜景不断成为笔墨丹青的重要题材。当年李白作东南之游，即有多首诗歌描绘洞庭湖，其《陪族叔刑部侍郎煜及中书贾舍人至游洞庭五首》之一有云：“洞庭西望楚江分，水尽南天不见云；日落长沙秋色远，不知何处吊湘君。”[2]湖面之开阔浩瀚已然可见。

只需排列一下相关诗文记诵，即可清楚地看出唐宋时期洞庭湖一直处于沉降、整合和涨阔之中。唐末五代僧人可朋描述洞庭湖是“周极八百里，凝眸望则劳。水涵天影阔，山拔地形高。贾客停非久，渔翁转几遭。飒然风起处，又是鼓波涛”。[3]北宋人孙光宪称：“湘江北流至岳阳，达蜀江。夏潦后，蜀涨势高，遏住湘波，让而退溢为洞庭湖。凡阔数百里，而君山宛在水中，秋水归壑，此山复居于陆，唯一条湘川而已。海为桑田，于斯验也！”[4]请注意，他所说的是“凡阔数百里”而非周回数百里。也就是说，唐末五代以后洞庭湖已成浩瀚无际的洋洋巨浸。南宋人杨齐贤亦称：“君山之后乃大湖，渺茫无际，直抵沅、澧、鼎三州。”[5]关于它的浩瀚辽阔，万千气象和优美生态面貌，范仲淹《岳阳楼记》的描绘是“衔远山，吞长江，浩浩汤汤，横无际涯；朝晖夕阴，气象万千。……北通巫峡，南极潇湘”。在淫雨霏霏的季节，“阴风怒号，浊浪排空；日星隐曜，山岳潜形；商旅不行，樯倾楫摧；薄暮冥冥，虎啸猿啼”；在“春和景明”的晴天，则“波澜不惊，上下天光，一碧万顷；沙鸥翔集，锦鳞游泳；岸芷汀兰，郁郁青青。而或长烟一空，皓月千里，浮光跃金，静影沉璧，渔歌互答……”[6]可谓壮美之极致。抚今追昔，令人感慨万千。

[1]（唐）李吉甫撰，贺次君点校：《元和郡县图志》卷 27《江南道三》，《岳州・巴陵县》，中华书局，1983 年，第 657-658 页。

[2] 诸版本李白诗集都收录此诗，另外还有《陪侍郎叔游洞庭醉后三首》《夜泛洞庭寻裴侍御清酌》等多首。

[3]（唐）僧可朋：《赋洞庭》，收入《全唐诗》卷 849，中华书局，1960 年，第 9611 页。

[4]（宋）孙光宪：《北梦琐言》卷 7《洞庭湖诗》，中华书局，2002 年，第 163-164 页。

[5]（唐）李白撰，（宋）杨齐贤补注：《分类补注李太白诗》卷 20《陪侍郎叔游洞庭醉后三首・其三》，《四部丛刊》影印明本。

[6]（宋）范仲淹：《范文正公全集》卷 7《岳阳楼记》，据《四部丛刊》本。

再看鄱阳湖的变迁。鄱阳湖是目前中国最大的淡水湖，也是长江流域一个十分重要的集水湖盆。它自西向东接纳修水、赣江、抚河、信水，由湖口注入长江，同时亦承纳长江的洪水。根据湖盆地貌形态和历史情况，以老爷岭、杨家山之间的婴子口为界，现代鄱阳湖可分为鄱阳南湖和鄱阳北湖，然而这是漫长时代逐渐演变的结果，而非亘古未变的情形。中古时代正是鄱阳湖形成演变的重要阶段。

根据谭其骧、张修桂的研究[1]，早在战国时期，《禹贡》即记载有彭蠡泽，尔后这里又有所谓彭蠡湖、彭泽、彭湖等不同的名称。然而，“今天的鄱阳湖，在历史时期有一个从无到有，从小到大的演变过程。早期的彭蠡古泽，无论其地理位置和形成原因，都和今天的鄱阳湖没有任何关系；后期的彭蠡新泽，虽然与今天的鄱阳湖有关联，但也是逐步由小到大发展演变而成的”。古彭蠡泽位于长江北岸地区，在地质年代漫长的环境演变中，长江河道南移，遗弃的河道逐渐扩展成湖并与九江盆地南缘宽阔的长江水面合并，形成一个空前规模的大湖泊，是即《禹贡》所载之彭蠡泽。具体范围约在今湖北黄梅和安徽宿松、望江等县之间的长江河段及其以北的龙感湖、大官湖和泊湖等湖沼地区。后来江北彭蠡泽之名逐渐湮没、弃用，代之而起的是著称于六朝时代的雷池和雷水，如今的龙感湖、大官湖等就是在雷池和雷水的基础上发育形成的。

至于今天所谓的鄱阳湖，则形成时间较晚，而且鄱阳南、北两湖的形成时间亦有先后不同。西汉后期，江北彭蠡泽的蓄洪能力显著下降，长江洪水过程随之增大，其结果是湖口断陷的古赣江逐步扩展成较大水域，成为地处江南的彭蠡新泽。新泽历经千年，始终相当稳定，隋唐以前其范围一直局限于今鄱阳北湖，并未超出婴子口，枭阳县所处的平原地带仍未出现大面积水体。那时这个新形成的彭鑫泽，具有洪水、枯水期水位变率大的水文特征，属于“洪水一大片、枯水一条线”的吞吐型湖泊。

关于魏晋南北朝时期彭蠡湖的水文面貌和生态景观，《水经注·赣水注》记载说：赣水“总纳十川，同溱一渎，俱注于彭甬也”“东西四十里，清泽远涨。绿波凝净，而会注于江川”。同书《庐江水注》又载：彭蠡泽“湖中有落星石，周回百余步，高五丈，上生竹木，……又有孤石，介立大湖中，周回一里，竦

[1] 谭其骧、张修桂：《鄱阳湖演变的历史过程》，《复旦学报》1982 年第 2 期，第 42-51 页。以下叙述主要参考该文，并参酌其他学者的相关论著。

立百丈，矗然高峻，特为瑰异，上生林木”。可见湖面开阔，水体清绿，周围竹木植被良好。

今鄱阳南湖所在之地，原本乃是一片广袤的低湿平原，西汉时期已经渐次开发。西汉初年（高帝六年，公元前 201 年）曾在鄱阳湖中心地带设置枭阳县，隶属豫章郡；至刘宋永初二年（421 年）废罢。由此看来，在 5 世纪 20 年代之前（枭阳县撤销前），如今汪洋浩渺的鄱阳南湖，应当还是一片河网交错、水路交通发达的平原地貌景观。然而由于地质构造运动的影响，这个地区不断下沉，地貌景观亦逐步向沼泽化方向演变。至南朝隋唐时代，平原沼泽化趋势不断发展，逐渐不再适宜人类居住和发展农业生产，故刘宋乃有撤县之举。另一方面，隋唐北宋时期，原先可以充分调蓄洪水的江汉平原地区的云梦泽已经基本消失，江北彭蠡古泽亦逐渐瓦解，长江流域蓄洪能力显著下降，长江干流径流量急增，水位上升，除了部分灌注于洞庭湖外，巨大的洪水倾泻东下，从今天的湖口一带分洪倒灌注入彭蠡泽（北湖），同时顶托彭蠡泽的出水和赣江来水，从而造成彭蠡泽向南扩展。唐末五代至北宋初期，彭蠡泽空前迅速地越过了婴子口，向东南方扩张到故枭阳县所在的平原地区，形成鄱阳南湖，大体奠定了今天鄱阳湖的范围和形态。

吴艳宏等湖泊地理学家对鄱阳湖中大汊湖 DCH 孔沉积物粒度、磁化率、孢粉、有机碳含量等指标的综合分析，与谭其骧、张修桂主要基于历史文献的研究，所得出的结论大致相同而略有所异，可以互相参证。他们认为：战国时期地理著作《禹贡》所载之彭蠡泽，位置相当于现今长江北岸的黄梅、望江、宿松一带，包括龙感湖、泊湖、大官湖等水域。而对湖口 ZK2 孔研究表明，当时彭蠡泽不仅仅局限于长江以北，也包括南岸湖口一带。而今鄱阳湖南部曾为河网交织的平原地区。随着长江南迁，彭蠡泽解体并向南扩张，鄱阳湖逐渐形成。在距今 1 455～1 818 年前，鄱阳湖南部开始形成大水域，其时长江水道迁移到现今的位置并在两岸形成天然堤岸，湖口梅家洲亦开始形成，彭蠡泽在鄱阳湖盆地的水体迅速向南扩张。至南朝刘宋永初二年（421 年），湖水已经越过松门山，扩展至古湖汉平原（古赣江下游平原）。在距今约 1 500 年前，鄱阳湖水面扩张到现今的大汊湖附近；在距今 1 500～900 年前，鄱阳湖仍有很大程度的扩张，原先河网交织的盆地均遭湖水淹没，各入湖河流三角洲发育，大汊湖地区成为三角洲前缘的分流间洼地。孢粉分析表明，这一时期气候湿润，降水丰富，促进了湖泊扩张。总之，鄱阳湖是经过多次扩张才形成了如今的格局，其中大约距今 1 500 年前的变化非常关键。[1]总之，鄱阳湖的形成亦经历了一个相当漫长的沧桑巨变过程，中古时代是显著扩张的阶段。

最后再看看太湖。该湖（湖区）在战国时代已见记载，被称为“震泽”，《尚书·禹贡》云：“三江既入，震泽底定”[2]；后来又名“具区”。与前面的几个大湖一样，在漫长地质年代和历史年代，这个著名的大湖也是经历沧桑巨变才逐渐形成了今天的格局。大致而言，自晚更新世末期以降，由于内外营力共同作用，原本由沟谷切割的滨海平原景观逐渐演变为蝶形洼地的潟湖地貌；在历史过程中，由于自然变化和人类活动共同影响，这个地区主要水流的出入通道迭经变化，潟湖逐渐演变为太湖，水体面积亦处于不断伸缩过程之中。

在即将进入中古以前，这个地区的湖泊已经在不断变化和整合，东汉袁康称“太湖周三万六千顷”。专家推算其面积约为 1 680 平方千米，为现代太湖面积的 3/5 略强。[3]然则我们似乎不能将彼太湖与此太湖视为同一湖泊。因为同书随后又记载：“无锡湖周万五千顷，其一千三顷毗陵上湖也，……一名射贵湖”；又有“尸湖，周二千二百顷”“小湖，周千三百二十顷”“耆湖，周六万五千顷”“乘湖，周五百顷”“犹湖，周三百二十顷”“语昭湖，周二百八十顷”“作湖，周百八十顷，聚鱼多物”“昆湖，周七十六顷一亩”；此外还有不载大小的隐湖、湖王湖、丹湖等。[4]魏晋以后，这里的湖泊不断推进整体塑造过程，一些湖泊逐渐连成为一个整体。这一过程，与太湖流域周高中低碟形地形、出水通道逐渐壅塞以及农业垦殖造成湖泊水体改变等，都有着相当密切的关系。

太湖之水主要来自发源于茅山和宜溧南部丘陵的荆溪和导源于天目山的苕溪。唐代以前，长江的部分水流也通过胥溪和苕溪汇入太湖。由于西部山地与太湖平原之间的地势落差较大，诸溪在雨季下泄的水量巨大、水流迅猛，进入太湖平原腹地低洼地区之后，入海全仗松江、娄江和东江，古时合称“三江”。历史早期三江较为通畅，可以宣泄洪水。然而由于自然演变和人类活动双重影响，太湖腹心地区积潦浸广。从自然方面来说，沿海地区由于海潮顶托，沙丘

[1] 吴艳宏、项亮、王苏民、蒋雪中：《鄱阳湖 2000 年来的环境演化》，《海洋地质与第四纪地质》1999 年第 1 期，第 85-92 页。

[2]（清）阮元校刻：《十三经注疏》，中华书局，1980 年影印本，第 148 页。

[3] 景存义：《太湖的形成与演变》，《地理科学》1989 年第 4 期，第 378-388 页。

[4]（汉）袁康：《越绝书》卷 2《越绝外传记·吴地传第三》，据《四部丛刊》本。

不断垫积增高，三江河道渐趋淤积壅塞，泄水通道阻滞，由前引刘宋时期州民姚峤所说“松江、沪渎壅噎不利”而太湖腹地“故处处涌溢，浸渍成灾”的情况可知，南朝时期由于水道壅塞已经形成更大的积潦湖区。至唐朝时期，娄、东二江可能已经淤废，时人难以确指其故道之所在，太湖低洼平原泄水更加不畅，积潦成泊的形势发展进一步加速。到了北宋时期，苏州一带积潦湖区的总面积甚至超过了太湖，故郏乔称：“震泽之大，才三万六千余顷，而平江五县，积水几四万顷。”[1]另一方面，随着围湖造田事业不断发展，浅小湖泽逐渐被垦辟为农田，原先的零散积潦湖泊之水更加集中于低洼地区，不断汇合形成连片的大湖。例如，东晋顾夷《吴地记》有“五湖”之说，称：“五湖者，菱湖、游湖、莫湖、贡湖、胥湖，皆太湖东岸五湾，为五湖。”其中菱湖“周回三十余里”，莫湖与胥湖“各周回五六十里”，游湖“周回五六十里”，贡湖“周回一百九十里”，到唐朝张守节作《史记》“正义”之时，已经明确指出它们连成了一体，成为太湖的一部分。[2]

以上是长江中下游地区主要湖泊的演变概况。

虽然中古时代这个区域的湖泊发生了巨大变化，但直到五代吴越国时期，整体水环境尚未恶化，一些湖泊陆续被围垦，同时又由于东江等河壅塞逐渐形成了澄湖、马腾湖、璜瑁湖、来苏湖、淀山湖等一系列新的湖泊。[3]一些较小的湖泊逐渐连成大湖，或与太湖等大湖整合为一体，具有较大的洪水潴蓄能力。即使是土地开发和经济发展程度最高的太湖地区，在湖沼尚未被过度开垦的情况下，主要蓄洪机制仍未遭破坏，洪涝灾害不很严重，况且晚唐、五代国家组织屯田垦殖和农田水利建设，都比较重视灌溉与排涝、用水与御水有机统一，逐渐形成中国水利史杰作——诸多功能相互协调的塘浦圩田系统，因而当地整体水环境还处于相当良好的状况，区域水系发生严重紊乱乃是宋代特别是南宋以后的事情。[4]中游地区经济开发较之下游地区滞后不少，人类活动对湖泊生态的影响自然更小。

综上所述，就整个长江中下游地区而言，中古时代湖泊变化“具有全流域

[1]（宋）范成大：《（绍定）吴郡志》卷19《水利下》引，江苏古籍出版社，1999年，第285页。

[2]（宋）范成大：《（绍定）吴郡志》第48《考证》，江苏古籍出版社，1999年，第633-635页。《史记》卷2《夏本纪》张守节“正义”云：“五湖者，菱湖、游湖、莫湖、贡湖、胥湖，皆太湖东岸，五湾为五湖，盖古时应别，今并相连。”中华书局，1959年，第59页。

[3] 具体情况可参见张修桂：《太湖演变的历史过程》，《中国历史地理论丛》2009年第1辑，第5-12页。

[4] 魏嵩山：《太湖水系的历史变迁》，《复旦学报》1979年第2期，第58-64页。

性的湖泊扩展”趋向。谭其骧等认为：“除地势低洼、河道阻塞、客水入侵等局部性因素外，全流域地表径流量的增大是最重要的因素。”而这些又是“与我国高温气候相伴生的，在长江流域出现了一个多雨期。长江中下游湖泊在隋唐以后湖泊迅速扩展，与此高温多雨期有着重大的关系”。[1]

最后简要介绍岭南、云贵等地区的水环境面貌。[2]

在了解这些地区水环境状况之前，必须首先把握其自然环境的两个主要特征：一是其气候比长江中下游更加湿润炎热，降水更加丰沛，水资源因此亦更加丰足；二是这些地区地形极为复杂，处处是崇山峻岭、高崖绝壑，只有一些小型的河谷平原和山间盆地，地势落差极大，河流特别湥急。由于这些基本特征，岭南和云贵水资源环境与长江中下游相比亦是差异很大。

今广东、广西、福建以及海南岛大抵属于岭南。珠江是岭南地区最大的水系，由东江、西江和北江共同组成，中古时代珠江下游三角洲尚在逐渐形成过程中，今广州以东的大片陆地，当时大多还是海湾，由于珠江所携带泥沙逐渐淤积，这些海湾缓慢但逐渐加速地演变为岛屿洲潭的地理景观，如今天所见之珠江三角洲，是在相当晚近时期才逐渐形成的。[3]今福建境内主要是山地，由于武夷山的绵亘，闽江、汀江、晋江等都是流程短促并且独自入海的河流，水流大而湥急，但中古文献缺少具体记载。由于两广、福建都面朝浩瀚的海洋，海岸线曲折漫长，沿海地区有着众多港湾，当地人民所面对的不仅是陆地河流，更有大海的潮起潮落，向大海讨生活是沿海地区人与自然关系的一大特点，这使得当地经济、社会发展表现出与内陆地区诸多不同的特色。

仅就陆地情况而言，中古时代初来乍到岭南的北方人士对当地水环境有两个最突出的印象和感受，其中之一是诸河水流湍急、汹涌难渡，令人怖畏。这在唐代诗文之中有很多反映。唐玄宗先天元年（712 年），宋之问自桂州赴梧州，途经桂江（即漓江）的龙目险滩，便深有感触，写下了“停午出滩险，轻舟容易前。峰攒入云树，崖喷落江泉”的诗句[4]；在经过桂江县的黎壁时，他又赋诗写下了自己更惊悚的感受，称：“放溜觌前溆，连山分上干。江回云壁转，天

[1] 谭其骧、张修桂：《鄱阳湖演变的历史过程》，《复旦学报》1982 年第 2 期，第 42-51 页。

[2] 本节所引材料多由笔者指导的博士生李荣华同学搜集和整理，略有补充。见李荣华：《适应与改造：环境史视野下的汉唐南方饮食和疾病研究》，博士学位论文，南开大学，2010 年，第 29-60 页。

[3] 周源和：《珠江三角洲的成陆过程》，《历史地理》（第 5 辑），上海人民出版社，1987 年，第 59-62 页。

[4]（唐）宋之问：《下桂江龙目滩》，收入《全唐诗》卷 53，中华书局，1960 年，第 650 页；（唐）宋之问撰，陶敏、易淑琼校注：《宋之问集校注》卷 3，中华书局，2001 年，第 566 页。

小雾峰攒。吼沫跳急浪，合流环峻滩。欹离出漩划，缭绕避涡盘。舟子怯桂水，最言斯路难。”[1]后来戴叔伦在经过泷水（即武溪水）之时，亦留下了诗句，称“泷水天际来，鼻山地中坼。盘涡几十处，叠溜皆千尺。直写卷沉沙，惊翻冲绝壁。淙淙振崖谷，汹汹竟朝夕。人语不自闻，日光乱相射。舣舟始摇漾，举棹旋奔激。既下同建瓴，半空方避石。前危苦未尽，后险何其迫。”[2]韩愈被谪贬岭南，在途经连县贞女峡时曾经感叹道：“江盘峡束春湍豪，风雷战斗鱼龙逃。悬流轰轰射水府，一泻百里翻云涛。漂船摆石万瓦裂，咫尺性命轻鸿毛。”[3]到了乐昌县的武水昌乐泷，又写下了“南行逾六旬，始下昌乐泷。险恶不可状，船石相舂撞”的诗句。[4]

然而这个地方的河流，不但滩险水急令人时感性命之忧，还有更可怕的瘴毒。其时，岭南处处古木幽深，荫天蔽日，兼以气候炎热潮湿，死腐植物枝叶和动物遗骸等所散发的气体在密林之中蒸郁、弥漫而成毒瘴，穿行流淌在郁密森林中的河流因而亦成为“瘴江”，当年马援南征交趾，称这个地区“下潦上雾，毒气重蒸，仰视飞鸢跕跕堕水中”[5]，合浦郡的合浦江便是这样一条毒江。《通典》记载：南朝刘宋曾设置临瘴郡，“以其界内瘴江为名。”[6]《旧唐书》亦载合浦郡“州界有瘴江，名合浦江也”[7]。其江水北流，故隋朝在汉代合浦县地设置北流县，其“县南三十里，有两石相对，其间阔三十步，俗号鬼门关。汉伏波将军马援讨林邑蛮，路由于此，立碑石龟尚在。昔时趋交趾，皆由此关。其南尤多瘴疠，去者罕得生还，谚曰：‘鬼门关，十人九不还。’”唐人诗歌不时提到这个“鬼门关”。如神龙元年（705 年）沈佺期在赴驩州途中写下了《入鬼门关》一诗，称“昔传瘴江路，今到鬼门关”[8]；张均在其《流合浦岭外作》诗中也说“瘴江西去火为山，炎徼南穷鬼作关。”[9]时人经过这样的鬼门关，恐

[1]（唐）宋之问：《下桂江县黎壁》，收入《全唐诗》卷 51，中华书局，1960 年，第 624 页；《宋之问集校注》卷 3，中华书局，2001 年，第 567 页。

[2]（唐）戴叔伦：《下鼻亭泷行八十里聊状艰险寄青苗郑副端朔阳》，收入《全唐诗》卷 274，中华书局，1960 年，第 3115 页。

[3]（唐）韩愈：《贞女峡》，收入《全唐诗》卷 338，中华书局，1960 年，第 3788 页。

[4]（唐）韩愈：《泷吏》，收入《全唐诗》卷 341，中华书局，1960 年，第 3825 页。

[5]《后汉书》卷 24《马援传》，中华书局，1965 年，第 838 页。

[6]《通典》卷 184《州郡》记载：南朝宋在合浦郡设置临瘴郡。其郡名曰“临瘴”，原因不证自明。宋人明确指出：“以其界内瘴江为名。”《太平寰宇记》卷 169，中华书局，2007 年，第 3227 页。

[7]《旧唐书》卷 41《地理志》，中华书局，1975 年，第 1759 页。

[8]（唐）沈佺期：《入鬼门关》，收入《全唐诗》卷 97，中华书局，1960 年，第 1050 页；（唐）沈佺期撰，陶敏、易淑琼校注：《沈佺期集校注》卷 2，中华书局，2001 年，第 87 页。

[9] 据（宋）计有功：《唐诗纪事》卷 22，“张均”引，上海古籍出版社，1955 年，第 331 页。

惧的心情可以想见。

比起岭南，云贵高原和川南更是山高林密不见天日，涧深流急难闻其声。两汉时期文献偶尔提到当地的河泊湖泊。如关于滇池，《史记》称："（庄）蹻至滇池，方三百里，旁平地，肥饶数千里"[1]；《后汉书》亦载："池周回二百余里，水源深广，而未更浅狭，有似倒流，故谓之滇池。"[2]即便两汉记载非常稀少，人们都没有忘记提到当时瘴水的恐怖，舟江即是一条被多次提及的瘴江；南中地区"有不津江，江有瘴气。"不津江即今天的北盘江，是夜郎通往南粤之道[3]；位于今贵州盘州市和富源县一带的宛温，"县北三百里有盘江，广数百步，深十丈余。此江有毒气"[4]。在兴古"郡北三百里有盘江，广数百步，深十余丈，此江有毒气"；永昌郡东北的泸仓津也是一条瘴江，"此津有鄣气。往以三月渡之，行者六十人皆悉闷乱。毒气中物则有声；中树木，枝则折；中人，则令奄然青烂也"。[5]

中古时代对这个地区水环境的了解，与两汉相比有些进步，但不很显著，史书对当时河流湖泊略有记载。例如，《宋书》记载晋孝武帝时宁州刺史费统上言："所统晋宁之滇池县，旧有河水，周回二百余里。"[6]滇池在唐代又名为昆池，樊绰《蛮书》称："昆池在柘东城西，南北百余里，东西四十五里。水源从金马山东北来。水阔二丈余，清深迅急，至碧鸡山下，为昆州，因水为名也。土蛮亦呼名滇池。按今晋宁川中，自有大池在东南，当是滇池。水不可呼池，乃蛮不能别。滇池水亦呼东昆池。"[7]相比较而言，《蛮书》对这个地区水环境记载最多，除对安宁河、雅砻江、金沙江、澜沧江、伊洛瓦底江等大河的发源、流经、分合情况有较详细记载外，还记载了滇池等若干湖泊，相关记载涉及水文状况、水源利用、植被生物等，最有特点的是记载桥梁颇多，反映了当地居民为克服大河深涧阻隔建造索桥的独特区域风情。另一方面，中古文献关于这个地区瘴气的记载仍然不断，其中多涉及江河瘴气。干宝《搜神记》称"汉永

[1]《史记》卷116《西南夷列传》，中华书局，1959年，第2993页。
[2]《后汉书》卷86《西南夷传》，中华书局，1965年，第2846页。
[3]《续汉书志第二十三》，《郡国志》引《南中志》，《后汉书》，中华书局，1965年，第3511页。并参见方国瑜：《中国西南历史地理考释》（上册），中华书局，1987年，第120页。
[4]《续汉书志第二十三》，引《南中志》，《后汉书》，中华书局，1965年，第3511页。
[5]《太平御览》卷791《四夷部》引《永昌郡传》，中华书局，1960年，第3509页。泸仓津当即今澜沧江，参见方国瑜：《中国西南历史地理考释》（上册），中华书局，1987年，第183页。
[6]《宋书》卷28《符瑞中》，中华书局，1974年，第802页。
[7]（唐）樊绰撰，向达校注：《蛮书校注》卷2《山川江源》，中华书局，1962年，第46页。按：《蛮书》又名《云南志》。

昌郡不违县有禁水，水有毒气，唯十一月、十二月差可渡涉，自正月至十月不可渡，渡辄病杀人。其气中有恶物，不见其形，其似有声，如有所投击。中木则折，中人则害，土俗号为‘鬼弹’”。自是因袭前人志怪之说，然而未可完全不予采信，因其他文献仍多记载当地水体的瘴气之毒，关于泸水（今金沙江）[1]，《水经注》称若水进入犍为朱提县后为泸江水，“有泸津，东去县八十里，水广六七百步，深数十丈，多瘴气，鲜有行者”。[2]流入泸津水的禁水同样是一条瘴河，郦道元特别指出：“此水傍瘴气特恶，气中有物，不见其形，其作有声，种木则折，中人则害，名曰鬼弹。惟十一月、十二月差可渡，正月至十月迳之，无不害人，故郡有罪人，徙之禁旁，不过十日皆死也。”[3]泸江水经过不韦县北部以后，“水之左右，马步之径裁通，而时有瘴气，三月、四月迳之必死，非此时犹令人闷吐。五月以后，行者差得无害”。[4]这些记载表明：中古时代当地河谷不仅谷深水急，而且多有瘴毒，是一番极其令人恐怖的环境面貌，显然不利于人类活动。历史上云贵地区资源开发与经济社会发展最为迟滞，实因自然环境包括水环境限制。

第二节 农田水利发展及其重心转移

自进入农业时代以来，人类活动对水环境的改变日益加深。这些改变大体可以划分为两类情况：一类是不自觉地改变了水环境，主要是伐木翦草、垦山围湖等活动改变水环境，导致水源涵蓄和潴积能力下降，引起水土流失和旱涝灾害等环境问题，进而对社会经济造成不利影响；另一类则是人类对水环境有意识和有目标的改造，为了饮用、灌溉、运输和水患防御等目的，人们不断改变水体状况，发明和采用各种用水工具和设施，特别是大量兴建水利工程。由于水利建设和水资源利用涉及众多方面，问题复杂且区域差异很大，为使叙事脉络比较清晰，以下根据实际情况设置若干专题分别讲述。先讨论农田水利，仍采用南北分述方式。

[1] 方国瑜：《中国西南历史地理考释》（上册），中华书局，1987 年，第 145 页。

[2] 陈桥驿：《水经注校证》卷 36《若水》，中华书局，2007 年，第 826 页。方国瑜认为：“禁水”当即今蒲缥河，参见方国瑜：《中国西南历史地理考释》（上册），中华书局，1987 年，第 203 页。

[3] 陈桥驿：《水经注校证》卷 36《若水》，中华书局，2007 年，第 826 页。

[4] 陈桥驿：《水经注校证》卷 36《若水》，中华书局，2007 年，第 826 页。按：不韦县在今云南保山县南部一带。

一、北方农田水利

就北方地区而言，历史上水利工程建设的主要目标有三：一是导引水源以资灌溉，二是疏凿河道以通漕运，三是筑堤浚河以防水患。当然，在人口众多的地方（特别是城市），供给日常用水和为观赏园池补给水源，亦是修建水利工程的重要目的。在中古时代，这仅局限于长安、洛阳和邺城等若干大都城。

由于自然、社会条件的地域差异和时代变化，古人所面临的水资源问题和水利建设任务常常有所不同。如前所言，自东汉后期迄止唐代，黄河相对安稳，河患较少，不像其他时代那样经常发生全局性巨大灾害，因此大规模的黄河治理活动较少，见于文献记载的几项都是由州县官员临时主持开展，工程规模和人力、财力耗费，与两汉相比可谓很小，同后代相比更是难以相提并论。然而另一方面，自曹魏开始直到隋唐两代，为了发展灌溉和水运而开凿河渠，可谓不遗余力，其历史成就不仅令两汉瞠乎其后，就是后来的宋、元、明、清时代亦恐有所不及，显示了中古时代北方水利事业的突出成就。若单就农田水利建设来说，整个中古时代则有些起伏不定，在时空方面都表现出了一定差别，其中所反映的生态—经济—社会彼此影响和相互作用的历史关系，实有从更广阔视野予以深入揭示之必要。

整体上看，中古北方引水灌溉工程建设，与两汉相比不稍逊色，特别是唐朝前期（“安史之乱”以前），农田水利事业相当兴旺，但不同地区的具体情况不尽一致。大致而言，关中、河内以及黄淮之间多凭旧迹重建、扩建，新的工程有所增加；河东、河北地区则取得了比较突出的新成就。兹在前人研究基础上，援引史料分区略作介绍。

1. 关中地区

战国后期，秦国开凿郑国渠，关中地区大型水利工程建设因以肇端。西汉时期关中仍为京畿之地，水利建设成就更加卓著，白渠、龙首渠、六辅渠等相继开凿，形成了庞大的灌溉渠网，关中因而“灌浸相通”，成为当时最发达的农耕区域，史称“黍稷之饶，亩号一钟”[1]。然而自东汉迁都洛阳之后，关中水利受到的重视程度不复如前，此后又经长期战乱，水利工程几乎全部废毁。

魏晋南北朝至隋朝时期，不同政权对关中地区的水利设施均曾先后有一些整修之举，试图有所恢复。例如，曹魏明帝青龙元年（233 年）“穿成国渠，筑临晋陂，溉田数千顷，国以充实焉”[2]。前秦时期，“（苻）坚以关中水旱不时，议依郑白故事，发其王侯已下及豪望富室僮隶三万人，开泾水上源，凿山起堤，通渠引渎，以溉冈卤之田。及春而成，百姓赖其利”[3]。至西魏大统十六年（550 年），“太祖以泾渭溉灌之处，渠堰废毁，乃命（贺兰）祥修造富平堰，开渠引水，东注于洛。功用既毕，民获其利”[4]。北周武帝时又曾在同州重开龙首渠。[5]隋朝定都关中，对当地水利建设自然重视，隋文帝初年即曾“开渠，引杜阳水于三畤原”[6]。此外见于《隋书》记载的，还有武功永丰渠、普济渠，泾阳茂农渠，华阴白渠等。[7]但隋朝国祚短促，水利事业尚未真正展开即告覆亡。因此，自东汉至隋朝，关中水利事业总体上说并不兴旺。

唐朝前期，关中水利事业重新振兴，除了不断整修和增凿漕渠以便漕运，凿渠引水运送木材薪炭和注水入城以供生活所需之外，也大力整修旧渠和筑凿新的堰渠以利农田灌溉。白渠是唐代关中灌溉渠系的主体，在郑国渠已经丧失灌溉功能的情况下，唐朝为了保证当地农业生产用水需要，对白渠进行扩修，在原白渠的基础上增凿了两条干渠，形成由太白渠、中白渠和南白渠三条引水渠道组成的三白渠灌溉系统，虽然与秦汉时期由郑、白二渠为主体构成的灌溉渠系相比，灌溉总面积仍恐有所不及，却是关中农业生产特别水稻种植的命脉所系。此外还有升原渠，宋敏求《长安志》称：“升原渠在（兴平）县南一十五里。……其原出汧水，自凤翔—虢县城西北原流至武亭，河流数里，西南至六门堰东，成国渠河流，西南出县界，……以其升原而流，故名之。”[8]这是一条功兼漕运和灌溉的大型水渠，对关中西部的农田灌溉意义重大。关中平原东部，则有唐玄宗时期由同州刺史姜师度主持兴建的引雒堰黄灌溉工程。史载师度

[1]《晋书》卷 56《江统传》引江统：《徙戎论》，中华书局，1974 年，第 1531 页。

[2]《晋书》卷 1《宣帝纪》，中华书局，1974 年，第 7 页。

[3]《晋书》卷 113《苻坚载纪上》，中华书局，1974 年，第 2899 页。

[4]《周书》卷 20《贺兰祥传》，中华书局，1971 年，第 337 页。

[5]《周书》卷 5《武帝纪上》，中华书局，1971 年，第 66 页；《隋书》卷 24《食货志》，中华书局，1973 年，第 680 页。

[6]《隋书》卷 1《高祖纪上》，第 16 页；《隋书》卷 46《元晖传》，中华书局，1973 年，第 1256 页。

[7]《隋书》卷 29《地理上》，中华书局，1973 年，第 808-809 页。

[8]（宋）宋敏求：《长安志》卷 14《兴平县》，成文出版社有限公司，1931 年，第 331 页。

“于朝邑、河西二县界，就古通灵陂，择地引雒水及堰黄河灌之，以种稻田，凡二千余顷，内置屯十余所，收获万计”。工程规模及功效均颇为可观。[1]此外还有不少规模较小的引水灌溉工程见于文献记载，例如，郑县“西南二十三里有利俗渠，引乔谷水；东南十五里有罗文渠，引小敷谷水，支分溉田，皆开元四年（716 年）诏陕州刺史姜师度疏故渠，又立堤以捍水害”；虢县东北十里有高泉渠；回乐县“有特进渠，溉田六百顷”；陕县有南、北利人渠和广济渠；宝历元年（825 年），高陵令刘仁师改修旧渠，开刘公渠，筑彭城堰等。[2]唐代关中水利建设的一个重要发展，是在各大水渠上大量设堰，其中有的是固堰，更多则是斗门堰（亦称洪堰）。它们一方面用于拦截河水和提高入渠水位，保证水源供给；另一方面用于调节用水，分流渠水进入支渠和农田，渠系设施更加完整和科学。[3]

2．河东地区

河东在汉唐两代均为重要农业区，故史志多有转漕河东之粟的记载。不过，河东农田水利建设在汉代成绩不显，较大的一次兴建之举是西汉河东太守番系请穿渠引汾水灌溉皮氏、汾阴，引黄河水灌溉汾阴、蒲阪。番系筹算：此项工程竣工之后，把当地百姓用以种植茭草和放牧的河谷荒地改造为灌溉农田，可得五千顷，年得谷二百万石以上。他的建议得到汉武帝认可，于是朝廷遣士卒数万人作渠田。可惜数年之后由于黄河移徙，引水灌溉未能取得显著成效，耕种者收不偿种，引水工程后来基本上被废弃，少数可种之田交付移徙当地的越人耕种，少府只稍能获得一些租税收入。[4]魏晋南北朝时期，河东为诸胡杂居之地，经济生产以牧业为重，因此文献亦不载当地有大型水利工程兴修。

及至唐朝前期，社会政治安定，更因河东乃是李唐王朝发迹之地，农业生产和水利建设都受到较高重视，地方官员相继主持兴建了一批引水灌溉工程。据《新唐书》记载：虞乡北十五里有涑水渠，自闻喜引涑水下入临晋，系贞观十七年（643 年）刺史薛万彻主持开凿；龙门北三十里有瓜谷山堰，贞观十年

---

[1]《旧唐书》卷 185 下《良吏下・姜师度传》，中华书局，1975 年，第 4816 页。

[2] 均据《新唐书》卷 37《地理志一》，中华书局，1975 年，第 960-976 页。

[3] 详情参见廖幼华：《史书所记唐代关中平原诸堰》，收入史念海主编：《汉唐长安与关中平原》，（中日历史地理合作研究论文集第二集），《中国历史地理论丛》1999 年增刊，第 149-168 页。

[4]《史记》卷 29《河渠书》，中华书局，1959 年，第 1410 页；《汉书》卷 29《沟洫志》，中华书局，1962 年，第 1689 页；（唐）杜佑撰，王文锦、王永兴等点校：《通典》卷 2《食货二》，中华书局，1988 年，第 34 页。

(636 年）筑；东南二十三里又有十石垆渠，贞观二十三年（649 年）由县令长孙恕组织开凿，溉田良沃，亩收十石；西二十一里有马鞍坞渠，亦为长孙恕所凿；曲沃东北三十五里有新绛渠，永徽元年（650 年）县令崔翳引古堆水溉田百余顷；闻喜东南三十五里有沙渠，仪凤二年（677 年），皇帝下诏引中条山水于南坡下，西流十六里，溉涑水以南田地；文水西北二十里有栅城渠，系贞观三年（629 年）当地百姓自发开凿，导引文谷水溉田数百顷；文水西十里有常渠，引文水南流入汾州，武德二年（619 年）由汾州刺史萧觊组织开挖；东北五十里有甘泉渠，二十五里有荡沙渠，二十里有灵长渠、千亩渠，俱引文谷水，溉田数千顷，皆系开元二年（714 年）县令戴谦主持开凿。此外，太原有晋渠，贞观年间长史李绩因当地水苦不可饮用，架汾引晋水入东城，系一项饮用水引流工程。[1]中唐之后还有一些兴修水利之举散见于其他文献记载，例如，绛州刺史韦武主持"凿汾而灌注者十有三渠，环绛而开辟者三千余顷"[2]；名将马燧曾"股引汾晋二川，涨为平湖，能顺地沕，以导水势"，附近之地因得灌溉之利。[3]这些工程对于改善河东地区的水利灌溉条件，促进农业生产发展，发挥了积极作用。

3. 河北地区

河北地区水利工程建设始于战国时代，魏国西门豹渠是久负盛名的大型灌溉工程。西汉时期，这个地区的水利建设，除黄河治理工程之外少有大举。至东汉时期，河北农业开发力度增强，相继兴建了若干新的引水灌溉工程。但取得更大发展是在进入中古以后。魏晋北朝时期，河北地方官员主持兴建水利工程的事迹颇见于文献记载，至唐代前期，河北道乃成为全国诸道中水利工程兴建项数最多的地区，虽然有些是凭旧迹整修、扩建，但有很多新建工程，以河内（以邺城为中心）和燕蓟两个地区成绩最显著，其他地方亦颇有兴建。

河内位于河北地区的西南部，今属河北省南部和河南省的黄河以北部分，在汉唐历史上，这是一个十分重要的地区。它地处太行山东南麓，黄河由其南侧出黄土高原，下落于华北大平原，其内则有沁、丹、漳、淇诸水流过，地理

[1] 以上均见《新唐书》卷 39《地理三》，中华书局，1975 年，第 999-1023 页。
[2]（唐）吕温：《唐故银青光禄大夫京兆尹兼御史大夫上柱国赠吏部上书京兆韦公神道碑铭并序》，收入（清）陆心源编：《唐文拾遗》卷 27，清光绪刻本。
[3]（唐）权德舆：《司徒兼侍中上柱国北平郡王赠太傅马公行状》，《全唐文》卷 507，中华书局，1983 年，第 5162 页。

环境颇为独特，兴建水利工程也最早，西门豹渠即是在这个地区。

曹魏曾建都邺城，故对河内地区的水利甚是重视。不过，曹魏最先兴建的是引水通漕工程。东汉末年，曹操为了征伐袁尚，在淇水口立堰拦截淇水入白沟，以通漕运。由于某种原因，该项工程曾一度废毁，至北魏时复加重修。其后，曹操又凿渠引漳水入清、洹、白水诸河并与黄河沟通，形成河渠运输网络。《水经注》称："汉献帝建安十八年（213 年），魏太祖凿渠，引漳水东入清、洹，以通河漕，名曰利漕渠。"[1]虽然该项工程乃为漕运而建，对周围农田灌溉可能也发挥了一些作用。此外，曹氏还在邺西十里之处建筑了漳渠堰，引水入邺城。[2]曹魏时期的另一项重要工程则主要为了灌溉，这就是著名的天井堰。该项工程是在战国时代"漳水十二渠"的基础上重修而成，工程形式是："二十里中，作十二蹬，蹬相去三百步，令互相灌注，一源分为十二流，皆悬水门。"[3]《邺中记》称："当魏文侯时，西门豹为邺令，堰引漳水溉邺以富魏之河南。后史起为邺令，引漳水十二渠灌溉于魏田数百顷，魏益丰实，后废堰田荒。魏时更修通天井堰，邺城西南漳水十八里中细流东注，邺城南二十里中作二十堰。"[4]规模较之战国时期的"漳水十二渠"似有增大。十六国时期，由于持续战乱，当地水利工程复遭严重破坏，北魏时期才有所恢复。北魏李阿难曾经主持凿导漳水以溉田，故其工程又称"阿难渠"，但在郦道元撰写《水经注》时又成为枯渠[5]。又据《魏书》记载：当时邺城附近还有石窦堰，天平年还决漳水开凿了万金渠，后称天平渠[6]。东魏时期曾"发夫五万筑漳滨堰"[7]。北齐时期，高隆之"以漳水近于帝城，起长堤以防泛溢之患。又凿渠引漳水周流城郭，造治水碾硙，并有利于时"[8]，似乎是一个导引漳水方便邺城一带粮食水力加工的工程。在这个地区的西南角，曹魏时期司马孚曾对沁水下游的一处水利工程进行了改造，主要是将容易朽败的木门堰改造为石堰，使该堰更加牢固，以利于堰水灌溉农田。[9]

---

[1] 陈桥驿：《水经注校证》卷 10《浊漳水》，中华书局，2007 年，第 262 页。
[2]（南朝梁）萧统编：《文选》卷 6《赋丙》，《魏都赋注》，上海古籍出版社，1986 年，第 277 页。
[3] 陈桥驿：《水经注校证》卷 10《浊漳水》，第 258 页。
[4]（宋）李昉编：《太平御览》卷 73 引，中华书局，1960 年，第 344 页。
[5] 陈桥驿：《水经注校证》卷 9《淇水》，中华书局，2007 年，第 238 页。
[6]《魏书》卷 106 上，《地形志上》，中华书局，1974 年，第 2456 页。
[7]《资治通鉴》卷 158《梁纪十四》，中华书局，1956 年，第 4908 页。
[8]《北齐书》卷 18《高隆之传》，中华书局，1972 年，第 236 页。
[9] 陈桥驿：《水经注校证》卷 9《沁水》，中华书局，2007 年，第 229 页。

隋唐时期，河内地区的水利建设继续取得了较大发展。在安阳周围地区，隋炀帝时曾引沁水入黄河，属于永济渠工程的一部分；唐高宗咸亨年间（670—674年）开凿高平渠（安阳西二十里），引安阳水东流溉田，入广润陂；此外有金凤渠（邺县南五里），引天平渠下流溉田；有万金渠（尧城北四十五里）引漳水入故齐都领渠以溉田；有菊花渠（临漳以南）自邺引天平渠水溉田，屈曲经三十里；菊花渠北三十里有利物渠，自滏阳下入成安，并取天平渠水以溉田，分别由地方官李景、李仁绰等主持开凿。[1]在怀州，隋时刺史卢贲“决沁水东注，名曰利民渠，又派入温县，名曰温润渠，以溉舄卤，民赖其利”[2]。唐代河阳节使观察使温造曾役工四万，重新开浚古秦渠枋口堰，灌溉济源、河内、温、武陟四县农田五千余顷[3]；肥乡县则有由韦景骏主持兴建的一项御水工程。[4]

中古时期，燕、蓟地区（今北京市周围）的水利建设成就显著，促进了当地土地开发和农业发展。史书记载：早在战国时期，当地就建有著名的督亢陂，成为燕国最富饶的地方；东汉时，张湛曾在狐奴一带治水种稻。从曹魏开始到北齐时期，先后有多位地方官员在这里进行大规模水利工程建设，农田灌溉面积不断扩大，奠定了当地农业特别是稻作发展的基础。根据西晋元康五年（295年）所立石碑，曹魏时人刘靖组织兴建了一项大型工程，“立遏于水，导高梁河，造戾陵堨，开车箱渠”。史称其“长岸峻固，直截中流，积石笼以为主遏，高一丈，东西长三十丈，南北广七十余步。依北岸立水门，门广四丈，立水堨，长十丈。山水爆发，则乘遏东下，平流守常，则自门北入。灌田岁二千顷。凡所封地，百余万亩”。随后皇帝又下诏“以民食转广，陆废不赡，遣谒者樊晨更制水门，限田千顷，刻地四千三百一十六顷，出给郡县，改定田五千九百三十顷。水流乘车箱渠，自蓟西北迳昌平，东尽渔阳潞县，凡所润含，四五百里，所灌田万有余顷”。该堨建成后发挥作用达三十六载，至西晋元康五年（295年）夏，因“洪水暴出，毁损四分之三，剩北岸七十余丈。上渠车箱，所在漫溢”。刘靖之子刘弘继承父业，命逢恽率领将士2 000人“起长岸，立石渠，修主遏，治水门，门广四丈，立水五尺。兴复载利，通塞之宜，准遵旧制，凡用功四万有

[1]《新唐书》卷39《地理志三》，中华书局，1975年，第1012页。
[2]《隋书》卷38《卢贲传》，中华书局，1973年，第1143页。
[3]《旧唐书》卷165《温造传》，中华书局，1975年，第4318页；《新唐书》卷91《温造传》，中华书局，1975年，第3786页。
[4]《新唐书》卷197《循吏・韦景骏传》，中华书局，1975年，第5626页。

余焉”。并得到了当地民众的支持和帮助。[1]北魏时期，原本“径五十里”的范阳郡督亢渠和“广袤三十里”的戾陵堨皆废毁，致使“时水旱不调，民多饥馁”。幽州刺史裴延儁主持重修，“溉田百万余亩，为利十倍”。[2]上述工程在相当长时间里发挥了良好的灌溉效益。隋唐时代，这一带的水利建设主要是在魏晋北朝基础上加以整修。但也有一些新建工程，如渔阳有沧州刺史姜师度所开平虏渠，三河以北 12 里处有渠河塘，西北 60 里处有可溉田三千顷的孤山陂，均不见于前代文献记载。[3]

河北中部以及沿海一带的水利建设颇值得注意。前述两个地区的水利建设均有前代基础，而后两个地区则基本上是新建的工程，且基本上都是唐代前期新建。由于这一地区河流众多，地势低下，易遭水患，故水利工程兴修乃是凿渠、筑堤、疏河相并重，河渠同时兼有水运之利，相关工程的数量均较可观。据《新唐书·地理志》记载：唐代这两个地区的水利工程项目有数十个之多，其中获鹿县有大唐渠、太白渠、礼教渠；信都有葛荣陂、赵照渠；南宫有浊漳堤、通利渠；堂阳也有一渠引巨鹿水入境并下入南宫县，又有漳水堤；枣强有衡漳右堤；衡水县有羊令渠；平棘县有广润陂“引太白渠以注之”，又有毕泓；宁晋县有新渠，“引洨水入城以溉田”；昭庆县城下有澧水渠“以溉田通漕”；柏乡县有千金渠、万金堰，“以疏积潦”；河间县有长丰渠“自东城、平舒引滹沱东入淇通漕，溉田五百余顷”；莫县有“九十九淀”之水资以灌溉；任丘有通利渠“以泄陂淀……得地二百余顷”；清池一带的工程更多，有永济堤二、明沟河堤二、李彪淀东堤、徒骇河西堤、衡漳堤二、浮河堤、阳通河堤、永济北堤等御涝堤坝 11 项，此外还有两条水渠，以及无棣、阳通二河疏通工程。[4]薛大鼎任沧州刺史时，除疏导无棣河之外，“又疏长芦、漳、衡三渠，泄污潦，水不为害”。[5]盛唐时期，“（宇文）融又划策开河北王莽河，溉田数千顷，以营稻田，事未果而融败……”[6]诸如此类，不能一一尽述。

魏晋至唐前期河北水利事业发展，与当地土地垦殖和农业发展互相配合，彼此映照，河北地区的经济之所以能够持续发展，地位不断上升，终于超越两

[1] 陈桥驿：《水经注校证》卷 14《鲍丘水》，中华书局，2007 年，第 340 页。
[2]《魏书》卷 69《裴延儁传》，中华书局，1974 年，第 1529 页。
[3]《新唐书》卷 39《地理志三》，中华书局，1975 年，第 1022 页。
[4] 以上均见《新唐书》卷 39《地理志三》，中华书局，1975 年，第 1009-1023 页。
[5]《新唐书》卷 197《循吏·薛大鼎传》，中华书局，1975 年，第 5621 页。
[6]《旧唐书》卷 48《食货志上》，中华书局，1975 年，第 2086 页。

汉水平之上，在唐代前期成为全国农业经济最繁荣的地区，与大规模水利建设和农业环境改善有着直接关系。

4. 河南地区

中古时代，河南地区以农田灌溉为目标的水利建设与河北相比稍显逊色，而漕运河渠开凿和整修则受到了更高程度的重视。这个地区的水上交通较早发达，众多河流互相沟通，形成水上交通网络。春秋后期开挖菏水，连通了淮、泗、济、河；战国初期鸿沟开凿则将淮河中上游诸水连接起来，并与淮、泗、河、济相接，从而黄、淮两大水系实际上渐成一体，成为一个由众多河流组成的庞大水系和水运系统。另一方面，黄、淮两大水系互相连通，也给这一地区带来了严重不利影响。[1]秦汉以后，当地水运进一步受到重视。魏晋南北朝时期，徐淮之间为南北政权对峙的前线，出于军事上的需要，曹魏、西晋和北魏均对黄淮之间的运道非常重视；而南方政权组织北伐（如桓温、刘裕北伐），亦努力使水运航道通畅，故常有决淤塞、通水运之举。隋朝开通大运河，这里属于通济渠段，是整个工程中最受重视的一部分。在唐代特别是“安史之乱”以后，通济渠更与李氏王朝生命攸关，因此，疏浚河渠水道，构筑堨堰、斗门，以保证水运河渠通畅，是这一地区水利事业的重中之重。相关问题将在后面专门叙述，兹暂从略。

虽然中古时代这个地区的灌溉工程相对较少，但在某些阶段仍然颇有成绩，其中以曹魏、西晋两代最为彰显。东汉时期，这里属于兖、豫之境，农业生产曾居于全国领先地位，水利事业也很兴旺，地方官员主持修建了大批陂渠灌溉工程。但由于战乱摧残，汉魏之际当地水利废弃、土地荒芜、百姓死徙，社会经济十分凋敝。曹操为了解决粮食问题，首先屯田许下，其后又于本地区各州郡普遍推行，以图恢复发展农业，农田水利建设亦渐次展开，其中淮、颍之间的屯田水利成绩最为显著。其时，有夏侯惇在襄邑，郑浑在萧、相二县兴筑陂堨，发展水稻生产，民赖其利；有豫州刺史贾逵遏汝水造新陂、断山溜长溪水造小弋阳陂，并通运渠二百余里，名贾侯渠。[2]规模最大的则是邓艾在淮、颍

[1] 详情请参见邹逸麟主编：《黄淮海平原历史地理》，安徽教育出版社，1997 年，第 111-112 页。

[2] 分见《三国志》卷 9《魏书・夏侯惇传》，中华书局，1959 年，第 268 页；《三国志》卷 16《魏书・郑浑传》，中华书局，1959 年，第 511 页；《三国志》卷 15《贾逵传》，中华书局，1959 年，第 482 页。

之间大举开屯田、兴水利。曹魏末期，司马懿“因欲广田积谷，为兼并之计，乃使邓艾行陈、项以东，至寿春地。艾以为田良水少，不足以尽地利，宜开河渠，可以大积军粮，又通运漕之道。乃著《济河论》以喻其指”。邓艾认为，当时北方已经稳定，战略重点转向淮河一线，因此应当加强南境经济建设。他指出：“陈蔡之间，土下田良，可省许昌左右诸稻田，并水东下。令淮北二万人、淮南三万人分休，且佃且守。水丰，常收三倍于西，计除众费，岁完五百万斛以为军资。六七年间，可积三千万余斛于淮北，此则十万之众五年食也。以此乘敌，无不克矣。”他的建议得到司马懿赞许，于是“皆如艾计施行。遂北临淮水，自钟离而南横石以西，尽沘水四百余里，五里置一营，营六十人，且佃且守。兼修广淮阳、百尺二渠，上引河流，下通淮颍，大治诸陂于颍南、颍北，穿渠三百余里，溉田二万顷，淮南、淮北皆相连接。自寿春到京师，农官兵田，鸡犬之声，阡陌相属”。史称此后“每东南有事，大军出征，泛舟而下，达于江淮，资食有储，而无水害，艾所建也”[1]。可见这次大举兴修水利、发展生产的行动取得了很大成功，对西晋平定东吴、统一中国产生了积极影响。西晋时期，当地造陂遏水种植水稻对下游农业生产也造成了一些不良影响，因而受到了杜预的批评（详下），但这毕竟是该地区水利建设成绩最可称道的一段历史。

杜预关于淮河流域以陂塘为主水利工程负面影响的批评值得特别注意。由于这个地区以低湿平原为主，防洪排涝是最大问题，农业生产的主要威胁是水涝灾害。魏晋南北朝时期，江、汉、河、济的水灾多属渍涝，洪水暴发成灾的记载相对较少。这固然是与东汉以来黄河长达近八百年的安流局面有关，但当时这个地区河流湖泽众多，蓄水能力强，也减少了洪水暴发的概率。但每当霖雨不解，一些低洼地区就会形成渍涝沼泽，影响农田垦殖和农业生产正常开展。在社会稳定、人口增多之时，如何排泄积潦、扩大垦殖就成为一大难题。[2]

前已述及，在东汉以后，河南地区农业开发进程不断加快，当地陂塘水利亦取得较快发展，曹魏时期在淮河流域大举屯田积谷，“大治诸陂”，对于发展以水稻种植为主的农业生产自然发挥了相当积极的作用。然而随着时代变迁，水利设施也可能由“利”变“害”。一些地区因为公私兴建陂塘过多，开发无序，

[1]《晋书》卷 26《食货志》，中华书局，1974 年，第 785-786 页。

[2] 相关问题水利史家已有专门论述。参见武汉水利电力学院、水利水电科学院《中国水利史稿》编写组：《中国水利史稿》（上册），水利电力出版社，1979 年，第 242-260 页。

缺乏系统的规划，处处陂塘大量蓄水，一旦暴雨成灾或洪水激荡，陂塘水利反而变成下游水害。同时，随着人口增加，陆续大举修建的陂塘因占地过多，亦成为进一步开展土地开发的障碍。这些矛盾在西晋时期都比较突出地表现出来。其时，淮河流域经刘馥、邓艾等长期经营，经济发达，人口显著增长，然而其地大量陂塘缺乏统一管理和有效维护，在雨水多的年份往往积潦成灾。史书记载：自泰始四年到咸宁四年（268—278 年）的十一年间，黄淮地区连年大水，泰始四年（268 年）九月、咸宁三年（277 年）九月、咸宁四年（278 年）七月洪灾尤剧，都给当地人民生产、生活造成了很大困扰。

晋武帝咸宁三年（277 年），皇帝以“今年霖雨过差，又有虫灾。颍川、襄城自春以来略不下种，深以为虑”，诏令大臣提供解决办法。[1]杜预上疏认为：“今者水灾东南特剧，非但五稼不收，居业并损，下田所在停污，高地皆多硗塉，此即百姓困穷方在来年”，而要解决这一问题，就需“大坏兖、豫州东界诸陂，随其所归而宣导之”。杜预提出这个建议，既为临时度过灾荒考虑，亦为长远之计。就近而言，决泄部分陂塘后，可“交令饥者尽得水产之饶，百姓不出境界之内，旦暮野食，此目下日给之益也”，临时解决灾民乏食问题，避免因饥荒造成的灾民变为“流民”“乱民”，引起社会动荡；“水去之后，填淤之田，亩收数钟。至春大种五谷，五谷必丰，此又明年益也。”即经决陂泛滥之后的土地可以增进肥力、提高产量。从长远来看，他认为：“往者东南草创人稀，故得火田之利。自顷户口日增，而陂堨岁决，良田变生蒲苇，人居沮泽之际，水陆失宜，放牧绝种，树木立枯，皆陂之害也。陂多则土薄水浅，潦不下润。故每有水雨，辄复横流，延及陆田。”也就是说，由于户口增长，当地人地关系已经发生了变化，陂堨水利逐渐变成了沮泽水害，不仅无益于水田，而且损及陆田。要解决这些问题，就必须决坏一些曹魏以来兴修而时致水害的陂塘，恢复汉代旧貌，做到蓄泄得宜，他说：“汉氏旧陂旧堨及山谷私家小陂，皆当修缮以积水。其诸魏氏以来所造立，及诸因雨决溢蒲苇马肠陂之类，皆决沥之”“其旧陂堨沟渠当有所补塞者，皆寻求微迹，一如汉时故事。”在杜预看来，“川渎有常流，地形有定体，汉氏居人众多，犹以无患，今因其所患而宣写之，迹古事以明近，大理显然，可坐论而得。”总之，宣决部分容易引起水患的曹魏以来新修工程，既

[1]《晋书》卷 26《食货志》，中华书局，1974 年，第 787 页。按：《通典》卷 2《食货典·水利田》作“咸宁元年”，是因抄漏致误。《资治通鉴》则系杜预上疏于咸宁四年（278 年）。

能解决“陂堨岁决”所带来的水害，亦可保证农田灌溉和漕运用水。其时，朝廷拥有大量并不使用而徒费藁草食料的牛，杜预主张将那些占用土地很多的陂塘坏决以后空出来的田地分佃给将吏士庶，同时“分种牛三万五千头，以付二州将吏士庶，使及春耕。谷登之后，头责三百斛。是为化无用之费，得运水次成谷七百万斛，此又数年后之益也”。[1]从“朝廷从之”一语来看，杜预的建议可能被施行，但具体情况不详。

“永嘉之乱”以后，淮河两岸成为南北长期对垒、交锋之地，南北政权都重视在此屯田积谷，但农田水利工程兴废无常，虽然《水经注》记载了一些陂塘，表明民间小型水利建设仍在继续，但隋朝之前总体情况相当低落，由政府官员组织兴建的大型灌溉工程很少，文献中有几条相关记载。孝文帝太和四年（480年），徐州刺史薛虎子上表称“徐州左右，水陆壤沃，清、汴通流，足盈激灌。其中良田十万余顷。若以兵绢市牛，分减戍卒，计其牛数，足得万头。兴力公田，必当大获粟稻。一岁之中，且给官食，半兵耘植，余兵尚众，且耕且守，不妨捍边”。[2]他的建议是导引汴水等河灌溉军屯田地，实施与否情况不明。北魏末年南荆州刺史李愍“于州内开立陂渠，溉稻千余顷，公私赖之”。[3]算是一条具体记载。隋朝时期，仅有薛胄兴建的丰兖渠尚可称道。《隋书》记载：“先是，兖州城东沂、泗二水合而南流，泛滥大泽中，胄遂积石堰之，使决令西注，陂泽尽为良田。又通转运，利尽淮海，百姓赖之，号为薛公丰兖渠。”[4]算得上一项不错的工程。唐代地方官有若干兴修举措。《新唐书》载：符离有隋故牌湖堤，“灌田五百余顷，显庆（656—661 年）中复修”；北海县令窦琰“于故营丘城东北穿渠，引白浪水曲折三十里以溉田，号窦公渠”；莱芜西北十五里有普济渠；新息有隋故玉梁渠，开元年间（713—741 年）县令薛务增浚，“溉田三千余顷”。[5]当然，此一时期修凿疏浚的运渠工程不少兼有灌溉之利，因叙述起来不甚方便，略而不论。

以上为中古黄河中下游地区农田水利发展的梗概。由于政治环境、经济条件不同，自然条件亦有差异，同是北方地区，灌溉水利建设也表现出了多样性

[1]《晋书》卷 26《食货志》，中华书局，1974 年，第 787-790 页。
[2]《魏书》卷 44《薛野　附子虎子传》，中华书局，1974 年，第 997 页。
[3]《北齐书》卷 22《李元忠传附族人愍传》，中华书局，1972 年，第 318 页。
[4]《隋书》卷 56《薛胄传》，中华书局，1973 年，第 1388 页。
[5]《新唐书》卷 38《地理志二》，中华书局，1975 年，第 991、第 994、第 996 页。

的特点。黄土高原由于其土壤、植被特点所决定，水土流失和河渠侧蚀都十分严重，关中地区灌溉工程建设最突出的问题是如何解决由于渠道淤塞、渠床抬高而源水河道不断下切所导致的渠高河低引水困难；太行山以东以及其他山前地带，则需要重点解决汛期洪水凶猛而导致的堰闸颇繁隳坏、堤防溃决、渠道崩流等问题；在河流交错、地势低下的平原地区，则需灌溉和御涝兼顾，凿渠筑堤并举；河南地区根据当地自然条件特点，更多设堰遏水和建设陂塘。总体来说，本区西部更多地实行远程引水、分流灌溉，引水渠道一般比较长，工程较复杂；东部地区则多就地遏水为堰陂，引水渠道一般比较短，工程亦较简单。这是由东西部水资源丰俭程度以及地形、地势差异所造成的。

另一方面，农田水利建设是对水环境进行有益于农业生产的改造，基本目的是保证农田有充足灌溉水源，同时免受渍涝之害。不同的农作结构和耕作方式对水利建设有着不同的要求，这也是影响各地农田水利建设的一个重要因素，同一时代不同地区、同一地区不同时代，农作结构和耕作方式都存在变化和差异，这些因素无疑都会影响水利工程建设的功能目标取向。就以华北地区来说，农作结构自古以种植粟、麦等旱作为主，对农田水利的要求自然与南方水田农业区域不同。但是由于农业与环境的互动作用，历史上华北地区的农作结构是不断调整变化的，不仅粟作和麦作的地位在历史上发生了根本性转换，而且当地一直存在着一定规模的水稻生产，在种植业中所占比重也是不断变化的，中古时代是华北水稻种植最兴旺的一个时期，这与当时水环境尚属良好，水资源仍较丰富直接相关。令人惊讶的是，当时该地区大型水利工程建设大多与水稻种植有关，形成了一个彼此联系、相互作用的历史关系，即水环境—水利建设—水稻生产三位一体的关系。

5. 西北边地

关中以西、以北广大地区，自西汉开始都是主要屯戍之地，配合屯田事业的发展，有不少水利工程建设。只是东汉以后，由于民族关系变化，屯田和水利逐渐废弃，直到北魏以后才逐渐有所恢复。中古文献断断续续记载了一些相关地区的水利建设情况，其中既有复修亦有新建的工程。

北魏道武帝拓跋珪登国九年（394 年），皇帝北巡，“使东平公元仪屯田于河北五原，至于棝杨塞外”。[1]而《水经注》记载：“河水又东迳稒阳县故城南，王莽之固阴也。……河水决其西南隅，又东南，枝津注焉。水上承大河于临沃县，东流七十里，北溉田，南北二十里，注于河。”[2]元仪在此地屯田，大概兴建了导引黄河、枝津之水灌溉农田的工程，故《水经注》述之。半个世纪以后，北魏在银川平原兴建了更大的引黄灌溉工程——艾山渠。该渠是在刁雍主持下对汉代原有引黄灌渠工程进行改造和扩建而成。关于此事，《魏书》引刁雍奏表述其原委甚详。太平真君五年（444年），刁雍出任薄骨律镇将（其地在今宁夏吴忠市北）不久，即上表详论当地水利、屯田事宜，讨论引黄灌溉技术方略甚详，颇有助于理解古代西北屯田水利的意义，故兹特予详录。刁雍云：

> 时以夏中，不及东作，念彼农夫，虽复布野，官渠乏水，不得广殖。乘前以来，功不充课，兵人口累，率皆饥俭。略加检行，知此土稼穑艰难。夫欲育民丰国，事须大田。此土乏雨，正以引河为用。观旧渠堰，乃是上古所制，非近代也。富平西南三十里，有艾山，南北二十六里，东西四十五里，凿以通河，似禹旧迹。其两岸作溉田大渠，广十余步，山南引水入此渠中。计昔为之，高于水不过一丈。河水激急，沙土漂流。今日此渠高于河水二丈三尺，又河水浸射，往往崩颓。渠溉高悬，水不得上，虽复诸处案旧引水，水亦难求。今艾山北，河中有洲渚，水分为二。西河小狭，水广百四十步。臣今求入来年正月，于河西高渠之北八里、分河之下五里，平地凿渠，广十五步，深五尺，筑其两岸，令高一丈。北行四十里，还入古高渠，即循高渠而北，复八十里，合百二十里，大有良田。计用四千人，四十日功，渠得成讫。所欲凿新渠口河下五尺，水不得入。今求从小河东南岸斜断到西北岸，计长二百七十步，广十步，高二丈，绝断小河。二十日功，计得成毕，合计用功六十日。小河之水，尽入新渠，水则充足，溉官私田四万余顷。一旬之间则水一遍，水凡四溉，谷得成实。官课常充，民亦丰赡。[3]

在他看来，雨水缺乏是制约当地农业发展的主要因素，其解决之道是引黄

[1]《魏书》卷2《太祖纪》，中华书局，1974年，第26页。
[2] 陈桥驿：《水经注校证》卷3《河水三》，中华书局，2007年，第78页。
[3]《魏书》卷38《刁雍传》，第867-868页。刁雍的建议得到皇帝称许，诏曰：“卿忧国爱民，知欲更引河水，劝课大田，宜便兴立，以克就为功，何必限其日数也？有可以便国利民者，动静以闻。”

灌溉。《水经注》记载："河水又北，过北地富平县西。河侧有两山相对，水出其间，即上河峡也，世谓之为青山峡。"[1]据此，北魏的艾山应是对今青铜峡两侧牛首山和青山的统称。虽然艾山之南曾有旧渠，但由于年久失修，特别是由于河流下切导致河床下降，旧渠渠底高于河水平面二丈三尺，且因河水流急，渠口崩颓，无法继续引河水入渠。于是他主张开凿新的渠口，形成河床高于渠底的新引水渠道。次年春，艾山渠正式施工，先建干渠，后修渠首坝，工程规模很大，竣工之后取得了良好的效益，银川平原农田灌溉条件得到了显著恢复和改善，从刁雍本传的调粮事实来看，此地遂成为北魏西北边镇的一个重要产粮基地。就技术层面而言，刁雍解决了黄土高原引水灌溉渠道的一个普遍问题——由于河流下切和渠道壅塞导致渠高河低无法引水。他选择新渠口并于渠首建坝是一个合理的技术选择，效果很明显。有学者认为：艾山渠引黄灌溉工程"无论是从渠口的选址还是渠首坝的建筑来看，……引水技术都是相当合理与先进的。从干渠的形制与布局看，艾山渠规模很大，基本达到了黄河西岸能够自流灌溉的最大面积，充分显示出其输水技术的先进性。""艾山渠作为少数民族政权兴修水利工程的杰出代表，对其后银川平原水利事业的发展有极大的促进作用，奠定了其'塞北江南'形成的历史基础。"然而奇怪的是，数十年后郦道元著《水经注》，对这项重要工程只字未提，倒是唐人李吉甫《元和郡县图志》记载"薄骨律渠，在县南六十里，溉田一千余顷"[2]，但灌溉面积已较刁雍所说的"溉官私田四万余顷"（一说"四万余顷"当为"四千余顷"之误）大大缩小。有人认为这是因为当初没有建设泄洪设施，不能有效抵御洪水，导致工程寿命与功能都受到很大的制约。[3]

北魏统一北方以后，社会局面逐渐安定，朝廷对西北水利事业更为重视。孝文帝太和十二年（488年），曾专门下诏要求"六镇、云中、河西及关内六郡，各修水田，通渠溉灌"[4]。这个诏令应当得到了一定的执行。北魏甚至可能在河西地区兴建引祁连山雪水灌溉的水利工程，至少曾经有过有关主张。《魏书》记载，道武帝拓跋珪时，崔浩等一班朝臣围绕如何讨伐河西王沮渠牧犍发生了激烈争论，其中涉及河西水利问题。尚书古弼、李顺等称"自温圉河以西，至

[1] 陈桥驿：《水经注校证》卷3《河水三》，中华书局，2007年，第74页。
[2]（唐）李吉甫撰，贺次君点校：《元和郡县图志》卷4《关内道四》，《灵州·回乐县》，中华书局，1983年，第94页。
[3] 李令福：《论北魏艾山渠的引水技术与经济效益》，《中国农史》2007年第3期，第11-19页。
[4]《魏书》卷7下《高祖纪下》，中华书局，1974年，第164页。

于姑臧城南，天梯山上冬有积雪，深一丈余，至春夏消液，下流成川，引以溉灌。彼闻军至，决此渠口，水不通流，则致渴乏。去城百里之内，赤地无草，又不任久停军马……”而崔浩认为“……雪之消液，才不敛尘，何得通渠，引漕溉灌数百万顷乎？此言大诋诬于人矣”。李顺等辩称：“耳闻不如目见，吾曹目见，何可共辨？”崔浩认为对方是受了贿赂、替人说话。虽然事实似乎证明崔浩是正确的一方，但凿渠导引天梯山上的雪水灌溉，却是非常值得注意的主张[1]，并且那时很可能兴建了引雪水灌溉的工程。

东汉以后，西北水利整体上呈现明显颓废之势，但局部地区却有所发展，主要表现在敦煌一带，中原王朝的地方官员以及当地割据政权都曾经做出过一些努力。早先，当地农业生产和水利建设水平很低下，至曹魏齐王芳嘉平年间（249—254 年），循吏皇甫隆任敦煌太守，在当地教民“衍灌”，取得了较好成绩。[2]西晋末年以后，北方地区持续丧乱，河西地区相继建立了所谓“五凉”政权，各自保境，一隅之地相对安定，农业生产得以持续，水利建设也取得了一定成绩，修凿了一些渠堰设施。敦煌出土文书《沙州都督府图经》（伯希和 2005 号）记载了这个时期凿修的阳开渠、北府渠、阴安渠、孟授渠等，大抵都是引当地的甘泉水以资灌溉。[3]

及至唐代，西北边地水利得到了较大恢复和发展，陆续有一批新的水利工程始见于文献记载。例如，九原有陵阳渠，“建中三年（782 年）浚之以溉田，置屯，寻弃之。有咸应、永清二渠，贞元中，刺史李景略开，溉田数百顷”[4]。朔方在贞元七年（791 年）开凿了延化渠，“引乌水入库狄泽，溉田二百顷”[5]。灵州则有特进渠，因有此渠而“置营田六百顷”[6]，境内又有光禄渠，唐宪宗时因“废塞岁久，欲起屯田以代转输，（李）听复开决旧渠，溉田千余顷，至今赖之”。[7]散见于其他记载的工程还有多处，不一一详述。这些水利工程大抵都是与边塞屯田有关。

---

[1]《魏书》卷 35《崔浩传》，中华书局，1974 年，第 822-823 页。

[2]《三国志》称：“至嘉平中，安定皇甫隆代（赵）基为太守。初，敦煌不甚晓田，常灌溉滀水，使极濡洽，然后乃耕。又不晓作耧犁，用水，及种，人牛功力既费，而收谷更少。隆到，教作耧犁，又教衍溉，岁终率计，其所省庸力过半，得谷加五。”见该书卷 16《魏书・仓慈传》裴松之注引《魏略》，中华书局，1959 年，第 513 页。

[3] 冯培红：《唐五代敦煌的河渠水利与水司管理机构初探》，《敦煌学辑刊》1997 年第 2 期，第 67-83 页。

[4]《新唐书》卷 37《地理志一》，中华书局，1975 年，第 976 页。

[5]《旧唐书》卷 13《德宗纪下》，中华书局，1975 年，第 372 页。

[6]《旧唐书》卷 17 上《文宗纪上》，中华书局，1975 年，第 510 页。

[7]《旧唐书》卷 133《李晟传附听传》，中华书局，1975 年，第 3683 页。

值得注意的是沙州敦煌地区的水利建设。敦煌出土《沙州都督府图经》（P2005）、《沙州地志》（P5034）、《敦煌水渠》（P3560）[1]等多种文献显示：唐代沙州敦煌一带水资源比较紧张，授田文书往往将“田”“水”并提，意味着无水即无田，故当地人称“水是人血脉”，但那时水资源环境整体上还不算很恶劣，仍然颇多水泉、河流和泊泽，水系比较完整[2]，而人工开凿构筑的渠、池、堰、堤也比较多。李正宇曾系统整理当地水利资料，具列唐宋时代敦煌河、渠、泉、泽、井以及堰、坝、斗门等水源和水利设施共 103 所[3]，反映当时这个地区水资源尚未枯竭，灌溉水利事业也比较发达；另一方面，由于水资源毕竟相对贫乏，水资源利用、管理受到高度重视，故发展形成了相当完整的水利组织和管理体制。[4]

在更加遥远的今新疆地区，中古时代农田水利建设也没有完全中断。中原王朝和当地民族政权在汉代的基础上断断续续兴建了一些灌溉工程，对用水和渠道维护实施制度化的管理。魏晋承袭汉代在西域的统治，曾设西域长史，驻于海头（今罗布泊楼兰遗址一带）；置戊己校尉，驻于高昌（今吐鲁番东 20 千米处）。这两个地方都有军事屯田和灌溉水利工程。唐朝重新经营西域，在今新疆境内多地驻扎军队，经营屯田，水利事业更有新的发展。以地处吐鲁番盆地的高昌为例。吐鲁番出土的两份北朝文书——《功曹条任行水官文书》和《兵曹下八幢符为屯兵值夜守水事》中，分别记载了沮渠氏统治高昌时期地方官吏对民田用水的管理情况和军屯用水情况，而《魏书》亦记载当地“地多石碛，气候温暖，厥土良沃，谷、麦一岁再熟，宜蚕，多五果……引水溉田”[5]；《北周书》称高昌“国内总有城一十六，……诸城各有户曹、水曹、田曹”[6]。宣统三年（1911 年），考古学家在高昌故城附近发现了高昌麹乾固延昌十五年（575 年）高昌宁朔将军麹斌造寺碑的反面刻有麹斌施产造寺之时所订立的一份契约，其中提到寺的附近有渠、潢（蓄水陂塘）、泽（低湿水草地），还提到高昌地区

[1] 相关文书，郑炳林：《敦煌地理文书汇辑校注》一书都有收录。甘肃教育出版社，1989 年。

[2] 唐代敦煌水系和水资源状况，可参见李并成：《唐代敦煌绿洲水系考》，《中国史研究》1986 年第 1 期。

[3] 李正宇：《唐宋时代敦煌县河渠泉泽简志（一）——附〈唐宋时代敦煌县诸乡位置及渠系分布示意图〉》，《敦煌研究》1988 年第 4 期，第 89-97 页；李正宇：《唐宋时代敦煌县河渠泉泽简志（二）——附〈唐宋时代敦煌县诸乡位置及渠系分布示意图〉》，《敦煌研究》1989 年第 1 期，第 54-63 页。

[4] 详情可参见冯培红：《唐五代敦煌的河渠水利与水司管理机构初探》，《敦煌学辑刊》1997 年第 2 期，第 67-83 页。

[5]《魏书》卷 101《高昌传》，中华书局，1974 年，第 2243 页。

[6]《周书》卷 50《高昌传》，中华书局，1971 年，第 914-915 页。

各种田地的名目如“泽田”“潢田”等及其灌溉情况，如“泽田”用“漫水”（似指人工灌溉系统以外的地表水）灌溉，“潢田”靠“潢水”灌溉，“潢”是接受渠水的水池。该契约对灌溉水源作如此详细说明，一方面反映当地降雨很少、水源紧张，另一方面也表明其农业生产完全依靠人工灌溉，反映了当时高昌地区渠道纵横、泽潢棋布的农田水利景观。[1]唐朝征服高昌以后，以那里作为控驭辽阔西域的重要战略据点，设置了西州都督府，加强当地经济开发，水利事业也取得了显著发展，在前代基础上开垦了许多新的民田、官田、屯田，增设了不少灌溉设施。据孙晓林研究，唐代西州高昌县境内有 9 条灌溉渠道和相关配套设施[2]，需要常年进行维护。吐鲁番出土《唐开元二十二年公元七三四年西州高昌县申西州都督府牒为差人夫修堤堰事》中提到：单是高昌县的新兴谷内，就有堤堰 16 所，对它们进行维护年需“修塞料单功六百人”；城南草泽堤堰以及箭干渠“料用单功八百五十人”[3]。根据这份文书可知，为了维修水利工程，有时一次维修即需要征发胡、汉劳动力多达 1 500 人。[4]

6. 水利、稻作和盐碱治理

在概要介绍中古北方农田水利建设之后，我们稍作停顿，对这个区域农田水利建设与水稻种植和盐碱地改造之间的特殊关系稍作解说。关于北方水利、稻作与盐碱等问题，前人虽然已经分别做过很多研究，但对三者之间的历史关联尚未予以系统探讨。事实上，若不结合水稻生产和盐碱地改造，便不能理解古代北方农田水利建设的真正意义；反过来，不结合农田水利建设，亦无法认识北方曾经大规模种植水稻的生态条件和盐碱治理的方式和手段。

首先看农田水利建设与水稻种植的关系。综合大量史料分析，我们认为两者之间的相关性主要表现在两点：其一，从地带分布来说，水利工程建设比较有成绩的地方大都曾有可观的水稻生产；其二，文献明确记载，许多工程之兴建是以发展水稻生产作为直接目的。

---

[1] 参见钮仲勋：《魏晋南北朝时期新疆的水利开发》，《西域研究》1999 年第 1 期，第 21-24 页。

[2] 孙晓林：《唐西州高昌县的水渠及其使用、管理》，收入唐长孺主编：《敦煌吐鲁番文书初探》，武汉大学出版社，1983 年，第 519-543 页。

[3] 该文书的录文见于国家文物局古文献研究室、新疆维吾尔自治区博物馆、武汉大学历史系编：《吐鲁番出土文书》（第 9 册），文物出版社，1983 年，第 107-109 页。

[4] ［日］荒川正晴撰，沈玉凌、平劲松译：《唐代吐鲁番高昌城周边的水利开发与非汉人居民》，《吐鲁番学研究》2013 年第 2 期，第 122-131 页。

关于历史上黄淮海平原水稻生产的兴衰，邹逸麟曾经做过概括论述，他指出，汉代以前，“水稻的种植还限于很个别的地区”“与小麦相似，汉唐时期黄淮海平原上水稻的种植得到很大发展。所不同的是宋元以后小麦的种植日益发展，明清以来替代了黍稷成为平原的主要粮食，而水稻则自宋以后渐趋衰退。至今只占整个黄淮海地区耕地的 6%左右。因此可以说汉唐是黄淮海平原历史上水稻种植的最兴旺时期”。[1]他的意见不只适合于黄淮海平原，整个黄河中下游大抵都是如此。在此我们想要进一步指出的是，自上古至中古，黄河中下游乃至西北一些地区的水稻生产发展，是与农业不断由高原台地向低湿洼地推进和水利工程建设相同步的；宋代以后该区域水稻生产逐渐衰退，固然与水利逐渐失修有关，从根本上说，乃是由于地表水资源由比较丰裕逐渐走向严重短缺。

为了具体说明水利建设与水稻种植的关系，以下分区对中古北方各地的稻作略加介绍。

关中地区在先秦时代即有水稻种植，《诗经·小雅·白华》有“滮池北流，浸彼稻田”之句，指的就是引滮池之水灌溉稻田。两汉时期，当地水稻颇受称道，东方朔尝言：关中“有粳稻梨栗桑麻竹箭之饶，土宜姜芋，水多蛙鱼”[2]；西汉郑国渠、六辅渠灌区有由内史掌管的大片稻田。[3]东汉时人亦称赞雍州“畎渎润淤，水泉灌溉，渐泽成川，粳稻陶遂。厥土之膏，亩价一金”。[4]根据唐代的情况（详下）推测：秦汉关中灌溉渠网中应有大片稻田，水稻种植规模在当地农耕经济中可能占有相当大的比重。

魏晋南北朝时期关中稻作情况不明，由于社会动荡，水利失修，估计种植面积大大缩小，但在唐代取得了明显恢复和发展则是可以肯定的。根据唐代官员的相关议论，秦汉郑渠溉田四万顷，白渠溉田四千五百顷，唐高宗永徽年间（650—655 年），两渠灌浸已不过万顷，至代宗大历（766—779 年）初又减至六千二百余顷，而这六千二百余顷都是水田。[5]灌溉面积不断缩小的主要原因，是权贵之家沿渠设立大量水力碾、磨影响了稻田灌溉。这导致当地稻米生产能

[1] 邹逸麟主编：《黄淮海平原历史地理》，安徽教育出版社，1991 年，第 298-299 页。
[2]《汉书》卷 65《东方朔传》，中华书局，1962 年，第 2849 页。
[3]《汉书》卷 29《沟洫志》，中华书局，1962 年，第 1685 页。
[4]《后汉书》卷 80 上《文苑列传上》，中华书局，1965 年，第 2603 页。
[5]《通典》卷2《食货二》称：永徽六年（655 年），雍州长史长孙祥奏言：“往日郑白渠溉田四万余顷，今为富商大贾竞造碾硙，堰遏费水，渠流梗涩，止溉一万许顷。请修营此渠，以便百姓。至于咸卤，亦堪为水田。”……至大历中，水田才得六千二百余顷。

力大大下降，影响了国家和农民的利益，故自唐高宗永徽年间开始，曾经多次组织拆除沿渠水力碾、磨。代宗广德二年（764 年），李栖筠主持拆毁郑白渠上的水力碾、磨 70 余所，“以广水田之利”“计岁收粳稻三百万石”[1]。若以亩产稻谷 3 石计算，唐代郑白渠灌区的稻田仍可有上百万亩（均按唐计量），这个规模是相当可观的。事实上，唐朝一直重视长安周围的水稻生产。唐玄宗在位期间，京兆府还新开垦了一些稻田，开元二十六年（738 年）曾将京兆府新开稻田分赐给贫民耕种。[2]史籍记载：唐朝曾经专门设置职官管理当地的稻田事务，唐玄宗开元十年（722 年），王鉷曾经担任过京兆尹稻田判官一职。[3]到了唐后期，这里的水稻生产已非复旧时光景，但仍有成片的水稻种植，为了解决水田灌溉问题，唐文宗还曾经特地下发水车样式，“令京兆府造水车，散给缘郑白渠百姓，以溉水田”[4]。相关资料显示：京兆府一带的水稻种植比较集中，稻米位列当地土贡物产之首。[5]

除郑白渠灌区外，关中东部也有大片水稻种植。开元六年（718 年），同州刺史姜师度在朝邑、河西二县引洛水及黄河入通灵陂，“以种稻田，凡二千余顷，内置屯十余所，收获万计”。因此得到唐玄宗褒奖[6]；同一时期，栎阳等县的咸卤之地也开垦了不少稻田，其中一些被分给贫民以及逃还百姓耕种。[7]关中西部灞、浐之间也有大片水稻种植，唐人诗句多有咏诵。例如，郑谷有“桑林摇落渭川西，蓼水弥弥接稻泥”；韦庄吟鄠、杜一带稻作景象，有“秋雨几家红稻熟，野塘何处锦鳞肥”“一径寻村渡碧溪，稻花香泽水千畦”等诗句，都说明当地的稻田颇多。[8]正因如此，唐人曾经这样概括描述当地的农业生产面貌，称：“三秦奥壤，陆海良田，原隰条分，沟塍脉散。泾渭傍润，郑白疏流，荷锸成云，决渠降雨，粳稻漠漠，黍稷油油，无爽蝉鸣之期，有至凤冠之稔。”[9]说明当地

[1]（唐）王谠：《唐语林 • 政事》，中华书局，1985 年，第 17 页；《唐会要》卷 89《碾硙》，中华书局，1955 年，第 1622 页。
[2]《旧唐书》卷 9《玄宗纪下》，中华书局，1975 年，第 209 页。
[3]《旧唐书》卷 105《王鉷传》，中华书局，1975 年，第 3229 页。
[4]《旧唐书》卷 17 上《文宗纪上》，中华书局，1975 年，第 528 页。
[5]《新唐书》卷 37《地理志一》，中华书局，1975 年，第 961 页。
[6]《旧唐书》卷 185 下《姜师度传》，中华书局，1975 年，第 4816 页；《全唐文》卷 28，唐玄宗《褒姜师度诏》称：“……原田弥望，畎浍连属，繇来榛棘之所，遍为粳稻之川，仓庾有京坻之饶，关辅致珠金之润。”中华书局，1983 年，第 318 页。
[7]（宋）王钦若等编：《册府元龟》卷 105《帝王部 • 惠民一》，中华书局，1960 年，第 1261 页。
[8] 分见（唐）郑谷：《访题表兄王藻渭上别业》，收入《全唐诗》卷 676，中华书局，1960 年，第 7752 页；（唐）韦庄：《鄠杜旧居二首》，收入《全唐诗》卷 698，中华书局，1960 年，第 8038 页。
[9]（唐）阙名氏：《对射田判》，收入《全唐文》卷 980，中华书局，1983 年，第 10142 页。

水稻生产可与黍稷旱作相提并论。

关中以西、以北边远地区也有不少水稻种植。早在汉代，著名将领马援就曾在陇西郡“为狄道开渠，引水种粳稻，而郡中乐业”。[1]三国以降，西北水稻生产时见记载，例如，曹魏明帝时，徐邈在凉州“上修武威、酒泉盐池，以收虏谷。又广开水田，募贫民佃之，家家丰足，仓库盈溢”。[2]北魏时期，朝廷曾不只一次下诏，要求“六镇、云中、河西及关内六郡，各修水田，通渠溉灌”。[3]显然是为了种植水稻；唐代中期，杨炎也曾想在丰州屯田区域开渠种稻，严郢称：“旧屯肥饶地，今十不垦一，水田甚广，力不及而废。”[4]可见当地水稻面积曾经不小。此外兰州一带也有水稻种植，时人甚至有“兰州地皆粳稻”[5]的言论；名将郭元振曾经“遣甘州刺史李汉通辟屯田，尽水陆之利，稻收丰衍。旧凉州粟斛售数千，至是岁数登，至匹缣易数十斛，支廥十年，牛羊被野”。可见种植甚广，收获颇丰。[6]这些记载反映出唐代西北内陆干旱地区水环境也并不像现代这样恶劣，局部地区尚可开展较大规模的水稻生产。

河东地区的水稻种植在两汉时代未见明载。不过，从西汉河东太守番系曾引汾水灌溉皮氏、汾阴，引黄河水灌溉汾阴、蒲阪，最后将一部分垦田交付越人耕种（事见上节）的事实来看，当时这个地区也有稻作。《水经注》记载古人曾在汾阴县一带的瀵水上造陂引水种稻，称：“河水又南，瀵水入焉。水出汾阴县南四十里，西去河三里，平地开源，濆泉上涌，大几如轮，深则不测，俗呼之为瀵魁。古人壅其流以为陂水，种稻。”[7]可见当地很早就开始导引泉水种植水稻。隋唐文献记载当地引水种稻的事例明显增多，例如，隋代蒲州刺史“（杨）尚希在州，甚有惠政，复引瀵水，立堤防，开稻田数千顷，民赖其利”。[8]隋文帝开皇六年（586 年），地方官“引晋水溉稻田，周回四十一里”，规模甚是可观[9]；而文水县“城甚宽大，约三十里，百姓于城中种水田”[10]。可见唐代河

[1] 陈桥驿：《水经注校证》卷 2《河水二》，中华书局，2007 年，第 47 页。
[2]《晋书》卷 26《食货志》，中华书局，1974 年，第 784 页。
[3]《魏书》卷 7 下《高祖纪下》，中华书局，1974 年，第 164 页。
[4]《新唐书》卷 145《严郢传》，中华书局，1975 年，第 4728 页。
[5]（唐）刘元鼎：《使吐蕃经见纪略》，收入《全唐文》卷 716，中华书局，1983 年，第 7360 页。
[6]《新唐书》卷 122《郭震（元振）传》，中华书局，1975 年，第 4362 页。
[7] 陈桥驿：《水经注校证》卷 4《河水四》，中华书局，2007 年，第 106 页。
[8]《隋书》卷 46《杨尚希传》，中华书局，1973 年，第 1253 页；《册府元龟》卷 678《牧守部·兴利》，中华书局，1960 年，第 8101 页。
[9]（唐）李吉甫撰，贺次君点校：《元和郡县图志》卷 13《河东道二》，《太原府》，中华书局，1983 年，第 365 页。
[10]（唐）李吉甫撰，贺次君点校：《元和郡县图志》卷 13《河东道二》，《太原府》，中华书局，1983 年，第 371 页。

东地区兴修水利，也多是为了种稻，并且具有一定规模。由于当地泉水资源非常丰富，故文献中不时出现引泉种稻的记载，这是河东水稻生产的一个特点。

河北地区位于黄河下游，平原辽阔，地势低下，土壤下湿咸卤，具有更加丰富的水资源，有利于发展水稻生产，因此早在先秦时代就有水稻生产，《尚书·禹贡》称青州“宜稻麦”;《周礼·职方典》亦称幽州“宜三种”即黍、稷、稻；漳水流域早在战国时期已有稻作，故民间称颂邺令史起治水功绩，“决漳水兮灌邺旁，终古舄卤兮生稻粱”[1]。两汉时期，当地兴修水利、开辟稻田的行动更时常见诸文献记载，东汉渔阳太守张堪在狐奴一带“开稻田八千余顷，劝民耕种，以致殷富”[2]，受到百姓歌颂。

及至中古时代，河北地区大致形成了三个比较集中的稻作地带：一是河内地区，二是燕蓟地区，三是沿海青、齐一带。河内地区稻米品质优良，在汉魏时期甚受称赞，当地所产青稻与河南新城的白粳齐名。[3]左思《魏都赋》云：当地开凿水渠“畜为屯云，泄为行雨，水澍粳稌，陆莳稷黍”，名产有“雍丘之粱，清流之稻。”清流之稻用以上贡，故称“御稻”[4]。唐代又在邺城附近重开天平渠，并增凿金凤、菊花、利物、万金等渠，引漳水灌稻田。[5]丹水、沁水一带水稻生产亦颇可观，曹魏时期因来自西部山区的水流凶猛，冲毁了当地的木制堰门，导致“稻田泛滥，岁功不成”，于是司马孚曾花很大力气进行整修，改木门为石门，以保卫稻田不遭洪水飘浸。共城县一带因有百门陂灌溉，所出稻米“明白香洁，异于他稻”，北朝至隋唐时期一直是贡品[6]，五代时期的后周曾经专门在此设立稻田务[7]。在汲县，早在汉代崔瑗就曾“开沟造稻田，薄卤之地更为沃壤，民赖其利”，受到民众赞扬[8]。枋口堰对这里的农田灌溉十分重要，历代都很重视，当地水稻生产在很大程度上仰赖该堰，唐人犹称：该堰“洪口巨流，缺东南之岸，分流一派，溉数百万顷之田。荷锸兴云，决渠降雨，黄泥五斗，粳稻一石，每亩一钟，实为广济。由是河内之人，无饥年之虑”[9]，

[1]《汉书》卷29《沟洫志》，中华书局，1962年，第1677页。
[2]《后汉书》卷31《张堪传》，中华书局，1965年，第1100页。
[3]《艺文类聚》卷85引表（按：“表”当作“袁”）准《观殊俗》曰：“河内青稻，新成（成当作城）白粳。”卷86引何晏《九州论》称：“河内好稻”。上海古籍出版社，1965年。
[4]（南朝梁）萧统编：《文选》卷6《赋丙》，上海古籍出版社，1978年，第290页。
[5]《新唐书》卷39《地理志三》，中华书局，1975年，第1012页。
[6]（唐）李吉甫撰，贺次君点校：《元和郡县图志》卷16《河北道一》，《卫州》，中华书局，1983年，第462页。
[7]（清）陆心源编：《唐文拾遗》卷11《遣赵元休相度租赋敕》，清光绪刻本。
[8]（宋）李昉编：《太平御览》卷268引《崔氏家传》，中华书局，1960年影印宋本，第1255页。
[9]（唐）阙名氏：《沁河枋口广济渠天城山兰若等记》，收入《唐文续拾》卷10，清光绪刻本。

虽未免夸张，但当地拥有相当规模的水稻生产，以及枋口堰之于其地稻田灌溉的重要性，应无可置疑。

从文献记载的稻田面积来看，燕蓟地区的稻作规模似乎更大，更集中成片。自东汉张湛开渠灌狐奴稻田八千顷之后，历代此地均有大片稻田。曹魏时期，刘靖在蓟城（即今北京西南部）附近开渠灌溉稻田二千顷；不久，朝廷派谒者樊晨组织实施扩建改造，灌田面积增至万余顷。[1]北魏时期，卢文伟主持整修督亢陂，灌田万余顷，积稻谷于范阳城；北齐平州刺史嵇晔又重修该陂，扩大灌溉面积，"岁收稻粟数十万石，北境得以周赡"。至唐代，幽州都督裴行方"引泸水（即卢沟水）广开稻田数千顷，百姓赖以丰给"[2]。这些史实说明：在河北北部，今北京周围地区，自汉至唐均有大片水稻种植，大型水利工程兴建大抵与此有关。

在沿海盐碱地试种水稻，唐代已经开始。唐玄宗时，沧州刺史姜师度曾"于鲁城界内种稻置屯"，因界内蟹多成灾，以失败告终[3]，但这并没有阻碍当地水稻生产发展。至乾符元年（874 年），这里竟然"生野稻水谷二千余顷，燕、魏饥民就食之"[4]，若当地不曾有过大片稻作，这是不可想象的。其实，黄河下游低平多水利于种稻的环境一直颇受关注，唐代不时有人建议在这个地区大开稻田，如唐玄宗时担任河南北沟渠堤堰决九河使的宇文融就曾经建议并且组织"垦九河故地为稻田"[5]，虽然由于种种原因未能成功，但至少说明当时人们认为这个地区具备大规模发展稻作的条件。

相比较而言，黄河以南地区水、热资源条件更为优越，更适合发展水稻生产。事实上，早在新石器时代的仰韶文化时期，当地稻作就已经开始，不少考古资料证明了这一点。自商、周以后，当地稻作持续发展，而以中古时代最盛。以下自西向东略作介绍。

豫西伊洛河盆地和洛阳附近，自战国开始即为稻作发达地区，《战国策》所载东周欲种稻、西周不下水的故事众所熟知。曹魏时期，这里涌现了一个闻名遐迩的著名品种——"新城稻"，这是一种优质的香粳稻，曹丕曾经夸赞它是"上

[1] 陈桥驿：《水经注校证》卷 14《鲍丘水》，中华书局，2007 年，第 339-340 页；《三国志》卷 15《魏书·刘靖传》，中华书局，1959 年，第 464-465 页。

[2] 分见：《北齐书》卷 22《卢文伟传》，中华书局，1972 年，第 319 页；《隋书》卷 24《食货志》，中华书局，1973 年，第 677 页；（宋）王钦若等编：《册府元龟》卷 678《牧守部·兴利》，中华书局，1960 年，第 8108 页。

[3]（唐）张鷟：《朝野佥载》卷 2，中华书局，1979 年，第 47 页。

[4]《新唐书》卷 39《地理志三》，中华书局，1975 年，第 1018 页。

[5]《新唐书》卷 134《宇文融传》，中华书局，1975 年，第 4559 页。

风吹之，五里闻香”。约略同一时代，袁准、桓彦林等都对新城稻大加赞美。[1]西晋时期朝廷曾经发派邺城奚官奴婢前往新城“代田兵种稻，奴婢各五十人为一屯，屯置司马，使皆如屯田法”[2]。唐代这个地区的稻作依然发达，史载唐高宗永徽五年（654 年），洛阳一带水稻大丰收，粳米价格每斗仅 11 钱[3]；唐人诗文对那里的水稻多有赞咏，例如，宋之问、白居易有“粳稻远弥秀”“红粒陆浑稻”之句称赞洛阳西南陆浑县一带的水稻；白居易又有“枣赤梨红稻穗黄”之句描写内乡一带的稻熟景象；韦庄则有“满畦秋水稻苗平”描述虢州一带的稻作[4]，不能一一引述。

由此往东的淮河流域，淮、汝、汴、颍、涡、濉诸水纵流，湖陂众多，灌溉便利，应是中古北方最重要的稻作区。早在东汉时期，汝南太守邓晨即曾在这一带“图开稻陂数万顷，累世获其功”[5]。魏晋南北朝时期，历代政府都在这里大开水利屯田，种植水稻。曹操下令屯田许下，一岁即得谷百万斛，实际上即主要种植水稻；后来邓艾在淮、颍之间开垦更大规模的屯田，建议“省许昌左右诸稻田，并水东下”，以利于下流屯区灌溉。邓艾所修陂塘溉田多达二万顷，以种植水稻为主[6]；夏侯惇、郑浑等在这一带兴修陂渠水利，也都是为了种稻。及至唐代，则有更大规模的水稻生产。唐玄宗开元年间（713—741 年），张九龄任河南开稻田使，在陈、许、豫、寿四州大开水屯，种植水稻，在这一带共设置水屯 107 处，约占全国屯田总数的九分之一[7]；后来这些水屯稻田的一部分被分配给无地贫民耕种。再往后，唐德宗时，崔翰也在汴州一带开水田五百顷种稻。[8]淮泗之间盛产稻米是唐人公认的事实。[9]

---

[1]《艺文类聚》卷 85 引曹丕《与朝臣书》，上海古籍出版社，1965 年，第 1449 页。又，《北堂书钞》卷 142 引桓彦林《七设》亦称：“新城之粳，既滑且香”，又引袁准《招公子》云：“新城白粳，濡滑通芬”。

[2]《晋书》卷 26《食货志》，中华书局，1974 年，第 787 页。

[3]《资治通鉴》卷 199《唐纪十五》，中华书局，1956 年，第 6286 页。

[4] 分见（唐）宋之问：《游陆浑南山自歇马岭到枫香林以诗代书答李舍人适》，收入《全唐诗》卷 51，中华书局，1960 年，第 623 页；（唐）白居易：《饱食闲坐》；收入《全唐诗》卷 453，中华书局，1960 年，第 5122 页；（唐）白居易：《内乡村路作》，收入《全唐诗》卷 443，中华书局，1960 年，第 4950 页；（唐）韦庄：《虢州涧东村居作》，收入《全唐诗》卷 695，中华书局，1960 年，第 7996 页。

[5]《艺文类聚》卷 22 引孔融《汝颍优劣论》，上海古籍出版社，1965 年，第 407 页；《后汉书》卷 15《邓晨传》则称：“（邓）晨兴鸿隙陂数千顷田，汝土以殷，鱼稻之饶，流衍它郡。”

[6]《三国志》卷 1《魏书・武帝纪》，中华书局，1959 年，第 14 页；《三国志》卷 28《魏书・邓艾传》，中华书局，1959 年，第 775 页；《晋书》卷 26《食货志》，中华书局，1974 年，第 785 页。

[7]《旧唐书》卷 9《玄宗纪下》，中华书局，1975 年，第 208 页；《新唐书》卷 126《张九龄传》，中华书局，1975 年，第 4428 页。并参阅张泽咸等：《中国屯垦史》（中册），农业出版社，1990 年，第 105 页。

[8]（唐）韩愈：《崔评事墓志铭》，收入《全唐文》卷 566，中华书局，1983 年，第 5730 页。

[9]（宋）唐慎微：《经史证类备急本草》卷 25 引唐人孟诜《食疗本草》云：“淮泗之间米多。京都、襄州土粳米亦香，坚实。”

徐州及其以东地区也多有水稻生产。东汉末年，陈登为典农校尉，在这里“巡土田之宜，尽凿溉之利，粳稻丰积”。[1]北魏时，薛虎子上表认为“徐州左右，水陆壤沃，清、汴通流，足盈激灌，其中良田十万余顷。若以兵绢市牛，分减戍卒，计其牛数，足得万头。兴力公田，必当大获粟稻”。[2]《太平御览》卷一六九引无名氏《郡国志》亦称这一带“北对清泗、临淮，守险有平阳、石龟，田稻丰饶”，位于今山东境内的密州高密市一带“有稻田万顷，断水造鱼梁，岁收亿万，世号万匹梁”[3]；当地曾有浯水堰，溉田数万顷，至中晚唐时期尚有余堰，“而稻田畦畛存焉”；诸城市北则有潍水故堰，“蓄以为塘，方二十余里，溉水田万顷”[4]。说明这个地区的稻作面积相当广大。

从以上对各地水稻生产情况的简略介绍，读者应已注意到：古代北方水稻种植与水利工程建设有着密不可分的关系。稻作与旱作不同，需水量很大，种稻须兴水利；反过来，当时这个区域兴修水利，往往是出于发展稻作的目的，因此文献记载往往将二事紧密联系在一起，凡见记载某地兴建大型渠陂堰塘之类工程，我们均不妨假设那里有一定规模的水稻生产。

农田水利工程建设不仅往往与种稻有关，而且与盐碱地改造有关。许多地方修水利、治盐碱和种水稻都是三位一体的关系。这是古代北方水土环境与农业生产相互关系中的一个非常值得注意的现象。

前卷已经讨论过，土地斥卤贫瘠是北方农业发展的一个大难题，那里盐碱地分布很广，东起海滨，西至内陆，都多有大片“舄卤”之地，大体可分为两个类型：滨海盐碱土地主要是由于海水浸渍而形成的；内地则主要由于排水不畅，地下水位高，气候干燥之时地面水分蒸发强，土壤下层盐分随水分蒸发上升至地面，形成盐碱土地。无论是哪种类型的盐碱地，都与水环境密不可分，故治理盐碱地需要从治理水环境入手。

由于北方土壤盐碱化自古就很严重，直到现代仍然严重困扰着农业生产，故古今学人一直非常重视，论说甚多。不过，古今盐碱问题也是随着环境变迁

[1]《三国志》卷 7《魏书・吕布传》，中华书局，1959 年，第 230 页。
[2]《魏书》卷 44《薛野　附子虎子传》，中华书局，1974 年，第 997 页。
[3]（宋）李昉编：《太平御览》卷 180 引《郡国志》，中华书局，1960 年影印宋本，第 877 页。
[4]（唐）李吉甫撰，贺次君点校：《元和郡县图志》卷 11《河南道七》，《密州》，中华书局，1983 年，第 299-300 页。

而不断发生变化的，对此多位学者曾从历史角度进行过专门研究。[1]为了让读者增强印象，这里再次作些讨论。

在古代文献中，盐碱地被称为“斥卤”“泽卤”“舄卤”之地，早在先秦时代就已引起关注。古人改良盐碱地的举动，大多与水利建设和稻田垦殖紧密联系，至少在唐代以前都是如此。这是因为：其一，引水灌溉可以利用流水对土壤进行冲洗，从而降低土壤中的盐分含量；其二，一些地区（如关中），因渠流泥沙含量较大，可以通过灌溉引淤压盐和肥地；其三，与麦、粟等旱地作物相比，水稻是一种耐盐碱作物，盐碱土地难以种植旱粮作物，却可以垦为稻田，古人早就已经认识到了这一点。[2]因此，只要拥有一定水源可供引灌，在不宜粟、麦的盐碱地区凿渠引水、造陂蓄水，垦辟水田，种植水稻，一直是合理、优先的经济与技术选择。

先秦、秦、汉时代黄河中下游最著名的两个灌溉系统——郑国渠和漳水渠，都是为了引水灌溉，化斥卤为良田，而灌区的水稻生产也一直较为发达。这并非只是一种巧合，而是因为引水种植水稻实乃盐碱土地改造和利用的最有效方法。关中地区正是由于引水灌溉斥卤之地取得成功而成为农业繁盛的沃野，后人但凡提及关中富饶，通常都不会忘记这一点。例如，晋代人江统就说：“夫关中土沃物丰，厥田上上，加以泾渭之流，溉其舄卤，郑国、白渠灌浸相通，黍稷之饶，亩号一钟，百姓谣咏其殷实，帝王之都每以为居”[3]。只是他以“黍稷”统称当地粮食作物而不言及水稻，却未免因文害意，出现了历史盲点。事实上，中古文献记载关中地区的水利和农业，往往都要提到盐碱治理。例如，曹魏青龙元年（233 年）“开成国渠，自陈仓至槐里筑临晋陂，引汧洛溉舄卤之地三千余顷，国以充实焉”[4]；苻秦时期，“以关中水旱不时，议依郑白故事，发其王侯已下及豪望富室僮隶三万人，开泾水上源，凿山起堤，通渠引渎，以溉冈卤之田。及春而成，百姓赖其利”[5]。隋唐时期也还是如此。例如，隋文

[1] 相关文献有：文焕然、林景亮：《周秦两汉时代华北平原与渭河平原盐碱土的分布及利用改良》，《土壤学报》1964 年第 1 期，第 1-9 页；文焕然、汪安球：《北魏以来河北省南部盐碱土的分布和改良利用初探》，《土壤学报》1964 年第 3 期，第 346-357 页；吴忱：《华北平原河道变迁对土壤及土壤盐渍化的影响》，《地理学与国土研究》1999 年第 4 期，第 70-75 页。

[2]《通典》卷 2《食货》二引唐高宗永徽六年（655 年）雍州长史长孙祥的奏章中称：“……至于咸卤，亦堪为水田。”

[3]《晋书》卷 56《江统传》，中华书局，1974 年，第 1531 页。

[4]《晋书》卷 26《食货志》，中华书局，1974 年，第 785 页。

[5]《晋书》卷 113《苻坚载记上》，中华书局，1974 年，第 2899 页。

帝开皇（581—600年）初年，元晖“奏请决杜阳水灌三畤原，溉舄卤之地数千顷，民赖其利”[1]。唐玄宗下诏称：“顷以栎阳等县，地多咸卤，人力不及，便至荒废。近者开决，皆生稻苗，亦既成功，岂专其利。京兆府界内，应杂开稻田，并宜散给贫丁，及逃还百姓，以为永业。”[2]这些例子说明，古代关中引水灌溉、盐碱治理和种植水稻，通常都是互相联系在一起的。

河内地区位于太行山前地带，是众河倾泻交汇之区，背河两岸地势低下，水流宣泄不畅，故而盐碱十分严重。汉代应劭称“其国斥卤，故曰斥漳”。[3]因此之故，战国以下人们讨论当地生产问题，亦往往都将治水、治盐和种稻互相联系。《吕氏春秋》引邺地民间歌谣云：“邺有圣令，时为史公。决漳水，灌邺旁。终古斥卤，生之稻粱。”[4]西汉贾让曾论当地“通渠有三利，不通有三害”，

其中“三害”是“民常罢（疲）于救水，半失作业；水行地上，凑润上彻，民则病湿气，木皆立枯，卤不生谷；决溢有败，为鱼鳖食”。但是“若有渠溉，则盐卤下湿，填淤加肥；故种禾麦，更为粳稻，高田五倍，下田十倍；转漕舟船之便：此三利也”。因此他主张在这个地区伐薪采石，通渠立门，以“兴利除害”[5]。

也就是说，当地土地开垦、利用和农业生产发展的首要任务是兴修水利，兴修水利就是引淤灌溉，放弃与当地水土环境不相适宜的禾、麦种植而改种粳稻，便能获得高产。及至唐代，张说论当地水利与农作问题时也说：“若开屯田，不减万顷，化萑苇为粳稻，变斥卤为膏腴，用力非多，为利甚溥。”[6]而史书记载当地官员发展农业生产的业绩也都不忘把凿渠、种稻和化除斥卤联系在一起。前引《崔氏家传》云：“崔瑗为汲令，乃为开沟造稻田，薄卤之地更为沃壤，民赖其利”[7]；隋朝怀州刺史卢贲“决沁水东注，名曰利民渠，又派入温县，名曰温润渠，以溉舄卤，民赖其利”。[8]诸如此类例子甚多，无须一一引述。

不仅关中、河内如此，其他地区引渠灌溉和垦田种稻，亦多鉴于当地有盐碱之害。前举河北北部督亢泽一带，乃是灌溉工程建设和水稻生产甚有成绩的

[1]《隋书》卷46《元晖传》，中华书局，1973年，第1256页。
[2] 唐玄宗：《春郊礼成推恩制》，收入《全唐文》卷24，中华书局，1983年，第276页。
[3] 陈桥驿：《水经注校证》卷10《浊漳水》，中华书局，2007年，第262页。
[4]（战国）吕不韦：《吕氏春秋》卷16《先识览》，中华书局，2009年，据《新编诸子集成》本，第417页。
[5]《汉书》卷29《沟洫志》，中华书局，1962年，第1695页。
[6]（唐）张说：《请制屯田表》，收入《全唐文》卷223，中华书局，1983年，第2253页。
[7]（宋）李昉编：《太平御览》卷268，中华书局，1960年影印宋本，第1255页。
[8]《隋书》卷38《卢贲传》，中华书局，1973年，第1143页。

地区，同时也是一个斥卤广布的地区，“督亢泽”或“督亢陌”即是因此得名。《水经注》述及此地之时，特意引用汉代应劭的《风俗通・山泽篇》说：“沆，漭也。言乎淫淫漭漭无崖际也。沆，泽之无水，斥卤之谓也。”[1]

河东地区自古以产盐闻名，土地亦多盐卤，故引水灌溉工程亦多包括引水洗盐这个目标。唐人吕温记述韦武的事迹，称其“凿汾而灌注者十有三渠，环绛而开辟者三千余顷。舄卤之地，京坻勃兴”[2]。河东盐碱严重还一直影响到当地人民的饮用水安全。从春秋时期开始，史书不时记载河东某些地方因为盐卤严重，造成居民饮水困难，解决这个难题，要么迁居，要么凿渠另引水源。前卷曾经提到晋国旧居的郇瑕氏之地（今山西省西南部临猗县一带）“土薄水浅”、易致“沉溺重膇之疾”，所以有迁居“新田”之举。直到唐代，太原一带仍然存在这个问题，著名的开国元勋李绩（勣）鉴于“地多咸卤，井不堪食”“乃于汾河之上引决晋渠，历县经廓，又西流入汾水。”引决晋渠的目的是解决饮用水的水质问题。[3]

上述诸多事实都说明：在中古及其以前，关中、河北、河东等地区水利、稻作和盐碱地改良三者之间都是具有密切联系的。盐碱地是由不利的水环境所造成，治理需主要从“水”的方面做努力，这一点古今没有什么不同，只是具体措施有所变化。另一方面，人们把引水灌溉和种植水稻作为治理盐碱的一项主要技术措施，以期充分利用土地，发展农业经济，也反映出当时水资源并不像现代这样严重匮乏，相反却存在着相当严重的下湿浸渍之患。在现代关中、山西这样一些严重的缺水地区，以上措施是难以施行的，至少难以通过引水种稻来治理盐碱。对于古代北方水土资源环境、农田水利建设和农作物结构之间的这种紧密关联及其变化，农业史、水利史和生态环境史研究者都应当予以重视。

值得特别注意的是，中古文献很少提到黄河以南地区的盐碱问题，那里兴修水利与种植水稻一直紧密关联，但并不与盐碱治理发生联系。另外，根据中古之前的文献记载，除海滨地区之外，关中及其西北、河东和河北内陆，都有众多产盐之地和以盐命名的地名，但黄河以南则几乎不见此类记载。这些情况似乎说明：直到中古时代，盐碱在黄河以南地区尚不严重，并未构成农业生产

[1] 陈桥驿：《水经注校证》卷12《巨马水》，中华书局，2007年，第304页。
[2]（唐）吕温：《唐故银青光禄大夫京兆尹兼御史大夫上柱国赠吏部上书京兆韦公神道碑铭并序》，收入（清）陆心源编：《唐文拾遗》卷27，清光绪刻本，第393页。
[3]（唐）李吉甫撰，贺次君点校：《元和郡县图志》卷13《河东道二》，中华书局，1983年，第363页。

的一大难题。若果真如此，那就太有意思了！因为现代黄河以南、淮北平原北部，盐碱问题都非常严重。那么，这种前后变化是如何形成的呢？

这里不妨设想几种可能性：一种可能是因为中古以前黄河以南水系仍较通畅，水潦宣泄较好，故未出现严重的盐碱问题；自宋代以后，黄河多次南决并长期夺淮入海，导致当地水系紊乱，河道淤塞，泄水不畅，逐渐产生盐碱化问题[1]。另一种可能是，由于这一地区的水资源原本就比其他几个地区更加丰富，无霜季节也比较长，中古以前当地农作结构是以水田稻作为主，即便有盐碱问题，亦不构成一个农业生产大难题。或者是以上两者兼而有之。这实在关系到一个非常重大的生态环境和农业历史问题，需要广泛搜集资料予以专门探讨。

二、南方农田水利

与黄河中下游相比，秦岭—淮河以南属于亚热带、热带，气候湿热多雨，水资源丰富，自古农业以水稻种植为主。水稻生长需具更加优越的水资源条件，而南方地形、地貌和水文状况极其复杂多样，因而不同地区农田水利建设方面皆需因地制宜、因势利导。大体而言，在淮河、汉水以南广大区域，由于丘陵山地多，湖沼洼地多，降水量时空分配亦颇不均，农田水利建设在沿江滨湖地区以水网圩田为主，丘陵山地则以陂塘堰坝为主[2]，从而形成与北方地区相比更加多样化的风貌。

两汉之前，南方农田水利事业陆续取得了一定成绩，春秋时期楚国兴筑的芍陂、战国时期蜀郡的都江堰水利枢纽工程、东汉会稽郡的鉴湖水利都是自古称道。但总体发展较之黄河中下游地区明显滞后。魏晋南北朝隋唐，南方农田水利事业发展突飞猛进，与南方自然资源开发和社会经济崛起同步行进，以两个阶段的表现最为突出：一是六朝时期特别是东晋前后；二是中唐至五代吴越国时期。在这两个阶段，有些方面呈现跨越式发展。事实上，伴随着中国古代经济重心逐渐南移的过程，到了唐代后期，中国水利特别是农田水利建设重点已经明显转向了南方，对此学界已有很多论述，已成定论，毋庸赘言。

[1] 关于历史上黄河南决夺淮及其影响，请参见韩昭庆：《黄淮关系及其演变过程研究——黄河长期夺淮期间淮北平原湖泊、水系的变迁和背景》，复旦大学出版社，1999年。

[2] 汪家伦、张芳：《中国农田水利史》，农业出版社，1990年，第190页。

下面自西向东分区略作介绍。

1．长江上游：巴蜀（剑南）地区

李冰领导兴建都江堰，为成都平原及其周围地区的经济发展奠定了良好的基础。关于中古时代巴蜀剑南地区的农田水利建设，史料记载并不充分，关于蜀汉与隋代的记载极少，幸有《新唐书·地理志》记载稍详，为我们差知唐代情况提供了一些信息，兹据以列表 3-2 如下。

表 3-2　《新唐书·地理志》所载唐代剑南道水利工程

名称	地点	修建时间和主持者	工程状况和效益
侍郎堰、百丈堰、小堰	彭州导江县	龙朔年间、长安初年	引江水以溉彭益田
远济堰	蜀州新津县	开元二十八年（740 年）采访使章仇兼琼开	分四筒穿渠，溉眉州通义、彭山之田
[无名]堤堰	汉州雒县	贞元末，刺史卢士珵	溉田四百余顷
通济大堰一，小堰十	眉州彭山县	开元中益州长史章仇兼琼开	自新津中江口外渠南下百二十里至州西南入江，溉田千六百顷
青神山渠	眉州青神县	太和中荣夷人张武等百余家请开	溉田二百余顷
广济陂	绵州巴西县	垂拱四年（688 年）长史樊思孝令夏侯奭因故渠开	引渠溉田百余顷
洛水堰	绵州魏城	贞观六年（632 年）	引安西水入县，民甚利之
茫江堰 杨村堰	绵州罗江县	永徽五年（654 年）令白大信置 贞元二十一年（805 年）令韦德筑	引射水溉田入城 引折脚堰水溉田
折脚堰	绵州神泉县		引水溉田
云门堰	绵州龙安	贞元元年（785 年）筑	决茶川水溉田
利人渠	剑州阴平县	龙朔三年（663 年）令刘凤仪开，宝应中废，后复开	引马阁水入县溉田
汉阳堰	陵州籍县	武德初开，后废，文明元年（684 年）令陈充复置	引溪水溉田二百顷

2．长江中游江北：荆襄地区

长江中游的江北部分，南阳、荆襄毗邻中原，前代水利建设基础较好。西汉时期，南阳太守召信臣“行视郡中水泉，开通沟渎，起水门提阏凡数十处，以广溉灌，岁岁增加，多至三万顷。民得其利，蓄积有余。信臣为民作均水约束，刻石立于田畔，以防分争”。[1]东汉杜诗“又修治陂池，广拓土

[1]《汉书》卷 89《召信臣传》，中华书局，1962 年，第 3642 页。

田”[1]，农田水利建设渐有发展。魏晋南北朝时期，这个地区亦为南北政权激烈争夺的战略要地，水利建设大抵都与屯田积谷、供应军粮有关。三国时期孙吴以武昌作为西部第一重镇，在附近地区立屯驻军，发展屯田水利，《水经注》有数处记载。[2]江陵、襄阳之间有著名的柤中农业区，《襄阳记》载：“柤中在上黄界，去襄阳一百五十里。……土地平敞，宜桑麻，有水陆良田，沔南之膏腴沃壤，谓之柤中。”[3]时人称：“今江陵有沮、漳二水，溉灌膏腴之田以千数。安陆左右，陂池沃衍。”[4]此后荆襄农田水利代有兴修，晋武帝太康元年（280 年），杜预平吴，还镇襄阳，“修召信臣遗迹，激用滍淯诸水以浸原田万余顷，分疆刊石，使有定分，公私同利。众庶赖之，号曰‘杜父’。”[5]《水经注》称：晋代“杜预继信臣之业，复六门陂，遏六门之水，下结二十九陂，诸陂散流，咸入朝水”。[6]杜预在召信臣遗迹的基础上进行了大规模修复和扩建，形成了自上而下陂塘连串、沿流灌溉的大渠系。[7]东晋南朝时期，当地屯田水利也一直受到重视，或修复旧迹，或新有凿筑。刘宋文帝元嘉五年（428 年），张邵在襄阳“筑长围，修立堤堰，开田数千顷，郡人赖之富赡”[8]；元嘉二十二年（445 年），刘骏因前代兴筑的六门堰等“堰久决坏，公私废业”，命刘秀之进行修复，“雍部由是大丰”[9]。在荆州，东晋安帝义熙八年（412 年），朱龄石于上明（今湖北松滋市附近）一带开凿了三条渠道，导引江水灌溉稻田[10]；刘宋后废帝元徽初年（475 年前后），“沈攸之为荆州刺史，堰湖开渎，通引江水，田多收获”[11]，其所堰之湖因而被称为“获湖”。值得注意的是，由于长江荆江段宛转曲折，时有江溢之患，东晋南朝时期开始修筑捍水江堤，东晋大将军桓温镇守江陵时，曾因城东南地势低，命陈遵主持修筑

---

[1]《后汉书》卷 31《杜诗传》，中华书局，1965 年，第 1094 页。

[2] 例如，该书卷 35《江水注》云：“吴时，旧立屯于水侧，引巴水以溉野”；又云 “（富）水之左右，公私裂溉，咸成沃壤，旧吴屯所在也”。

[3]《三国志》卷 56《吴书 • 朱然传》裴注引《襄阳记》，中华书局，1959 年，第 1307 页。

[4]《三国志》卷 27《魏书 • 王基传》，中华书局，1959 年，第 752 页。

[5]《晋书》卷 34《杜预传》，中华书局，1974 年，第 1031 页。

[6] 陈桥驿：《水经注校证》卷 31《淯水》，中华书局，2007 年，第 729 页。

[7] 汪家伦、张芳：《中国农田水利史》，农业出版社，1990 年，第 173 页。

[8]《宋书》卷 46《张邵传》，中华书局，1974 年，第 1395 页。

[9]《宋书》卷 81《刘秀之传》，中华书局，1974 年，第 2074 页。

[10]（宋）王应麟：《通鉴地理通释》卷 13 云：“上明在县东三十步。‘明’犹‘渠’也。晋末朱龄石开三明，引江水以灌稻田，后堤坏，遂废。”又同人所编《玉海》卷 173 引“相承云”：“昔晋末朱龄石开上明，引江水以灌稻田。”此事《宋书 • 朱龄石传》未载。

[11]（宋）乐史编：《太平寰宇记》卷 146，“荆州枝江县条”，中华书局，2007 年，第 2840 页。

荆江大堤；梁武帝天监元年（502 年），萧憺为荆州刺史，“厉精为治，广辟屯田”，至天监六年（507 年），荆州大水，“江溢堤坏”，憺“亲率府将吏冒雨赋丈尺筑治之”。[1]

及至唐代，荆襄地方官员又陆续主持修复和新建了一些水利工程，除对原有陂、堰、渠进行修复使之继续或者重新发挥作用外，较值得注意的是在前代基础上进一步兴筑了长江、汉江防洪大堤。贞元八年（792 年），节度使李皋“塞古堤，广良田五千顷，亩收一钟”，他还鉴于“荆俗饮陂泽”“教人凿井”，改革了当地人民饮水习俗；在襄阳，张柬之于唐中宗神龙年间（705—707 年）、卢钧和李允之于武宗会昌（841—846 年）初年，以及徐商于宣宗大中年间（847—859 年），相继在汉江增筑、新修和加固防洪堤坝，保卫农区安全。关于卢钧和李允之新修江堤及配套水利工程，唐人孙樵曾记述其原委颇详。根据他的记述，会昌元年（841 年），“汉波逾堤，陆走漂民，襄阳以渚”，朝廷委派曾在广州颇有政绩的卢钧前往治理。卢钧到任，以李允之为从事，谋划筑造新堤。李允之认为：“襄阳之属城为唐州，唐州之支邑为泌阳，泌之东有二流走出，断堤啮道，而西派于二流，南别为沟，壤高岸颓，水不得行。昔召信臣尝为南阳，能为民障水泉，广溉灌，世赖其利，俗用蕃富。”然而旧召堰因“代邈时移，功不加修，堤豁于流，浸泄为波，自泌阳以南、平陵以西，居民甚逋，垦田甚雕”，建议修复召信臣旧规。于是“卢公立召管田部将，出卒与谷，率以听命。李从事即为条分程度，指画经略，且使即其故堤，以鲠二渠，凿其枯沟，析为南流，水门既陈，百渎脉分，蔓蔓于原，支支于屯，数百里间，野无隙田，旱无枯苗”。经过一番治理，“召堰既成，秋田大登，八州之民，咸忘其饥”。后李允之遭谗去职，然而“召堰之利益大于民，岁增良田顿至四万”。[2]孙樵惜李氏事迹不传，撰文记之。

3．江南西部：湘赣地区[3]

中古时代，江南西部地区经济开发仍然有限，相对来说农田水利发展也较滞后。但唐代以后的情况有所改观，若干地区相继兴建了一批灌溉和防洪工程。例如，朗州（今湖南常德一带）界内，自盛唐以后陂、堰、渠道不断凿筑增修，

[1]《梁书》卷 22《太祖五王传・始兴王憺传》，中华书局，1974 年，第 354 页。
[2]（唐）孙樵：《孙可之集》卷 10《复召堰籍》，据《四库全书》本引。
[3] 按：今江西湖口以下为长江下游，为了叙述方便，兹将今江西所辖地区的有关史实一并归入中游述列，特作说明。

开元二十七年（739 年）刺史李琎增修了北塔堰，接古专陂，由黄土堰注白马湖，分入城隍及故永泰渠，溉田千余顷；又有考功堰，长庆元年（821 年）刺史李翱在汉代樊陂的基础上开凿，溉田千一百顷；又有右史堰，长庆二年（822 年）刺史温造增修，开后乡渠，经九十七里，溉田二千顷；又有津石陂，原是圣历（698—700 年）初年由崔嗣业开凿，李翱和温造亦从而增之，溉田九百顷；还有崔陂、槎陂，都是崔嗣业所修，用以溉田，后曾废弃，至唐代宗大历五年（770 年），刺史韦夏卿复治槎陂，溉田千余顷。[1] 此外潭州湘潭有涓湖，可溉良田二百余顷。[2]这些工程在洞庭湖西部和南部农业经济发展中都发挥了重要作用。

相比较而言，中古特别是唐代，鄱阳湖周边的江州、洪州、饶州等地经济发展水平明显提高，随着湖区土地逐渐垦辟，农田水利建设亦有声有色。不过，由于作为江南三大湖泊之一的鄱阳湖在不断向南涨扩，水面呈不断扩大之势，防洪成为农田水利建设中的首要任务，见诸文献记载的水利项目，多是为保护农区而修筑的堤防工程，或则捍水与灌溉互相结合。其中最大的一项应是韦丹在洪州南昌县东湖兴建的工程，《新唐书》记载："元和三年（808 年）刺史韦丹开南塘斗门以节江水，开陂塘以溉田"[3]。韩愈称其"筑堤扞江，长十二里，疏为斗门，以走潦水。公去位之明年，江水平堤，老幼泣而思曰：'无此堤，吾尸其流入海矣！'灌陂塘五百九十八，得田万二千顷"[4]。可见规模很大，效益显著。见诸《新唐书》记载的工程还有：建昌县"南一里有捍水堤，会昌六年（846 年）摄令何易于筑；西二里又有堤，咸通三年（862 年）令孙永筑"；位于鄱阳湖区北部的江州，湖江相连，水阔浪高，防洪任务更重，故更多有堤防修筑。浔阳县南有"甘棠湖，长庆二年（822 年）刺史李渤筑，立斗门以蓄泄水势。东有秋水堤，太和三年（829 年）刺史韦珩筑。西有断洪堤，会昌二年（842 年）刺史张又新筑，以窒水害"；都昌县"南一里有陈令塘，咸通元年（860 年）令陈可夫筑，以阻潦水。"[5]李翱曾经专门撰文纪颂李渤筑堤一事，虽不免过誉

[1]《新唐书》卷 40《地理志》，中华书局，1975 年，第 1029 页。
[2]（唐）李吉甫撰，贺次君点校：《元和郡县图志》卷 30《江南道五》，中华书局，1983 年，第 704 页。
[3]《新唐书》卷 41《地理志》，中华书局，1975 年，第 1068 页。
[4]（唐）韩愈：《唐故江西观察使韦公墓志铭》，收入《全唐文》卷 566，中华书局，1983 年，又，（唐）杜牧著，陈允吉点校：《樊川文集》卷 7《唐故江西观察使武阳公韦公遗爱碑》云："派湖入江，节以斗门，以走暴涨，辟开广衢，南北七里，荡渫污壅，筑堤三尺，长十二里。堤成明年，江与堤平，凿六百陂塘，灌田一万顷"。上海古籍出版社，1978 年，第 113 页。
[5]《新唐书》卷 41《地理志》，中华书局，1975 年，第 1068 页。

和溢美，却透露了不少工程细节，兹予抄录，以飨读者。其文曰：

长庆二年（822年）十二月，江州刺史李君浚之截南陂，筑堤三千五百尺，高若干尺，广若干尺，以通四乡之路，畜水为湖，人得其赢。正月既毕事，舒州刺史李翱歌以记之。辞曰：

天地作物，功或不周，贤人相之，智与神侔。漭漭南陂，冬干夏潦，九江暴涨，潮潜逆流。东南百民，城市所繇，水积既深，大波其飙。亦有舟航，覆溺之忧，担拥叠路，车轫其舟。童婴涕堕，老妇号愁，历古迨兹，孰为诋筹？浚之之来，养民如身，乃筑长堤，拒江之濒。厚其钱佣，以饱饥人，南北东西，百里斗臻。莫不用力，千锤响振，虓欢相励，不督而勤。堤既成止，冈联突起，坚若石城，墇为潴水。蒲莞茭芡，鸿鸧鳢鲤，唯其所取，或食或祀。长堤坦坦，植之杨槐，架豁飞圯，以便去来。除险作利，非贤不能，歌示江人，式悦汝怀。[1]

江州以东，饶州鄱阳县东有邵父堤，又“东北三里有李公堤，建中元年（780年）刺史李复筑，以捍江水。东北四里有马塘，北六里有土湖，皆刺史马植筑”[2]。由于这些防洪灌溉工程的逐步兴建，这一带的稻作农业不断发展，成为唐人颇为夸赞的稻米产区。如曾谪居江州的白居易曾有多首诗歌提到当地稻作和稻米。[3]

4. 江淮之间：淮南地区

江淮之间大体是古人所说“淮南”，唐代设置有淮南道。在中古前期和后期两个阶段，这个地区有着非常不同的历史命运：魏晋南北朝时期，淮河至汉水一线，即所谓淮南、荆襄乃是南北军事力量长期对峙、争锋之地，南北政权的拉锯式占领严重影响了当地社会经济发展，大片区域由于战争长期处在“空荒”状态。对南方政权来说，保有淮汉即能维持江左偏安局面，故北宋末年著名抗金将领李纲曾说：“六朝之所以能保有江左者，以强兵巨镇，尽在淮南、荆襄间。”[4]对北

[1]（唐）李翱：《李文公集》卷17《杂著八首》，《江州南湖堤铭并序》，《四部丛刊》影印明成化刻本。《文苑英华》卷787亦收录。

[2]《新唐书》卷41《地理志》，中华书局，1975年，第1069页。

[3] 其《送饶州张使君》诗云：“鄱阳胜事闻难比，千里连连是稻畦。”《文苑英华》卷278，中华书局，1966年，第1407页；又有《烹葵》诗称：“贫厨何所有，炊稻烹秋葵。红粒香复软，绿英滑且肥。”《文苑英华》卷327，中华书局，1966年，第1700页。

[4]《宋史》卷359《李纲传下》，中华书局，1971年，第11263页。

方政权来说，只有占据淮汉才可长驱直下攻取江南。不论对于哪一方，那里都具有极其重要的战略地位，而要想保据这个地区，就必须大力兴办屯田，发展农田水利，改善生产条件，最终解决军粮供给问题。正因为如此，在魏晋南北朝的混乱局势之下，淮南地区仍陆续兴建了不少农田水利工程，为后代发展打下了基础。清代学者顾祖禹在论及古代淮南水利时说："古人多于川泽之地立塘堰，以遏水溉田。在孙氏时尽罢县邑，治以屯田都尉。魏自刘馥、邓艾之后，大田淮南，迄南北朝增饰弥广。今舒州有吴陂堰，庐江有七门堰，巢县有东兴塘，滁、和州、六合间有涂塘、瓦梁堰，天长有石梁堰，高邮有白马塘，扬州有邵伯埭、裘塘屯，楚州有石鳖塘、射陂、洪泽陂，淮阴有白水屯，盱眙有破釜塘，安丰有芍陂，固始有茹陂。是皆古人屯田遏水之迹，其余不可胜纪。"[1]遍布江淮之间的这些塘、渠、陂、堰，正与以军事屯田为主的土地开发密不可分。

历史上淮河南岸最著名的水利工程无疑是芍陂，此陂位于今安徽省寿春县南八十里，周一百二十许里，陂水来源为淝水、沘水，下游又排泄回到二水，其陂设有五门，以控制蓄泄、引灌。春秋时期楚相孙叔敖修筑之后，经过了漫长的岁月风雨，时废时兴。东汉时期，王景为庐江郡守时曾予重修，灌田万顷。曹魏时期，刘馥、邓艾大兴屯田于淮河南北，芍陂水利仍是重要基础。西晋"旧修芍陂，年用数万人"，然而"豪强兼并，孤贫失业"，贫民百姓出钱出力，豪强独占其利，严重影响了芍陂的维修质量和灌溉效益，晋武帝太康年间（280—289年），刘颂任淮南相，"使大小戮力，计功受分，百姓歌其平惠。"[2]"永嘉之乱"后，缘淮一线具有重要战略地位，东晋南朝政权不论是力图北征还是竭力防御，都以当地作为军事重地，粮食补给往往就地解决，故继续在当地兴屯田、修水利，维护和修复芍陂一直受到重视，镇守寿阳的将帅时有兴修芍陂的举动。东晋永和八年（352年），殷浩镇寿阳，"开江西畼田千余顷以为军储"，应当包括芍陂一带。[3]东晋末年，刘裕举兵讨伐后秦之前，"先遣（毛）修之复芍陂，起田数千顷。"[4]刘宋元嘉七年（430年），宗室刘义欣镇守寿阳，上表奏称："江淮左右土瘠民疏，顷年以来，荐饥相袭，百城凋弊"，当时"芍陂良田万余顷，堤堨久坏，秋夏常苦旱""义欣遣咨议参军殷肃循行修理。有旧沟引淠水入陂，

[1]（清）顾祖禹：《读史方舆纪要》卷19《江南一》，《涂水》，中华书局，2005年，第895页。
[2]《晋书》卷46《刘颂传》，中华书局，1974年，第1294页。
[3]《晋书》卷77《殷浩传》，中华书局，1974年，第2045页。
[4]《宋书》卷48《毛修之传》，中华书局，1974年，第1429页。

不治积久，树木榛塞。肃伐木开榛，水得通注，旱患由是得除”[1]。至元嘉二十一年（444 年），宋文帝又下诏称：“徐、豫土多稻田，而民间专务陆作，可符二镇，履行旧陂，相率修立，并课垦辟，使及来年。”[2]表现出对当地陂堰水利的高度重视。南齐建元二年（480 年），因北魏南侵，齐高帝萧道成命垣崇祖“修治芍陂田”[3]，可见芍陂屯田对南朝政权的重要性；及至南齐后期，淮河以北相继被北魏占领，发展淮南屯田显得更为重要。梁武帝普通四年（523 年），豫州刺史裴邃屯兵寿阳抗击北魏，又始修芍陂，其侄裴之横率“僮属数百人，于芍陂大营田墅，遂致殷积”[4]。中大通六年（534 年），夏侯夔为豫州刺史镇寿阳，亦以“豫州积岁寇戎，人颇失业”“帅军人于苍陵立堰，溉田千余顷，岁收谷百余万石，以充储备，兼赡贫人，境内赖之”[5]。总之，基于战略上的需要，东晋南朝历代政权一直都很重视芍陂水利修复。由于战争形势不断变化，芍陂兴废无常，可谓屡修屡坏。

隋唐时期，南北重新统一，给江淮之间农田水利发展提供了较好条件，史书陆续记载了不少大小水利工程。尤其是唐朝后期，国家财政主要依恃东南，淮南农田水利更受重视，工程屡兴。例如，唐太宗贞观十八年（644年），李袭称（誉？）为扬州大都（督）府长史，“乃引雷陂水，又筑句城塘，以溉田八百余顷，百姓获其利，……人至今赖之”，并设有爱敬陂水门[6]；高宗永徽四年（653年）光州刺史裴大觉置雨施陂积水溉田百余顷；上元年间国家“于楚州古谢阳湖置洪泽屯，寿州置芍陂屯，厥田沃壤，大获其利”[7]，显然与当时水利兴修和恢复有关；在扬州宝应一带，自武则天证圣年间（695年）朝廷开置屯田，直至穆宗长庆年（821—824年），白水塘、羡塘、徐州泾、青州泾、大府泾、竹子泾等一系列蓄水引灌水利工程相继兴建，其中“长庆中兴白水塘屯田，发青、徐州之民以凿之”，可见用功甚巨；玄宗开元中，丞韦尹在滁州乌江上东南二里始开韦游沟，引江至郭十五里，溉田五百顷，至德宗贞元十六年（800年），县令游重彦又治之，民享其利以姓名沟；代宗广德二年（764年），宰相元载在寿州安丰东北十里置永乐渠，

[1]《宋书》卷 51《宗室传・长沙景王道怜传附子义欣传》，中华书局，1974 年，第 1465 页。
[2]《宋书》卷 5《文帝纪》，中华书局，1974 年，第 92 页。
[3]《南齐书》卷 25《垣崇祖传》，中华书局，1972 年，第 463 页。
[4]《梁书》卷 28《裴邃传附兄子之横传》，中华书局，1973 年，第 417 页。
[5]《梁书》卷 28《夏侯亶传附弟夔传》，中华书局，1973 年，第 421-422 页。
[6]（唐）杜佑撰，王文锦、王永兴等点校：《通典》卷 2《食货二》，《水利田》，中华书局，1988 年，第 39 页。
[7]（唐）杜佑撰，王文锦、王永兴等点校：《通典》卷 2《食货二》，《屯田》，中华书局，1988 年，第 46 页。

溉高原田；至大历年间，“黜陟使李承在山阳置常丰堰，以溉田”；德宗贞元四年（788年），“节度使杜亚自江都西循蜀冈之右，引陂趋城隅以通漕，溉夹陂田”；元和年间（806—820年），节度使李吉甫筑在高邮筑堤塘，溉田数千顷。[1]由于这些农田水利工程兴建，淮南地区进入了古代史上相对繁荣的一个发展时期。

5. 江南东部：江浙和福建[2]

今江苏南部、浙江和福建等地，襟江傍海，既有广阔平原，更多丘陵山地，地形地貌复杂多样，决定当地农业经济发展必然要面对更加复杂的环境问题，集中体现在农田水利建设上，呈现出非常多样化的面貌。这个地区农田水利建设远不只是需要造陂堰、凿沟渠蓄水引水这么简单，沿海、沿河和濒湖需构筑堤塘、捍御大潮和洪涝，保障农区安全；山区丘陵地带溪河迅疾，需防洪与灌溉结合；而低洼的太湖腹地，则需排涝与灌溉并举，深挖泾浦、疏通河道，保证入海河流泄水通畅，防备积潦成灾。然而正是这样一个自然环境极其复杂的地区，中古时代经济成长最快速，农田水利发展成就卓著，在中国古代经济重心南移的宏大变局中发挥了关键作用。从自然环境特征和历史发展的实际情形看，这个地区可以划分为若干板块，它们的农田水利发展动力和进程颇不相同。下面一一分述。

先看宁镇丘陵。

自孙吴据有江东，定都建业，六朝历代皆因之，宁镇丘陵一带即为京畿之地，亦是国家屯田和世家大族聚居之地，土地垦殖和农田水利建设自然最受重视。孙吴时期即在此多设屯区，见诸史籍的有大桑蒲屯、牛渚屯、烈州屯、新洲屯、牛屯、华里屯等。屯田是与堤堨陂堰建设互相配合的，故其时在大举屯田的同时亦修建了一批水利设施，例如，黄龙二年（230 年）即“筑东兴堤遏湖水”[3]；又有娄湖，相传是“吴张昭所创，溉田数十顷，周回七里。昭封娄侯，故谓之娄湖”。[4]南朝时期，盘踞建业的世族豪帅往往专擅其利，例如，刘宋将领沈庆之“有园舍在娄湖，……广开田园之业”，并“悉移亲戚中表于娄湖，列门同闬焉”[5]；又有赤山塘，赤乌二年（239 年）孙吴于句容县西南三十里

[1] 此节所举史实，凡未特别注明者，皆出自《新唐书》卷 41《地理志》。
[2] 今福建在唐代曾属江南东道，故这里一并列入，不另设小节。
[3]《三国志》卷 64《吴书·诸葛恪传》，中华书局，1959 年，第 1434 页。
[4]（唐）李吉甫撰，贺次君点校：《元和郡县图志》卷 25《江南道一》，《润州·上元县》，中华书局，1983 年，第 595 页。
[5]《宋书》卷 77《沈庆之传》，中华书局，1974 年，第 2003 页。

引水成湖，下通秦淮河，立斗门以灌溉农田，即是此塘，又名赤山湖，主要利用环山抱洼地势筑堤成陂。赤山塘周长 120 里，设有两斗门以控制蓄泄，调蓄东南诸山溪之水，既防水涝，亦供灌溉，下通秦淮河，泻入长江。南朝政权曾对赤山塘进行了几次修治：南齐明帝时（494—498 年），沈瑀主持修筑赤山塘；陈朝时期又再次维修。此后历代皆予修治，灌溉农田可达万顷。

然而更有成绩的是丹阳、晋陵地区。丹阳、晋陵一带地形以丘陵山地和高亢平原为主。丘陵山地地势起伏较大，溪河源短流急，一经暴雨，即山洪暴发，易成洪灾，洪水退后又出现旱情；高亢平原因水源缺乏，干旱时间较多。因此，当地农田水利建设的主要任务是修筑陂塘堰坝，拦洪蓄水，以供灌溉之用。[1]丹阳湖所在之地相对低洼平坦，土地肥沃，又有湖泽浸润之利，并且距离建业很近，因而自孙吴开始即为屯田重点地区。孙吴曾在于湖设置督农校尉经营屯田。[2]但丹阳湖区丰水期与枯水期水位相差很大，围垦并非易事，必须有相应的蓄泄工程与之配套。故永安三年（260 年），“都尉严密建丹阳湖田，作浦里塘”，然而此举用功甚多而成效微小，百姓愁怨，没有成功[3]；至建衡元年（269 年），奚熙又“建起浦里田，欲复严密故迹”，丞相陆凯力谏止之。[4]可见兴建之初十分不易。

这个地区历史上最著名的水利工程是练湖，农田水利史专家认为：练湖是江南地区继后汉余杭南湖之后的第二座大型水库工程。[5]练湖虽然并非单纯是一个农田灌溉工程，但对周围农业发展发挥了很重要的作用。西晋末年，陈敏据有江东，令其弟陈谐在丹阳县北利用天然地形拦遏马林溪水，拦蓄山洪，形成了历史上颇为著名的练湖（又称练塘、曲阿后湖）。练湖周长 40 里，蓄水面积可达 20 000 余亩，形成规模可观的练湖水利系统，对这一带的防洪、灌溉和漕运发展都发挥了很重要作用。单就农业效益来说，练湖工程建成后，周围农田免去了洪水侵袭之患，获得了良好灌溉条件。在此后几个世纪中，练湖一直发挥作用，但时有淤塞。唐肃宗永泰年间（765 年），韦损对废湖予以重新疏浚，并将其水面扩大了一倍，达到 80 里。[6]根据李华《润州丹阳复练湖颂并序》一

[1] 参见张芳：《六朝时期的农田水利》，《古今农业》1988 年第 2 期，第 48-56 页。
[2] 参见汪家伦、张芳：《中国农田水利史》，农业出版社，1990 年，第 161 页。
[3]《三国志》卷 64《吴书 • 濮阳兴传》，中华书局，1959 年，第 1451 页。
[4]《三国志》卷 61《吴书 • 陆凯传》，中华书局，1959 年，第 1403 页。
[5] 张芳：《六朝时期的农田水利》，《古今农业》1988 年第 2 期，第 48-56 页。。
[6]《新唐书》卷 41《地理志》云：丹阳“有练塘，周八十里。永泰中刺史韦损因废塘复置，以溉丹阳、金坛、延陵之田，民刻石颂之”。中华书局，1975 年，第 1057 页。

文记颂，练湖“幅员四十里，菰蒲菱芡之多，龟鱼鳖蜃之生，厌饫江淮，膏润数州”。然而“其傍大族强家，泄流为田，专利上腴，亩收倍钟，富剧淫衍，自丹阳、延陵、金坛，环地三百里，数合五万室，旱则悬耜，水则具舟，人罹其害九十余祀，凡经上司纷纭与予八十一断”。围绕水资源利用产生的社会矛盾相当尖锐。韦损到任之后，力图兴利除害。在他的组织动员下，“人不俟召，呼抃从役，畚锸盖野，浚皋成溪，增理故塘，缭而合之，广湖为八十里”。除扩大湖面之外，还“疏为斗门，既杀其溢，又支其泽，沃瘠均品，河渠通流”，水文状况得到了整体改善，“每岁萌阴乘阳，二气相薄，大雨时行，群潦奔流，水势所入，盈而无伤，龙见方雩，稼蒙其渥”。由于练湖疏浚扩建取得成功，“所润者远，原隰皆春，耕者饱，忧者泰”“遐迩受利，岂惟此州”，既改善了农田灌溉条件，也使商贸和赋税获得了保障。[1]

除练湖之外，新丰塘也是这一带很重要的蓄水灌溉工程。新丰塘位于今江苏丹阳县东北，又名新丰湖。东晋元帝大兴四年（321 年）张闿为晋陵内史，因“所部四县并以旱失田”“立曲阿新丰塘，溉田八百余顷，每岁丰稔”。[2]张闿兴建该工程用工量达到 211 420 人，劳费巨大，被以“擅兴造”的罪名免官，后来公卿大臣都为之辩护，认为“张闿兴陂溉田，可谓益国，而反被黜，使臣下难复为善”，皇帝醒悟之后想起用他做大司农。该项工程明显改善了当地农业灌溉条件，所以“葛洪为其颂”，若干世纪之后唐人李吉甫仍称“旧晋陵地广人稀，且少陂渠，田多恶秽，闿创湖成溉灌之利”[3]。

需要指出的是，练湖和新丰塘作为当地最大的两个人工湖泊（水库），兼具泄洪防涝、农田灌溉和蓄水济运（为运河补水）等多重功能。雨季和台风到来之时，练湖、新丰塘可以拦截西部山地溪流洪水，减缓洪水浸灌威胁；在冬春枯水季节和少雨年份，两湖蓄水又可资灌溉。自孙吴以后，这一地区的漕运也逐渐发展，河湖水量调节逐渐彼此关联，隋朝开通大运河后，这两个人工湖更是与江南河之北段形成一个互相联结的系统。由于那里地势高亢，多有冈陇，在冬春枯水季节长江水位低落时，江南河常患水量不足，除设置堰埭调节水位

[1]（唐）李华：《润州丹阳县复练塘颂并序》，收入《文苑英华》卷 779，中华书局，1966 年，第 4110-4111 页。
[2]《晋书》卷 76《张闿传》，中华书局，1975 年，第 2018 页。
[3]（唐）李吉甫撰，贺次君点校：《元和郡县图志》卷 26《江南道一》，《润州》，中华书局，1983 年，第 592 页。

外，练湖、新丰塘的蓄水济运功能就显得非常重要。[1]对此后文还将提及。

除以上两大工程外，自六朝至唐代，当地农田水利工程一直续有兴建，然而时兴时废，存废无常。六朝所建工程，散见于文献记载的有单塘、吴塘、莞塘……南齐时竟陵王萧子良即称："（丹阳郡）旧遏古塘，非唯一所"，应属实情。然而陂塘虽多，"而民贫业废，地利久芜"，因为有不少陂塘年久失修、废弃无用。其时，当地官员曾经提出过一个相当大的垦田和水利建设规划，"近启遣五官殷沵、典签刘僧瑗到诸县循履，得丹阳、溧阳、永世等四县解，并村耆辞列，堪垦之田，合计荒熟有八千五百五十四顷，修治塘遏，可用十一万八千余夫，一春就功，便可成立"[2]。但这个大规模修治计划并未见实施。到了唐代，那里陆续兴建一批较大的工程，《新唐书》明确记载金坛县"东南三十里有南北谢塘，武德二年（619 年）刺史谢元超因故塘复置以溉田"；句容县"西南三十里有绛岩湖，麟德中，令杨延嘉因梁故堤置，后废，大历十二年（777 年），令王昕复置，周百里为塘，立二斗门以节旱暵，开田万顷"；武进"西四十里有孟渎，引江水南注通漕，溉田四千顷，元和八年（813 年），刺史孟简因故渠开"。[3]看来这些工程及其灌溉面积都有较大规模。

接下来是太湖平原。

这里是江南腹心地带，六朝时期以"三吴"即吴郡、吴兴郡和会稽郡作为主要经济基地，这里居其二。较之全国其他地区，当地水文环境对早期农业生产发展的制约最为严重，农田水利建设曾经面临的困难亦无出其右。然而经过六朝以降艰苦卓绝的努力，这里最终成为中国古代经济最繁盛的地区，一直泽惠至今。就全球范围来看，这个地区发生在人与水之间的历史故事最是可歌可泣。有数不清的学者做过大量探讨，这里只能综合前贤成果稍作概述。

总体而言，太湖地区水文环境对农业发展和水利建设的困扰和挑战，主要来自以下几大互相作用的自然环境因素。其一，由于漫长时代的地质演变，形成了周高中低的碟形地形：西、南两面是山地丘陵，重峦叠嶂，丘陵起伏，与平原之间地势落差显著；东北及东南边缘则环绕着长弧形冈身地带，海拔在 4～8 米，系由江水、海潮反托所致；中部平原则是广大的湖沼洼地，海拔仅有 2～

[1] 隋唐史研究者对相关问题早有讨论，可参见潘镛：《隋唐时期的运河和漕运》，三秦出版社，1987 年，第 43-46 页。

[2]《南齐书》卷 40《竟陵王子良传》，中华书局，1972 年，第 694 页。

[3]《新唐书》卷 41《地理志》，中华书局，1975 年，第 1057-1058 页。

3.5 米，通常低于汛期河湖水位。其二，这个地区位于北纬 30°～32°，热量充足，降水丰沛，年平均降水量 1 000～1 400 毫米，这些对于农业生产既是优势，亦可能构成威胁。由于降水量大、年际变差亦大，特别是梅雨季节和台风期间雨量很集中，很容易积潦成灾。其三，这里襟江傍海，易遭江涛海潮侵袭。由于这三方面的因素，整个地区水患天然严重：既易遭西南巨大山洪的冲击，亦易遭东北和东面汹涛恶潮内侵，低洼腹地则因大水潴蓄过甚而宣泄不畅，往往造成一片汪洋。另一方面，由于稻作生产需水量大，在干旱少雨季节和年份，地势较高地区又容易旱魃成灾。相比较而言，早期治水御涝较之蓄水渠灌溉农田更加重要。针对这些困扰，要想发展农业生产，同时协调灌溉与航运的关系，水利建设必须协调解决三个方面的重要问题。

其一，必须有效遏止从西南山地奔泻而下的溪河之水，保护农田安全。太湖以西和以南流出山地的溪河众多，其中荆溪和苕溪是太湖的主要外水来源，它们从西部山区直泻而下，流大水急，对农业生产构成很大威胁。六朝以降特别是中唐以后，随着宜兴、吴兴一带低湿湖滩土地逐渐开垦，如何防阻西面溪河来水之患就变成了重大问题，历代为此不断努力，逐渐在太湖西部和西南的宜兴、长兴和吴兴之间构筑了包括頔塘在内的绵长横塘，阻挡来水侵害农田。与此同时，湖滩地带每隔几里即开一条溇港，并在其入湖水口设置水闸，后世所说的宜兴“百渎”、长兴“三十六港”和吴兴“三十八溇”，正是从这个时代陆续开挖疏通的。随着溇港不断延伸，又每隔四五里即筑一条横塘，“横塘纵溇”格局因而逐渐构建，形成湖溇圩田系统。这种“横塘纵溇”的格局，一方面因有横塘阻隔，西部山地来水可以急流缓受，不致漫溢、冲毁之患；另一方面，由于稠密溇港并水闸调控，既能泄流，亦可免湖水倒灌之忧，干旱之时则可蓄截溇港之水以资灌溉[1]；此外溇港、横塘还是舟船车马的通道。这是一个集阻挡与泄排并举、灌溉和交通兼顾的综合系统。

其二，必须大力疏浚下游河、港，保证入江下海水道通畅，防止内涝成灾。太湖平原泄水通道治理，自古即是一个重大难题，历代官府、民间特别是水利专家为此殚精竭虑。古代太湖流域有所谓“三江”，即吴淞江、东江、娄江。其中吴淞江（松江）在吴县南五十里，经昆山入海；娄江在今江苏常熟与太仓之

[1] 参见中国农业科学院、南京农业大学中国农业遗产研究室太湖地区农业史研究课题组编著：《太湖地区农业史稿》，农业出版社，1990 年，第 58-59 页。

间，现名浏河；东江为太湖尾闾之一，故道自太湖之东七十里三江口分松江经白蚬湖东南流入大海。由于周高中低的地形，诸江泄水原本就不顺畅，兼以不断堙塞，更常常造成腹地积涝成灾。

早在南朝时期，太湖地区就已经出现了因排水不畅而造成的渍涝问题。刘宋时人称吴兴郡“衿带重山，地多污泽，泉流归集，疏决迟壅，时雨未过，已至漂没。或方春辍耕，或开秋沈稼，田家徒苦，防遏无方。……时或水潦，则数郡为灾”。刘浚上疏“以为二吴、晋陵、义兴四郡，同注太湖，而松江沪渎壅噎不利，故处处涌溢，浸渍成灾。欲从武康纻溪开漕谷湖，直出海口，一百余里，穿渠浛必无阂滞”。可能当时计划从今德清苎溪向东开河，接通谷水，经过三泖，循东江古道出海。但这个计划工程最终没有成功。[1]至萧梁中大通二年（530年），“吴兴郡屡以水灾失收”，又有人建议“当漕大渎，以泻浙江”。为此朝廷曾计划派王弁等组织吴、吴兴、义兴三郡兵丁“开漕沟渠，导泻震泽（即太湖）”，但由于昭明太子萧统反对，亦无果而终。[2]

8世纪以后，娄江、东江相继堙塞不通，而此时太湖平原“与水争田”活动不断展开。在此形势之下，零散围湖造田只会造成愈来愈严重的水患，必须依靠国家力量实施整体规划和大规模治理，将土地垦辟与水利建设特别是泄排工程建设有机结合起来，文献记载大致反映了这个转变趋势。前述嘉兴屯田就是一个最典型的例证。嘉禾屯田范围很大，包括今嘉兴、平湖、海盐、嘉善、桐乡一带的广大地区，西及太湖，东至于海。其水利系统，则如李翰《苏州嘉兴屯田纪绩颂并序》所谓“畎距于沟，沟达于川，故道既湮，变沟为田。……浩浩其流，乃与湖连。上则有涂，中亦有船。旱则溉之，水则泄焉”，是一个小沟、大浦与湖、海相连，排灌功能齐全的庞大农田水利系统。五代吴越国时期，太湖流域圩田不断扩大，钱氏割据政权大力整治入海河浦，一河一浦皆设堤堰防闸，仅海盐一县就设堰近百所，退潮开闸放水，涨潮则关闸御潮，其目标一是保护入海水道（河、浦）通畅，二是防止江海潮倒灌。对此，宋人郏侨说：“浙西昔有营田司，自唐至钱氏时，其来源去委，悉有堤防堰闸之制，旁分其支脉之流，不使溢聚以为腹内畎亩之患，是以钱氏百年，岁多丰稔。”又云：“钱氏循汉唐法，自吴江县治江而东至于海，又沿海而北至于扬子江，又沿江而西至

[1]《宋书》卷99《二凶传·始兴王濬传》，中华书局，1974年，第2435页。
[2]《梁书》卷8《昭明太子传》，中华书局，1974年，第168页。

于常州江阴界，一河一浦皆有堰闸，所以贼水不入，久无患害。”[1]吴越国还建立了常规化的疏通和养护制度，设置“撩浅军”专司其事。史书载称：天宝八年（749年），吴越设置都水营使以主水事，“募卒为都，号曰‘撩浅军’，亦谓之‘撩清’。命于太湖旁置‘撩清卒’四部，凡七八千人，常为田事，治河筑堤，一路径下吴淞江，一路自急水港下淀山湖入海，居民旱则运水种田，涝则引水出田。又开东府南湖，立法甚备”[2]。

其三，必须高筑堤塘，内防太湖泛溢，外御江海内侵。太湖平原西包震泽，东临大海，地势低洼，既易发生湖水内涝，又易遭受海潮侵袭，防洪捍海非常艰难。要想围垦农田并保护其安全，就必须高筑坚固堤防，包括湖塘和海塘。“塘”在太湖流域水利系统中具有特定含义，“凡名塘，皆以水左右通陆路也”[3]。其基本形态，是两岸堤路夹河，堤岸外御洪涝，上行车马，堤岸之间是泾浦水流，既排且灌，亦供航运，既是当地水利系统的重要组成部分，也是一个重要的特色，与一般所说的陂塘之“塘”完全不同。早在汉代以前，太湖平原就已有蠡塘、荆塘、皋塘；孙吴时期吴兴城北筑有青塘，长数十里；东晋时殷康主持筑荻塘，西起吴兴城，东至平望镇；唐德宗贞元年，于頔又组织大规模整治，增高培厚，易名頔塘，两岸植树，上驰车马；唐宪宗元和年，苏州刺史王仲舒则筑成了“吴江塘路”。经过多个世纪的努力，唐朝中期以后，自苏州经平望至吴兴之间，逐渐连接形成了太湖东南沿湖长达数百里的湖堤，将浩瀚太湖与堤东浅沼洼地分隔开来，有效地防遏了太湖洪水的侵扰，为太湖下游大规模的土地开垦创造了有利条件，这个区域的农田开垦和水利建设，由初级形式的零散围垦和兴筑，逐渐走向高级形式的塘浦圩田系统，横塘纵浦圩圩相结，塘岸高厚，浦港深阔，旱涝保收，当地农业经济发展逐渐臻于繁盛。[4]

修筑海塘是为了防止沿海咸潮侵袭。江南地区自长江口至钱塘江口，南抵

[1]（宋）郑虎臣编：《吴都文粹》卷6《侨书大略》，《四库全书》本。

[2]（清）吴任臣撰：《十国春秋》卷78《吴越二》，《武肃王世家下》，中华书局，1983年，第1090页。按：明清水利学家多云吴越国设“撩浅军”，但未见宋代文献记载。目前所知最早提及此事者是元代水利专家潘应武，潘氏此说见于明人姚文灏所撰《浙西水利书》卷中《元书》收录的《潘应武言决放湖水》。吴任臣记载此事时亦注云：“元知水人潘应武云钱王时于太湖旁置撩浅军四部。”历来述论江南水利史者都提到“撩浅军”，似是作为定论。

[3]《永乐大典》卷2276《塘》引《吴兴志》原注，中华书局，1960年，第25页。

[4] 有关塘浦圩田的形成过程及其形态、格局，历来论者甚多，解说详细，且我们在土地垦殖部分已经有所叙说，兹不再过多展开。若欲了解详情，请参见缪启愉师：《太湖地区塘浦圩田的形成和发展》，《中国农史》1982年第1期第12-32页；梁家勉主编：《中国农业科学技术史稿》，第332-333页；汪家伦、张芳：《中国农田水利史》，农业出版社，1990年，第253页。

浙东、福建，有着漫长的海岸线，修筑捍潮海塘，保卫农区安全，自古就是一项极其艰巨的任务。据现有文献记载，最早修筑的海塘应是东汉华信所建钱塘江海塘。孙吴时期曾在金山建有咸潮塘，东晋成帝咸和年间（326—334 年），虞潭在当时的松江海口“修沪渎垒，以防海沙，百姓赖之”[1]，隆安四年（400年），袁山松又进一步修筑加固。大体来说，六朝时期海塘工程始由零散构筑逐步形成系统，随着江南经济开发不断深入，至唐五代时期，海塘建设更大踏步向前发展。唐玄宗开元元年（713 年），国家动员大量人力，对太湖地区东南沿海的防潮工程进行大规模整修、重筑，形成较为系统、完整的土筑海塘工程，南起盐官，北抵吴淞江口，长达 214 里[2]，这座捍海长城的构筑，为太湖流域农业开发向纵深发展提供了一个巨大屏障。至五代吴越国时期，为了抗御杭州湾的海潮侵袭，钱镠征集大批军民修筑海塘，鉴于旧式土塘易于溃决，遂改用竹笼筑塘法，用装满石块的竹笼层层叠垒，前用木桩关栏固定，后则培筑塘土；同时还在塘前海滩打“滉柱”（即拦浪木桩），以减弱潮浪对塘堤的冲刷，形成抗冲刷能力强、潮不能攻的新型海塘，后世称为“钱氏捍海塘”。钱氏捍海塘的筑成，标志着我国古代海塘工程技术达到了一个新高度。[3]

随着上述三大环境难题逐渐解决，太湖流域农业发展所需具备农田水利条件不断改善，最终形成具有高度区域整体性与功能协调性的塘浦圩田系统，不论从土地开发史还是从水利建设史角度来看，这个系统都是独步天下和举世罕见的，前面已经描述，在此不再重复。这里需要再次强调：太湖流域塘浦圩田系统逐渐形成，与古代国家大规模屯田经营密切相关，两者之间乃是同步推进的关系。在太湖流域这个“水乡泽国”地区，非常丰足的水资源和周高中低地形所造成的特殊水环境，对早期农业发展并非有利，因此唐代以前，不论土地开发还是水利工程建设，都主要由军事将帅和地方官吏组织大量劳动力进行。离开了国家力量，乃是不可想象的。

当然，这并不是说私家力量完全没有发挥着作用。在局部地方小型水利建设方面，六朝时期的世家大族以及隋唐时期的地主，都组织开展了一些水利建

[1]《晋书》卷 76《虞潭传》，中华书局，1974 年，第 2014 页。

[2]《新唐书》卷 41《地理志》云：盐官“有捍海塘堤，长百二十四里，开元元年（713 年）重筑”。中华书局，1975 年，第 1059 页。

[3]中国农业科学院、南京农业大学中国农业遗产研究室太湖地区农业史研究课题组编著：《太湖地区农业史稿》，农业出版社，1990 年，第 57-58 页、第 63 页。

设。以晚唐文学家陆龟蒙为例，他在松江南有田产，“旁田庐门外有沟通浦溆，而朝夕之潮至矣”。他利用潮水进行灌溉，“天弗雨则轧而留之，用以涤濯灌溉，及物之功甚巨”[1]。其《甫里先生传》更较具体地反映了一个不太富裕的小地主的私家治水围田情况，其称：“先生之居有池数亩，有屋三十楹，有田畸十万步，有牛不减四十蹄，有耕夫百余指，而田污下，暑雨一昼夜，则与江通，无别己田他田也。先生由是苦饥困，仓无斗升蓄积，乃躬负畚锸，率耕夫以为具。且每岁波虽狂，不能跳吾防、溺吾稼也。”[2]甫里先生有池塘数亩、屋三十列、田四百多亩、牛十头，雇十余人，为了防止暴雨造成的涝灾，他亲自率农夫筑堤防。不过，他的叙述亦反映了当地水患严重导致农事艰难，生活困窘。地主尚且如此，一家一户的个体小农就更是生计维艰了。

最后再看看浙东和福建地区的情况。

相比较而言，浙东地区由于山地较多，不像早期太湖平原那样泽潦茫茫，所以当地农业开发反而较早，水利建设也较早就取得了一些成绩。东汉永和五年（140 年），马臻为会稽太守，始立镜湖（即鉴湖），筑塘周回三百余里，灌溉农田九千余顷，这一水利设施在六朝时期仍然发挥着作用。郦道元《水经注》记载：“（鉴）湖广五里，东西百三十里，沿湖开水门六十九所，下溉田万顷，北泄长江。”[3]湖水高田丈余，田又高海丈余，天旱泄湖灌田，天雨则关闭沿堤水门不使湖水下泄造成洪涝。东晋时期，孔愉为会稽内史，“句章县有汉时旧陂，毁废数百年。愉自巡行，修复故堰，溉田二百余顷，皆成良业”[4]。上虞西三十余里有白马潭，潭之南有曹娥江渡口，附近常有水患，刘宋大明中（457—464年），“太守孔灵符遏蜂山前湖以为埭，埭下开渎，直指南津。又作水楗二所，以舍此江，得无淹溃之害”[5]。水楗应该是用木或竹编筐、内填草土或石块而做成的挑水坝一类建筑物[6]。南朝时期，“会土边带湖海，民丁无士庶皆保塘役”，由民间出钱、服役疏浚陂湖、修路筑桥，并且“塘丁所上，本不入官”[7]。随着人口逐渐增多，湖沼密布的会稽郡东部地区亦逐渐开发。宋孝武帝大明初，

[1]（唐）陆龟蒙：《迎潮送潮词二首并序》，收入《唐文粹》卷 17 下，《四部丛刊》本。
[2]（唐）陆龟蒙：《甫里集》卷 16，《四库全书》本。
[3] 陈桥驿：《水经注校证》卷 40《渐江水》，中华书局，2007 年，第 941 页。
[4]《晋书》卷 78《孔愉传》，中华书局，1974 年，第 2053 页。
[5] 陈桥驿：《水经注校证》卷 40《渐江水》，中华书局，2007 年，第 947 页。
[6] 张芳：《六朝时期的农田水利》，《古今农业》1988 年第 2 期，第 48-56 页。
[7]《南齐书》卷 26《王敬则传》，中华书局，1972 年，第 482 页。

孔灵符为丹阳尹，“山阴县土境褊狭，民多田少，灵符表徙无赀之家于余姚、鄞、鄮三县界，垦起湖田”[1]。虽然多数朝廷官员反对，但坚持实施的结果是“并成良业”。由于当地农业生产条件相对较好，湖田土地肥沃，一经开垦即成良田，所以世家大族多往那里封山占水、争夺土地，相应地开展一些农田水利建设。谢灵运在这一带本有大量山林田产，他还不能满足，曾两次向会稽太守孟顗请求决湖为田，但均遭到拒绝。[2]由于以会稽为中心的浙东地区有湖塘山池之利，晋宋之际已有“会土带海傍湖，良畴亦数十万顷，膏腴上地，亩直一金”[3]之说，这与水利建设起步较早有关。

隋唐以后，当地农田水利进一步发展，根据《新唐书》记载：唐代新建的水利工程有“越王山堰，贞元元年（785 年），观察使皇甫政凿山以畜泄水利，又东北二十里作朱储斗门。北五里有新河，西北十里有运道塘，皆元和十年（815 年）观察使孟简开。西北四十六里有新径斗门，太和七年（833 年）观察使陆亘置”。诸暨“东二里有湖塘，天宝中令郭密之筑，溉田二十余顷”。上虞“西北二十七里有任屿湖，宝历二年（826 年）令金尧恭置，溉田二百顷。北二十里有黎湖，亦尧恭所置”。翁山县“南二里有小江湖，溉田八百顷，开元中令王元纬置，民立祠祀之。东二十五里有西湖，溉田五百顷，天宝二年（743 年）令陆南金开广之。西十二里有广德湖，溉田四百顷，贞元九年（793 年）刺史任侗因故迹增修。西南四十里有仲夏堰，溉田数千顷，太和六年（832 年）刺史于季友筑”。西安县“东五十五里有神塘，开元五年（717 年），因风雷摧山，偃涧成塘，溉田二百顷”[4]。各地数量确实不少。

福建地区农业开发较晚，唐代以后随着人口逐渐移入，一些地方陆续垦辟，农田水利亦随之兴起。《新唐书》记载：莆田县农田水利建设最有成绩，其县“西一里有诸泉塘，南五里有沥峙塘，西南二里有永丰塘，南二十里有横塘，东北四十里有颉洋塘，东南二十里有国清塘，溉田总千二百顷，并贞观中置。北七里有延寿陂，溉田四百余顷，建中年置”。晋江县也有多个蓄水陂塘工程，县“东一里有尚书塘，溉田三百余顷，贞元五年（789 年）刺史赵昌置，名常稔塘。……

[1]《宋书》卷 54《孔季恭传附子灵符传》，中华书局，1974 年，第 1533 页。
[2]《宋书》卷 67《谢灵运传》称：“会稽东郭有回踵湖，灵运求决以为田，太祖令州郡履行。此湖去郭近，水物所出，百姓惜之，顗坚执不与。灵运既不得回踵，又求始宁岯崲湖为田，顗又固执。”（第 1776 页）彼此之间因此结仇。
[3]《宋书》卷 54，“史臣曰”，中华书局，1974 年，第 1540 页。
[4]《新唐书》卷 41《地理志》，中华书局，1975 年，第 1061-1062 页。

西南一里有天水淮，灌田百八十顷，太和三年（829 年）刺史赵棨开”。[1]诸如此类，不予尽举。

值得注意的是，由于福建山多土狭，时人重视濒海土地开发，然而多遭咸卤海水侵袭，故在唐代即开始修筑拒咸蓄淡水利工程。唐文宗大和三年（829年），闽县令李茸在县东五里处筑海堤，“先是，每（年）六月，潮水咸卤，禾苗多死，堤成，潴溪水殖稻”；在长乐县，李茸亦筑海堤，立斗门十处，以御海潮，“旱则潴水，雨则泄水，遂成良田”。[2]事实上，在浙东、福建沿海地区，兴筑防御海潮侵袭的拒咸蓄淡工程，是当地农田水利建设的一个重要特色，其中最著名的一项是位于今浙江宁波城南 50 余里鄞江上的它山堰。该堰始建于唐文宗太和七年（833 年），由明州鄮县令王元暐主持组织当地民众完成，史载“……王公元暐度地之宜，迭石为堰，冶铁而锢之，截断江潮，而溪之清甘始得以贯城市，浇田畴，于是潴为二湖，筑为三堨，疏为百港，化七乡之泻卤而为膏腴，虽凶年，公私不病，人饱粒食，官收租赋，岁岁所获，为利无穷，可谓功施国、德施民矣”[3]。水利史家认为：它山堰选址确当，设计合理，结构精良，布局严密，既能阻挡海潮咸水内侵，又能蓄积上游水源资满足饮用和灌溉需要，是古代农业水利工程中之佳作。[4]此外，会稽东北也有一处防海堤塘，自上虞江抵山阴长达百余里，系开元十年（722 年）令李俊之增修，大历十年（775年）观察使皇甫温、太和六年（832 年）令李左次等又相继增修。这些工程无疑促进了东南滨海区域土地垦殖和农业发展。

“水利是农业的命脉”。农业经济发展的基础是农作物种植，作物生长必须有充足水源滋灌，故自古以来无水即无田地，水资源和水环境对任何一个地区的农业经济结构、生产面貌都具有至关重要的影响，甚至决定其是否适宜发展农业。由于季风气候影响，大陆水资源在空间上自古都存在着显著的分布不均，时间上也有不同程度的年份和季节变差，始终不能顺遂人意。在不同的自然环境下，水资源不足和过甚都给农业生产造成了各种限制、困扰和打击。为此人类不得不努力发明和改进各种用水技术、工具，兴建各种农田水利工程。在漫长的历史进程中，中华民族应对复杂多样的水资源环境，因地制宜地发展水利

[1]《新唐书》卷 41《地理志》，中华书局，1975 年，第 1065 页。
[2]《新唐书》卷 41《地理志》，中华书局，1975 年，第 1064 页。
[3]（宋）魏岘：《四明它山水利备览序》，《四库全书》本。
[4] 汪家伦、张芳：《中国农田水利史》，农业出版社，1990 年，第 262-264 页。

事业，创造了举世公认的辉煌成就，中古乃是成就卓著的一个光荣时代，尤其突出地表现在南方农田水利事业快速发展。通过艰苦卓绝的努力，不断发展农田水利事业，中古时代南方稻作农业逐渐摆脱了此前“火耕水耨”的落后状况，形成了农田灌溉“以沟为天”、高度发达的稻作经济体系，为中国文明的继续繁荣发展奠定了更加广阔而且雄厚的环境与经济基础。[1]

第三节　战争、漕运与内河航运[2]

交通事业发展是人类文明发展不可缺少的重要一环，与自然环境及其变迁的关系同样非常密切。任何一个时代和地域的交通方式和能力，都不仅取决于负载工具与技术的发展，而且在极大程度上得益或者受制于特定自然环境和资源条件。正是自然环境和资源条件的差异，造就了古今不同区域独特的交通方式和技术手段。在近代公路、铁路和航空出现之前，人类除徒步负载和畜力驮运之外，早在远古时代便已发现水体具有浮力，并且不断利用流动的江河载重致远，但南北东西水资源环境显著的地域差异，深刻影响了各地交通方式和面貌，自古即有的“南人乘船，北人骑马”之说，就主要缘于南北地形地貌、水资源条件和水文状况不同。不过，历史文献也告诉我们：古代北人行旅、转运也并不完全倚恃车马畜力，内河航运和水上交通曾经甚可称道，只是随着自然环境变迁（特别是水资源减少）逐渐衰落了。历史地看，交通方式不仅与特定的自然环境相适应，而且随着自然环境的改变而改变。

在中国交通史上，魏晋南北朝隋唐是内河航运事业迅速发展的一个时代，也是最繁荣的一个时代。散布在中国大地上的众多河流，宛若人体的动脉和血管，在巨量物资转输和频繁人员流动中发挥着主要的运载传输功能，将不断壮大的中国文明躯体之腹心和肢体部分有机地联结起来，构成一个彼此互动、协同发展的鲜活整体。尤其是隋朝大举开凿大运河，使之全线贯通，从根本上改变了古代内

[1] 关于古代江南“火耕水耨”农业以及中古南方水利建设对水稻生产发展进步的重大影响，可参见牟发松的系列论文，特别是他的《从“火耕水耨”到“以沟为天”——汉唐间江南的稻作农业与水利工程考论》一文，刊于《中华文史论丛》2014 年第 1 期，第 31-68 页。

[2] 江河湖海各类水体对人类交通运输的影响是十分广泛的，既提供有利条件亦构成重重障碍。例如，如何突破江河阻隔到达彼岸自古即是人类必须面对的重要难题，亦因此有过很多特殊文化创造，又如构筑各种桥梁，反映了历史上人类与水资源环境关系的另一侧面。相关研究论著甚多，拙著《人竹共生的环境与文明》第七章（生活 •读书 • 新知三联书店，2013 年）亦有所述列，有兴趣的读者可以参阅。这里不作专门叙述。

河航运交通格局，实现了南北区域经济、文化的大沟通，促进了政治、社会的大整合，历史意义之巨大、深远，非任何人造工程所能匹敌。如果将大运河与长城这两个古代最伟大工程的历史功能作一个对比，可以发现：修筑万里长城的目标是阻挡草原大漠的胡狄民族内犯，其功能是保卫中原农业社会安全，可以视作农耕民族的“生命防卫系统”；开凿大运河的目的则在于最大限度的沟通南北，其最本质意义在于从更广阔的地域空间汇集古代国家机器运转所需之巨量物质产品，减少运输过程中的能量耗费，因而它是古代中国“生命支撑系统”的一部分。大运河的全线贯通，还极大地改变了古代南北人员往来、文化流动、经济布局甚至物种传播的方式和状态，历史影响之广泛而巨大，难以详述。

关于中古时代以大运河作为主要标志的交通事业发展，已有成果堆积成山；关于运河全线贯通之前魏晋南北朝时期的内河航运事业，也有学者进行过梳理[1]，本章所述恐有赘重之嫌。但我们侧重关注的问题是：中古内河航运事业建立在怎样的水资源环境之上？当时社会是基于哪些目的和动机努力突破环境限制、发展内河航运事业？对南北水环境造成了哪些改变？为了方便起见，下面按照区域和时代先后，有选择性地陈述一些事实。

一、北方内河航运

中古时代可能是黄河中下游地区内河航运事业发展最快、景象最繁荣的一个历史时期，对当时社会产生了十分重要的影响，包括对军事活动、国家漕运和游人行旅的影响等。不过，在这大约 8 个世纪的时间里，魏晋北朝和隋唐两个阶段，无论是发展动力还是实际功能，前后都发生了显著的变化：魏晋北朝时期，刺激和推动北方内河航运迅速发展的主要因素并非常规性物资转输需要，而是军事活动需要，这既与两汉时期的情况明显不同，更与隋唐以后内河航运主要发挥巨量物资内聚性流通（由各地向政治中心漕挽粮食及其他物资）功能的情况很不一样。

[1] 例如，冻国栋《二十世纪唐代交通运输业研究述评》一文即对 20 世纪唐代水运交通问题研究成果做有概要的介绍，收入冻氏著：《中国中古经济与社会史论稿》，湖北教育出版社，2005 年，第 573-599 页。关于魏晋南北朝时期南北水上交通的发展概况，何德章曾有专文概论，何德章：《魏晋南北朝时期南北水路交通的拓展》，《武汉大学学报》2004 年第 2 期，第 150-157 页。

1．曹魏西晋时期

曹魏虽是一个割据政权，统治时间也不太长，却迫于政治、经济特别是军事形势需要，对北方水利特别是河运事业发展做出了突出贡献，为较快地恢复北方经济和西晋统一中国打下了重要基础。对此，清人康基田曾有如下一段评论，称：

曹魏广田蓄谷，以田良水少，不足尽地利，开河引水浇溉，大积军粮，通漕运之道。洛居天下之中，引洛水入汴，达江淮，与后之修洛阳千金堨，堰谷水、凿陕南山，决河东注洛以通运，同一道也。初曹操为屯田。广开漕渠。溉东南诸陂，颍南、淮北仓储相望，军兴泛舟而下，兵食皆足，慑制天下。黄初以后迄晋，当时能臣皆以通渠积谷为备武之道。于是豫州刺史贾逵遏鄢、汝造新陂，断山溜长溪水造弋阳陂，凿贾侯渠通运，盖以南与吴接也；尚书郎邓艾著《河济论》，自陈、项以东至寿春，开河引灌，又以陈、蔡之间田良，省许昌左右诸稻田，并水东下，且田且守，正始中引河入汴，溉东南诸陂，大佃于淮北，又修诸陂于颍之南北万余顷，寿阳至京师农官屯兵连属，盖皆开渠广运于用武之地，自洛而南，雄视中原，不独漳、釜、郑、白之饶沾溉农田也。[1]

单从古代内河航运事业发展的意义来看，正是曹魏开凿的几条重要运渠，最早将黄河以北的众多河流连通起来，形成了庞大的水上运输网络，不仅促进了魏晋北朝时期河北经济、社会发展，更为后世大运河的全线贯通打下了基础。[2]曹魏在河北积极开沟凿渠、发展河流航运的主要现实动机乃是为了便于军事活动。在黄河以南，曹魏军事活动亦多倚恃河流航运。

西汉时期，贾让经曾有过发展河北水运的动议，但未见实施；东汉时期更进行过尝试，亦是劳而无功。[3]及至东汉末年，天下大乱，中原逐鹿，曹操与袁氏集团经过多年厮杀，逐渐统一了北方，但袁氏残余力量仍龟缩于东北一隅，并与

[1]（清）康基田：《河渠纪闻》卷4，清嘉庆霞荫堂刻本。

[2] 关于曹魏在河北地区开渠通漕对古代运河发展的贡献，已有多位学者作过论述，如日本学者佐久间吉也早在20世纪70年代有专论（见所撰《关于曹操时漕运路线的形成》，《社会文化史学》，1976年）；中国学者的有关论著也时有提及，如邹逸麟主编的《黄淮海平原历史地理》第150-151页即有概括论述。本章叙述虽嫌重复，但主要强调其军事目标和功能。

[3]《汉书》卷29《沟洫志》，中华书局，1962年，第1692-1696页；《后汉书》卷16《邓禹附子训传》，中华书局，1965年，第608页。

边境的乌丸相互勾结。为了彻底清除袁氏残余并解除乌丸威胁，曹操在河北开凿了若干渠道，将这个地区的多条河流连通起来，以便于兵力调动和军需物资转输。大致过程是：汉献帝建安九年（204 年），曹操在淇水入黄河口筑枋头堰，遏淇水入白沟，增加白沟水量，使之能够大量通行船只，并与清水连接成一条河运航道。[1]建安十一年（206 年），为了讨伐乌丸，复凿渠引滹沱入泒水，名平虏渠；从沟河口凿渠入潞河，以通海，名泉州渠；同时开挖一条新河，引鲍丘水自雍奴县界东出，历盐关口至东亭附近注入濡水，这样就将泒水、潞水、鲍丘水和濡水等河连接起来。由于这些努力，曹魏时期，西南起自淇水、白沟，东北下经清水，渡平虏渠，入泒水、潞水、鲍丘水，再经泉州渠、新河两条人工河渠，直抵濡水，形成了一条贯通河北大平原、可以直抵长城附近的水上运输线。[2]

约略同一时期，曹操自许昌迁于邺（今河北临漳县西南）并以此为都。为了都城转输之便，又相继开凿了几条人工漕渠，使河北平原上的众多河流进一步互相沟通形成河运网络。其中之一是建安十八年（213 年）凿渠引漳水入白沟，谓之“利漕渠”，打通濒临漳水的邺城之河运航道。[3]利漕渠开通之后，清漳水、白沟、淇水等河流互相连接。《水经注》卷九《淇水》云：“白沟又东北，迳罗勒城东，又东北，漳水注之，谓之利漕口。自下清漳、白沟、淇河，咸得通称也。”卷一〇《浊漳水》又说：“汉献帝建安十八年（213 年），魏太祖凿渠，引漳水东入清、洹，以通河漕……”其后又于太和年开凿了白马渠，沟通滹沱河和衡漳水；景初年间（237—239 年），公孙渊反叛，复凿鲁口渠，沟通滹沱河与泒水，以满足军粮运输的需要。“于是河北平原西南部又有了一条南北向水运航道，即在平原西部，从邺出发，由利漕渠、漳水、白马渠、滹沱河、鲁口渠、泒水，也可以到达今天津地区。”[4]

由于曹魏的积极经营，河北内河航运取得了前所未有的发展，对曹魏乃至整个魏晋北朝的政治、军事和经济都发挥了巨大作用，隋朝大运河之北段也是

[1]《三国志》卷 1《魏书·武帝纪》，中华书局，1959 年，第 25 页；陈桥驿：《水经注校证》卷 9《淇水》，中华书局，2007 年，第 237-238 页。

[2]《三国志》卷 1《魏书·武帝纪》：“三郡乌丸承天下乱，破幽州，略有汉民合十余万户。袁绍皆立其酋豪为单于，以家人子为己女，妻焉。辽西单于蹋顿尤强，为绍所厚，故尚兄弟归之，数入塞为害。公将征之，凿渠，自呼沱入泒水，名平虏渠；又从沟河口凿入潞河，名泉州渠，以通海。”卷 14《魏书·程郭董刘蒋刘传》云：“后袁尚依乌丸蹋顿，太祖将征之。患军粮难致，凿平虏、泉州二渠入海通运……。”关于“新河”，《水经注》卷 14《濡水》云：“濡水东南流，迳乐安亭，东与新河故渎合。渎自雍奴县承鲍丘水，东出，谓之盐关口。魏太祖征蹋顿，与沟口俱导也，世谓之新河矣”。以“平虏”作为渠名，直接点明了开凿该渠的军事目的。

[3]《三国志》卷 1《魏书·武帝纪》，中华书局，1959 年，第 42 页。

[4] 邹逸麟主编：《黄淮海平原历史地理》，安徽教育出版社，1991 年，第 151 页。

凭借曹魏时期的基础。大体上说，从曹魏到北魏时期，不少河渠都可通航，不但曹军北征袁氏、乌丸是凭借水道，司马懿征讨公孙渊亦借此运输军粮。[1]到了北魏时期，有人建议定都邺城，重要理由之一正是当地具有良好的内河航运条件。《后魏书》记载："文帝太和十八年（494年），卜迁都，经邺，登铜雀台，御史崔光等曰：'邺城平原千里，漕运四通，有西门、史起旧迹，可以饶富，在德不在险，请都之。'"[2]魏晋北朝时期河北内河运道之通畅由此可见。

曹魏大举凿渠通航活动，前期主要集中于河北，后期重点转向了河南，但同样是基于军事活动需要，不过军事目标已经转向了东南的孙吴。孙吴地处江淮以南，其地多水，其人习舟楫，具有水上军事优势。为了征伐孙吴，混一中国，曹魏积极发展水军。因此之故，当时发展河南地区的河运，不仅仅是为了通行军粮船只，同时也是为了调度水师舰船（见图3-1）。

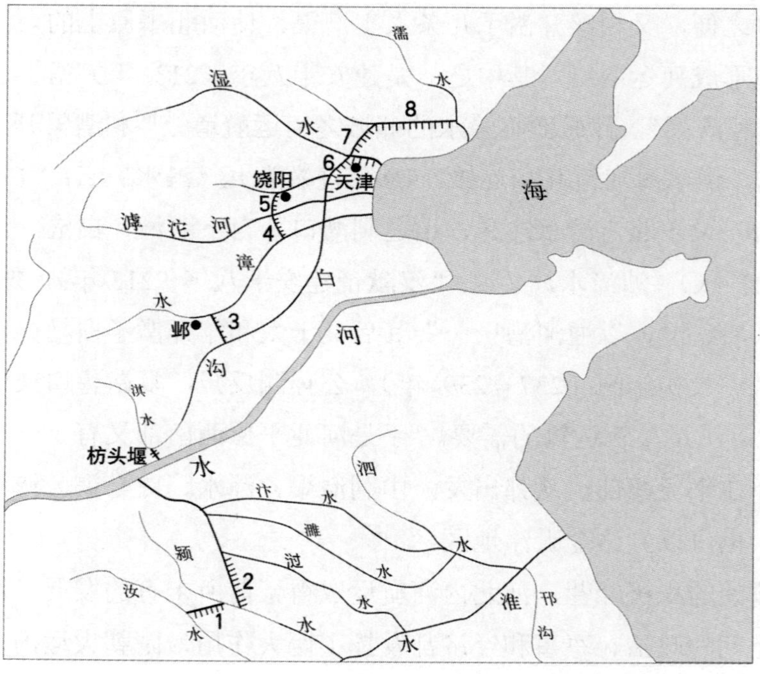

1—讨虏渠；2—贾侯渠；3—利漕渠；4—白马渠；5—鲁口渠；6—平虏渠；7—泉州渠；8—新渠

说明：据《中国水利史稿》上册，第289页图改绘。

图3-1　曹魏时期开凿的运渠

[1] 史载司马懿征伐公孙渊时，因遭遇30多天大雨，河流暴涨，魏军的运输船只甚至得以进入大辽水、到达襄平城下（今辽宁辽阳市西南）。当然，华北河运线并不能通往辽东的大辽水，魏军船只应是由海道抵达的。

[2]（宋）李昉编：《太平御览》卷161，中华书局，1960年影印宋本，第782页引。按：此文不见今本《魏书》，不知所指《后魏书》出自何人。

早在建安年间（196—220 年），曹操就开始训练水军。建安十三年（208 年）正月，曹操在邺城“作玄武池以肄舟师”，大约是为南下征伐刘表和孙权做准备；赤壁之战失败以后，曹魏更加积极发展水军，故建安十四年（209 年）三月，曹操率军至谯郡，“作轻舟，治水军。”[1]曹丕《浮淮赋》说：“建安十四年(209 年)，师自谯东征，大兴水军，泛舟万艘，虽孝武舳舻千里，殆不过也。”[2]足见曹魏水师之盛。自魏文帝以后，历次南下军事行动均大量打造船只，派出大批舟师。[3]王粲有诗云：“朝发邺都桥，暮济白马津。逍遥河堤上，左右望我军。连舫逾万艘，带甲千万人。”[4]所描绘的正是曹魏水师南下盛况。

不用说，水师调动以及南下伐吴的整个军事行动，都需要有通畅的水上运道，为此，曹魏以及后来的西晋先后开凿了若干个运渠。早在建安七年（202 年），已经开凿睢阳渠；魏文帝黄初六年（225 年）又开凿了讨虏渠；豫州刺史主持开凿了贾侯渠；著名将领邓艾更先后开凿了广漕渠、淮阳渠和百尺渠，均兼灌溉和航运之利。史书记载：“（邓艾）兼修广淮阳、百尺二渠，上引河流，下通淮颍，大治诸陂于颍南、颍北，穿渠三百余里，溉田二万顷，淮南、淮北皆相连接。自寿春到京师，农官兵田，鸡犬之声，阡陌相属。每东南有事，大军出征，泛舟而下，达于江淮，资食有储，而无水害，艾所建也。”[5]因文献资料简略，上述运渠的具体位置、所连接的河流，均已无法弄清，但它们都在黄淮平原上的汴、汝、涡、颍、睢、淮诸水之间，乃是可以肯定的。

关于曹魏以及西晋南征的航运路线，史书有几条相对清晰的记载。《三国志》称：黄初五年（224 年）“八月，为水军，亲御龙舟，循蔡、颍，浮淮，幸寿春”。又称：黄初六年（225 年）“八月，帝遂以舟师自谯循涡入淮，从陆道幸徐”[6]。据此可知：曹魏时期蔡水、颍水、涡水等均可通行较大船只，并与黄河和淮河通接。在晋初伐吴战争中，王浚率领了一支相当庞大的军队出征江东，时人杜预在给他的书信中称：“足下既摧其西藩，便当径取秣陵，讨累世之逋寇，释吴人于涂炭，自江入淮，逾于泗、汴，泝河而上，振旅还都，亦旷世一事也。”[7]

[1]《三国志》卷 1《魏书・武帝纪》，中华书局，1959 年，第 32 页。
[2]《艺文类聚》卷 8 引魏文帝《浮淮赋》，上海古籍出版社，1965 年，第 160 页。
[3] 相关史实，见《三国志》卷 2《魏书・文帝纪》及同书卷 28《魏书・王毌丘诸葛邓钟传》。
[4]（汉）王粲：《从军行》，收入《文选》卷 27，上海古籍出版社，1986 年，第 1272 页。
[5]《晋书》卷 26《食货志》，中华书局，1974 年，第 785-786 页。
[6]《三国志》卷 2《魏书・文帝纪》，中华书局，1959 年，第 84-85 页。
[7]《晋书》卷 42《王浚传》，中华书局，1974 年，第 1210 页。

杜预建议的经由河道明显不同于此前曹魏皇帝所经，说明西晋伐吴、军队返京之时，所经行的很可能是东面的另一条航线，其西面的蔡、颍、涡水是否仍然畅通则不得而知。

西晋都城洛阳周围的河运也值得重视。晋武帝泰始十年（274 年）曾计划凿陕南山，决黄河东注洛水“以通运漕”，不过没有真正实施；晋怀帝永嘉（307—313 年）初年，李矩、袁孚等在洛阳修千金堨，“以利运漕”[1]，目的都在于发展京师周围的内河运输。

魏晋时期河东与关中诸河通航情况，史无明载。仅见的一条资料与曹操讨伐韩遂、马超有关，虽然在潼关一战中利用了不少船只，但进入关中后是否仍以舟船载兵或者运粮，却没有记载。[2]不过，从后来刘裕由水路入关中的事实看，当时汾、渭诸河可以通航应无可疑。

由上可见，魏晋时期，中原地区较大的河流均可大量通行船只。由于曹魏积极开挖人工渠道，沟通诸河，在黄河南北形成了畅通的内河运输路线，对当时军需物资转输和水师活动发挥了重要作用，内河航运可谓相当发达。晋人孙楚说：“自顷国家，整治器械，修造舟楫，简习水战，伐树北山，则太行木尽，浚决河洛，则百川通流，楼船万艘，千里相望。自刳木以来，舟车之用，未有如今日之盛者也。骁勇百万，畜力待时，役不再举，今日之谓也。”[3] 虽然这是代替石苞写给孙皓的一个劝降书，对西晋水师之众、河运之盛不免夸大其辞，但其时南下水道通畅、军事活动多凭舰船，应非虚言。在此之前，公孙渊在给曹魏的一个上书中亦称：“吴虽在远，水道通利，举帆便至，无所隔限。”[4]说明在当时人们印象之中，诸河通畅易航，水上交通运输相当方便。

2．东晋十六国时期

“永嘉之乱”以后，中原板荡，各族政权纷攘建立，互相攻伐，兴亡无常，难有时间大举进行沟渠开凿的活动。但这并不意味着彼时河流航道尽废，水运衰落。事实上，在当时频繁的战争中，各地特别是黄河以南河流航道发挥了极

[1] 分见《晋书》卷 3《武帝纪》，中华书局，1974 年，第 64 页；《晋书》卷 63《李矩传》，中华书局，1974 年，第 1706 页；（唐）杜佑撰，王文锦、王永兴等点校：《通典》卷 10《食货十》，中华书局，1988 年，第 217 页。
[2]《三国志》卷 18《魏书・二李臧文吕许典二庞阎传》，中华书局，1959 年，第 542 页。
[3]（西晋）孙楚：《为石仲容（石苞）与孙皓书》，收入《文选》卷 43，上海古籍出版社，1986 年，第 1936 页。
[4]《三国志》卷 8《魏书・二公孙陶四张传》裴注引《魏书》，中华书局，1959 年，第 259 页。

其重要的转输功能。由于政局混乱，史事纷杂，全面述说甚为不便，故只择其中最重要的几组史实略作叙述。

第一组史实是后赵的军事活动与内河航运。

史书记载石勒与内河航运有关的一项活动，是他曾在葛陂“课农造舟”，为进攻东晋做准备。虽然他并没有能够成功南下，但其后石虎却在淮河巨灵口（地点不详，当在寿春附近）与东晋军队交锋，双方都动用了不少船只。同书又载：石勒父子兵败退至东燕，夺取据守在汲郡的向冰于枋头附近水渎中屯积的大量船只和物资，兵势复振。[1]

后赵定都于邺，其地为曹魏故都，曹魏积极经营形成的良好河运条件恰为后赵军事活动所倚恃，大量制造和运用舟船是其军事活动的一大特点。史称石虎“志在穷兵”“敕河南四州具南师之备，并、朔、秦、雍严四讨之资，青、冀、幽州三五发卒，诸州造甲者五十万人。兼公侯牧宰竞兴私利，百姓失业，十室而七。船夫十七万人为水所没，猛兽所害，三分而一”。[2]为了讨伐昌黎，他曾“以船三百艘运谷三十万斛诣高句丽”“又令青州造船千艘”。为了攻讨慕容皝，“令司、冀、青、徐、幽、并、雍兼复之家，五丁取三，四丁取二，合邺城旧军满五十万，具船万艘，自河通海，运谷豆千一百万斛于安乐城（引案：应为乐安城），以备征军之调”[3]。石虎的军船通过了哪些河流运道不甚清楚，但肯定利用了黄河和清水，其讨伐慕容氏就是通过黄河运道将军需物资运往海上的。东晋成帝咸康四年（338 年），桃豹、王华等率舟师由位于清河河口的漂榆津（今天津静海北）入海。其他方面的记载也证实：后赵充分利用了黄河以北河流的航运条件。例如，石虎曾因租赋数额巨大，转输劳烦，“令中仓岁入百万斛，余皆储之水次”。还曾下令“刑赎之家得以钱代财帛，无钱听以谷麦，皆随时价输水次仓”。又因“冀州八郡雨雹，大伤秋稼”“遣御史所在发水次仓麦，以给秋种”[4]。所谓“水次仓”，即是建于诸河水道附近的官仓。从石虎的这些命令看来，当时水次仓的数量应当颇为不少，由此可以推知后赵时期的内河航运相当发达。

第二组史实则是东晋桓温的北伐活动。桓温数次北伐亦都是大规模军事行

[1]《晋书》卷 104《石勒载记上》，中华书局，1974 年，第 2717 页。

[2]《晋书》卷 106《石季龙载记上》，中华书局，1974 年，第 2772 页；《魏书》卷 95《羯胡石勒传》，中华书局，1974 年，第 2052 页。

[3]《晋书》卷 106《石季龙载记上》，中华书局，1974 年，第 2768、第 2770 页。按：文中“高句丽”，当指今辽东半岛。

[4]《晋书》卷 106《石季龙载记上》，中华书局，1974 年，第 2763 页。

动，调动了大量兵力和物资，军队移动和军粮转运也是借助于舟船，河运渠道通畅与否直接关系到北伐的成败。

桓温第一次北伐，派遣高武进据鲁阳、戴施进屯河上，“勒舟师以逼许洛，以谯梁水道既通，请徐豫兵乘淮泗入河”。[1]也就是说，第一次北伐时，桓温军队由淮河经泗水入黄河，进逼许昌、洛阳，沿途运道是通畅的。

但是晋废帝太和四年（369 年）的北伐却很不走运。由于时值大旱，汴水流浅，运道不通，桓温不得不派兵从巨野泽凿渠三百余里入清水，并引汶水汇之，达到由泗水入清水、由清水入黄河的目的。此事《晋书》记载不如《资治通鉴》概括得好，司马光称：“大司马温自兖州伐燕。郗超曰：‘道远，汴水又浅，恐漕运难通。’温不从。六月，辛丑，温至金乡，天旱，水道绝。温使冠军将军毛虎生凿巨野三百里，引汶水会于清水。……温引舟师自清水入河，舳舻数百里。”[2]此次进军，由于汴水水浅，难通漕运，军需补给困难，所以郗超试图劝止，但急于成功的桓温不接受劝告，竟引巨野泽水入清水，晋军经清水入黄河，一直西进到达河内地区。桓温在从东路进军的同时，命袁真、赵悦等进兵谯、梁一带，并试图占据石门，打通从西路运输军粮的道路，袁真等在谯、梁一带取得了胜利，却一直无法打开石门，导致粮道不通，东晋大军食尽，不得不焚舟船、弃辎重铠仗，自陆道奔还。退兵过程中又被敌军追击，襄邑一战即损失了三万人。桓温的这次北伐，因沿途河道不通，运输发生了很大困难，乃以惨败告终。不过，史书也明确记载，当时运道不畅是由大旱造成的。桓温军队为了通运，凿渠引巨野泽和汶水入清水，是此一时期第二次也是最大的一次凿渠通运行动。

第三组史实与前秦苻坚南下伐晋有关。这是东晋十六国时期最大的一次军事行动，兵力和物资转输十分浩大，《晋书》记载：“坚发长安，戎卒六十余万，骑二十七万，前后千里，旗鼓相望。坚至项城，凉州之兵始达咸阳，蜀汉之军顺流而下，幽冀之众至于彭城（今徐州），东西万里，水陆齐进。运漕万艘，自河入石门，达于汝颍。”[3]其中明确指出的一条航道，是由黄河入石门、经颍水

[1]《晋书》卷 98《桓温传》，中华书局，1974 年，第 2572 页。

[2]《晋书》卷 67《郗鉴传附超传》，中华书局，1974 年，第 1803-1804 页；《晋书》卷 98《桓温传》，中华书局，1974 年，第 2576 页；《资治通鉴》卷 102《晋纪二十四》，中华书局，1956 年，第 3214 页。

[3]《晋书》卷 114《苻坚载记下》，中华书局，1974 年，第 2917 页。《魏书》卷 95《临渭氐苻健传》，中华书局，1974 年，第 2077 页；《资治通鉴》卷 105《晋纪二十七》同。

南下淮河。[1]可见当时由关中经渭水下黄河、由黄河入颍水下淮河的运道畅通，通航能力相当可观。究竟有多少军队和物资经过了这条水道不太清楚，但《资治通鉴》称苻融所率先行到达颍口（指颍水入淮水口）的军队有 30 万。我们推测：经由此道而下的只是关中和凉州之兵，由幽、冀等州南下彭城的军队则可能是经过东面的另外一条水道。

这一推测可由晋军反攻路线得到证明。《晋书》是这样记载的："既而（谢）安奏苻坚丧败，宜乘其衅会，以玄为前锋都督，率冠军将军桓石虔径造涡颍，经略旧都。玄复率众次于彭城，遣参军刘袭攻坚兖州刺史张崇于鄄城（今山东鄄城北），走之，使刘牢之守鄄城。兖州既平，玄患水道险涩，粮运艰难，用督护闻人奭谋，堰吕梁水，树栅，立七埭为派，拥二岸之流，以利运漕，自此公私利便。"[2]根据这个记载，谢玄军队反攻的路线分东西两路：西路是桓石虔等率兵赴涡、颍，所取水道即苻融南下路线；东路则取道彭城，进攻兖州，由此可知当时还有一条由淮河入泗水而北上的航道。不过，由谢玄壅吕梁水、立七埭以利运漕的举动可以发现，东路运道虽通，但水流不是很大，所以谢玄有"粮运艰难"的后顾之忧。[3]在此补充说明一点：谢玄壅水立埭是此一时期第一次设埭截水以通运漕的活动。

第四组史实是晋末刘裕的两次军事行动。前一次是为了讨伐青州的慕容超，晋安帝义熙五年（409 年）四月，刘裕军队从建康出发，溯淮入泗，五月到达下邳，均由水路。行至下邳后"留船舰辎重，步军进琅邪"[4]。可见此时由淮入泗可至下邳（今江苏邳州南），下邳至琅邪（今山东临沂一带）的水道是否通畅，《宋书》记载不明，此间的沂水或许可通。

更重要的是刘裕西征关中。东晋安帝义熙十三年（417 年）正月，刘裕"以舟师进讨"[5]，具体路线《宋书》未载。但他们曾经过彭城、留城（应即留县城，在今江苏沛县与徐州之间、微山湖西岸），走的是由淮入泗、北上清水的航道，而不是西面的涡、颍诸水，也不是到达彭城以后西行汴水。十分难得的是，《魏书》却记得很清楚，称"泰常元年（416 年），司马德宗将刘裕伐姚泓，舟

[1] 按：文中"石门"的具体位置不详，"项城"即项县城，位于颍水边；其言"达于汝、颍"，他处未见汝水通航记载，此处可能是因行文关系而虚写的，待考。

[2]《晋书》卷 79《谢安传附玄传》，中华书局，1974 年，第 2082-2083 页。

[3] 其事又见《太平御览》卷 73 引《晋中兴书》，中华书局，1960 年影印宋本，第 344 页。

[4]《宋书》卷 1《武帝纪一》，中华书局，1974 年，第 15 页。

[5]《宋书》卷 2《武帝纪二》，中华书局，1974 年，第 41 页。

师自淮泗入清，欲溯河西上，假道于国”。[1]也就是说，刘裕此次西征，亦取道桓温主力军队在太和四年（369 年）所走的路线。

东晋西征军行至洛阳时，刘裕还曾遣人溯洛水而上，探寻西进的航道。《水经注》卷一五《洛水》云：“洛水又东迳檀山南，其山四绝孤峙，山上有坞聚，俗谓之檀山坞。义熙中，刘公西入长安，舟师所届，次于洛阳，命参军戴延之与府舍人虞道元即舟溯流，穷览洛川，欲知水军可至之处。延之届此而返，竟不达其源也。”[2]随同西征的戴延之在所撰《西征记》中说道：“檀山凡去洛城水道五百三十里，由新安、渑池、宜阳、三乐。三乐男女老劣未尝见舡，既闻晋使溯流，皆相引蚁聚川侧，俯仰倾笑。”[3]这一事实说明，当时洛水上中游也是可以通行船只的，但上游航运并没有发展起来，三乐的百姓对船只很陌生，所以见到晋军的舟船时，尔乃聚观戏笑。

值得注意的是，刘裕北讨、西征的行军时间均不在河流丰水期。他北讨慕容超是在四五月间，北方河流汛期尚未到来，其军船与粮船乃可行至下邳；其西征军队一月由建康出发，到洛阳时约在四月，此前由水路行进的时间是一月至四月之间，正是北方河流水量最少的枯水季节，但他们却可以一路舟行到达洛阳，并且还能乘舟行至洛水中上游，说明当时河流水量即使在枯水期亦相当不小，可行船只。

此外，《宋书》还记载了由黄河入渭河的一些情况。该书称王镇恶“大军次潼关，谋进取之计，镇恶请率水军自河入渭。伪镇北将军姚强屯兵泾上，镇恶遣毛德祖击破之，直至渭桥。镇恶所乘皆蒙冲小舰，行船者悉在舰内，羌见舰溯渭而进，舰外不见有乘行船人，北土素无舟楫，莫不惊惋，咸谓为神。镇恶既至，令将士食毕，便弃船登岸。渭水流急，倏忽间，诸舰悉逐流去”。[4]镇恶由黄入渭时间是七月，渭河正值汛期，自然水多流急，行船没有问题。但当地人似乎很久没有见过舟船，所以王镇恶部队的舰船进入渭河时，敌军感到很惊异。

3. 北朝时期

北朝特别是北魏时期，黄河中下游内河航运亦甚受重视，同样主要由于军

[1]《魏书》卷 35《崔浩传》，中华书局，1974 年，第 809 页。
[2] 陈桥驿：《水经注校证》卷 15《洛水》，中华书局，2007 年，第 365 页。
[3] 按：戴延之《西征记》早已散佚，兹据《太平御览》卷 770，中华书局，1960 年影印宋本，第 3413 页引。
[4]《宋书》卷 45《王镇恶传》，中华书局，1974 年，第 1369 页。

事需要。[1]

北魏君臣在统一北方之前就注重发展水运。据《魏书》刁雍本传记载：早在太武帝太平真君七年（446年），刁雍即上奏表，建议通过水运解决西北边镇军粮运输问题。其时，朝廷下诏令高平、安定、统万及薄骨律镇四镇出车五千乘，运屯谷50万斛交付沃野镇，以供军粮。刁雍认为沿途道远深沙，陆运十分困难，故建议改用水运并且做了认真筹算，称：

> 臣镇去沃野八百里，道多深沙，轻车来往犹以为难，设令载谷，不过二十石。每涉深沙，必致滞陷。又谷在河西，转至沃野，越度大河，计车五千乘，运十万斛，百余日乃得一返，大废生民耕垦之业。车牛艰阻，难可全至，一岁不过二运，五十万斛乃经三年。臣前被诏，有可以便国利民者动静以闻。臣闻郑、白之渠，远引淮海之粟，泝流数千，周年乃得一至，犹称国有储粮，民用安乐。今求于牵屯山河水之次，造船二百艘，二船为一舫，一船胜谷二千斛，一舫十人，计须千人。臣镇内之兵，率皆习水，一运二十万斛。方舟顺流，五日而至，自沃野牵上，十日还到，合六十日得一返。从三月至九月三返，运送六十万斛，计用人功，轻于车运十倍有余，不费牛力，又不废田。

皇帝对他的建议非常赞许，下诏称："知欲造船运谷，一冬即成，大省民力，既不费牛，又不废田，甚善。非但一运，自可永以为式。今别下统万镇出兵以供运谷，卿镇可出百兵为船工，岂可专废千人？虽遣船匠，犹须卿指授，未可专任也。诸有益国利民如此者，续复以闻。"[2]从皇帝诏书的文字看，应当得到了实施。其后，薛钦、朱元旭、崔休、元雍、李崇等亦讨论河运，漕转京西水次汾、华二州和恒农、河北、河东、正平、平阳五郡的贡赋，其中崔休还提到"东路诸州皆先通水运，今年租调，悉用舟楫"[3]。也就是说，北魏初期黄河中下游各地皆通漕运；甚至在西北边镇地区、今宁夏平原与河套地区之间亦利用黄河之水实行大规模的远途漕运。

同一时期，为了防范晋、宋之兵，还有造船、戍河之举。神䴥三年（430

---

[1] 薛瑞泽曾专文讨论了北魏时期的内河航运，对有关史实进行了较好的梳理，为本节提供了参考。薛瑞泽：《北魏的内河航运》，《山西师大学报》2001年3期，第28-32页。

[2]《魏书》卷38《刁雍传》，中华书局，1974年，第868-869页。

[3]《魏书》卷110《食货志》，中华书局，1974年，第2860页。

年）三月，“（太武）帝闻刘义隆将寇边，乃诏冀、定、相三州造船三千艘，简幽州以南戍兵集于河上以备之”[1]。又曾因南朝兵至，边将请“就漳水造船，严以为备”，但被崔浩劝止。[2]可见北魏前期已经重视水运，但真正取得大发展是在迁都洛阳之后。

北魏迁都洛阳之后，所面临的自然环境与平城时期迥然不同，加以此后同南朝的战争日益频繁，发展河运既是经济的需要，更是军事的需要。在南迁过程中，统治阶层考虑建都于邺，因为那里有良好的水运条件。史书记载：“文帝太和十八年（494 年），卜迁都，经邺，登铜雀台，御史崔光等曰：‘邺城平原千里，漕运四通，有西门、史起旧迹，可以饶富，在德不在险，请都之。’”[3]崔光的话有不少材料都可以证明。直到北朝后期，邺城周围河流仍可通运，北齐神武帝高欢曾“遣三千骑镇建兴，益河东及济州兵，于白沟虏船不听向洛，诸州和籴粟运入邺城”。[4]在华北平原东北部，作为古黄河下游重要支流之一的漯水很早就通行船只，《禹贡》已有记载。[5]自秦汉以下应一直是比较通畅，可通舟运，这从《水经注》相关记载可以清楚地看出。它说：“漯水又北，迳聊城县故城西。城内有金城，周匝有水，南门有驰道，绝水南出，自外泛舟而行矣”。又说：“河水自平原左径安德城东，而北为鹿角津。东北径般县、乐陵、枋乡至厌次县故城南，为厌次河。汉安帝永初二年（108 年），剧贼毕豪等数百，乘船寇平原，县令刘雄，门下小吏所辅，浮舟追至厌次津，与贼合战，并为贼擒。”[6]

但北魏都城最终定都于水运更方便、地方更广大的洛阳。孝文帝迁都之后，为了发展河运，曾多次泛舟巡游，西幸长安、东达碻磝，北至邺城，南抵徐州。自邺还京途中，孝文帝“泛舟洪池”，对大臣李冲说：“朕欲从此通渠于洛，南伐之日，何容不从此入洛，从洛入河，从河入汴，从汴入清，以至于淮？下船而战，犹出户而斗，此乃军国之大计。今沟渠若须二万人以下、六十日有成者，宜以渐修之。”李冲认为，如能成功，“便是士无远涉之劳，战有兼人之力”。[7]

---

[1]《魏书》卷 4 上，《世祖纪上》，中华书局，1974 年，第 75 页。
[2]《魏书》卷 35《崔浩传》，中华书局，1974 年，第 820 页。
[3]（宋）李昉编：《太平御览》卷 161 引《后魏书》，中华书局，1960 年影印宋本，第 782 页。
[4]《北齐书》卷 2《神武帝纪下》，中华书局，1972 年，第 16 页。
[5]《尚书・禹贡》云：“兖州浮于济、漯，达于河”。
[6] 陈桥驿：《水经注校证》卷 5《河水五》，中华书局，2007 年，第 144、第 148 页。
[7]《魏书》卷 53《李冲传》，中华书局，1974 年，第 1185 页。

后来行巡徐州，又“泛泗入河，溯流还洛”，行至碻磝时，随行大臣成淹“以黄河浚急，虑有倾危，乃上疏陈谏”。孝文帝说：“朕以恒代无运漕之路，故京邑民贫。今移都伊洛，欲通运四方，而黄河急浚，人皆难涉。我因有此行，必须乘流，所以开百姓之心。知卿至诚，而今者不得相纳。”[1]充分表达了他迫切发展河流航运的心情。

随着东南战事的发展，前线军队人数不断增加，军需物资转输也就成了一大难题。为了解决军粮供给问题，北魏一面组织戍边士兵屯田和进行和籴，一面在可通水运的地区设立运仓。《魏书·食货志》称：“自徐、扬内附之后，仍世经略江淮，于是转运中州，以实边镇，百姓疲于道路。乃令番戍之兵，营起屯田，又收内郡兵资与民和籴，积为边备。有司又请于水运之次，随便置仓，乃于小平、石门、白马津、漳涯、黑水、济州、陈郡、大梁凡八所，各立邸阁，每军国有须，应机漕引。自此费役微省。”此八个设仓之处，小平、黑水不详何地，石门当在距洛阳不远的黄河岸边，漳涯从名称来看当在漳水之岸，白马津（在今河南滑县）和济州（今山东聊城与东阿之间）都在黄河沿岸，陈郡（今河南沈丘附近）在颍水岸边，大梁（今河南开封）则在蒗荡渠（汴水）边，均在内河航运线上。又《魏书·尉元传》载：尉元曾因彭城饥荒，上表请以所缴获的宋军船只900艘，运输冀、相、济、兖四州粟救饥，据此可知此四州与彭城水路相通。这些情况反映了当时黄河南北水运仍具相当规模。

由孝文帝巡游路线及设仓的地点，我们大体可以断定：当时河流航运，往西可至长安，往东可直通入海，向北可水行至邺城，而往南则可“从河入汴，从汴入清，以至于淮”，颍水亦可通运，故在陈郡也设有运仓。由于当时的战事主要在东南，所以关于黄河以南的河运资料较多。文献记载同一时期的南北战事多在淮河一线，而战争双方也都充分地利用了水运条件，动用了大量船只。特别有意思的是，在淮河沿线展开的战役多是水战[2]，因此缘淮一带水运最为发达。

北魏以后，黄淮之间的运道，原来的西线即颍水，和其上游长社（今河南长葛东北）临近的洧水都可通船[3]，是否全线贯通则不得而知；原来的东线，

[1]《魏书》卷79《成淹传》，中华书局，1974年，第1754页。
[2] 具体事实，可参见《魏书》卷66《李崇传》；《魏书》卷70《傅永传》等。
[3]《北齐书》卷27《刘丰传》，中华书局，1972年，第377页。

清水至淮河也可通运。[1]不过，据《水经注》记载，泗水在冬春季节水浅沙多，所以行者多取道附近的丁溪。其称："泗水又东南流，丁溪水注之，溪水上承泗水于吕县，东南流，北带广隰，山高而注于泗川。泗水冬春浅涩，常排沙通道，是以行者多从此溪。即陆机《行思赋》所云乘丁水之捷岸，排泗川之积沙者也。"[2]至于华北西部，据北周庾信《终南山义谷铭》记载：北周武帝保定二年（562年）曾有人在关中"凿石开谷，下南山之材"。称其运道"东出蓝田，则控灞乘浐；西连子午，则据泾浮渭。派别八溪，分流九谷，铜梁四注，石阙双耸。青绮春门，沟渠交映，绿槐秋市，舟楫相通，运以冥宫。裁其梓匠，岂如运石丹泉，裁通梁阳之殿；穿渠谷水，直浇金墉之城。国富人殷，方传千载，立功立事，敢勒山阿"。[3]这一举动早于唐人凿渠以漕南山薪炭几个世纪。由这些情况可见，北齐、北周时期，各地河流仍通舟运，与北魏相比似乎没有很大的改变，不过与军事活动的关系渐渐不像过去那么密切了。

奇怪的是，北朝时期很少有大举开凿沟渠的行动，即便曾有人提出过设想，亦未见实行，唯有崔亮建议"修汴蔡二渠，以通边运，公私赖焉"[4]，似乎得到了落实，但也只是疏浚前代旧渠，而非新开。所以北朝时期的通运河渠，与东晋十六国时期相比，未见有新的发展。换言之，曹魏大举凿渠通运给北朝打下了很重要的基础。

由以上史实，魏晋南北朝时期内河航运之频繁及其与军事活动的紧密关系，皆昭昭可见。然而今天生活在这个地区的人士，若对古代北方水资源环境变迁的历史一无所知，一定会认为以上所述乃是痴人梦语，不足凭信。面对如今条条干涸的河流，人们怎能想象出当年"楼船万艘，千里相望"的景象呢？但众多史籍言之凿凿，不容置疑！那时的黄河中下游地区，不但黄、淮等大河之上是帆影相望，其他众多河流都能舟楫互通；不但在雨季丰水期可以航行，只要非遇大旱，像洛水这样的较小河流在枯水季节亦可行船，足见当时河流水量丰富，水源相当稳定。[5]古今水资源环境变迁之巨不能不令人大感惊讶，慨叹

[1]《周书》卷40《王轨传》，中华书局，1971年，第712页。
[2] 陈桥驿：《水经注校证》卷25《泗水》，中华书局，2007年，第602页。
[3] 兹据（唐）徐坚：《初学记》卷5《地部》上引，中华书局，1962年，第106页。
[4]《魏书》卷66《崔亮传》，中华书局，1974年，第1477页。
[5] 史念海曾有《黄土高原主要河流流量的变迁》一文，对历史时期黄土高原主要河流流量的变化和由于流量变小、水道壅塞而导致航运衰落等问题进行了系统论述，可参见阅。收入史氏著《黄河流域诸河流的演变与治理》，陕西人民出版社，1999年，第315-347页。

不已！

4．隋唐时期

隋唐时期，黄河中下游整体水环境，与魏晋南北朝相比并无显著变化，内河航运保持进一步发展态势，通航水道则更加形成网络，但功能和目标发生了一些重要变化。主要有三点：

其一，魏晋南北朝时期，内河航运主要服务于军事活动即兵力和军需物资的调动；隋唐时期则主要服务于物质财富的内聚性运输，虽然向边地军镇输送物资也很重要，但更主要是将粮食和其他物资向政治中心——京洛地区聚集。

其二，魏晋南北朝时期，华北内河航运由黄河担纲，其他河流作为支辅；及至隋唐时期，人工修凿的大运河全线贯通，成为比黄河更加重要的一条大动脉，与黄河分别略呈东西和南北走向，纵横交叉，构成了华北区域内河航道的纲领，连接枝蔓分散的众多大小河渠，共同构成一个庞大的内河水运系统。

其三，魏晋南北朝时期，一方面由于南北政权分立，另一方面由于南北水道时通时阻，不能实现全面连通，华北内河航运具有明显的“区限性”，较大舟船往还大体局限在中原地区；隋唐时期，随着南北统一和大运河全线贯通，中原河流成为全国内河航运网络的一部分，所沟通的地域范围得到了极大扩展。

大运河全线贯通，是隋唐时代内河航运事业最大的发展，意义极其重大，影响十分深远。正是由于大运河全线贯通，从当时北方最大航运枢纽——洛阳出发，大小船只，东南可由通济渠进入淮河、南下长江流域及其以南地区；向北可经永济渠北上幽州；往东可经黄河下游河道入海；往西则由河入渭、直抵长安甚至关中以西的渭河上游地区；东北则溯流汾水到达北都太原。整个中国，自关陇、巴蜀以东，由于庞大内河航道网络不断构建，实现了前所未有的高度整合，水行之便，航运之盛，不仅超迈两汉，亦且远出今人想象。就北方而言，“若渭、洛、汾、济、漳、淇、淮、汉，皆互达方域，通济舳舻……”[1]“魏、镇、定、燕，航大河而毕至；陈、徐、潞、蔡，挚巨轴以偕来。”[2]州郡之间水道相通，往来方便。从全国来看，“且如天下诸津，舟航所聚，旁通巴、汉，前指闽、越，七泽十薮，三江五湖，控引河洛，兼包淮海。弘舸巨舰，

[1]《旧唐书》卷43《职官二》，中华书局，1975年，第1841页。

[2] 唐昭宗：《改元天佑赦文》，收入《全唐文》卷92，中华书局，1983年，第964页。

千轴万艘，交贸往还，昧旦永日”。[1]如此内河航运盛况，古人或许有所夸饰，但决非信口胡言。可惜由于水资源环境变迁，如今早已不复存在，着实令人怀想、感慨！

中古内河航运的巨大发展，具有极其深广的社会历史背景。以宏观视野来看，它是中古前后两个阶段中国社会、政治和经济空间格局彻底改观的反映。更重要的是，自唐代中期以后，中国政治中心与经济中心逐渐错位，1 000 多年来，在南北跨区域人员交往和巨量的“南粮北运”与“南财北输”中，大运河都发挥了不可估量的重要历史作用。

由于大运河研究已经非常深入，相关论著篇牍山积，重复叙述未免累赘，这里就不做展开。但我们想要指出的是，以往研究者的目光几乎完全集中于大运河本身，对运河之外的其他天然河道（除黄、淮、汾、渭等大河之外）和人工河渠则甚少注意。事实上，大运河之所以能够发挥巨大的联动作用，亦仰赖于众多运渠的辅助，要想全面了解隋唐时代北方水资源环境及其之于内河航运的影响，这些大大小小的河流运渠，也许更能够说明问题。

《新唐书》在陈述唐代漕运大要之后，有如下一句非常具有概括性的结语，称：“凡漕达于京师而足国用者，大略如此。其他州、县、方镇，漕以自资，或兵所征行，转运以给一时之用者，皆不足纪。”[2]所谓“不足纪”者，既因其事小，亦因数量众多，难以一一叙述。兹搜集当时文献的零散记载分区稍作列举，以便说明当时北方通航河渠之繁多，并窥测其时河流水文的一般状况。

关中地区。长安近侧，天宝二载（743 年）韩朝宗引渭水入金光门，置潭于西市，以贮材木；大历元年（766 年），黎干自南山开漕渠，抵景风、延喜门，入苑以漕炭薪；华阴县有敷水渠，开元二年（714 年）姜师度凿之以泄水害，至五年（717 年），樊忱复凿之通漕入渭；天宝三载（744 年），韦坚又开漕渠，“自苑西引渭水，因古渠会灞、浐，经广运潭至县入渭”；陇州有五节堰，武德八年（625 年）水部郎中姜行本“引陇川水通漕”[3]；又有咸阳令疏秦汉故漕兴成堰，“堰成，罢挽车之牛以供农耕，关中赖其利”[4]。

河北地区。赵州昭庆县城下有澧水渠，仪凤三年（678 年），李玄开“以溉

[1]《旧唐书》卷 94《崔融传》，中华书局，1975 年，第 2998 页。
[2]《新唐书》卷 53《食货三》，中华书局，1975 年，第 1372 页。
[3]《新唐书》卷 37《地理一》，中华书局，1975 年，第 962、第 964、第 968 页。
[4]《新唐书》卷 53《食货三》，中华书局，1975 年，第 1371 页。

田通漕”；开元二十五年（737 年），瀛州刺史卢晖开长丰渠，“自东城、平舒引滹沱东入淇通漕，溉田五百余顷”；神龙年间（705—707 年），姜师度在蓟州渔阳郡开平虏渠，“傍海穿漕，以避海难。”[1]蓟州以西的桑干水在初唐时期亦可通漕，唐太宗征伐高丽时，韦挺负责军粮漕运，派遣王安德“作漕舻转粮，自桑干水抵卢思台，行八百里，渠塞不可通”[2]。由于行至卢思台以后，漕渠壅塞，韦挺严重失职，被罢了官。然而，漕渠不能通乃因当时正值苦寒的冬季，如是雨季丰水期，肯定并不壅阻，否则就不会有经此河道“漕舻转粮”的举动。

河南地区。河、淮之间的运道，亦在前代基础上不断疏浚，间有新凿。如沧州无棣河本可通航，但“隋末填废”，唐高宗永徽年，刺史“薛大鼎奏开之，引鱼盐于海。百姓歌之曰：‘新河得通舟楫利，直达沧海鱼盐至。昔日徒行今骋驷，美哉薛公德滂被’”[3]。孟州河、汴之间有梁公堰（又名梁公埭），隋代宇文恺所建，因年久失修、堰隳渠塞，开元二年（714 年）李杰对故渠加以疏浚以便漕运[4]。开封有湛渠，“载初元年引汴注白沟，以通曹、兖赋租”[5]。陈、许一带亦屡有疏导琵琶沟和蔡水以通漕运的建议与行动。唐德宗时，田悦、李惟岳、李纳、梁崇义抗拒朝命，唐廷兴兵讨伐，急需军粮，“而李纳、田悦兵守涡口，梁崇义扼襄、邓，南北漕引皆绝，京师大恐”。杜佑认为“秦、汉运路出浚仪十里入琵琶沟，绝蔡河，至陈州而合，自隋凿汴河，官漕不通，若导流培岸，功用甚寡；疏鸡鸣冈首尾，可以通舟，陆行才四十里，则江、湖、黔中、岭南、蜀、汉之粟可方舟而下，繇白沙趣东关，历颍、蔡，涉汴抵东都，无浊河溯淮之阻，减故道二千余里”。建议复通秦、汉故道，后因淮路复通，未能实行[6]。到了宪宗元和年，王播上献陈许军琵琶沟运图，宦官李重秀亦称可通漕至郾城下北颍口，宪宗乃诏令韩弘发士卒通汴河，“于是船胜三百石入颍”。[7]

[1]《新唐书》卷 39《地理三》，中华书局，1975 年，第 1017、第 1020、第 1022 页。

[2]《新唐书》卷 98《韦挺传》，中华书局，1975 年，第 3903 页，以及《旧唐书》卷 77《韦挺传》，中华书局，1975 年，第 2670 页。

[3]（宋）王溥：《唐会要》卷 87《漕运》，中华书局，1955 年，第 1595 页。

[4]《新唐书》卷 39《地理三》，中华书局，1975 年，第 1010 页。

[5]《新唐书》卷 38《地理二》，中华书局，1975 年，第 989 页。

[6]《新唐书》卷 53《食货三》，中华书局，1975 年，第 1369 页。

[7]（宋）李昉编：《太平御览》卷 332 引《唐书》曰：“元和中，盐铁使王播进陈许军琵琶沟运图。先是中官李重秀奉命视之，还言可以通漕至郾城下北颍口，水运千里而近。及上览图，诏韩弘发卒以通汴河，于是船胜三百石入颍”（中华书局，1960 年影印宋本，第 1527 页）。按：该段文字今本两《唐书》均无，《御览》引自何处，不得而知。《全唐文》卷 714 李宗闵：《故丞相尚书左仆射赠太尉太原王公神道碑铭（并序）》亦云：“其间沟琵琶，导颍河，以漕轻舟，师人坐受其饱。疏三门，挽沉石以济巨舻，关中遂忘其饥”（中华书局，1983 年，第 7337 页）。足见当时对这条故道的重视。

事实上，颍河在唐后期已为重要运道，宪宗时期为供应讨伐淮西的军粮、马料需要，“初置淮颍水运使。运扬子院米，自淮阴溯流至寿州，四十里入颍口，又溯流至颍州沈丘界，五百里至于项城，又溯流五百里入溵河，又三百里输于郾城。得米五十万石，茭一千五百万束。省汴运七万六千贯。”[1]复往东，宿州曾开有广济新渠，开元时期，因“淮、汴水运路，自虹县至临淮一百五十里，水流迅急，旧用牛曳竹索上下，流急难制。（齐）浣乃奏自虹县下开河三十余里，入于清河，百余里出清水，又开河至淮阴县北岸入淮，免淮流湍险之害”。后因“新河水复迅急，又多僵石，漕运难涩，行旅弊之”。[2]唐代大运河之外最著名的一条运输线向为唐史学家所熟知的，这就是自长江入汉水、沔水，北上梁州和洋州，再西转进入关中的运道。《资治通鉴》说：“自丧乱以来，汴水堙废，漕运者自江、汉抵梁、洋”[3]；当东路运道阻绝时，这条运道就成了李唐王朝的系命悬丝。不过，由于这条航线曲折迂回，水流险急，漕运能力有限，一旦东部紧张局势稍有缓解，漕运必定复归东线。为了保证运河航道通畅，朝廷对淮、汴之间的将帅任命也特别重视而谨慎。

要之，有唐一代在凿通新渠以应对危急、疏浚旧道以保证航运通畅和发展地方水运等方面，都作了相当巨大的努力。根据以上勾画，可知唐代北方内河航运路线并不局限于大运河和几条大河，而是一个相当完整的网络。运河以及黄、淮等大河无疑是漕运的主动脉，但各地众多较小河渠的作用不应该被忽视。正是由于这些支脉血管互相配合，隋唐河运网络才得以发挥通利四方的转输功能。尤其是黄淮之间的多条河道，在“安史之乱”以后运河因为战争或遭强藩悍将阻隔之时，不时担任主航线的作用。因此，考察隋唐北方内河航道系统时，眼光不应局限于大运河和黄、淮、汾、渭等大河，对于众多较小河渠运道亦需投去应有的一瞥。从环境史角度看，正是由于众多较小的河渠亦能行船通漕，让我们有理由对当时黄河中下游地区的水环境特别是水资源的丰富程度做出更高的判断。

[1]《旧唐书》卷15《宪宗纪下》，中华书局，1975年，第458页。
[2]《旧唐书》卷190中《文苑中》，《齐浣传》，中华书局，1975年，第5038页；《新唐书》卷38《地理二》，中华书局，1975年，第991页。
[3]《资治通鉴》卷223《唐纪三十九》，中华书局，1956年，第7164页。类似的记载又见《旧唐书》卷155，中华书局，1975年，第4114页，以及《新唐书》卷163《穆宁传》，中华书局，1975年，第5014页。

二、南方内河航运

中古时代，长江流域及其以南地区河流密布，长江中下游更是江深水阔，湖泽广大，水资源极其丰富，除大运河之邗沟和江南河段外，内河航运基本上都是凭借天然水道，但也并非完全没有人工开凿的运渠。

六朝时期南方人工开凿的运渠以破岗渎最著名。三国时期，孙吴据有江东，其先以京口（今江苏镇江）为都，迁至建业（今南京）以后，经济和军事重心仍在东面的京口、句容周围（今常州），两地之间为丘陵山冈地带，虽有大江相通，但多风涛之险，物资转输不便。孙权赤乌八年（245 年），吴国始开破岗渎，后来续开凿上容渎，西与秦淮河相接，形成重要的水运航道。然而关于破岗渎之开凿，六朝文献仅刘敬叔在《异苑》中曾有一条间接记载，称：

> 吴孙权赤乌八年（245 年），遣校尉陈勋漕句容中道，凿破瑶，掘得一黑物，无有首尾，形如数百斛舡，长数十丈，蠢蠢而动，有顷，悉融液成汁。时人莫能识得此，之后遂获泉源，或谓是水脉。每至大旱，余渎皆竭，惟此巨流焉。[1]

所记之事颇怪诞诡异，但并非全无有用信息。倘若先前并无破岗渎之开凿，刘敬叔必不能凭空编造出这件怪事。最早清楚记载破岗渎的是唐人许嵩所著《建康实录》，云：

> （孙权）使校尉陈勋作屯田，发屯兵三万凿句容中道，至云阳西城，以通吴会船舰，号破岗渎。上下一十四埭，通会市，作邸阁。仍于方山南截淮立埭，号曰方山埭，今在县东南七十里。[许嵩自注]：案其渎在句容东南二十五里，上七埭入延陵界，下七埭入江宁界。初，东郡船不得行京行江也，晋、宋、齐因之，梁避太子讳，改为破墩渎，遂废之而开上容渎，在句容县东南五里，顶上分流，一源东南流三十里，十六埭，入延陵界；一源西南流二十五里，五埭，注句容界。上容渎西流入江宁秦淮。后至陈高祖即位，又堙上容而更修破岗。

[1]（南朝宋）刘敬叔：《异苑》卷 1，中华书局，1991 年，第 37-38 页。

至隋平陈，乃诏并废此渎。[1]

由于破岗渎和上容渎之开凿，宁镇丘陵与太湖平原得以通行水运。与其他人工开凿运渠相比，这两个渠渎都不算很长，破岗渎总长不过四五十里，但对建都于建业（建康）的六朝政权，无疑具有极其重要的战略意义，显著促进了长江下游地区的经济、社会发展。从现有史料来看，这是六朝偏安政权在突破环境障碍、发展内河航运方面所取得的一个最大成功，成功的关键在于通过“埭”之设置，解决了沿途水势落差大这个难题。

与拦截蓄水和调控行水的陂、堰、堤、塘、闸、斗门等不同，“埭”是横筑在渠道之中的水坝，在上流与下流坡度较大的渠道上分级设埭，可以梯次蓄水和平水，保证船只平稳通行。一般来说，上下渠道的坡度及其流水落差越大，设埭数量就会越多，上述两渎总计不过数十、上百里，居然设置了35个埭，平均三四里即设一埭。当船只逆流而行，过埭之时还需用缆索牵引而过，或以人力，或用牛力，文献中所见之“牛埭”大抵都是使用牛力牵拉；有的大船甚至需要设置绞盘等简单机械将其牵拉过埭。可见因行经地方地势起伏和水流落差颇大，不但工程兴建相当不易，平日通行亦颇费力。但这是古代江南地区河渠航运的一个重要创举，形成了独特的环境与技术组合，很值得特别一提。事实上，开渎、设埭在六朝时期的江浙地区是相当多见的一种方式，经济利益亦颇可观，南朝官府忍不住参与其中，牟取利益，还专门设立税目大量征取“埭税”。南齐时期，光是西陵埭这一处牛埭的税收，即“官格日三千五百”，即按官府规定每天就要收3 500钱，有人因看到商旅往来繁多，还嫌收取不够，向朝廷上奏建议增加税收。[2]萧梁时期，埭税仍为重要税目之一，梁武帝曾下诏要求“凡远近分置，内外条流，四方所立屯、传、邸、冶、市埭、桁渡、津税、田园，新旧守宰，游军戍逻，有不便于民者，尚书州郡各速条上，当随言除省，以舒民患”。[3]但这不过是例行公事，徒具空文。

除长江下游开渎、设埭之外，两晋南朝时期汉水、湘水流域亦曾有开凿运

[1]（唐）许嵩撰，张忱石校注：《建康实录》（上册）卷2《吴·太祖下》，中华书局，1986年，第53页。按：我们的标点与张忱石稍有不同。又，“梁避太子讳，改为破墩渎”一句，《四库全书》本作“梁太子嗣改为破墩渎”。又，“初，东郡船不得行京行江也”一句，诸书引《建康实录》多作“于是东郡船舰不复行京江矣”，即由于开凿了破岗渎，从此东郡船舰不再经由长江（京江段）抵达建业，从而避免了风涛之险，疑是。

[2]《南齐书》卷46《顾宪之传》，中华书局，1972年，第807页。

[3]《梁书》卷3《武帝纪下》，中华书局，1973年，第89页。

渠之举。《晋书》记载：“旧水道唯沔汉达江陵千数百里，北无通路。又巴丘湖，沅湘之会，表里山川，实为险固，荆蛮之所恃也。预乃开杨口，起夏水达巴陵千余里，内泻长江之险，外通零桂之漕。南土歌之曰‘后世无叛由杜翁，孰识智名与勇功。’”[1]如果这条记载可靠，则今汉江、湘江流域，南至广西桂林一带都通水运。此后文献也偶尔记载地方将帅凿渠疏河的行动，但比起同时代的北方地区明显要少得多。这固然与当地经济、社会发展水平尚低有关，更是由于江河水资源环境明显优越，无须像北方地区那样大费人力。

在那个时代，广大南方有数不清的河流可以通行。尤其是在长江中下游的“水乡泽国”，舟船、排筏乃是主要交通运输工具，车马则相当少见。各类文献记载反映出，六朝时期，不论从行旅往来、物资转运对江河航运的依恃程度，还是从出现于史书的舟船数量和容积大小来看，南方内河航运的重要性及其发展水平都远胜于北方。[2]

经过六朝数个世纪的开发，至隋唐时代，长江中下游成为与黄河中下游并驾齐驱的发达区域，经济和社会发展水平不断追赶并逐渐超迈北方，当地优越的水资源环境在交通运输中发挥了愈来愈重要的作用，相关水利设施和航运条件得到进一步改进，自巴蜀以下至于江淮、吴越之间，整个长江中下游，稍大的河流皆有“舟楫之利”，诚可谓“互达方域，通济舳舻”“弘舸巨舰，千轴万艘，交贸往还，昧旦永日。”更重要的是，中古前期南方内河航运发展由于南北政权对立，仍然具有某种区限性——因河流走向所限，仍以东西“交贸往还”为主。及至中古后期的隋唐两代，随着大运河全线贯通，海河、黄河、淮河、长江、钱塘江直至珠江流域，自北而南，互相连通，形成了庞大、统一的内河航运网络，完全突破了原有的地区局限。这不仅大大促进了南北各地物资周流天下，对整个古代社会生活面貌和生态环境也都产生了极其巨大的影响。经由众多河流、运渠行旅南北的唐代文人士子，留下了数不清的诗文记颂，令人对那个时代舟帆如云、樯桅如林的内河航运盛况，以及沿途水文状况、生态景观

[1]《晋书》卷34《杜预传》，中华书局，1974年，第1031页。又，《太平御览》卷465《人事部》106引王隐《晋书》曰：“杜预开杨口，起夏口水，道洪洞，达巴陵，经千余里，内泻长江之险，外通零桂之漕，南土美而谣之曰：‘后世无叛由杜翁，孰识智名与勇功’。”中华书局，1960年影印宋本，第2139-2140页。王隐《晋书》此一记载当是房玄龄《晋书》所本。

[2] 相关事实，《中国水利史稿》（上册），水利电利出版社，1987年，第288-291页，以及陈桥驿的《〈水经注〉记载的内河航行》（见陈桥驿：《水经注研究》，天津古籍出版社，1985年，第210-217页）一文都有较好的梳理和陈述，可以参阅，这里不做展开。

和风土人情，都产生了无尽的幽思和冥想。[1]一一罗举事实，恐嫌赘重多余，不如单引李翱的《来南录》以说明当时南北水运互通的一般情况，给读者留下更多的想象空间。其全文如下：

元和三年（808 年）十月，翱既受岭南尚书公之命。四年（809 年）正月己丑，自旌善第以妻子上船于漕；乙未去东都，韩退之、石浚川假舟送予。明日，及故洛东吊孟东野，遂以东野行；浚川以妻疾，自漕口先归；黄昏到景云山居，诘朝，登上方，南望嵩山，题姓名、记别。既食，韩、孟别予西归。戊戌，予病寒，饮葱酒以解表，暮宿于巩。庚子，出洛下河，止汴梁口，遂泛汴流，通河于淮。辛丑及河阴，乙巳次汴州，疾又加，召医察脉，使人入卢。

又，二月丁未朔，宿陈留；戊申，庄人自卢又来，宿雍丘；乙酉，次宋州，疾渐瘳；壬子至永城；甲寅至埇口；丙辰次泗州，见刺史，假舟转淮上河，如扬州；庚申，下汴渠，入淮，风帆，及盱眙，风逆，天黑色，波水激，顺潮入新浦；壬戌至楚州；丁卯至扬州；戊辰上栖灵浮图；辛未济大江，至润州；戊辰至常州；壬午至苏州；癸未如虎丘之山，息足千人石，窥剑池，宿望梅楼，观走砌石。将游报恩，水涸，舟不通，无马道，不果游；乙酉济松江；丁亥官艘隙，水溺舟败；戊子至杭州；己丑如武林之山，即灵隐天竺寺，临曲波观轮（车舂），登石桥，宿高亭，晨望平湖孤山江涛，穷竹道，上新堂，周眺群峰，听松风，召灵山永吟叫猿，山童学反舌声；癸巳驾涛江，逆波至富春；丙申七里滩至睦州；庚子上杨盈川亭；辛丑至衢州，以妻疾止行，居开元佛寺临江亭。

后三月丁未朔，翱在衢州；甲子女某生；四月丙子朔，翱在衢州，与侯高宿石桥；丙戌去衢州；戊子自常山上岭，至玉山；庚寅至信州；甲午望君阳山，怪峰直耸，似华山；丙申上于越亭；己亥直渡担石湖；辛丑至洪州，遇岭南使，游徐孺亭，看荷华；五月壬子至吉州；壬戌至虔州；己丑与韩泰安平渡江，游灵应山，居；辛未上大庾岭，明日至浈昌；癸酉上灵屯西岭，见韶石；甲戌宿灵鹫山，居；六月乙亥朔至韶州；丙子至始兴公室；戊寅入东荫山，看大竹笋如婴儿，过浈阳峡；己卯宿清远峡山；癸未至广州。

自东京至广州，水道出衢、信，七千六百里；出上元、西江，七千一百有

[1] 关于这些，文学史家有比较多的整理和探讨，兹向读者推荐李德辉：《唐代交通与文学》，湖南人民出版社，2003 年。

三十里。自洛川下黄河汴梁，过淮至淮阴，一千八百有三十里，顺流；自淮阴至邵伯，三百有五十里，逆流；自邵伯至江，九十里；自润州至杭州，八百里，渠有高下，水皆不流；自杭州至常山，六百九十有五里，逆流，多惊滩，以竹索引船乃可上；自常山至玉山，八十里，陆道，谓之玉山岭；自玉山至湖，七百有一十里，顺流，谓之高溪；自湖至洪州，一百有一十八里，逆流；自洪州至大庾岭，一千有八百里，逆流，谓之漳江；自大庾岭至浈昌，一百有一十里，陆道，谓之大庾岭；自浈昌至广州，九百有四十里，顺流，谓之浈江；出韶州，谓之韶江。[1]

根据其文所述，可知当时自东京洛阳前往广州，有两条水道可循：一条“出衢、信，七千六百里”；另一条“出上元、西江，七千一百有三十里”，即由扬州，经上元（今属南京市）逆长江而上[2]，然后或入赣江或入湘江，溯流而上，抵达岭南。李翱所取路线乃是第一条，将其文中所载之各段里程相加，共有 7 523 里，数字亦大体相符。[3]李翱于唐宪宗元和三年（808 年）十月接受“岭南尚书公”（即时任岭南节度使的杨于陵）辟召前往广州，担任募府掌书记。元和四年（809 年）正月十八日[4]，正式从洛阳家中出发前往广州赴任，历时近六个月（其一行以正月十八日出发，六月癸未即初九日抵达广州），一路经由以下州县：

东都（洛阳）—巩县—河阴—汴州—陈留—雍丘—宋州—永城—埇口—泗

[1]（唐）李翱：《李文公集》卷 18《来南录》，据《四库全书》本。按：该文是李翱元和四年（809 年）由洛阳出发到岭南的一份详细行程记录，对于了解当时南北往来行经道路具有相当宝贵的价值，故予全文抄录。

[2]《元和郡县图志》卷 25《江南道》一称：“上元二年废昇州，仍改江宁为上元县。”中华书局，1960 年影印宋本，第 594 页。按：唐代有两个皇帝用“上元”年号，一是唐高宗，二是唐肃宗，改江宁为上元应在肃宗上元二年（761 年）。

[3] 按：唐人一般认为：自京洛至岭南路程约有 8 000 里，李翱在《题桄榔亭》中两处提到。其一称：“自东京如岭南，水道仅八千里。”（唐）韩愈：《昌黎先生文集》卷 30《少府监胡公墓神道碑》亦云：“自京师南走八千里，至闽南、两越之界。”

[4]《李文公集》紧随在《来南录》之后有《题桄榔亭》一文，称：“翱以正月十八日上舟于漕以行。”按：根据其行经路线，“桄榔亭”当在今江西省境内某地。然而，清代学者江藩撰《(道光）肇庆府志》（清光绪重刻道光本）卷 8 曾有一个很错误的考证，称：“按李翱于元和初应岭南节度杨于陵之聘，观其《来南录》所云，乃由江西度庾岭至广西，何缘枉道至此（指今广东肇庆市高要区）？而其题桄榔亭之文则又明言居信安四十余日，时改高要郡曰信安，此亦文章用古地名之说，则其已至高要县境内无疑矣。但昔时县境广狭与今殊，亭之所在，殆未敢信耳。”其实，李文中的“信安”乃在浙西，即《来南录》中的衢州一带，唐代当地行政隶属关系屡有变化，或以“信安”为“衢州”属县，或改衢州为信安郡；隋时曾于今高要设置信安郡，唐朝为端州。两者虽曾同名，但毫不相干。古今地方志编纂者或考究不细，或故意借古时名人名作，自美本乡，往往张冠李戴，就连大学者江藩亦不能尽免。此为一例。

州—盱眙—新浦—楚州—扬州—润州—常州—苏州—杭州—富春—睦州—衢州—常山—玉山—信州—洪州—吉州—虔州—浈昌—韶州—广州。

所经之地只有两个小段是陆路，一是“自常山至玉山，八十里，陆道”，要翻过玉山岭；二是“自大庾岭至浈昌，一百有一十里，陆道”，需翻越南岭五岭之一的大庾岭。其余都是水路。所经由的河流水道是：洛水—黄河—汴渠—淮河—邗沟—（横渡长江）—江南河—（横渡松江）—富春江—高溪—担石湖—赣江—浈江—韶江。其中有三段属于大运河，其余则皆属天然河道。天然河道最长的一段是“自洪州至大庾岭，一千有八百里，逆流，谓之漳江”，亦即赣江。[1]这份相当详细的行程记告诉我们：除了个别地方需要陆行之外，唐人通过河道由京洛出发，行进七八千里可达岭南，基本上不用陆行。

不过，其间所经过的南北河道，水文状况颇不相同，有时是顺流而下，有时则需逆流而上，“自润州至杭州，八百里，渠有高下，水皆不流”；而杭州至常山这段水道“逆流，多惊滩”，还需用竹索牵拉船只才能够通行。李翱夫妇这一路共花费了一百四五十天时间，其间因在苏、杭、衢、洪等州游览山水和会友，加上夫妇二人患病、生女耽搁了一些日子，实际乘船行进的时间至少亦应不少于三个月，旅程是相当漫长而艰辛的。对于当代已经习惯乘坐飞机、高铁，千万里之遥亦可朝发夕至的我们，实在不可想象。

三、内河航运中的环境难题

虽然李翱一家经历了那样的艰难，但在当时的历史条件下，经由水道乘舟而行，仍然是南北往来行旅的首选方式，较之陆路长途骑乘颠簸要舒适得多。内河航运事业发展，毋庸置疑须以良好的水资源环境作为基础条件，水资源环境状况及其改变，对近代以前的内河航运方式和发展兴衰具有决定性影响。中古特别是唐代，即使在北方地区，河运亦是四通八达，正是由于河湖水系仍然

[1]（宋）沈括：《梦溪笔谈》卷3《辩证》一云：“水以漳名、洛名者最多，今略举数处：赵、晋之间有清漳、浊漳，当阳有漳水，灨上有漳水，鄣郡有漳江，漳州有漳浦，亳州有漳水，安州有漳水……此概举一二耳，其详不能具载。予考其义，乃清浊相蹂者为漳。”据胡道静校证本：《梦溪笔谈校证》（上册），上海古籍出版社，1987年，第125页。又，（宋）释普济：《五灯会元》卷8“洪州漳江慧廉禅师”：“（僧）问如何是漳江境”？师曰：“地藏皱眉。”曰：“如何是境中人”？师曰：“普贤敛袂”。问：“如何是漳江水”？师曰：“苦。”问：“如何是漳江第一句”？师曰：“到别处不得错举。”所谓“灨上有漳水”“洪州漳江”皆是赣江。

发育良好，大小河流径流量较大并且丰水期较长，为内河航运提供了环境支持；后世逐渐走向衰落，如今北方河运已然不足道起，则是由于水资源逐渐匮乏、水环境不断恶化所致。反过来说，中古内河航运事业繁荣发展，证明像华北这样如今已经严重缺水的地区，在历史上曾经拥有过相当良好的水资源环境，远非今日一望旱陆、河流干涸断流之情景，两者可以循环互证。从更广泛的历史意义上说，内河航运事业曾经的发达，为我们穿越历史迷雾（由于严重缺水现实而产生的历史疑问），探求“黄河轴心”时代中国文明发展的生态环境基础，提供了巨大的遐想空间。

然而，大自然之美在于毫无偏私，它按照自身的规律运行和演化，构成人类生存条件与限制的各种自然要素，都并非按照人类的期望和意愿而设定其存在状态。任何一个自然环境之下的人们都不得不一方面积极地利用“天赐”的自然资源和条件，另一方面努力地面对自然环境所造成的各种限制乃至威胁，以谋求生存和发展。在利用水资源、突破水障碍发展航运方面，同样也是如此。在水资源仍然丰富的中古时代及其以前，南北地区的内河航运都存在着这样或者那样的环境难题，河道狭窄、水流滩急、水面风高浪阔、因为降水季节和年际变差导致水量不均以及由于水土流失造成的河道淤浅阻塞等都在不同程度上对当时社会构成这样或那样的困扰。不仅如此，在自然与人类两种力量交相作用的过程中，自然环境本身不断在发生变化，早期航运难题都是自然存在的，愈往后，人为因素的影响愈大，愈来愈多的困扰是由于人类自己的活动所造成的。对这些问题稍作梳理，了解人们如何应对和解决这些难题，有利于进一步认识历史上的人与自然关系在水运交通方面的具体表现。

还是先谈北方地区的问题。

与南方地区相比，北方尤其是内陆地区因降水量明显较小，河流的径流量亦相应较小，丰水期也比较短，发展内河航运的天然条件不算很优越。更重要的是其自然环境还有两大不利因素严重制约河运发展：其一，该区域降水的季节变率和年变率都很大，降水集中于夏、秋之交，其他季节则降水甚少；多雨年和少雨年的年降水量常常相差数倍。这种气候特征，决定了当地河流水量的季节和年度变差都很显著，对河渠通航时间、运输能力和安全系数等都造成显著的影响，夏、秋之交常因集中降水、洪水暴发导致舟船有倾覆之患，冬、春季节河流则常因水流枯浅或者冰凌封固无法航行。其二，该区域的主要河流都流经或者发源于土层深厚、土质松软的黄土地带，若地表森林植被受到破坏，暴雨型降水必定引起严重水土流失，进而导致河道严重淤塞，频繁决溢、泛滥甚至移徙、改道，最终丧失通航能力。这些问题对黄河中下游内河航运的困扰，在汉代以前尚不明显——因彼时河运尚少，中古以后则逐渐变得严重起来。

现存史籍所透露出来的信息，证实环境因素曾对中古北方内河航运造成了多重困限，归纳起来主要有如下几端：一是特殊河段水道噎阻、水流峻急，过往舟船常常惨遭倾覆之灾；二是干旱年份和枯水季节河流水量不足，船只无法通行；三是河渠运道逐渐淤塞不能通航；四是在狂风暴雨天气下舟船时遭风涛之患；五是不同河流航段水文环境差异很大，造成转运迟滞、运输成本过高和危险系数增大。这些问题，有的在汉代就已出现，有的则是由于环境变化在中古时代新产生的。

黄河自潼关以下，由黄土高原下坠于华北大平原，落差很大，更不利的是，其流经崤山与中条山之间的峡谷，此间河道之中雄峙着两大巨石峰岛，将黄河水道一分为三，构成所谓三门砥柱，河道陡然狭窄而水流极为湍急，漩涡巨大，暗礁众多，一向是黄河航运中的最大险关，早在西汉时期就令人倍感困扰，力图规避。[1]魏晋北朝时期，关西与山东之间的河运明显衰落，相关记载较少；到了隋唐时期，黄河、渭水再次成为最重要的运输线，三门砥柱之险给大量经由此地的漕船造成极大困扰。

然而，对于定都关中的隋唐王朝来说，能否将大量粮食物资安全漕转到长安乃是生死大事，砥柱之险是不得不认真面对的难题。《隋书》如下一段记载反映了当时国家的窘迫：

开皇三年（583 年），朝廷以京师仓廪尚虚，议为水旱之备，于是诏于蒲、陕、虢、熊、伊、洛、郑、怀、邵、卫、汴、许、汝等水次十三州置募运米丁。又于卫州置黎阳仓，洛州置河阳仓、陕州置常平仓、华州置广通仓，转相灌注。漕关东及汾、晋之粟，以给京师。又遣仓部侍郎韦瓒，向蒲、陕以东，募人能

[1] 前面已经叙述：西汉试图沟通褒、斜二水的一个主要目的，就是谋求开通一条安全运道，以避开三门砥柱之险；河东太守番系在河东汾阴、蒲坂开垦河壖弃地，目的是增加关中的粮食供应，减少对关东漕粮的依赖，缓解砥柱之险所造成的漕运压力。详细情况，可参见辛德勇：《西汉时期陕西航运之地理研究》，《历史地理》（第 21 辑），上海人民出版社，2006 年。

于洛阳运米四十石，经砥柱之险，达于常平者，免其征戍。[1]

由这段记载可知：隋初为了充实京师仓廪，在黄河、运河沿线诸州广募运丁，多置官仓，大行转运，但三门砥柱之险构成了噎塞粮运的“瓶颈”，朝廷除对运夫许以优惠条件之外，只能改用陆运避开砥柱（史料见下引），对于“砥柱之险”本身却是无能为力。及至唐朝，三门砥柱的凶险情形没有丝毫改变。唐人称：

运漕自集津上至三门，皆一纲船夫并牵一船，仍和雇相近数百人挽之。河流如激箭。又三门常有波浪，每日不能进一、二百船，触一暗石，即船碎如末，流入旋涡中，更不复见。上三门篙工谓之“门匠”，悉平陆人为之，执一标指麾，以风水之声，人语不相闻。陕人云：“自古无门匠墓”，言皆沉死也。故三门之下，河中有山名米堆、谷堆，每纲上三门，无损伤，亦近百日方毕，所以漕运艰阻。[2]

唐朝初年，长安人口未众，朝廷官员禄廪尚少，关中地区粮食可以自给，故高祖、太宗时期，每年漕运长安的粮食不过一二十万石，尚未构成运输压力。其后，长安及其周围地区人口日增，粮食供应压力不断增大，由于漕运不济，缺粮乏食便成为一个严重的政治问题，以致皇帝不得不时常率众移驻东都，以就仓储，时称“就食”。整个唐代始终都没有放弃克服砥柱之险的努力，先后采取了凿三门山以通陆运、开凿栈道以挽漕舟等举措，可谓屡败屡开、屡开屡败，但均未能够解决问题，常常损失惨重，而被奸臣酷吏驱迫服役转漕的贫穷运夫则承受了巨大的苦难。《朝野佥载》有如下一段记载：

杨务廉……又上章奏开陕州三门，凿山烧石，岩侧施栈道牵船，河流湍急，所顾夫并未与价直，苟牵绳一断，栈梁一绝，则扑杀数十人，取顾夫钱籴米充数，即注夫逃走，下本贯禁父母妻子。其牵船夫皆令系二鈲于胸，皆落栈着石，

[1]《隋书》卷24《食货志》，中华书局，1973年，第683页。
[2]（宋）曾慥编：《类说》卷2引（唐）李繁《邺侯家传》“门匠”条，《四库全书》本；《新唐书》卷53《食货志》亦载：其时“岁漕经底柱覆者几半，河中有山号‘米堆’；运舟入三门，雇平陆人为门匠，执标指麾，一舟百日乃能上”。很多“门匠”都在此落水溺死，所以当时流传“古无门匠墓”的谚语。

百无一存，道路悲号，声动山谷，皆称杨务廉为“人妖”。天生此妖，以破残百姓。[1]

对此，《新唐书》有一个总结性叙述。称：

唐都长安，而关中号称沃野，然其土地狭，所出不足以给京师，备水旱，故常转漕东南之粟。高祖、太宗之时，用物有节而易赡，水陆漕运岁不过二十万石，故漕事简。自高宗已后，岁益增多，而功利繁兴，民亦罹其弊矣。

初，江淮漕租米至东都，输含嘉仓，以车或驮陆运至陕。而水行来远，多风波覆溺之患，其失尝十七八，故其率一斛得八斗为成劳。而陆运至陕，才三百里，率两斛计佣钱千。民送租者，皆有水陆之直，而河有三门底柱之险。显庆元年（656 年），苑西监褚朗议凿三门山为梁，可通陆运。乃发卒六千凿之，功不成。其后将作大匠杨务廉又凿为栈，以挽漕舟，挽夫系二鈲于胸，而绳多绝，挽夫辄坠死，则以逃亡报，因系其父母妻子，人以为苦。[2]

唐代漕运在北方河段所必须克服的环境难题还远不止于此。

渭水是内聚性粮食漕运的最后一个河段，故自西汉至隋唐一直特别重视保持其水道通畅，但由于当地降水季节和年度变差都很大，河流水量大小无常，更加上特殊地质和土壤因素，渭水河道经常淤塞，造成了漕运阻滞。随着环境不断变迁，这些问题越来越严重。西汉时期，渭水河道淤塞问题还不是很严重，只是河道迂曲萦回长达九百里，漕运耗时很长，为此朝廷组织人力开挖了一条长 300 里的便近漕渠。[3]随着水土环境改变，到了隋代，渭水流浅沙深，阻塞严重，漕船常常不得不掊沙而进。《隋书·食货志》云：

其后以渭水多沙，流有深浅，漕者苦之。（开皇）四年（584 年），诏曰：“京邑所居，五方辐凑，重关四塞，水陆艰难。大河之流，波澜东注，百川海渎，万里交通。虽三门之下，或有危虑，但发自小平，陆运至陕，还从河水，入于

[1] 引自（宋）李昉编：《太平广记》卷 268《酷暴三》，“杨务廉”。中华书局，1961 年，第 2107 页。
[2]《新唐书》卷 53《食货三》，中华书局，1975 年，第 1365 页。
[3]《史记》卷 29《河渠书》，中华书局，1959 年，第 1409 页。

渭川，兼及上流，控引汾、晋，舟车来去，为益殊广。而渭川水力，大小无常，流浅沙深，即成阻阂。计其途路，数百而已，动移气序，不能往复，泛舟之役，人亦劳止。朕君临区宇，兴利除害，公私之弊，情实愍之。故东发潼关，西引渭水，因藉人力，开通漕渠，量事计功，易可成就。已令工匠，巡历渠道，观地理之宜，审终久之义，一得开凿，万代无毁。可使官及私家，方舟巨舫，晨昏漕运，沿泝不停，旬日之功，堪省亿万。诚知时当炎暑，动致疲勤，然不有暂劳，安能永逸？宣告人庶，知朕意焉。”于是命宇文恺率水工凿渠，引渭水自大兴城东至潼关，三百余里，名曰广通渠。转运通利，关内赖之。

看起来，隋朝动用大量人力“东发潼关，西引渭水，因藉人力，开通漕渠”，实施了开凿广通渠（或者还有富民渠）、引渭水入运渠以通黄河的工程，取得了暂时性成效。[1]除渭河外，黄淮之间以及河北运渠也有同样的问题。针对运道淤塞、流量不足，历代政权或排淤清障、疏浚水道，或设立堰闸斗门、束水引流，增加河渠水量，或者开挖新的河渠替代旧的运道，都耗费了巨量的人力和物资。

在黄河南岸，漕运河渠某些河段形势险峻，水量不足淤堵不通等问题都有存在。例如，淮水与汴水之间，自虹县至临淮一百五十里运道水流迅急，船工用牛拉竹索上下通过，激流难制。唐代齐澣曾经上奏，请自虹县以下开河三十余里入清河，百余里出清水，又开河从淮阴县北岸入淮，企图避免淮河水流湍急之险害。然而，不久之后，新开河渠之水亦转迅急，并且河中又多僵石，“漕运难涩，行旅弊之”[2]。

由于狂风骤雨时节河水暴涨、决溢泛滥导致漕船覆没的情况，在唐代时有发生，唐玄宗时，被称为天下之中的漕运中心——洛阳城即频繁发生大量漕船覆没事件。史书记载：开元四年（716 年）洛水决溢，沉没舟船数百艘；开元十四年（726 年）瀍水暴涨，流入洛漕，漂没诸州租船数百艘，溺死者甚众，漂失扬、寿、光、和、庐、杭、瀛、棣租米 172 896 石，各种钱绢杂物无数；十八年（730 年）瀍水再次暴涨，漂损扬、楚、淄、德等州租船；同年洛水泛涨，冲坏天津、永济二桥及漕渠斗门；二十九年（741 年）又暴发洪水，伊、

[1]《隋书》卷 24《食货志》，中华书局，1973 年，第 683-684 页，以及宇文恺、韦孝慈、郭衍等传。
[2]《旧唐书》卷 190 中《文苑中》，《齐澣传》，中华书局，1975 年，第 5038 页。

洛及其支流皆溢，东、西运漕又遭隳坏。[1]可见漕运受恶劣气候和洪水暴发的影响甚大，损害相当严重。

隋唐时期，随着南方经济发展，南方粮食、财货北运规模不断扩大，黄河中下游与“东南八道”的内河航运连接成为统一整体，同时也带来了新的环境难题：由于南北节序不同，河渠运道水量丰俭、涨落变化无常，差异明显，亦常常导致漕船阻滞。

由于漕运关乎国家命脉，上述难题必须寻求通盘方案来面对和解决。在这方面，唐代君臣可谓殚精竭虑，不断有人提出并实施各种因应策略，其中最完整的策略出自漕运名臣裴耀卿。从开元十八年（730年）开始，裴耀卿曾经多次提出改革漕运的建议。他认为：漕运除三门砥柱之险外，主要存在两个问题：其一，自扬州至京、洛水道，由于节序不同，河水涨落不随人意；其二，江南百姓不习惯在黄河之中行船。这两个问题导致漕转途中粮船节节滞留，耗费、折欠、盗隐都很严重。他所提出的解决方案，概括地说是“沿途置仓，分段递运”。

裴耀卿上奏称：

窃见每州所送租及庸调等，本州正月二月上道，至扬州入斗门，即逢水浅，已有阻碍，须停留一月以上。三月四月以后，始渡淮入汴，多属汴河干浅，又船运停留。至六月七月后，始至河口，即逢黄河水涨，不得入河。又须停一两月，待河水小，始得上河。入洛即漕路干浅，船艘隘闹，般载停滞，备极艰辛。计从江南至东都，停滞日多，得行日少，粮食既皆不足，折欠因此而生。又江南百姓，不习河水，皆转雇河师水手，更为损费。

针对这些问题，他建议：

于河口置一仓，纳江东租米，便放船回。从河口即分入河洛，官自雇船载运。河运者至三门之东，置一仓。既属水险，即于河岸傍山车运十数里，至三门之西，又置一仓。每运至仓，即般下贮纳。水通即运，水细便止。渐至太原仓，溯河入渭，更无停留，所省巨万。

[1]《旧唐书》卷37《五行志》，中华书局，1975年，第1357-1358页；《新唐书》卷36《五行三》，中华书局，1975年，第930-931页。

在他的建议和具体组织下，朝廷

于是始置河阴县及河阴仓，河清县置柏崖仓，三门东置集津仓，三门西置三门仓。开三门北山十八里，陆行以避湍险。自江淮西北溯鸿沟，悉纳河阴仓。自河阴候水调浮，漕送含嘉仓。又取晓习河水者，递送纳于太原仓，所谓“北运”也。自太原仓浮渭以实关中。

研究者早已注意到唐代运河沿岸设仓之多、仓储之盛，这里需要特别强调的是：大量设仓固然可以作为社会经济繁荣的一种反映，表明积贮丰富，但是，至少沿河设仓主要是由于水文环境状况所迫，在很大程度上乃是不得不尔。因沿途气候、节序差异，南北河运航道的水文状况颇不相同，唐朝不得不采取以上特殊策略与之相适应。由于采取了“沿途置仓，分段递运”的策略，制约漕运的两个难题均在一定程度上得到了解决，裴耀卿主持漕运“凡三年，运七百万石，省脚三十万贯”[1]，以漕粮为中心的内河航运规模发展到了一个新的高度。但是对于三门砥柱之险，仍然只能采用短途陆运方式予以规避。

裴耀卿去职后，李齐物继掌漕政。为了适应日益扩大的漕运需要，李齐物也是绞尽脑汁，试图打通砥柱漕通之路。开元二十九年（741 年），他主持“凿砥柱为门以通漕，开其山颠为挽路，烧石沃酰而凿之。然弃石入河，激水益湍怒，舟不能入新门，候其水涨，以人挽舟而上”，再次以失败告终。韦坚继李齐物之后领漕事，“治汉、隋运渠，起关门，抵长安，通山东租赋。乃绝灞、浐，并渭而东，至永丰仓与渭合。又于长乐坡濒苑墙凿潭于望春楼下，以聚漕舟”。于是乃有聚辏天下漕船宝货于广运潭的盛举，一年“漕山东粟四百万石”[2]，漕运数额达到有唐一代的极盛。

“安史之乱”以后，国家财政日益倚重东南诸道，而另一方面，由于战争和藩镇割据形势的影响，漕运的环境条件明显恶化。刘晏在给元载的陈状中列举了诸多方面的严重问题，除运河沿岸经济凋敝、镇将跋扈、盗寇横行、转漕役苦严重不均等社会性因素外，河渠淤废、运道不畅等环境问题亦很突出。他说：“河、汴有初，不修则毁淀，故每年正月发近县丁男，塞长茭，决沮淤，清明桃

[1] 均据（唐）杜佑撰，王文锦、王永兴等点校：《通典》卷 10《食货十》，中华书局，1988 年，第 221-223 页。
[2]《新唐书》卷 53《食货三》，中华书局，1975 年，第 1367 页。

花已后，远水自然安流，阳侯、宓妃，不复太息。顷因寇难，总不掏拓，泽灭水，岸石崩，役夫需于沙，津吏旋于泞，千里洄上，罔水舟行。”当然，不同河段水文状况的差异继续存在。为了解决这些问题，刘晏一方面检视和修复运道设施，另一方面继续采取裴耀卿的分段递运策略，“江船不入汴，汴船不入河，河船不入渭；江南之运积扬州，汴河之运积河阴，河船之运积渭口，渭船之运入太仓。岁转粟百一十万石，无升斗溺者”。由于他的积极经营，漕运条件有所恢复，明显节省了开支。[1]然而，刘晏死后，漕法复隳，因各种环境因素所导致的河运难题，日益严重。

更值得注意的是，中晚唐时期，一些重要河渠运道开始出现灌溉和航运用水的严重矛盾。这是此前时代所未曾见的。魏晋南北朝时期，一些较小河流水道，或因天气大旱、水量减少，或因河道、堰闸和斗门年久失修，或因航行时间正值枯水期，时有阻滞不通的情况，但尚未见到灌溉与航运用水发生严重矛盾的记载。然而，到了中晚唐时期，河渠近侧不断有人盗水灌溉，导致河渠水量不足、漕船停滞的事情屡有发生。由于漕运是国家命脉所系，唐朝对水流管理十分严格，运道沿途经常有官员检视，盗水灌溉要受到严厉惩罚。唐德宗贞元二年（786 年），皇帝敕书云：“漕运通流，国之大计。其河水每至春夏之时，多被两岸田莱盗开斗门，舟船停滞，职此之由。宜委汴宋等州观察使选清强官专知，分界勾当。其郑州、徐州、泗州界，各仰刺史准此处分，仍令知汴州支遣院官计会勾当。”[2]但各地盗决现象仍然不断发生。就在德宗时，淮西节度使吴少诚擅自开决司、洧等水溉田，朝廷“遣中使止之，少诚不奉诏”，又令卢群出使蔡州诘责，吴少诚才停止决河灌溉的举动。[3]据沈亚之《淮南都梁山仓记》一文记载：“大梁、彭城控两河，皆屯兵居卒，食出官田。而畎亩颇夹河，与之俱东，仰泽河流，言其水温而泥多，肥比泾水，四月农事作，则争为之派决而就所事，视其源绵绵，不能通槁叶矣。天子以为两地兵食所急，不甚阻其欲。舟舻曝滞，相望其闲，岁以为常，而木文多败裂。自四月至七月，舟佣食尽不能前。”[4]由于这个问题相当严重，朝廷将其当作政务处理中的一个重大课题，

[1]《新唐书》卷 53《食货三》，中华书局，1975 年，第 1368 页；《旧唐书》卷 123《刘晏传》，中华书局，1975 年，，第 3513 页。
[2]（宋）王溥：《唐会要》卷 87《漕运》，中华书局，1955 年，第 1598 页。
[3]《旧唐书》卷 140《卢群传》，中华书局，1975 年，第 3834 页。
[4]（清）董诰等编：《全唐文》卷 736，中华书局，1983 年，第 7605 页。

并进入官员铨选的试题。白居易在某次铨选考试中就曾经碰到了这样一道题："得转运使以汴河水浅，运船不通，请筑塞两岸斗门。节度使以当军营田悉在河次，若斗门筑塞，无以供军。"要求参加铨选者提出自己的看法。白居易认为：漕运事关国家大局，而灌溉只是一方小利，无疑应当是后者服从于前者。[1]这些事实表明：唐代北方至少是黄淮之间的运道，时因水量不足、灌溉与河运产生矛盾而不能顺利通航。这一方面反映出当地农业生产有所发展，另一方面也反映出河流乃至整个地区的水资源在逐渐减少，内河航运的良好条件在逐渐丧失甚至恶化。

及至唐末，东南地区陷入军阀割据和战争动乱，漕运废断，财赋不入，李唐帝国大厦因为失去了必要的物质能量支撑而最终崩毁。这是大家习知的史实，无须多言。

下面看看南方内河航运存在哪些环境难题。

由于气候和水文条件优越，南方内河航运远较北方发达，但所遭遇的环境问题更加复杂，问题性质亦与北方明显不同。长江中下游地区江深水阔，在恶劣天气之下的江湖风涛之患，常常严重威胁船舶航运安全，诗文之中大量出现这类记咏，无须费力多引证史料说明。时人为了解决这个难题，也做出了很多努力。例如，开元二十六年（738年），润州刺史齐澣奏称："常州北界隔吴江，至瓜步江为限，每船渡绕瓜步江沙尾，纡回六十里，多为风涛所损。"他建议在京口埭下直接渡江，开伊娄河二十五里，抵达扬子县，这样既"无风水灾，又减租脚钱，岁收利百亿"。此外，他还建议设立伊娄埭，官收其课。他的建议得到了采纳并得以实施。[2]

不但舟船在行进之时易遭风浪倾覆，停泊期间亦时常难以幸免。所以，在大江、大河船只往来频繁的地方特别是沿江河城市多建港浦、码头，专门设置避风港湾，《水经注》就记载了若干处。例如，在沔水注入长江的江夏沙羡县：

江之右岸有船官浦，历黄鹄矶西而南矣。直鹦鹉洲之下尾，江水溠曰洑浦，是曰黄军浦。昔吴将黄盖军师所屯，故浦得其名，亦商舟之所会矣。船官浦东即黄鹄山，林涧甚美，谯郡戴仲若野服居之。山下谓之黄鹄岸，岸下有湾，目

[1]（清）董诰等编：《全唐文》卷672，中华书局，1983年，第6861页。
[2]（宋）王溥：《唐会要》卷87《漕运》，中华书局，1955年，第1597页。

之为黄鹄湾。黄鹄山东北对夏口城，魏黄初二年（221 年），孙权所筑也。依山傍江，开势明远，凭墉藉阻，高观枕流。上则游目流川，下则激浪崎岖，实舟人之所艰也。……[1]

在长江的重要支流（如湘水、赣水）之上也建筑码头，设置港浦，或者聚石为洲阻挡风浪，泊留舟船。《水经注》记载在临湘县（今属长沙），湘水“又迳船官西，湘州商舟之所次也。北对长沙郡”。又称：“赣水又历钧圻邸阁下，度支校尉治，太尉陶侃移置此也。旧夏月，邸阁前洲没，去浦远。景平元年（423 年），校尉豫章因运出力，于于渚次聚石为洲，长六十余丈，洲里可容数十舫。”[2]此类设置，自然有利于保障大江大河上的航运安全。

南方丘陵山地之间有数不清的江河溪流，水资源极为丰富。但在这些地区发展水上航运颇不容易，因丘陵山区地形复杂，地势起伏大，穿行于深谷大壑之中的大小溪河，处处都是险滩湍流，舟楫难渡。前面已经提到：东吴开通建业至京口、丹阳一带的运渠，不得不于沿途大量设埭以调节水位，并且还要使用人力和畜力牵船过埭，方可通漕，这还是在地势起伏并不太大的低缓丘陵和山岗地区。在更加复杂的地形条件下，发展河运更加困难。像浙东、浙西这样山地众多、涧谷幽深之地，溪河之水都是非常峻急，处处险滩，前引李翱的行程记中已经提到：自杭州至常山 695 里的航程，逆流而上，途中多惊滩，须以竹索引船乃可上行。其他广大丘陵山地大抵皆是如此。为了改善山区航运条件，古时往往需要构筑一些特殊的水利设施，例如，今江西婺源、安徽祁门和黟县一带，自唐代开始盛产茶叶，众多茶商陆行或乘舟前往浮梁买茶，商贸往来频繁，但当地水陆交通颇为不便，祁门“西四十里有武陵岭，元和中令路旻凿石为盘道。西南十三里有阊门滩，善覆舟，旻开斗门以平其隘，号路公溪，后斗门废。咸通三年（862 年），令陈甘节以俸募民穴石积木为横梁，因山派渠，余波入于乾溪，舟行乃安”。[3]这类举动在当时应非个别现象。

从山区溪流通运大江、大河，因水文条件显著不同，往往需要改换交通工具：在上游山谷溪河之中，吃水很浅的排筏是常见的交通工具，无数排筏漂流

[1] 陈桥驿：《水经注校证》卷 35《江水三》，中华书局，2007 年，第 805 页。
[2] 分见陈桥驿：《水经注校证》卷 38《湘水》，中华书局，2007 年，第 895 页；卷 39《赣水》，中华书局，2007 年，第 922 页。
[3]《新唐书》卷 41《地理志》，中华书局，1975 年，第 1067 页。

在溪流之上，沟通了山区与山外的经济、文化联系，功不可没，然而它却经不住平湖巨川中的大风大浪；反之航行在江湖之上的大船亦无法在山区溪河行驶，不得不进行“改装”。《水经注》中就有多处“改装”的记载。例如，湘水在泉陵县西“冯水带约众流，浑成一川，谓之北渚，历县北西至关下……是商舟改装之始”。[1]南岭最东面的涟溪上通运，亦有“改装”之处。[2]在南方山区与平原交界的水上航运中，这类情况是非常普遍的，一直持续到现代。

南方地区最重要的内河航道无疑是长江。这条自西向东奔流入海的著名大江，自古以来一直是沟通上游巴蜀、中游荆楚与下游吴越地区的主动脉。中古时期，长江水量丰富而且稳定，虽然已经出现了几个渚洲，但并未发生航道淤浅的情况，航行远比黄河通畅。然而也有一段与三门砥柱一样险峻，构成江上航运的巨大威胁，这就是长江三峡。在这里，汹涌的长江之水深切巫山，从危崖高耸、举头不见日月的狭谷中奔流，水势迅急，滩岩众多，过往舟船非常危险，其中最凶险之处是灔滪堆、广溪峡、新崩滩、西陵峡等地。郦道元《水经注》以很长的文字篇幅详细记载了它们的险状。例如，关于灔滪堆，他说：

水门之西，江中有孤石，为淫预，石冬出水二十余丈，夏则没，亦有裁出矣。李膺《益州记》云：“灔滪堆，夏水涨没数十丈，其状如马，舟人不敢进。”又曰：“犹豫，言舟子取途不决水脉，故犹豫也。”乐府作“淫豫”，其歌曰：“淫豫大如马，瞿塘不可下。”[3]

记载每当到达广溪峡，行舟之人极其恐惧，竟致不敢发出任何响声：

峡中有瞿塘、黄龙二滩，夏水回复，沿溯所忌。瞿塘滩上有神庙，尤至灵验，刺史二千石经过，皆不得鸣角伐鼓，商旅上水，恐触石有声，乃以布裹蒿足，今则不能尔，犹飨荐不辍。此峡多猿，猿不生北岸，非唯一处，或有取之放著北山中，初不闻声，将同狢兽渡汶而不生矣。[4]

[1] 陈桥驿：《水经注校证》卷 38《湘水》，中华书局，2007 年，第 891 页。
[2]《水经注》称：“水出南康县凉热山连溪。山即大庾岭也，五岭之最东矣，故曰东峤山，斯则改装之次，其下船路名涟溪。”见陈桥驿：《水经注校证》卷 38《溱水》，中华书局，2007 年，第 901 页。
[3] 陈桥驿：《水经注校证》卷 33《江水》，中华书局，2007 年，第 777 页。
[4] 陈桥驿：《水经注校证》卷 33《江水》，中华书局，2007 年，第 778 页。

危崖岩石崩塌还造成江水逆流，形成流湍波怒的新崩滩：

江水历峡东径新崩滩，此山，汉和帝永元十二年（100 年）崩，晋太元二年（377 年）又崩。当崩之日，水逆流百余里，涌起数十丈。今滩上有石，或圆如箪，或方似屋，若此者甚众，皆崩崖所陨，致怒湍流，故谓之新崩滩。[1]

而著名的西陵峡，也是山疾流急，一向令人戒惧，其称：

江水又东径西陵峡……《宜都记》曰："自黄牛滩东入西陵界，至峡口百许里，山水纡曲，而两岸高山重嶂，非日中夜半，不见日月，绝壁或千许丈。……山松言："常闻峡中水疾，书记及口传，悉以临惧相戒……" [2]

此外还有石门滩、头滩、狼尾滩、人滩等，可谓处处凶险、惊心动魄，比起黄河三门砥柱，凶险实有过之而无不及，不知曾有多少生命、财产在此覆没。但在中古文献中尚未发现有过任何对三峡江道运输环境实施改造的大举动。

从现存文献记载看，中古南方地区较少因河渠水量不足或者河道遭泥沙淤塞而造成航运阻滞，但唐代大运河的山阳渎（邗沟）和江南河两段，均由于地势等方面的原因，曾经发生运河水量不足、漕船通行困难的情况，而时人所采取的主要解决方法是构筑陂塘，潴积水源，并凿渠导引周边湖泊之水补济运河。

在大运河中，山阳渎是沟通淮河、长江的河段，然而山阳渎地势高于淮河、长江，无法导引江、淮之水作为补给，只能依靠附近的湖泊陂泽。恰好山阳渎北段所经之地多有湖泽，白马湖、射阳湖都是面积广大，水量丰富，可以补充运河；而其南段所经虽有句城等湖陂，但面积较小，水量不足，因而唐人不得不于此地多兴筑堰堤，潴水补给运河。《新唐书》载称：

初，扬州疏太子港、陈登塘，凡三十四陂，以益漕河，辄复堙塞。淮南节度使杜亚乃浚渠蜀冈，疏句城湖、爱敬陂，起堤贯城，以通大舟。河益庳，水下走淮，夏则舟不得前。节度使李吉甫筑平津堰，以泄有余，防不足，漕

[1] 陈桥驿：《水经注校证》卷 34《江水》，中华书局，2007 年，第 790 页。
[2] 陈桥驿：《水经注校证》卷 34《江水》，中华书局，2007 年，第 793 页。

流遂通。[1]

人口密集的扬州城内也曾发生漕河水浅难通问题，有理由设想可能是由于生活用水量大和废弃物长期淤积所致。唐文宗宝历二年（826 年），盐铁使王播奏称："扬州城内旧漕河水浅，舟船涩滞，转输不及期程。"所以他从阊门外古七里港开凿了一条长 19 里的新渠。

江南地区特别是太湖平原，水源本应非常丰富，但江南河仍由于各种原因发生水量不足、航行不畅的情况。前引李翱文中就提到："自润州至杭州，八百里，渠有高下，水皆不流"，舟行自然不会很顺利。特别是京口至常州一段，由于地势较高，水位涨落不定，很影响航运通畅。因而唐朝对"周八十里"的丹阳练湖非常重视，将它作为补给运河水量的关键，不论是朝廷的转运使，还是当地地方官员（如润州刺史），都对这一段筑堤截水和引湖灌溉等行为实施严厉的控制，目的在于保障运河水量充足、运道能通。

以上种种，都反映了多样化的自然环境对南方内河航运的限制和阻碍，其复杂性超过华北。总体考察中古内河航运的发展变化可以看到：中古特别是隋唐时期，内河航运取得了重大发展。其主要动力，前期主要着眼于军事活动需要，后期则是保障内聚性物资漕运需要，前后两个阶段各具阶段性特征，大运河全线贯通更具有全局性的历史影响。隋唐时代，由于朝廷重视，内河航运系统不断扩大和完善，众多大小河流与人工沟渠、堤防、堰闸、斗门等设施，共同构成庞大的内河运输网络。这个庞大网络，以南北贯通的大运河为纬，以江、淮、黄河等大河为经，构成了内河航运系统的主动脉，而众多天然溪河和人工开凿运渠，构成稠密的毛细血管，使内河航运发展具有更大的区域纵深。由于气候变化、地区水环境差异，兼以人类活动的负面作用（主要指破坏森林植被引起严重水土流失，导致运道淤阻），当时内河航运事业发展也存在诸多不利因素，曾经遭遇过许多困难，尤其是河流水量变化很大，河道淤塞，存废无常，导致水道易于阻滞，河运缺乏稳定性。尽管如此，彼时中国内河航运相当繁荣发达是不争的事实，史家"百川通流，楼船万艘，千里相望""互达方域，通济舳舻"和"弘舸巨舰，千轴万艘，交贸往还，昧旦永日"之类的赞语，并非全

[1]《新唐书》卷 53《食货三》，中华书局，1975 年，第 1370 页。

无根据的夸饰之词。在1 000多年后的今天，昔日河运的繁忙景象已不复再现，在地方历史记忆中也早已模糊甚至消失不见。这是多么令人遗憾的变化！

第四节 水资源环境与水力碾硙加工

俗语说："山有势，水无形。"在大自然中，水的流动和停贮状态取决于地形和地势，而不同地形状况下的水体之于人类的影响和利害各不相同。上节介绍：在许多丘陵山区，由于地形起伏和地势落差明显，河谷狭窄，乱石险滩众多，水流迅急，给过往舟船、排筏造成了许多困难和危险，成为航运发展的环境限制。然而在另外一些方面的水资源利用中，上述环境特点亦可能变成一种优势：丘陵山谷中的溪河，因水流落差大、奔流迅急，具有丰富的势能与动能，可以通过特定设施和装置转化为动力，推动机具运转，从而节省人工畜力。前面曾经提到的"水轮"，乃是借助水力推动筒车运转，挽水灌溉。此外著称于史的还有冶金中所使用的水力鼓风机——"水排"[1]。更普遍使用的，则是用于粮食加工的水碓、水碾、水硙等。这些方面的水力利用，开辟了中国古代环境适应和资源开发的新方向。

中古时代，水力加工在北方一些地区曾经形成了规模化产业。所谓"水力加工"，是指借助于水流冲击力运转碓、碾、硙做功，对谷物进行脱壳和制粉。其前提条件是有足够的水流冲击力作为动力。发展水力加工的地区，不仅要有相当丰富的水源，同时还要具备一定的地形条件，具体来说：地形要有一定起伏、水流要有一定落差，可以形成足够的冲击力推动加工机具运转，否则，即使水源较为丰富，亦无法进行水力加工。明代宋应星已经指出："凡水碓，山国之人居河滨者之所为也。"[2]不但水碓如此，水碾和水磨也是如此。中古时代，水力加工主要分布于地势起伏较大的黄河中下游西部：一是关中及其以西地区，

[1] 在现存史料记载中，最早使用"水排"的是东汉人杜诗。（汉）刘珍《东观汉记》卷15《杜诗传》云："杜诗……善于计略，省爱民役，造作水排，铸为农器，用力省，见功多。"《后汉书》卷31《杜诗传》云：诗"善于计略，省爱民役，造作水排铸为农器"。注云："排……冶铸者为排以吹炭，令激水以鼓之也。排当作橐，古字通用也。"《三国志》卷24《魏书·韩暨传》云：暨"……徙监冶谒者。旧时治作马排，每一熟石，用马百匹，更作人排，又费功力。暨乃因长流为水排，计其利益，三倍于前。"魏晋南北朝时期，不少地方设置"水冶"即使用水排鼓风进行冶筹。《太平御览》卷833《资产部》十三引《武昌记》曰："北济湖本是新兴冶塘湖，元嘉初发水冶，水冶者以水排。冶令颜茂以塘数破坏，难为功力，茂因废水冶，以人鼓排，谓之步冶湖。"《水经注》卷16《谷水注》：白超垒"……在缺门东十五里，垒侧旧有坞，故冶官所在。魏晋之日，引谷水为水冶，以经国用遗迹尚存"。不予俱引。

[2]（明）宋应星：《天工开物》（上卷），《粹精第四》，世界书局，1936年，第73页。

二是太行山东侧和豫西地区。华北平原因地形平坦，水流平缓，难以发展水力加工，因此文献中亦少见那里有水力加工的记载。中古时代南方地区偶尔亦有水力加工，但远不如北方发达。因此，以下叙述和讨论主要针对北方地区。

一、曾经繁荣的北方水力加工

目前所见最早关于古代水力加工的明确记载，出自东汉桓谭《新论》一书。其称："宓牺之制杵臼，万民以济，及后人加巧，因延力借身重以践碓，而利十倍杵舂。又复设机关，用驴、鸁、牛、马及役水而舂，其利乃且百倍。"[1]所谓"役水而舂"，即是以水力运转水碓进行谷物脱壳加工。东汉顺帝永建四年（129年），尚书仆射虞诩在上疏中也提到：当时上郡龟兹县（今宁夏境内）一带"因渠以溉，水舂河漕，用功省少，而军粮饶足"[2]。其中的水舂，亦当为利用水碓进行谷物脱壳加工。其后，东汉末期的孔融在《肉刑论》中也称："贤者所制，或逾圣人。水碓之巧，胜于断木掘地。"[3]同在东汉末年，张既曾在陇西、天水、南安一带"假三郡人为将吏者休课，使治屋宅，作水碓"[4]。这些资料说明：利用水力加工谷物在东汉时期已经开始，这是确凿无疑的事实。不过，其中有两点值得注意：一是四条材料中有三条明确指出当时的水力加工设施是水碓，魏晋文献的记载仍然是水碓（详后）。据此可以肯定，我国古代最早的水力加工设施是水碓而不是水碾或者水磨。二是四条材料中有两条明确指出了利用水力进行加工的地区，一在上郡龟兹县一带，一在陇西、天水、南安一带，均在关中以西。这是否说明最早开始水力加工的地区即是关中以西，却不能肯定。

魏晋时代，利用水碓进行谷物加工更多地出现于文献记载。在西晋末期的洛阳，水碓已为谷物加工所必需，一旦无水可资以舂，则粮食供应就要出现问题，这一情况在"八王之乱"期间即已发生过。其时，因为张方开决了千金堨，导致"水碓皆涸"，于是粮食供应发生了困难，朝廷"乃发王公奴婢手舂给兵廪，一品已下不从征者、男子十三以上皆从役"[5]。说明在西晋时期的洛阳一带，

[1]（汉）桓谭：《新论·离事第十一》，上海人民出版社，1977年，第46页。
[2]（唐）杜佑撰，王文锦、王永兴等点校：《通典》卷189《边防五》引，中华书局，1988年，第5136页。
[3]（宋）李昉编：《太平御览》卷762引，中华书局，1960年影印宋本，第3385页。
[4]《三国志》卷15《魏书·刘司马梁张温贾传》，中华书局，1959年，第472页。
[5]《晋书》卷4《惠帝纪》，中华书局，1974年，第101页。

水碓已经成为谷物加工的必需设施。正因为如此，水碓在这一时期的文献中屡屡出现。例如，《晋宫阙名》称："洛阳有水碓堂皇、择果堂皇。"[1] 西晋末年人邓攸曾"借水碓舂于城东"[2]。当时皇帝还将水碓赐予有功之臣，西晋太子少傅卫瓘曾拒绝接受皇帝赐予的"园田、水碓"。[3]

由于经营水碓有利可图，权势之家往往霸占水源，广置水碓，以此为一种重要营利产业。典型例子是以豪奢著称的石崇和王戎等。石崇获罪破家之后，"有司簿阅崇水碓三十余区，苍头八百余人，他珍宝货贿田宅称是"[4]，其所居别庐金谷园"有山川林木池沼水碓"[5]。而王戎"性好兴利，广收八方园田水碓，周遍天下"[6]。由于水碓是一个比较重要的家庭产业，所以经营水碓之家还专门派人看守水碓，任城樊县人魏舒在幼年时就曾替叔父看守过水碓。[7]因水碓加工与农田灌溉和河渠航运等发生了矛盾，所以当时任意私设水碓已为朝廷律法所禁止。魏晋时期曾规定洛阳城周围百里不得作水碓[8]，违者要受到处罚，曹魏时司农王思弘就曾因私作水碓而被"免归田里"[9]。如果水碓与百姓灌溉用水发生矛盾，正直的地方官则加以拆毁。西晋时期，河内郡界"多公主水碓，遏塞流水，转为浸害"，时任郡守的刘颂上表罢之，"百姓获其便利"[10]。

从上引史料来看，魏晋时期的水力加工机具仍是水碓，水碾和水磨尚未见于记载。至北朝时期，水磨和水碾开始被发明和使用。北魏时期，崔亮读《杜预传》，受杜预制造"八磨"（以一牛之力运转八座磨盘）的启发，"遂教民为碾"；在担任仆射期间，又上奏"于（洛阳）张方桥东堰谷水造水碾磨数十区，其利十倍，国用便之"[11]。北齐时，高隆之"又凿渠引漳水周流城郭，造治水碾硙，并有利于时"[12]。东魏灭亡后，北齐文宣帝高洋封孝静帝元善见为中山王，封

[1]（宋）李昉编：《太平御览》卷176引，中华书局，1960年影印宋本，第858页。
[2]（宋）李昉编：《太平御览》卷762引王隐《晋书》，中华书局，1960年影印宋本，第3385页。
[3]（宋）李昉编：《太平御览》卷762 引王隐《晋书》，中华书局，1960年影印宋本，第3384页。
[4]《晋书》卷33《石苞传附崇传》，中华书局，1974年，第1008页。
[5]《宋书》卷67《谢灵运传》引谢灵运《山居赋》，中华书局，1974年，第1755-1756页。
[6]《晋书》卷43《王戎传》，中华书局，1974年，第1234页。《世说新语·俭啬第二十九》则称："司徒王戎既贵且富，区宅、僮牧，膏田水碓之属，洛下无比。"
[7]《晋书》卷41《魏舒传》，中华书局，1974年，第1185页。
[8]（宋）李昉编：《太平御览》卷762引《王浑表》云："洛阳百里内，旧不得作水碓。臣表上先帝，听臣立碓，并挽得官地。"中华书局，1960年影印宋本，第3385页。
[9]（宋）李昉编：《太平御览》卷762引《魏略》，中华书局，1960年影印宋本，第3384页。
[10]《晋书》卷46《刘颂传》，中华书局，1974年，第1294页。
[11]《魏书》卷66《崔亮传》，中华书局，1974年，第1481页。
[12]《北齐书》卷18《高隆之传》，中华书局，1972年，第236页。

赐之物中有“水碾一具”[1]。可见水力碾、磨在北朝时期已经齐全。其时，利用水力碾、磨进行大规模的谷物加工，至少在一些中心城市已经成为普遍现象，所以杨衒之的《洛阳伽蓝记》称：洛阳城“碾硙舂簸，皆用水功”[2]。

值得注意的是，不论在魏晋还是在北朝时期，有关使用水力机具加工谷物的记载，凡明确点明地区的，大体都在洛阳周围和太行山东侧邺城以南的河内地区，河东、关中及其以西则少有记载，仅见《仇池记》载仇池城中的苜蓿园内设有三座水碓[3]；东部黄淮海平原则未尝见之。同时文献还反映出：北朝时期，水力加工逐渐以使用水碾和水磨为主，使用水碓的情况则逐渐少见记载，仅在庾信的诗中发现了若干相关词句，但不能肯定是北方的事情。[4]

隋朝以后，北方水力加工进一步发展，至唐代达到极盛阶段。由于隋朝国祚短促，文献中的相关记载不是很多，我们仅找到两条材料：一是《隋书》记载权臣杨素拥有众多水硙[5]；二是《广弘明集》记载隋炀帝大业八年（612 年），一个名叫王文同的人曾与僧人争夺水硙之利。[6]

到了唐代，各类文献关于水力加工的记载甚多，殆不可尽举。综合这些记载，可以获得三点印象：其一，唐代北方水力加工的分布区域较前代为广，其中以关中地区最为兴旺发达，尤以郑、白二渠及其支渠上构设的数量最多。但分布区域仍在华北西部，黄淮海平原仍不见有记载。其二，这一时期，北方水力加工仍以水碾和水硙为主，水碓则甚少见于记载[7]，可见水力碾、硙是当时主要的水力加工设施。其三，唐代关中地区的水力加工规模甚大，水碾、水硙数量众多，已经成为一个具有重要经济意义的产业。

唐代率先在郑白渠上构设水碾硙的，是那些实力雄厚且有经营头脑的富商大贾。唐高宗永徽六年（655 年），雍州长史长孙祥上奏称：“往日郑、白渠溉

[1]《魏书》卷 12《孝静帝纪》，中华书局，1974 年，第 313 页。

[2]（北魏）杨衒之撰，范祥雍校注：《洛阳伽蓝记校注》卷 3《城南》，上海古籍出版社，1958 年，第 132 页。

[3]《太平御览》卷 824 引《仇池记》曰：“城东有苜蓿园，园中有三水碓”（中华书局，1960 年影印宋本，第 3673 页）。按该书为晋宋之际人郭仲产撰。

[4]《艺文类聚》卷 4 引庾肩吾诗云：“王生回水碓，蔡姬荡轻舟，岸烛斜临水，波光上映楼”；又《先秦汉魏晋南北朝诗》《北齐诗》卷 1 引《庾开府诗集》有“穿渠移水碓，烧棘起山田”，和“决渠移水碓，开园扫竹林”等句。

[5]《隋书》卷 48《杨素传》称：杨素“负冒财货，营求产业，东西二京居宅侈丽，朝毁夕复，营缮无已，爰及诸方都会处，邸店、水硙并利田宅以千百数，时议以此鄙之”。

[6]（唐）释道宣：《广弘明集》卷 6《叙历代王臣滞惑解》，《四部丛刊》本。

[7]（唐）岑参《晚过盘石寺礼郑和尚》云：“岸花藏水碓，溪水映风炉”；《题山寺僧房》又云：“野炉风自爇，山碓水能舂”等句，收入《全唐诗》卷 200。但不能肯定所咏为北方之事。

田四万余顷，今为富商大贾竞造碾硙，堰遏费水，渠流梗涩，止溉一万许顷。”[1]为了保证农田灌溉，朝廷委派长孙祥组织拆毁。但是，由于经营水力加工利润甚厚，继富商大贾之后，皇室、官僚、宦官和僧侣纷纷加入霸占水源、设立碾硙、经营牟利的行列，太平公主、高力士、郭子仪等显赫一时的人物均参与其中，规模、利润均相当可观。例如，高力士于“京城西北截澧水作碾，并转五轮，日碾麦三百斛”[2]。正因经营水力加工利润颇厚，所以不时发生争夺碾硙的纠纷[3]，太平公主就曾与寺僧打过一场争夺碾硙的官司。政治权贵热衷于经营水力碾硙加工，对关中地区水力加工发展起到了推波助澜的作用，使得郑白灌溉渠系上碾、硙数量不断增多，广德二年（764 年）郑、白二渠上游豪戚碾硙有近百所，是年一次即拆除碾硙 70 余所[4]；大历十三年（778 年）正月又拆毁白渠支流上的碾硙 80 余所。[5]这些还仅仅是设立在郑白渠上的碾硙，其他河渠上的碾硙亦当有不少。单从这些拆毁数量亦可想见当时关中水力加工的兴旺程度。

除关中以外，唐代北方其他地方的水力碾硙加工情况也时见记载，只是碾硙数量和加工规模不及于关中。例如，王方翼在肃州时，曾“出私财造水碾硙，税其利以养饥馁”[6]。路敬在济源也曾设有水碾，在武则天如意元年（692 年）被毁坏[7]；少林寺僧人因协助李世民灭王世充有功，曾被赐予“水碾一具”，立于少室山之柏谷庄。[8]诸如此类，不一一引证。

唐代文献的其他相关记载，也反映出当时水力加工是一个具有相当经济意义的产业。例如，姚崇曾对家人说：“比见诸达官身亡以后，……庄田水碾，既众有之，递相推倚，或致荒废。”[9]是为达官之家往往拥有水碾之证；狄仁杰称当时（寺院）“膏腴美业，倍取其多；水碾庄园，数亦非少”[10]。唐睿宗曾下诏敕说：“寺观广占田地及水碾硙，侵损百姓，宜令本州长官检括，依令式以外，

[1]（唐）杜佑撰，王文锦、王永兴等点校：《通典》卷 2《食货二》，中华书局，1988 年，第 39 页。
[2]《旧唐书》卷 184《宦官・高力士传》，中华书局，1975 年，第 4758 页。
[3]《旧唐书》卷 98《李元纮传》，中华书局，1975 年，第 3073 页。
[4]（宋）王溥：《唐会要》卷 89《碾硙》，中华书局，1955 年，第 1622 页；《新唐书》卷 146《李栖筠传》，中华书局，1975 年，第 4736 页。
[5]（宋）王溥：《唐会要》卷 89《碾硙》，中华书局，1955 年，第 1622 页。
[6]《旧唐书》卷 185 上，《王方翼传》，中华书局，1975 年，第 4802 页。
[7]《新唐书》卷 36《五行三》，中华书局，1975 年，第 937 页。
[8]（唐）裴漼：《少林寺碑》，收入《全唐文》卷 279，中华书局，1975 年，第 2834 页。
[9]《旧唐书》卷 96《姚崇传》，中华书局，1975 年，第 3026-3027 页。
[10]《旧唐书》卷 89《狄仁杰传》，中华书局，1975 年，第 2893 页。

及官人百姓，将庄田宅舍布施者，在京并令司农即收，外州给贫下课户。”[1]是为寺院往往经营水力加工的证明。值得注意的是，几条材料将水碾、水碾硙与庄田、庄园、田地并提，说明它们与庄园土地一样，都是重要的产业。这些情况都反映出水力加工在唐代是相当发达的。

正是由于水力加工具有较大经济意义，因此它在唐代已与水上交通、灌溉、渔捕等并列，成为水利官员行政事务中的一项重要内容。唐制规定：水部郎中、员外郎之职是“掌津济、船舻、渠梁、堤堰、沟洫、渔捕、运漕、碾硙之事”[2]。而有关水利的法令亦将设立碾硙及碾硙用水宜禁列入相关规定之中，并加以严格执行。[3]

五代以后，北方水力加工在文献记载之中远不及魏晋—隋唐时期那么显眼，但并没有消失，一些地方的水力加工仍有一定规模。例如，五代后唐明宗曾下诏“罢（洛阳）城南稻田务”，以便集中水源方便民间水力碾硙加工。[4]宋代对水力加工相当重视，曾专门设立“西水磨务”“东水磨务”“大通门水磨务”，分别隶属三司、提举司和开封府；后来又设立了“都水磨”，隶属司农寺。[5]只是北宋“水磨务”之设不仅仅为了加工谷物，亦用于茶叶加工。随着水磨茶的兴起，仅开封周边水磨一度兴置达上百所，设立“水磨务”主要是为了增收茶税。[6]民间设置水碾、碓进行谷物加工亦或见记载。例如，宋神宗熙宁六年（1073 年），因程昉上疏“得共城县旧河槽，若疏导入三渡河，可灌西垅稻田”，皇帝下诏令“诸创置水硙碾碓妨灌溉民田者，以违制论”[7]。金代尚书省因岁旱，“议弛诸处碾硙，以其水溉民田”[8]。元朝文宗天历三年（1330 年）怀庆路同知阿合马上言称：济源、河内、河阳、温、武陟一带“因豪家截河起堰，立碾磨，壅遏水势”，对当地农业灌溉造成了不利影响，建议

[1] 唐睿宗：《申劝礼俗敕》，收入《全唐文》卷 19，中华书局，1983 年，第 223 页。

[2]《新唐书》卷 46《百官一》，中华书局，1975 年，第 1202 页；（唐）杜佑撰，王文锦、王永兴等点校：《通典》卷 23《职官五》，中华书局，1988 年，第 648 页。

[3] 根据敦煌出土唐代《水部式》残卷，唐代法令对于水力碾硙，一是对其处所有规定，有的地方禁止设立；二是对其使用时间有规定，三是对碾硙傍的渠段疏导工作有规定，相当严格而具体。详参陶希圣：《唐代管理水流的法令》，载《食货》（半月刊）1936 年 4 卷 7 期；周魁一：《〈水部式〉与唐代的农田水利管理》，载《历史地理》（第 4 辑），上海人民出版社，1986 年。

[4]《旧五代史》卷 43《唐书·明宗纪》，中华书局，1976 年，第 588 页。

[5]《宋史》卷 189《兵志三》，《宋史》，1977 年，第 4692 页。

[6]《宋史》卷 184《食货下六》，《茶下》，《宋史》，1977 年，第 4507 页。其时茶磨税利甚厚，茶磨的数量也很多，京西诸府、河北等地缘河渠之处所设茶磨以百数计。

[7]《宋史》卷 95《河渠五》，《宋史》，1977 年，第 2370 页。

[8]《金史》卷 14《宣宗纪上》，中华书局，1975 年，第 307 页。

“禁治不得截水置碾磨”。由于他的建议，朝廷采取了一些措施恢复当地水利灌溉，其中包括禁止私设碾磨[1]。同在文宗天历三年（1330年），中书省大臣上奏称：“世祖时开挑通惠河，安置闸座，全藉上源白浮、一亩等泉之水以通漕运。今各枝及诸寺观权势，私决堤堰，浇灌稻田、水碾、园圃，致河浅妨漕事，乞禁之。”[2]也就是说，元代大都附近也有寺观和权贵私设水碾。此外，平山县有个地方叫作水碾村，反映出当地也有水碾加工。由此可见，五代以后直至宋、金、元时期，在太行山的东南侧，水力加工仍然有一定的保留。

水力加工的兴起与发展，并不是一个简单的事情，而是资源环境—工具技术—社会经济三方面诸多因素共同作用的结果。魏晋—隋唐时期北方地区水力加工之所以能够取得较大发展，毫无疑问，首先是当时相关地区具有适宜的水资源环境条件；其次是由于水碓、碾、硙相继发明，已经具备了发展水力加工的技术手段；最后则是在人口密集地区发展水力加工经营，经济上有利可图；三者缺一不可。这样一个特殊产业的兴衰，一定程度上反映了北方地区社会生活、经济生产与水资源环境之间的复杂历史关系。

在中国古代工具技术史上，发明水碓、水碾和水硙等机具，以溪河流水的冲击力作为动力推动机械运转，是继水浮力利用之后另一个具有重要意义的技术进步，是水力加工兴起的核心技术要素。东汉以前尚无水力加工业，乃因那时尚未发明此类机具。正是由于水碓、水碾和水硙的相继发明，水力加工发展方始成为可能。

但汉唐之间北方水力加工业逐渐发展，不只因为逐渐具备了相应的技术条件，而是还有推动其发展的特殊经济动力。众所周知，粮食加工在古代总体上说是农家经济中的一个附属项目，加工规模也非常狭小，加工目的主要是为满足自家消费需要。但在人口密集地区（主要是城镇或城郊地区），一些人将谷物加工作为一项重要家庭产业，或者以此作为谋生途径。这种情况下的谷物加工，就不仅仅是为了满足自家消费，而是为了满足市场需求、出于牟利目的。事实上，魏晋—隋唐时期，富家大户大量设立水碓、水碾和水硙，正是受到了经济利益的驱动：无论是晋代的石崇、王戎，还是隋唐时期的杨素、太平公主、高力士或者其他什么人，大量拥有水碾、水硙或者水碓加工粮食，都并非只是为

[1]《元史》卷65《河渠二》，中华书局，1976年，第1628页。
[2]《元史》卷64《河渠一》，中华书局，1976年，第1590页。

了供应自家消费，而是为了牟取暴利。由于我们无法判断他们所拥有的水力碓、碾、硙是否多数是设在各自庄园之中，因此水力加工经营是否即如日本学者西嶋定生所说的那样：在多数情况下“是庄园经营的附属部分”，还值得进一步探讨；但它们的确“是作为营利事业来经营的”[1]，这一点确定无疑。否则就无法解释一家拥有多处水力加工设施的现象。

就目前所见材料来看，魏晋至隋唐时期北方水力加工设施的拥有者，基本上都是经济力量雄厚、享有一定特权的富贵之家，包括贵族、官僚、寺院和富商等。这是因为：虽然使用水碓、水碾和水磨是古代效率最高的一种加工方式，但也是当时形制最为复杂的几种机具设施，造价相当昂贵，经济力量弱小的普通百姓一般难以拥有和使用，即使有之，亦必是众家共有合用。作为古代少有的几个“大机器生产”项目之一，经营水力加工需要不小的经济投入，魏晋至隋唐时期的贵族、官僚、商贾和寺院都曾一度十分热衷于此，在中国古代经济史上，这即使不是绝无仅有，也是非常少见的现象。我们大体上可以肯定：其时贵族、官僚、商贾和寺院纷纷介入此业以图牟利，造成中古水力加工一度兴旺的局面，乃是由于当时在富庶地区特别是中心都市及其附近聚居了庞大的消费人口，经营水力加工颇为有利可图。这也可以解释为什么当时水力加工在经济发达、人口密集的关中、洛阳和河内一带最为兴旺，并且它的主要分布地随着政治中心的变化而几番东西移动。

二、加工与灌溉的矛盾及其消解

细心的读者可能已经注意到：上引诸史记载水力碾硙，时常提到权势之家设置碾磨侵夺民力、妨害漕运，引发严重的社会经济问题。尤其是在唐代，王公贵族、富商巨室在关中郑、白二渠广设水力碾硙侵夺民田之利，更是成为一件很棘手的事情，朝廷一再试图加以解决，文献中的相关记载甚为不少。事实上，史书关于水力碾硙记载甚多，正是由于围绕它们产生了尖锐的社会经济矛盾。对此问题，前人已经颇有探讨。

[1]［日］西嶋定生：《碾硙寻踪——华北农业两年三作制的产生》，收入［日］西嶋定生：《中国经济史研究》，东京大学出版社，1966 年。该文有若干中文翻译，兹从韩昇译文。译文见刘俊文主编：《日本学者研究中国史论著选译》（第 4 卷），中华书局，1992 年。

日本学者西嶋定生曾经对唐代关中碾硙经营与水田灌溉之间的矛盾进行了深入论述。他认为：由于关中水稻生产对国家具有重要经济意义，而权势之家霸占水源、大量私设碾硙则影响了水稻生产，进而危害了国家经济利益。因此，碾硙经营与水田灌溉的矛盾，实际上是国家利益与私家利益之间的矛盾。从维护国家经济利益出发，中唐以前政府一直试图保证当地稻田灌溉用水，禁止私设碾硙，并有多次大举拆毁碾硙的行动；但晚唐以后，关中小麦种植取得更大的发展，同时随着灌溉条件日形恶劣，发展水稻生产已经无利可图，朝廷不得不放弃禁设碾硙的政策。如此看来，唐代关中加工与灌溉之间的矛盾冲突，终因农业种植结构的调整变化而消解。

西嶋定生的论述已经接近了问题的关键。他启发我们：理解中古关中水力加工业的兴衰，应当首先了解发展水力加工的自然条件即水资源环境状况的变化。但西嶋定生认为水力加工与水田灌溉的矛盾，“从内容上看是唐代所特有的”。对此我们却不能赞同。事实上，水力加工与水田灌溉及其他用水之间的矛盾并不始于唐代，也不止于唐代，而是差不多贯穿于华北水力加工发展的全部历史过程。

如前所述，早在魏晋时代，任意私设水碓已为朝廷律令所禁止，当时曾规定洛阳城周围百里不得作水碓[1]，违者要受到处罚，曹魏时就曾有人因私作水碓而被“免归田里”[2]。西晋时期，公主在河内一带所设的水碓也“遏塞流水，转为浸害”，因此郡守刘颂上表罢之，使“百姓获其便利”[3]。由于文献记载简略，不能确知当时水碓加工与是否即是与稻田灌溉用水发生了矛盾，但是此类矛盾已经存在却是确定无疑的，只是不像唐代关中那样严重而已。

唐代关中地区水力加工与灌溉用水之间的矛盾是十分突出的，已经不是一个简单的用水问题，而是关乎这一地区的经济全局，甚至与朝廷政治牵连在一起。为了方便讨论，兹将有关问题再进一步作些说明。

前已论及，汉唐关中曾有过面积相当广大的水稻种植，由于关中为王畿之地，当地水稻生产具有特殊重要的意义。但是，水稻生长所需水量远大于旱地作物，要在当地发展水稻种植，就必须保证充足而稳定的灌溉水源。汉唐两代

[1]（宋）李昉编：《太平御览》卷 762 引《王浑表》，中华书局，1960 年影印宋本，第 3385 页。
[2]（宋）李昉编：《太平御览》卷 762 引《魏略》，中华书局，1960 年影印宋本，第 3384 页。
[3]《晋书》卷 46《刘颂传》，中华书局，1974 年，第 1294 页。

之所以在兴建引水工程方面不遗余力，正是由于当地水稻生产的特殊需要。而富贵人家缘渠私设碾硙，消耗大量水源，对稻田灌溉危害甚大，二者之间发生矛盾在所难免。

早在唐高宗永徽年间（650—655 年），富商大贾竞造碾硙、侵害水利的情况已很严重，对当地农业生产造成了很大影响。因此，永徽六年（655 年）雍州长史长孙祥上奏请求拆毁沿渠碾硙。他说："往日郑白渠溉田四万余顷，今为富商大贾竞造碾硙，堰遏费水，渠流梗涩，止溉一万许顷。请修营此渠，以便百姓。至于咸卤，亦堪为水田。"高宗得奏后说："疏导渠流，使通灌溉，济泼炎旱，应大利益。"太尉长孙无忌也认为："白渠水带泥淤，灌田益其肥美。又渠水发源本高，向下枝分极众。若使流至同州，则水饶足。比为碾硙用水，泄渠水随入滑。加以壅遏耗竭，所以得利遂少。"于是派遣长孙祥等分检渠上碾硙，尽行拆毁。[1]这是唐朝政府为保证农田灌溉所进行的第一次大规模拆毁碾硙行动。

但是，由于水力碾磨经营为利之所在，在灌溉渠道上私设碾硙的行为无法根本断绝。更为严重的是，政治权贵，包括诸王、公主、有权势的宦官和僧人都加入了私设者的行列。史称："诸王公权要之家，皆缘渠立硙，以害水田。"于是在第一次大规模拆毁碾硙之后六七十年，又有了第二次大的拆毁行动。唐玄宗开元九年（721 年），京兆少尹李元纮在朝廷的支持下，"令吏人一切毁之，百姓大获其利"[2]。但仍然不能禁绝。时隔四十年后，碾硙妨害灌溉的情况又严重了起来，至广德二年（764 年），郑、白二渠上游豪戚碾硙有近百所，"夺农用十七"，李栖筠、王翊、崔昭等户部、刑部和京兆府官员上奏请求拆毁，并得到皇帝的支持，于是在李栖筠的主持下，进行了第三次大规模的拆毁行动，共拆除碾硙 70 余所。据称：拆除这些碾硙后，以其渠水灌溉水田，"计岁收粳稻三百万石（有的记为二百万斛）"[3]。然而，仅十几年以后，至代宗大历十二年（777 年），碾硙拥隔水利的情况再次严重起来，原本尚可溉田约一万顷的郑白渠，此时已经只能灌溉 6 200 余顷水田了，这不仅对百姓生计不利，对国家利益也造成了严重危害，因此畿内百姓连名陈状，黎干等一批朝廷官员也极

---

[1]（唐）杜佑撰，王文锦、王永兴等点校：《通典》卷 2《食货二》，中华书局，1988 年，第 39 页。

[2]《旧唐书》卷 98《李元纮传》，中华书局，1975 年，第 3073-3074 页。

[3]（宋）王溥：《唐会要》卷 89《碾硙》，中华书局，1955 年，第 1622 页；《新唐书》卷 146《李栖筠传》，中华书局，1975 年，第 4736 页。

力请求拆毁，于是乃有大历十三年（778 年）正月的第四次更大规模的拆毁行动。被拆除的碾硙中既有皇帝爱女升平公主的两所脂粉硙，又有被尊为“尚父”的中兴功臣郭子仪家的两所私硙。公主曾亲自向皇帝求情，也未获幸免。由于连这两个人的碾硙都被拆毁，其他人也就无法抵制了。于是，白渠支流上势家权门所设 80 余所碾硙尽皆拆除。[1]这次大规模拆除碾硙，自然还是为了“以广水田之利”，保护近侧水稻生产。在朝廷大举拆碾行动的鼓舞下，泾阳县令韩绅卿在所属境内亦“破豪家水硙，利民田顷凡百万”，成效也相当不错。[2]

大历十三年（778 年）的这次拆毁行动是规模最大、也最彻底的一次，但也是最后一次。事实上，此后仍不断有人在沿渠设立碾硙，以谋私利。至晚唐时期，皇帝下诏又提到：“比者权豪竞相占夺，堰高硙下，足明弃水之由，稻浸陆浇，乃见侵田之害，今因流散，尚可经营”[3]，于是命京兆府选派强干僚属巡视解决，但不见有多少实际举动。正如西嶋定生所说，晚唐以后，朝廷实际上已经放弃了拆毁碾硙保证水田灌溉的行动。[4]

以上史实充分显示：中唐以前，政府之所以对沿渠碾硙累建累拆，主要是为了保证关中的水稻灌溉用水，因为当时关中水资源尚可支持一定规模的水稻生产；至晚唐时期放弃这一行动，既因朝廷政治权威不复如前，大行拆毁已是力有不足；但最根本的原因还是晚唐时期关中的水环境已发生了很大变化，水资源的丰富程度远不如前，发展水稻生产已变得越来越困难，朝廷亦无利可图，于是干脆加以放弃。今人的研究也证明：晚唐以后长安周围的水资源环境，确实已经大不如前了。[5]关中的情况是如此，其他地区也好不了多少，五代后唐时，朝廷甚至因水稻生产“所费多而所收少”而主动罢废洛阳城南的稻田务，以便集中水源满足碾硙用水需要。[6] 也就是说，到了五代时期，洛阳一带的水环境也日益恶化，不唯水稻生产已因严重缺水变得无利可图，碾硙加工用水也需采取特别措施才能得到满足。

水力加工与水田灌溉和其他用水之间的矛盾，既不始于唐代，亦不止于唐

[1]（宋）王溥：《唐会要》卷 89《碾硙》，中华书局，1955 年，第 1622 页。
[2]（唐）韩愈：《韩昌黎文集校注》卷 7《虢州司户韩府君墓志铭》，上海古籍出版社，1986 年，第 557 页。
[3]（宋）王钦若等编：《册府元龟》卷 497《邦计部》，中华书局，1960 年，第 5955 页。
[4]［日］西嶋定生：《碾硙寻踪——华北农业两年三作制的产生》，收入［日］西嶋定生：《中国经济史研究》，东京大学出版社，1968 年。
[5] 关于唐代前后期关中水环境的变迁，可参见前揭王守春：《汉唐长安城的水文环境》，史念海主编：《汉唐长安与关中平原》（中日历史地理合作研究论文集　第二集），《中国历史地理论丛》1999 年 12 月增刊。
[6]《旧五代史》卷 43《唐书・明宗纪九》，中华书局，1976 年，第 588 页。

代。在北宋、金朝和元朝仍存在这样的矛盾。不过矛盾已不是发生在关中，而是在汴梁、河内等地。事实上，宋、金、元三代这些地方水力碾硙加工之所以得见记载，恰恰主要是因它与当地水稻生产和漕运用水发生了矛盾。前举史料，无论是宋代皇帝的诏令，金代尚书省的议论，还是元朝时期的禁令，都主要是试图通过禁止私自截堰拦水、设立碾硙，以保证水稻生产和漕运用水的需要。由此可见，古代北方水力加工与水田灌溉等之间的矛盾，一直延续到了宋、金、元时代。

三、水环境变迁与水力加工衰落

关中、汴梁周围以及河内地区水力加工与灌溉、漕运等方面的用水矛盾，在明清史籍中已经基本不见记载。这不是因为两者之间的矛盾已通过有效的政策和措施得到了解决，而是因为水力加工业在那些人口密集地区已经衰落，碾硙加工退缩到了更加僻远而泉流较多的山区，例如，山西地区、燕山—太行山脚下以及陇西，这些地区一向很少种稻，更难通漕，自然亦不存在水力加工与灌溉和水运的矛盾。事实上，就整体而言，明清时期不仅水力加工已经退避到僻远山区，不再受到国家重视，水稻生产亦是大不如前，与中古相比衰退十分明显。根据邹逸麟的研究：汉唐时期黄淮海平原的水稻种植取得很大发展，形成了多个较大的稻产区；但宋代以后当地水稻生产渐趋衰退，至元明清时期更加衰落，再无稳定的大片稻产区存在。[1]与东部黄淮海平原相比，西部衰落尤为显著，明清时期已经没有成规模的水稻生产了。

这就产生了一个很有趣的历史现象：东汉以后至五代以前，北方地区水力加工与水稻生产虽然存在严重矛盾，但两者却是并存发展的，水力加工最兴旺的唐代恰恰正是水稻生产最繁荣的时期。宋元以后，关中和三河地区的水力加工衰落，水稻生产亦逐渐衰退，国家漕运主线则已经东移，它们彼此之间的矛盾也就自然消解，不再成为一个受关注的社会经济问题。也就是说，虽然这些地区的水力加工与水稻生产一直存在着矛盾，但两者却又存在着一种事实上的同步兴衰的关系。

---

[1] 邹逸麟：《历史时期黄河流域水稻生产的地域分布和环境制约》，《复旦学报》1985 年 3 期。又参见邹逸麟主编：《黄淮海平原历史地理》，安徽教育出版社，1991 年，第八章论述。

为什么会产生这样一种有趣的现象？回答了这个问题，也就回答了我们开头所提出的问题。我们的答案是：由于水力加工和水稻种植都以较为丰富的水资源为前提条件，因此两者的兴衰也就存在一个至关重要的共同原因，这就是水资源条件的变化，在水资源尚较丰富的情况下，两者虽然存在矛盾但仍可并存发展，正如唐代及其以前的那样；而在水资源逐步严重短缺的情况下，两者也都不得不走向衰落，这正是宋元以后的情形。

固然，古代关中、河内等地水力加工与稻田灌溉发生矛盾，反映出当时水资源毕竟并不是特别丰富，否则这一对矛盾也就不会如此突出，以致成为多个朝代都力图加以解决的一个严重经济问题。不过，如果考虑到当地降水年变率和季节变率都很大这一特点，我们就不能根据这一矛盾而得出当时水资源已经严重短缺这样的结论，因为当地降水主要集中于夏季七、八两月，并且多为暴雨型，其他季节降水甚少，在夏雨到来之前，季节性缺水自古以来都是北方农业生产的一个难题，对水稻种植来说更是这样。即使是在降水丰沛的南方，也不能保证稻田在少雨季节不受干旱威胁，更不能保证水力加工与水田灌溉之间从不发生矛盾。

从唐代关于碾硙用水时间的规定可以明显看到：当时水力加工与水田灌溉之间的矛盾具有季节性特征。敦煌出土唐写本《水部式》规定："诸溉灌小渠上先有碾硙，其水以下即弃者，每年八月三十日以后，正月一日以前听动用。自余之月，仰所管官司于用硙斗门下着锁封印，仍去却硙石，先尽百姓溉灌。若天雨水足，不须浇田，任听动用。"这条规定说明两点：其一，每年八月三十日以后、正月一日以前，碾硙用水不受限制。请注意，这段时间为非生产季节，所以允许使用碾硙；但也不是雨季，而是雨少渠枯的旱季，而渠道中的水流仍可供碾硙加工，说明即使在旱季枯水期，水渠之中仍能维持可观的水量，可以驱动碾硙进行谷物加工，这在现代秋后、冬季的北方是不能想象的。其二，文中也明确规定，如果天雨水足，则不禁止使用。也就是说，在雨水充足年份和季节，碾硙加工与农田灌溉也不发生矛盾。由此可以看出：碾硙加工与水田灌溉的矛盾并不是绝对的，而只是季节性的。所以，尽管水力加工与水田灌溉存在矛盾，但单凭当时还能够发展较大规模的水力加工这一点，就足以证明华北地区的水资源仍较丰富，与明清以来的情况大有不同；反过来说，魏晋—隋唐时期关中、河内等地之所以一度出现水力加工兴旺发展的局面，前提条件乃是当时仍有较为充足的水资源。两者可以循环互证。

前已指出：直到中古时代，黄河中下游的水资源环境仍然相当优越。其时，河流水系发育良好，汛期比较长，枯水期水量较大，较大河流基本没有出现枯竭断流记载；同时这一地区还有众多湖泽陂池，不少地方还有相当丰富的泉水资源。仅就古代水力加工分布的西部地区来说，水资源条件也是相当良好的。首先是河流的水量相当可观，汾、渭、伊、洛、滹沱、桑干等较大河流都能通航，可为漕船和兵船的航道，中心城市附近往往有良好的水运条件。在其他条件具备的情况下，充分利用水资源发展水力加工和水稻生产，是毫不奇怪的。

然而，宋代以后特别是明代以降，由于种种自然和社会原因，北方地区的水资源环境发生了剧烈变迁，湖泽淤废，泉水枯竭，河流枯浅甚至断流，连本区最大河流——黄河从元代开始也出现断流现象，明清以来黄河断流越来越频繁，终于成为一个严重缺水地区；关中、河内地处内陆，水资源更加匮乏。正因为如此，宋元以后，首先从西部地区开始，黄河中下游地区的水稻生产不断衰落，与汉唐相比分布范围和种植规模都在不断缩小。事实上，由于地表水资源日形匮乏，明清以降华北平原的灌溉方式也发生了显著变化：原先的引渠灌溉，逐渐改变为井灌，除了大河尾闾、地势低洼的极少数地方（如天津一带）外，发展水稻生产已无可能。在这个整体历史趋势下，水力加工不断走向衰落是再自然不过的事情。

至此，我们可以得出这样的结论：自东汉至唐代，关中和河内等地水力加工之所以能够逐渐发展并且一度相当兴旺，固然有其技术与经济方面的原因，但其时水环境尚称良好、可为之提供必需的水源动力，乃是具有决定意义的前提条件；宋代以后，相关地区的水力加工逐渐衰退，原因则只有一个：就是当地环境逐渐恶化，水力资源短缺日益严重，最终导致这项经济活动无法继续进行。明清以后，北方水力加工主要分布燕山—太行山下和山西地区，因为那些地区还有较多的泉水资源可供利用。

第五节　《水部式》：现存第一部水利法规

以上几节分别讲述了水资源环境对中古社会的影响，以及人们在利用水资源、改造水环境方面所做出的各种努力。在水资源利用和管理方面，这个时代也取得了重要进步。前面曾经叙述，先秦至两汉时期，国家重视“山泽之征”，在山林川泽资源管理和控制方面形成了相当系统的法令制度。然而在魏晋南北朝的特殊政治、经济和社会形势下，这些法令制度有不少被破坏和实际上被放弃，虽然国家仍然颁布有关渔猎、樵采的礼制和禁令，但大多是因袭旧文、徒具空文和禁而无效。相比较而言，水资源利用和管理方面的成绩颇可称道，其中最具历史意义的，是唐代不仅形成了比较完善的水利事务管理机构，而且颁布和实施了目前所知中国最早的一部较系统的水法——《水部式》，兹予稍加介绍。[1]

首先看看当时水资源管理机构。

唐朝负责掌管水事的中央机构有二：一是尚书省工部下属的水部司，《唐六典》云："水部郎中、员外郎掌天下川渎、陂池之政令，以导达沟洫，堰决河渠。凡舟楫、溉灌之利，咸总而举之"[2]。二是"五监"之一的都水监，"都水使者掌川泽、津梁之政令，总舟楫、河渠二署之官署。辨其远近，而归其利害；凡渔捕之禁，衡虞之守，皆由其属而总制之。凡献享宾客，则供川泽之奠。凡京畿之内渠堰陂池之坏决，则下于所由，而后修之。每渠及斗门置长各一人，至溉田时，乃令节其水之多少，均其灌溉焉。每岁，府县差官一人以督察之；岁终，录其功以为考课"[3]。可见，前者是负责颁行水事政令的机关，后者则是各项水务的具体执行部门。

根据《唐六典》的追述，这两个机构都有相当久远的历史渊源，魏晋南北朝历代政权都曾设置相应的职官，但都不如唐代完整。唐代尚书工部下设水部郎中一人，从五品上；员外郎一人，从六品上；主事二人，从九品上；都水监则设使者二人，正五品上；僚属有丞二人，从七品上；主簿一人，从八品下。丞的职责是掌判监事，"凡京畿诸水，禁人因灌溉而有费者，及引水不利而穿凿者；其应入内诸水，有余则任王公、公主、百官家节而用之"。主簿则负责掌印和勾检稽失，"凡运漕及渔捕之有程者，会其日月，而为之纠举"。都水监还设有职能更加具体的两个署，即舟楫署和河渠署。舟楫署负责漕运和水上交通；

[1] 按：唐朝的法规有律、令、格、式四种形式，其中"式以轨物程事"（《旧唐书·职官志》），是对各种法律制度所作的具体规定，《水部式》就是关于水利事务的具体法规，或者与水有关的国家法令的实施细则。关于唐代《水部式》，王永兴、郑炳林、仁井田陞等中日学者都做过一些考释和研究。关于它的简要介绍文章有：水利史家周魁一《我国现存最早的水利法规——〈水部式〉》（《水利天地》1987 年第 1 期），唐史学家李鸿宾《〈水部式〉与唐朝的水利管理》，《中国水利》1992 年第 3 期，第 35-36 页。兹亦仅在前人基础上略陈其主要内容。

[2]（唐）李林甫等撰，陈仲夫点校：《唐六典》卷 7《尚书工部》，中华书局，1992 年，第 225 页。

[3]（唐）李林甫等撰，陈仲夫点校：《唐六典》卷 23《将作都水监》，中华书局，1992 年，第 599 页。

河渠署则为河流、水资源利用的管理机构，下设河渠令一人，正八品下；丞一人，正九品下。河渠令“掌供川泽、鱼醢之事”；其副手为丞，“凡沟渠之开塞，渔捕之时禁，皆量其利害而节其多少”。河渠署的人员编制较多，据《唐令拾遗补·寺监职员令第三》记载：河渠令、丞之下设有府三人、史六人、河堤谒者六人、典事三人、掌固四人，还有长上渔师十人、短番渔师一百二十人、明资渔师一百二十人，这些渔师都是服役的百姓，固定地设置这些员额，应与保障朝廷水产品供给有关。

下面再具体看看《水部式》。

传世和出土文献中，时或只言片语地提到一些周秦以降历朝的水利和水资源管理法令，但直到《水部式》出现之前，都还不能说已经有了一部专门的“水法”。这既与唐代之前法律文化还不够发达有关，亦与此前水资源利用和管理尚未凸显为一个严重的社会问题有关。唐代在这两个方面都有明显的发展和改变。唐朝是一个相当重视“法制”的社会，东亚世界现存最早的一部大型成文法典——《唐律疏议》就是诞生于这个朝代。唐朝国家机器运转和权力运行很讲究按照法令规程办事，行政效率殆为中国古代王朝之最，《水部式》可以被看作是规范国家水权运行的一部专门法令。《水部式》的出现不是偶然的，从前面的叙述可以看到：唐代社会繁荣，经济发达，在农田水利、内河航运和水力加工等方面都取得了超迈前代的发展进步。正因为如此，水资源控制和管理事务逐渐变得繁剧，内陆半干旱、干旱地区水资源不足问题亦逐渐显现，关中地区水力加工和农田灌溉之间更是发生了严重的矛盾冲突。由于水资源短缺所引起的各种经济、社会矛盾需要通过一定的法令制度进行管理、协调。于是制定一部专门的水法，已经成为时代所需。

唐代文献时或提到《水部式》，但都语焉不详。清光绪二十五年（1899 年），一批唐代文献在甘肃敦煌鸣沙山石窟被发现，其中包括《水部式》残卷，被法国人伯希和（Paul Pelliot）掠走。该残卷共 143 行，29 个自然段，2 600 余字，据研究是唐玄宗开元二十五年（737 年）所修订。现存残卷显然不是唐代《水部式》的全部内容，而其中已经涉及水渠建置、职官（职员）设置、农田灌溉和水力加工等方面的用水规则，以及水运和桥梁修造、管理等多个方面。

设置斗门、分水灌溉农田和水渠设施修缮等，是现存残卷中的主要内容之一，主要是针对关中诸渠的规定。[1]《水部式》规定：在泾、渭、白渠及诸大渠，都要由州县官府安置斗门，不得私造；各个水渠都要设置渠长和斗门长，负责管理渠务；开斗门放水灌溉农田有很具体的时间、用水量和灌溉次序规定，放水灌溉要“预知顷亩，依次取用”“溉田自远始，先稻后陆”，即要根据田地多少确定放水量，灌溉要从下游开始，由远而近，先水田、后旱地，同时还要求公平用水，“务使均普，不得偏并”。一旦渠堰斗门有所损坏，即组织力量进行修理。州、县政府直接参与水渠管理，每年都要差遣官吏巡察，将水渠管理业绩纳入考核范围，“若用水得所、田畴丰殖，用水不平并虚弃水利者，年终录为功过附考”。

前面曾经讨论：唐代关中地区水力加工一度相当发达，权势之家沿渠设立水碾、水硙众多，造成农田灌溉与粮食加工之间产生尖锐的矛盾冲突。因此《水部式》专门针对碾硙用水做出了若干具体规定，确立了“灌溉优先”的原则，要求碾硙设施不得妨害渠水通畅。其称：“诸溉灌小渠上先有碾皑，其水以下即弃者，每年八月卅日以后，正月一日以前，听动用。自余之月，仰所管官司，于用硙斗门下着锁封印，仍去却皑石，先尽百姓溉灌。若天雨水足，不须浇田，任听动用。其傍渠疑有偷水之硙，亦准此断塞”“其蓝田以东先有水硙者，仰硙主作节水斗门，使通水过”“诸水碾硙若拥水，质泥塞渠，不自疏导，致令水溢渠坏，于公私有妨者，碾硙即令毁破”。这些原则，在《唐六典》中亦有明确规定，该书卷七《水部郎中员外部》条云：“凡水有灌溉者，碾硙不得与争其利。自季夏及于仲春，皆闭斗门，有余乃得听用之。”

如前所述，唐代内河航运发达，漕运更是国家大事，因此通常情况下，灌溉要给漕运让路，首先保证漕运通畅。例如，关于蓝田新开渠，《水部式》明确规定：当灌溉土地影响漕运船时，“百姓须溉田处，令造斗门节用，勿令废运”。唐代大、小河流上建造有许多津渡和桥梁，它们是各地重要的交通要冲，尤其是长安至洛阳一线河流之上的桥梁更加重要，朝廷高度重视。各地渡口、关津和桥道都设置专门机构进行管理，重要关津还有军队驻防，洛水中桥、天津桥甚至还由卫士清理打扫，若有损坏立即修缮。州、县政府常派官吏巡查各处津梁桥道，而京兆府的浦津桥、河南府的永济桥甚至由兵部派遣勋官轮流检视。

[1] 本节直接引用的文字，除特别注明者，均出自《水部式》。

有些桥梁还征发配备当地百姓分番守护。例如，蒲津桥等配置有水匠十五人，皆挑选熟悉水性的百姓充任，每年分四番服役，每番负责 3 个月。为了保护漕运交通安全畅通，在一些重要桥梁还安排了成批的水手，例如，河阳桥置水手二百五十人，陕州大阳桥置水手二百人，其中包括竹、木匠十人，分别从附近州县征调。由于当时的桥梁多系竹木建造，甚至是竹索维舟的浮桥，很容易被大水损坏，所以经常需要修缮。修缮桥梁所用材料可能从很远的地方征调，例如，河阳桥所用的竹索是由宣、常、洪三州制造；大阳、蒲津等桥所用竹索则由司竹监供造。诸如此类的细节规定出现在《水部式》，说明它是一部很具体的法规或者实施细则。

总体来看，唐代对水资源的管理和利用，已经形成了一套比较完整的法规或者具有法律效力的规则。通过这些规则我们可以看到：至少从理论上看，各地河流、水渠是国家直接管控的公共资源，为了有效利用和管理这些资源和相关事务，形成了比较系统的资源调配、控制和利用原则，例如，在用水次序上，首先是确保漕运，其次保证农田灌溉，最后才是碾硙水力加工，讲究公平用水、节约用水。另一方面，建造和维护各种用水设施，也是国家事务的一部分，国家设置机构、安排人力和财力，对重要水渠和津渡桥梁，进行制度化的建设、维护和管理。这些都是很重要的进步，反映了国家权力在协调处理人与水的关系方面所扮演的重要角色。

第四章

生物资源及其相关知识

在地球生态系统中，生物（包括动物、植物和微生物）是与人类生命活动关联最直接的结构性要素。人与自然关系的极端复杂性，最充分地表现在人类与其他生物关系的复杂性上。这种复杂性既根源于地球生物多样性，亦由于人类作为一种生物自身的复杂性和复杂多样的生活需求。人是无数生物中的一种，与其他物种之间存在着极其繁复的捕（采）食、竞争、寄生、共生等关系。众多生物种类构成人类生态系统的核心部分，是我们必不可少的生存资源，我们依赖其他生物获得维持生命所必需的能量和营养，获得衣、食、住行各个方面的物质条件，利用其他物种分担劳作辛苦、开展娱乐活动、表达思想情感、传递文化信息等，总之，人类无法脱离其他物种而独自生存。“它们”与“我们”乃是一个彼此影响、相互依存和协同演化的“生命共同体”。然而，在这个“生命共同体”中，自古至今都充满着矛盾和斗争，不少如今需要精心保护的生物种类，历史上曾经是人类致命的敌人。直到今天，我们的身体健康、生命安全、经济生产等仍然无法免除有毒、有害物种的困扰、威胁和损害。总之，人类与所在环境中的各种生物，始终处在既可能互相友善也可能互相敌意，有时亲密有时又敌对的矛盾运动之中。人与生物的关系史，既是人类生存发展史的最基础部分，也是环境史研究的一个中心内容。

在漫长的历史上，无论就某个特定人类群体而言，还是从某个具体时代和地区来看，人与生物的关系都经历了纷繁复杂的变化。社会经济生产和物质生活都是以所在自然环境中的植物、动物和微生物之种类构成、资源状况作为基础条件的，而人们关于各种生物资源的认知水平、利用方式、防御能力和开发强度等，则直接关乎人们的物质生活和精神生活。那么，具体到中国中古时代，森林植被、野生动物资源状况如何？关于生物世界，人们达到了怎样的认知水平？拥有怎样的知识体系？这是本章拟予概述的内容。关于微生物，古人虽有不少记述，但非常难以把握，前期研究也很薄弱，这里暂不专门讨论。

第一节　森林植被和植物资源概况

在地球生态系统中，森林是一个至关重要的组成部分。对人类社会来说，森林既是重要的经济资源，更是重要的生态屏障。无论就整个地球还是某个国家或地区而言，森林都不仅深刻地影响经济生产和物质生活，而且紧密关系到人类社会及其所在生态系统发展、演化的全局。由于物质生活需要，人类必须开发和利用森林资源，甚至不得不将大片林草地垦辟成农田，这必然地造成森林植被的重大变化。在一定的历史条件下，合理范围与限度之内的开发、利用和改变都是必需，也是人类社会发展进步的一个重要标志。然而一旦林木采伐和毁林垦荒过度，就不仅导致森林植被系统丧失自我修复的能力，引起水土流失、沙漠扩张、生物多样性减少乃至气候改变等一系列负面后果，反过来阻碍经济发展，甚至可能导致文明体系丧失其延续和进步的自然根基。在这方面，几乎所有古老文明国家和区域都曾经有过深刻的历史教训。

当今中国森林资源严重匮乏，诸多环境生态问题都与此紧密关联。这种局面并非陡然形成的，而是在漫长历史进程中积渐所至，最近几个世纪情况迅速恶化。魏晋—隋唐时期，中国森林植被状况总体良好，虽然黄河中下游地区森林资源渐呈匮乏局面，但广大南方地区森林覆盖率仍然很高，许多地区依旧林海茫茫，巨树名木随处可见，资源丰富程度远非今人所能想象。相应地，那个时代，除局部地区外，野生动物的栖息地总体上尚未遭到毁灭性破坏，仍有广袤的林麓草泽可供它们栖生繁衍，如今被视为珍稀物种的许多野生动物，在当时还是相当常见的种类。由于南北各大区域的情况差异显著，笼统叙述多有不便，故以下继续采用南北分述的方式。

一、北方森林资源的持续减耗

如前所言，原始时代黄河中下游曾经有过相当广袤的森林，森林覆盖率可能达到 50%～60%。进入农业时代以后，尤其是经历了商周至秦汉时代的农业大扩张之后，黄河中下游众多低山丘陵、冈丘原阜的森林陆续被砍倒烧光，原来的林草地不断被垦辟为农田，兼以燃料、建筑、冶炼、棺木和制作日用器具等不断消耗大量林木，森林资源逐渐萎缩。战国时期，在原本少林的宋、齐等地区，已有“宋无长木”（墨子）、“牛山濯濯”（孟子）之类感叹。秦汉时期北方森林资源耗减的形势进一步发展，到了魏晋时期，人口密集的洛阳一带已经出现薪炭难得的情况。

当然，由于多种因素影响，黄河中游和下游的森林状况及其变化颇有差异。相比较而言，中游地区原本森林较多，但在历史进程中的变化亦更加明显，影响更加广泛而且深远。黄河中游地貌以高原、山地为主，自东往西，大致可分为森林、草原和荒漠三个地带。远古时代这里应当曾经分布有广袤森林，黄土高原东南部、豫西山地丘陵、秦岭、中条山、霍山、吕梁山以及渭河、汾河、伊洛河下游诸平原都曾森林茂密。然而秦汉以后，人口稠密的平原、盆地和都城近侧的低山丘陵地区，逐渐难见大片森林，早期古木大树密翳成荫的景象，逐渐消失在历史记忆之中。

史念海曾对黄河中游森林变迁历史进行过很系统的研究，他将中古前后两个时期，即魏晋南北朝和唐代分别归属于当地森林变迁的第二、第三个时期。他指出：尽管魏晋南北朝时期北方人口减少，农耕区域缩小，但对森林恢复并无多少帮助。由于战争破坏后城市、宫殿营造需要大量木材，一些地区如洛阳周围的森林进一步遭到了更加严重的破坏，在这个时期行将结束时，黄河中游的平原地区已经基本上没有林区可言了。[1]不过，魏晋南北朝时期各大山区的森林尚未遭到全面破坏，不少深山之中仍多茂密森林，资源耗竭没有达到明清以后的严重程度。下面在史念海的基础上，大致自西向东略予分述。

渭水上游的陇右地区向以森林茂密著称。汉代以前当地人民多居“板屋”[2]，因为那里拥有很丰富的森林资源；东汉初年来歙率军远征隗嚣，途经陇山之时

[1] 史念海对这两个时期黄河中游森林变迁的详细考论，参见史念海：《黄河流域诸河流的演变与治理》，陕西人民出版社，1999 年，第 196-208 页；史念海：《黄土高原历史地理研究》，黄河水利出版社，2001 年，第 448-478 页。

[2]《汉书》卷 28 下《地理志下》云：“天水、陇西山多林木，民以板为室屋，及安定、北地、上郡、西河皆迫近戎狄，修习战备，高上气力，以射猎为先。故秦诗曰‘在其板屋’。”颜师古注曰：“《小戎》之诗也，言襄公出征，则妇人居板屋之中而念其君子。”中华书局，1962 年，第 1644 页。

仍需“伐山开道”，即砍伐山中密林开辟行军道路[1]；东汉末年，董卓挟汉献帝西迁长安之时，仍称陇右材木丰富，有利于建造宫殿。[2]可见彼时陇右仍多森林大木，可以用于营造宫殿。中古时代陇右森林资源持续遭到破坏，但走向枯竭还有一个过程。《魏书》记载：吕苟儿、陈瞻等聚众反叛，入陇山“守蹊自固”。朝廷将帅“或谋伏兵山径，断其出入，待粮尽而攻之；或云斩除山木，纵火焚之，然后进讨”。[3]可见当地仍有大量森林。陇山东北的良原，直到唐朝李元谅前往开垦屯田之时还是一片“平林”[4]。秦汉时期，甘泉山一带曾为离宫所在，多有森林，而直到北宋太宗淳化年设立淳化县时，那里还是“山林深僻，多聚盗贼”，说明破坏也还不算严重。[5]北宋时期陇右地区的森林资源已经显著减少，但一些地方仍有巨木之利，是重要的木材采伐和供给地区。[6]

关中及其周围曾经拥有丰富的森林资源，《汉书》称“有鄠、杜竹林，南山檀柘，号称陆海”[7]。秦朝与西汉相继建都关中，对当地尤其是平原森林的破坏自然严重。不过，关中南面秦岭山区的森林仍然相当丰富，山间崖谷之中还是幽林茂盛。直到北周时期，庾信仍称赞秦岭森林茂盛，称“终南敦物，日月亏蔽；杶干栝柏，椅桐梓漆；年代蕴积，于何不有”[8]。秦岭西端的森林与渭河上游陇西地区连接成带，秦岭东端的华山则自山巅至于山下岳庙，柏木森然，绵延不绝。由于森林茂密，北魏时期华阴乃为重要木材采伐地。[9]

隋唐以后，关中周围地区森林破坏速率不断加快，平原上已无大片森林，南山之木自然就成为大量采伐的对象。虽然当时诗文仍记载南山古林幽密、杉

[1]《后汉书》卷15《来歙传》，中华书局，1965年，第587页。

[2]《后汉书》卷54《杨震传》（附《杨彪传》）载董卓曰：“关中肥饶，故秦得并吞六国。且陇右材木自出，致之甚易。又杜陵南山下有武帝故瓦陶灶数千所，并功营之，可使一朝而辨。”中华书局，1965年，第1787页。

[3]《魏书》卷58《杨播传》，中华书局，1974年，第1286页。

[4]《新唐书》卷156《李元谅传》云：“元谅节度陇右，治良原。良原隍堞湮圮，旁皆平林荐草，……元谅培高浚渊，身执苦与士卒均，榃翳榛莽，辟美田数十里。”中华书局，1975年，第4902页。

[5]（清）穆彰阿：《（嘉庆）大清一统志》卷248引《长安志》云：“黎园镇在云阳县金龟乡。淳化四年（993年），以太子中舍人黄观言此地山林深僻，多聚盗贼，遂建为淳化县，以云阳、金龟、平泉、古鼎三乡，仍析山后甘延、温丰、威远三乡属焉。”

[6]《宋史》卷266《温仲舒传》云：仲舒“知秦州。先是俗杂羌戎，有两马家、朵藏、枭波等部。唐末以来，居于渭河之南，大洛、小洛门砦多产良木，为其所据。岁调卒采伐给京师，必以赀假道于羌户。然不免攘夺，甚至杀掠，为平民患。仲舒至，部兵历按诸砦，……二砦后为内地，岁获巨木之利”。中华书局，1977年，第9182-9183页。按：洛门在今甘肃省武山县东。又《宋史》卷349《贾逵传》亦称“秦山多巨木，与夏人错壤”。

[7]《汉书》卷28下《地理志下》，中华书局，1962年，第1642页。

[8]（北周）庾信：《庾子山集》卷12《终南山义谷铭并序》，《四部丛刊》本。

[9]（北魏）郦道元：《水经注》卷4《河水四》云：“常有好事之士，故升华岳而观厥迹焉。自下庙历列柏南行十一里，东回三里至中祠。”《魏书》卷19下《安定王休传附子燮传》载元燮的上表称：“冯翊面华渭，包原泽，井浅地平，樵牧广饶，采材华阴，陆运七十，伐木龙门，顺流而下，陪削旧雉，功省力易。”

篁重绿、松柏叠翠，山麓之上和深谷之中，或林霭阴暗，或岚雾缭绕，长安东南隅曲江池水中可以看到终南山万千树木的倒影，诗人高适曾以“连潭万木影，插岸千岩幽”[1]之句描绘。直到北宋，终南山上的“长林大竹”和山下幽谷的林泉胜景仍甚受称赞，秦岭东侧的华山以及再往东的潼关、函谷关侧近山地，亦是杂木成林，饶有松柏。但是，由于隋唐定都长安，人口聚集，300 年间木材和薪炭消耗量都很大，国家设立专门机构负责采办木材薪炭，并开凿漕渠输运炭木，以供皇室和百官所需[2]；民间也有不少人以此营生，每年的林木采伐量都很大，积年累月，秦岭北坡的森林逐渐稀疏，致使盛唐以后“京师苦樵薪乏”[3]，长安城的薪炭供应越来越困难，不得不进入南山深处去采办，而朝廷对官员实行按官品配给薪炭的制度。至于建筑所需大树巨木，则需要到距离京师很远的地方去采办。唐玄宗开元时期，已有人称关中“近山无巨木，求诸岚（今山西岚县北）、胜（今内蒙古托克托西南）间”[4]。

关中以北的黄河以南地区，因为秦汉两代大举垦殖开发，森林已经渐遭破坏。但从北魏时人元夔“伐木龙门”之语可知，黄龙山东侧的龙门附近是木材采办、外运之地，当地森林资源仍当比较丰富。延州（今延安一带）城外的嘉岭山，直到北宋还是“山高木蕃，蓊然出城堞之杪”[5]。

变化最显著的是鄂尔多斯地区。十六国时期，鄂尔多斯自然环境尚未恶化，这一带依然水草丰美，尚有比较可观的林地。故公元 5 世纪初赫连勃勃还赞叹说:“美哉，临广泽而带清流，吾行地多矣，自马岭以北，大河之南，未之有也。”[6]因此，在赫连勃勃建都于此，营造统万城（今陕西靖边县无定河北岸白城子）之时，当地应该还有不少林木可供采伐。不过，正是从这个时期开始，由于附近森林遭到大举砍伐，兼以过度放牧和气候转为干冷等因素的影响，至北魏时期，当地森林植被资源萎缩和土地沙化都很严重，统万城的西南、北面和西北

[1]（唐）高适：《高常侍集》卷 5《同薛司直秋霁曲江俯见南山作》，《四库全书》本。
[2]《旧唐书》卷 44《职官志》记载：将作监所属有百工、就谷、库谷、斜谷、太阴、伊阳等监，“掌采伐材木”。其本注称：百工监在陈仓，就谷监在王屋，库谷监在户县，太阴监在陆浑，伊阳监在伊阳，皆是出产木材之地，而以南山最为重要。又，《新唐书》卷 37《地理志》云：“（长安京兆府）尹韩朝宗引渭水人金光门，置潭于西市，以贮材木。”
[3]《新唐书》卷 145《黎干传》，中华书局，1975 年，第 4721 页。
[4]《新唐书》卷 167《裴延龄传》，中华书局，1975 年，第 5107 页。
[5]（宋）沈括：《长兴集》卷 10《延安重修嘉岭英烈王庙碑记》，《四库全书》本。
[6]（唐）李吉甫撰，贺次君点校：《元和郡县图志》卷 4《夏州》，中华书局，1983 年，第 100 页。赫连勃勃营建统万城事，见《晋书》卷 130《赫连勃勃载记》。

面都已经出现了沙丘[1]；经历若干世纪的变迁之后，统万城最终亦被沙丘覆盖。

黄河以北的阴山、大青山地区，自汉代至北朝前期，更是保有广大森林。西汉时期，郎中侯应曾称："周秦以来，匈奴暴桀，寇侵边境，汉兴，尤被其害。臣闻北边塞至辽东，外有阴山，东西千余里，草木茂盛，多禽兽，本冒顿单于依阻其中，治作弓矢，来出为寇，是其苑囿也。"[2]北魏初期，魏主为了修建广德殿行宫曾在阴山大量伐木取材；后来魏军为反击大夏国赫连昌的进攻，遣人"就阴山伐木，大造攻具"[3]。但由于不断砍伐，北魏后期有些地方已经变成"童阜"[4]。

这个时期，河东（大体上是今山西）的吕梁山等仍为森林资源丰富地区。虽然北朝至唐代这里都是木材采伐要地，但直到北宋时期仍有许多森林，松林、柏木资源尤其丰富。乐史《太平寰宇记》记载：岚州（今岚县）土产有松柏木，石州（今吕梁市离石区）有松木，岢岚军（今岢岚县）土产有松柏木。[5]北宋时期，吕梁山及其以东地区包括太原府、晋州、汾州等地森林资源和伐木经营由朝廷直接控制，是最重要的木材采办地区之一。这些情况反映出宋代以前的魏晋南北朝隋唐时代，当地必是森林茂密，资源丰富。今山西南部中条、析城、太岳诸山，历史上亦曾有过丰富的森林资源，北魏以后文献时有记载。例如，今永济市南中条山的支峰就多生翠柏[6]；今垣曲县北的另一支峰上亦多有翠柏、青松[7]；沁河所流经的析城山间则有不少小竹细笋。[8]

渡黄河而南，由华山往东，过崤山，旧函谷关附近仍多有茂松丛柏，邙山、首阳山上更是松林茂盛，当地嘉树美林在魏晋诗文中多有记咏。例如，关于北邙山森林，西晋张协《登北芒赋》云："前瞻狼山，却窥大岯，东眺虎牢，西睨

[1] 王尚义、董靖保：《统万城的兴废与毛乌素沙地之变迁》，《地理研究》2001年第3期，第347-353页。

[2]《汉书》卷94下《匈奴传下》，中华书局，1962年，第3803页。

[3]《魏书》卷4上《世祖纪上》，中华书局，1974年，第72页。

[4] 郦道元称自己曾在太和十八年（494年）随魏孝文帝北巡，到达阴山讲武堂，发现广德殿所在的地方"自台西出，南上山，山无树木，惟童阜耳"。见陈桥驿：《水经注校证》卷3《河水三》，中华书局，2007年，第79页。

[5]（宋）乐史：《太平寰宇记》卷41《岚州》，中华书局，2007年，第873页；卷42《石州》；卷50《岢岚军》，中华书局，2007年，第1054页。

[6] 陈桥驿：《水经注校证》卷6《涑水》云："（兴泽）南对盐道山。其西则石壁千寻，东则磻溪万仞，方岭云回，奇峰霞举，孤标秀出，罩络群山之表，翠柏荫峰，清泉灌顶。"中华书局，2007年，第171页。按：盐道山是中条山支峰之一。

[7]《水经注校证》卷4《河水四》："其水南流，历鼓钟上峡，悬洪五丈，飞流注壑，夹岸深高，壁立直上，轻崖秀举，百有余丈。峰次青松，岩悬赪石，于中历落，有翠柏生焉，丹青绮分，望若图绣矣"。中华书局，2007年，第118页。按：其泉水、瀑布反映水资源极其丰富，亦是植被良好之征。

[8] 陈桥驿：《水经注校证》卷9《沁水》："沁水又南五十余里。沿流上下，步径裁通，小竹细笋，被于山渚，蒙笼茂密，奇为翳荟也"。中华书局，2007年，第229页。

熊耳，邪亘天际，傍极万里。莽眩眼以芒昧，谅群形之维纪。尔乃地势窊隆，邱墟陂陁，坟陇崐迭，棋布星罗，松林掺映以攒列，玄木搜寥而振柯”[1]；关于首阳山，魏晋名士阮籍有诗云：“步出上东门，北望首阳岑，下有采薇士，上有嘉树林”[2]；又有赋称：“仰首以广俯兮，瞻首阳之冈岑；树丛茂以倾倚兮，纷萧爽而扬音。”[3]这些文学化的记颂自当需要注意辨别，但它们都反映了时人对这些山地森林面貌的一般印象。一些质朴、纪实性的文献偶尔也谈到当地山林，例如，盛弘之《荆州记》说：“南郑修县北有熊耳山，山东西各一峰傍竦，南北望之若熊耳。上多漆，下多棕。浮豪之水出焉，西流注于洛。又案山书谓此山上有青丹之树，得而服之成仙”；《西京杂记》曰：“叶似江蓠而红绿色，又有丹青，树叶一青一赤，望之如绣，长安谓之丹青树是也。”[4]

但自东汉以降，多个朝代建都洛阳，周围地区森林消耗自然不小。及至北魏时期重新营建洛阳城，所需大型木材已经不能从附近诸山获得，不得不远求诸西河郡的吕梁山。[5]隋唐两代，洛阳为东都，宫室宏伟，人口聚居，比拟长安，建筑和其他方面的木材消耗更加巨大。为了控制周围地区的森林资源，唐代于陆浑、伊阳两县各置监司，专管采伐材木，二县皆在今河南省嵩县境内，嵩山上的森林自然是首先被采伐的对象，其附近的熊耳山、外方山、崤山等山的森林恐怕亦不能幸免。不过，唐人诗文仍多称赞这个地区的松林竹树，可见豫西山地森林资源遭到毁灭性破坏还是北宋以后的事情。

黄河下游山地较少，因为缺少记载，胶东丘陵的情况不可确知，但其他山地的森林偶有记载。例如，《荆州图副》称：“桐柏山，《禹贡》所谓导淮自桐柏者也。其山则云峰秀峙，林惟椅柏，潜润吐霤，伏流数里”[6]。泰山地位特殊，森林资源可能受到一定保护，故中古史书记载山上还有不少巨型大木。《泰山记》称“泰山庙在山南，悉种柏树千株，大者十五六围。父老传云：汉武所种”[7]。至于广大平原之上，一向蒿莱遍布、灌林丛生而少有乔木，经过长期采伐，中古文献中所见之杂木树林，大抵多为人工种植。

---

[1]（唐）王建：《北邙行》的序文引，收入（宋）郭茂倩辑：《乐府诗集》卷 94，中华书局，1979 年。
[2]（三国）阮籍：《咏怀诗》，收入《文选》卷 23，上海古籍出版社，1986 年，第 1072 页。
[3]（三国）阮籍：《首阳山赋》，收入《汉魏六朝百三家集》卷 34，《四库全书》本。
[4]（宋）李昉编：《太平御览》卷 42《地部》七引，中华书局，1960 年影印宋本，第 199-120 页。
[5]《周书》卷 18《王罴传》曰：“京洛材木，尽出西河（案：指西河郡），朝贵营第宅者，皆有求假。”中华书局，1971 年，第 291 页。
[6]（宋）李昉编：《太平御览》卷 43《地部八》，《桐柏山》，中华书局，1960 年影印宋本，第 206 页。
[7]（宋）李昉编：《太平御览》卷 39《地部四》引，中华书局，1960 年影印宋本，第 188 页。

值得一提的是，古代黄河中下游地区曾经拥有比较可观的竹林，主要分布于水源较丰富的平原和山前地带，有若干个成片的竹林分布区：其一在关中的泾渭洛河流域，以渭河南岸的“鄠杜竹林”为中心；其二在太行山南麓今山西南部、河北西南部和河南西北部，“淇园之竹”或“淇奥之竹”早就闻名天下。魏晋至隋唐时期，这两个地区的竹林尚称可观。

关中及其以西的陇右地区古时颇饶竹产，为史籍称许。《诗经·秦风·小戎》称渭河上游“竹闭绲滕”；《山海经》载六盘山上多竹；《史记·货殖列传》称拥有“渭川千亩竹”，财富可与千户侯等；《汉书·地理志》的“陆海”之说更说明当地竹林广大，可与南山森林相接。汉代以下，不少朝代曾设置专门机构管理当地竹林，采伐竹材以满足国家各种需要。汉代设立司竹长丞，晋代亦设竹园，《晋书·地道记》称：“司竹都尉治鄠县，其园周百里，以供国用。”后来还有多个王朝曾在此专门设立司竹都尉一职[1]。唐代渭、泾、洛河流域竹林仍称丰富，颇为时人所称，朝廷亦设司竹监加以管理，取其材用。《元和郡县图志》称：唐代那里的司竹园“周回百里”[2]。关于司竹监的职位设置和管理职能，《唐六典》曾专门做过说明，其中记载：

司竹监：监一人，正七品下（小字注：汉官有司竹长、丞，魏晋河内淇园竹各置司守之官，江左省。后魏有司竹都尉，北齐、后周并阙。隋有司竹监及丞，皇朝因之，今在京兆鄠、盩厔，怀州河内县。）副监一人，正八品下，丞二人，从八品上。司竹监掌植养园竹之事，副监为之贰。凡宫掖及百司所需帘、笼、筐篋之属，命工人择其材干以供之，其笋则以时供尚食，岁终以竹功之多少为之考课。丞掌判监事。[3]

当地因为竹林广大茂密，曾经被当作秘密屯兵之地。隋朝末年，李渊第三女平阳公主举兵司竹园，号为“娘子军”[4]；竹林之中栖息着不少大型动物，

[1]（宋）宋敏求：《长安志》卷 18 引，此据《四库全书》本。按：曾有多个朝代在此设置“司竹都尉”，但传本《晋书》并未记载，未知宋氏所据是哪部《晋书》。
[2]（唐）李吉甫撰，贺次君点校：《元和郡县图志》卷 2《关内道二》，《京兆府》，中华书局，1983 年，第 31 页。
[3]（唐）李林甫等撰，陈仲夫点校：《唐六典》卷 19《司农寺》，中华书局，1992 年，第 529 页。
[4]（唐）李吉甫撰，贺次君点校：《元和郡县图志》卷 2《关内道二》，《京兆府》，中华书局，1983 年，第 32 页。

唐人称“竹园村巷鹿成群”[1]；直到北宋，苏轼仍称当地“官竹园十数里不绝”“近官竹园往往有虎”，行人经过需要护送。[2]

山西南部中条山一带，自古颇饶竹产，自司马迁开始不断有人提及，而冀西南和豫西北的卫河、漳河一带，特别是淇水流域，竹林资源更是相当丰富，淇园之竹久负盛名，《诗经·卫风·淇奥》已称淇奥“绿竹猗猗”“绿竹青青”“绿竹如箦”。汉武帝时，黄河溃决于瓠子口，朝廷大量采伐淇园之竹堵塞决口[3]；东汉初年，寇恂采伐当地竹子制箭百万竿[4]；魏晋时期，左思仍称“南瞻淇澳，则绿竹纯茂”[5]，曹魏政府曾经设立专门机构加以管理。但是到了北魏时期，郦道元《水经注》竟称“今通望淇川，无复此物（指竹林）”。[6]可见破坏已经很严重。不过，这个地区的竹林在后代仍然不断见于文献记载，颇受文人称道。除淇水沿岸之外，在今河南辉县、山阳县、山西阳城县等地也都有不少竹子。综合各种文献记载判断：今晋南、豫西北和冀西南地区，曾是古代黄河中下游最大的集中成片的竹林分布区。

总体上说，魏晋至隋唐时期，黄河中下游天然林区持续萎缩，森林资源不断耗减。到了中古末叶，平原地区已经很少成片森林分布，距离都城较远的各大山区则仍有不少森林，是当时北方社会所依赖的主要林木资源。由于采伐和消耗量都在不断增大，山区森林面积亦处于不断缩小过程之中，距离都市较近和易于采伐的森林相继消失，而由于山林渐远，社会经济生产和物质生活多个方面都受到影响。下面对中古森林资源耗减的社会应对方式及其生态后果略作讨论。

首先看社会层面。由于森林资源不断减耗，中古时代北方特别是城市和平原地区的薪炭需求矛盾和各种用材短缺问题都逐渐显现，而国家和社会不得不采取一些应对方法。从当时的文献中，我们看到了下面几个情况：

---

[1]（唐）卢纶：《早春归盩厔旧居却寄耿拾遗湋李校书端》，收入《全唐诗》卷 278，中华书局，1960 年，第 3156 页。

[2]（宋）苏轼，（宋）王十朋纂集：《东坡诗集注》卷 1《纪行》，《壬寅二月，有诏令郡吏分往属县减决囚禁。自十三日受命出府，至宝鸡、虢、郿、盩厔四县，既毕事，因朝谒太平宫，而宿于南溪溪堂，遂并南山而西，至楼观、大秦寺、延生观、仙游潭，十九日乃归。作诗五百言以记，凡所经历者寄子由》诗，“近山牟麦秀，临水竹篁修”和“冒晓穷幽邃，操戈畏炳彪”二句之下作者自注。按：本书引用古人诗文集，凡未特别注明版本者，均据《四库全书》本。

[3]《史记》卷 29《河渠书》云：武帝“令群臣从官自将军以下皆负薪置决河。是时东郡烧草，以故薪柴少，而下淇园之竹以为楗”。中华书局，1959 年，第 1413 页。

[4]《后汉书》卷 16《寇恂传》，中华书局，1965 年，第 621 页。

[5]（西晋）左思：《魏都赋》，收入《文选》卷 6，上海古籍出版社，1986 年，第 266 页。

[6] 无名氏撰，（北魏）郦道元注，（民国）杨守敬、熊会贞疏，段熙仲点校，陈桥驿复校：《水经注疏》（上册）卷 9《淇水》，江苏古籍出版社，1989 年，第 856 页。

其一，由于林木缺乏，国家和官员督促和鼓励百姓植树的事情愈来愈多见。较早的一个记载是曹魏时期担任山阳、魏郡太守的郑浑，他“以郡下百姓苦乏材木，乃课树榆为篱，并益树五果。榆皆成藩，五果丰实。入魏郡界，村落齐整如一，民得财足用饶”。[1]这或许还只是地方官员的个人行为。苻秦时期，宰相王猛倡导“自长安至于诸州，皆夹路树槐柳”，则显然属于一个朝廷行为，民谣以“长安大街，夹树杨槐。下走朱轮，上有鸾栖……”歌咏其事[2]。当然，国家鼓励种植“行道树”是早已有之的政策。不过，此时政府官员督促百姓种树或组织栽种行道树，已经成为受到社会赞誉和朝廷褒奖的重要政绩。北周时期，韦孝宽因为种行道树而受到表彰，皇帝还特别要求诸州仿效他的做法，在各地大道两傍种植槐树等。[3]由政府官员主持的有限植树活动，显然并不能扭转森林资源走向匮乏的总趋势。特别值得注意的是，自北魏开始实行“均田制”，历代都明确规定受田者必须拿出部分土地种植规定数量的桑树、枣树以及榆树等杂木，这些土地通常成为受田家庭的永业（详见关于均田制的讨论），这就是一种要求普遍种树的国家制度规定了。

其二，由于森林资源减少，一些地区逐渐发生了燃料供给困难。魏晋时期，洛阳城的木炭供应已经非常紧张，连达官贵人之家都不能得到好炭，所以发生了一些与炭有关的趣事。《语林》称：“洛下少林，木炭止如粟状，羊琇骄豪，乃捣小炭为屑，以物和之作兽形。后何召之徒共集，乃以温酒。火热，猛兽皆开口向人，赫赫然。诸豪相矜，皆服而效之。”[4]在著名的石崇与王恺斗富的故事中，两家还拼过“好炭”。正是在这种背景下，素擅发明奇巧事物的杜预曾经创制一种“平底釜”，认为可以节省薪火，虽然受到了同僚诘难，但他产生这个企图，说明当时洛阳一带的燃料紧缺问题已是非同小可。[5]因为林木薪材不足供用，北魏时期，东部平原地区不仅作物秸秆和杂草都成了燃料，连牛粪也成了炭的替代品。[6]及至唐代，像长安这类人口众多的大都市，燃料问题更加突出。有学者认为：“从低估算”，唐代长安“年耗薪柴 40 万吨左右”。光是皇室

[1]《三国志》卷 16《魏书·郑浑传》，中华书局，1959 年，第 511-512 页。

[2]《晋书》卷 113《苻坚载记上》，中华书局，1974 年，第 2895 页。

[3] 事见《周书》卷 31《韦孝宽传》，中华书局，1971 年，第 538 页。

[4]《语林》不知何人作品，兹据《太平御览》卷 871《火部》四引，中华书局，1960 年影印宋本，第 3861 页。

[5]（宋）李昉编：《太平御览》卷 757《器物部》三引《晋诸公赞》曰：“尚书杜预欲为平底釜，谓于薪火为省”，中华书局，1960 年影印宋本，第 3359 页。

[6]《齐民要术》卷 8《作酱等法》第七十载：“取干牛屎圆累，令中央空，燃之不烟，势类好炭。若能多收，常用作食，既无灰尘，又不失火，胜于草远矣。”

和京官及其家属，每年就要消耗 7 万吨左右。[1]为了解决燃料供给问题，唐朝专门负责采办薪刍的钩盾署，每年都要从市场上“和市”木橦 16 万根；又从京兆府及岐、陇二州募丁 7 000 人专事伐薪，每人每年各输木橦 80 根，合计 56 万根，加上从市场购买，总计 72 万根。[2]中唐以后，由于薪炭供应更趋紧张，朝廷又另外设置了“木炭使”，由高官兼领其职，并且一再凿修通往南山谷口的运薪漕渠，目的均是加强薪炭供应。[3]由于林木薪炭不足，唐代已经制定按照官员品级高低配给木炭的制度，自亲王以下至于九品官，除供给各种食料之外，还提供数量不等的木橦和炭，例如，亲王每日配给“木橦十根，炭十斤”[4]。随着这一形势继续发展，石炭（即煤）在一些地方逐渐成为重要燃料，唐代文献不断提到用煤的情况。[5]及至北宋时期，煤炭已经成为汴梁城市居民的主要燃料[6]，有的学者甚至指出：北宋时期北方地区已经发生所谓“燃料革命”[7]。如果此说成立，则唐宋之际北方地区由于森林不断走向匮乏这个环境资源问题，引起了社会经济领域的一场具有革命性意义的重大变化。

其三，可能更具实际意义的是《齐民要术》关于林木种植和经营的详细论述，它表明：北魏时期，黄河下游地区由于缺少树木，种植树木成为士庶家庭经济生产的一个重要组成部分，木材和薪柴买卖是相当重要的家庭营生，甚至关乎终身大计。该书卷五的内容是专门讨论种树，提出了一大套经营策略。其中栽桑主要为了养蚕，亦兼采葚（晒干或作酱食用），但桑树也能提供用途多样的木材。其余经常栽种的树种，有柘、榆、白杨、棠、穀楮、漆、槐、柳、楸、梓、梧、柞、竹等。贾思勰特别指出：“男女初生，各与小树二十株，比至嫁娶，悉任车毂。一树三具，一具直绢三匹，成绢一百八十匹，聘财资遣，粗得充事。”

[1] 龚胜生：《唐长安城薪炭供销的初步研究》，《中国历史地理论丛》1991 年第 3 辑，第 137-153 页。
[2]（唐）李林甫等撰，陈仲夫点校：《唐六典》卷 19《司农寺・钩盾署》，中华书局，1992 年，第 527 页。
[3]（宋）王溥：《唐会要》卷 66《木炭使》；《旧唐书》卷 11《代宗纪》；《新唐书》卷 145《黎干传》等。
[4]（唐）李林甫等撰，陈仲夫点校：《唐六典》卷 4《礼部・膳部郎中》，中华书局，1992 年，第 128 页。
[5] 例如，《隋书》卷 69《王劭传》称：“温酒及炙肉用石炭、柴火、竹火、草火、麻黄火，气味不同。”日本僧人圆仁《入唐求法巡礼行记》卷 3 记载：“（自太原）出城西门，向西行三四里到石山，名为晋山，遍山有石炭。远近诸州人尽来取烧，修理饭食，极有火势。”
[6]（宋）庄季裕《鸡肋编》中卷云：“……汴都数百万家尽仰石炭，无一家燃薪者。”
[7] 关于“燃料革命”及其争论，可参见［美］罗伯特・哈特威尔：《北宋时期中国铁煤工业的革命》，《中国史研究动态》1981 年第 5 期，第 15-19 页；［日］宫崎市定：《宋代的煤与铁》，收入［日］宫崎市定著，中国科学院历史研究所翻译组：《宫崎市定论文选集》（上卷），商务印书馆，1963 年，第 177-199 页；许惠民：《北宋时期煤炭的开发利用》，《中国史研究》1987 年第 2 期；王星光、柴国生：《中国古代生物质能源的类型和利用略论》，《自然科学史研究》2010 年第 4 期，第 421-436 页；王星光、柴国生的另一篇文章，《宋代传统燃料危机质疑》，《中国史研究》2013 年第 4 期，第 139-156 页。

他主张：种树尽量不与粮争地，所以主要选择那些“不得五谷”“五谷不殖”亦即不能种植粮食作物之处。由于各种树木物性不一、高下燥湿各有所宜，所以栽植不同树种要根据其物性之宜，选择不同的地点和土质。例如，柳树宜种于“下田停水之处”，其柳种于“山涧河旁及下田”，柞“宜于山阜之曲”，榆及白榆种于“白土薄地”并且“种者宜于园地北畔”。“楮宜涧谷间种之，地欲极良。”竹则“宜高平之地。近山阜尤是所宜，下田得水则死。黄白软土为良”。[1]关于种树的整地和苗木培育、繁殖与管理，都有较系统的经验技术介绍，例如，苗木繁育有播种、插条、压条、分株（根）等多种方法，根据不同地宜和树宜，分别采用不同的方法，例如，楮、柞、榆、槐、梓、青桐等采用播种法，柳树采用插条法，白杨采用压条法，竹、楸、白桐等则采用分株、分根法等。即使采用同一类方法，亦因时、因地和物宜不同，有各种不同的具体做法。该书明示：当时农家林木经营是以获得木材为主，伐薪取柴为次，但并不仅限于以上两者。摘取树叶、果实、根茎以供食用（如榆树、槐树、花椒树和竹子等），剥取树皮纤维造纸（如构树、楮树等），刈取枝条编织器物（如杨树、柳树等）和种树取涂料（如漆树），都是重要经济目的，当然有时也为了观赏。

该书关于树木经营效益的计算很值得注意。其中谈到：榆树“三年春，可将荚、叶卖之。五年之后，便堪作椽，不梜者，即可斫卖，梜者碹作独乐及盏。十年之后，魁、碗、瓶、榼，器皿，无所不任。十五年后，中为车毂及蒲桃缸。”贾思勰在自注中称：按照当时市价，每根榆椽值 10 文，独乐（陀螺）与盏每个可取 3 文，魁值 20 文、碗值 7 文、瓶与榼皆可市取 100 文，每具车毂值绢 3 匹，每口蒲桃缸值 300 文，榆树旁枝亦可作为柴薪出卖。一顷榆树大概获利近 30 贯。[2]种植白杨的经济效益也很可观：如果每亩地种植白杨 4 320 株，“三年中为蚕槌，五年，任为屋椽，十年，堪为栋梁。以蚕槌为率，一根五钱，一亩岁收二万一千六百文。岁种三十亩，三年九十亩，一年卖三十亩，得钱六十四万八千文。周而复始，永世无穷。比之农夫，劳逸万倍。去山远者，实宜多种，千根以上，所求必备”。杨柳树“虽微脆”，但生长三年作屋椽“亦堪足事”“一亩二千一百六十根，三十亩六万四千八百根。根直八钱，合收钱五十一万八千四百文。百树得柴一载，载直一百文，柴合收钱六万四千八百文，都合收钱五

[1] 以上所引，均据缪启愉：《齐民要术校释》，中国农业出版社，1998 年。
[2] 缪启愉：《齐民要术校释》卷 5《种榆、白杨第四十六》，中国农业出版社，1998 年，第 341-342 页。

十八万三千二百文。岁种三十亩，三年种九十亩；岁卖三十亩，终岁无穷”。栽种箕柳则可以取其枝条编簸箕，“五条一钱，一亩岁收万钱。”栽种楸树，“方两步一根，两亩一行，一行百二十树，五行合六百树。十年之后，一树千钱，柴在外。车板、盘合、乐器，任在任用，以为棺材，胜于柏松”。我们不知道贾思勰的上述说法有多少夸饰成分，但至少在一定程度上反映了当时黄河下游林木紧缺的形势，以及农民为了解决这一问题而做出的努力。总而言之，植树造林在这一时期已受到农家前所未有的重视，成了农家生产经营的一个重要项目，有关技术经验已经相当丰富，这一发展在古代农业史和环境史上都具有重要意义。

森林资源不断耗减的环境生态后果是十分严重的，有些在当时就已显现，有的则是在后代才不断显著。最严重的是，山区资源不断消耗，造成黄河中游高原、山地植被覆盖率持续下降，不仅推动本地，而且连带黄河下游地区的生态环境都发生了负向性变迁。

一是再度加剧了黄土高原的水土流失。我们一再指出：黄土高原土层深厚，土质疏松，而降水属于暴雨型，集中在夏秋之交，表土极易遭受侵蚀。一旦森林草地遭到严重破坏，夏秋暴雨直接冲刷表土，必定造成泥沙俱下，造成脆弱的黄土高原不断被流水切割得支离破碎，表层肥沃的土壤大量流失，导致土地贫瘠化。

二是造成华北平原生态巨变。由于大小河川携带巨量泥沙奔逸而下，在低平的华北平原，水流平缓，泥沙沉积，河床不断抬高，黄河逐渐形成了“地上河”局面。当汛期洪水来临之际，黄河动辄决溢、泛滥乃至改道，给两岸人民带来灭顶之灾。又因河水不断决溢，平原地面不断被泥沙堆积，大小湖沼则被淤填堙废，水源潴蓄和洪水调控能力都不断下降，地表水资源因之渐趋匮乏。故此，宋代以后，一方面是黄河等大小河流洪涝灾害日趋频繁，另一方面是旱灾频仍，往往赤地千里。

三是进一步加速西北地区沙漠扩张的进程。黄土高原西北面临沙漠，历史上的沙漠区域范围远比后代要小。在经历东汉以后的一个“由农转牧”过程之后，隋唐时代农耕区域再度向西北方向推进，林草地重新被垦辟为耕地，更加上森林不断遭到砍伐，阻挡沙漠向东南方向扩张的自然屏障逐渐被人为清除，助长了沙漠扩张气势。由于这些原因，隋、唐、宋、元时期，黄土高原边缘地带的沙漠化远比前一历史时代严重。有些地区（如鄂尔多斯南部统万城一带）

在魏晋北朝初期还是水草丰美，后来不断被沙漠吞噬了；暂未成为沙漠的地方亦愈来愈贫瘠。

四是引发动植物生命系统发生一系列负面改变。其中最立竿见影的可能是野生动物的变化。森林草地是野生动物的栖息地，任何一个区域的森林破坏，都必然导致该区域野生动物种类、种群数量及其分布朝着不良方向变迁。这一问题，下节将有专论。

二、南方森林资源与植被景观

中古时代，广大南方的森林植被则完全是另外一番景象。一则由于气候暖湿，植物种类远较北方丰富而且生长更加旺盛，二则由于早期资源开发和经济发展进程与北方相比明显迟缓，直到六朝时期，大部分丘陵山区还是森林密翳，处处可见幽篁古树、深林巨木。迄止唐末，长江以南还有不少地区杳无人迹，森林植被仍然保持着原始状态。

江浙特别是浙东一带的丘陵和平原，是资源开发早而经济发展水平亦较高的地区，而据谢灵运《山居赋》以及同时代其他文献记载，南朝时期这里仍保持着很高的森林覆盖率。谢氏使用“竹缘浦以被绿，石照涧而映红。月隐山而成阴，木鸣柯以起风”“修竹葳蕤以翳荟，灌木森沉以蒙茂。萝曼延以攀援，花芬熏而媚秀”之类语句描绘当地林、竹之盛，竹子和树木种类繁多，“其竹则二箭殊叶，四苦齐味。水石别谷，巨细各汇。既修竦而便娟，亦萧森而蓊蔚。露夕沾而凄阴，风朝振而清气。捎玄云以拂杪，临碧潭而挺翠。蔑上林与淇澳，验东南之所遗。企山阳之游践，迟鸾鹥之栖托。忆昆园之悲调，慨伶伦之哀钥。卫女行而思归咏，楚客放而防露作”“其木则松柏檀栎，□□桐榆。檿柘谷栋，楸梓柽樗。刚柔性异，贞脆质殊。卑高沃脊，各随所如。干合抱以隐岑，杪千仞而排虚。凌冈上而乔竦，荫涧下而扶疏。沿长谷以倾柯，攒积石以插衢。华映水而增光，气结风而回敷。当严劲而葱倩，承和煦而芬腴。送坠叶于秋晏，迟含萼于春初。”[1]森林之茂盛由此可以推知。直到唐代，在崔尚笔下，浙东天台地区依然是一派典型的南方山区森林生态景观，“连山峨峨，四野皆碧；茂树

[1]《宋书》卷67《谢灵运传》，中华书局，1974年，第1758-1762页。

郁郁，四时恒青”，山上“石梁翠屏可倚也，琪树珠条可攀也。仙花灵草，春秋互发；幽鸟清猿，晨暮合响，信足赏也”[1]。

唐朝前期，江南农业经济持续发展，平原和丘陵地区的森林逐渐减少，但山区人口依然稀少，只有少量从事樵猎活动的土著山民。中唐以后，情况变化明显，随着区域经济取得了更加显著的发展，人口愈益稠密，无地或少地的农民逐渐进入山地垦辟茶园，或修造梯田，“梯山而耕”，农业生产逐渐向山地发展。在这种情况下，丘陵和近山原始森林不断减少，人工种植的橘林、桑林、桂林、梅林、茶园，以及半人工、半天然的竹林和枫林等，则逐渐更多地出现于文献记载。也就是说，人工种植林逐渐替代了原始森林。

更值得注意的是，在局部地区，某些原本非常丰富的特种植物资源，由于特殊产业发展所造成的持续消耗开始变得匮乏。例如，浙东剡溪一带的剡藤走向枯竭，就是因为人们大量采之以造纸。唐代浙东是最重要的纸张产地，剡纸则是最著名的上等纸品，故唐人李肇《国史补》卷下记载各种纸品，首提越之“剡藤”“苔笺”。诗人顾况《剡纸歌》曾赞称：

> 云门路上山阴雪，中有玉人持玉节。宛委山里禹余粮，石中黄子黄金屑。剡溪剡纸生剡藤，喷水捣后为蕉叶。欲写金人金口经，寄与山阴山里僧。手把山中紫罗笔，思量点画龙蛇出。政是垂头蹋翼时，不免向君求此物。[2]

然而，随着纸张需求量不断增长，剡藤被过度地采伐，导致其“绝尽生意”，这让唐人舒元舆十分悲叹，他曾专门撰文述说其事。因舒氏所悲之事甚具历史生态标志性意义，兹特予以详录如下：

> 剡溪上绵四五百里，多古藤，株桥逼土。虽春入土脉，他植发活，独古藤气候不觉，绝尽生意。予以为本乎地者，春到必动，此藤亦本于地，方春且有死色，遂问溪上人。有道者云：“溪中多纸工，刀斧斩伐无时，擘剥皮肌，以给其业。”噫！藤虽植物者，温而荣，寒而枯，养而生，残而死，亦将似有命于天

[1]（唐）崔尚：《唐天台山新桐柏观之颂并序》，收入《唐文粹》卷 21，《四库全书》本。

[2]（唐）顾况：《剡纸歌》，收入《全唐诗》卷 265，中华书局，1960 年，第 2950 页。又见（宋）高似孙：《剡录》卷 7《剡藤》。

地间。今为纸工斩伐，不得发生，是天地气力为人中伤，致一物疾疠之若此。异日过数十百郡，洎东雒、西雍，历见书文者皆以剡纸相夸，予寤曩见剡藤之死，职止由此，此过固不在纸工。且今九牧士人，自专言能见文章户牖者，其数与麻、竹相多，听其语，其自安重，皆不啻握骊龙珠。虽苟有晓寤者，其伦甚寡不胜众者，亦皆敛手无语；胜众者果自谓天之文章归我，遂轻傲圣人道，使《周南》《召南》风骨，折入于《折杨》《皇华》中，言偃卜、子夏文学，陷入于淫靡放荡中，比肩握管，动盈数千百人，数千百人笔下，动行数千万言，不知其为谬误，日日以纵，自然残藤命易甚，桑叶波波颓沓，未见止息。如此则绮文妄言辈谁非书剡纸者耶？纸工嗜利，晓夜斩藤以鬻之，虽举天下为剡溪，犹不足以给，况一剡溪者耶？以此恐后之日不复有藤生于剡矣！大抵人间费用，苟得著其理，则不枉之道在，则暴耗之过莫由横及于物。物之资人，亦有其时，时其斩伐，不为夭阏。予谓今之错为文者，皆夭阏剡溪藤之流也。藤生有涯，而错为文者无涯，无涯之损物，不直于剡藤而已。予所以取剡藤以寄其悲。[1]

舒元舆批评当时许多文人绮文妄语，以剡纸相夸，靡费纸张，社会上纸张消费量不断增大，嗜利之纸工则大量斩伐剡藤造纸，终致剡藤资源耗竭。这一事实反映了特种植物资源的有限性，并非取之不尽、用之不竭。事实上，正是由于此类资源逐渐耗竭，尔后南方造纸不得不大量采伐资源更加丰富的竹子作原料。[2]

与江浙邻近的今江西省境内，土地和森林资源开发也比较早。但赣北、赣南差别颇大。直到北宋之前，经济发展一直以赣北为主。中古时代，即使是在经济相当发达的江州（今九江）一带，森林资源仍然丰富，文献记载颇多。例如，关于庐山上的松林，晋代周景式《庐山志》云："石门北岩即松林也。南临石门涧，涧中仰视之，离离如骈麈尾，号麈尾松（引按：应即今马尾松）。"而其"西岭异然如马鬣，又叶五粒者名五粒松，服之长生"[3]。唐人有许多诗文反映当地拥有丰富森林资源的事实。贞元二年（786 年）春，江州刺史韦应物

[1] 据（宋）姚铉编：《唐文粹》卷 33 下引，《四部丛刊》本，并据《四库全书》校订。按：该文（宋）施宿等撰：《会稽志》卷 17，（宋）苏易简：《文房四谱》卷 4《纸谱》，（宋）朱长文：《墨池编》卷 6 等俱予收录，题名和正文文字颇有异同。舒元舆（791—835 年），字升远，浙江婺州东阳人，唐元和八年（813 年）进士。

[2] 关于这一变化及其环境史意义，参见王利华：《人竹共生的环境与文明》，生活·读书·新知三联书店，2013 年，第 251-284 页。

[3] 据《艺文类聚》卷 88（上海古籍出版社，1965 年，第 1512 页）和《太平御览》卷 953（中华书局，1960 年影印宋本，第 4232 页）引。

巡省属邑之后，从蒲塘驿返回湓城，途中所赋诗中就提到："浔阳山水多，草木俱纷衍。崎岖缘碧涧，苍翠践苔藓。高树夹潺湲，崩石横阴巘。野杏依寒拆，余云冒岚浅"[1]；他还有诗描写春季雨后山行的见闻，称所经之地"深林猿声冷，沮洳虎迹新""杂花积如雾，百卉萋已陈。"可能亦指这一带的情况。[2]曾任江州司马并在那里生活了多年的白居易，有颇多关于当地自然风物的记咏，其《浔阳三题》分别咏诵庐山桂、湓浦竹和东林寺白莲，其序文称："庐山多桂树，湓浦多修竹，东林寺有白莲华，皆植物之贞劲秀异者，虽宫囿省寺中，未必能尽有。夫物以多为贱，故南方人不贵重之。至有蒸爨其桂，剪弃其竹，白眼于莲花者。予惜其不生于北土也。"[3]当地竹林广袤，资源丰富，让乐天居士印象尤其深刻。他感叹湓浦一带遍地修竹，资源极其丰富，却被人们轻贱对待，其诗云：

浔阳十月天，天气仍温燠。有霜不杀卉，有风不落木。
玄冥气力薄，卉木冬犹绿。谁肯湓浦头，回眼看修竹。
其有顾盼者，持刀斩且束。剖劈青琅玕，家家盖墙屋。
吾闻汾晋间，竹少重如玉。胡为取轻贱，生此西江曲！[4]

由于竹林非常广袤，竹笋乃是当地最重要的当家蔬菜之一，价格非常便宜。他说：

此州乃竹乡，春笋满山谷。山夫折盈抱，抱来早市鬻。
物以多为贱，双钱易一束。置之炊甑中，与饭同时熟。
紫箨拆故锦，素肌擘新玉。每日遂加餐，经旬不思肉。
久为京洛客，此味常不足。且食勿踟蹰，南风吹作竹。[5]

事实上，在他那个时代，不但江州乃是竹乡，江西各地都有极其丰富的竹林资源；亦不独江西为然，秦岭—淮河以南地区到处都是竹林广大，浩瀚如海。

[1]（唐）韦应物：《自蒲塘驿回驾经历山水》，收入《全唐诗》卷191，中华书局，1960年，第1962页。
[2]（唐）韦应物：《山行积雨归涂始霁》，收入《全唐诗》卷191，第1962页。
[3]（唐）白居易：《白香山诗集》卷1《浔阳三题并序》，《四库全书》本。
[4]（唐）白居易：《白香山诗集》卷1《浔阳三题并序》，《湓浦竹》，《四库全书》本。
[5]（唐）白居易：《白香山诗集》卷7《食笋》，《四库全书》本。

竹子种类众多，千姿百态，用途不一，是南方人民最重要的生存资源之一。这一点与黄河中下游仅有若干竹区的情形颇不相同。[1]

中古时代，长江中游资源开发和经济发展比起下游地区明显缓慢，原始森林植被保留得更加完好。今陕南、川北和鄂西北之间，常绿乔木遍布，山区森林茂密，四季常青，故郦道元称当地“秀林茂木，隆冬不凋”。[2]唐前期人苏颋在入蜀途经兴州（今陕西略阳一带）时，正值阳春三月，满山的松林，扬花吐雾；竹林稠密，鸟路难通；藤蔓爬满了山野人家的墙壁。其有诗云：

三月松花作，春行日渐赊。竹妨山鸟路，藤蔓野人家。
透石飞梁下，寻云绝磴斜。此中谁与乐，挥涕语年华。[3]

由他的描绘可以想象当时陕南地区森林植被茂盛的景象。荆湘各地山区、平原皆是森林茂密，自六朝至于唐代，文人墨客不断记述。例如，关于沅江流域的情况，《水经注》称：“沅水又东历三石涧，鼎足均峙，秀若削成。其侧茂竹便娟，致可玩也。又东带绿萝山，绿萝蒙幂，颓岩临水，实钓渚渔咏之胜地。其迭响若钟音，信为神仙之所居。沅水又东径平山，西南临沅水，寒松上荫清泉，下注栖托者，不能自绝于其侧。”[4]刘宋盛宏（弘）之《荆州记》也称：“湘东阴山县（今湖南省攸县）北数十里有武阳、龙靡二山，上悉生松柏美木。”[5]晋代人黄阁的《武陵记》说今湖南武陵一带：

有绿萝山，侧岩垂水，悬萝百里许，得明月池，碧潭镜澈，百尺见底，素岩若雪，松如插翠，流风叩柯，有丝桐之韵。土人为之歌曰：“仰兹山兮迢迢，层石构兮嵯峨，朝日丽兮阳岩，落景梁兮阴阿，郭壑兮生音，吟籁兮相和，敷芳兮绿林，恬淡兮润波。乐兹潭兮安流，缓尔棹兮咏歌。”[6]

[1] 有关情况，王利华《人竹共生的环境与文明》已有详细论述，兹不予展开。
[2] 陈桥驿：《水经注校证》卷28《沔水》，中华书局，2007年，第660页。
[3]（唐）苏颋：《经三泉路作》，收入《文苑英华》卷290，中华书局，1966年，第1482页。
[4] 陈桥驿：《水经注校证》卷37《沅水》，中华书局，2007年，第870页。
[5]（宋）李昉编：《太平御览》卷388，中华书局，1960年影印宋本，第1795页。按：此《荆州记》的作者，多作盛弘之。
[6]（明）曹学佺编：《石仓历代诗选》卷4《四库全书》本。按：黄阁，《太平御览》或作“黄闵”，或作“黄開”，有的文献或作“黄闰”，未知孰是。又，《元和郡县图志》卷31《江南道六》引《沅陵记》，从文字上看，应即《武陵记》。

优美的原始森林生态面貌，由这段记载昭然可见，古人多以武陵为桃花源所在地并非没有理由。由此复往南，唐人赞称："今长沙郡西北有山名大沩，蟠林穹谷，不知其岚几千百重。为熊豹虎兕之封，虺蜮蚺蟒之宅。虽夷人射猎，虞迹樵甿，不敢田从也。"[1]而方圆二千余里的九嶷山上"往往见大谷长川，平田深渊，杉松百围，榕栝并之，青莎白沙，洞穴丹崖，寒泉飞流，异竹杂华。回映之处，似藏人家"[2]。湘江两岸直至南岳衡山，一路都是古林郁茂。东晋桓玄曾经记述其南游衡山途中所见之景象，云：

……涉湘千里，林阜相属，清川穷澄，映之流涯，渼无纤埃之秽，修途逾迈，未见其极，穷日所经，莫非奇趣。姑洗之旬，始暨于衡岳，于是假足轻舆，宵言载驰，轩涂三百，山径彻通，或垂柯跨谷，挟巘交荫；或曲溪如塞，已绝复开；或步乘长岭，邈眺遥旷；或憩舆素石，映濯水湄。所以欣然奔悦，求路忘疲者，触事而至也，仰瞻翠摽，邈尔天际，身凌太清，独交霞景，周览甫毕，顿策嵓阿，管弦并奏，清征再响，思古永逝，神气未言。[3]

衡山高崖深壑，森林资源十分丰富，自不必说。湘江两岸虽然逐渐开发，但在唐代也仍然保持着森林茂密、掩映江流的优美景观，修竹、红枫、黄橘之林都足以令人动情，有不少唐诗可以为证。[4]至于更加僻远的湘西地区，如柳宗元谪贬所在的永州地区，更是深山古木，森林郁密，接近原始状态，柳宗元在他的诗文中做了大量描绘。

同浙赣地区一样，荆湘之间亦处处都是茂竹之乡，竹子种类众多，而以楠竹（亦称毛竹、茅竹、猫竹）分布最为广泛，资源最称丰富。直到唐代，当地人民仍多居竹楼、竹屋，主要是利用茎秆粗大、适用于建筑的大毛竹。不过，在文学史上名气更大的乃是斑竹，这种竹子在长江流域及其以南地区广泛分布，而以

[1]（唐）郑愚：《潭州大沩山同庆寺大圆禅师碑铭（并序）》，收入《全唐文》卷820，中华书局，1983年，第8645页。又见《唐文粹》卷63，文字多有错误。

[2]（唐）元结：《九疑山图记》，收入《文苑英华》卷832，中华书局，1966年，第4390页。

[3]（唐）徐坚《初学记》卷5《地部》上引桓玄《南游衡山诗序》，中华书局，1962年，第98页。

[4]（唐）张九龄：《曲江集》卷4《初入湘中有喜》云："征鞍穷郢路，归棹入湘流。望鸟唯贪疾，闻猿亦罢愁。两边枫作岸，数处橘为洲。却记从来意，翻疑梦里游"；《全唐诗》卷48，（唐）张九龄：《将至岳阳有怀赵二》云："湘岸多深林，青冥昼结阴"；《全唐诗》卷269，（唐）耿湋《发绵津驿》："千丛野竹连湘浦，一派寒江下吉阳"；……不能俱引。

湖南湘、沅一带最盛。此竹茎秆上生长有紫褐色斑点，好像人的泪斑，早在魏晋之前，民间就传说远古圣王舜帝的两位妃子——娥皇、女英挥泪于此竹，从此竹子上就一直带有斑点，故名斑竹，又名湘妃竹。西晋人张华在《博物志》中最早记载了这个故事，称“洞庭之山，帝之二女啼，以涕挥竹，竹尽斑”。[1]这当然不是信史，但从那以后，斑竹不知曾经勾起多少人的相思、哀怨之情！唐人刘长卿有诗云：“苍梧千载后，斑竹对湘沅。欲识湘妃怨，枝枝满泪痕。”又有诗云：“苍梧在何处？斑竹自成林。点点留残泪，枝枝寄此心。寒山响易满，秋水影偏深。欲觅樵人路，蒙笼不可寻。”[2]刘禹锡亦有诗云：“斑竹枝，斑竹枝，泪痕点点寄相思。楚客欲听瑶瑟怨，潇湘深夜月明时。”[3]诸如此类，不可尽引。

溯长江而上，三峡地区“林木萧森，离离蔚蔚”[4]，已见前述。入川之后，巴山蜀水之间亦是森林密布。成都平原经济开发早，人工林替代自然林也早就开始。但成都平原之外的山区，在中古时代仍然是人口非常稀少，经济十分落后，仅有极少数山民畲山种植，因此很多地方还保持着近乎原始状态的森林景观。因当地气候暖湿，有利于众多植物生长，故异木嘉卉种类繁多，晋人左思在其《蜀都赋》中曾经不殚其烦，分“于前”“于后”“于东”“于西”“于中”不同区位罗列了蜀地大量的动物、植物、矿产等，极尽夸赞之辞，其中提到了众多陆生和水生植物种类，包括林木、作物、果树、蔬菜、药草、香料等至少在60种以上。兹不妨抄录其中相关字句，以见蜀地森林植被之概貌。其中有云：

于前……邛竹缘岭，菌桂临崖，旁挺龙目，侧生荔枝，布绿叶之萋萋，结朱实之离离，迎隆冬而不凋，常晔晔而猗猗。……于后……嘉鱼出于丙穴，良木攒于褒谷。其树则有木兰、梫、桂、杞、櫹、椅、桐、棕、丫、楔、枞、楩、楠幽蔼于谷底，松、柏蓊郁于山峰，擢修干，竦长条，扇飞云，拂轻霄……。于东……则有巴菽、巴戟、灵寿、桃枝，樊以蒩圃，滨以盐池……；于西……坰野草昧，林麓黝倏，交让所植，蹲鸱所伏，百药灌丛，寒卉冬馥，异类众伙，

[1]《艺文类聚》卷89引，上海古籍出版社，1965年，第1551页。
[2]（唐）刘长卿：《刘随州集》卷1《斑竹》；卷4《斑竹岩》。据《四库全书》本。
[3]（唐）刘禹锡：《刘宾客文集》卷27《潇湘神二首》之二。据《四库全书》本。
[4]《水经注》卷34《江水注》。

于何不育！其中……或丰绿荑，或蕃丹椒，蘼芜布濩于中阿，风连莚蔓于兰皋，红葩紫饰，柯叶渐苞，敷蕊葳蕤，落英飘飖，神农是尝，卢跗是料，芳追气邪，味蠲疠痟。其封域之内……黍稷油油，粳稻莫莫，……桑梓接连，家有盐泉之井，户有橘柚之园，其园则有林檎、枇杷，橙、柿、梬、楟，榹桃函列，梅、李罗生，百果甲宅，异色同荣，朱樱春熟，素柰夏成……紫梨津润，樼栗罅发，蒲桃乱溃，石榴竞裂，甘至自零，芬芳酷烈。其园则有蒟蒻、茱萸，瓜畴芋区，甘蔗、辛姜，阳蓲阴敷，日往菲薇，月来扶疏，任土所丽，众献而储。其沃瀛则有攒蒋、丛蒲，绿菱、红莲，杂以蕴藻，糅以苹蘩，总茎柅柅，裛叶蓁蓁，蕡实时味，王公羞焉。……[1]

隋唐文献对蜀中植物不再有如此详细的罗列，但这并不意味着森林植被面貌发生了特别重大的改变。事实上，杜甫等在其诗文中还提到了更多种类。

由中古诗人记诵可知：与今天相比，那时该区域的植物种类构成颇有不同。例如，左思提到那里有龙目（即龙眼）和荔枝等热带果树，即是今巴蜀地区所无。尤其是荔枝，在中古文献中有颇多记载。《水经注》称：江洲“县有橘官、官荔枝园，夏至则熟，二千石常设厨膳，命士大夫会树下食之”[2]。《元和郡县图志》记载涪州乐温县、戎州南溪县都产荔枝，唐宪宗元和时戎州土贡“荔枝煎四斗”。僰道县亦“出荔枝，一树可收一百五十斗”[3]。甚至在成都附近的山上也生长荔枝，故张籍《成都曲》诗云：“锦江近西烟水绿，新雨山头荔枝熟。”[4]唐代似乎还有人以巴蜀荔枝为题材作画，故白居易曾撰《荔枝图序》云：“荔枝生巴峡间，树形团团如帷盖，叶如桂冬青，华如橘春荣，实如丹夏熟，朵如蒲萄，核如枇杷，壳如红缯，膜如紫绡，瓤肉莹白如冰雪，浆液甘酸如醴酪。大略如彼，其实过之。若离本枝，一日而色变，二日而香变，三日而味变，四五日外，色香味尽去矣。”[5]直到宋代，文人墨客还不时提到蜀中的荔枝。如今龙眼和荔枝都只生长在福建、广东、台湾、海南和云南部分地区，这令人不仅对

[1]（西晋）左思：《蜀都赋》，收入《文选》卷4，上海古籍出版社，1986年，第176-182页。
[2]（北魏）郦道元著，（民国）杨守敬、熊会贞疏，段熙仲点校、陈桥驿复校：《水经注疏》卷33《江水一》，江苏古籍出版社，1999年。
[3]（唐）李吉甫撰，贺次君点校：《元和郡县图志》卷30《江南道六》，中华书局，1983年，第739页；卷31《剑南道上》，中华书局，1983年，第790页。
[4]（唐）张籍：《张司业诗集》卷6《成都曲》。
[5]（唐）白居易：《荔枝图序》，收入《全唐文》卷675，中华书局，1983年，第6895页。

中古巴蜀森林植被面貌产生特别的想象，而且猜想当地古今气候差异。[1]

中古时代，福建、两广和云贵地区人口更加稀少，深山大壑之中到处都是杳无人迹，森林植被自然更是处在几乎不受人类干扰的原始状态。云贵高原地势高峻，地形起伏很大，故气候与植被分布皆具有垂直性，自山巅至山谷分布着自寒温带至热带不同类型的植被；部分地区属南亚热带和热带气候，湿热多雨，冬季极短甚至长夏无冬，植物生长非常旺盛，竹、木和攀缘植物种类极其繁多，常绿阔叶林、热带雨林和季雨林广泛分布，中古时代大都还是四季常绿、古木幽森、密翳蔽日的景象。由于这些地区森林极其茂密，深林之中终年不见阳光，烟岚郁闭，古人往往视之为毒瘴之地。当时这些地区还有很多巨型树木，需数人牵手才能合抱；像紫楠木、苏木、沉香木这些名贵树种，亦是随处可见；特异种类和巨型的竹子以及藤本攀缘植物也非常之多。这些都给初来乍到的中土人士以极为深刻的印象。

且举中原地区较少的竹、藤为例。刘宋时期人戴凯之著有《竹谱》一书，记载南北各地竹子 40 余种，其中特别指出：竹子“质虽冬蒨，性忌殊寒，九河鲜育，五岭实繁”[2]。“九河”指黄河下游尾闾地区，“五岭”则是南岭之五岭。戴凯之认为：由于气候关系，五岭内外的竹子远比北方要繁多。众多竹类的形态和质地各不相同，用途广泛，还有多种巨竹，令人印象最为深刻。书中提到“员丘帝竹，一节为船”。伐取一节竹子即可做成一条船，或许只是基于传说，作者并未亲见，未可遽信。但他又指出：在众多竹子里，“篔筜最大，大者中甑”，而唐人刘恂也明确记载岭南人民以竹为甑，称：“南海以竹为甑者，类见之矣，皆罗浮之竹也。”[3]《竹谱》记载的浮竹则是一个分布广泛的大竹种，作者显然亲自见到。这种竹子“长者六十尺，肉厚而虚软，节阔而亚，生水次，彭蠡以南，大岭以北遍有之”。除巨型大竹外，岭南地区还生长着一种遍身长刺的“棘竹”，当地人民不仅采以作弓、种为篱笆，而且还

[1] 关于唐代巴蜀地区的荔枝已有不少学者做过专门研究，关于其与当时气候的关系则颇有争论。可参见蓝勇：《四川荔枝种植分布的历史考证》，《西南师范大学学报（自然科学版）》1985 年第 4 期，第 86-99 页；蓝勇：《中国西南荔枝种植分布的历史考证》，《中国农史》1988 年第 3 期，第 68-76 页；蓝勇：《近 2000 年来长江上游荔枝分布北界的推移与气温波动》，《第四纪研究》1998 年第 1 期，第 39-45 页；聂顺新：《再论唐代长江上游地区的荔枝分布北界及其与气温波动的关系》，《中国历史地理论丛》2011 年第 1 辑，第 139-144 页；蓝勇：《采用物候学研究历史气候方法问题的讨论——答〈再论唐代长江上游地区的荔枝分布北界及其与气温波动的关系〉》，《中国历史地理论丛》2011 年第 2 辑，第 14-20 页。

[2]（南朝宋）戴凯之：《竹谱》，此据宋《百川学海》本。旧题戴凯之为晋人，但我们认为他是刘宋时期人。

[3]（唐）刘恂：《岭表录异》卷下，《四库全书》本。

种竹为城，用于防御敌寇。《竹谱》描述说："棘竹骈深，一丛为林，根若椎轮，节若束针，亦曰笆竹，城固是任。"作者自注称："棘竹生交州诸郡，丛生有数十茎。大者二尺围，肉至厚，实中，夷人破以为弓。枝节皆有刺，彼人种以为城，卒不可攻。万震《异物志》所谓'种为藩落，阻过层墉'者也。"所谓"城固是任"，就是指种植棘竹加强城防。由于这种竹子密集丛生而且"枝节皆有刺"，所以能够环城种植，加固城防，抵御外敌。对此唐代人亦屡屡提及，例如，段成式《酉阳杂俎》称："棘竹，一名笆竹。节皆有刺，数十茎为丛。南夷种以为城，卒不可攻。"[1]刘恂在《岭表录异》一书中则不仅进一步说明了棘竹枝条丛密带刺的特性，而且指出它十分耐火。他说："南土有刺竹，即枝上有刺，南人呼刺为刺勒。自根横生枝条，展转如织，虽野火焚烧，只燎细枝嫩叶，春丛生转复牢密。邕州旧以刺竹为墙，蛮蜒来侵，竟不能入。"[2]史书明确记载：唐朝军队曾经利用刺竹的上述特性，环城种植，有效地防阻过敌军侵犯。[3]事实上，宋代以后文献仍然不断提到两广地区种竹为城；直到清代前期，台湾还有多个县城是植竹围建。[4]

藤本攀缘植物种类繁多，生长旺盛，是华南和西南地区森林植被的一大特色。各种藤类对这些地区人民物质生活所产生的影响，殆是今人难以想象。兹仅据《太平御览》略引数例，以证所言不虚。[5]

(1)《云南记》："云南出藤，其色如朱，小者以为马策，大者可为柱杖。"

(2)《南方草物状》："沉藤，生子大如齑瓯，正月华色，仍连著实，十月、腊月熟，色赤，生食之，甜酢。生交趾、九真。"

"志耗藤生山中，大如苹蒿，蔓衍，居民采取剥之以作毦，然不多，出兴古、合浦。"

"蔺子藤，生缘树木，正月、二月华，四、五月熟实如梨，赤如雄鸡冠，核如鱼鳞，取生食之，味淡泊无甘苦，出交趾、合浦。"

---

[1]（唐）段成式：《酉阳杂俎·前集》卷18《广动植之三·木篇》，中华书局，1981年。

[2]（宋）李昉编：《太平御览》卷963《竹部》二引，中华书局，1960年影印宋本，第4275页。

[3]《资治通鉴》记载：唐宣宗大中十二年（858年），"王式为安南都护经略使。式有才略，至交趾，树芳木为栅，可支数十年。深堑其外，泄城中水，堑外植竹，寇不能冒。"《资治通鉴》卷249《唐纪六十五》，中华书局，1956年，第8066页。

[4] 有关情况，可参见王利华：《人竹共生的环境与文明》，生活·读书·新知三联书店，2013年，第120-125页。

[5] 以下所引，均出自（宋）李昉编：《太平御览》卷995《百卉部二》，中华书局，1960年影印宋本，第4404-4405页。

“野聚藤，缘树木，二月华苞，仍连著实，五、六月熟，子大如羹瓯，里民煮食，其味甜酢，出苍梧。”

“科藤生金封山，乌浒人往往卖之，其色正赤。又云：以草染之，出兴古。”

（3）陈祈畅《异物志》：“葭蒲藤，类延蔓他树，以自长养，实大小长短如莲蔌，著枝格间，实外有壳，又无核，剥乃食之，煮而暴之，甜美，食之不饥。”

（4）《临海异物志》：“种（引按：有的版本或作〈钟〉）藤附树，作根软弱，须缘树而作上下条。此藤既缠裹树，树死，且有恶汁，藤盛成树若木，自然大者成，至五十围。”

（5）《异物志》：“科藤[1]，围数寸，重于竹，可以为杖。篾以缚船，及以为席，胜于竹也。”

（6）顾微《广州记》：“科藤如栟榈，叶疏，外皮青，多棘刺，高五、六丈者，（如五六寸竹，小者如笔管竹）[2]，破其外青皮，即萪藤藤类，有十许种。续断，草藤也，一曰诺藤，一曰水藤，山行渴，则止断取汁饮之，治人体有损绝，沐则长发。去地一丈断之，辄更生根至地，永不绝。”

（7）刘欣期《交州记》：“含水藤，破之得水，行者资以止渴。”

（8）裴渊《广州记》：“力陈岭，民人居之，作船为业，随树所居，就以成槽，皆去水艰远，动有数山，生一草，名曰膏藤，津汁软滑，无物能比，导地牵之如流，五六丈船数人便运。”

（9）《岭表录异》：“南土多野鹿藤，苗有大如鸡子白者，细于箸，采为山货，流布海内。儋、台、琼、管百姓皆制藤线，编以为幕，其妙者亦挑纹为花、药、鱼、鸟之状，业此纳官，以充赋税。”

以上这些藤类，都是被当时南方人民所大量利用者。众多藤本植物之中也有一些含毒的种类，例如，有一种野葛即含有剧毒，《岭表录异》卷中记载：“野葛，毒草也，俗呼胡蔓草。误食之则用羊血浆解之。或说此草蔓生，叶如兰香，光而厚，其毒多著叶中，不得药解，半日辄死。”因其毒性剧烈，岭南人多用于制毒药，《朝野佥载》则称：“岭南风俗，多为毒药。令奴食冶葛死，埋之土中。蕈生正当腹上，食之立死；手足额上生者，当日死；旁自外者，数日死；渐远

[1] 按：科藤均应作“萪藤”。
[2] 按：此句有错讹，应作：“小者五、六寸，如笔管竹”。

者，或一月，或两月；全远者，一年、二年、三年亦即死，惟陈怀卿家药能解之。或以涂马鞭头控上，拂着手即毒，试着口即死。”[1]正由于这种野葛毒性很大，时人甚感恐惧，唐人诗文频繁提到，把它与蛇虺、含沙、瘴气相提并论，是南方令人怖畏的主要毒物之一。柳宗元曾有诗云：“桂州西南又千里，漓水斗石麻兰高。阴森野葛交蔽日，悬蛇结虺如蒲萄。”[2]宋之问诗则称：“春暖阴梅花，瘴回阳鸟翼。含沙缘涧聚，吻草依林植。”[3]其中的吻草，又名钩吻草，又名冶葛，亦即野葛。《南州异物志》还记载了一种与野葛相关的彪悍民俗，称：“广州俚贼，若乡里负其家债不还及时者，子弟便取冶葛，一名钩吻，数寸许到债家，食钩吻而死，其家称怨，诬债家杀之，债家惭惧，以财物辞谢，多数十倍，死家便收尸去，不以为恨。”[4]

总体来看，中古时代，南方地区尤其是丘陵山区森林资源仍然非常丰富，与北方地区的情形迥然不同。那里茂盛密郁的森林景观，令人讶异的巨型竹木，性状特异的藤本攀缘植物，都给汉族文士留下了深刻印象。当然，与此前时代相比，南方森林面貌亦并非完全没有改变，随着自然资源开发不断展开，局部地区亦开始出现森林资源渐减、特种植物耗竭之势。尤其是在农业发展最快的长江下游地区，丘陵低山森林最先遭到较大规模翦伐，薪炭等多方面的木材需求，驱动建康周围以及其他人口密集地区不断扩大森林翦伐规模。及至唐代，随着人口持续增多，农田垦辟进一步展开，乃有“高山绝壑，耒耜亦满”[5]之类的议论出现，虽然不免夸大其辞，但农耕区域向大山推进的趋势已经初见端倪。盛唐以后，随着饮茶习俗迅速普及南北各地，茶叶贸易拉动了茶业生产发展，在今江、浙、皖、赣等地，不少山地都陆续被垦辟为茶园，人工种植的茶树不断替代天然树林，对这些地区的森林植被面貌自然产生了一定影响。

值得注意的是，在中古民族迁移和人口流徙的宏大变局中，有不少土著民族和部分汉族人民由于各种原因逃入南方崇山峻岭之中。他们在深山密林中进行射猎、樵采的同时，亦逐渐发展山地农作种植，大抵采用“刀耕火种”方式垦种“畬田”，中古文献特别是唐人诗歌颇有记咏。例如，刘禹锡有“山上层层桃李花，云间烟火是人家。银钏金钗来负水，长刀短笠去烧畬”[6]；刘长卿有

[1]（唐）张鷟撰，赵守俨校点：《朝野佥载》卷1，中华书局，2005年。
[2]（唐）柳宗元：《柳河东集》卷42《寄韦珩》，《四库全书》本。按：“缘”，原作“绿”，但“缘”更通。
[3]（唐）宋之问：《蚤发大庾岭》，收入《文苑英华》卷290，中华书局，1966年，第1478页。
[4]（宋）李昉编：《太平御览》卷990《药部七》引，中华书局，1960年影印宋本，第4381-4382页。
[5]（唐）元结：《元次山集·七问进士第三》，据《四部丛刊》本。
[6]（唐）刘禹锡：《竹枝词》，收入《全唐诗》卷28，中华书局，1960年，第396页。

“拥旌临合浦，上印卧长沙。海徼长无戍，湘山独种畬”，又有“诗书满蜗舍，征税及渔竿，火种山田薄，星居海岛寒”[1]；岑参有“水种新插秧，山田正烧畬”，又有“栈道溪雨滑，畬田原草干”[2]；杜甫有“煮井为盐速，烧畬度地偏”[3]；戴叔伦有“古木畬田火，澄江荡桨人”[4]；刘禹锡有“莫猺自生长，名字无符籍。市易杂鲛人，婚姻通木客。星居占泉眼，火种开山脊。夜渡千仞溪，含沙不能射”，他还有一首诗歌径直以“畬田”为题，其中咏道：

何处好畬田，团团缦山腹。钻龟得两卦，上山烧卧木。
惊麏走且顾，群雉声咿喔。红焰远成霞，轻煤飞入郭。
风引上高岑，猎猎度青林。青林望靡靡，赤光低复起。
照潭出老蛟，爆竹惊山鬼。夜色不见山，孤明星汉间。
如星复如月，俱逐晓风灭。本从敲石光，遂至烘天热。
下种暖灰中，乘阳拆牙孽。苍苍一雨后，苕颖如云发。
巴人拱手吟，耕耨不关心。由来得地势，径寸有余金。[5]

诗中描绘的是川东巴峡地区的山地农业情景。元稹也有诗称：“茅檐屋舍竹篱州，虎怕偏蹄蛇两头。暗蛊有时迷酒影，浮尘向日似波流。沙含水弩多伤骨，田仰畬刀少用牛。”[6]说的是今四川达州市一带的情况。李商隐描绘了“烧畬晓映远山色，伐树暝传深谷声”的山地开垦情景[7]。薛能则提到陕南一带“畬田闲日自烧松”[8]。温庭筠更是详细地吟诵了南山（秦岭）之中的畬田农作，云：

起来望南山，山火烧山田。微红夕如灭，短焰复相连。
差差向岩石，冉冉凌青壁。低随回风尽，远照檐茅赤。

[1]（唐）刘长卿：《送州人孙沅自本州却归句章新营所居》，收入《全唐诗》卷 149，中华书局，1960 年，第 1487 页；同人：《赠元容州》，收入《全唐诗》卷 147，第 1534 页。（唐）岑参：《与鲜于庶子自梓州成都少尹自褒城同行至利州道中作》，收入《全唐诗》卷 198，中华书局，1960 年，第 2044 页；（唐）岑参：《早上五盘岭》，收入《全唐诗》卷 198，中华书局，1960 年，第 2046 页。
[2]（唐）岑参：《与鲜于庶子自梓州成都少尹自褒城同行至利州道中作》，收入《全唐诗》卷 198，中华书局，1960 年，第 2044 页；（唐）岑参：《早上五盘岭》，收入《全唐诗》卷 198，中华书局，1960 年，第 2046 页。
[3]（唐）杜甫：《秋日夔府咏怀奉寄郑监李宾客》，收入《全唐诗》卷 230，中华书局，1960 年，第 2512-2513 页。
[4]（唐）戴叔伦：《暮春游长沙东湖赠辛兖州巢父二首》，收入《全唐诗》卷 274，中华书局，1960 年，第 3112 页。
[5]（唐）刘禹锡：《莫猺歌》，第 3962 页；同卷，同人：《畬田行》，收入《全唐诗》卷 354，中华书局，1960 年，第 3966 页。
[6]（唐）元稹：《酬乐天得微之诗知通州事因成四首》，收入《全唐诗》卷 416，中华书局，1960 年，第 4593 页。
[7]（唐）李商隐：《赠田叟》，收入《全唐诗》卷 541，中华书局，1960 年，第 6230 页。
[8]（唐）薛能：《褒斜道中》，收入《全唐诗》卷 560，中华书局，1960 年，第 6501 页。

邻翁能楚言，倚锸欲潸然。自言楚越俗，烧畲为早田。
豆苗虫促促，篱上花当屋。废栈豕归栏，广场鸡啄粟。
新年春雨晴，处处赛神声。持钱就人卜，敲瓦隔林鸣。
卜得山上卦，归来桑枣下。吹火向白茅，腰镰映赪蔗。
风驱槲叶烟，槲树连平山。迸星拂霞外，飞烬落阶前。
仰面呻复嚏，鸦娘咒丰岁。谁知苍翠容，尽作官家税。[1]

事实上，不仅一般山民经营畲田，山居僧人亦或畲耕，贯休的诗句可以作证。其诗云："衲衣线麄心似月，自把短锄锄榾柮。青石溪边踏叶行，数片云随两眉雪。"又云："山童貌顽名乞乞，放火烧畲采崖蜜。担头何物带山香，一箩白蕈一箩栗。"[2]中唐时期曾任道州（今湖南南部）刺史的元结也提到：道州人口稀少，"城池井邑但生荒草，登高极望，不见人烟"，兼以贼寇为害，经济凋敝，他"招辑流亡，率劝贫弱，保守城邑，畲种山林，冀望秋后少可全活"[3]。

根据相关诗文记咏可知，畲田农业大抵分布在地远偏僻、人口很少的山区。曾雄生认为：唐宋时期的畲田农业，主要分布在上起三峡、经武陵，包括湘赣五岭以下，至于东南诸山地，以及两广地区[4]；日本学者大泽正昭指出：唐代畲田主要分布在山南道、剑南道以及江南道所属州县的附近山地之间，并未包括山地的全部范围。[5]我们用"畲""火耕""火种"等几个词汇对中古文献进行检索，发现这种农作方式在秦岭以南、长江南北山区广泛流行，其中荆湘、巴蜀等地尤其多见。

火耕畲田是一种非常粗放的土地垦辟和农作经营方式。上引诗歌也表明：那时山民通常先放火焚烧林草，然后开垦畲田，种植粟、豆之类旱地作物，所到之处森林往往都被砍倒烧光。经过一段时间种植，山田土壤肥力耗竭，作物产量下降，人们便转而焚烧其他山林，开垦新地。如此积年累月，必定造成森林资源减少并引起山区生态发生一系列负面变化。所幸那时南方广大山区人口还很稀少，粗放的畲田农业一时尚不足以造成普遍严重的森林减耗，并未使各

[1]（唐）温庭筠：《烧歌》，收入《全唐诗》卷577，中华书局，1960年，第6709页。
[2]（唐）贯休：《深山逢老僧二首》，收入《全唐诗》卷828，中华书局，1960年，第9334页。
[3]（唐）元结：《元次山集》卷10《广德二年道州进谢上表》，据《四部丛刊》本。
[4] 曾雄生：《唐宋时期的畲田与畲田民族的历史走向》，《古今农业》2005年第4期，第30-41页。
[5]［日］大泽正昭撰，亿里译：《论唐宋时代的烧田（畲田）农业》，《中国历史地理论丛》2000年第2辑，第223-249页。

大山区发生严重水土流失问题，亦尚未引起连锁性的流域生态破坏。

但对于采用这种粗放土地垦殖与农作经营方式的不良后果，时人已经有所察觉。《五灯会元》记载：唐代僧人玄泰“尝以衡山多被山民斩伐烧畬，为害滋甚，乃作《畬山谣》曰：‘畬山儿，畬山儿，无所知，年年斫断青山嵋。就中最好衡岳色，杉松利斧摧贞枝，灵禽野鹤无因依，白云回避青烟飞。猿猱路绝岩崖出，芝术失根茆草肥。年年斫罢仍再锄，千秋终是难复初。又道今年种不多，来年更斫当阳坡。国家寿岳尚如此，不知此理如之何。’远迩传播，达于九重，有诏禁止。故岳中兰若无复延燎，师之力也”[1]。玄泰当然并不具备现代生态学知识，做这样一首诗或许只是出于佛家慈悲之心，亦或许只是担心寺院景致和安全，但他确实已经注意到：不受控制的“畬山”活动造成衡山松杉树林减少，山上的鸟兽则失去了它们的栖息地。

宋代以后尤其是明清以来，由于南方人口不断增加，垦殖范围扩展，丘陵山区资源开发强度不断加大，而落后、粗放的“烧畬”“火耕”方式被长期沿用，对森林资源乃至整个生态环境的破坏则愈来愈显著。当今南方山区水土流失、石漠化，平原河道壅塞、湖泊淤浅等一系列流域性、系统性环境问题，积渐自唐，延祸至今，诚可慨叹也！

关于中古南方地区的植被面貌，不能忘记湿生和水生植物。那时，南方广大平原地区号称“水乡泽国”，泽潦茫茫，固不可能像丘陵山区那样森林郁密，但江渚、湖滨大小陆地上亦多有杂树修竹，近弥原阜，远接山丘。水生和湿生植物资源之丰富程度，更是远远超出今人所能想象，各类水体之中都是菰蒲、芦苇、莲、菱、芡、萍、莼等，生长非常茂盛，种类之繁不可胜计，中古文人曾有大量描述。

例如，东晋时期海陵一带（今江苏泰州）菰蒲极盛，《晋中兴书》曾记载称：“毛璩为谯王司马时，海陵县地多菰蒲，处所幽邃，亡户保之。璩请讨，放火而进，天既旱，地皆菰葑，封燃，叛人走出近得万户。”[2]一地之菰蒲，居然能藏匿万户之人，其生长之盛、分布之广，今人恐怕难以置信。不仅如此，这么多人的食物自然只能就地谋取，其中可供食用的水生植物和鱼类水产之丰富程度，就更加令人遐想联翩。海陵如此，长江下游其他地方的情况可以类推。关于长

[1]（宋）释普济撰，苏渊雷点校：《五灯会元》卷6《南岳玄泰禅师》，中华书局，1984年，第314页。
[2] 据《太平御览》卷999引，中华书局，1960年影印宋本，第4421页。

江中游的情况，唐人元结曾有铭文记载称：鄂州的“抔湖东抵抔樽，西侵退谷，北汇樊水，南涯郎亭。有菱有荷，有菰有蒲，方一二里，能浮水与”[1]；皇甫湜则记述了枝江县（今湖北宜昌枝江市）南亭附近湖泊的自然景象，称南亭“俯湖水，枕大驿路，地形高低，四望空平。青莎白沙，控柞缘崖，涩芰圆葭，诞漫朱华。接翠裁绿，繁葩春烛，决湖穿竹，渠鸣郁郁，潜鱼历历，产镜嬉碧，净鸟白赤，洗翅窥吃。缬霞縠烟，旦夕新鲜，冷唳喧啼，怨抑情绵”。文中的青莎、芰、葭都是湿生或水生植物，柞、竹则是陆地林种。[2]

不仅平原湖沼的水生和湿生植物丰富，丘陵山地无数大小溪谷之内、陂池之中，亦是植物生长旺盛，种类众多，前引谢灵运《山居赋》对浙东山区的陆地林木和水生植物已有详细描述，荆湘一带同样是如此这般情形，柳宗元在一篇文章中的描述可以证明。他说：“零陵城南，环以群山，延以林麓。其涯谷之委会，则泓然为池，湾然为溪。以上多枫楠竹箭、哀鸣之禽，其下多芡芰蒲蕖、腾波之鱼。”[3]我们介绍南方水资源环境时所征引的资料，已有不少涉及水生植物，故兹仅引若干典型记载稍加提示，不必过于堆砌材料。

第二节 野生动物资源和典型种类分布

野生动物是对非人工驯化饲养的动物总称，是自然生长、繁衍和分布的动物。因其生物遗传特性所决定，不同种类的野生动物，生长和繁衍于各不相同的生境和栖息地，对自然环境及其变化具有不同的适应能力。正因为如此，特定区域野生动物的种类构成、种群数量，综合地反映当地气候状况和森林、草原和湿地等不同生态系统的基本面貌。野生动物之于人类，有的是重要生存资源，为人类之“利”，对人类有“益”；有的则对人类身体健康、生命安全和经济生产构成威胁，因而被视为“敌”和“害”；也有不少的种类是两者兼而有之。

野生动物种类繁多，根据其生物学特性及其与人类之间的关系，古今中外有过许多不同的分类。为了简便起见，兹仅划分陆栖与水栖两个大类分别予以叙述，大抵都是与中古经济生产、物质生活、生命安全和身体健康利害攸关的

[1]（唐）元结：《元次山集》卷6《抔湖铭并序》。据《四部丛刊》本。
[2]（唐）皇甫湜：《枝江县南亭记》，收入《文苑英华》卷826，中华书局，1966年，第4360页。
[3]（唐）柳宗元：《陪永州崔使君游燕南池序》，收入《全唐文》卷578，中华书局，1983年，第5845页。

种类，重点叙述那些具有重要生态标志意义的典型物种。

一、北方野生动物：以鹿和鱼为例

先谈陆地野生动物。

根据现代产业经济划分，陆地野生动物被视为林业的一部分。中古北方野生动物资源状况，首先与森林植被变迁紧密相关。前面已经介绍，中古时代，北方地区森林资源持续减耗，但总体上尚未到达枯竭的程度，一些山区仍有比较可观的森林，这意味着许多野生动物的栖息地仍然保留。此外还有两个值得注意的情况可能对野生动物产生了较大影响：一是遭到大量砍伐的，首先是那些成材的大树，小树和灌木林则多有存留；二是中古北方经历了一个非常严重的人口减少和农耕衰退过程，其间蒿莱草地和次生树林曾有一定程度的恢复。这些蒿莱草地和灌丛树林，为野生动物提供了觅食、栖息的场所。由于这些原因，虽然那时黄河中下游地区早已没有大象、犀牛这些大型喜温动物活动（南北朝时期大象偶尔越过淮河），但仍然分布着种类众多、种群数量可观的温带草原动物。

那时文献经常提到某地有虎、狼等大型食肉猛兽出没为害。例如，《齐民要术》在讨论如何养羊时说：虎、狼常常对人家羊群造成威胁，不能让急性之人和孩童牧羊，因为他们“或劳戏不看，则有狼犬之害”。又说做羊圈“必须与人居相连，开窗向圈。（其自注云：）所以然者，羊性怯弱，不能御物，狼一入圈，或能绝群”。还说做圈需要竖柴栅，并且栅头要高于墙，这样“虎狼不敢逾也”[1]。在介绍养羊经验之时专门说明这些事情，无疑表明：虎、狼危害羊群在当时是一种常态。

根据生态学的“食物链”和“生态金字塔”理论：食肉动物大量存在，必须以数量更多的食草动物存在作为基础，曹魏时人高柔的一番言论充分证明那个时代人们已经很清楚地察感到了这种数量关系。当时国家在荥阳[2]一带设置了占地广大的禁苑，由于禁止百姓捕猎，禁苑之中野生动物滋繁，尤以鹿类为

[1] 缪启愉：《齐民要术校释》卷6《养羊第五十七》，中国农业出版社，1998年，第423页。
[2] 曹魏正始三年（242年）置荥阳郡，治今河南郑州古荥镇，辖荥阳、京、密、卷、阳武、苑陵、开封、中牟8县。

盛，甚至达到了鹿多成灾的程度，致使附近百姓无法正常开展农业生产，严重影响了人民生计，因此高柔上疏恳请朝廷允许百姓捕鹿。他说：当时“群鹿犯暴，残食生苗，处处为害，所伤不赀。民虽障防，力不能御。至如荥阳左右，周数百里，岁略不收，元元之命，实可矜伤。方今天下生财者甚少，而麋鹿之损者甚多”。所以他主张放宽捕禁，听任民间捕鹿。根据高柔的上疏，禁苑之中各种野生动物众多，种群数量相当庞大。他说：

今禁地广轮且千余里，臣下计无虑其中有虎大小六百头，狼有五百头，狐万头。使大虎一头三日食一鹿，一虎一岁百二十鹿，是为六百头虎一岁食七万二千头鹿也。使十狼日共食一鹿，是为五百头狼一岁共食万八千头鹿。鹿子始生，未能善走，使十狐一日共食一子，比至健走一月之间，是为万狐一月共食鹿子三万头也。大凡一岁所食十二万头。其雕鹗所害，臣置不计。以此推之，终无从得多，不如早取之为便也。[1]

高柔之言容有夸大成分，但广轮近千里的禁苑之中存在大量鹿类以及其他野生动物，应属真实情况。高柔明确提到的有虎、狼、狐、雕鹗等食肉猛兽和猛禽，每年被它们捕食的大鹿、小鹿至少在 12 万头以上。中原腹心地区的鹿类种群数量如此之庞大，实非今人所能想象。根据动物学和生态学规律，我们还有充分理由相信：禁苑之中还有众多种类的其他野生动物，例如，与鹿同属食草动物的兔子，各种鸟类；河流沼泽中自当还有鱼类以及其他水生和两栖动物。由于相关资料非常零散，一一予以述列，即使并非绝无可能也是十分困难的。这里仅对鹿科动物及其所反映的区域生态面貌做一番考察，其他动物种类可以据此类推。[2]

中古史书多有关于各地出现白鹿、白獐等“祥瑞”现象和进贡麝香、鹿茸、鹿角胶鹿产品的记载，根据这些记载可以做出这样的基本判断：当时北方地区鹿科动物分布相当广泛，种群数量依然可观。尤其是山地和临近北方草原地区（如北魏前期的都城平城以北和阴山一带），更是鹿类和其他野兽的渊薮。从相

[1]《三国志》卷 24《魏书・韩崔高孙王传》及“裴注”引《魏名臣奏》，中华书局，1959 年，第 689 页。

[2] 事实上，中古文献关于鹿类的直接记载虽然不少，但也是非常零碎，并且有些记载相当模糊，难以一一辨明其所指鹿种，更无法从统计学上做出准确、可靠的数量说明，故以下的描述和判断仍不得不多有主观之见。

关史料描述大体可以分辨出：那时分布在该区域的主要鹿科动物有梅花鹿、麝和獐，还有少量麋鹿。至于其他属种，则无法明确断定。下面对这几种鹿类稍予考述。

其一是梅花鹿（学名 *C. nippon*），古代文献或称“斑鹿”，应是中古华北地区分布最广、种群最大的一个鹿种，各地丘陵山区多树木丛林之处大抵都有梅花鹿出没。它的分布区域可以根据文献中关于白鹿的记载来加以推断。

现代动物学认为：所谓白鹿，乃是梅花鹿隐性白化基因的表现型，是一种罕见的变异现象，发生概率极小。因此，有白鹿出现的地区不仅必定有梅花鹿生息，而且其种群数量还极有可能是相当大的。[1]

古人认为白鹿出现是一种“祥瑞”，是受帝王圣明仁德感应而至。《宋书》称：“白鹿，王者明惠及下则至。”[2]地方一旦发现有白鹿出现，必定要报告朝廷，捕捉到了以后都要上献皇帝，从汉代开始这就已成为一种惯例。[3]以白鹿出现为“祥瑞”的观念自然是虚妄的；但史书关于白鹿出现的记载，一般来说还是真实可信的，在多数情况下，地方将捕获到的白鹿上献给了朝廷，史书才记载下来。当然也不排除有谗谀之臣谎报的情况。根据有关记载，可以推知当时梅花鹿的种群和分布情况。

魏晋南北朝文献关于白鹿出现的记载，主要见于《宋书》和《魏书》。《宋书》卷二八《符瑞中》所载，可以确认属于本区者共 11 次，时间起于曹魏文帝黄初元年（220 年）、终于刘宋后废帝元徽三年（475 年）。其中言“献”者 6 次、言“见”者 2 次、言“闻”者 3 次。至于出现地点，除该书称黄初元年（220 年）有 19 个郡国上言白鹿出现不能相信之外[4]，其余 10 次，分别见于扶风雍县、天水西县、东莞莒县峋峨山、文乡县、谯郡蕲县、彭城县、徐州济阴县、雍州武建县、梁州和郁州，涉及今甘肃、陕西、河南、山东、江苏等省。《魏书》卷一一二下《灵征志下》所载“白鹿”，可以确认在本区范围内者有 22 次，时间起自北魏道武帝天兴四年（401 年），终于东魏孝静帝武定元年（543 年），其称“献”“获”“送”者共 17 次，称“见”者 5 次。除 1 次出现的地点不详外，

[1] 参见盛和林：《中国鹿类动物》，华东师范大学出版社，1992 年，第 267 页。

[2]《宋书》卷 28《符瑞中》，中华书局，1974 年，第 803 页。

[3] 如《后汉书·安帝纪》记载：“延光三年（124 年）六月辛未，扶风言白鹿见雍；七月，颍川上言，白鹿见阳翟。”

[4] 很可能是因其年曹丕废汉建魏、即位称帝，地方州县为了献媚，故而编造此种“祥瑞”上报，表示曹氏篡汉是“上应天命”。

其余分别见于魏郡斥丘县、建兴郡、定州、乐陵、代郡倒刺山、相州、洛州、京师（平城）西苑、秦州（2次）、青州、司州（4次）、荆州[1]、平州、齐州、济州、徐州和兖州，涉及区域包括甘肃、陕西、山西、河北、山东和江苏省北部。关于隋唐时期白鹿出现的情况，《隋书》和两《唐书》都没有集中的记载，但《册府元龟》记载有13次，其地点分别在华池之万寿原、骊山、麟州、沂州、九成宫之冷泉谷、济州、潞州、皇家禁苑（2次）、华山大罗东南峰驾鹤岭、皇家闲厩试马殿、亳州、同州沙苑监，以关中地区居多。[2]

从这些记载可知：在中古华北地区许多州郡都曾经出现过白鹿；具体地点以丘陵山地较多的州郡出现比较频繁，黄淮海平原诸州郡亦时见报告。由于京畿附近通常禁止民间私猎，而皇家苑囿往往有数量不小的鹿群，因此这个地区报告白鹿出现的次数较多。这些事实说明，梅花鹿在当时北方地区分布相当广泛，在丘陵山地较多的州县和京畿附近，梅花鹿的种群数量大，分布密度高；东部平原地带也有一些分布。

其二是麝（学名 *Moschus* spp.），也是中古北方地区的重要鹿种。现代动物学研究表明：在我国分布的麝有两种，即马麝（学名 *Moschus chrysogaster*）和原麝（学名 *Moschus moschiferus*）。著名的香料——麝香，是世界三大动物香料之一（其他两种分别来自灵猫和河狸）。麝香系麝的包皮腺分泌物，是一种具有强烈芳香气味的外激素，麝香在中药学里一直被当作一种非常重要的药材。现代药学研究证实麝香对人的中枢神经有兴奋作用，能兴奋呼吸中枢和血管舒缩中枢，用于治疗急热性病人的虚脱、中风昏迷和小儿惊厥等症疗效显著。

《唐六典》《通典》《新唐书》《元和郡县图志》等文献中保存有较详备的唐代各地土贡麝和麝香的资料[3]，故不需要太费力气就可以比较清楚地确定当时麝的主要分布区域。《通典》记载唐代有26个郡上贡麝香，麝香被制成颗粒，上贡数量自10颗至60颗不等。[4]除华北州郡之外，南方各地特别是山南和剑南也大量上贡麝香，说明麝香在当时是一种大量需用的药用香料，颇疑这与唐

[1] 不同于其他时期的荆州，北魏时期（指太和二十一年，497年，前后）的荆州辖区很小，仅包括今河南平顶山市以西至伏牛山两侧及其附近地区，亦在本章研究范围内。

[2]（宋）王钦若等编：《册府元龟》卷24《帝王部・符瑞三》；卷115《帝王部・搜狩》，中华书局，1960年，。

[3] 此外，以上诸书又记载，唐代华北还有若干州郡上贡鹿角胶、鹿角，鹿皮、革，鹿舌、鹿尾等，分别用于作药材、服饰和食用，比如鹿角胶具有补肝肾，益血填精，止血安胎的功能，也是一种上等药物。因不能肯定是何种鹿，暂不加述列。

[4]（唐）杜佑撰，王文锦、王永兴等点校：《通典》卷6《食货六》，中华书局，1988年，第112-127页。

代社会上层特别是皇室多患“风疾”有关。至于直接贡麝，大约是供皇家苑囿豢养并取麝香之用。

《新唐书·地理志》记载唐代贡麝和麝香的州郡，属于黄河中下游（或部分属于本区范围之内）的共有22郡。其中同州冯翊郡、庆州顺化郡、丹州咸宁郡、延州延安郡、灵州灵武郡、虢州弘农郡贡鹿，而进贡麝香的有商州上洛郡、岚州楼烦郡、忻州定襄郡、代州雁门郡、妫州妫川郡、檀州密云郡、营州柳城郡、河州安昌郡、渭州陇西郡、兰州金城郡、阶州武都郡、洮州临洮郡、廓州宁塞郡、叠州合州郡、宕州怀道郡、甘州张掖郡。

一般来说，凡上贡麝或者麝香的地区，即有麝的栖息。由上述记载可知：唐代在燕山—太行山一线以西、以北和青藏高原以东的许多州郡土贡麝香或麝，距离京城长安不远的同州亦以麝香称贡，说明这些地区都有麝的栖息活动。但黄河下游州郡不见贡麝或麝香的记载，说明唐代麝在那些地方很少分布或没有分布。考虑到麝的生活习性特别是食性，东部地区可能一向不曾有过大群的麝。

其三是獐（学名 *Hydropotes inermis*），古文献亦称麕，也是北方地区的重要鹿种。相比而言，獐不像梅花鹿具有较高的观赏价值并且能够提供珍贵的鹿茸，亦不似麝是麝香的主要来源，因此獐在古代的声望远不及于后二者。不过，獐也是当时重要的捕猎对象和野味肉食来源，分布区域相当广泛。在古代，獐的隐白基因表现型——白獐亦被视作一种吉祥物，史家谓“白獐，王者刑罚理则至”[1]。意思是说，白獐的出现是帝王施行刑罚平正公允、合乎法度的一种自然感应。因此，地方一旦发现白獐出现，也都要报知朝廷；如果捕获到了白獐亦必定要上献。我们从《宋书》《魏书》《册府元龟》等书中找到了本地区的相关记载一共27次。具体情况如下：

《宋书》卷二八《符瑞中》记载有17次，其中言“献”者12次、“见”4次、“闻”1次，时间起自曹魏文帝黄初元年（220年），终于刘宋明帝泰始五年（469年）；除1处记载称19个郡国上言白獐出现不可靠（理由同上）外，其余记载所涉及的地方有：琅邪、魏郡、义阳、汲郡、梁郡、汝阳武津、东莱黄县、马头（属豫州）、济阴、东莱曲城县、济北、南阳（3次）、北海都昌、汝阴楼烦等。这些地方大抵都在今河南、山东两省境内；《魏书》卷一一二下《灵征志》

[1]《宋书》卷28《符瑞中》，中华书局，1974年，第809页。

记载有 7 次，6 次言“献”、1 次称“见”，时间起自北魏明帝永兴四年（412 年），止于东魏孝静帝武定七年（549 年），出现的地方分别是章安、怀州、豫州、华州、徐州（2 次）和瀛州，涉及今陕西、河南、河北、江苏等省；《册府元龟》卷二四《帝王部・符瑞三》记载有 3 次，2 次言“见”、1 次称“献”，分别为唐玄宗开元十二年（724 年）、开元十五年（727 年）和德宗贞元十二年（796 年），出现地点在豫州、海州和许州，今属河南、江苏两省。

这些记载中的白獐基本上都是出现在该区域东部，很少见于太行山脉以西地区，这似乎表明：当时獐的主要分布区是在东部。这是由于记载缺失，抑或实际情况即是如此，值得推究。从现存文献资料看，至少关中地区分布有獐。唐文宗开成四年（839 年）四月，“有獐出于太庙，获之”[1]。或许是从禁苑里逃逸出来的，不能完全算作自然分布。但隋唐之际的大医学家孙思邈提到岐州药材中有獐骨和獐髓，说明那时当地也有不少獐栖息。[2]不过，獐的生活习性是喜于溪河水际活动，只要其他条件具备，东部湿润地区更适合其栖息。这样看来，关于华北白獐的记载主要在东部地区，即獐的主要分布区在东部，也很合乎情理。

其四是令人十分慨叹的麋（学名 *Elaphurus davidianus*）。前面曾经指出：自远古至春秋时代，麋鹿是我国东部湖沼草泽地区的优势鹿种，往往万千成群，种群数量十分庞大，是早期人类的主要肉食来源。随着土地不断被垦辟，战国、秦、汉以后，当地麋鹿日益稀见，在诸鹿之中，其种群数量和分布区域减缩最为明显，以至一些学者曾认为西汉以后麋已经在这个地区绝迹。[3]及至晚近时代，麋不但在华北甚至在整个中国都逐渐绝迹，清代晚期仅北京南郊皇家苑囿中尚有少数豢养，八国联军攻进北京后，竟被洗劫一空，致使麋种断绝。直到 20 世纪 80 年代，始由英国乌邦寺公园引返其种，现于江苏沿海地区辟有麋鹿饲养场。中古时代，华北地区的麋虽未完全绝迹，但已是非常稀少，史书中偶然有些不太确定的记载。例如，北魏天兴五年（402 年）北方地区曾经发生一次严重疫灾，“是岁天下牛死者十七八，麋鹿亦多死”；北魏太平真君五年（444

[1]《新唐书》卷 35《五行二》，中华书局，1975 年，第 923 页。
[2]（唐）孙思邈：《千金翼方》卷 1《药录纂要・药出州土第三》，人民卫生出版社，1983 年。
[3] 文焕然不同意西汉以后华北麋鹿已经灭绝的说法，认为 17 世纪甚至 19 世纪华北仍有少量麋鹿分布。参见文氏著：《中国历史时期植物与动物变迁研究》，重庆出版社，1995 年，第 143-150 页。本章所举证的史实，可以部分地支持文氏的观点，认为中古时代本区仍有少量麋鹿栖息，但 17—19 世纪恐怕已经基本消失。

年），魏帝在山北地区狩猎，“大获麋鹿数千头，诏尚书发车牛五百乘以运之”[1]。唐代亦偶有记载，例如，《新唐书》记载：“虢州负山多麋麋，有射猎之娱”“东畿西南通邓、虢，川谷旷深，多麋鹿……”[2]初唐时期诗人王绩称其所居住的河、济之间，“亲党之际，皆以山麋野鹿相畜”[3]；唐人张读则称：侨居雁门的林景玄“以骑射畋猎为己任”“尝与其徒数十辈驰健马，执弓矢兵杖，臂隼牵犬，俱猎于田野间，得麋、鹿、狐、兔甚多”[4]；《元和郡县图志》记载：位于陇右道廓州化城县东北七十里的扶延山中，也“多麋鹿”[5]。如果这些记载中的“麋鹿”，实指我们通常所说的麋鹿，而非是一般性的泛指，则中古时期北方地区还有较多麋的分布，至少在今山西北部、内蒙古中南部，以及今陕、豫交界地区有分布，且种群数量仍然相当不小；如果包括“麋”和“鹿”（特别是梅花鹿）这两种鹿科动物，则这些地方至少亦仍有麋栖息。相对较为确定的是，在今山东高密、江苏洪泽湖一带，唐代有群麋栖息，前者见于《元和郡县图志》的明确记载[6]，后者则在《千金翼方》中有所反映。[7]无论如何，直到唐代，华北一些地方仍然有残存的麋在活动，只是其种群数量远不能与先秦以前相比，活动区域也极为有限，与同时代的梅花鹿、麝和獐相比，数量也要少得多。这自然是因为原先最适于麋生息的东部平原沼泽地带，此时已变为农耕经济的中心区域，各地湖沼草泽虽未至全部淤废，但可供麋栖身之处已经不甚广；虽然山区川谷溪涧也或有麋鹿生息，但毕竟不能容纳很大的种群。

以上根据各类文献记载，对中古华北主要的鹿类种群及其分布情况进行了梳理，试图说明当时这一地区尚有种群数量相当可观的鹿类资源。为了进一步证实上述意见，下面再引述一些中古华北猎鹿和鹿产品利用方面的资料。中古文献关于华北猎鹿的记载甚为不少，主要集中在太行山—豫西山地以西地区。

---

[1]《北史》卷89《艺术上》，中华书局，1972年，第2923页；《魏书》卷28《古弼传》，中华书局，1974年，第692页。

[2]《新唐书》卷215上《突厥传上》，中华书局，1975年，第6036页；《新唐书》卷162《吕元膺传》，中华书局，1975年，第4999页。《资治通鉴》卷194《唐纪十》“太宗贞观六年”亦云：“以虢州地多麋鹿，可以游猎，乃以颉利为虢州刺史。”

[3]（唐）王绩：《答冯子华处士书》，收入《全唐文》卷131，中华书局，1983年，第1322页。

[4]（唐）张读：《宣室志》卷8，中华书局，1988年，第108页。

[5]（唐）李吉甫撰，贺次君点校：《元和郡县图志》卷39《陇右道上》，中华书局，1983年，第994页。

[6]《元和郡县图志》卷11《河南道七·密州》云：“东安泽，在（高密）县北二十里。周回四十里，多麋鹿、蒲苇。”在沼泽地带活动的，自然应是麋。

[7]《千金翼方》卷1《药录纂要》称：“河南道泗州出麋脂”。按：麋脂即麋鹿的脂肪，可作药用。同书卷3《本草》中《人兽部》乃云：“麋脂，味辛温，无毒。主痈肿恶疮死肌，寒风湿痹，四肢拘缓不收，风头肿气，通腠理，柔皮肤，不可近阴，令痿。一名宫脂。”古时泗州一带乃是下湿沮洳的草泽之地，适合麋群生活。

为了方便起见，我们分区述说。

首先是北部沿边地带。那里是草原地带或者毗邻草原，野生动物资源较之内地远为丰富，故射猎活动亦比内地频繁。文献反映：北魏前期，都城平城以西、以北地区特别是今阴山一带，是鹿类和众多野兽栖息的渊薮，为获得充足的生活资源，当地居民经常性地进行大小规模的围猎活动，狩猎业甚至是北魏前期经济不可缺少的重要部分，大规模狩猎活动经常性地进行，魏王也常亲自出马。黎虎根据《魏书》统计：北魏前期 5 帝在位的 85 年间，共计出猎 67 次，平均每 1 年零 3 个月即出猎 1 次[1]，每次围猎都是收获甚丰，鹿类动物乃是最重要的围捕对象。例如，永兴五年（413 年），北魏明帝拓跋嗣“西幸五原，校猎于骨罗山，获兽十万”[2]；太武帝神䴥四年（431 年）冬，“北部敕勒莫弗库若于率其部数万骑，驱鹿数百万，诣行在所，帝因而大狩以赐从者”[3]。这些记载中的野生动物特别是鹿类的数量十分惊人，即使可能存在夸张成分，也仍然令人怀想那个数十万乃至数百万头野兽狂奔的壮观狩猎场面。太武帝太平真君五年（444 年），北魏皇帝又于山北地区围猎，“大获麋鹿数千头，诏尚书发车牛五百乘以运之”[4]。一次围猎能有如此庞大的鹿类捕获量，对于今人是无法想象的，说明狩猎地区的鹿类种群数量庞大达到惊人的程度。鄂尔多斯沙漠南部也有大量鹿群活动，故猎鹿也是当地经常性的经济活动。北周时期，宇文宪之子宇文贵年方十一岁，“从宪猎于盐州（今陕西定边一带），一围中手射野马及鹿一十有五”[5]。或许这个记载也有夸张，但若非当地有很多野马、野鹿，一名年方 11 岁的小儿持弓，一次围猎即能射得野马及鹿十余头，无异于“天方夜谭”，史书也不能出现这样的夸张。在幽州地区，鹿类动物也是重要的捕猎对象，北齐时，当地有人用驴驮运鹿脯南下到沧州贩卖。[6]直到唐代，文献仍多记载北部边境地区弋猎之事，如张读《宣室志》卷八就记载了几件事：除前引林景玄的故事外，还记载了女子捕猎，称振武军都将王含之母金氏“常驰健马，臂弓腰矢，入深山，取熊、鹿、狐、兔，杀获甚多”。如此之类事情颇多，不能俱引。正因这些地区鹿类资源丰富，人们猎鹿的活动频繁，故唐代西北沿边诸

[1] 黎虎：《北魏前期的狩猎经济》，《历史研究》1992 年第 1 期，第 106-118 页。
[2]（宋）王钦若等编：《册府元龟》卷 115《帝王部・搜狩》，中华书局，1960 年，第 1374 页。
[3]《魏书》卷 4 上《世祖太武帝纪》，中华书局，1974 年，第 79 页。
[4]《魏书》卷 28《古弼传》，中华书局，1974 年，第 692 页。
[5]《北史》卷 58《周宗室诸王传》，中华书局，1972 年，第 2092 页。
[6]《北齐书》卷 10《高祖十一王传》，中华书局，1972 年，第 134 页。

州郡有多种鹿产品上贡朝廷，除前文所述的贡麝香外，灵州、蓟州贡有鹿角胶，胜州、麟州贡鹿角，会州贡有鹿舌、鹿尾等。

接下来看关中地区。由于一些王朝曾在关中设置禁苑豢养鹿类，所以当地的鹿类资源一向较为丰富，有些实际上处于半驯化的状态。唐代关中地区鹿类仍是常见动物，卢纶诗就曾提到周至一带“野日初晴麦垅分，竹园相接鹿成群”的景象[1]；当时文献中甚至不时出现关于鹿类动物进入长安街市、太庙乃至直入皇宫殿门的记载，说明当地长安周围地区鹿的遇见率还相当高[2]，这可能是因为当时国家对畿内百姓的捕猎颇多禁令，故鹿群可以相当自由地活动。尽管民间猎鹿受到禁止，但皇帝和王公贵族时常纵猎于荒郊旷野射鹿娱乐，这些在当时的诗文中多有记颂，无须俱引。

再往东南，是秦岭东部—豫西山地。隋唐时代，秦岭东部—豫西熊耳山、伏牛山和崤山地区，亦即洛阳西南面的邓、虢、商等州，都有很多鹿群分布，猎鹿活动亦相当频繁，史书记载颇多。唐朝初期，突厥可汗颉利归降后，常郁郁不乐，太宗为了顺其物性，打算任命他做虢州刺史，因“虢州负山多麋麖，有射猎之娱”[3]；有时皇帝也亲自带着大批人马前往这一地区狩猎射鹿，例如，唐高宗曾于“龙朔元年（661年）冬十月，狩于陆浑县；戊辰，校猎于韭山，上自射禽兽，获鹿及雉兔数十，令代官厨应烹之羊，尽放令长生焉”[4]。直到中晚唐时期，邓、虢一带仍是鹿类众多，许多山民不事耕种，专以射猎为生，号称“山棚”。“山棚”常将猎获的鹿负载入市鬻卖。[5]商州地区的射麝活动，在唐诗中有不少咏颂，如张祜曾提到当地逸人野老“随蜂收野蜜，寻麝采生香”的隐居生活[6]；有些村落甚至因为居民多事采麝香的营生而被称为“采麝村”[7]。由于朝廷土贡所迫，商州一带不少百姓直至垂白之年仍然不能结束猎麝生涯，曹松有诗称：“垂白商于原下住，儿孙共死一身忙。木弓未得长离手，犹与官家射麝香。”[8]

黄河以北，太行山区南部东西两侧，中古时代亦曾是猎鹿的好去处。东侧

[1]（唐）卢纶：《早春归盩厔旧居却寄耿拾遗湋李校书端》，收入《全唐诗》卷278，中华书局，1960年，第3156页。
[2] 有关史实，参见《隋书》卷2《高祖纪下》；《新唐书》卷35《五行二》等。
[3]《新唐书》卷215上《突厥上》，中华书局，1975年，第6036页。
[4]（宋）王钦若等编：《册府元龟》卷115《帝王部·搜狩》，中华书局，1960年，第1377页。
[5]《资治通鉴》卷239《唐纪五十五》；《新唐书》卷162《吕元膺传》。
[6]（唐）张祜：《寄题商洛王隐居》，收入《全唐诗》卷510，中华书局，1960年，第5824页。
[7]（唐）王贞白《过商山》一诗云：“一宿白云根，时经采麝村”，收入《全唐诗》卷886，中华书局，1960年，第10006页。
[8]（唐）曹松：《商山》，收入《全唐诗》卷717，中华书局，1960年，第8246页。

的邺郡一带鹿类甚多，猎鹿之事时见记载。魏文帝曹丕与其族兄之子曹丹出猎，“终日获獐、鹿九，雉、兔三十”[1]。在当时的工具条件下，如果没有较大鹿群存在，数人出猎一天即能猎获 9 头獐、鹿是不可能的。实际上，曹魏时期，国家曾在这一地区设置了大型苑囿，禁止民间猎鹿，致使荥阳周围鹿群成灾，对农业生产造成了严重破坏，因此大臣高柔极力主张取消禁令，听民捕猎。[2]直到唐代中期，温县（今河南温县）人捕猎还可猎获到獐和鹿。[3]济源一带在唐代亦为猎鹿之所，贞观十一年（637 年），唐太宗曾率队前往济源之山狩猎，所获之鹿被送往有司造脯醢以充荐享[4]；裴休兄弟在济源时，曾有猎人以所获之鹿相赠。[5]至于其西侧诸州，也颇有猎鹿的记载，比如隋代皇帝就曾在汾阳宫附近（位于今阳曲）举行围猎，随猎的杨暕“大获麋鹿以献”[6]。潞州林虑山区也是鹿类甚多，景龙二年（708 年）八月唐中宗曾亲自“逐鹿于潞河”[7]。

我们在中古文献中尚未找到关于黄河下游地区猎鹿的记载，虽不能因此认为当地完全没有捕猎鹿类的活动，但与前述地区相比要少得多大概是可以肯定的。

猎鹿的目的自然是为了获得所需鹿类产品。鹿类动物遍身是宝，如鹿茸、麝香、鹿角胶、鹿骨、鹿尾、鹿筋、鹿胎、鹿肾等都是十分名贵的中药材，鹿皮可以加工制成各种服饰，而鹿肉则具有很高的滋补营养价值。在中古时代，鹿类产品已被广泛地开发利用，比较显著的是它们的药用，孙思邈的《千金方》《千金翼方》，孟诜的《食疗本草》和苏恭等的《新修本草》，都十分强调鹿产品的医药价值，尤其是麝香应用非常广泛。不过，作为药材的鹿产品，流通区域较广，华北居民所用的未必即产自当地，故对此我们不作详述。但当地人所食用的鹿肉，则应为本地区所出产，文献中关于加工食用鹿肉的记载为数不少，从一个方面反映了当地鹿类资源的丰富程度。

北魏贾思勰在《齐民要术》卷八、卷九记载有多种鹿肉加工方法，如以獐、鹿肉加工“五味脯”“度夏白脯”“甜脆脯”“苞牒（以鹿头为原料）”等。此外，

---

[1]《三国志》卷 2《魏书・文帝纪》“裴注”引《典论・自序》，中华书局，1959 年，第 89 页。按：“三十”，它书皆引作“二十”。

[2]《三国志》卷 24《魏书・韩崔高孙王传》“裴注”引《魏名臣奏》，中华书局，1959 年，第 689 页。

[3]《太平广记》卷 100“屈突仲任”条载仲任善猎，所捕获的猎物包括獐、鹿及其他众多鸟兽。中华书局，1961 年，第 668-669 页。

[4]（宋）王钦若等编：《册府元龟》卷 115《帝王部・搜狩》，中华书局，1960 年，第 1376 页。

[5]《新唐书》卷 182《裴休传》，中华书局，1975 年，第 5371 页。

[6]《北史》卷 71《隋宗室诸王》，中华书局，1972 年，第 2480 页。

[7]（唐）潘炎：《潞河逐鹿赋并序》，收入《文苑英华》卷 85，中华书局，1966 年，第 386 页。

在当时，獐、鹿肉还可以加工酿制成肉酱，该书卷八就对采用獐、鹿肉加工“肉酱”和“卒成肉酱”的方法进行了专门讨论。在《齐民要术》有关加工烹饪方法的记载中，獐、鹿肉出现的次数远超过除鱼之外的所有其他野生动物，如兔、野猪、熊、雁、鸽、凫、雉、鹌鹑等，这说明在各种野味肉食中，贾思勰显然最为重视獐肉和鹿肉，也说明獐、鹿肉在当时是比较常见而易得的野味食料。直到晚唐五代时期，韩鄂在《四时纂要》中仍记载有用獐、鹿肉加工成“淡脯”、白脯和干腊肉的方法。[1]这两部关于农事和日常家庭生活的著作一再谈论鹿肉的加工食用，并与牛、羊、猪肉相提并论，表明鹿肉在当时并非太难得的野味。

关于唐代上层社会加工食用鹿肉之事，史书记载颇为不少。唐制规定：宫廷所需肉酱的加工事务，由光禄寺掌醢署负责，肉酱种类则是鹿、兔、羊、鱼等四醢。[2]在祭祀供品中，则有鹿脯、菁菹鹿醢、葵菹鹿醢等鹿肉加工食品[3]。除了鹿肉酱之外，当时甚至还专用鹿尾作酱，安禄山就曾向唐玄宗进献过鹿尾酱。[4]在唐代，皇帝常以赐食表示对大臣的褒宠，其中鹿肉是常赐的肉食口味之一。[5]唐玄宗天宝时期，哥舒翰与安禄山、安思顺之间发生了矛盾，唐明皇想做和事佬，趁其三人来朝之机设宴招待他们，“诏尚食生击鹿，取血瀹肠为‘热洛何’以赐之”[6]。这些事例说明：在唐代上层社会的饮食中，鹿肉食品是相当常见之物。

关于普通百姓食用鹿肉的实例，文献记载不多，但有几个例子却很能说明问题。例如，《颜氏家训》记载：北齐时，有人用数块獐肉招待女婿，而女婿竟认为岳父真是悭吝至极，因此非常愤恨以至举止失态[7]，这无疑说明：獐肉在当时并非珍贵难得的美馔，相反却是不算太好的食品。隋唐之际的王梵志曾在诗中谈到：贫困人家餐具不完，有客相过，仅能以“鹿脯三四条，石盐五六课（颗？）”相招待[8]，这也说明当时鹿肉在一些地方并非难得的珍味，所以贫穷

[1]（唐）韩鄂撰，缪启愉校释：《四时纂要校释》《冬令卷之五·十二月》，农业出版社，1981年，第245页。

[2]《旧唐书》卷44《职官三·光禄寺》，中华书局，1975年，第1879页。

[3]《新唐书》卷12《礼乐二》，中华书局，1975年，第331页。

[4]（唐）姚汝能：《安禄山事迹》卷上，上海古籍出版社，1983年点校本，第9页。

[5]（唐）常衮：《谢冬至赐羊酒等表》，收入《文苑英华》卷595；（唐）常衮：《谢米面羊酒等状》和《谢赐鹿状》，收入《文苑英华》卷632；（唐）苑咸：《为晋公谢赐鹿肉状》，收入《文苑英华》卷632，等，均提到皇帝赐与大臣鹿肉。

[6]《新唐书》卷135《哥舒翰传》，中华书局，1975年，第4571页。

[7]（北齐）颜之推撰，王利器集解：《颜氏家训集解》卷1《治家第五》，上海古籍出版社，1980年，第57页。

[8] 张锡厚：《王梵志诗校辑》卷3《草屋足风尘》，中华书局，1983年。按：王梵志生平不详，有学者甚至怀疑是否曾有其人，故该诗所反映的具体地域，也难以确证。但《太平广记》卷82“王梵志”条引《史遗》称其为卫州黎阳人，生于隋文帝时。若如此，则该诗有北方经济生活的背景，自在情理之中。

人家也能存些鹿脯即干鹿肉。颜真卿在生活穷困、妻子生病时，曾向李太保某乞讨过新好的鹿肉脯。[1]如此之类，不一一俱引。

要之，中古时代华北不少地方捕猎鹿类的活动相当频繁，猎鹿活动发生的地域以本区西北部为主，这也与前人所述西北地区鹿类资源更为丰富的情况基本相合。但东南部也有一些鹿类栖息，特别是在丘陵山地鹿类也还较常见，何以这些地区不见有猎鹿的记载，尚待查证。同时，尽管中古华北鹿肉不如家养畜肉那样易得常食，但也远不像晚近时代这样稀罕，故当时文献之中还颇有一些关于鹿肉加工食用的记载，特别是指导日常生计的《齐民要术》和《四时纂要》等，都专门提到鹿肉加工方法，这从另一侧面证实当时华北地区尚存在较丰富的鹿类资源。

通过以上叙述，我们对中古华北的鹿种、种群及其分布情况，可有一个大致了解，只是对于不同鹿种的分布密度，还无法做出具体判断。这一方面是由于鹿是移徙活动的，即使在当代也很难就某个地区野生鹿类的分布密度获得一个精确数据，通常只能采用标志重捕法，或者统计捕获率、遇见率等，取得一些相对数值；另一方面更由于现存中古文献可供利用的相关数据实不足以作这方面的尝试。因此，我们只能就总体情况概略地说：当时华北仍有不少地方存在数量相当可观的鹿类。之所以做出这样的估计，一方面是由于当时文献有不少关于白鹿、白獐和贡麝、麝香及其他鹿产品的记载；另一方面，也因为在关于猎鹿活动的记载中，时而出现相当不小的捕获数字，而文献关于食用鹿肉的记载亦可为此提供佐证。隋唐文献不时记载有獐、鹿进入长安城甚至闯到皇宫，我们可据以推测：当时长安附近、关中地区的鹿类种群数量亦较可观。

在自然界中，任何一种野生动物的生存和繁衍，都是与一定的生态环境，包括无机环境和生物环境相适应的。就生物环境而言，各种动物的分布范围、种群大小和密度高低，既取决于食物资源的分布及其丰富程度，同时在一定程度上也受到不同动物之间复杂的竞争、共生与捕食关系的影响；而所谓经济动物，则与人口密度、经济生产方式有着极为密切的关系。因此，动物种群数量的增长与减少，分布区域的扩大与缩小，绝对不是一种孤立现象，而是对生态环境及其变化的综合反映。相应地，特定区域中动物特别是某些典型动物的种群大小及其分布情况，也就成为判断该区域整体生态状况的重要指标。这就容

[1]（唐）颜真卿：《与李太保帖》之八，收入《全唐文》卷337，中华书局，1983年，第3413页。

许我们根据鹿类的情况，对中古华北的生态环境状况稍作如下推测。

首先，鹿类作为典型的食植（食草）动物和重要的经济动物，其分布范围与种群大小，既与森林、草地特别是其中可食林、草种类的分布与丰俭程度直接相关，更与人口密度、生产类型和经济活动强度（在农业时代主要是土地开发强度）有很大关系，人口增加、土地开发，以及相应发生的森林、草地的减少，必定会导致鹿类种群数量的下降和分布区域的缩小。从较长的历史时段来看，这种关系是比较清楚的。以《诗经》时代与中古相比较，前一时期人口尚少，华北还存在着广袤的森林和草场未遭砍伐开垦，鹿类喜食的植物如苹、蒿、芩之类仍很丰富，“畋猎”虽是一项重要的经济活动，但民俗与国法对野生动物的季节性保护还是相当严格的，所以其时华北地区还到处是“呦呦鹿鸣”的景象。但到了中古时期，森林植被状况已大不如《诗经》时代，与远古更无法相比，故鹿类的栖息范围及种群数量相应地也就小得多，曾经是鹿类优势种的麋鹿，种群数量更是明显减少。只是与晚近时代的情况相比，中古华北的鹿类资源仍可谓丰富。

仅就中古时期本区鹿类的种群数量与分布情况而言，其与自然生态和社会经济变化之间的相关性也有一定的显现。我们注意到：这一时期华北地区的鹿类资源，从分布区域来说，以西北山地高原区较为丰富，北部边缘地带因属草原或毗邻草原，其种群数量更是相当庞大；而文献关于其东南部鹿类的记载相对较少，且现有的记载亦大抵多在拥有山地丘陵的州郡。这些情况，毫无疑问与有关地区的农业开发强度较弱、林草地较多有关，可与森林、草原变迁的研究成果互相印证。

进一步检核资料出处还可以发现：相关记载较多关于魏晋北朝，明显多于隋唐时期。这似乎表明，中古华北地区的鹿类资源存在着前丰后俭的情况。我们知道，魏晋北朝北方处于长期战动状态，人口密度一度下降到了相当低的水平，甚者千里杳无人烟，蒿莱遍野，土地荒芜，然而从自然生态角度来看，这种令人慨叹的社会经济衰退却带来了一个积极后果，即生态环境自然修复，特别是草场和次生林扩展。由于这种修复和扩展，鹿类等野生动物获得了扩大其种群数量和栖息空间的机会。故此，魏晋北朝文献关于鹿类的记载特别是关于白鹿和白獐出现的报告较多，涉及地区亦较广泛，在汉代曾是农业繁盛、人烟稠密的地区也分布有数量可观的梅花鹿和獐。但进入唐代以后，随着农业经济逐渐恢复并取得进一步发展，一度荒闲的林草地被复垦，丘陵山地的林木则由于各种需求扩大而进一步遭到砍伐，可供鹿类活动的空间再度渐趋减缩，种群数量亦趋减少。如此一来，关于唐代黄河中下游鹿类动物的记载不如前一阶段多，乃在情理之中的事情。反过来看，鹿类种群数量、地理分布及其变化，也正是当时该区域森林、草地盈缩变化的一个反映。

其次，野生动物资源的丰富性与多样性，是判断一个地区自然生态环境好坏的重要标准。鹿类作为动物界中的一个族类，虽不能完整地反映某个区域野生动物资源的丰富性与多样性，但仍可据之对动物种类多样性与资源丰富性做出某种推断。这是因为：其一，鹿类曾是华北最重要的野生经济动物，自远古以来即是当地人们捕猎的首选目标，仍有较多鹿类可供捕猎，即意味着尚有众多其他可供捕猎的野生动物；其二，在各种高等食草动物中，鹿类是对生境特别是林草地的要求较严格的一类，鹿类的种群数量和地理分布对生态环境的改变反应比较灵敏，有较多鹿类存在，即意味着整个生态环境尚称良好，其他野生食草动物亦应较为丰富，至少在华北这样的自然环境下是如此；其三，鹿类动物是生态“食物链”中的一个组成部分，在“食物链”中，鹿及其他食草动物属于“一级消费者”，是大型食肉动物的捕食对象，数量众多的鹿类及其他食草动物存在，为食肉猛兽提供了食物条件，相应地，后者亦必定存在着一定的种群数量。

据此说来，前引高柔的言论并非完全虚言，而是具有相当的依据。他估计：那个禁苑中有以鹿为食的老虎 600 只，狼 500 只，狐则多达 10 000 只，此外还有雕鹗。他估算一年之中被虎、狼、狐、雕鹗捕食掉的鹿达到 120 000 只，这个数目是相当庞大的。我们无法知晓这些数字是否经过调查所得，但可以肯定的是，即使这些数字存在较大的夸张，亦并非完全是信口开河。高柔并不具备现代生态学知识，但他所举陈的捕食者与被捕食者的数量关系却很符合生态金字塔理论——其中所出现的鹿的个体数，是虎、狼、狐等食肉动物个体总数的 10 倍多。无论如何，当时该地区仍然栖息着种群数量很大的鹿类等食草动物，以及数量相当可观的虎、狼和狐等食肉野兽，这一点是完全可信的。

中古其他文献的记载也证实高柔所言并非完全出于凭空捏造。例如，前秦苻生统治时期，“虎狼大暴，从潼关至于长安，昼则继道，夜则发屋，不食六畜，专以害人，虎杀七百余人”。由于虎狼食人，造成当地“行路断绝”[1]。北魏时期，要捕捉几只虎、豹，在离京城洛阳不远的郡县就可办到，例如，魏庄帝为试验老虎是否在狮子面前俯首低头，曾“诏近山郡县捕虎以送”，距离洛阳以东和东北不远的“巩县、山阳并送二虎一豹”[2]。在唐代，华北地区仍常见猛虎出没。如唐代宗时，关中的华州曾出现过“虎暴”[3]；猛虎甚至还曾进入位于长安城内长寿坊的元载家庙！[4]行者过客在旅途中遇见老虎的事情，在许州、沧州这些并不算特别僻远的地区也时有发生[5]；定州的北平一带多猛虎亦载于正史。[6]除虎、狼之外，豹、熊在中古华北也时见踪迹，《新唐书·地理志》《元和郡县图志》等均记载岚州、蔚州、平州等地贡熊、豹皮及豹尾；盛唐时期在关中的户县一带仍可以捕猎到熊。[7]另一种食肉动物——狐，即使在京兆、汲郡这些号称人烟繁盛的地区亦有不少，时常有人大行捕猎，国家有时还向当地郡县征调狐皮。[8]

所有这些事实都证明：中古时代黄河中下游地区仍然有不少大型的食肉猛兽栖息活动。同鹿类动物一样，它们的栖息和繁衍需以大面积山林、草地作为前提。与鹿类动物所不同的是，这些食肉动物处于更高的营养级，虎、豹等大量猛兽更是高居食物链的顶端，它们在这个地区栖息生长，必须有数以十、百倍的鹿类以及其他食草动物的存在作为基础。如果没有相当广袤的山林草地，没有包括鹿类在内的各种野生食草动物大量存在，各种大型食肉猛兽在这里大量栖息、繁衍乃是不可能的。

下面简述以鱼类为主的水栖动物。

今日之黄河中下游，极目千里，俱是亢旱陆地，河流干涸，几无湖泽，水栖动物资源贫乏，但这并非当地本来的情形。前文已经指出：古代华北大地上曾有众多河流和广大湖泽，直到中古，该区域水资源环境依然整体良好，因此也曾拥有相当丰富的鱼类水产资源。《诗经》关于鱼和捕鱼活动的大量咏颂，可

[1]《魏书》卷95《临渭氏苻健传》，中华书局，1974年，第2075页；《晋书》卷112《苻生载记》略同。
[2]（北魏）杨衒之撰，范祥雍校注：《洛阳伽蓝记校注》卷3，“城南”，中华书局，1961年，第161页。
[3]《太平广记》卷289，“明思远”条引《辨疑志》，中华书局，1961年，第2298页。
[4]《旧唐书》卷11《代宗纪》，中华书局，1975年，第294页。
[5]《太平广记》卷430，“李琢”条引《芝田录》；卷431，“李大可”条。
[6]《新唐书》卷202《文艺中·张旭传》，中华书局，1975年，第5764页。
[7]（唐）段成式撰，方南生点校：《酉阳杂俎》前集卷之12，《语资》，中华书局，1981年，第115页。
[8]《隋书》卷72《孝义·华秋传》，中华书局，1973年，第1671页；唐宪宗：《禁捕狐兔诏》，收入《全唐文》卷60，中华书局，1983年，第647页。

以帮助我们约略窥知先秦时代的情形。中古时代散见于各类文献中的鱼类资料仍然比较丰富，涉及的鱼类水产有鲤、鲫、鲋、鲂、鳝、鳢、鲇、蟹、虾、鳖、蛤等众多种类，难以一一列述。下面仅分区略述其资源概况。

关中虽然深处半干旱内陆，但中古时代仍有不少陂池湖泽，百顷泽、清泉陂、龙泉陂等陂泽之中都颇有水族鱼蒲之利[1]；渼陂更因多产美鱼美得名。[2]著名的昆明池，直到唐代尚未淤废，其中饶有鱼类水产，西魏时曾在昆明池大设网罟捕鱼招待南方使者[3]，唐代人们仍称其中“有蒲鱼利，京师赖之”。[4]安乐公主曾企图私占昆明池，其父唐中宗虽昏愦，亦知其为“百姓捕鱼所资，不许”[5]；唐德宗时又因该池“蒲鱼所产，实利于人”，诏令京兆尹韩皋组织维修。[6]泾、渭等河流中的鱼类也比较丰富，滨河之地不乏垂钓捕捞者。唐朝宫廷及诸司对包括鱼类水产在内的诸色食料需求量都相当之大，从唐朝制度规定来看，当时祭祀供奉、宫廷尚食和诸司百官供食，都需要消费相当数量的水产品[7]，大多应是取自都城附近的湖泽河流。

河东地区的湖泽陂池，见于《水经注》记载的有汾陂（邬城泊）、祁薮、董池陂、晋兴陂等，直到唐代基本上都还没有淤废，水产亦称丰饶。《元和郡县图志》称：地处汾州的文湖“多蒲鱼之利”[8]。纵流于河东地区的汾河，当时仍有相当大的流量，是重要的水运航道，鱼类水产也相当丰富，故文献颇载当地渔事。例如，十六国时期，前赵国皇帝刘聪对汾河里的鱼类很有兴趣，曾“晨出暮归，观鱼于汾，以烛继昼”[9]。而著名孝子王延曾于盛冬之际在汾河上为继母叩冰求鱼，“得生鱼一只，长五尺……”[10]无论是否确有其事，但这个故事必定有一定现实生活依据。

至于黄淮之间的河南地区，一向河流湖沼众多，鱼类水产更加丰富，中古

[1]（唐）李吉甫撰，贺次君点校：《元和郡县图志》卷2《关内道二》，《京兆下》，中华书局，1960年，第26-28页。
[2]（宋）吴曾称：“唐元澄撰《秦京杂记》载渼陂以鱼美得名。故杜子美《渼西南台》诗：‘空蒙辨鱼艇’。”见《能改斋漫录》卷6《事实》，上海古籍出版社，1960年，第151页。
[3]《南史》卷23《王彧传附固传》，中华书局，1975年，第644页。
[4]（唐）刘餗：《隋唐嘉话》（下），中华书局，1979年，第42页。
[5]（宋）孔平仲：《续世说》卷9《汰侈》，江苏古籍出版社，1988年，第401页。
[6] 唐德宗：《修昆明池诏》，收入《全唐文》卷53，中华书局，1983年，第572页。
[7] 唐制规定：诸亲王常食料，每月有长一尺的鱼30头。《唐六典》卷4《膳部郎中员外郎》条，中华书局，1992年，第128页。
[8]（唐）李吉甫撰，贺次君点校：《元和郡县图志》卷13《河东道二》，《汾州》，中华书局，1960年，第378页。
[9]《魏书》卷95《匈奴刘聪传》，中华书局，1974年，第2045页。
[10]（北魏）崔鸿：《十六国春秋·前赵录》。兹据《丛书集成初编》收录《十六国春秋辑补》，中华书局，1985年，第41页。

文献颇多记载。伊、洛、汝、颍等河流及其附近地区的鲂鱼、鲋鱼等，早在《诗经》时代就已经著名，中古时代仍然名气很大。晋代学者郭璞说：“鲂魾，今伊、洛、济、颍鲂鱼也，广而薄脆，甜而少肉，细鳞，鱼之美者也。……”[1]北朝民间流传的俗语说：“伊洛鲂鲤，天下最美；洛口黄鱼，天下不如。”[2]说明这一带的鲂、鲤鱼、黄鱼等甚受珍重。由于这一带鱼类相当丰富，水产买卖也一直比较常见。北魏以洛阳为都，城中设有数处水产市场，例如，城南有归正里，“近伊、洛二水……里三千余家，自立巷寺（市），所卖口味，多是水族，时人谓为‘鱼鳖寺（市）’也。”[3]城南又有一处市场名叫“四通市”，民间称为“永桥市”“伊、洛之鱼，多于此卖，士庶须脍，皆诣取之。鱼味甚美，京师语曰：‘洛鲤伊鲂，贵于牛羊’”。[4]直到唐代，文人雅士对于洛阳一带的美味水鲜仍是赞不绝口，白居易曾经屡屡吟及。[5]

淮河流域河流湖陂众多，鱼类水产自是更加丰饶。位于亳州城父县的高陂（今安徽涡阳县西），“周回四十三里，多鱼蚌菱芡之利”[6]。泗州徐城附近的永泰湖（今江苏洪泽湖）“……其中多鱼，尤出朱衣鲋”[7]，是周围百姓重要的生计来源。这个地区出产一种鱮鱼，与鲂鱼形体相似但头比较大，徐州人称之为“鲢”或“鲖”，即今天常见的鲢鱼，系我国人工养殖的四大家鱼之一。不过，这种鱼在当时的人看来不是上品，民间俗语甚至说：“买鱼得鱮，不如啖茹。”[8]淮河特产的鳆鱼则颇受珍重，曹操很喜欢食用，以致其子曹植祭父时还专门向徐州官员求取鳆鱼，他的兄长魏文帝则曾将其作为一种特殊礼品馈赠给孙权千枚。[9]南北朝时，鳆鱼卖到南方“一枚直数千钱”[10]。此外，颍州汝阴（今安徽阜阳一带）出产白鱼，当地加工的糟白鱼品质嘉美，在唐代曾为重要上贡物品。[11]今山东省境内，在

[1]（宋）李昉编：《太平御览》卷937《鳞介部九》引《诗疏义》（按：疑即《诗义疏》），中华书局，1960年影印宋本，第4163页。
[2]（宋）李昉编：《太平御览》卷936《鳞介部八》引《河洛记》，中华书局，1960年影印宋本，第4160页。
[3]（北魏）杨衒之撰：《洛阳伽蓝记》卷2《城东》，上海古籍出版社，1958年，第117页。
[4]（北魏）杨衒之撰：《洛阳伽蓝记》卷3《城南》，上海古籍出版社，1958年，第161页。
[5] 例如，白居易《饱食闲坐》诗云：“红粒陆浑稻，白鳞伊水鲂，庖童呼我食，饭热鱼鲜香，箸箸适我口，匙匙充我肠，八珍与五鼎，无复心思量……”；《狂吟七言十四韵》称：“洛堰鱼鲜供取足，游村果熟馔争新。”分别见《全唐诗》卷453、卷46。
[6]（唐）李吉甫撰，贺次君点校：《元和郡县图志》卷7《河南道三》，《亳州》，中华书局，1983年，第186页。
[7]（唐）李吉甫撰，贺次君点校：《元和郡县图志》卷9《河南道五》，《泗州》，中华书局，1983年，第222页。
[8]（宋）李昉编：《太平御览》卷937《鳞介部九》引《毛诗义疏》，中华书局，1960年影印宋本，第4163页。
[9]（宋）李昉编：《太平御览》卷938《鳞介部十》，中华书局，1960年影印宋本，第4169页。
[10]《南史》卷28《褚裕之传附彦回传》，中华书局，1975年，第751页。
[11]《新唐书》卷38《地理二》，中华书局，1975年，第987页。

唐代仍有许多湖沼陂泽，是鱼类水产的渊薮。例如，曹、宋二州界有大剂陂，周回“八十七里”[1]，陂旁某村有位陈君，“少小为捕鱼业”[2]。齐州有万顷陂，“鱼鳖水族，无所不有”[3]，齐州长清县的淯沟泊，“水族生焉，数州取给”，可见鱼类资源之多[4]。兖州泗水县境则有漏泽，漫延数十里，“其泽每春夏积水，秋冬漏竭。将漏之时，居人知之，不过三日，漏水俱尽，先以竹木作蒲篱围之，水族山积也”[5]。傍海的密州和莱州，鱼盐之利一向闻名，唐代这两个州分别向朝廷上贡海蛤和文蛤[6]。青州的蟹亦见称于史，时人视为珍味。[7]

黄河以北、太行山以东的河北平原，地势低洼，河流众多，湖泽广大，水产资源亦甚丰富。例如，浊漳水流经的扶柳县一带有博广池，“池多名蟹佳虾，岁贡王朝，以充膳府”[8]；邢州有著名的大陆泽，“葭芦茭莲鱼蟹之类，充牣其中”[9]；洺州有鸡泽，“鱼鳖菱芡，州境所资”[10]；相州的鸬鹚陂“周回八十里，蒲鱼之利，州境所资”[11]；沧州的萨摩陂“周回五十里，有蒲鱼之利”[12]。沧州一带自古多蟹，唐人姜师度曾试图在鲁城（今河北黄骅市北）开田种稻，结果竟因为蟹多成灾而未能成功！[13]沧州境内出产的塘蟹、鳢鲚都曾经是重要贡品。[14]沧州西面的瀛州河间（今河北河间市一带）也出产上等的蟹并且上贡，《酉阳杂俎》称该蟹“采于河间界，每年生贡，斫冰火照，悬老犬肉，蟹觉老犬肉即浮，因取之，一枚直百金，以毡密束于驿马，驰至于京”[15]。

这些鱼类水产，为中古北方人民提供了可观的食物能量，特别是优质动物蛋白质。在饥荒岁月，它们还成为贫穷百姓赖以活命的重要资源。前面曾经提到：

---

[1]（唐）李吉甫撰，贺次君点校：《元和郡县图志》卷11《河南道七》，《曹州》，中华书局，1983年，第295页。

[2]（宋）李昉编：《太平御览》卷936《鳞介部八》引《广五行志》。卷133引《闻奇录》作大鹤陂，事同。

[3]（宋）李昉编：《太平广记》卷469《万顷陂》引《朝野佥载》，中华书局，1961年，第3868页。

[4]（唐）李吉甫撰，贺次君点校：《元和郡县图志》卷10《河南道六》，《齐州》，中华书局，1983年，第279页。

[5]（唐）李吉甫撰，贺次君点校：《元和郡县图志》卷10《河南道六》，《兖州》，中华书局，1983年，第270页；又参见（宋）王谠：《唐语林》卷5《补遗》。

[6]（唐）李吉甫撰，贺次君点校：《元和郡县图志》卷11《河南道七》，《密州》《莱州》，中华书局，1983年，第298、第307页。

[7]（唐）段成式撰，方南生点校：《酉阳杂俎》前集卷之7，《酒食》，中华书局，1981年，第68页。

[8] 陈桥驿：《水经注校证》卷10《浊漳水》引《十三州志》，中华书局，2007年，第265页。

[9]（唐）李吉甫撰，贺次君点校：《元和郡县图志》卷15《河东道六》，《邢州》，中华书局，1983年，第428页。

[10]（唐）李吉甫撰，贺次君点校：《元和郡县图志》卷15《河东道六》，《洺州》，中华书局，1983年，第431页。

[11]（唐）李吉甫撰，贺次君点校：《元和郡县图志》卷16《河北道一》，《相州》，中华书局，1983年，第454页。

[12]（唐）李吉甫撰，贺次君点校：《元和郡县图志》卷18《河北道三》，《沧州》，中华书局，1983年，第518页。

[13]（宋）李昉编：《太平广记》卷259“姜师度”引《朝野佥载》说：“唐姜师度好奇诡……于鲁城界内种稻置屯，穗蟹食尽。又差夫打蟹，苦之，歌曰：‘鲁地一种稻，一概被水沫，年年索蟹夫，百姓不可活。’”

[14]（唐）李吉甫撰，贺次君点校：《元和郡县图志》卷18《河北道三》，《沧州》，中华书局，1983年，第518页。

[15]（唐）段成式撰，方南生点校：《酉阳杂俎》前集卷之17，《广动植》之二，《鳞介》，中华书局，1981年，第165页。

西晋咸宁四年（278 年），司、兖、冀、豫、荆、扬等州大水，皇帝询问大臣如何帮助百姓解决生活问题，杜预上疏请决诸陂，“令饥者尽得鱼菜螺蚌之饶”，认为这是当时解决饥荒的最好办法。[1]这些情况，今天的人们都已很难想象。

二、南方野生动物资源：典型种类和丰富程度

由于气候等多个方面的原因，秦岭—淮河以南尤其是长江以南的野生动物资源原本就比北方地区远为丰富。兼以那里大规模的自然资源开发明显迟缓于黄河中下游，中古初期，除局部地区（如成都平原）之外，大部分地区的森林植被和野生动物都还近乎原始状态，故不论丘陵山地还是平原沼泽，野生动物种类之繁多，种群数量之庞大，以及如今被称为珍稀动物的那些种类分布区域之广泛，都非同时代的北方地区可以比拟，其资源丰富程度远远超过今人所能想象。

以上节重点讨论的鹿科动物为例，大量资料反映出那时南方山林草泽之中随地可见千百成群的麋鹿。若采用与北方同样的方法推测南方鹿种分布及其种群数量，《宋书·祥瑞志》《册府元龟·帝王部》等关于白鹿、白獐的记录至少不亚于北方地区[2]；据《通典》记载：唐朝剑南、山南两道上贡麝香的州郡与秦岭—淮河以北地区大体相当，上贡数额则多出三分之一，即 90 颗。[3]若上贡麝香的数额能够反映麝的丰富程度，则山南特别是剑南地区麝的种群数量明显较多。根据现今情况进行推测：当时南方各地所分布的鹿种亦必定超过北方地区，可惜因史料记载模糊，对其属种无法一一予以指认。但有一点可以完全肯定：早在汉代北方地区就已经十分稀见、几近绝迹的麋鹿，中古时代在南方广大荒野之中仍然大量栖息活动。下面仅举几个例子：

长江中游荆楚地区著名的云梦大泽，自古便是水陆野生动物的渊薮，丰富的资源早为中原人士所称羡，其中麋鹿极多，《墨子》赞称：“荆有云梦，犀兕

[1]《晋书》卷 26《食货志》，中华书局，1974 年，第 787 页；《资治通鉴》卷 80《晋纪二》，“武帝咸宁四年”，中华书局，1956 年，第 2550 页。

[2] 由于北魏没有统一南方，故《魏书·灵征志》很少记载秦岭—淮南以南的情况。

[3]（唐）杜佑撰，王文锦、王永兴等点校：《通典》卷 6《食货六》，《赋税下》明确记载了各郡土贡的麝香颗数，北方地区：安化郡 25，延安郡 30，咸宁郡 1，弘农郡 10，楼烦郡 10，妫川郡 10，柳城郡 10，陇西郡 10，金城郡 10，安乡郡 20，临洮郡 10，合川郡 20，阴平郡 20，共计 186 颗；秦岭以南：上洛郡 30，武当郡 20，房陵郡 20，通化郡 60，交川郡 30，同昌郡 10，临翼郡 34，归诚郡 6，静川郡 6，恭化郡 20，维川郡 20，云山郡 10，蓬山郡 10，共计 276 颗。

麋鹿满之。”[1]及至中古，云梦大泽虽然已逐渐瓦解，但仍然拥有辽阔草泽，无数麋鹿生息其中，直到中古结束之时，当地人民仍然多以射鹿为业。生活在唐宋之间的孙光宪对江陵一带的猎鹿景象曾有如下一段记述，令人遥想彼时当地鹿类之盛。他说：

> 江陵松滋枝江村射鹿者，率以淘河乌胫骨为管，以鹿心上脂膜作簧，吹作鹿声，有大号、小号呦呦之异，或作麀鹿声，则麕鹿毕集，盖为牝声所诱，人得彀矢而注之。南中多鹿，每一牡管牝百头，至春羸瘦，盖游牝多也。及夏则唯食菖蒲一味，却肥。当角解之时，其茸甚痛，猎人逢之，其鹿不敢逸走，伏而不动。猎者以绳系其茸，截而取之，先以其血来啖，然后毙鹿，何其苦也欤！夫狨、麝、孔雀，以有用贾害，良可愍之。[2]

长江下游江浙地区也到处是麋鹿成群，西晋张华《博物志》曾记载今江苏泰州一带麋鹿盛况云：“海陵县扶江接海，多麋兽，十千为群，掘食草根，其处成泥，名麋畯。民人随此畯种稻，不耕而获，其收百倍。”[3]人们当然可以把这段记载当作古老“麋田”传说的翻版而不予采信，但这一带鹿类动物众多在古史文献中有连续不断的记载。事实上，以当时这个地区湖泽广大、遍地菰蒲水草的湿地生态环境（不知读者是否记得前文曾经提到当地菰蒲极盛的状况？），麋鹿千百成群并不奇怪。六朝文献曾多次提及当地出现白獐。[4]唐代浙东地区，今宁波一带仍多麋鹿。《元和郡县图志》记载：鄮县有个地方叫翁洲，“周环五百里，有良田湖水，多麋鹿”[5]。

山区同样是鹿类众多。长江上游的巴蜀山区，直到宋代仍然是群鹿麇集，

[1]（战国）墨翟及其后学原著，（清）孙诒让撰：《墨子闲诂》卷13《公输五十》，《新编诸子集成》本，中华书局，2001年，第485页。

[2]（宋）李昉编：《太平广记》卷443《杂说》引《北梦琐言》，中华书局，1961年，第3627页。按：传本《北梦琐言》无此条，贾二强点校本《北梦琐言》将此条作为佚文补入，中华书局，2002年，第441页。

[3] 按：传本《博物志》无此条，兹据《太平御览》卷839《百谷部三》，《稻》引，中华书局，1961年，第3751页。

[4]《宋书》卷28《符瑞中》：“大明三年（459年）三月辛卯，白鹿见广陵新市，太守柳光宗以闻”（中华书局，1974年，第806页）。同书同卷又云：“孝武帝孝建三年（456年）六月癸巳，白獐见广陵，南兖州以献”；又云：“后废帝元徽元年（473年）正月甲午，白獐见海陵、宁海，宁海太守孙嗣之以献”（均见中华书局，1974年，第811页）。又，《南齐书》卷18《祥瑞志》：“永明十一年（493年），广陵海陵县获白獐一头”。中华书局，1972年，第366页。

[5]（唐）李吉甫撰，贺次君点校：《元和郡县图志》卷27《江南道二》，《明州》，中华书局，1983年，第630页。

时人记载：崇庆府永康县境内有一座蟆颐山，“山中多鹿，号鹿市”[1]。人口更稀少、资源开发程度更低的岭南地区，鹿类自当更加丰富，下面几条材料虽非直接记载，却反映岭南丰盛的鹿科动物，成为爬行类食肉野生动物的饕餮之餐。《水经注》云：

（交趾）山多大蛇，名曰髯蛇，长十丈，围七八尺。常在树上伺鹿兽，鹿兽过，便低头绕之，有顷鹿死。先濡令湿，讫，便吞头角，骨皆钻皮出。山夷始见蛇不动时，便以大竹签签蛇头至尾，杀而食之，以为珍异。故杨氏《南裔异物志》曰：“髯惟大蛇，既洪且长，采色驳荦，其文锦章。食豕吞鹿，腴成养创，宾享嘉宴，是豆是觞。”言其养创之时肪腴甚肥，搏之以妇人衣，投之则蟠而不起走，便可得也。[2]

《岭表录异》则云：

鳄鱼，其身土黄色，有四足，修尾，形状如鼍，而举止趫疾，口森锯齿，往往害人。南中鹿多，最惧此物。鹿走崖岸之上，群鳄嗥叫其下，鹿怖惧落崖，多为鳄鱼所得，亦物之相摄伏也。[3]

今人读到这些史料，对当时岭南野生动物资源以及整个自然生态面貌，会产生怎样感想和想象呢？！鹿类动物可给南方人民提供大量肉食、毛皮以及其他产品（如鹿茸、麝香、鹿角胶等），自然是社会经济生产的重要生态基础和劳动对象，事实上，猎鹿乃是那时众多民众谋生活动的一个重要部分。

但是，在古代南方社会经济生活中，地位更重要、意义更重大的野生动物还不是鹿科动物，而是鱼类水产。在中古南方极其丰富的水资源条件下，鱼类水产种类之繁实在不可胜计[4]；有许多如今已是非常稀有、濒临灭绝的种类，在那个时代的丰裕程度超乎想象，有些种类如今可能已经完全灭绝。为了叙述

[1]（宋）祝穆：《方舆胜览》卷52《崇庆府》，中华书局，2003年，第929页。

[2] 陈桥驿：《水经注校证》卷37《叶俞水》，中华书局，2007年，第860页。

[3]（唐）刘恂：《岭表录异》卷上，广陵书社，2003年影印本，第13-14页。

[4] 仅《太平御览·鳞介部》列有鱼类水产条目达130余个，其中大部分属于南方特有或南北共有的种类。散见于种类文献的名目，无法计数。

方便，下面主要对长江流域和东南沿海的情况稍作叙述。[1]先看长江流域。

长江流域自古即是我国淡水鱼类水产资源最丰富的地区，根据鱼类专家的最新调查：长江水系现有鱼类400余种（亚种），其中纯淡水鱼类350种左右，鱼种之多居于全国各大水系之首。此外还有40余种咸淡水鱼类。[2]但由于一系列因素导致水环境变化，鱼类资源呈不断萎缩之势。但中古时代长江流域鱼类资源状况远非今日之情形，许多如今被列为珍稀甚至濒临灭绝的鱼类，在当时的长江及其众多大小支流和湖泽之中仍能自由地栖息、繁殖。不但长江中下游平原、东南沿海品类极繁，就连巴蜀、西南地区大小溪河潭渊亦是水物殊品众多。左思《蜀都赋》关于巴蜀各地鱼类水产的描绘，或云“水物殊品，鳞介异族。或藏蛟螭，或隐碧玉。嘉鱼出于丙穴，良木攒于褒谷”。或称“鳖蛦山栖，鼋龟水处”。或则“其深则有白鼋命鳖，玄獭上祭。鳣鲔鳟鲂，鳀鳢鲨鲿。差鳞次色，锦质报章。跃涛戏濑，中流相忘”。而渔猎者“罨翡翠，钓鰋鲉。下高鹄，出潜虬。吹洞箫，发棹讴。感鲟鱼，动阳侯。腾波沸涌，珠贝汜浮”。[3]其文容有夸饰成分，但该区域鱼类水产丰饶乃属实情，有许多相关记载可以作证。在杜甫笔下，巴山蜀水之间是“天上多鸿雁，池中足鲤鱼”[4]；在人口稀少的偏僻山区，山溪、渊池之中亦多鱼类，例如，今四川广元一带“地僻无网罟，水清反多鱼”[5]；群山峥嵘的阆中地区曾有一处南池，乃是“清源多众鱼，远岸富乔木”。[6]杜甫曾经提到的当时鱼类，有鲂、鲤、鳣、鲔、黄鱼……许多种类，当地人民赖以资生。例如，杜甫《观打鱼歌》云：

绵州江水之东津，鲂鱼鲅鲅色胜银。渔人漾舟沉大网，截江一拥数百鳞。
众鱼常才尽却弃，赤鲤腾出如有神。潜龙无声老蛟怒，回风飒飒吹沙尘。
饔子左右挥霜刀，鲙飞金盘白雪高。徐州秃尾不足忆，汉阴槎头远遁逃。
鲂鱼肥美知第一，既饱欢娱亦萧瑟。君不见朝来割素鬐，咫尺波涛永相失。

[1] 关于中古南方鱼类资源，笔者指导的两位同学的博士论文已经分别有所探讨。李荣华：《适应与改造：环境史视野下的汉唐南方饮食和疾病研究》，博士学位论文，南开大学，2010年；赵仁龙：《唐代宦游文士之南方生态意象研究》，博士学位论文，南开大学，2012年。兹在他们的基础上再作梳理叙述。
[2] 曹文宣：《长江鱼类资源的现状与保护对策》，《江西水产科技》2011年第2期，第1-4页。
[3] 分见（南朝梁）萧统编：《文选》卷4，上海古籍出版社，1986年，第178、第179、第183、第184页。
[4]（唐）杜甫：《杜工部集》卷10《寄高三十五詹事适》，中州古籍出版社，2008年。
[5]（唐）杜甫：《杜工部集》卷3《五盘》，中州古籍出版社，2008年。
[6]（唐）杜甫：《南池》，收入《全唐诗》卷220，中华书局，1960年，第2323页。

《又观打鱼》云：

苍江渔子清晨集，设网提纲万鱼急。能者操舟疾若风，撑突波涛挺叉入。
小鱼脱漏不可纪，半死半生犹戢戢。大鱼伤损皆垂头，屈强泥沙有时立。
东津观鱼已再来，主人罢鲙还倾杯。日暮蛟龙改窟穴，山根鳣鲔随云雷。
干戈兵革斗未止，凤皇麒麟安在哉。吾徒胡为纵此乐，暴殄天物圣所哀。[1]

这些鱼类，有的体形巨大，有的则非常细小。由于鱼类资源丰富，捕捞易得，当时人民以鱼"当园蔬"，有的甚至用来喂狗。[2]

中古其他文献也频繁提到蜀地鱼类之奇、之美。南方地区多有喀斯特地貌和石灰岩地质，各大山区到处多有溶岩洞穴（古人所谓"丙穴"，应即指此），地下伏流幽不可测，这样的地质水文环境，乃是不少特种鱼类的适宜生境，其中特别值得一提的是所谓"嘉鱼"。被时人称作"嘉鱼"的，很可能并不止一种鱼类。但长江上中游地区"丙穴"中的"嘉鱼"一直被人们所津津乐道。这是一种栖息于山区伏流、溶岩洞穴和峡谷急流中的特殊鱼类，从古文献记载来看，自秦岭以南至于云南、贵州、广西广大山区都有分布，而以巴蜀最多而且著名。张华《博物志》说："江阳县（引按：在今四川泸州）北有鱼穴二所，常以二月、八月出鱼，曰丙穴。"任豫《益州记》称："嘉鱼，细鳞，似鳟鱼，蜀中谓之拙鱼。蜀郡山处处有之，年年从石孔出，大者五六尺"[3]。佚名氏《云南记》亦载："雅州丙穴出嘉鱼，所谓嘉鱼生于丙穴。大抵雅州诸水多有嘉鱼，似鲤而鳞细成文，黄河中鱼味与此类也。"北魏郦道元则记载了今陕南汉中一带的丙穴嘉鱼，称："褒水又东南，得丙水口，水上承丙穴，穴出嘉鱼，常以三月出，十月入地。穴口广五六尺，去平地七八尺，有泉悬注，鱼自穴下，透入水穴口向丙，故曰丙穴，下注褒水。故左思称'嘉鱼出于丙穴，良木攒于褒谷'矣。"[4]杜甫亦称"鱼知丙穴由来美"[5]；而宋人陆佃谓"嘉鱼，鲤质鳟鳞，肌肉

[1]（唐）杜甫：《观打鱼歌》，《又观打鱼》，收入《全唐诗》卷220，中华书局，1960年，第2314页。

[2] 杜诗云："白小群分命，天然二寸鱼。细微沾水族，风俗当园蔬。入肆银花乱，倾箱雪片虚。生成犹拾卵，尽取义何如。"又云："日见巴东峡，黄鱼出浪新。脂膏兼饲犬，长大不容身。"分见杜甫：《杜工部集》卷16《白小》，《黄鱼》，中州古籍出版社，2008年。

[3]《太平御览》卷937引任豫《益州记》，中华书局，1960年影印宋本。

[4] 陈桥驿：《水经注校证》卷27《沔水上》，中华书局，2007年。

[5]（唐）杜甫：《将赴成都草堂途中有作先寄严郑公五首》，收入《全唐诗》卷228，中华书局，1960年，第2477页。

甚美”[1]。

巴蜀所产之鱼品类颇多，形态不一，有的体形巨大，有的则很细小：其大者，有一种黄鱼，体重可达数百斤，鱼骨却很软；小者则如武阳小鱼，细小如针，1 000枚才有1斤重；此外还有一种蒲鱼，鱼鳞滑软如粥。[2]诸如此类，不能尽述。

长江中下游“水乡泽国”，大小江湖不计其数，更是鱼类水产极盛之地。种类之繁无法列数，兹仅就常见于诗文的几种稍作介绍，其他种类可以类推。

中国南北皆产的鲋鱼即鲫鱼，在长江流域大小水体之中出产极盛。其中洞庭鲋鱼之美，早在先秦时代即声著中原。《吕氏春秋》称“鱼之美者，有洞庭之鱄”。[3]刘邵《七华》则有其来源和形态之描述，称“洞庭之鲋，出于江岷。弘腴青颅，朱尾碧鳞”。[4]荆州地区亦多出产，南朝盛弘之《荆州记》认为“荆州有美鲋，逾于洞庭、温湖”[5]。《水经注》记载阳平一带出产佳鲗、好鲋，鲋鱼“常以二月、八月取之，美珍常味”[6]。而唐人许浑则有“红虾青鲫紫芹脆，归去不辞来路长”之句。[7]可见长江中游荆湘地区鲋鱼多而味美，一直很著名。当然，这是一种分布极广泛的淡水鱼类，并不独盛于长江中游。

鲤鱼同样也是南北分布极广的一种淡水鱼类，长江流域出产亦盛，常见于诗文记诵。南朝陶弘景称鲤鱼“生九江，取无时”。[8]唐代江南出产一种红鲤颇为时人所重，白居易有诗云“朝盘鲙红鲤，夜烛舞青娥”[9]，说的是松江一带以红鲤做鱼脍；陆龟蒙有诗谓“便风船尾香粳熟，细雨层头赤鲤跳”[10]，说的是其家乡吴中一带的香粳稻和红鲤鱼，鱼稻俱美正是当地物产的显著特色；戴叔伦亦有诗云“兰溪三日桃花雨，半夜鲤鱼来上滩”[11]，说的是浙东地区的鲤鱼。诸如此类，不可尽引。

---

[1]（宋）陆佃：《埤雅》卷2《嘉鱼》。兹据王敏红本，浙江大学出版社，2008年，第17页。

[2]（宋）李昉编：《太平御览》卷935引《广志》曰：“武阳小鱼，大如针，号一斤千头。蜀人以为酱。”中华书局，1960年影印宋本，第4157页；《太平御览》卷936引《魏武四时食制》曰：“鳣，一名黄鱼，大数百斤，骨软可食。出江阳、犍为。”中华书局，1960年影印宋本，第4161页；《太平御览》卷940引《魏武四时食制》曰：“蒲鱼，其鳞如粥，出郫县”，中华书局，1960年影印宋本，第4175页。

[3]《吕氏春秋》卷14《本味》。按：王利器认为“鱄”原本为“鲋”。王利器：《吕氏春秋注疏》卷14《本味》，巴蜀书社，2002年，第1419-1421页。

[4]（宋）李昉编：《太平御览》卷937，中华书局，1960年影印宋本，第4164页。

[5]（宋）李昉编：《太平御览》卷937，中华书局，1960年影印宋本，第4164页。

[6] 陈桥驿：《水经注校证》卷27《沔水》，中华书局，2007年，第644页。

[7]（唐）许浑：《沧浪峡》，收入《全唐诗》卷533，中华书局，1960年，第6088页。

[8]（南朝梁）陶弘景集，尚志钧辑校：《名医别录（辑校本）》卷中，人民卫生出版社，1986年，第192页。

[9]（唐）白居易：《松江亭携乐观渔宴宿》，收入《全唐诗》卷447，中华书局，1960年，第5033页。

[10]（唐）陆龟蒙：《江南》，收入《全唐诗》卷629，中华书局，1960年，第7216页。

[11]（唐）戴叔伦：《兰溪棹歌》，收入《全唐诗》卷274，中华书局，1960年，第3105页。

在洛阳一带甚为著名的鲂鱼即鳊鱼[1]，在长江中游的汉、沔水域和下游的江东地区出产俱称丰饶，有多个亚种，古人多有记咏。孟浩然有“鸟泊随阳雁，鱼藏缩项鳊”之句，说的是其中的一种缩项鳊[2]。李群玉诗也提到这种鱼类，称“太湖浪说朱衣鲋，汉浦休夸缩项鳊。隽味品流知第一，更劳霜橘助芳鲜”。[3]

鲇鱼在北方有出产，但不是很多，在长江流域则广泛分布。长江中游著名的嘉鱼县有一个军镇，即因鲇鱼而得名，《太平寰宇记》称：嘉鱼县“本蒲圻县，隋之鲇渎镇，以多生鲇鱼为镇名。”[4]浙东永嘉县有一个潀湖溪，“潀湖溪中多大鲇。昔有流得一死者，须大五六围”[5]。须大五六围自然很夸张，但当地出产大鲇鱼应当可信。

古代长江流域还盛产鲔鱼和鳣鱼，这两种鱼在《诗经》已经提到[6]，若非同物异名，则《诗经》时代中原亦有出产。古人所谓鲔鱼，即今之鲟鱼。《尔雅》郭璞注称：“鲔，鳣属也。大者为王鲔。小者名鯐鲔。今宜都郡自京门以上江中通出鱏鲔之鱼。有一鱼状似鳣而小，建平人呼鮥子，即此鱼也。”[7]如今长江流域还分布有两种鲟鱼：一为中华鲟，分布于金沙江、长江干流以及东南沿海地区，大者可达千斤以上；另一种是长江鲟，主要分布在长江中上游水域，尤以宜昌至宜宾之间的干流江段为多，体重一般为二三十斤。[8]但种群数量已是远远不及中古。至于鳣鱼，《尔雅》郭璞注称是“大鱼，似鱏而短，鼻口在颔下，体有邪行，有甲。无鳞，肉黄，大者长二三丈，今江东呼为黄鱼。”[9]与之相似的鱏鱼，形体甚大，在江南多有见之，故唐人沈仲昌有诗云：“江南仲秋天，鱏鼻大如船”[10]，虽是诗人夸张，但其个体颇大应可肯定。

古代长江下游江南地区更负盛名的乃是鲈鱼，自三国以下与之相关的典故

[1] 按：鲂鱼，古有鲂魾、魾鱼、鳊鱼等多个名称。《尔雅》卷9《释鱼》郭璞注云：“鲂魾，郭注江东呼鲂鱼为鳊、魾。”（宋）陆佃：《埤雅》卷2《嘉鱼》亦称：“鲂，一名魾，此今之青鳊也，细鳞、缩项、阔腹，鱼之美者，盖弱鱼也。其广方，其厚褊，故一曰鲂鱼，一曰鳊鱼。”今人郭郛指出：古籍中鲂、鳊以及魾互相混淆，鲂鱼有三角鲂、团头鲂，鳊鱼属于鲤科鲤形目，魾为长吻鮠，属于鮠科鲶形目。见郭郛等：《中国动物学史》，科学出版社，1999年，第486页。

[2]（唐）孟浩然：《冬至后过吴张二子檀溪别业》，收入《全唐诗》卷160，中华书局，1960年，第1664页。

[3]（唐）李群玉：《石门韦明府为致东阳潭石鲫鲙》，收入《全唐诗》卷569，中华书局，1960年，第6596页。

[4]《太平寰宇记》卷112《江南西道》，中华书局，2007年，第2285页。

[5]（宋）李昉编：《太平御览》卷937《鳞介部》引《永嘉郡记》，中华书局，1960年影印宋本，第4164页。

[6]《诗经・周颂・潜》云：“潜有多鱼，有鳣有鲔，鲦鲿鰋鲤。”

[7]《尔雅》卷9《释鱼》，《十三经注疏》，中华书局，1980年影印本，第2640页。

[8] 郭郛等：《中国动物学史》，科学出版社，1999年，第474页；湖北省水生生物研究所鱼类研究室：《长江鱼类》，科学出版社，1976年，第16-19页。

[9]《尔雅》卷9《释鱼》，《十三经注疏》，中华书局，1980年影印本，第2640页。

[10]（唐）沈仲昌：《状江南》，收入《全唐诗》卷307，中华书局，1960年，第3483页。

颇多。据称曹操喜欢吃松江鲈鱼，与术士左慈共餐时曾言“所少吴松江鲈鱼耳”[1]，左慈闻言，乃于铜盘中贮水，以竹竿钓到鲈鱼。传说虽然荒诞不稽，却可证明江南松江鲈鱼已为北人所企羡。西晋时张翰在洛阳做官，每于秋风起时“思吴中菰菜莼羹、鲈鱼脍”，后竟辞官，命驾东归[2]；隋朝时吴郡以松江鲈鱼作干脍，上贡朝廷，品质特佳。[3]唐诗更经常提到鲈鱼，它几乎成为江南美味的一个代名词。李贺有诗云：“鲈鱼千头酒百斛，酒中倒卧南山绿”[4]；李颀亦云：“加餐共爱鲈鱼肥，醒酒仍怜甘蔗熟”[5]；陆龟蒙则问“君住松江多少日，为尝鲈鲙与莼羹”？[6]皮日休亦有“雨来莼菜流船滑，春后鲈鱼坠钓肥”之句。[7]诸如此类咏诵颇多，不能俱引。鲈鱼主要生活在长江河口近海淡水区域，但唐人曹邺曾有诗称“澧水鲈鱼贱，荆门杨柳细”[8]。不知是因形体相似让曹邺搞错或者异物同名，抑或是当时长江中游地区确有这种鱼类。

除以上所举之外，常见于诗文记咏的，还有鳜鱼、鮆鱼、蒲鱼、望鱼、青鱼、白鱼等，不能一一介绍。

长江流域不仅鱼类众多，还盛产虾、蟹，亦是种类甚多，形态、颜色各异。太湖盛产白虾，号称天下美味；姑孰一带则出产紫虾，很是有名。唐彦谦《索虾》诗云：“姑孰多紫虾，独有湖阳优。出产在四时，极美宜于秋。双箝鼓繁须，当顶抽长矛。鞠躬见汤王，封作朱衣侯。所以供盘餐，罗列同珍羞。”[9]

江南蟹多，是中古文士对当地风物的突出印象之一，嗜蟹者颇多，关于捕蟹、食蟹的诗文随处可见，兹仅略述数例。晋室南渡之后，江南风物逐渐影响所谓“魏晋风流”，王徽之等一干士人爱竹成癖是一例，而有位名叫毕安世的士人则行事别具一格，曾自称“一手持蟹螯，一手持酒杯，拍浮酒池中，便足了一生”[10]。及至唐代，宦游江南、喜爱当地水乡菱、芡、鱼、蟹之类风物土产

[1]《后汉书》卷82《左慈传》，中华书局，1965年，第2747页。
[2]《晋书》卷92《文苑·张翰传》，中华书局，1974年，第2384页。
[3]《太平御览》卷937，引杜宝《大业拾遗录》云：“六年（610年），吴郡献松江鲈鱼干脍。鲈鱼肉白如雪，不腥。所谓金齑玉脍，东南之佳味也。”中华书局，1960年影印宋本，第4165页。
[4]（唐）李贺：《李贺歌诗集》卷4《江南弄》，《四部丛刊》本。
[5]（唐）李颀：《送山阴姚丞携妓之任兼寄山阴苏少府》，收入《全唐诗》卷133，中华书局，1960年，第1358页。
[6]（唐）陆龟蒙：《甫里集》卷8《润州送人往长洲》。据《四部丛刊》本。
[7]（唐）皮日休：《皮子文薮》卷10《西塞山泊渔家》。据《四部丛刊》本。
[8]（唐）曹邺：《送厉图南下第归澧州》，收入《全唐诗》卷592，中华书局，1960年，第6868页。
[9]（唐）唐彦谦：《索虾》，收入《全唐诗》卷671，中华书局，1960年，第6780页。
[10]（南北朝）刘义庆著，余嘉锡笺疏：《世说新语笺疏》卷下之上《任诞第二十三》，中华书局，1983年，第740页。

和饮食习俗的文士越来越多，留下了众多的诗句。羊士谔曾有两首诗，其一咏鲈鱼，其二则咏蟹，称："曲水三春弄彩毫，樟亭八月又观涛。金罍几醉乌程酒，鹤舫闲吟把蟹螯。"[1]杜牧亦有"越浦黄柑嫩，吴溪紫蟹肥"[2]之句。白居易则深为杭州一带"春雨星攒寻蟹火，秋风霞飐弄涛旗"等民情风俗所感染，称"余杭风俗，每寒食雨后夜凉，家家持烛寻蟹，动盈万人"[3]。晚唐五代人唐彦谦还写过一首相当俏皮的咏《蟹》诗，云：

湖田十月清霜堕，晚稻初香蟹如虎。扳罾拖网取赛多，篾篓挑将水边货。
纵横连爪一尺长，秀凝铁色含湖光。蟛蜞石蟹已曾食，使我一见惊非常。
买之最厌黄髯老，偿价十钱尚嫌少。漫夸丰味过蝤蛑，尖脐犹胜团脐好。
充盘煮熟堆琳琅，橙膏酱渫调堪尝。一斗擘开红玉满，双螯啰出琼酥香。
岸头沽得泥封酒，细嚼频斟弗停手。西风张翰苦思鲈，如斯丰味能知否。
物之可爱尤可憎，尝闻取刺于青蝇，无肠分子固称美，弗使当道禁横行。[4]

吴中诗人皮日休、陆龟蒙等对家乡风物自然更有情感，他们的诗经常咏蟹和捕蟹活动，陆氏专门写过一篇《蟹志》介绍蟹的行为习性和民间捕蟹方法，称：

蟹，水族之微者。……蟹始窟穴于沮洳中，秋冬交必大出。江东人云：稻之登也，率执一穗以朝其魁，然后从其所之，蚤夜觱沸，指江而奔，渔者纬萧承其流而障之，曰'蟹断'，断其江之道焉尔，然后扳援越轶，遁而去者十六七。既入于江，则形质浸大于旧。自江复趋于海如江之状，渔者又断而求之，其越轶遁去者又加多焉。

江南蟹多，足供美食，但是由于实在太多，对当地稻作造成了很大的困扰，自六朝以降，江南蟹多成灾一直被视为灾害。史载"晋武帝太康四年（283 年），

[1]（唐）羊士谔：《忆江南旧游二首》，收入《全唐诗》卷 332，中华书局，1960 年，第 3696 页。
[2]（唐）杜牧：《新转南曹未叙朝散初秋暑退出守吴兴书此篇以自见志》，收入《全唐诗》卷 522，中华书局，1960 年，第 5969 页。
[3]（唐）白居易：《重题别东楼》，收入《全唐诗》卷 446，中华书局，1960 年，第 5008 页。
[4]（唐）唐彦谦：《蟹》，收入《全唐诗》卷 671，中华书局，1960 年，第 7681 页。

会稽彭蜞及蟹皆化为鼠甚众，覆野大食稻为灾”[1]。蟹化为鼠这种化生观念自然是错误，但作为一种灾害被记载于正史，甚可注意。陆龟蒙《记稻鼠》说：“《国语》曰：‘吴稻蟹不遗种’，岂吴之土，鼠与蟹更伺其事而效其力，歼其民欤？”事实上，古代江浙鼠、蟹同为水稻之害，一直受到人们关注。例如，关于会稽一带的蟹灾，宋代人施宿称：“会稽往岁有蟹灾，小蟹无数相纠结，大如三斗器，随潮入浦，散入濒海诸乡，食稻为尽，螟蝗之害不加于此。”[2]这种情形，今人大概很难想象。

然则中古长江流域虽为鱼类水产极盛之区，若论种类之繁多、资源之丰富及其体态之奇异与体形之巨大，犹不能与浙、闽、粤、桂沿海地区相比。那时东海沿海经济的发展水平仍然非常低下，时人关于这些地区的水陆野生动物，大多是以“异物志”形式予以记述。由于时代久远，相关文献如今几乎无一完帙。尽管如此，残存下来的有关资料仍然足以让今人产生无限的怀想。为避免行文过于赘重，兹仅据三国吴人沈莹《临海水土异物志》和唐人刘恂《岭表录异》两书，对浙闽和两广的情况稍作叙述。

浙南和福建、台湾沿海地区的鱼类水产资源，可由沈莹《临海水土异物志》略知梗概。该书是一部记述东南沿海风物、习俗的著作，地域范围以今浙南、福建和台湾为主。根据今人张崇根辑佚本[3]，其中专门记载的鱼类水产，名目多达90余个，它们是：鹿鱼、海狶鱼、鲼鱼、大鱼、鳗鱼、乌贼、鲮鱼、比目鱼、人鱼、鲤鱼、鲳鱼、虎鲳、石首鱼、鱼牛、槌额鱼、海鳝、黄灵鱼、鲎鱼、鲗鱼、印鱼、鲘鱼、奴屩鱼、寄度鱼、邵鱼、鳙鲷鱼、伏念鱼、鯊鱼、陶鱼、石斑鱼、戴星鱼、鲮鱼、机杼鱼、鲱鳍、土奴鱼、新妇鱼、鲲鲍鱼、铅刀鱼、虾蟆鱼、弓鱼、鳗鳢鱼、黍鱼、鲶鱼、土拌鱼、鳆鱼、騰鱼、琵琶鱼、黄雀鱼、薰鱼、鸢鱼、井鱼、镜鱼、含光鱼、鯊鱼、吹沙鱼、婢屣鱼、铜吮鱼、鼠鱼、三蝬、蚶、蛎、蛱蠓、蛤蜊、石蚜、移角、姑劳、羊蹄、芦雉、乌头、下来、蜮、石蚑、玉姚、倚望、竭朴、沙狗、芦虎、招潮、石蛔、蜂江、海月、土肉、阳遂足、蝟、竈、鼋鼍、鼋鱼、鼋鼊、瑟蚌、海鴜、鼍、陵龙。这许多鱼类水产，有少数因作者观察有误或者记载模糊难以明辨，大部分则可以辨识，其中

[1]《宋书》卷34《五行五》，中华书局，1974年，第986页。
[2]（宋）施宿：《（嘉泰）会稽志》卷17《鱼部》，《四库全书》本。
[3]（吴）沈莹撰，张崇根辑校：《临海水土异物志辑校》，农业出版社，1981年。

包括鱼、贝、虾、蟹、龟、鳖和水母等不同种类。它们的个体大小不一——大者或长达十余丈，小者则仅一至数寸，形态和行为各异，其中包括一些非常凶悍的种类。例如，有一种巨型大鱼，“长十余丈，背皆负锯，船触之皆断也。”张崇根认为是分布于江浙沿海的石首科之毛鲿鱼。[1]除了个别种类（如人鱼），这些鱼类皆可捕而食之。

岭南地区鱼类水产极其丰饶，自东汉杨孚以下，各种《异物志》、地志、地记类著作不断记录，散见于诸书的鱼、虾、龟、鳖、蟹、贝、螺、蚌等无虑数以十百计。唐代刘恂在前人基础上，根据自己的亲身经历著成《岭表录异》一书，记载了众多岭南物种，其中鱼类水产包括：跳鯅、嘉鱼、鲎鱼、乌贼鱼、黄腊鱼、比目鱼、石头鱼、鸡子鱼、竹鱼、海鳅、鲐鱼、鲟鱼、鹿子鱼、鲍鱼，有水蟹、黄膏蟹、赤蟹、红蟹、虎蟹、彭蜞、海虾、石矩、蝤蛑、竭朴、招潮子、玳瑁、紫贝、鹦鹉螺、红螺、蚝（即牡蛎）、瓦屋子等；此外还有海镜、水母等，既有海产，亦有淡水种类。

该书对各种动物的形态特征、生活习性、肉质性味、食用方法以及特殊用途（如以螺作酒杯等），记述详细、具体而且真实，甚至记载了动物之间的“互利共生”现象，例如，书中说：“海镜……胎腹中有小蟹子，其小如黄豆，而螯足具备。海镜饥，则蟹出拾食，蟹饱归腹，海镜亦饱。”作者还曾经买来几个海镜亲自查验，证明了海镜与蟹之间生死相依的特殊关系。[2]该书的相关记载较之前人著述更加严谨、朴实而且可靠，具有相当高的科学价值，既是重要渔业史资料，亦是重要环境史料。

该书的记述表明：与黄河、长江两大流域相比，种类繁多的岭南鱼类水产足令初来乍到的中土人士深感新奇乃至恐惧，当地鱼类水产资源之极其丰富的程度更是让人惊讶！例如，关于“跳鯅”，该书有如下一段描述，称：

跳鯅，乃海味之小鱼鯅也。以盐藏鰡鱼儿，一斤（斛）不啻千个，生擘点醋下酒，甚有美味。余遂问名跳之义，则曰：“捕鱼者仲春于高处卓望，鱼儿来如阵云，阔二、三百步，厚亦相似者。既见，报鱼师，遂桨船争前而迎之，船冲鱼阵，不施罟网，但鱼儿自惊跳入船，逡巡而满，以此为鯅，故名之‘跳’。”

[1]（吴）沈莹撰，张崇根辑校：《临海水土异物志辑校》，农业出版社，1981年，第12页。

[2]（唐）刘恂：《岭表录异》卷上，《四库全书》本，第15页。

又云："船去之时，不可当鱼阵之中，恐鱼多压沈故也。"即可以知其多矣。[1]

当时广州、安南之间，大致在今北部湾近海水域，经常有成群的鲸鱼出没，对往来商贸船队构成了很大威胁。作者有如下一段记载：

海鳅，即海上最伟者也，其小者亦千余尺，吞舟之说，固非谬也。每岁广州常发铜船过安南货易，路经调黎深阔处，或见十余山，或出或没，篙工曰："非山岛，鳅鱼背也。"双目闪烁，鬐鬣若簸朱旗。日中忽雨霡霂，舟子曰："此鳅鱼喷气，水散于空，风势吹来若雨耳。"近鱼即鼓船而噪，倏尔而没。交趾回，乃舍舟取雷州，缘岸而归，不惮苦辛，盖避海鳅之难也。乃静思曰："设使老鳅瞋目张喙，我舟若一叶之坠眢井耳，宁得不皓首乎！"

这可能是古籍关于中国近海鲸鱼群活动最早的具体记载。有意思的是，《岭表录异》还最早记载了广东山区农民稻田养鱼的资料。它说："新泷等州山田，拣荒平处锄为町畦，伺春雨丘中聚水，即先买鲩鱼子散于田内。一、二年后，鱼儿长大，食草根并尽。既为熟田，又收鱼利。及种稻，且无稗草，乃齐民之上术。"由此记载可以看出：即使在中古时代，岭南山区鱼类资源也是相对较少，故人们很早就开始实行人工养鱼。

总而言之，由于中古南方大规模经济开发起步未久，许多地区生态环境仍处在相当原始的状态，故大江小河、巨泽堰陂往往鳞甲水族盈溢，平原水乡泽国和沿海地区鱼类水产更是达到了难以想象的丰富程度，这是当时南方人民最重要的生存资源之一，自古史称南方地区"饭稻羹鱼"，正是以这样的自然资源作为基础。故中古人士谈论南方，一直高度称赞当地江湖之饶，强调野生鱼类水产资源之于普通民众生计的重要性，唐人崔融称："江南诸州，乃以鱼为命；河西诸国，以肉为斋"[2]；李乂则称："江南水乡，采捕为业，鱼鳖之利，黎元所资，土地使然，有自来矣。"[3]事实上，许多地方人民乃是以湖海为田、以捕捞作为主要生业。

---

[1]（唐）刘恂：《岭表录异》卷上，《四库全书》本，第3-4页。
[2]（宋）王溥：《唐会要》卷41《断屠钓》，中华书局，1955年，第731页。
[3]《旧唐书》卷101《李乂传》，中华书局，1974年，第3135页。《唐会要》卷41《断屠钓》略同。

以上叙述主要从经济生产和物质生活资源着眼，将鹿类和鱼类作为水陆野生动物的代表。虽然文字已经相当冗长，但远不足以呈现当时南方广大地区野生动物的整体状况。下面变换一个角度，粗略介绍若干其他野生动物。

综合各类文献记载，中古南方野生动物有如下几端特别值得注意：其一，如今被列入珍稀、濒危物种，在中古黄河中下游也已经基本绝迹的一些动物（如野象），在南方许多地区依然大量存在；其二，有害或者有毒的野生动物种类众多，时人甚感怖畏；其三，南方野生动物种类、形体和习性等往往让中原人士感到怪异，视为“异物”；其四，不同地区的特种动物，使中古社会对相应地区形成了一些特殊的生态意象。关于这些，李荣华、赵仁龙已经做过不错的探讨，兹在他们的基础上补充一些材料稍作概述。[1]

中古时代，在北方地区已经消失的多种喜温珍稀动物，在南方各地还有相当普遍的分布，特别是长江以南地区，种群数量仍然可观。陆地森林和灌丛之中，有大量野象、犀牛、蚺蛇和多种灵长类动物栖息出没；河流湖沼之中则有多种爬行纲的典型动物——鳄鱼，其中扬子鳄分布于长江中下游广大沼泽湿地，闽广地区则有大量马来鳄和湾鳄横行肆虐，对当地的社会经济生产和人民生命安全都构成了严重威胁。[2]

在诸多野生动物之中，大象分布的历史变迁无疑具有重要生态标志性意义，伊懋可将其中国环境史著作命名为《大象的退却》是有充分理由的。第一卷曾经介绍，自 20 世纪前期以来，徐中舒等多位学者都专门考察过中国历史上的大象，文焕然、何业恒等从历史地理学角度探讨尤力。[3]文焕然等曾把中国亚洲象分布北界的南北移动情况划分为 8 个阶段，其中第四阶段（公元前 200 多年—580 多年）以淮河—秦岭为北界，以长江流域作为最北的分布地区；第五阶段（580 多年—1050 年）的分布北界是从杭州湾、钱塘江下游干流北岸、

---

[1] 李荣华：《适应与改造：环境史视野下的汉唐南方饮食和疾病研究》，博士学位论文，南开大学，2010 年；赵仁龙：《唐代宦游文士之南方生态意象研究》，博士学位论文，南开大学，2012 年。

[2] 相关情况在史籍中有大量记载，近代以来已有不少学者做过探讨，虽然并非专门针对中古时代的南方，但大多涉及这个时空范围的情况。读者可集中参阅何业恒：《中国珍稀兽类的历史变迁》，湖南科学技术出版社，1993 年；何业恒：《中国珍稀兽类（Ⅱ）的历史变迁》，湖南师范大学出版社，1997 年；文焕然等：《中国历史时期植物与动物变迁研究》，重庆出版社，1995 年。

[3] 文焕然等：《历史时期中国野象的初步研究》，《思想战线》1979 年第 6 期，第 43-67 页；何业恒：《中国珍稀兽类的历史变迁》，湖南科学技术出版社，1993 年，第 110-136 页；文焕然：《再探历史时期的中国野象分布》，《思想战线》1990 年第 5 期，第 86-91 页；文焕然、文榕生：《再探历史时期中国野象的变迁》，《西南师范大学学报（自然科学版）》1990 年第 2 期，第 224-232 页；相关成果又收入文焕然等：《中国历史时期植物与动物变迁研究》，重庆出版社，1995 年。

今湖口，转北到淮河上游，再转西接秦岭一小段，到今淅川稍西，又转南经今宜昌，至今澄县稍西，再转西到长江干流南岸，大致呈“几”字形，长江上、中游以及浙江中南部、福建中北部山地丘陵为其分布的最北地区。[1]

根据他们的考述：晋代以后野象栖息地已经移至长江以南，但中古时代秦岭—淮河以南、长江以北地区还时有成群野象活动，南朝萧齐时，“又有象至广陵（今江苏扬州）”[2]；萧梁元帝承圣元年（552 年）也曾发现“吴郡、淮南有野象数百，坏人室庐”[3]。野象偶尔还越过淮河，到达中原地区。东魏天平四年（537 年）有巨象到达南兖洲（治所在小黄，即今安徽亳县）、砀郡（治所在下邑城，即今安徽砀山县），还曾经被捕获、送至东魏都城——邺（今河北省临漳县西南）。[4]南北朝时期，由于长期战争和南北政权对峙，江淮之间是人口稀少的空荒地带，遍地草木茂长，故偶尔有野象活动出没。

如前所述，中古前期，长江以南除局部地区之外，多数地区森林植被仍然保持相当原始状态。自六朝至唐末五代，虽经历多个世纪的开发，亦尚未遭受严重破坏性改变，仍然有广袤的山林适宜野象栖生，故在南朝到北宋之间，巴蜀、荆湘乃至于皖浙广大地区都还有过成群的大象活动，其中长江上游的巴蜀素多犀、象，北宋时期南、溱二州（今四川綦江和重庆市一带）的贡品中还有象牙[5]。长江中游零陵、澧阳、荆州、江陵等许多地方都有象群出没，这种情况也至少延续到宋代。事实上，北宋时期，长江中游江北还曾有大象活动，今湖北中部若干州县都发生过群象食稼、践踏民田的事件，象群甚至北抵今河南南阳一带[6]。长江下游开发较早，但大山之中森林依然茂密，野象栖息地亦尚未遭受彻底破坏，故在五代时期，皖南和浙东发现野象之事还不时见于文献记载。[7]

---

[1] 文焕然等：《历史时期中国野象的初步研究》，《思想战线》1979 年第 6 期，第 43-67 页；文焕然、文榕生：《再探历史时期中国野象的变迁》，《西南师范大学学报（自然科学版）》1990 年第 2 期，第 224-232 页；

[2]《南齐书》卷 19《五行志》，中华书局，1972 年，第 387 页。

[3]《南史》卷 8《梁本纪下》，中华书局，1975 年，第 240 页。

[4]《魏书》卷 12《孝静帝纪》云：“元象元年（538 年）春正月，有巨象自至砀郡陂中，南兖州获送于邺。丁卯，大赦，改元。”中华书局，1974 年，第 302 页；同书卷 112 下，《灵征志》云：“天平四年（537 年）八月，有巨象至于南兖州，砀郡民陈天爱以告，送京师。大赦，改年。王者自养有节则至。”中华书局，1974 年，第 2928 页。

[5]（宋）乐史编：《太平寰宇记》卷 122《江南西道》，中华书局，2007 年，第 2424、第 2427 页。

[6]《宋史》卷 66《五行四》记载：“建隆三年（962 年），有象至黄陂县，匿林中，食民苗稼；又至安、复、襄、唐州，践民田，遣使捕之。明年十二月，于南阳县获之，献其齿革。乾德二年（964 年）五月，有象至澧阳、安乡等县，又有象涉江入华容县，直过阛阓门；又有象至澧州澧阳县城北（第 1450 页）。”说明直到北宋，长江中游两岸地区仍有广袤的丛林可供象群栖息活动，唐代以前的情况可以推知。

[7] 有关历史记载，前人述之甚详，恕不俱引。推荐读者参阅文焕然等：《历史时期中国野象的初步研究》，《思想战线》1979 年第 6 期，第 43-67 页。

中古时代的云贵高原和岭南地区仍然还是野象栖生的渊薮，野象种群数量颇大，时生祸害，亦为宝货。关于南诏（主要在今云南地区）的大象，唐人樊绰称：“孔雀巢人家树上，象大如水牛，土俗养象以耕田，仍烧其粪”。又云：“象，开南、巴南多有之。或捉得，人家多养之以代耕田也”。南诏王异牟寻曾装饰大象 12 头作为迎宾仪仗。[1]

令人印象更深刻的是岭南诸州大象成群。其时，在岭南地区茂密森林之中，各种禽、兽种类众多难以数计，而野象数量之众多，象群出没之频繁，远远超过长江流域。刘恂《岭表录异》卷上载：“广之属郡潮、循，多野象，潮循人或捕得象，争食其鼻，云肥脆，尤堪作炙。”段公路《北户录》亦称：“广之属城循州、雷州，皆产黑象，牙小而红，土人捕之，争食其鼻，云肥脆，偏堪为炙。”直到宋代当地仍有许多大象，但文献记述的方式和内容都悄悄发生了改变，“人象之争”愈来愈显现出来。北宋人彭乘称：“漳州漳浦县地连潮阳，素多象，往往十数为群。然不为害，惟独象遇之逐人，蹂践至肉骨糜碎乃去，盖独象乃众象中最犷悍者，不为群象所容，故遇之则蹂而害人”[2]。南宋人周密称钦州为“象群所在，最害禾稼，人仓卒不能制，以长竹系火逐之，乃退”[3]。宋莘更指出：“象为南方之患，土人苦之，不问蔬谷，守之稍不至，践食之立尽。性嗜酒，闻酒香辄破屋壁入饮之。”[4]《宋史》明确记载群象成灾，例如，“乾道七年（1171年），潮州野象数百食稼，农设阱田间，象不得食，率其群团行道车马，敛谷食之，乃去。”[5]这些记载，一方面反映出直到两宋时期岭南地区仍然处处大象成群，让我们有理由对唐代以前当地的大象做出更加丰富的想象；另一方面亦反映唐代以后，随着岭南经济开发进程不断加快，大量山林陆续被垦辟为农田，至两宋时期岭南野象栖息地已经受到了较大干扰甚至破坏，导致野象不断践踏农田、损害庄稼。换言之，随着农业区域不断向南拓展，“人象之争”的主要战场亦不断向南移动，南宋时期已经南移到了岭南地区。

自先秦以来一直与象并提、如今在中国已然完全灭绝的犀牛，在中古时代的长江以北地区基本不见，但在剑南、江南西道、岭南道和今云贵一带仍有大

[1]（唐）樊绰：《蛮书》卷 4《名类》；同书卷 7《云南管内物产》，中华书局，1962 年。
[2]（宋）彭乘：《墨客挥犀》卷 3，中华书局，2002 年，第 306 页。
[3]（宋）周去非撰，杨武泉校注：《岭外代答校注》卷 9《象》，中华书局，1999 年，第 346 页。
[4]（明）陈耀文：《天中记》卷 60 引宋莘《视听抄》，广陵书社，2007 年，第 1978 页。
[5]《宋史》卷 66《五行志》，中华书局，1974 年，第 1452 页。

量分布，这可从当时上贡犀角的情况看出。凡上贡犀角的地区，必定尚有种群数量可观的犀牛栖息活动，唐代共有20个州向朝廷上贡犀角及其相关产品，有些地区直到宋代仍然土产或上贡犀角（见表4-1）。在唐代贡犀的诸州郡中，地处今鄂、湘两省者即达到11个，说明长江中游的江南地区仍多有犀牛分布。中古其他文献也相当频繁提到剑南和长江以南的犀牛，例如，杜甫曾有诗记唐代宗广德元年（763年）梓州刺史、东川留后章彝率领军士狩猎的情形云："君不见东川节度兵马雄，校猎亦似观成功，夜发猛士三千人，清晨合围步骤同，禽兽已毙十七八，杀声落日回苍穹，幕前生致九青兕，骆驼礨峞垂玄熊。"[1]其中的"九青兕"，就是九头被生擒的青苍色的犀牛。

表4-1 唐代上贡犀角的州郡[2]

州郡名称	治所（今地）	土产或土贡	资料来源
南州	四川恭江	土产	《太平寰宇记》卷122，《江南西道・南州》
黔州黔中郡	四川彭水	土贡	《新唐书》卷41《地理志》
费州	贵州思南	土产	《太平寰宇记》卷121，《江南西道・费州》
夷州义泉郡	贵州凤冈	土贡 土产	《新唐书》卷41《地理志》 《太平寰宇记》卷121，《江南西道・夷州》
施州清化郡	湖北恩施	土贡	《新唐书》卷41《地理志》
溪州灵溪郡	湖南永顺	土贡	《新唐书》卷41《地理志》
澧州澧阳郡	湖南澧县	土贡	《新唐书》卷40《地理志》
朗州武陵郡	湖南常德	土贡	《新唐书》卷40《地理志》
辰州卢溪郡	湖南沅陵	土贡	《元和郡县图志》卷30，《江南道・辰州》 《新唐书》卷41《地理志》
锦州卢阳郡	湖南麻阳	土贡	《新唐书》卷41《地理志》
奖州龙溪郡	湖南芷江	土贡	《新唐书》卷41《地理志》
初为巫州，后为叙州潭阳郡	湖南黔阳	土贡	《唐六典》卷3 《新唐书》卷41《地理志》
邵州邵阳郡	湖南邵阳	土贡 土贡	《新唐书》卷41《地理志》 《宋史》卷88《地理志》
衡州	湖南衡阳	土贡 土贡	《唐六典》卷3 《宋史》卷88《地理志》
道州江华郡	湖南道县	土贡	《新唐书》卷41《地理志》
松州	四川松潘	土贡	《元和郡县图志》卷33，《剑南道・松州》

[1]（唐）杜甫：《冬狩行》，收入《全唐诗》卷220，中华书局，1960年，第2325页。

[2] 按：岭南贡犀诸州的治所均在今越南北部，但其所辖范围往往包括今广东、广西南部，故亦予列入。列表参照文焕然、何业恒：《中国野犀的地理分布及其演变》，《野生动物》1981年第1期，第2-5页；何业恒：《中国珍稀兽类的历史变迁》，湖南科学技术出版社，1993年，第137-154页。

州郡名称	治所（今地）	土产或土贡	资料来源
交州	越南岘港	土贡	《元和郡县图志》卷 38，《岭南道・交州》
爱州	越南清化	土贡	《元和郡县图志》卷 38，《岭南道・爱州》
驩州	越南荣市	土贡	《元和郡县图志》卷 38，《岭南道・驩州》
峰州	越南越池	土贡	《元和郡县图志》卷 38，《岭南道・爱州》

说明：根据文焕然、何业恒《中国野犀的地理分布及其演变》一文增补。

岭南地区气候湿热，森林密布，自古饶多犀、象，唐人陈陶有诗云："博罗程远近，海塞愁先入。瘴雨出虹蝀，蛮江渡山急。常闻岛夷俗，犀象满城邑。"[1]这大约是中原文士对岭南的一般印象。刘恂《岭表录异》卷中对岭南犀牛的种类、形态特征和犀角产品更有具体记述，称：

岭表所产犀牛，大约似牛而猪头，脚似象蹄，有三甲。首有二角：一在额上，为兕犀；一在鼻上，较小，为胡帽犀；鼻上者，皆窘束而花点少，多有奇文。牯犀亦有二角，皆为毛犀，俱有粟文，堪为腰带。千百犀中或遇有通者，花点大小奇异，固无常定。有偏花路通，有顶花，大而根。花小者，谓之倒插通。此二种亦五色无常矣。若通白黑分明，花点差奇，则价计巨万，乃希世之宝也。又有堕罗犀，犀中最木，一株有重七八斤者，云是牯犀。额上有心，花多是撒豆斑，色深者堪为胯具，斑散而浅，即治为盘碟器皿之类。又有骇鸡犀、辟尘犀、簪辟水犀、光明犀，此数犀但闻其说，不可得而见也。[2]

然而长江下游地区却不上贡犀角，其他相关记载亦极少，说明由于当地经济开发较早较快，农田向低湿林草地带推进的幅度和强度都比较大，犀牛的栖息地已经遭到了严重破坏。

由于喜温湿等生物学特征所决定，中国犀、象南迁的历史节奏相当清晰，其分布区域的变化具有重要生态标志性意义，自然成为考察中国环境历史变迁的重要对象。不过，在中古中国人与野生动物斗争的历史故事中，这两种动物似乎都还算不上"主角"。与时有发生的"象灾"相比，南方频繁的"虎暴"和打虎行动，更加令人印象深刻。下面分区罗列相关史实，看看那时人与虎之间

[1]（唐）陈陶：《番禺道中作》，收入《全唐诗》卷 745，中华书局，1960 年，第 8468 页。
[2]（唐）刘恂：《岭表录异》卷下，《四库全书》本，第 61-62 页。

究竟发生了一些什么故事。

先看长江上游。战国时期巴蜀地区已有“虎患”。《华阳国志》记载：

秦昭襄王时，白虎为害，自秦、蜀、巴、汉患之。秦王乃重募国中：“有能煞虎者邑万家，金帛称之。”于是夷朐忍廖仲、药何、射虎秦精等乃作白竹弩于高楼上，射虎。中头三节。白虎常从群虎，嗔恚，尽搏杀群虎，大呴而死。秦王嘉之曰：“虎历四郡，害千二百人。一朝患除，功莫大焉”[1]。

这是古史关于巴蜀“人虎之争”的最早记录。自那以后直到唐代，这个地区一直多有虎患、虎暴。成都平原以外的多山地区，在唐代陆续得到了较大规模的开发，生态环境受到人类活动的影响不断增强，成为“虎暴”高发之地，猛虎伤害居民和行人的事情多见记载。武则天统治时期，“涪州武龙界多虎暴”[2]。唐玄宗开元末年“渝州多虎暴。设机穽，恒未得之”[3]。“安史之乱”以后，弘文馆学士归某自巴州入蜀，“早行，遇虎于道，遂升木以避”[4]。除涪、渝、巴等州外，阆中、通州、利州、绵州等地亦多有“虎暴”，杜甫途经阆中之时曾感叹一路上是“前有毒蛇后猛虎，溪行尽日无村坞”[5]。元稹曾被谪贬到通州，其地乃是“茅檐屋舍竹篱州，虎怕偏蹄蛇两头”，元和二年（807年）当地“偏蹄虎害人，比之白额。两头蛇，处处皆有之也”[6]。他所描述的“偏蹄虎”究竟是个什么样子的老虎尚待查证，其凶残可比前史所载之白虎，更令人恐惧是可以肯定的。杜光庭则称“绵州昌明县豆圌山……山多毒蛇猛虎，里中人莫敢独往”[7]。唐朝末期，剑州与利州之间的白卫岭、石筒溪等地“虎暴”尤甚，生活在唐宋之间的孙光宪曾有如下一段骇人听闻的记载，称：

唐大顺、景福已后，蜀路剑、利之间，白卫岭石筒溪虎暴尤甚，号“税人场”。商旅结伴而行，军人带甲列队而过，亦遭攫搏。时递铺卒有周雄者，膂力

[1]（晋）常璩撰，任乃强校注：《华阳国志校补图注》卷1《巴志》，上海古籍出版社，1987年，第14页。按：任乃强认为：“秦”当作“黔”，指黔中郡。然诸本皆作“秦”。

[2]（唐）张鷟：《朝野佥载》卷2，中华书局，1979年，第45页。

[3]（宋）李昉编：《太平广记》卷427《碧石》，中华书局，1961年，第3476页。

[4]（宋）李昉编：《太平广记》卷430《归生》，中华书局，1961年，第3495页。

[5]（唐）杜甫：《发阆中》，收入《全唐诗》卷220，中华书局，1960年，第2324页。

[6]（唐）元稹：《酬乐天得微之诗知通州事因成四首》，收入《全唐诗》卷416，中华书局，1960年，第4593页。

[7]（唐）杜光庭：《豆圌山记》，收入《全唐文》卷934，中华书局，1960年，第9722-9723页。

心胆有异于常，日夜行役，不肯规避，仍持托权、利剑，前后于税人场连毙数虎，行旅赖之。西川书记常庄作长语以赏之，蜀帅补军职以壮之。凡死于虎、溺于水之鬼号为“伥”，须得一人代之，虽闻泛言，往往而有。先是，西川监军使鱼全諲特进自京搬家憩于汉源驿，其孀嫂方税驾，遂严妆倚驿门而看，为虎攫去，虽驱夺得之，已伤钩爪也。仆尝行次白卫岭时，属炎蒸，夜凉而进，一马、二仆，与他人三、五辈偕行，或前或后，而民家豚、犬交横道路，山林依然居人，如昔虎、豹之属又复何之？景福、乾宁之时，三川兵革，虎、豹昼行，任上贡输，梗于前迈，西川奏章，多取巫峡，人虫作暴，得非系国家之盛衰乎？[1]

当地严重的“虎暴”，不仅威胁一般行旅路人，连国家公文传递甚至军队活动都受到了阻滞，实非今人所能想象！不过，从孙光宪的记载看，“虎暴”似有间歇性，他本人途经此地之时并未遇到老虎，当地的人、畜亦平安无事。

与巴蜀相比，江淮地区“虎暴”之甚尤有过之。自汉代以降，虎患在当地社会心理上不断留下恐惧记忆，至晚自东汉开始，人虎“战争”即不断发生。《后汉书》记载了南郡（治所在今湖北省公安县）太守解决虎患的故事，称其“郡滨带江沔，又有云梦薮泽”，麋鹿犀象之盛、虎狼之多，早就声闻于中原。东汉安帝“永初中，多虎狼之暴，前太守赏募张捕，反为所害者甚众。雄乃移书属县曰：‘凡虎狼之在山林，犹人之居城市。古者至化之世，猛兽不扰，皆由恩信宽泽，仁及飞走。太守虽不德，敢忘斯义！记到，其毁坏槛穽（阱），不得妄捕山林。’是后虎害稍息，人以获安。在郡数岁，岁常丰稔”[2]。故事里说：前任太守曾经发动对老虎的“战争”，不但未能取得胜利，不少人反而被虎所伤；继任的太守法雄遵从“恩信宽泽，仁及飞走”的儒家伦理，禁止到山林之中妄捕，取得了虎息人安的效果。在我们看来，当地发生虎狼之暴应属事实，故事情节的真实性则令人怀疑：要么故事的主人公多少有点迂腐作态，要么只是人们编造良吏“德政”故事的模式化翻版——自汉代开始，由于“天人感应”思想盛行，此类历史编造相当流行。无独有偶，同在东汉，曾任九江郡太守的宋均也有过这样的“德政”。先前，“郡多虎暴，数为民患，常募设槛阱，而犹多伤害。均到，下记属县曰：‘夫虎、豹在山，鼋、鼍在水，各有所托。且江淮之

[1]（宋）李昉编：《太平广记》卷432《周雄》引《北梦琐言》，中华书局，1961年，第3509页。
[2]《后汉书》卷38《法雄传》，中华书局，1965年，第1278页。

有猛兽，犹北土之有鸡豚也。今为民害，咎在残吏，而劳勤张捕，非忧恤之本也。其务退奸贪，思进忠善，可一去槛阱，除削课制。’其后传言：虎相与东游度江”[1]。还好故事里没有说宋均具备“仁及飞走”的思想，他撤除槛阱主要是为减轻百姓的负担。不过后来传言其“德政”让老虎们感动得成群结队地“东游度江”离开了九江郡，就显得很离谱了。南朝萧梁时期，襄阳也发生了一件与老虎有关的怪事，说是萧泰镇守襄阳之时，当地“时虎甚暴，村门设槛”，有一天夜里，槛机被触动，村民举着火烛前往察看，发现居然是一名老道士。更奇怪的是：这名道士自称到村里行乞误落入槛里，等到大家打开槛门将他放出，道士却立即变成老虎奔驰而去。[2]

不论这些故事有多么滑稽可笑，汉代以后江淮多有虎患，乃是确凿无疑的事实，否则这类故事无法编造出来。相比较而言，唐朝文献中的相关记载要真实可靠得多，江淮地区实实在在连续发生了相当规模的“人虎战争”，甚至连唐玄宗李隆基亦曾亲自过问和指挥。唐玄宗登基后不久，即在开元四年（716 年）下令江淮南诸州捕虎，他发布诏令说：

> 如闻江淮南诸州大虫杀人，村野百姓颇废生业，行路之人尝遭死失，州县不以为事，遂令猛兽滋多，泗州连水县令李全确前任宣州秋蒲县令，界内先多此兽，全确作法遮捕，扫除略尽，迄今人得夜行，百姓实赖其力。宜令全确驰驿往淮南大虫为害州指授其教，与州县长官同除其害，缘官路两边去道各十步草木，常令芟伐，使行人往来得以防备。[3]

江淮以南诸州虎患严重，以致连皇帝都要亲自过问和指画，专门下令推广李全确在宣州秋蒲县的捕虎经验。很可惜，关于这场战争的情况和效果，史书没有更加详细的记载。可以肯定的是，虎患并未从此消除。此后江淮虎患仍多见记载，“人虎之战”一直在继续。唐德宗贞元六年（790 年），荆南节度使樊泽率领军士前往郢州（治所在今湖北钟祥市）城东的龙山打虎，捕杀了一只母虎，腹内还有 4 只小虎仔，符载专门撰文记颂，其中有云：

---

[1]《后汉书》卷 41《宋均传》，中华书局，1965 年，第 1412-1423 页。按：自秦置九江郡，两汉存置无常，治所数迁，所属范围很大并且时有变化。但东汉时期九江郡的主要领属地，应以江淮之间为主。

[2]（宋）李昉编：《太平广记》卷 426《虎一》，《萧泰》条引《五行记》，中华书局，1961 年，第 3470 页。

[3]（宋）王钦若等编：《册府元龟》卷 147《帝王部》，《恤下第二》，中华书局，1960 年，第 1778-1779 页。

> 荆为泽国，疆亘云梦，伐麕麌、弋鸿雁，盖便习也，唯获虎则异，故大而张之。六年（790 年）冬十二月腊日甲辰，节度使御史大夫樊公大畋于郢城，修军礼也。先期之辰，命耆将宿帅，将骑步兵五千，盛陈于所舍之地。……维明日，复围于龙山之北冈。先是里人之讼乳虎为暴，肆毒贪婪，白昼族行，圈皂无豕牛，林麓绝樵苏，老幼愁恐，极于兵寇。既卜其穴，乃大搜而取之。……公以为天稔其毒，必将妊孕，剖视其腹，即获乎四子矣。[1]

其文固多夸饰、溢美之词，但也包含了一些重要环境史信息。樊泽此番动用了 5 000 兵卒大举捕虎，一方面因百姓有虎暴之讼，另一方面是为了练兵。此后数年，诗人孟郊途经郢州京山县，仍称那里“后路起夜色，前山闻虎声”[2]，可见虎患未除。同在德宗贞元年，申州（今河南信阳）“多虎暴，白昼噬人。时淮上阻兵，因以武将王徵牧申州焉。徵至，则大修擒虎具、兵仗、坑阱，靡不备设。又重悬购得一虎而酬十缣焉。有老卒丁嵓者善为陷阱，遂列于太守，请山间至路隅张设以图之。徵既许，不数日而获一虎焉”[3]。舒州桐城（今安徽桐城）“自开元中徙治山城，地多猛虎、毒虺。元和八年（813 年），令韩震焚剃草木，其害遂除”[4]。唐文宗太和年间（827—835 年），李绅曾担任滁、寿等州刺史，地处大别山中的“霍山多虎，撷茶者病之，治机阱，发民迹射，不能止。绅至，尽去之，虎不为暴”。[5]又是一个难以据信的与老虎和好的“德政”故事。令人惊讶的是，唐朝末年东海之滨的海陵（今江苏泰州市）一带也多虎，大约因为那里麋鹿极多，吸引群虎前来。由于“海陵多虎，行者悉持大棒”[6]。上述这些情况反映出：江淮之间一直虎患严重，虽然官府曾经做一些努力，但迄至唐末甚至直到相当晚近的时代，都没有彻底消除。

中古时代，长江以南广大区域处处林草茂密，毒虫猛兽孳盛，老虎自然更多。长江下游的江、浙、皖南地区开发最早，人口最多，但一直都有老虎。三国时期，吴主孙权曾“亲乘马射虎于庱亭（在今江苏丹阳），马为虎所伤。权投

---

[1]（唐）符载：《贺樊公畋获虎颂》，收入《全唐文》卷 688，中华书局，1983 年，第 3470 页。
[2]（唐）孟郊：《京山行》，收入《全唐文》卷 377，中华书局，1983 年，第 4226 页。
[3]（宋）李昉编：《太平广记》卷 429《丁嵓》，中华书局，1961 年，第 3488 页。
[4]《新唐书》卷 41《地理志》，中华书局，1975 年，第 1054 页。
[5]《新唐书》卷 181《李绅传》，中华书局，1975 年，第 5349 页。
[6]（宋）李昉编：《太平广记》卷 431《虎六》，《王太》条引《广异记》，中华书局，1961 年，第 3499 页。

以双戟，虎却废，常从张世击以戈，获之”[1]。直到盛唐时期，皖南、浙东地区仍时有虎患，前述唐玄宗下诏推广宣州地方官组织捕虎经验，说明今安徽宣城一带在当时还有不少老虎。关于浙东山区的猛虎，中古文献亦有相当连续的记录：东晋成帝咸和八年（333 年），有“白虎见新昌县（今浙江省东部）”[2]。唐朝后期，处州松阳县（今浙江省松阳县）有人入山采药，天黑时“为二虎所逐”[3]，越州诸暨县（今浙江省诸暨市）令傅黄中有一位部下因喝得酩酊大醉，“夜中山行，临崖而睡。忽有虎临其上而嗅之，虎须入醉人鼻中，遂喷嚏，声震虎，遂警跃，便即落崖”[4]。这些故事虽都离奇，但至少说明当时人们认为江南多虎。至于今江西、湖南、岭南和云贵地区，文献中的相关记载就更多。《宋书》记载：三国至晋朝之间，鄱阳（今江西九江一带）、豫章（今江西南昌一带）、临川（今江西抚州一带）曾多次发现白虎[5]，说明当地老虎很多。今湖南长沙一带，汉代即是虎多成患，当地老百姓甚至被迫迁徙他县。[6]到了盛唐时期，衡山衡岳寺外“虎豹忽尔成群，日有杀伤，无由禁止”[7]。岭南地区的情况亦然，被谪贬到那里的韩愈曾经感叹阳山（今广东清远县）一带“陆有邱陵之险，虎、豹之虞”[8]；昭州（今广西平乐县）一带则是“虎当官道斗，猿上驿楼啼”[9]；容州（今广西北流市一带）“石袍山有肉翅虎，下山食人，食讫即飞还绝岩”[10]。云贵自古多毒虫、猛兽，令人怖畏，《华阳国志》称南中（今云南昭通一带）“土地无稻田蚕桑，多蛇蛭虎狼”[11]；唐人樊绰亦称：“大虫，南诏所披皮，赤黑文深，炳然可爱。云大虫在高山穷谷者则佳；如在平川，文浅不任用”[12]；位于今贵州境内的费州（今德江、思南一带），“境多虎暴，俗皆楼居以避之”[13]。

---

[1]《三国志》卷 47《吴书·吴主权》，中华书局，1959 年，第 1120 页。
[2]《宋书》卷 28《符瑞中》，中华书局，1974 年，第 808 页。
[3]（宋）李昉编：《太平广记》卷 432《虎七》，《松阳人》条引《广异记》，中华书局，1961 年，第 3504 页。
[4]（宋）李昉编：《太平广记》卷 426《虎一》，《傅黄中》条引《朝野佥载》，中华书局，1961 年，第 3471 页。
[5]《宋书》卷 28《符瑞中》，中华书局，1974 年，第 807-809 页。
[6]（宋）李昉编：《太平御览》卷 891《兽部三》引《谢承后汉书》云：“豫章刘陵，字孟高，为长沙安成长，先时多虎，百姓患之，皆徙他县。陵之官，修德政，逾月虎悉出界去，民皆还。”这自然又是一个德感自然的故事。中华书局，1960 年影印宋本，见第 3958 页。
[7]（宋）释赞宁撰，范祥雍点校：《宋高僧传》卷 19《唐南岳山明瓒传》，中华书局，1982 年，第 492 页；又见（宋）李昉编：《太平广记》卷 96《异僧·懒残》引《甘泽谣》，中华书局，1961 年，第 640 页。
[8]（唐）韩愈：《送区册序》，收入《全唐文》卷 555，中华书局，1983 年，第 5621 页。
[9]（唐）李商隐：《昭州》，收入《全唐诗》卷 540，中华书局，1960 年，第 6210 页。
[10]（宋）乐史编：《太平寰宇记》卷 167《容州》，中华书局，2007 年，第 3193 页。
[11]（晋）常璩撰，任乃强校注：《华阳国志校补图注》卷 4《南中志》，上海古籍出版社，1987 年，第 279 页。
[12]（唐）樊绰：《云南志》（即《蛮书》）卷 7《云南管内物产》，中华书局，1962 年。
[13]（宋）李昉编：《太平广记》卷 427《费忠》，中华书局，1961 年，第 3474 页。

诸如此类记载颇多，不能一一列举。

不过，很有意思的是，长江以南特别是岭南和西南的人虎冲突似乎不如江淮激烈，虽然多虎，但“虎暴”记录较少，究其原因，可能由于那时长江以南除今江、浙、皖、赣局部地区之外，大部分地区还是人口稀少，山林开发规模不大，老虎的栖息地尚未遭受显著破坏，人虎直接接触的概率也比较低，所以老虎袭击人畜的虎患、虎暴还不太严重。

我们知道：老虎属于哺乳纲食肉目猫科，是一种大型的食肉动物，自古分布在中国南方的老虎应该都是华南虎。它们主要栖息在山林、灌木和野草丛生之地，主要捕猎食草动物。广袤山林草泽和丰富食草类动物之存在是其必需的生境条件。在历史发展进程中，由于人类不断翦伐山林，垦辟土地，包括老虎在内的各种野生动物的分布区域与种群数量，都随之不断缩小直至绝迹。这些都是众所周知的常识。不过在我们看来，人虎激烈冲突，意味着人类对自然环境的利用和改造强度到达了某个特定的水平，它是人与自然关系史上的一个阶段性问题。一个时代或者地区，倘若荒野辽阔、林草布满而且人烟极稀，并不容易发生“虎暴”伤人事件；倘若山林尽毁，众兽遁形，老虎亦必因栖息地和生境条件遭到彻底破坏而绝迹，人虎之间的矛盾和冲突自然也就不复存在。长江流域自汉代出现“虎患”，及至中古“虎暴”严重，正与该区域山林草泽渐次得到开发有关。从长期过程来看，古代“虎暴”或人虎冲突，与区域资源开发强度、经济发展水平，在时间和空间上具有历史耦合关系，相当值得注意。

对中古南方人民构成严重威胁的动物不只有老虎，还有众多巨蛇毒物。并且时人所表现出来的强烈恐惧感，同样令人印象深刻。举其要端，首先是多毒蛇巨蟒。白居易诗云：“江南有毒蟒，江北有妖狐”，这大约是时人所共有的一种南方意象[1]；而他关于岭南环境和风物的印象，是“不冻贪泉暖，无霜毒草春；云烟蟒蛇气，刀剑鳄鱼鳞”等。[2]

其实，关于南方巨蛇，早在先秦时代就有记载，《山海经》云“巴蛇吞象”，后人往往视作诬妄之说，战国时代的屈原已经质疑。[3] 然则直至中古时代仍多

[1]（唐）白居易：《白氏长庆集》卷 11《哭王质夫》，《四部丛刊》本。

[2]（唐）白居易：《白氏长庆集》卷 17《送客春游岭南二十韵》，据《四库全书》本。

[3]《山海经第十》，《海内南经》云：“巴蛇食象，三岁而出其骨，君子服之，无心腹之疾。其为蛇青黄赤黑。一曰黑蛇青首，在犀牛西。”郭璞云：“今南方蚺（或作蟒）蛇吞鹿，鹿已烂，自绞于树腹中，骨皆穿鳞甲间出。此其类也。《楚辞》云：‘有蛇吞象，厥大何如？’说者云：长千寻。”（战国）佚名氏撰，袁珂校注：《山海经校注》，上海古籍出版社，1980 年，第 281 页。

关于南方巴蜀、西南、岭南等地区巨蛇毒蛇的记载，晋代博物学家郭璞曾有数首诗咏之，其《蟒蛇赞》云："蠢蠢万生，咸以类长。惟蛇之君，是谓巨蟒。小则数寻，大或百丈。"又有《长蛇赞》云："长蛇百寻，厥鬣如彘。飞群走类，靡不吞噬。极物之恶，尽毒之厉。"还有《巴蛇赞》云："象实巨兽，有蛇吞之。越出其骨，三年为期。厥大何如，屈生是疑。"《水经注》记载：西南大山之中"……多大蛇，名曰蚺蛇，长十丈，围七八尺。常在树上伺鹿兽，鹿兽过，便低头绕之，有顷鹿死，先濡令湿讫，便吞头角，骨皆钻皮出。山夷始见蛇不动时，便以大竹签签蛇头至尾，杀而食之，以为珍异。"[1] 唐人元稹则有《巴蛇三首并序》，兹亦抄录如下。其序称：

巴之蛇百，其大蟒类，其毒褰鼻蝮，人常不见褰鼻。常遭之，毒人则毛发皆竖起，饮溪涧而沙尽沸。验方云：攻巨蟒，用雄黄，烟被其脑则裂，而鸊鸟能食其小者。巴无是物，其民常用禁术制之，尤效。

其诗云：

巴蛇千种毒，其最鼻褰蛇。掉舌翻红焰，盘身蹙白花。
喷人竖毛发，饮浪沸泥沙。欲学叔敖瘗，其如多似麻。

又云：

越岭南滨海，武都西隐戎。雄黄假名石，鸊鸟远难笼。
讵有隳肠计，应无破脑功。巴山昼昏黑，妖雾毒濛濛。

又云：

汉帝斩蛇剑，晋时烧上天。自兹繁巨蟒，往往寿千年。
白昼遮长道，青溪蒸毒烟。战龙苍海外，平地血浮船。[2]

[1] 陈桥驿：《水经注校证》卷37《叶俞水》，中华书局，2007年，第860页。
[2]（唐）元稹：《元氏长庆集》卷4，据《四部丛刊》本。

郭璞之诗或是基于怪诞传闻，不足据信。但亲自到达过岭南的刘恂曾说：

蚺蛇大者五六丈，围四五尺，以次者亦不下三四丈，围亦称是。身有斑文如故锦缬。俚人云：春夏多于山林中等鹿过则衔之，自尾而吞，惟头角碍于口中，则于树间衔其首，俟鹿坏头角坠地，鹿身方咽入腹，如此蝮蛇极羸弱。及其鹿消，壮俊悦怿勇健于未食鹿者。或云：一年则食一鹿。[1]

如同记载当地其他生物相当真实可靠一样，他关于蚺蛇不仅具体记载了个体大小，而且详细记述了其捕食行为特点，应当可以据信。

南方既多有巨型蛇类，更有许多剧毒蛇类。汉史记载：由于南方蝮、虺之类毒蛇众多，大臣们往往将此作为反对用兵南国的一个重要理由，淮南王刘安反对汉武帝派兵征讨闽越的理由之一，就是那里“蝮蛇蠚生”[2]；其后，贾捐之在汉元帝初年亦反对用兵珠崖，称岭南“多毒草虫蛇水土之害”[3]。及至中古时代，南方的毒蛇、巨蛇更加频繁地见于各类文献记载。唐人张鷟称：

山南、五溪、黔中皆有毒蛇，乌而反鼻，蟠于草中。其牙倒钩，去人数步，直来疾如缴箭，螫人立死。中手即断手，中足则断足，不然则全身肿烂，百无一活。谓蝮蛇也。有黄喉蛇，好在舍上，无毒，不害人，唯善食毒蛇。食饱则垂头直下，滴沫地坟起，变为沙虱，中人为疾。额上有“大王”字，众蛇之长，常食蝮蛇。[4]

柳宗元曾被谪贬湘、桂蛮荒之地多年，对当地蛇类深感恐惧。他曾说柳州一带“阴森野葛交蔽日，悬蛇结虺如葡萄”[5]；又称“永州于楚为最南，状与越相类，仆闷即出游，游复多恐。涉野有蝮虺、大蜂，仰空视地，寸步劳倦”[6]。由于永州蝮蛇很多，剧毒却又具有重要的药用价值，故捕蛇乃成为当地人民的一种赌命营生，朝廷征收蛇类贡品，令百姓深罹其苦，捕蛇人世代以此为业，

[1]（唐）刘恂：《岭表录异》卷下，《四库全书》本。
[2]《汉书》卷 64 上《严助传》，中华书局，1962 年，第 2781 页。
[3]《汉书》卷 64《贾捐之传》，中华书局，1962 年，第 2834 页。
[4]（唐）张鷟《朝野佥载》卷 5，中华书局，1979 年，第 121-122 页。
[5]（唐）柳宗元：《寄韦珩》，收入《全唐诗》卷 351，中华书局，1960 年，第 3931 页。
[6]（唐）柳宗元：《与李翰林建书》，收入《全唐文》卷 573，中华书局，1983 年，第 5795 页。

死者相继，故柳宗元在那里写下了著名的《捕蛇者说》。今录其文，以便感受一段特殊的地方环境史和经济史：

永州之野产异蛇：黑质而白章，触草木尽死；以啮人，无御之者。然得而腊之以为饵，可以已大风、挛踠、瘘疠，去死肌，杀三虫。其始太医以王命聚之，岁赋其二。募有能捕之者，当其租入。永之人争奔走焉。

有蒋氏者，专其利三世矣。问之，则曰："吾祖死于是，吾父死于是，今吾嗣为之十二年，几死者数矣。"言之貌若甚戚者。余悲之，且曰："若毒之乎？余将告于莅事者，更若役，复若赋，则何如？"蒋氏大戚，汪然出涕，曰："君将哀而生之乎？则吾斯役之不幸，未若复吾赋不幸之甚也。向吾不为斯役，则久已病矣。自吾氏三世居是乡，积于今六十岁矣。而乡邻之生日蹙，殚其地之出，竭其庐之入。号呼而转徙，饥渴而顿踣。触风雨，犯寒暑，呼嘘毒疠，往往而死者，相藉也。曩与吾祖居者，今其室十无一焉。与吾父居者，今其室十无二三焉。与吾居十二年者，今其室十无四五焉。非死即徙尔，而吾以捕蛇独存。悍吏之来吾乡，叫嚣乎东西，隳突乎南北；哗然而骇者，虽鸡狗不得宁焉。吾恂恂而起，视其缶，而吾蛇尚存，则弛然而卧。谨食之，时而献焉。退而甘食其土之有，以尽吾齿。盖一岁之犯死者二焉，其余则熙熙而乐，岂若吾乡邻之旦旦有是哉。今虽死乎此，比吾乡邻之死则已后矣，又安敢毒耶？"

余闻而愈悲，孔子曰："苛政猛于虎也！"吾尝疑乎是，今以蒋氏观之，犹信。呜呼！孰知赋敛之毒，有甚于是蛇者乎！故为之说，以俟夫观人风者得焉。

此外，他还作有《宥蝮蛇文（并序）》，其中提到有善于捕蛇的家僮告诉他：蝮蛇"犯于人，死不治。又善伺人，闻人咳喘步骤，辄不胜其毒，捷取巧噬肆其害。然或慊不得于人，则愈怒，反啮草木，草木立死。后人来触死茎，犹堕指、挛腕、肿足，为废病。必杀之，是不可留"。由他的描述可见：这是一种极毒的蛇类，可谓触物即死，并且主动攻击人类；甚至若有人触碰到被这种毒蛇咬过的草木也会中毒、变成残废。同样被谪贬到南方蛮荒之地——通州的元稹，则向其挚友白居易倾诉道：

通之地，湿垫卑褊，人士稀少，近岁荒凶，死亡过半。邑无吏，市无货，百姓草木，刺史以下计粒而食。大有虎、豹、蛇虺之患，小有蟆蚋、浮尘、蛛蜘、蛒蜂之类，皆能钻啮肌肤，使人疮痏。夏多阴霪，秋为痢疟，地无医巫，药石万里，病者百死一生之夫，何仆之命不厚也！[1]

诸如此类文字可谓触目皆是，不拟更多抄录。这些充满恐怖和令人毛骨悚然的记述，让我们认识到中古南方尽管森林广袤，野生动物极多，生物多样性及其资源丰富程度都令人怀想；但是对于生活在其时、其地的人们来说，这样的生存环境可谓处处凶险，以故被谪贬到当地的士人往往哀叹生死难料，而其亲朋好友亦深感悲戚担忧。生活在今天的人们，因当下正在面临着种种生态挑战，常常将历史上的自然环境过分理想化，一味地抒发慕古之幽情，其实乃是缺少对历史实情的了解。

那个时代，在江河湖泽中讨生活的南方人民，经常遭遇另外一类更凶残的敌人，这就是鳄鱼，古时常称作“鲛”“蛟”“鲛龙”。前文已经提到：远古至上古时期，鳄鱼的分布区域曾经北抵黄淮之间，中古时代鳄鱼已经向南退却，但江淮之间特别是长江以南水域仍是鳄鱼众多。据何业恒等研究，同现代一样，当时扬子鳄主要分布于长江流域，但种群数量则古今大有差异。华南地区则有马来鳄和湾鳄两种，其中，马来鳄为淡水种类，主要栖息于内陆河流；而湾鳄则为半咸水种类，主要分布在沿海浅滩和潮汐地带。整个珠江三角洲地区都广泛分布有鳄鱼，西江谷地、潭江流域等边缘山区亦有零星分布。[2]

中古文献经常提到长江中下游水域蛟龙出没、常为祸患，而像邓遐、周处之类勇士入水杀蛟、为民除害的故事传说亦时见记载。[3]不过，时人印象更加深刻的乃是岭南鳄鱼之恐怖，因为各种原因来到岭南的文人士子不断咏及，例如，关于泷州（今广东罗定市）江中的鳄鱼，就被时常提及。宋之问有诗云：

[1]（唐）元稹：《叙诗寄乐天书》，收入《唐文粹》卷 84，此据《四部丛刊》本。

[2] 何业恒：《中国珍稀爬行类两栖类和鱼类的历史变迁》，湖南师范大学出版社，1997 年，第 54 页；曾昭璇：《论韩江流域的鳄鱼分布情况》，《华南师范大学学报（自然科学版）》1988 年第 1 期，第 44 页；曾昭璇：《试论珠江三角洲地区象、鳄、孔雀灭绝时期》，《华南师院学报（自然科学版）》1980 年第 1 期，第 176-178 页。

[3]《水经注》卷 28《沔水中》云：襄阳一带“水中常苦蛟害，襄阳太守邓遐负其气果，拔剑入水，蛟绕其足，遐挥剑斩蛟，流血丹水。自后患除，无复蛟难矣。”《世说新语》卷下之上，《自新第十五》云：“周处年少时，凶强侠气，为乡里所患。又义兴水中有蛟，山中有邅迹虎，并皆暴犯百姓，义兴人谓为三横，而处尤剧。或说处杀虎、斩蛟，实冀三横唯余其一。处即刺杀虎，又入水击蛟，蛟或浮或没，行数十里，处与之俱。经三日三夜，乡里皆谓已死，更相庆。竟杀蛟而出，闻里人相庆，始知为人情所患，有自改意。”

孤舟泛盈盈，江流日纵横。夜杂蛟螭寝，晨披瘴疠行。
潭蒸水沫起，山热火云生。猿躩时能啸，鸢飞莫敢鸣。
海穷南徼尽，乡远北魂惊。泣向文身国，悲看凿齿氓。
地偏多育蛊，风恶好相鲸。……[1]

韩愈亦称那里“恶溪瘴毒聚，雷电常汹汹；鳄鱼大于船，牙眼怖杀侬”。[2]由于岭南多毒，鳄鱼极多而且凶猛，人们不得特别小心防范，故袁不约有“畏药将银试，防蛟避水行”[3]之句。事实上确实有人深受其害。刘恂记载说：

鳄鱼，其身土黄色，有四足，修尾形状如鼍，而举止趫疾，口森锯齿，往往害人。南中鹿多，最惧此物。鹿走崖岸之上，群鳄嗥叫其下，鹿怖惧落崖，多为鳄鱼所得，亦物之相摄伏也。故李太尉德裕贬官潮州，经鳄鱼滩，损坏舟船，平生宝玩古书图画一时沉失，遂召舶上昆仑取之，但见鳄鱼极多，不敢辄近，乃是“鳄鱼窟宅”也。[4]

岭南诸州多罹鳄鱼之患，而以韩愈曾经谪贬的潮州为甚。唐人张读记载：潮州“郡西有大湫，中有鳄鱼，长者百余。每一怒则湫水腾溢，林岭如震。民之马牛有滨其水者，辄吸而噬之，一瞬而尽。为所害者，莫可胜计”[5]。韩愈到任之后，欲除鳄鱼却无以为计，只能采用传统的祭咒之法。今抄录其《鳄鱼文》，以见其地鳄害之甚。其文曰：

维元和十四年（819年）四月二十四日，潮州刺史韩愈使军事衙推秦济以羊一、猪一投恶溪之潭水，以与鳄鱼食，而告之曰：昔先王既有天下，烈山泽，网绳擉刃，以除虫蛇恶物为民[物]害者，驱而出之四海之外。及后王德薄，不能远有，则江、汉之间尚皆弃之以与蛮夷楚越，况岭海之间、去京师万里哉！鳄鱼之涵淹卵育于此，亦固其所。

[1]（唐）宋之问：《入泷州江》，收入《文苑英华》卷290，中华书局，1966年，第1480页。
[2]（唐）韩愈：《昌黎先生文集》卷6《泷吏》。
[3]（唐）袁不约：《送人至岭南》，收入《文苑英华》卷278，中华书局，1966年，第1408页。
[4]（唐）刘恂：《岭表录异》卷上，《四库全书》本。
[5]（唐）张读：《宣室志》卷4，中华书局，1988年，第45页。

今天子嗣唐位，神圣慈武，四海之外，六合之内，皆抚而有之。况禹迹所揜，扬州之近地，刺史、县令之所治，出贡赋以供天地、宗庙、百神之祀之壤者哉！鳄鱼，其不可与刺史杂处此土也！刺史受天子命，守此土，治此民，而鳄鱼睅然不安溪潭，据处食民、畜、熊、豕、鹿、獐，以肥其身，以种其子孙，与刺史亢拒，争为长雄。刺史虽驽弱，亦安肯为鳄鱼低首下心哉？！伈伈睍睍，为民吏羞，以偷活于此也？！且承天子命以来为吏，固其势不得不与鳄鱼辩。鳄鱼有知，其听刺史言：

潮之州，大海在其南。鲸、鹏之大，虾、蟹之细，无不容归，以生以食，鳄鱼朝发而夕至也。今与鳄鱼约：尽三日，其率丑类，南徙于海，以避天子之命吏，三日不能，至五日；五日不能，至七日；七日不能，是终不肯徙也，是不有刺史、听从其言也。不然，则是鳄鱼冥顽不灵，刺史虽有言，不闻不知也。夫傲天子之命吏，不听其言，不徙以避之，与冥顽不灵而為民物害者，皆可杀。刺史则选材技吏民，操强弓毒矢，以与鳄鱼从事，必尽杀乃止。其无悔！[1]

这篇看似幽默，实则充满着苦涩和莫可奈何心情的《鳄鱼文》，再次让我们感受到当时南方某些地区人民生存环境之恶劣，对于生活于其中的人们来说，尚未遭到“破坏”的自然环境并非一派祥和的乐园，而是处处存在凶险。

事实上，在中古文人心目中，南方许多地区特别是岭南和西南仍未“王化”，固多异物奇货，却也是遍地下湿炎瘴，充满毒物蛊虫，令人恐怖。下面两段概括性描述应能代表时人的一般看法。《魏书》云：

中原冠带呼江东之人，皆为貉子，若狐貉类云。巴、蜀、蛮、獠、溪、俚、楚、越，鸟声禽呼，言语不同，猴蛇鱼鳖，嗜欲皆异。……地既暑湿，多有肿泄之病，障气毒雾，射工、沙虱、蛇虺之害，无所不有。[2]

《魏书》记载的这番言论，大抵代表了当时中原人士对南方地区的一般印象，因其时南北政权分立，其中自然不免带有某种文化歧视，未可全信。然而《隋书》卷三一《地理志下》扬州下仍载：

[1]（唐）韩愈：《昌黎先生文集》卷36《鳄鱼文》。
[2]《魏书》卷96《司马睿传》，中华书局，1974年，第427页。

新安、永嘉、建安、遂安、鄱阳、九江、临川、庐陵、南康、宜春，其俗又颇同豫章，而庐陵人厖淳，率多寿考。然此数郡，往往畜蛊，而宜春偏甚。其法以五月五日聚百种虫，大者至蛇，小者至虱，合置器中，令自相啖，余一种存者留之，蛇则曰蛇蛊，虱则曰虱蛊，行以杀人。因食入人腹内，食其五藏，死则其产移入蛊主之家，三年不杀他人，则畜者自钟其弊。累世子孙相传不绝，亦有随女子嫁焉。干宝谓之为鬼，其实非也。自侯景乱后，蛊家多绝，既无主人，故飞游道路之中则殒焉。自岭已南二十余郡，大率土地下湿，皆多瘴疠，人尤夭折。南海、交趾各一都会也，并所处近海，多犀、象、玳瑁、珠玑、奇异珍玮，故商贾至者，多取富焉。

鲍照的如下诗咏，则反映了南朝人物对更荒远的岭南地区的一般看法。其诗云：

赤坂横西阻，火山赫南威。身热头且痛，鸟坠魂来归。
汤泉发云潭，焦烟起石圻。日月有恒昏，雨露未尝晞。
丹蛇逾百尺，玄蜂盈十围。含沙射流影，吹蛊痛行晖。
瘴气昼熏体，菵露夜沾衣。饥猿不下食，晨禽不敢飞。
毒泾尚多死，渡泸宁具腓。生躯蹈死地，昌志登祸机。
戈船荣既薄，伏波赏亦微。财轻君尚惜，士重安可希。[1]

该诗对岭南自然环境的描绘，可用“湿热”“多毒”概括，这两者又是相互关联的：正是湿热气候造成丹蛇、玄蜂、含沙、蛊虫等众多毒物繁衍孳生，瘴气亦与有毒动物相关。[2]中原人士自汉代开始记载南方多瘴疠之气，那里一直被视作行旅之畏途；中古时代，伴随着南方社会经济发展进程，一些地区的自然面貌逐渐得到改变，不再那么凶险可怕，但僻远州郡特别是岭南、西南地区

[1]（南朝宋）鲍照：《苦热行》，收入《文选》卷28，上海古籍出版社，1986年，第1324-1326页。
[2] 关于中古南方湿热环境、毒物和疾病，学界已有很多成果，可参见李荣华的述评，见李荣华：《汉唐时期南方风土病研究述评》，《中国史研究动态》2014年第2期，第21-27页；有关蛊毒、瘴疠等问题的最新研究，可参见于赓哲：《蓄蛊之地——一项文化歧视符号的迁转流移》，《中国社会科学》2006年第2期，第191-204页；于赓哲：《疾病、卑湿与中古族群边界》，《民族研究》2010年第1期，第63-71页。

的生存环境依然十分恶劣，被流放、谪贬到那些地区的文人士子及其亲友，往往充满哀伤和恐惧，翻开中古诗文即可发现，时人关于南方气候卑湿炎热，遍地毒物瘴疠的恐怖描绘，以及对被流贬到那些死绝恶境命运之哀叹，可谓触目皆是。这些诗文，可让今人不再简单、抽象地称赞古代生态环境之优美，不再一味地抒发思古、慕古之幽情。

以上罗列已然相当烦琐，但还远远不能全面地呈现中古南方野生动物之盛况，亦远不足以呈现各种凶猛、剧毒野生动物对人们所构成的威胁和困扰，许多方面的情况这里暂时不能一一予以介绍。例如，我们没有专门介绍当时南方的鸟类，而文献记载显示百鸟翔集在中古南北各地都是相当普遍的自然景象；更无法专门介绍小型和低等动物（如种类不计其数的昆虫），这些动物与人类之间或敌或友，对中古社会经济生产、物质生活、人民身体健康和生命安全等，同样具有极其广泛的影响[1]；我们也没有能够对不同地区野生动物万类竞生的生动画面逐一予以综合描述，以呈现各个不同区域（可能仍相当原始的）自然生态景观和面貌[2]；至于许多动物（如猿猴、蛊虫、鹧鸪、杜鹃……）在古人心中所形成的各种特殊生态—文化意象，更是无法展开叙述。这些缺憾，都只能留待将来逐渐弥补。

第三节　生物和生态知识的显著增长

以上两节介绍了中古森林植被和野生动物概况，它们综合反映了那个时代

[1] 事实上，中古文士时或集中记咏某个地区的诸多动物。例如，元稹曾作有《虫豸诗七篇并序》，其中有云：“天之居物于地也，有兽宜山、宜穴，鱼宜水、宜泥，鸟宜木、宜洲，虫宜草、宜腐秽。……始辛卯年，予掾荆州之地，洲渚湿垫，其动物宜介，其毛物宜翅羽。予所舍，又荆州树木洲渚处，昼夜常有翅羽百族闹，心不得闲静，因为《有鸟》二十章以自达。又数年，司马通川郡，通之地，丛秽卑褊，烝瘴阴郁，焰为虫蛇，备有辛螫。蛇之毒百，而鼻褰者尤之。虫之辈亦百，而虻、蟆音莫、浮尘、蜘蛛、蚁子、蛒蜂之类，最甚害人。其土民具能攻其所毒，亦往往合于方籍，不知者，遭辄死。……”其在江陵所作的《有鸟二十章（庚寅）》，分别记咏了当地鸱、鹤、鹳雀、鸠、纸鸢、啄木鸟、蝙蝠、鸮、燕子、乌鸦、白鹇、麻雀、百舌、鸳鸯、鹞、鹦鹉、鹘、白鹤、野鸡、翠鸟等共 20 种。除蝙蝠实为翼手目哺乳动物，纸鸢为人工折叠之物外，其余 18 种皆是鸟类。分见《元氏长庆集》卷 4、卷 25。

[2] 中古文人关于某个地区由众多动物和植物所共同构成的生态环境面貌，亦时有较整体的描绘。如唐中期诗人王建曾有《荆门行》云：“江边行人暮悠悠，山头殊未见荆州。岘亭西南路多曲，栎林深深石镞镞。看炊红米煮白鱼，夜向鸡鸣店家宿。南中三月蚊蚋生，黄昏不闻人语声。生纱帷疏薄如雾，隔衣噆肤耳边鸣。欲明不待灯火起，唤得官船过蛮水。女儿停客茆屋新，开门扫地桐花里。犬声扑扑寒溪烟，人家烧竹种山田。巴云欲雨薰石热，麋鹿度江虫出穴。大蛇过处一山腥，野牛惊跳双角折。斜分汉水横千山，山青水绿荆门关。向前问个长沙路，旧是屈原沈溺处。谁家丹旐已南来，逢著流人从此去。月明山鸟多不栖，下枝飞上高枝啼。主人念远心不怿，罗衫卧对章台夕。红烛交横各自归，酒醒还是他乡客。壮年留滞尚思家，况复白头在天涯。”（《全唐诗》，中华书局，1960 年，第 3385-3386 页引）由其中所提到的众多动植物，读者自可遥想当时荆襄地区（今湖北）的自然生态面貌和社会文化状况。

中国南北自然环境的基本面貌，是中华民族生存发展的基础条件。各种野生植物和动物，既可以成为人们开展经济生产和物质生活的潜在资源与现实条件，抑或对人们的身体健康与生命安全构成可能与实际的威胁。生活在那个时代的人民采用各种方式开发和利用周遭环境之中的野生动植物资源，同时防御那些有害、有毒物种的威胁，必定拥有并且运用相应的思想观念和经验知识。这些思想观念和经验知识，来源于物质生产、灾疫防御和游历行旅等各个方面的长期实践，又是人们进一步与自然交往、兴利避害的文化基础。在人与自然关系的历史演变中，思想观念的变化和经验知识之增长都是非常重要的，它们影响甚至支配着人们的环境行为，不仅决定人们以怎样的态度对待周遭环境和万类生灵，也决定人们采用哪些基本方式和技术手段与其他物种打交道，甚至在一定程度上规定不同时代和区域人与自然相互作用、协同演化的基本方向，是环境史的文化变量。这方面的问题以往中国环境史研究者尚未充分展开研究，而中古恰恰是中国古代自然观念发生显著变化、生物和生态知识暴涨的时代，主要表现在农学、医学、地学、博物学诸领域，这里设立专节做一些初步考察。

一、农学：物种、品种和种间关系

农业是自然再生产和经济再生产的统一，也是传统时代人与自然交往的主要界面。开展农业活动必须具备相应的水、土、光、热特别是动植物种知识，农书是古代农业经验知识的集录，自然而然地包含着农家长期积累起来的生物和生态知识。中古时代曾经出现过几部重要农学著作，其中北魏贾思勰所著《齐民要术》被誉为中国古代农学经典和农业百科全书，其主体内容虽是讨论北方旱地农作技术方法，但包含众多关于植物、动物及其生长环境的知识。兹以该书作为主要材料，对中古前期的农业生物和生态知识作一简述。

关于《齐民要术》的写作方法、意图和内容，作者在卷首序中作了概括交代，称：

今采捃经传，爰及歌谣，询之老成，验之行事，起自耕农，终于醯醢，资生之业，靡不毕书。号曰《齐民要术》。凡九十二篇，束为十卷。卷首皆有目录，于文虽烦，寻览差易。其有五谷、果蓏非中国所殖者，存其名目而已，种莳之法，盖无闻焉。舍本逐末，贤哲所非，日富岁贫，饥寒之渐，故商贾之事，阙而不录。花草之流，可以悦目，徒有春花，而无秋实，匹诸浮伪，盖不足存。鄙意晓示家童，未敢闻之有识。故丁宁周至，言提其耳，每事指斥，不尚浮辞，览者无或嗤焉。[1]

从该书的实际内容看，这个概括是符合实际的。正如作者所说，该书中的资料来源于多个方面，有的来自前代文献，是对前人经验知识的汇集；有的是他调查、搜集所得，是对同时代广大农民经验知识的整理，也有一些是作者本人亲自参加生产经营的心得体会。

《齐民要术》十分重视前人经验知识，“采捃经传”范围非常广泛：上起先秦，下至魏晋南北朝，经、史、子、集各类文献中的相关知识都被大量抄录，可以查实的引用文献达到 150 余种之多[2]，既有至今还保存比较完整的《诗经》《周礼》《礼记》《尔雅》《孟子》《吕氏春秋》《管子》《史记》等，也有早无完帙存世的《氾胜之书》《四民月令》《广志》《家政法》《食经》《食次》和众多的地理书、方物志；所采录的内容有古人典训，有先贤史迹，有农业名词术语解释，更多则是前人的农业生产经验和技术知识，几占全书篇幅的一半。从这一点来说，《齐民要术》对此前时代中国农业生物和生态知识进行了一次大结集。作者也高度重视汇集、整理和验证同时代的民间经验知识，信息采集不仅“爰及歌谣”，还要“询之老成”并且“验之行事”，魏晋南北朝新产生和发展起来的经验知识因之得以记录和保存，有助于我们了解在那个特殊时代条件下农业生物和生态知识取得了哪些新的进步。因此，它不仅是古代农学的精华，也是重要的环境史资料。其环境史价值主要体现在以下方面：

其一，它比较全面地介绍了众多粮、蔬、果、木、纤维作物和畜禽，并汇录了数以百计的北方野生植物和南方植物。该书卷一至卷五讨论种植，卷六谈论养殖，卷七至卷九关于食品加工、贮藏和日用品制造，卷一〇则记录“五谷、果蓏、番茄非中国物产者”，基本上囊括了当时农家生产的主要内容，实际上亦罗列了当时主要农业生物种类（见表 4-2），由它可以看到是哪些植物和动物种

[1] 缪启愉：《齐民要术校释》，中国农业出版社，1998 年，第 19 页。

[2] 据近人胡立初考证：《齐民要术》引用的前代著作达 155 种，其中经部 30 种，史部 65 种，子部 41 种，集部 19 种。另外尚有无书名可考者，不下数十种。胡立初：《〈齐民要术〉引用书目考证》，收入齐鲁大学文学院编：《国学汇编》（第二辑），1934 年。

类提供了那个时代北方人民的主要生活来源，支撑着那个社会存续和发展的物质能量系统。

表 4-2　《齐民要术》记载的主要农作物和畜禽

<table>
<tr><td rowspan="10">种植业</td><td>粮食</td><td>谷（粟）、黍穄、粱秫、大豆、小豆、麻子、大麦、小麦、瞿麦、水稻、旱稻、胡麻等</td></tr>
<tr><td>纤维</td><td>麻</td></tr>
<tr><td>蚕桑</td><td>栽桑养蚕</td></tr>
<tr><td>饲料</td><td>大豆、苜蓿等</td></tr>
<tr><td>绿肥</td><td>绿豆、小豆、胡麻等</td></tr>
<tr><td>染料</td><td>红蓝花、栀子、蓝、紫草、地黄等</td></tr>
<tr><td>油料</td><td>麻子、荏、蔓菁等</td></tr>
<tr><td>香料</td><td>椒、茱萸等</td></tr>
<tr><td>蔬菜</td><td>茄子、瓠、芋、葵、芜菁、菘、芦菔、蒜、葱、韭、蜀芥、芥子、胡荽、兰香、荏、蓼、姜、蘘荷、芹藘等</td></tr>
<tr><td>瓜果</td><td>瓜、越瓜等</td></tr>
<tr><td rowspan="2">种植业</td><td>果树</td><td>枣、桃、李、梅、杏、梨、栗、柰、林檎、柿、安石榴、木瓜、葡萄等</td></tr>
<tr><td>林木</td><td>桑、柘、榆、白杨、棠、榖楮、漆、槐、柳、楸、梓、梧、柞、竹等</td></tr>
<tr><td rowspan="3">养殖业</td><td>家畜</td><td>牛、马、驴、骡、羊、猪</td></tr>
<tr><td>家禽</td><td>鸡、鹅、鸭</td></tr>
<tr><td>其他</td><td>养鱼、养蚕等</td></tr>
</table>

除表 4-2 中所列外，该书卷一〇列述了 100 多种具有实用价值的热带、亚热带植物，是现存最早、最完备的中国南方植物志之一；另外还汇录了 60 多种具有备荒救荒价值的可食野生植物，是后世层出不穷的“救荒本草”之滥觞。

其二，它进一步发扬“食为政首”的农本精神，阐述了天、地、人“三才”思想理论在农业生产中的实际运用，其众多具体论说都反复地强调时宜、地宜和物宜的重要性，中国传统农学的“三宜”理论从此臻于成熟。从环境思想知识史角度重新解读《齐民要术》，我们不妨说：该书关于农家经济生产的论说，构建了一个包括天、地、生、人诸多自然和社会要素在内的宏大框架，高度重视农业生物与其生长环境之间的复杂关系，主张通过人的积极努力精心改善和协调这些关系，达到高产丰收的经济目标。在卷首《序》中，作者大量引述古人典训和前代史实阐述其思想，指出：“食者，民之本；民者，国之本；国者，君之本。是故人君上因天时，下尽地利，中用人力，是以群生遂长，五谷蕃殖。”[1]他强调开展农业生产活动，必须遵循客观自然规律而不能单凭主观意愿行事，指出：“顺天时，量地利，则用力少而成功多。任情返道，劳而无获。”[2]“任情返道”犹如“入泉伐木，登山求鱼，手必虚。迎风散水，逆坂走丸，其势难”。他运用“三才”思想阐述农业活动原则，但并未停留在空疏的理论阐述，而是将这些思想理论具体落实在“齐民”一个个实实在在的生产项目和生产环节之中。

其三，在上述思想原则指导下，作者积极探索作物生长的自然规律，强调遵循天时变化，根据气候冷暖、土壤燥湿等多种具体环境条件，在选地、播种、管理、收获等各个环节对具有不同生物特性的农作物种植进行巧妙、合理地安排和灵活地掌握。《齐民要术》对“时宜”的高度重视和对“地宜”“物宜”的细致把握程度令人印象非常深刻。举例来说，适时、合理播种是作物栽培的基本技术要求，该书对粟、黍、穄、大小豆、麻子、大小麦、水稻、旱稻、胡麻及其他许多作物的播种期都进行了很具体的讨论，播种期都有“上时”“中时”“下时”划分。所谓“上时”，是指播种的最佳时机，例如，谷子“二月上旬及麻、菩杨生种者为上时，三月上旬及清明节、桃始花为中时，四月上旬及枣树叶生、桑花落为下时。岁道宜晚者，五月、六月初亦得”[3]。播种期之确定不仅要考虑作物种类和品种，而且要结合节候早晚、土地肥瘠和土壤墒情等诸多因素的变化。仔细观察物候现象是确定播种期的重要方法，例如，黍、穄非夏播者“大率以椹赤为候”，即于桑椹红熟之时播种，亦即农谚所谓“椹厘厘，种黍时”[4]。书中还特别介绍了根据冬季“冻树”这个物候确定来年播黍期的方法，称“常记十月、十一月、十二月冻树日种之，万不失一”。作者解释说：“冻树者，凝霜封著木条也。假令月三日冻树，还以月三日种黍；他皆仿此。十月冻树宜早黍，十一月冻树宜中黍，十二月冻树宜晚黍。若从十月至正月皆冻树者，早晚黍悉宜也”[5]。还有麻与麦熟黄互为确定播种期的参考物候，其所引农谚“麦黄种麻，麻黄种麦”一语即指此而言。[6]由于土地有肥有瘠、干湿墒

[1] 缪启愉：《齐民要术校释》卷 1《种谷第三》，中国农业出版社，1998 年，第 75 页。
[2] 缪启愉：《齐民要术校释》卷 1《种谷第三》，中国农业出版社，1998 年，第 65 页。
[3] 缪启愉：《齐民要术校释》卷 1《种谷第三》，中国农业出版社，1998 年，第 66 页。
[4] 缪启愉：《齐民要术校释》卷 2《黍穄第四》，中国农业出版社，1998 年，第 102 页。
[5] 缪启愉：《齐民要术校释》卷 2《黍穄第四》，中国农业出版社，1998 年，第 102 页。
[6] 缪启愉：《齐民要术校释》卷 2《种麻第八》，中国农业出版社，1998 年，第 118 页。

情不同，播种作物亦有早晚之差，大致上说，“良田宜种晚，薄田宜种早，良地非独宜晚，早亦无害；薄地宜早，晚必不成实也”“凡种谷，雨后为佳，遇小雨，宜接湿种”，即谷子适宜趁雨后地湿之时“藉泽”下种，但若“遇大雨”则不可立即播种，而须“待秽生”，因为“大雨不待白背，湿辗则令苗瘦。秽若盛者，先锄一遍，然后纳种，乃佳也”[1]。至于不同作物的具体播种方法、用种量以及播种密度和深度等，也都要因时、因地、因物而制宜。《齐民要术》的这些论述表明：尽管那时并没有现代生物学和生态学，但广大农民在长期生产实践中逐渐积累形成了经验性的实用知识体系，并且能够娴熟地予以综合运用。

其四，《齐民要术》和年代稍早的郭义恭《广志》所记载的栽培植物（包括粮食、蔬菜、瓜果、染料、林木等）品种，总数或可达到 1 000 个以上。《齐民要术》不仅记载了这些栽培植物及其品种的名称，对其品种形态特征、生长特性和不同作物之间的种间关系等，往往有相当详细的说明。它表明：中古农学特别是农业生物和生态知识已经达到相当高的水平。兹仅将二书所载的主要粮食作物品种个数列表 4-3 如下：

表 4-3 《广志》和《齐民要术》所载粮食作物品种名称数[2]

作物种类	品种数量		作物种类	品种数量	
	《广志》	《齐民要术》		《广志》	《齐民要术》
粟	11	97	大豆	3	11
黍	8	11	小豆	4	10
穄	5	6	大、小麦	8	10
粱	3	4	水稻	13	37
秫	3	6	胡麻		2

表中所列可能包括一些汉代及其以前培育的品种[3]，但就《齐民要术》新增的部分来看，当时作物品种增加是相当显著的，特别是作为主粮作物的粟和稻，品种增加尤多：粟增加了 86 个，稻增加了 24 个。这些新品种，毫无疑问都是普通农民辛勤培育的结果，品种名字本身即充分证明了这一点。《齐民要术》

[1] 缪启愉：《齐民要术校释》卷 1《种谷第三》，中国农业出版社，1998 年，第 65 页。

[2]《齐民要术》所载品种名称个数，包含该书引录《广志》的内容。

[3] 郭义恭《广志》内容多汇抄前代文献，其中抄录两汉文献颇为不少，故其所载作物品种应当包括一些汉代的内容。有关问题，可参见王利华：《郭义恭〈广志〉成书年代考证》，《文史》1999 年第 3 辑（总第 48 辑）。

说："按今世粟名，多以人姓字为名目，亦有观形立名，亦有会义为称。"[1]以姓字为名者自然是用育种农民的姓字来命名的品种；不以姓字命名的品种，基本上也都是采用民间语言，同样是由普通农民逐渐培育出来的。

众多作物及其品种，具有各不相同的生物特性，"成熟有早晚，苗秆有高下，收实有多少，质性有强弱，米味有美恶，粒实有息耗"[2]。其中有不少高产、优质和抗逆性强的良种。贾思勰根据成熟早晚和抗逆性等不同，将他所知的粟划分为四类：朱谷等 14 个品种，早熟、耐旱、免虫；今堕车等 24 个品种，穗上有芒，耐风、免雀暴；宝珠黄等 38 个品种，是中熟大谷；竹叶青等 10 个品种，晚熟、耐水，但抗虫灾能力弱，"有虫灾则尽矣"[3]。这些品种，有的质美，有的味恶，有的易舂，有的难治，品质不一。南北各地所培育种植的水稻品种，包括籼稻、粳稻和再生稻，也都具有不同的特性。例如，益州所产青芋稻、累子稻和白汉稻，米粒"大而且长，米半寸"[4]；有一种香气袭人的极早熟品种——蝉鸣稻，60 天即可成熟，在南方地区被培育出来不久即传播到了北方[5]；洛阳附近所出产的新城稻，更是一个品质精美的品种，甚受时人称道。[6]

《齐民要术》记载了约 50 种蔬菜，往往都有多个品种。例如，中国最古老的蔬菜——葵菜，在中古时代仍有种植，根据栽培季节不同，有春葵和秋葵之分；根据颜色不同，则有紫茎与白茎之别；形态又有大小之殊；此外，还有丘葵、鸭脚葵、胡葵等多个名目。另一种古老的蔬菜——葑，经过长期定向培育，逐渐分化出了蔓菁、芥、芦菔等多个变种，中古时代又出现了一种特殊新品种——菘，就是今人所熟知的大白菜。自那以后 1 000 多年来，菘一直都是中国人民的当家菜种之一。两种重要的香辛类蔬菜——蒜和葱，在贾思勰生活的时代也已经出现了许多个品种，其中蒜有胡蒜、黄蒜、泽蒜；葱有冬葱、春葱，又有胡葱、木葱、山葱。瓜类的品种就更多了，《齐民要术》记载的各色瓜类名称有 30 余个，其中不少是嘉蔬，也有些属于水果。

---

[1] 缪启愉：《齐民要术校释》卷 1《种谷第三》，中国农业出版社，1998 年，第 61 页。

[2] 缪启愉：《齐民要术校释》卷 1《种谷第三》，中国农业出版社，1998 年，第 65 页。

[3] 缪启愉：《齐民要术校释》卷 1《种谷第三》，中国农业出版社，1998 年，第 61 页。

[4] 缪启愉：《齐民要术校释》卷 2《水稻第十一》，中国农业出版社，1998 年，第 136 页。

[5] 蝉鸣稻本是南方稻种，南北朝时期在今河南境内已多种植，（南朝梁）庾肩吾：《谢东宫赍米启》称："滍水（即今河南鲁山叶县境内的沙河）鸣蝉，香闻七里"；（北周）庾信亦有诗句暗示洛阳附近种植了该稻，云："六月蝉鸣稻，千金龙骨渠。"

[6]《北堂书钞》卷 142《酒食部》引桓彦林《七设》云："新城之秔，雍邱之粱，重穋代熟，既滑且香。"又引袁准《招公子》云："新城白粳，濡滑通芬"；《艺文类聚》卷 85 引曹丕《与朝臣书》则称这种稻"上风炊之，五里闻香"。可见是一种品质上佳的香粳稻。

栽培果树的种类和品种也有显著增加。《齐民要术》专门讨论了枣、君迁子、桃、樱桃、葡萄、李、梅、杏、梨、栗、榛、柰、林檎、柿、安石榴、木瓜等10多种北方果树的栽培方法，其中包括一些外来果树。枣、栗、桃、李、杏、梨等是北方原产的传统果树，都有很多个品种，可谓名品辈出，光是枣的品种就有31个名目，其中包括“小核多肌”的大白枣，“三子一尺”的西王母枣和羊角枣，因“丰肌细核，多膏肥美”而名列天下第一的乐氏枣等。其他传统果树的品种名称也往往达到20个以上。

栽培谷类、蔬菜和果树品种的大量增加，表明作物良种选育和繁育技术取得了显著发展、提高，这些发展和提高无疑都是基于对生物遗传性和变异性的经验认识。《齐民要术》将作物的遗传性称为“天性”、“质性”或者“性”，明确指出各种作物及其品种具有不同特性，如谷子“质性有强弱”，粱秫“性不零落”，穄则“多零落”等。[1]他甚至还明确指出不同作物对自然环境的适应性存在差异，有些作物会因为风土环境改变而发生性状变异，另外一些则不受影响。这对于作物引种和品种传播具有重要意义。书中特别举例说：“今并州无大蒜，朝歌取种，一岁之后，还成百子蒜矣，其瓣粗细，正与条中子同。芜菁根，其大如碗口，虽种他州子，一年亦变大。蒜瓣变小，芜菁根变大，二事相反，其理难推。又八月中方得熟，九月中始刈得花子。至于五谷蔬果，与余州早晚不殊，亦一异也。并州豌豆，度井陉以东，山东谷子，入壶关、上党，苗而无实。皆余目所亲见，非信传疑：盖土地之异者也。”[2]他还提到：“今青州有蜀椒种，本商人居椒为业，见椒中黑实，乃遂生意种之。凡种数千枚，止有一根生。数岁之后，便结子，实芬芳，香、形、色与蜀椒不殊，气势微弱耳。遂分布栽移，略遍州境也。”这些认识都是来源于对物种特性和气候、土壤等环境因素的长期经验观察，与当今植物遗传学相比自然还相当粗浅，但在1 500年前就具备这些知识仍然是非常难得的。

关于不同作物之于土地的影响和要求，中古农民也已经积累了相当可贵的经验知识，他们知道哪些作物可以连作，哪些作物种植则必须实行换茬。《齐民要术》指出：“谷田必须岁易”，即须年年更换土地，因为连作导致它“莠多而

[1] 分见缪启愉：《齐民要术校释》卷1《种谷第三》，中国农业出版社，1998年，第65页；缪启愉：《齐民要术校释》卷2《粱秫第五》《黍穄第四》，中国农业出版社，1998年，第107、第102页。
[2] 缪启愉：《齐民要术校释》卷3《种蒜第十九》，中国农业出版社，1998年，第191页。

收薄”[1]；“麻欲得良田，不用故墟（即不用连作的重茬地）”，需“田欲岁易”，在重茬地上连作虽亦可行，但“有点叶、夭折之患”，其纤维则“不任作布”[2]；稻田亦“唯岁易为良”，若实行连作，则须在稻苗长至七八寸时“拔而栽之”，因为“既非岁易，草、稗俱生，芟亦不死，故须栽而薅之”[3]。更可称道的是，当时农民还经验地发现：某种作物以哪些作物作为前茬（或茬口）较好，并根据这些经验知识合理安排种植项目。《齐民要术》一共记载了20多种茬口，把它们分列为上、中、下三等。该书把前茬或茬口作物收获后的根茬地称为“底”，明确指出一种作物应以哪些作物作为“底”。例如，“凡谷田，绿田、小豆底为上，麻、黍、胡麻次之，芜菁、大豆为下”[4]；“凡黍、穄田，新开荒为上，大豆底为次，谷底为下”[5]；种瓜则“良田，小豆底佳；黍底次之”[6]；诸如此类论说比比皆是。这些经验表明：那时候农民关于不同作物之间的种间关系，已经拥有相当丰富的知识，并且普遍地应用于实际栽培活动之中。正是基于这些知识，《齐民要术》讨论了多种多样的轮作方式，其中包括粮豆、粮麻、粮菜等多种轮作类型，主要有下列几种：

（1）绿豆（小豆、瓜、麻、黍、胡麻、芜菁或大豆）—谷—黍穄（大豆或小豆）。

（2）大豆（或粟）—黍穄—粟（瓜或麦）。

（3）麦—大豆（小豆）—谷（黍穄）。

（4）小豆—麻—粟。

（5）小豆（晚粟或黍）—瓜—粟。

（6）蔓菁（大小麦）—蔓菁—粟。

读者不难注意到，在以上轮作组合中，以豆类作前茬者最多，粟、黍、麦、麻、瓜等许多作物皆宜以豆科作物为前茬。这不奇怪，中国农民早在先秦时代就已经发现长有根瘤菌的豆类能够肥田，中古农民对此自有更进一步的认识并

[1] 缪启愉：《齐民要术校释》卷1《种谷第三》，中国农业出版社，1998年，第65页。
[2] 缪启愉：《齐民要术校释》卷2《种麻第八》，中国农业出版社，1998年，第118页。
[3] 缪启愉：《齐民要术校释》卷2《水稻第十一》，中国农业出版社，1998年，第138页。
[4] 缪启愉：《齐民要术校释》卷1《种谷第三》，中国农业出版社，1998年，第65页。
[5] 缪启愉：《齐民要术校释》卷2《黍穄第四》，中国农业出版社，1998年，第102页。
[6] 缪启愉：《齐民要术校释》卷2《种瓜第十四》，中国农业出版社，1998年，第155页。

更普遍地加以利用。

当时农民关于植物种间关系知识之增长，更突出地体现在他们发现不同作物之间存在相生或相克、互利或互抑的关系，知道如何根据这些关系趋利避害。他们因时、因地、因物制宜，创造出了多样化的间作、混作和套种方式，不仅提高了对太阳光能的利用效率，而且通过合理安排不同作物的间作、混作和套种，达到用养结合、保持地力的效果。《齐民要术》所介绍的间作、混作和套种方式，包括桑粮（或桑菜）、粮菜和不同蔬菜之间的间作、混作和套种，对采用这些方法的益处给予了一一说明。例如，书中指出：桑豆间作，于桑苗下“常劚掘种绿豆、小豆”，既可收获一些豆子，而且“二豆良美，润泽益桑”[1]；粮菜混作，“六月间，可于麻子地间散芜菁子而锄之，拟收其根”[2]；蔬菜间作，则“葱中亦种胡荽，寻手供食，乃至孟冬为菹，亦无妨”；诸如此类。[3]另一方面，作者也明确地告诫说：“慎勿于大豆地中杂种麻子”，因为这样做将导致“扇地两损，而收并薄”[4]。很显然，作者已经发现：有些作物，彼此物性相克，不能实行间作、混作或者套种。所有这些事实都证明：中古农民经验地掌握了相当丰富的农业生物知识，熟知众多作物的生长特性，了解它们的种间关系，并在生产安排之中积极灵活地运用。

二、医学：风土、疾病与“道地药材”

如果说农业是人类社会最为基础的物质能量支撑体系，医学则属于人类健康和生命安全的防卫系统，此二者自古以来都是人与自然交往最主要的界面，也是生物、生态以及其他自然知识生成和积累的主要实践领域。在中国，这两者一直紧密关联，故自古就有“医食同源”之说，把农业和医药这两个最重要的文化发明都归功于同一位伟大先祖——神农氏。[5]稍稍翻阅中医药典和中国食谱即可发现：中国传统的药材和食材有着高度的重叠，而国人自古好尚药食、

[1] 缪启愉：《齐民要术校释》卷5《种桑柘第四十五》，中国农业出版社，1998年，第317页。
[2] 缪启愉：《齐民要术校释》卷2《种麻子第九》，中国农业出版社，1998年，第124页。
[3] 缪启愉：《齐民要术校释》卷3《种葱第二十一》，中国农业出版社，1998年，第199页。
[4] 缪启愉：《齐民要术校释》卷2《种麻子第九》，中国农业出版社，1998年，第124页。
[5]《淮南子·修务训》云：“古者民茹草饮水，采树木之实，食蠃蠬之肉，时多疾病、毒伤之害。于是神农乃始教民播种五谷，相土地宜，燥湿、肥硗、高下，尝百草之滋味，水泉之甘苦，令民知所避就。当此之时，一日而遇七十毒。”

讲究食疗养生亦是妇孺皆知的事实。不过，这两者终究有所不同，认识和利用自然资源具有各自的重点目标取向，而相关思想知识自然而然亦存在着一定差异。以个人陋见，与农学相比，中医药学关于人与风土环境关系的思想理论更具有系统性和圆融性，其关于生物种类、物种特性及其生长环境的知识亦更加博杂而且精微。一个显而易见的事实是：自远古至于近代，中国农民所关心和培育的动植物种类呈渐减趋势，而医家所采识和利用的动、植、矿物却在不断增长。

战国、秦、汉以后，中国医药逐渐从古老巫术、方技之中挺身而出，至中古时代进一步取得了跃升式的发展，虽然那时的中医药学仍然残留着不少巫觋气息，但整体上已经独立成学，专门著述蔚然可观。

一般认为，战国、秦、汉时代逐渐形成的《黄帝内经》，奠定了中医的思想理论基础。[1]这套思想理论建基于阴阳五行学说，具体内容则源远流长，博大精深，包括精气、藏象、经络、体质、病因、病机、治则、养生等众多方面。中医的天、地、人有机统一观，自然与社会内外因素交相影响、彼此作用的哲学思维，被全面地贯彻于医疗和养生实践。《黄帝内经》不仅强调人体组织、器官的内在完整性和统一性，而且强调“天人合一”“天人相应”，亦即人与自然的广泛联系和人体与环境的紧密关联，强调从心理、社会、气候、季节、方域等众多要素的动态变化之中，综合各种患者及其生活环境的各种因素确定病源、揭示病理和分析病症，并且实施不同的诊疗医治方法。在中医理论中，人体疾病之发生及其表现，与周遭自然环境要素及其变化息息相关，而不单单取决于患者的内在因素。由于生活环境不同，具有不同年龄、性别、体质特征的个体对自然环境及其变化的适应性亦存在诸多差异，因而诸病源候各不相同，不能孤立地看待某种病理现象；即便是同一种疾病，亦须因时、因地、因人制宜，实施不同的预防措施和诊治方法。正是由于这样独特的整体观念和辩证思维，源远流长的中国医学在世界医学之林中独树一帜，亦最具有中国传统生态思想价值。

人体的疾病或健康与生态环境息息相关，用于防治疾病、保障健康的药物则是取材于大自然界中的动、植、矿物。中国古代药学发展，与自然知识特别

[1] 关于《黄帝内经》的著作年代，历来存在很多争论。多数学者认为：它非由一时一人所完成，而是自春秋战国至两汉时代逐渐积累整合起来的。

是动、植物知识之增长高度关联。尽管采集和狩猎者是“天生的”动物和植物学家，但他们所拥有的丰富知识未能通过文字保留下来。中国历史上关于自然物种的最早较为集中的记载，乃是出自《诗经》和《山海经》。《诗经》关于草、木、鸟、兽、虫、鱼的记咏已经非常丰富，但基本上并不涉及医疗药用。与之相比，《山海经》所载之动植物种更多，并且记述相对具体，该书中所出现的动、植、矿物名称多达 772 个，其中有 139 个涉及药用医疗价值，此外还提到了 10 多种疾病，但这些还只是随意而且零散的记载。

战国、秦、汉时代逐渐积累、汇编形成的《神农本草经》，在中药学史上无疑具有奠基意义。[1]如果说《黄帝内经》奠定了中国传统医学思想理论基础的话，《神农本草经》则在药物方面体现了这些思想理论，在诸多方面开创了本草学先例，具有极其重要的学术价值，与那个时代生物和生态知识增长具有紧密关联。主要表现在以下方面：

其一，《神农本草经》一共记载药物 365 种，除 46 种矿物之外，其余全部都是取自动物和植物。关于这些动、植药物，它一一记载品名、生境、性味、主治功用等，如今绝大部分仍在应用。

其二，该书将 365 味药物，按照其性能和功用划分为上、中、下三品，其中“上药一百二十种为君，主养命，以应天。无毒，多服、久服不伤人。欲轻身益气，不老延年者，本上经”“中药一百二十种为臣，主养性，以应人。有毒、无毒，斟酌其宜。欲遏病，补虚羸者，本中经”“下药一百二十五种为佐、使，主治病，以应地。多毒，不可久服。欲除寒热邪气，破积聚，愈疾者，本下经。”[2]开创了药物划分品级之先河。

其三，率先提出合药、用药要根据药材性能不同，分清主次，合理配伍，妥善利用。它指出：“药有君、臣、佐、使，以相宣摄。合和者，宜用：一君、二臣、三佐、五使，又可一君、三臣、九佐使也。”又称：“药有阴阳配合，子、母、兄、弟，根、叶、华、实，草、石、骨、肉。”又云：药“有单行者，有相

[1] 关于它的著作年代，历来意见不一。马继兴认为：其“具体撰年约在战国时期，即公元前三—四世纪左右”。参见马继兴主编：《神农本草经辑注》，人民卫生出版社，1995 年，卷首第 5 页；张登本等提出的较新观点是：“根据目前能检阅到的文献，《神农本草经》之名最早见于西晋皇甫谧的《针灸甲乙经》序。认为其成书于汉代的理由是充足的，不过称为《神农本草经》的时间稍晚。”参见张登本等：《〈神农本草经〉的成书》，《中国中医药报》，2010 年 1 月 6 日第 4 版。由于原书久已散佚，难以明其究理。我们判断：此类的著述在战国时期可能已出现，但南朝陶弘景撰《本草经集注》时所流传并且后世一直奉为本草祖本的《神农本草经》，应是经过汉魏时期人们不断补益而完成的。

[2] 马继兴主编：《神农本草经辑注》，人民卫生出版社，1995 年，第 2-5 页。

须者，有相使者，有相畏者，有相恶者，有相反者，有相杀者。凡此七情，合和时视之。当用相须、相使者良，勿用相恶、相反者。若有毒宜制，可用相畏、相杀者，不尔，勿合用也”。这些都是中医一直奉行持守的合药和用药重要原则。[1]

其四，它明确指出：药有五味、四气（性）和有毒、无毒之分，对不同药材要适时采集，因物制宜，采用不同的制法。它说：“药有酸、咸、甘、苦、辛五味，又有寒、热、温、凉四气，及有毒、无毒，阴干、曝干，采治时月生熟，土地所出，真、伪、陈、新，并各有法”；又云：“药有宜丸者，宜散者，宜水煮者，宜酒渍者，宜膏煎者，亦有一物兼宜者，亦有不可入汤酒者，并随药性，不得违越”[2]。

其五，它指出治病用药要“先察病源，候其病机”[3]，根据不同的病因、病情，因病制宜，妥善用药。

所有这一切，都说明在该书形成的年代，人们已经具备了相当丰富的药用动物和植物知识，对不同药用物种的性质也有相当深入的了解。更值得注意的是，《神农本草经》在记载众多药用动、植物之时，基本上一一简要指出了它们的产地生境，诸如“川泽田野”“山谷”“川谷”“平泽”“山谷及丘陵”“高山平谷”“川谷堤阪肥土石间久废处”“川谷城郭垣下”等，不一而足。它还特别告诫人们：药物功效与生长环境有关，有些地方所出产的药物优于他处。如河西的大黄、中山的甘遂、太山的藜芦、朗陵的乌头等，都是上品。[4]

中古时代医药学取得了非常显著的进步，突出表现在三个方面：一是关于诸病源候的认识大大深化，二是分科医学快速发展，三是本草学关于药用动、植、矿物及其性味等方面的知识呈现“爆炸式”增长。这些都反映出当时社会对自然事物以及人与自然之间的关系，有了更加广泛和深入的认识。其中，本草学发展最能反映生物和生态知识水平。

两汉至隋唐时代，见诸本草学著作的药物种类不断增多，药用动、植物种类之增加尤其显著，关于它们的形态、生境、性味、主治、采集时间、配制方法、药效和毒性等，记述愈来愈详细和全面。

[1] 马继兴主编：《神农本草经辑注》，人民卫生出版社，1995 年，第 8、第 11、第 13 页。
[2] 马继兴主编：《神农本草经辑注》，人民卫生出版社，1995 年，第 16、第 22 页。
[3] 马继兴主编：《神农本草经辑注》，人民卫生出版社，1995 年，第 26 页。
[4] 见马继兴主编：《神农本草经辑注》中关于各种药材的记述，不一一注明。

值得特别一提的是，南朝齐梁间陶弘景所撰《本草经集注》。陶氏将其所见《神农本草经》传本中的药物与《名医别录》中的药物各筛出 365 种，合并为 730 种，按照自己的见解一一予以注解，所载药物较之《神农本草经》原本增加了一倍，分类更加细致。他将 730 种药物分为“玉石”“草木”“虫兽”“果”“菜”“米”“有名无用”七类，前六类仍遵古法分为上、中、下三品。对各种药物的产地与生境、形态和性状、采集时间、合制方法以及对治的病症和药效等各个方面的记载都远比原本更加细致、具体。尤其值得注意的是，陶弘景对出产于不同地区的同一种药用动植物之异名、异形、性味和药效之差异等，都予以了高度关注，广征博引相关文献进行了详细的考证和说明；对于自己一时尚不确定的那些药物，则采取相当审慎的态度。举例来说：该书在《草木上品》中记载了“菌桂”“牡桂”“桂”，其中：

菌桂：味辛，温，无毒。主治百疾，养精神，和颜色，为诸药先聘通使。久服轻身，不老，面生光华媚好，常如童子。生交阯、桂林山谷岩崖间。无骨，正圆如竹，生桂林山谷。立秋采。

交址属交州，桂林属广州，而《蜀都赋》云：菌桂临崖。今世中不见正圆如竹者，惟嫩枝破卷成圆，犹依桂用，恐非真菌桂也。《仙经》乃有用菌桂，云三重者良，则判非今桂矣，必当别是一物，应更研访。

牡桂：味辛，温，无毒。主治上气咳逆，结气，喉痹，吐吸。心痛，胁风，胁痛，温筋通脉，止烦出汗，利关节，补中益气。久服通神，轻身，不老。生南海山谷。

南海郡即是广州。今世用牡桂，状似桂而扁广殊薄，皮色黄，脂肉甚少，气如木兰，味亦类桂，不知当是别树，为复犹是桂生，有老宿者尔，亦所未究。

桂：味甘、辛，大热，有毒。主温中，利肝肺气。心腹寒热，冷疾，霍乱。转筋，头痛，腰痛，出汗，止烦，止唾，咳嗽，鼻齆，能堕胎，坚骨节，通血脉，理疏不足，宣导百药，无所畏。久服神仙，不老。生桂阳。二月、七月、八月、十月采皮，阴干……案《本经》唯有菌桂、牡桂，而无此桂，用体大同小异，今世用便有三种，以半卷多脂者单名桂，入药最多，所用悉与前说相应。《仙经》乃并有三种桂，常服食，以葱涕合和云母蒸化为水者，正是此种尔。今出广州湛、惠为好，湘州、始兴、桂阳县即是小桂，亦有，而不如广州者，交州、桂州者形段小，多脂肉，亦好。《经》云："桂叶如柏叶，泽黑，皮黄心赤。"齐武帝时，湘州送桂树，以植芳林苑中，今东山有山桂皮，气粗相类，而叶乖异，亦能凌冬，恐或者牡桂，诗人多呼丹桂，正谓皮赤尔。北方今重此，每食辄须之。盖《礼》所云姜桂以为芬芳也。[1]

如此详细的记载，一方面表明了陶弘景严谨的态度，另一方面也反映出在他生活的年代，随着汉族社会对南方自然资源的了解日益全面深入，对重要物种的认识也愈来愈细化。更重要的是，在那个时代，人们不仅认识了更加丰富的药用物种，而且日益深刻地认识到自然环境对它们的形态、性状和疗效等都具有显著影响，认识到生长于不同环境的同一物种存在着一定差异，这些知识都是非常可贵的。事实上，《神农本草经》对自然环境之于药材性状和药效的影响已经有所涉及，而《本草经集注》进一步明确地认识到这种影响的广泛存在。陶弘景在自序中明确地指出：

案诸药所生，皆的有境界。秦、汉以前，当言列国。今郡县之名，后人所改耳。自江东以来，小小杂药，多出近道，气力性理，不及本邦。假令荆、益不通，则令用历阳当归，钱唐三建，岂得相似。所以治病不及往人者，亦当缘此故也。蜀药及北药，虽有去来，亦复非精者。[2]

在具体记述各种药材时，陶弘景常常相当详细地比较各地出产之差异。尽管其中多数是同名药用植物不同"种"的差异，但也有一些是同种植物的不同生态型。例如，关于地黄，他认为以彭城干地黄最好，其次为历阳所产，在他生活的年代则普遍以江宁板桥出产者为胜。三地所产地黄当属同种，但由于生长环境不同而产生了差别。[3]

及至隋唐，由于国家重新统一和经济文化繁荣发展，南北各地医药学得到了前所未有的广泛整合，涌现了《诸病源候论》《千金方》《千金翼方》《外台秘

[1]（南朝梁）陶弘景撰，尚志钧等辑校：《本草经集注》（辑校本），《草木上品》，人民卫生出版社，1994 年，第 215-217 页。

[2]（南朝梁）陶弘景撰，尚志钧等辑校：《本草经集注》（辑校本）卷 1《序录》，人民卫生出版社，1994 年，第 31 页。

[3] 郑金生：《"道地药材"的形成与发展（I）》，《中药材》1990 年第 6 期，第 39-40 页。

要》等一批医学经典著作，关于药用动植物的知识，则集中反映在官方纂修《新修本草》（即《唐本草》）之中。该书主撰者是唐初人苏敬（苏恭），内容由《本草经集注》《药图》《图经》三个部分组成。

该书主体内容，沿用了陶弘景《本草经集注》的体例和方法，但也有若干显著发展：一是增加了《药图》，是根据当时全国各地选送的药物标本描绘而成，对药图还有文字说明，是即《图经》；二是对《本草经集注》所载药材进行了辨伪存真，实际记载的药物达到 850 种，比《本草经集注》增加了 114 种[1]，堪称当时世界上最大的一部官修药典；三是药物分类进一步细化，将《本草经集注》的七类分法增加为九类分法，这是由于把先前的“草木”“虫兽”分解成为“草、木、兽禽、虫鱼”四个部分。这些方面反映出：唐朝关于药用动植物种的知识又有了新的增加，知识表达和传承方式也有了新发展——由单纯文字描述发展为图文并举，这是十分值得注意的进步。

在《新修本草》的撰述时代，随着药材来源日益广泛，人们逐渐发现了更多由于地理环境差异、季节气候变化等因素所造成的药材同种异形、同种异性等情况，故唐代医药学家关于疾病与环境、药材与环境的关系，都比他们的前辈有了进一步清晰的认识，前人的思想理论得到了进一步充实和发挥。例如，为《新修本草》作序的孔志约特别指出：“窃以动植形生，因方舛性；春秋节变，感气殊功。离其本土，则质同而效异；乖于采摘，乃物是而时非。名实既爽，寒温多谬。用之凡庶，其欺已甚；施之君父，逆莫大焉。”[2]孙思邈显然也十分清楚地认识到不同地区自然环境对药材的影响，由于担心人们不熟悉古今地名变化而弄错药材产地，故所撰《千金翼方》专门设立了《药出州土》一节，详细列述了 133 个州所出产的 519 种药材。他明确指出：“按《本草》所出郡县，皆是古名，今之学者，卒寻而难晓。自圣唐开辟，四海无外，州县名目，事事惟新，所以须甄明即因土地名号，后之学者容易即知。其出药土地，凡一百三十三州，合五百一十九种。其余州土，皆有不堪进御，故不繁录耳。”[3]我们知道：上贡方物在唐代是一个非常重要的经济制度，各地都有大量优质、特色产品被贡献给朝廷，其中包括大量药材。我们相信上述这些观念知识是确定各地上贡药材

[1] 其中对数味药物进行了分条处理，故为 850 种，而非原 730 种加上新增 114 种合为 844 种。
[2]（唐）苏敬等撰，尚志钧辑校：《新修本草》（辑复本第二版），安徽科学技术出版社，2004 年，第 2 页。
[3]（唐）孙思邈，李景荣等校释：《千金翼方》卷 1《药录纂要・药出州第三》，人民卫生出版社，1983 年，第 5 页。

的重要依据。事实上，它们一直影响着古代中国各地向朝廷进贡优质药材。[1]

基于相关认识，古人对药材的产地一直高度重视，因而逐渐形成了所谓“道地药材”的强固观念。虽然这个名词出现时间较晚[2]，其思想源头却非常早。从环境史角度来看，它集中反映了古代医药学家的环境生态意识不断清晰和增强。最近几十年来，医药学界和生态学界从不同角度对“道地药材”的形成模式等问题进行了相当多的探讨，除药用动植物本身的生物学特性和遗传基因特化之外，其生长环境中的各种生态因子以及自然与人文因素的共同作用，都受到学者关注。根据他们的研究：所谓“道地药材”，乃是该药材原物种在其种系和区系的发生发展过程中，长期受孕育该物种的自然生态条件和人类活动影响而形成的特殊产物，遗传变异、环境饰变和人文作用是“道地药材”形成的“三大动力”。

生态环境对“道地药材”形成具有至关重要的影响，太阳辐射强度、水分、温度、土壤等众多生态因子，都程度不同地影响药用植物的性状和品质。举例来说，各地不同土壤具有不同的酸碱性、物理状况和微量元素含量，这些都显著地影响药材性状，影响其铁、铜、锌、锰、锶、氟、碘、钴、锂、铍、铅、汞等各种微量元素含量，从而影响其药效。除了药用植物生长地区（生境）中“客观”的气候、物理和化学因素之外，植物本身的“居群”状态、生物多样性等众多因素同样影响药用植物的性状和品质，甚至动物的觅食行为（包括人类采集等经济活动）亦都对“道地药材”的形成具有重要影响。药材生长地区的社会人文因素，则包括生产技术、临床选择、文化传播、市场交通、社会政治等众多方面的发展变化，它们对所谓“道地药材”的形成也都作过这样或者那样的重要贡献。

有学者还专门考察了“边缘效应”的影响，认为：由于边缘气候、景观的影响，边缘地带往往集中分布暖湿、温湿、温干及冷干型的植物区系成分和多种植被类型，包括森林、森林草原、灌木丛及草原等不同的生态系统，亦是多种类型动物的集中分布区，边缘地带往往是动物南北迁徙和在高原与平原之间

[1] 关于历代向朝廷进贡药材的情况，胡世林曾有简要介绍。参见胡世林：《道地药材与方志和贡品》，《中国药学杂志》1996年第8期，第496-499页。

[2] 系统检索古代文献，“道地药材”一词最早见于明代汤显祖的《牡丹亭》，其卷下有云：“好铺面！这‘儒医’二字杜太爷赠的好！道地药材这两块土中甚用”；明代亦写作“地道药材”，（明）毛晋辑：《六十种曲》之《还魂记下》有与以上同样的话，但作“地道药材”；又，（明）沈德符：《万历野获编》卷24《京城俗对》条有：“天理肥皂对地道药材”。此后，这一中药学词逐渐流行起来。

迁徙的必经之地。这些森林草地广袤、动物众多的边缘地带，给人类开展各种经济活动提供了资源：山地森林生态系统提供了丰富的猎物和木材；高原半干旱地带是牧畜的好场所；河谷平原则是农耕发源地；平原上众多河流湖泊则提供了丰富的渔业资源；林缘、水边又是多种果树、谷类和小动物的集中分布区，因而是最佳采集场所。因此，这种边缘地带乃是人类居住最多和最早的地区。值得注意的是，这些人类较早居住、经济发展水平较高的地区，在历史上往往正是“道地药材”的重要产地，例如，河南省中部和北部、山西省南部、陕西关中盆地、河北省西南部和山东省西部等，都以“道地药材”集中分布而著称于史。当然，这与文献记载较早、较多造成当地出产药材受到外界关注的程度较高也有一定关系。[1]

中古时代的生物与生态知识和理论体系，当然还远远没有达到现在这样复杂而且系统的程度。但当时人们在长期实践经验中逐渐累积起来的知识、观念已经相当丰富，因此这个时代产生了数量可观的医学理论、本草学和方剂学著作，这些著作和其他文献之中的相关记载，为我们了解那个时代南北地区的药用动植物种及其开发、利用状况，推测不同地区的生态环境面貌，提供了非常可贵的历史信息。可以说，正是中医药学的显著发展，为我们开展中古环境史研究提供了最为集中而且具体细致的自然环境信息，需要采用新的学术视野进行重新整理和解读。

三、地学：自然环境与地方风物

地学是与生态环境联系最紧密的一门学问。中国地学历史悠久，西汉以前已经奠基，陆续出现了《尚书·禹贡》《山海经》《管子·地员篇》等重要文献，《史记》的《货殖列传》和《河渠书》都包括丰富的地理信息，《汉书》则开创了正史《地理志》体例。东汉以降，由于一系列历史因素的影响，特别是由于中原人口大量南迁，中华民族的地理视野明显扩大，地学也取得了超迈前代的

[1] 以上叙述，参合了多位专家的论文。主要有：黄璐琦、张瑞贤：《“道地药材”的生物学探讨》，《中国药学杂志》1997 年第 9 期，第 563-566 页；黄璐琦等：《中药材道地性研究的现代生物学基础及模式假说》，《中国中药杂志》2004 年第 6 期，第 494-496、第 610 页；张锋、王志芬：《浅析环境因子对道地药材形成的影响》，《现代中药研究与实践》2009 年第 5 期，第 24-25、第 40 页；肖小河等：《中国道地药材研究 20 年概论》，《中国中药杂志》2009 年第 5 期，第 519-522 页。

显著发展，不仅涌现了大批的地方志记，更诞生了多部综合性地学著作。其中最重要的一部无疑是北魏郦道元所著的《水经注》。

《水经注》是公元 6 世纪以前中国最全面而系统的综合性地学著述，也可以说是先秦至南北时期中国地学知识的一个大结集。郦道元综博群书，征引文献达 437 种之多，以河流为纲，对南北各地重要的湖泽、陂泉、瀑布、伏流等各类水体，众河所经地区的山陵、原隰、城邑、关津、行政建置沿革，以及与上述地理要素相关的历史事件、人物、神话传说、经济产业、民情习俗等众多方面，都进行了广泛记述，历代学人评赞极高：文辞之士以其模山范水，文采斐然而推崇备至；地理学家更尊奉它为舆地胜典。

毫无疑问，该书记述重点是各种类型的水体，全书一共记载大小水道 1 000 多条，天然或人工开凿的湖泽、陂池、潭渊、泉水、瀑布、沟渠等不计其数，是考察中古中国乃至部分四裔邻国水环境和水资源利用的最重要史料。然而该书的环境史料价值，远不局限于水这一个环境要素，而是广泛涉及自然和社会及其相互关系的众多方面。从农业生产和土地利用来说，其中就不仅记载了西北伊循城、楼兰、莎车、轮台、连城、渠犁、西海、赤崖等地的大片屯田，而且记载了会稽一带的“鸟田”和苍梧地区的“象田”传说，记载了交趾（今两广最南部直越南北部地区）“雒田”、九真地区的“赤田”和“白田”等。[1]关于九真地区赤、白田稻作种植以及当地桑蚕生产，其中有云：

九真太守任延，始教耕犁，俗化交土，风行象林。知耕以来，六百余年，火耨耕艺，法与华同。名白田，种白谷，七月火作，十月登熟；名赤田，种赤谷，十二月作，四月登熟。所谓两熟之稻也。至于草甲萌芽，谷月代种，穜稑早晚，无月不秀，耕耘功重，收获利轻，熟速故也。米不外散，恒为丰国。桑蚕年八熟茧，《三都赋》所谓“八蚕之绵”者矣。

由这段记载可知：在岭南热带气候条件下，土地利用、作物种植和蚕桑生产，都呈现出与中土迥然不同的面貌。

关于南北各地的生物种类，《水经注》有大量具体而且精彩的记述。有学者

[1] 陈桥驿：《水经注研究》，天津古籍出版社，1985 年，第 239-244 页。

统计：该书所载植物种类不下140种，其中包括众多粮食、蔬菜、果树、经济林木、药材香料等，对热带、亚热带、温带、干旱草原和荒漠等不同地区的植物区系面貌、植物分布的纬度地带性和垂直地带性等，都分别有所记述和反映。[1]其记述各种植物，往往都记其分布地、形态性状和利用价值，对各地人民开发利用植物资源的特殊习俗和技术方法亦多有介绍。该书记载的动物种类亦在百种之上，其中包括众多经济动物和具有生态标志性的珍稀动物（如虎、象、犀、野马、猿猴、孔雀和众多鱼类水产）。这些记载，为我们认识此一时期中国各地的农作物、家养动物，重要野生动植物的分布情况，以及南北各地自然生态面貌，提供了非常珍贵的史料。[2]

由于《水经注》是一部以水体为纲的综合地理著述，故记载各地河流、湖沼、陂池中的自然物种最详，不只简洁地称赞某个水体物产丰富，“佳饶鱼苇”“佳饶鱼笋”“至丰鱼笋”，而且对其整体生态面貌多有精彩描述。例如，关于华北平原阳城淀中的丰富菱、荷资源及其利用情况，其称：（博水）“又东径阳城县，散为泽渚，渚水潴涨，方广数里。匪直蒲笋是丰，实亦偏饶菱藕。至若娈婉丱童，弱年崽子，或单舟采菱，或叠舸折芰，长歌阳春，爱深绿水，掇拾者不言疲，谣咏者自流响。于时行旅过矚，亦有慰于羁望矣”[3]；关于岭南地区的动植物和生态面貌，它说：其地“负山带海，博敞渺目，高则桑土，下则沃衍，林麓鸟兽，于何不有，海怪鱼鳖，鼋鼍鲜鳄，珍怪异物，千种万类，不可胜记”[4]。与许多地理类著作仅记载物种的名称不同，《水经注》对众多物种的形态、行为亦多有具体描述。例如，关于沔水中的扬子鳄，它说：“水中有物，如三、四岁小儿。鳞甲如鲮鲤，射之不可入，七八月中，好在碛上自曝，膝头似虎，掌爪常没水中，出膝头，小儿不知，欲取弄戏，便杀人。或曰：人有生得者，摘其皋厌，可小小使。名为水虎者也。”诸如此类的记述相当多见，文字优美，具体真实，形象生动，恕不一一举证。

当然，《水经注》关于各地丰富动植物种的记述，主要是依靠前人的大量著作。尤其是在当时特殊的历史条件下，作者不可能亲赴广大南方的许多地区，

[1] 详细情况，可参见陈桥驿：《〈水经注〉记载的植物地理》，收入陈氏著《水经注研究》，天津古籍出版社，1985年，第111-123页。

[2] 详细情况，可参见陈桥驿：《〈水经注〉记载的动物地理》，收入陈氏著《水经注研究》，天津古籍出版社，1985年，第124-131页。

[3] 陈桥驿：《水经注校证》卷11《滱水》，中华书局，2007年，第290-291页。

[4] 陈桥驿：《水经注校证》卷37《泿水》，中华书局，2007年，第873页。

该书记载南方各种事物，更主要是征引前人文献，特别是广泛采录了汉魏以降大批涌现的地方志记以及方物（异物）志书。

地方志记大批涌现，无疑是中古地学的一个突出发展。汉魏以降，地方志记快速兴盛，这既与当时特殊社会政治局势下地方观念强化、郡望受到重视等因素紧密相关，又与广大南方地区不断被认识和开发更有着直接的关系。在传统文献分类学中，地方志记通常被归入史部地理类。从内容上看，大体可以划分为两个类型：一类专门记载各地巨姓望族和人物才俊，另一类则较综合，除记载人物之外，还记载各地山川形势、风土物产、民情风俗等，其中包括大量的动植物种。[1]根据后代各类文献著录和引用情况，出自魏晋至隋唐文人手笔，以地方山川形势、风土物产、民情风俗等作为主要内容的地记地志，估计应不下200种。其中以某一州郡作为记述范围的著述最多，也有多个州郡合记；还有一部分是以某个城邑、名山、河流等作为记载对象；书名多数称“记”，少数称“志”，个别亦称为“传”。将这些地方记、志进行分区统计可以发现：关于南方的记、志数量明显多于北方，有些地区出现了多部同地并且同名的记志，例如，《广州记》至少有裴渊、顾微、刘澄之3家，《荆州记》至少有范汪、盛弘之、庾仲雍3家；关于中原、西北和外国的地志数量较少。地志、地记大量涌现，反映中古社会地理视野有了很大的拓展，其中最突出的是关于南方地区的认识显著增强。这些著述将广大南方地区姿态万千的自然景观、千奇百怪的动植物产和丰富多彩的地方风情，不断纳入汉字文献记载，吸收到汉族主体的文化话语系统，从一个特殊侧面反映了中古时代华夏文明不断向南方开拓的历史进程。

中古南方地记地志绝大多数都已经散佚不存，只在后代文献中留下一些残章断句，仅有极少数几种还比较完整地保存下来。即便如此，我们仍然可以从中发现关于各地山川形势、风土环境和自然物产的丰富历史信息。例如，晋代常璩所著《华阳国志》，是少数被较为完整地保留下来的文本之一，该书共12卷，分区记载了秦岭以南巴蜀、滇黔地区的历史、地理、民族、风俗和物产诸多方面的历史面貌，其中包括众多动植物种，大抵都是这些地区土著人民的重要经济资源。例如，它记载巴地物产说：

---

[1] 唐代史学家刘知几论“杂述”云：“汝、颍奇士，江、汉英灵，人物所生，载光郡国。故乡人学者，编而记之，”即指前者；又云：“九州土宇，万国山川，物产殊宜，风化异俗，如各志其本国，足明此一方”，则指后一种情况。（唐）刘知几撰，（清）浦起龙释：《史通》，上海古籍出版社，1978年，第274-275页。

其地东至鱼复，西至僰道，北接汉中，南极黔涪。土植五谷，牲具六畜，桑、蚕、麻、苎、鱼、盐、铜、铁、丹、漆、茶、蜜、灵龟、巨犀、山鸡、白雉、黄润、鲜粉，皆纳贡之。其果实之珍者，树有荔支，蔓有辛蒟，园有芳蒻、香茗，给客橙、蓤（葵）。其药物之异者，有巴戟、天椒。竹木之贵者，有桃支、灵寿。……

南中永昌郡则是：

土地沃腴，宜五谷，出铜、锡、黄金、光珠、虎魄、翡翠、孔雀、犀、象、蚕、桑、绵、绢、采帛、文绣。又有貊兽，食铁；猩猩兽，能言，其血可以染朱罽。有大竹，名濮竹，节相去一丈，受一斛许。（其）[有]梧桐木，其花柔如丝，民绩以为布，幅广五尺以还，洁白不受污，俗名曰“桐华布”，以覆亡人，然后服之，及卖与人。有兰干细布，兰干，獠言纻也，织成文如绫锦。又有罽、旄、帛、叠、水精、琉璃、轲虫、蚌珠。[1]

再如，目前所知的三家《广州记》都已经散佚，但从诸书引录的佚文可知：它们关于当时广州地方风物有相当丰富的记述，单是植物就不仅记载了香蕉、橄榄、椰子、杨梅、益智、枸橼、鬼目等众多热带水果，还记载了不少当地特有的粮食（包括树粮）、纤维、香料植物如“西谷米”、“木绵”和棉布、“皋芦”茶，具有很高的经济史和环境史价值。同样是关于岭南和西南地区的记志，刘欣期《交州记》、沈怀远《南越志》、魏完（宏？）《南中八郡志》等也都大量记载了这些地区的动植物产。应该说，重视记述南方自然物产特别是种类极其丰富的野生动物和植物是中古地方志记的一个重要特点，记录了华夏社会对南方丰富自然资源的不断发现和认识过程。

四、异物志和博物学

与地方志记相比，另一类文献或许更能显示中古自然知识特别是生物知识

[1]（晋）常璩撰，任乃强校注：《华阳国志校补图注》卷 1，上海古籍出版社，1987 年，第 5、第 285-286 页。

的增长，这就是那个时代层出不穷的《异物志》和以它们作为基础的博物志书。所谓“异物”，固然是指具有某些特异性的物产，但对于那个时代的人们来说，更确切的含义可能是中土所无且人们以往并不知晓（至少是不太熟悉）的事物。

我们知道，在两汉及其以前，中国社会经济发展的主要区域是黄河中下游地区，广大南方地区特别是长江以南大部分地区，严格地说尚未真正融入以汉族为主体的华夏文化圈。在那个时代的文献叙述中，南方地区乃是令人畏惧的蛮荒之地，气候炎热，土地卑湿，古木幽森，猛虎蛟龙出没，蛊虫瘴毒肆虐，人民“被发文身”，经济文化极其落后，中原文士对那里环境、物产和民族的了解都非常有限。自汉末大乱开始陆续南逃的中原文士，初来乍到南方各地，呈现在他们眼前的，处处都是非常陌生的自然景观和社会面貌，南方独特的山川形势、风土物产和习俗人情，都给予他们极大的震撼，无数此前闻所未闻实则早已为当地土著人民所广泛利用的动物和植物也让他们感到惊奇和诧异，大开眼界，考察、记述南方独特风物于是蔚然成风。许多文人根据亲身经历或者各种传闻，撰写了大量关于南方风土物产的《异物志》。以此为基础，综合性博物学著作、专记植物的草木志（草木状）甚至专科植物谱都陆续出现，对后代中国植物学、动物学和博物学等，都产生了重大影响。

根据《隋书·经籍志》《旧唐书·经籍志》《新唐书·艺文志》等著录并综合《齐民要术》《艺文类聚》《太平御览》等各类文献抄引，自东汉末年杨孚首撰《异物志》开始，记载南方“异物”的书籍成批涌现，其作者姓名可考者，有万震《南州异物志》、沈莹《临海水土异物志》、薛莹《荆扬已南异物志》、谯周《异物志》、陈祈畅《异物志》、曹叔雅《异物志》、宋膺《异物志》等；徐衷《南方草物状》亦属此类。[1]还有不少佚名的《异物志》，如《凉州异物志》《扶南异物志》等。由于这些《异物志》均无完帙存世，当时文人一共记载了多少种类的动物和植物已经无法统计。但从环境史角度而言，此类文献至少有三个方面的特殊价值非常值得重视：

其一，各种《异物志》都记载了大量的动、植物种，由于它们大抵均以特

[1] 关于此一时期的《异物志》以及《南方草物状》的作者、时代，可集中参阅邱泽奇：《汉魏六朝岭南植物“志录”考略》，《中国农史》1986 年第 4 期。《南方草物状》虽不称《异物志》，但其记述方法与《异物志》并无二致，故应属同类著作。该书时代比诸《异物志》稍晚，其不称《异物志》似乎反映随着人们对南方认识的加深，对南方事物已不似从前那样甚感新异。又，从书名来看，该书应专记植物，但据诸书引录的情况，其中所载动物亦复不少。

定区域作为记述范围，因此实际上是中国最早的一批分区植物志和动物志。例如，上面提到的三国孙吴人沈莹所著《临海水土异物志》，一共记载了今浙、闽两省沿海地区的鳞介、虫鸟、竹木、果藤等动植物多达170余种，仅鱼类水产就有90余种，这还只是根据张崇根辑佚本所作的统计，相信原书记述了更多的种类。其余《异物志》所载动植物亦往往数十百计。许多具有重要经济价值的物种乃是第一次见诸汉文记载。

其二，有些动植物种（物产）在两汉以前已见记载，但大多语焉不详。诸家《异物志》除了记载物种名称、种类和品种外，通常都会描述它们的形态特征、生长（生活）习性、分布区域、经济价值和利用方法。这些描述其实大都根据南方土著人民的经验知识，但通过《异物志》的吸收和汇集，这些经验知识逐渐被系统化，融入了华夏文化系统，成为中华民族进一步开发和利用自然资源的重要知识基础。

其三，《异物志》记述动植物的方式可以上溯到《山海经》，但描述更加详细具体，对后世动、植物学影响深远。从那以后直到清代，关于动植物的著作不断增多，描述方法却没有发生多少改变。

但是，唐代以后关于南方事物的记载，基本上不再题名为《异物志》，我们搜寻到的相关著作仍然以“异”字题名者，仅有唐代刘恂的《岭表录异》。这意味着到了中古后期，对于南方物产，人们再也不以为“异”。并且从现存的《岭表录异》文字看，所载80种左右的岭南动植物种，比起此前各种《异物志》的记载又更加准确可靠，基本上一一可考。其中所记录的不少生物现象，至今仍然具有科学参考价值。例如，该书卷中提到：“南中草菜经冬不衰，故蔬园之中栽种茄子，宿根有二三年，渐长枝干，乃为大树。每夏、秋熟，则梯树摘之，三年后树渐老子稀，即伐去，别栽嫩者。”这个记载说明，当时人们已经注意到：在岭南地区的特殊气候条件下，通常为一年生的茄子乃可多年生，植株枝干可以长得像树木一样粗大。还有一条记载称“广州地热，种麦则苗而不实；北人将蔓菁子就彼种者，出土即变为芥”。由于气候特殊而造成的这两种植物变异现象，即使在现代也未必人尽皆知。一个很典型的事例是：20世纪50年代，广东地区曾经引种冬小麦，由于冬季气温太高，麦苗无法完成“春化”过程，造成大片麦田颗粒无收。由此可知：古人的经验知识未必没有价值，有不少认识是相当难能可贵的。

随着有关自然资源、动植物产的经验知识不断累积，在《异物志》和地方记志大批涌现的同时，这个时代还出现了另外一个新的著述形式，这就是博物志。“博物志”一词，由魏晋之际的著名文人张华最早用作书名，但其书多载诡异难信之事，远不如郭义恭的《广志》朴实、可靠。

以往学人多认为《广志》是西晋时期的作品，笔者考证其成书时代当在北魏前中期，可能在420—466年[1]，作者郭义恭生平字里不详，他主要汇抄、杂录汉魏以来各类文献资料著成该书，但其中也有些内容是他亲自调查所得。虽然该书早就亡佚不存，但南北朝以下类书、农书、本草书和史地著作对其文字引用甚多，说明它一直甚受古代学者重视。

诸书引录的《广志》佚文，剔除重复有300条左右，内容相当博杂，包括农牧物产、野生动植物、香料药材、珠宝玉石、地理气候、异族风俗和日用杂物等众多方面。涉及的地理空间也非常辽阔，除黄河中下游、长江流域及其以南地区外，还记及东北、西北地区的物事，还有一些条文记载外国的事物，是名副其实的《广志》。与农业生物相关的资料是该书的主体内容，其中包括粮食、瓜果、蔬菜、衣料（包括染料）、绿肥饲料、饮料、竹木、畜禽、水产等许多方面的内容，是全书的精华部分，故农史学者将其视为农书。其价值突出表现在三个方面：

其一，记载了数十种栽培作物，包括常见作物和若干非常见作物，单是瓜果即达40种左右[2]，有些是首见于《广志》记载。例如，该书记载：“苕草，色青黄，紫华。十二月稻下种之，蔓延殷盛，可以美田。叶可食。”[3] 就是中国古籍关于种植绿肥作物的最早记载。关于当时南北各地的家畜、家禽，该书亦都有所记述。

其二，大量记录栽培植物和家养动物品种，所载品种名称之多，为前代文献远不能及，其中不只记载黄河中下游的品种，对南方品种亦多有记载。关于粮食作物，记载有粟的品种13个、黍的品种9个、穄的品种5个、粱的品种3个、秫的品种3个、大豆品种3个、小豆品种4个、大小麦品种8个、水稻品种13个、芋的品种17个（仅蜀汉地区就有14个）。关于瓜果品种的记载就更

[1] 王利华：《郭义恭〈广志〉成书年代考证》，《文史》1999年第3辑（总第48辑）。
[2] 王利华：《〈广志〉辑校（一）——果品部分》，《中国农史》1993年第4期。
[3] 缪启愉：《齐民要术校释》卷10《五谷、果蓏、菜茹非中国特产者》，中国农业出版社，1998年，第805页。

多了，仅据《齐民要术》对该书的引录，有瓜的品种 11 个、李的品种 16 个、枣的品种 23 个、梨的品种 11 个、桃的品种 5 个，其余如樱桃、葡萄、栗、柰、荔枝、核桃、芭蕉、杏、石榴、甘等，都有多个品种。家畜品种方面，牛的品种名称就有 20 个（其中 5 个同种异名）。关于蔬菜、树木等也往往记载多个品种，例如，瓠有 3 个品种、芜菁有 2 个品种、蒜有 3 个品种、葱有 5 个品种；树木之中，榆树有姑榆、郎榆 2 种，槐树有青、黄、白、黑数种；诸如此类。有许多品种最早见于该书记载，例如，关于南方水稻品种、蜀汉地区芋头品种等，多不见于此前文献，反映出郭义恭具有很强的品种意识。

其三，该书记载各种物产及其品种，常常不是仅仅罗列其名，而是兼记产地、性（形）状、利用价值，有时还记载其生产、加工和利用方法，亦有不少记载是最早见于该书。例如，它记载："茶，丛生，直煮饮为茗茶；茱萸、檄子之属，膏煎之，或以茱萸煮脯胃汁为之，曰'茶'；有赤色者，亦米和膏煎，曰'无酒茶'。"[1]这是古籍中关于茶茗煮饮方法的最早记载，亦未见于前代古籍。《博物志》和《广志》所开创的博物志书体例，在后代也产生了非常深远的影响。唐代陆续不断有新书问世，段成式的《酉阳杂俎》即属此类。

五、专科植物谱志

中古时代不仅关于自然事物的认识视野有了很大拓宽，对某些特殊属类物种的认识亦不断深化，这促成另外一种文献体裁诞生，就是专科植物谱录，保留至今的代表著述有《竹谱》和《茶经》。

戴凯之《竹谱》是中国专科植物谱志的鼻祖。它不仅是中国而且是世界上最早的一部竹类植物专谱，也是我国现知最早的一部专科植物志，在它 300 多年后，唐代陆羽撰写了《茶经》。[2]因此它既为研究竹类认识、利用史不可或缺的材料，亦为古代植物学要典。[3]

[1]（宋）李昉编：《太平御览》卷 867《饮食部》二十五引，中华书局，1960 年影印宋本，第 3844 页。

[2] 按：《茶经》关于茶树的生物学特征记述极为简略，虽于"八之出"一目略载茶叶产地及其品第高下，却未记载各地丰富的茶树品种，生物史价值远不能与《竹谱》相比。关于《茶经》，下一章将有专门介绍。

[3] 1988 年，笔者首先发表《〈竹谱〉和我国早期竹文化》一文（《古今农业》1988 年第 1 期，第 53-58 页，署名王乾），对该书内容、作者时代、生平和著作背景作了初步考述。其后，芶萃华、王建又先后作过探讨。芶萃华：《戴凯之〈竹谱〉探析》，《自然科学史研究》1991 年第 4 期，第 342-348 页；王建：《世界第一部竹类专著——《〈竹谱〉》，《古籍整理研究学刊》1992 年第 1 期，第 25-28 页。

关于《竹谱》的体例和内容，宋代文献学家晁公武曾有一个简要概括，称其“裒辑竹事，四字一读，有韵，类赋颂”[1]。但这仅是就正文而言，实则正文之下还有注，亦是戴凯之本人所作——彼时文人撰述常自为注释。根据《四库全书》本，该书正文和注文一共记载了42种竹子，一般皆说明其性状、产地和用途。[2]绝大多数种类生长在长江以南地区。

该书篇幅虽然不大，却包含着丰富的历史信息，具有重要植物学史和物质文化史价值。作者开篇即对竹类植物的一般生物学特性做了正确概括，弥足珍贵。关于竹子的植物学分类，它说：“植类之中，有物曰竹；不刚不柔，非草非木。”作者在自注中对《山海经》《尔雅》“以竹为草”进行了质疑，认为：径直将竹子称为草，“良有难安”“竹是一族之总名，一形之遍称也。植物之中有草、木、竹，犹动品之中有鱼、鸟、兽也。”按照现代植物学分类，竹子属于禾本科、竹亚科，似乎确实是“草”，然而竹子属种众多，分布广泛，有许多种类可以生长得非常坚劲和高大，物用价值与林木无异，故自古就作为森林的一部分，确实不同于一般草本植物。《竹谱》认为竹子应与草、木并列另作一类，是颇有道理的，不能认为这是一种认识上的倒退。

作者指出：竹子的基本形态特征是“小异空实，大同节目”，非常概括，也很准确；不同种类的竹子具有不同的环境适应性或生境，“或茂沙水，或挺岩陆”，有的“多植水渚”，有的“必生高燥”。更重要的是，它还指出：竹子“质虽冬蒨，性忌殊寒”——虽然是一种凌冬不凋的常绿植物，总体上说却是喜湿忌寒的，因此“九河鲜育，五岭实繁”。“九河鲜育，忌隆寒也；五岭实繁，好殊温也。”这些概括性描述都是非常符合实际的。

关于竹子的生命周期，作者不仅概括了竹子生长“萌笋筍箨，夏多春鲜”（即抽笋解箨）的季节性特征，而且发现了它的开花、结实现象，并特别做出了解释，指出：“根干将枯，花䈥乃县（悬）”“竹生花实，其年便枯死。筎必六十，

[1]（宋）晁公武著，孙猛校证：《郡斋读书志校证》，上海古籍出版社，1990年，第538页。

[2] 由于时代久远，辗转传刻，阙文讹字不少，甚至未必是全本，所以历代学人关于该书所载竹种的数量说法不一，相差颇多。《初学记》称“戴凯之《竹谱》云：‘竹之别类有六十一焉。’”似乎原本记载了61个竹名；晚唐人段成式（字柯古）则称“《竹谱》竹类有三十九”，所指当是戴《谱》。此外，清人王士祯《香祖笔记》卷九称“……余考戴凯之《竹记》（即《竹谱》）六七十种，而无篾竹。”卷十又引“段柯古云：‘《竹谱》竹类三十九。’按戴凯之《竹谱》乃七十余种”。《四库全书》的《提要》亦言：“惟《酉阳杂俎》称《竹谱》竹类三十九，今本乃七十余种，稍为不符，疑《酉阳杂俎》传写误也。其书以四言韵语，记竹之种类，而自为之注，文皆古雅……”但从《四库全书》本的《竹谱》中，我们无论如何也数不出六七十个竹名来。《酉阳杂俎》所云“竹类三十九”，王士祯和《四库提要》认为错误，却与今世传本的实际情况差近。

复亦六年，即竹六十年一易根，易根辄结实而枯死，其实落土复生，六年遂成町”。也是相当可贵的经验认识。此外，他对各个具体竹种的属性、形态和分布，亦大多做了简要说明。当然，作者更重视的是竹子的利用价值，所以对各种竹子的性状和用途，都尽可能予以记载。

该书清楚地说明：经过长期积累，中古社会对竹类植物特性已有相当认识且广泛应用于实际生产生活之中，其中包括利用竹子中空性（如做箫、笛、笙、竽、律管等乐器）、易分割性（用于编织，如破篾编簟、做席）、弹性（如制作弓、弩）、抗压抗挫性（如做梁、柱、撑篙）、坚劲性（作箭矢、矛），提取竹子纤维（如取竹绩布、搓弩弦），甚至利用某些竹类的毒性制作竹刀（用以刺兽）等。这既反映了中古竹类植物知识显著增长，也反映了这种特殊植物对古代物质生活的广泛影响。

在中国自然知识史上，《竹谱》开创了记述专科植物的先例，自它以后，植物谱志不断涌现，单是关于竹类的专谱就有五代宋初僧人赞宁的《笋谱》、元代画家李珩的《竹谱详录》等；关于谷、茶、果、木、花卉和动物的专门谱志更是层出不穷。

综上所述，中古社会关于动植物种（包括种类、品种、生境、性状、利用价值……）的知识发生了“爆炸式”增长。在那个时代，由于众多自然和社会因素的共同作用，中华民族发展空间向南方亚热带和热带地区迅速拓展，那里的生物资源既显著不同于北方，也远比北方地区丰富，自远古时代开始，土著人民即从中谋取生活资料，自然很早就拥有关于它们的丰富知识。然而那些曾被中土人士称为“异物”的新奇物种大量进入汉文记录、融入华夏文化系统并且构成中国文明发展演进的新自然基础，则必待中原汉族大举南下之后，与广大南方的华夏化进程相伴随行。

在结束本章之前，我们还想特别指出：中古时代的自然知识不仅有了显著增长，而且还经历了新一轮的大整合，这个整合具有特殊的文献标志。先秦时代以中原为中心的自然知识体系之整合，在中国最早的词典——《尔雅》中得到了一定程度的反映；在中古时代新一轮更加广泛的自然知识体系的整合过程中，类书具有重要标志性意义。类书分门别类汇集关于自然和社会的各种资料和知识，是中国古代真正的“百科全书”，这种特殊文献类型正是诞生于中古时代。保存流传至今的中古类书主要有《北堂书钞》《艺文类聚》《初学记》等，北宋初期编纂的《太平御览》亦主要是汇集了唐代以前的百科知识。它们的知识分类和事项编排，大致反映了那个时代自然和社会知识的整体概貌。这是一个饶有趣味的学术课题，值得进行一点专门探讨。为了避免过于松散和枝蔓，这里暂时不展开讨论。

第五章

食物能量与生态环境

我们一直主张围绕中华民族生存、发展这条主线来思考中国历史上的人与自然关系，解说这片大地上人类系统与自然系统交相作用、协同演变的历史过程和机制。不论古今中外，食物都是人类生存和发展所必需的最基本物质资料，在古代历史上，人类生存、发展的最核心问题更是如何适应各种环境、利用各种资源，建立和发展有效的食物体系，保证食品供给，为人的生长、发育和身体健康提供充足至少是必需的热量与营养。在那个时代，人们适应、利用和改变生态环境的种种努力，绝大多数都是围绕这一基本目的而展开。以上各章节所讨论的气候、人口、土地、水和生物资源，最终基本都要归结到食物这一核心问题上来。因此这里专门设立一章，集中讨论中古食物能量与生态环境的关系，能够理解两者之间的关联，也就能够把握那个时代人与自然关系的基本状况。

由于自然地理环境、资源禀赋、社会历史和文明进程不同，世界上的食物体系可谓千差万别，中国东西南北各地区各民族也拥有非常丰富多彩的饮食文化。即使在全球一体化、物质大流动的当代，各个国家、民族和地区的食物构成、生产方式和饮食风俗习惯仍然呈现出无数差异，这是众所周知的事实。但我们想要特别强调几点：其一，这些差异乃是社会经济文化因素和自然生态环境因素长期交相作用的历史结果，人类生存需求与环境资源条件的互动关系变化是认识和理解这些差异的思想钥匙；其二，即便在同一地区，由于社会文化发展、自然环境变迁以及两者间的复杂关系变化，食物体系也并非一成不变，而是处在不断调整和变化之中；其三，某些特定历史阶段食物体系的调整变化尤其显著，既由于特定自然与社会历史情势所推致，又对自然、社会乃至整个“人类生态系统”造成复杂而且深远的影响。对这些调整和变化进行系统的考察，不论对于认识历史上的经济生产、物质生活还是环境行为，都具有重要学术意义。中古时代正是中国食物体系发生重大调整变化的时期，不仅表现在动物性食物上，也表现在主粮和其他植物性食物上：农牧经济消长、畜产结构变化、主粮地位升降、外来物种传入，以及新技术发明和新习惯形成，都直接或间接地反映出那个时代人与自然关系的基本状态及其变化趋向。

下面对其中的若干主要问题分别稍予叙说。

第一节　畜牧养殖业的变动和发展

一、北方畜牧业变动的生态分析

从战国时期开始，文献典籍中就不时出现两个特殊的语词——“粒食”和“不粒食”。仅从字面上看，“粒食”是指以谷物的籽粒为食，但当时还意味着这些谷物（或脱壳加工成米）是整粒烹煮食用。以谷物为主食的人民被称为“粒食之民”，不以谷物作为主食者则被称为“不粒食之民”。《晏子春秋》云：“四海之内，社稷之中，粒食之民，一意同欲。”[1]《墨子》中曾多次出现“粒食之民”，例如，其称：“四海之内，粒食之民，莫不刍牛羊，豢犬彘，洁为粢盛酒醴，以祭祀于上帝鬼神”；又称：“今天下之国，粒食之民，国杀一不辜，必有不祥。”[2]与“粒食”相对的是“不粒食”，儒家经典多次提到。《礼记·王制》指出：由于天地寒暖燥湿不同，广谷大川异制，各地人民的生活面貌大不相同，饮食习惯也存在很大差异。“西方曰戎，被发衣皮，有不粒食者矣；北方曰狄，衣羽毛穴居，有不粒食者矣。”郑注云：“不粒食，地气寒，少五谷。”[3]汉代文献中仍然不时出现这些词语，王充《论衡》云：“周时诸侯千七百九十三国，荒服、戎服、要服及四海之外不粒食之民，若穿胸、儋耳、焦侥、跋踵之辈，并合其数，不能三千。天之所覆，地之所载，尽于三千之中矣。”[4]有趣的是，王充还对古代很早就出现的“天雨谷”现象（如神农之世天雨粟）特别做出一番

[1] 吴则虞：《晏子春秋集释》卷3《内篇问上第三》，中华书局，1962年，第204页。
[2] 吴毓江：《墨子校注》卷7《天志上》；同卷《天志下》，中华书局，1993年，第295、第320页。
[3]（清）阮元校刻：《十三经注疏》，中华书局，1980年影印本，第1338页。
[4] 黄晖：《论衡校释》卷8《艺增》，中华书局，1990年，第382-383页。

解说，猜测那些谷子是被从“不粒食”的夷狄地区由风卷而来，他说：

> 夫谷之雨，犹复云布之，亦从地起，因与疾风俱飘，参于天，集于地，人见其从天落也，则谓之天雨谷。建武三十一年（55 年）中，陈留雨谷，谷下蔽地。案视谷形，若茨而黑，有似于稗实也。此或时夷狄之地生出此谷，夷狄不粒食，此谷生于草野之中，成熟垂委于地，遭疾风暴起吹扬，与之俱飞，风衰，谷集坠于中国，中国见之，谓之雨谷。[1]

在我们看来，“粒食”与“不粒食”并非两个简单的饮食词汇，而是具有丰富的历史内涵和特定的文化语境，反映了古代不同地域和民族生存方式之差异。从上引文字不难发现：所谓“粒食之民”，是拥有以谷物作为主粮这一饮食习惯的人民；而“不粒食之民”则指王化之外的异邦族类，如西方的戎、北方的狄。因此“粒食”与“不粒食”其实乃是一个重要的文化分野，古人在区分族类时往往把饮食习惯异同作为一个重要标志，很是耐人寻味。

诚如上言，“粒食”意味着食物结构以谷米为主。就个人而言，这是由于所属族群文化长期驯化所养成的习性；然而就某个民族和区域社会整体来说，则是在漫长历史过程之中，由于人口—资源（环境）—技术诸要素共同作用而进行定向选择和发展的结果。战国以后“粒食之民”和“不粒食之民”之类话语频繁出现，与彼时中国农耕与放牧经济文化发生显著地域分野的时代趋势正相契合。

农史学家早就指出：进入农业时代之后，中国经济发展与中世纪欧洲一直保持着农牧并重的局面迥然不同，而是长期处于“重农轻牧的跛行状态”，作物种植特别是谷物栽培占据了绝对支配地位，畜禽饲养业则无足轻重。因而，战国以后的中国农业是一种“跛足农业”，即作物种植与畜禽饲养发展极不平衡的农业。[2]仅就中华民族主体——汉族人民生存发展的主要地区而言，这种看法大体是符合历史实际的。自战国、秦、汉以降，长城以南地区的畜牧生产确实基本上处于农耕经济的附属和补充地位，在社会经济中所占比重总体上呈下降趋势。不过，这种下降趋势是波浪式而非直线式的。中古时期，由于特殊历

---

[1] 黄晖：《论衡校释》卷 5《感虚》，中华书局，1990 年，第 251 页。
[2] 中国农业遗产研究室编：《中国农学史》（上册），科学出版社，1984 年，第 56、第 75 页。

史契机，黄河中下游地区的畜牧经济比重曾比前一历史时期有过明显上升。

关于中古黄河中下游的畜牧业，不少学者曾经有所讨论，例如，关于黄河中游畜牧业的分布、北魏时期的国营畜牧业、唐代的马政等，均曾有所论说。[1]除个别文章外，相关论说基本上都是从社会经济层面展开。我们曾试图运用生态学理论知识，在前人基础上进一步作些探讨，提出了解说古代中国（不包括西北草原地区）农牧经济畸轻畸重、跛足发展的新思路，并对黄河中下游民族文化融合与农牧经济选择的关系提供了粗浅看法。[2]现在看来，这个探讨对于认识环境—经济—社会之间的历史互动变迁关系仍然具有一定参考价值。因此这里仍以先前论述为基础再作一些申论。主要问题包括：中古黄河中下游畜牧经济究竟发生了怎样的变动？这些变动具有怎样的环境史意义？胡汉融合与农牧变动之间具有怎样的关联？如何认识所谓“胡化”与“汉化”的文化—生态历史内涵？为了讨论中古黄河中下游畜牧业的重要变动及其背后的社会与生态动因，这里简要回顾一下农牧起源之后该区域经济变迁的基本趋向。

如前所言，在距今一万年前后，黄河中下游开始踏入农业时代的门槛，畜禽饲养业也应运而生。在新石器时代，这一地区的畜牧经济取得了初步发展，马、牛、羊、猪、鸡、犬相继被驯化家养，中国传统的“六畜”逐渐齐备，其中养猪最为普遍，猪从一开始就是当地人民的主要肉畜。从原始社会末期开始到春秋时期，当地居民的生业方式逐渐发生分化：一些部族主要从事农耕种植，另一些部族则以牧畜为主，也有少数部族仍然主要通过采集和捕猎谋生，形成了“夷夏杂处”的经济局面。在“夷夏杂处”时代，该区域农耕与游牧的经济地位并不两相悬殊，当时黄河中下游人口仍然稀少，农田之外的森林草莱还很广袤，因此直到春秋时期仍然活跃着不少以牧畜为主要生业的戎、狄部族，而

[1] 如谭其骧为了探讨东汉以后黄河长期安流的原因，曾对先秦至唐代黄河中游农牧消长过程做了较多论述，参见谭其骧：《何以黄河在东汉以后会出现一个长期安流的局面》，收入谭氏著《长水集》（下册），人民出版社，1987年，史念海曾有多篇文章论述黄河中游半农半牧地区和畜牧业生产问题，参见史念海：《隋唐时期重要的自然环境的变迁及其与人为作用的关系》，《论唐代前期陇右道的东部地区》等，收入史氏著《河山集》（5 集），山西人民出版社，1991 年；马俊民等曾对唐代马政和主要分布于黄河中游的监牧进行了较系统研究，参见马俊民、王世平：《唐代马政》，西北大学出版社，1995 年；朱大渭曾对北魏国家牧场建立的动因、实况及其与北魏统一北方和国势强盛的关系等问题进行了讨论，参见朱大渭：《北魏的国营畜牧业经济》，收入朱氏著《六朝史论》，中华书局，1998 年。此外，唐启宇《中国农史稿》（农业出版社，1985 年）4 章 2 节，李剑农《中国古代经济史稿》（武汉大学出版社，1990 年）2 卷 3 章 1 节，均简述了魏晋北朝时期畜牧业向内地扩张的史实；高敏主编《魏晋南北朝经济史》（下册）（上海人民出版社，1996 年）第 15 章概述了魏晋南北朝时期畜牧业发展的情况。还有一些学者的论著对这方面的问题也略有涉及。

[2] 王利华：《中古华北饮食文化的变迁》，中国社会科学出版社，2000 年，第 104-124 页；王利华：《中古时期北方地区畜牧业的变动》，《历史研究》2001 年第 4 期，第 33-47 页。

以农耕作为主要生业的民族亦拥有大群家畜。殷商甲骨卜辞记载，商代祭祀用牲数目相当之大，一次用牲百头以上者不乏其例，最高用牲量一次可达“五百牢”或“千牛”。这些牲口固然可能是由各地进贡的而并非全是安阳本地牧养，但仍然可以说明当时中原地区拥有较大的牲畜饲养规模和存栏量。[1]姬周是一个典型的农耕民族，但西周时期乡野之中可以见到“三百维群”的羊和“九十其犉”的牛群，畜牧业亦堪称发达。[2]“夷夏杂处”时代，是农耕与畜牧两种经济文化类型激烈竞争的阶段，夷夏部落冲突在一定程度上是两种经济文化竞争的政治表现，尽管农耕文化逐渐排挤畜牧文化是主线，经济比重的天平不断向农耕倾斜，最终是以农耕为主业的华夏部族取得了彻底胜利，但畜牧生产仍曾占据较大比重[3]，并且在那个时代的畜产构成中，马、牛、羊等单纯草食性家畜具有相当高的地位，由于战争、运输和祭祀需要，天子和领主贵族们经营着规模相当大的马、牛、羊饲养业。

战国以后，黄河中下游地区的经济结构发生了重大变化，以牧畜为主业的民族不断向边地特别是西北退却，农耕与畜牧两种经济文化逐渐发生地理空间上的隔离，长城则成为两者之间的大致地理界线，即“农牧分界线”：长城以南属于农耕区域，长城以北则为游牧民的天下。不过，两者之间存在着一个宽狭不等的过渡地带——“半农半牧区”。就自然条件而论，冀晋山地和关中盆地以西、以北均为农牧兼宜地区，由于种种原因，历史上这些地区的农业和牧业迭经变更，时农时牧，大抵取决于汉、胡力量的强弱对比：汉强胡弱，则经济生产以农耕为主；胡强汉弱则往往转事畜牧。自秦朝统一以后到西汉时期，随着西北边郡移民屯垦事业发展，农耕经济曾经向西北地区大幅度推进，一直拓展到了阴山脚下，秦长城以南处处是阡陌相连、村落相望，其中“河南地”的新兴农业尤其繁荣，堪与关中地区相媲美，故时称“新秦中”。也就是说，秦汉时期，黄河中游畜牧经济地带曾经朝西北明显退却。[4]至于中原内地，随着农田不断扩展，草场不断减少，大规模的野外放牧渐趋衰微；兼以生产经营方式不

[1] 梁家勉主编：《中国农业科学技术史稿》，农业出版社，1989 年，第 77-78 页。

[2]《诗经·小雅·无羊》云：“谁谓尔无羊？三百维群；谁谓尔无牛？九十其犉（引按：黑唇的黄牛曰犉）。尔羊来思，其角濈濈；尔牛来思，其耳湿湿，或降于阿，或饮于池，或寝或讹。尔牧来思，何蓑何笠，或负其糇，三十维物，尔牲则具。”该诗吟颂牧人在野外大量放养牛羊的情景，其中羊三百成群，黑唇的黄牛则九十成群，反映西周部民畜牧规模颇为可观，尚未出现农耕与畜牧经济畸轻畸重的局面。

[3] 有关问题，可参见李根蟠等：《我国古代农业民族与游牧民族关系中的若干问题探讨》一文的论述。收入翁独健主编：《中国民族关系史研究》，中国社会科学出版社，1984 年，第 189-206 页。

[4] 详见前文叙述，并参前揭谭其骧文。

断向个体小农生产发展，家庭小饲养业逐渐成为当地畜牧生产的主要方式。战国时期人们议论畜牧的重要性，已是多就家庭小饲养业而言，饲养对象则以猪、鸡、犬等无需大片草场的杂食性畜禽为主。[1]那时畜牧生产规模、畜产结构和发展趋向，与商、周和春秋时期相比都逐渐发生了很大变化。两汉时期，中原内地像卜式这样以善于牧畜而致富、养羊数以百计甚至可达千头的大户，乃是极其少有的特例[2]；家庭小规模饲养业，除因农耕需要而饲养耕牛之外，猪、鸡、犬等成为主要饲养对象，养羊和养马虽然仍有记载，但重要性远远不能与养猪相比。[3]长安及其所在的关中地区，既是京畿所在，亦为权贵富人聚居之地，马匹较多自不奇怪，但需要从关东地区大量运送刍藁作为饲料。这些情况说明，汉代黄河中下游农重牧轻、农牧失衡的状况已经相当明显，反映了古代农耕区域经济生产的一般特征。

要之，自新石器时代至两汉时期，由于生态环境与社会经济的交相作用，黄河中下游地区的畜牧业经历了一个逐渐演变的过程，基本趋向有二：一是畜牧业在区域经济中所占比重逐步下降，至战国、秦、汉时期已经沦为前者的附庸和补充；二是随着蒿莱垦辟和农地扩展，对草场和草料要求比较高的羊、马、牛等家畜牧养，数量规模逐渐下降，而杂食性的家畜——猪早在新石器时代就是当地主要饲养肉畜，作为农耕社会主要肉食来源的地位不断得到强化。两者看起来似乎是中原农耕化以后经济发展的必然趋向。

然而，东汉末年以后，黄河中下游畜牧经济一路下滑的趋势，由于种种生态和社会原因而被遏止，至中古即魏晋—隋唐时期，畜牧经济出现了一个相当明显的反弹过程，畜牧区域一度向东南方向显著扩张，国营和私营的大型畜牧业都取得了明显发展，畜产构成也发生了明显变化。

中古黄河中下游畜牧经济的扩张过程，始于东汉，迤及唐初，以十六国至北朝时期为盛，而以黄河中游黄土高原为著，秦朝和西汉时期扩展到阴山脚下

[1]《荀子·荣辱》云："今人之生也，方畜鸡狗猪彘，又畜牛羊。"显然是以畜养杂食性畜禽为主；《孟子·梁惠王上》说得更明确，称："五母鸡、二母彘，无失其时，老者足以无失肉矣"，又云："鸡、豚、狗、彘之畜，无失其时，七十者可以食肉矣。"可见那时家庭饲养，大抵均为无须大片草场的小畜禽。

[2]《汉书》卷58《卜式传》，中华书局，1962年，第2624页。

[3] 贾思勰在《齐民要术·序》中列举了多位汉代循吏教民治生的事迹，俱称其督导百姓养猪、鸡、牛等。如黄霸在颍川（今河南禹县等地）"使邮亭、乡官，皆畜鸡、豚，以赡鳏、寡、贫穷者"；龚遂在渤海（汉渤海郡辖今河北沿渤海地区），令"家二母彘、五鸡"；僮种在不其（今青岛市城阳区境内），"率民养一猪、雌鸡四头，以供祭祀，死买棺木"；颜斐在京兆"课民无牛者、令畜猪，投贵时卖，以卖牛"；杜畿在河东（汉河东郡辖今山西西南部），"课民畜字牛、草马，下逮鸡、豚，皆有章程，家家丰实"等，但都未言及课民养羊。足以说明当时北方内地养羊并不发达。另《世说新语》记载曹魏、西晋故事，有多条涉及猪，但羊却几乎未提到。

的农耕经济发生了明显退缩。西汉末年以后，可能由于气候转冷的关系，西北边境少数民族如匈奴、羌、胡、休屠、乌桓等朝东南方向的运动逐渐活跃起来，在西汉末年至新莽时期中原内乱期间，一些西北民族不断进逼关中，东汉时期又对他们绥抚失当，边境冲突不断加剧，农耕区域逐渐向东南撤退，至东汉末年以后，“黄河中游大致即东以云中山、吕梁山，南以陕北高原南缘山脉与泾水为界，形成了两个不同区域。此线以东、以南，基本上是农区；此线以西、以北，基本上是牧区”[1]。直到北魏中期以后才又开始出现由牧转农的迹象，但转变过程相当缓慢，在此后几个世纪里，关中以西、以北地区畜牧业一直相当发达，那里的农耕经济并未恢复秦汉旧景。

大致来说，自十六国至初唐时期，黄土高原是胡汉混杂居处而游牧部族曾经成为主体，经济生产亦以畜牧业为重。北魏时期，尔朱氏世居水草丰美的秀容川，以畜牧为业，其“牛、羊、驼、马，色别为群，谷量而已”[2]，可见河东一些地方曾经成为畜产丰盛的牧区；陇右人民直到隋代仍然“以畜牧为事”，不便定居屯聚[3]；唐武则天时期，人们还是认为“陇右百姓，羊马是资”[4]；直到唐朝中期以后，邠、宁等州还因为产羊甚多成为人们贩羊的好去处。[5]由于畜牧经济发达，北朝至唐代朝廷对牧民实行特殊的赋税政策，赋税征纳以羊、马等牲畜为准，北魏时期曾经多次颁布诏令向民间征调戎马、大牛[6]；唐代“诸国蕃胡内附者，亦定为九等……附贯经二年已上者，上户丁输羊二口，次户一口，下户三户共一口”[7]。国家从这些地区获得了相当丰富的畜产。

畜牧经济扩张还不局限在黄土高原，中原腹地有些素以农耕繁盛著称的州郡也一度沦为牧场。例如，曹魏时期曾在号称农田沃野的“三魏近甸”区域设立“典牧”，大片土地被规占为放牛场，西晋初年尚有四万五千余头官牛[8]；西晋京畿之地——司州（辖今山西南部、河南北部，东接河北南部及山东西境），

[1] 谭其骧：《何以黄河在东汉以后会出现一个长期安流的局面》，收入谭氏著《长水集》（下册），第 22 页。又参见史念海：《黄土高原及其农林牧分布地区的变迁》，《河山集》（3 集），人民出版社，1988 年，第 55-75 页。

[2]《魏书》卷 74《尔朱荣传》，中华书局，1974 年，第 1644 页。据《魏书》卷 106 上《地形志》上记载：秀容为郡，辖秀容、石城、肆卢、敷城四县，在今山西忻县、原平县一带。

[3]《北史》卷 73《贺娄子干传》，中华书局，1972 年，第 2522 页。

[4]（唐）张廷珪：《请河北遭旱涝州准式折免表》，收入《全唐文》卷 269，中华书局，1983 年，第 2733 页。

[5]《太平广记》卷 133“朱化”条引《奇事》载洛阳人朱化贞元初西行邠、宁贩羊事。邠州治所在新平（今彬县），辖境相当于今陕西彬县、长武、旬邑、永寿四县地；宁州在今甘肃省庆阳市一带。

[6]《魏书》卷 3《太宗纪》；卷 4 上，《世祖纪上》，中华书局，1974 年。

[7]（唐）李林甫等撰，陈仲夫点校：《唐六典》卷 3《尚书户部》，中华书局，1992 年，第 77 页。

[8]《晋书》卷 26《食货志》引杜预的上疏，中华书局，1974 年，第 788 页。

在两汉时期是人口最密、农业最盛之区，此时却是牧苑广阔，“猪羊马牧，布其境内”[1]。与司州相邻的冀州平原郡界，十六国时期也设有马牧苑，羯人石勒起兵时曾经利用了当地牧苑中的马匹。[2]北魏迁洛之后，更辟“石济以西、河内以东，拒黄河南北千里为牧地”，设立河阳牧场，“恒置戎马十万匹”[3]。在内徙游牧民族聚居的其他地区也有大片农田被规占为牧场的情况。一时间，黄河中下游地区在一定程度上回归战国以前“夷夏杂处”、农牧交错的局面。

与畜牧区域扩展相联系的是，国营和私营畜牧业生产规模显著扩大。

中古时代，国营畜牧业发达。由于黄河中游地区具有发展畜牧业的良好条件，故自两汉以来一直是国营畜牧业的主要分布地区，北魏至隋唐时期更是主要的国营畜牧基地。拓跋魏氏起于畜猎，对于官牧经营十分重视，曾先后设立了四处大型官牧场。早在道武帝天兴二年（399 年）即在平城附近地区开辟鹿苑牧场，明元帝泰常六年（421 年）又“发京师六千人筑苑，起自旧苑，东包白登，周回三十余里”[4]，对旧牧场进行了扩建。若干年后，太武帝拓跋焘在鄂尔多斯以南地区大兴官牧，建立了规模最庞大的河西牧场，史称“世祖之平统万，定秦陇，以河西水草善，乃以为牧地。畜产滋息，马至二百余万匹，橐驼将半之，牛羊则无数”[5]。其后复于漠南设立了牧场。孝文帝迁都洛阳以后，为了满足京师洛阳军事警备的需要，复命宇文福主持兴建河阳牧场，更将国营畜牧经济推进到中原腹心地带。宇文福在石济以西、河内以东，拒黄河南北千里所开河阳牧场，“恒置戎马十万匹，以拟京师军警之备。每岁自河西徙牧于并州，以渐南转，欲其习水土而无死伤也”[6]。

唐代是古代中原王朝官牧经济发展的极盛时期，经营区域基本上也是黄河中游一带。史书记载：唐朝“国家自贞观中至于麟德，国马四十万匹在河陇间。开元中尚有二十七万，杂以牛羊杂畜，不啻百万，置八使四十八监，占陇右、金城、平凉、天水四郡，幅员千里，自长安至陇右，置七马坊，为会计都领。

[1]《晋书》卷 51《束皙传》，中华书局，1974 年，第 1431 页。
[2]《晋书》卷 104《石勒载记上》，中华书局，1974 年，第 2709 页。
[3]《魏书》卷 44《宇文福传》，中华书局，1974 年，第 1000 页。
[4]《魏书》卷 3《太宗纪》，中华书局，1974 年，第 61 页。
[5]《魏书》卷 110《食货志》，第 2857 页。按：“河西”指自今山西渡黄河而西的鄂尔多斯东南地区，非指河西走廊。
[6]《魏书》卷 110《食货志》，中华书局，1974 年，第 2857 页。

岐陇间善水草及腴田，皆属七马坊”[1]。关于以原州为中心的监牧，《元和郡县图志》有很具体的记载，称“监牧：贞观中自京师东赤岸泽移马牧于秦、渭二州之北，会州之南，兰州狄道县之西，置监牧使以掌其事。仍以原州刺史为都监牧使，以管四使；南使在原州西南一百八十里，西使在临洮军西二百二十里，北使寄理原州城内，东宫使寄理原州城内。天宝中，诸使共有五十监：南使管十八监，西使管十六监，北使管七监，东宫使管九监。监牧地，东西约六百里，南北约四百里”[2]。唐朝还在陇山以东，岐、邠、泾、宁诸州设有“八坊”，地广千里。[3]此外，夏州有群牧使，盐州也曾设八监，岚州设三监；同州朝邑县的沙苑监则牧养诸监牧所送的牛、羊，以供朝廷尚食、宴会和祭礼之用。其他地区也有一定规模的国营牧养业生产，例如，虢州曾有官豕三千。[4]由相关文献记载的畜产数量可知，中古特别是北魏和唐朝国营畜牧经济繁盛，规模超越西汉，后来历朝亦罕能匹敌。

古代国营畜牧生产首先是为了满足军事需要，马匹一直是主要牧养对象，国家牧政因此常被称为“马政”，对此已有学者做过详细论述。不过，在国营牧业中，肉畜生产特别是养羊也占据相当比重，在唐朝监牧养羊和养牛的数量也相当可观，羊是除马匹之外牧养数量最多的一种牲畜。据张说《大唐开元十三年陇右监牧颂德碑》记载：开元元年（713 年）监牧共有马 24 万匹，至十三年（725 年）发展到 43 万匹；除此之外，牛由 35 000 头发展到 5 万头，而羊则由 112 000 口发展到 286 000 口[5]；又据天宝十三载（754 年）六月陇右群牧都使奏判官、殿中侍御史张通儒及副使平原太守郑遵意等的清点，当时陇右群牧总共有牲畜 605 603 头匹口，其中有羊 204 134 口[6]，羊的口数均超过全部牲畜头匹口数的 1/3，说明养羊是官牧生产的重要内容，唐代关于牧养的法令规定也证实了此点。[7]

---

[1]《旧唐书》卷 141《张孝忠传附茂宗传》，中华书局，1975 年，第 3861 页。

[2]（唐）李吉甫撰，贺次君点校：《元和郡县图志》卷 3《关内道三》，《原州》，中华书局，1983 年，第 59 页。（唐）张说：《大唐开元十三年陇右监牧颂德碑》，收入《全唐文》卷 226，《资治通鉴》卷 212《唐纪二十八》。

[3]《新唐书》卷 50《兵志》云：“自贞观至麟德四十年，马七十万六千，置八坊岐、豳、泾、宁间，地广千里……。八坊之田，千二百三十顷，募民耕之，以给刍秣。八坊之马为四十八监，而马多地狭不能容，又析八监列布河西丰旷之野……。”中华书局，1975 年，第 1337 页。

[4]《新唐书》卷 223《卢杞传》，中华书局，1975 年，第 6351 页。

[5]《全唐文》卷 226，中华书局，1983 年，第 2283 页。

[6]（宋）王钦若等编：《册府元龟》卷 621《卿监部・监牧》，中华书局，1960 年，第 7479 页。

[7] 具体内容，参见（唐）长孙无忌撰，刘俊文点校：《唐律疏议》卷 15《厩库律》“厩牧令”条，中华书局，1983 年，第 275 页；（唐）李林甫等撰，陈仲夫点校：《唐六典》卷 17《太仆寺・典厩令》，中华书局，1992 年，第 484 页。

国营牧场中的肉畜生产，至少在皇族和政府各司的肉食原料供应中，发挥了相当重要的作用。据《魏书》的记载：北魏晚期，由于诸官牧相继丧失，不得不大量减少内外百官及诸蕃客的肉料供给[1]。唐代的御厨及诸司肉料供应，除上述同州沙苑监以外，在末期还由河南府的官牧供进。[2]由此可见，中古国家经营畜牧业，并非完全是出于军事目的而牧养战马役畜，也是将其当作一种经济产业。

中古特别是北朝时期，黄河中下游私营畜牧生产的规模亦曾明显扩大。其时，领民酋长、官僚贵族往往规占广袤土地经营畜牧，如北魏时的尔朱羽健、越豆眷、提雄杰等所占有的牧场面积，常多达方百里以上乃至三百里，牧场上从事放牧的“牧子”亦以千数计，所牧养的家畜则难以估算。如前述尔朱氏在秀容川拥有的私畜牛、羊、驼、马，“色别为群，谷量而已”。另一贵族娄提也拥有“家僮千数，牛马以谷量”[3]。北魏孝明帝时曾任恒州刺史的元渊，对“私家有马千匹者，必取百匹，以此为恒”[4]。这些记载都说明当时河东地区私营畜牧业规模相当可观。私营畜牧业不仅在西北高原地区取得了显著发展，东部农耕区的家庭畜牧生产规模也有所扩大。魏晋北朝时期，庄园地主多以牧养畜禽为重要生产经营内容，西晋时期以豪奢著称的石崇在河南金谷庄园，“有田十顷，羊二百口，鸡猪鹅鸭之属，莫不毕备”[5]。潘岳则“牧羊酤酪，以俟伏腊之费”[6]。贾思勰《齐民要术》更相当详细地记载了北魏时期河北、山东地区的畜禽饲养、相畜兽医和畜产品加工技术。据该书记载可知：当地，农家所饲养的畜禽主要是牛、马、羊、猪、鸡及鹅、鸭等，其中养羊业受到高度重视，饲养的规模也最大。该书提到养羊生产，每以千口为言；作者本人也曾养有200口羊，因为没有准备足够的过冬茭豆，而致群羊饥死过半。从该书的记载看，

[1]《魏书》卷110《食货志》（中华书局，1974年，第2861页）记载：当时群牧相继遭破坏，“而关西丧失尤甚，帑藏益以空竭。有司又奏内外百官及诸蕃客禀食及肉悉二分减一，计终岁省肉百五十九万九千八百五十六斤，米五万三千九百三十二石”。说明北魏时期政府肉料供应主要仰赖于官牧。

[2]（宋）王钦若等编：《册府元龟》卷621《卿监部·监牧》引哀帝天祐三年（906年）十一月敕称：“牛羊司牧管御厨羊并乳牛等，御厨物料元是河南府供进，其肉便在物料数内，续以诸处送到羊，且令牛羊司逐日送纳，今知旧数已尽，官吏所由多总逃去，其诸处续进到羊，并旧管乳牛并送河南府牧管，其牛羊司官吏并宜停废。”中华书局，1960年，第7481页。

[3]《北齐书》卷15《娄昭传》，中华书局，1972年，第196页。

[4]《魏书》卷18《广阳王深传》，中华书局，1974年，第429页。

[5]（宋）李昉编：《太平御览》卷919《羽族部六》引石崇：《金谷诗序》，中华书局，1960年影印宋本，第4078页。

[6]《晋书》卷55《潘岳传》，中华书局，1974年，第1505页。

当时有条件的人家还专门留出土地种植茭草以备牲畜冬季所需。[1]石崇和贾思勰的生活区域都在东部农耕地带，而他们家养的畜禽，仅羊即达200口，已是很不小的畜群了；但当时似乎还有养羊千口之家，否则贾思勰不会屡以千口为言。以单个家庭而论，即使在游牧区域，这样的家畜饲养规模也是少见的。当然，关于农耕区域家庭饲养大畜群的记载，只出现在魏晋北朝时期，唐代文献则未尝见之，这应是因前一时期人口较少，剩余土地较为充足之故。

值得注意的是，魏晋至隋唐时期，黄河中下游畜牧结构发生了重大调整和变动，主要表现为单纯草食性牲畜如马、羊、牛的牧养规模扩大。仅就肉畜生产而言，羊替代猪占据了肉畜生产的支配地位，自古以来一直作为黄河中下游农耕区域主要肉畜的猪，在中古北方地区远远不如羊那样重要。这一变化堪与新石器时代猪、鹿地位的变化相比，其背后的特殊经济—生态背景值得特别注意和玩味。

中古时代黄河中下游地区仍然养猪，《齐民要术》中也有专篇讨论。但与此前时代相比，这个时代的养猪固不能与养羊常常百十成群相比，与黄土高原大规模养羊更是无法同日而语。中古文献中的养羊数量，常以千、万乃至十万、百万计，而关于猪，前引虢州官府养猪3 000头已经是最大的数字。《齐民要术》和《四时纂要》讨论养猪和养羊技术方法之详略不同，也说明当时农家对养羊的重视程度远远超过养猪。[2]

比较当时文献记载这两种肉畜的消费情况亦可看出它们轻重悬殊。关于食羊，魏晋文献记载尚少，但自十六国以后迅速增多。北朝社会是胡人占据上风，肉食以牛、羊肉为主，反映在礼俗上，北齐时期聘礼所用之肉料主要是羊，其次是牛犊，还有雁，但没有猪。[3]为了鼓励生育，北齐制度规定百姓“生两男者，赏羊五口”[4]。唐代食肉的情况，史书记载大庆典献食及所司供进，都没有提到猪肉，只提到犊（小牛）和羊，以羊为主。唐朝关于官员食料供给的制度规定：自亲王以下至五品官皆有肉料供应，其中亲王以下

[1]《齐民要术》卷6《养羊第五十七》云：“羊一千口者，三四月中，种大豆一顷杂谷，并草留之，不须锄治，八九月中，刈作青茭”；又云：“一岁之中，牛马驴得两番，羊得四倍。羊羔腊月正月生者，留以作种；余月生者剩而卖之。用二万钱为羊本，必岁收千口。”

[2]《齐民要术》记载养羊技术方法甚详，篇幅超过养猪、鸡、鹅、鸭等内容之和很多；《四时纂要》关于养猪的条文共有8条，与养羊有关的条文则有13条。

[3]《隋书》卷9《礼仪志四》，中华书局，1973年，第179页。

[4]《北史》卷43《邢峦传》，中华书局，1972年，第1592页。

至二品以上官，每月常食料有羊 20 口，猪肉 60 斤，羊肉和猪肉的数量相差很大；三品至五品官更只有羊肉而没有猪肉，其中三品官每日羊肉 4 分（每月 12 口羊），四、五品官每日羊肉 3 分（每月羊 9 口），当时官员所享受的肉类食料供给显然是以羊肉为主。[1]《补录纪传》记载了一个很有趣的故事：有位僧人曾经预测李德裕一生当食羊万口，后来他果真在享受了一万口羊的食料供给时被罢官流放。故事本身当然不可信，但测其居官食禄以享受多少口羊而论，而不说当食多少头猪，显然因为当时是以羊肉为主。[2]《册府元龟》中有一条关于后唐御厨肉食用料的记载，称：

（后唐明宗长兴）三年（932 年）十二月乙亥，三司使冯赟奏：奉圣旨赐内外臣僚节料羊，计支三千口。帝曰："不亦多乎？"范廷光奏曰："供御厨及内史食羊每日二百口，岁计七万余口，酿酒糯米二万余石。"帝闻奏敛容良久，曰："支费大过，如何减省？"初，庄宗同光时御厨自食羊二百口，当时物论已为大侈，今羊数既同，帝故骇心。[3]

由这条材料可知：后唐内廷及诸司的羊肉消费量十分惊人。后唐去李唐灭亡不远，在一定程度上应能反映唐朝的情形。若据上文所引《唐六典》中的相关材料，唐代羊肉消费量可能还有甚于此。由于畜牧生产规模大，有时为了解决军粮运输困难问题，还驱赶肉畜随军充当粮食，唐太宗贞观十八年（644 年）十月《讨高丽诏》说道："况今丰稔多年，家给人足，余粮栖亩，积粟红仓，虽足以为兵储，犹恐劳于转运，故多驱牛羊，以充军食，人无裹粮之费，众有随身之廪，如斯之事，岂不优于曩日。"[4]当然，这可能只是一个特例。

北魏至隋朝时期，皇帝常常将数目可观的羊赐予大臣以示褒宠。北齐时期，高欢曾一次赐予司马子如羊 500 口[5]，高洋也曾一次赐予平鉴 200 口羊[6]；北

[1]（唐）李林甫等撰，陈仲夫点校：《唐六典》卷 4《膳部郎中员外郎》，中华书局，1992 年，第 128 页。
[2]（宋）李昉编：《太平广记》卷 156《李德裕》，中华书局，1961 年，第 1121 页。
[3]（宋）王钦若等编：《册府元龟》卷 484《邦计部・经费》，中华书局，1960 年，第 5793 页。
[4]（宋）宋敏求编：《唐大诏令集》卷 130，中华书局，2008 年，第 703 页。
[5]《北史》卷 54《司马子如传》，中华书局，1972 年，第 1948 页。
[6]《北史》卷 55《平鉴传》，中华书局，1972 年，第 2000 页。

周元景山因为跟随周武帝平齐有功而受到重赏，获赐“牛羊数千”[1]。隋代的赏赐就更重了，重臣高颎、杨素、宇文忻、李安等均曾受到隋文帝一次赐羊千口以上的重赏，其中杨素一次受赐的羊多达 2 000 口。[2]这些事实进一步说明：当时北方地区养羊业十分发达，肉畜（不包括马、牛等役畜）之中独以羊作为主要赐物，说明羊的地位最重要，是当时的主要肉食。我们在中古文献中仅找到了一条关于赐猪的记载，唐德宗曾将 3 000 头官猪赐予贫民。[3]从所赐之物和赐予对象都可以看出这两种肉畜地位的高下之分。要之，不论是关于养羊、养猪的记载，还是关于羊肉、猪肉消费和赐赏的记录，都证明中古黄河中下游的主要肉畜是羊，猪的地位远远不能与之相比。

需要特别指出的是：那时羊不仅提供主要肉食，而且提供主要乳品。事实上，中古北方社会主要享用的畜乳既非牛乳亦非马乳，而是羊乳，这在中国历史上乃是绝无仅有的。由于畜牧经济发展特别是普遍养羊，原本属于游牧民族饮食特色的“食肉饮酪”，在北朝时期一度成为中原内地相当普遍的生活习惯，“羊肉酪浆”成为地位最高的“中国之味”。这种情形一直延续到了唐代。[4]

中古黄河中下游猪、羊地位的显著变化，颠覆了自新石器时代以来素以养猪为主的畜牧饲养经济传统，造成了与前一时代迥然不同的肉畜生产结构——以养羊为主、养猪为次，并且维持了 1 000 余年，宋元时代仍然基本上维持着这一结构，直到明代以后才逐渐恢复以养猪为主。这一重大结构性变动的历史缘由，及其之于当地经济与社会生活的影响，不仅值得经济史（农牧史）家特别关注，亦具有其特殊的环境史意义。

在我们看来，中古时期黄河中下游畜牧区域扩张、规模扩大以及以猪、羊地位为主要表现的畜产结构变动，具有其内在和外在的历史导因，是众多自然生态因素与社会文化因素交互影响、共同作用的结果。简要地说，这个时代生态环境和人类社会的互动变迁，为畜牧经济的上述变动提供了特殊历史契机和经济动力。

首先，汉末以后中原地区持久的社会政治动乱为游牧经济扩张提供了机会。中原汉族社会由于长期剧烈的内乱，对西北游牧民族的抗御力量陷于瘫痪，给

[1]《隋书》卷 39《元景山传》，第 1152 页。

[2] 分见《隋书》卷 41《高颎传》；卷 48《杨素传》；卷 50《李安传》；以及卷 53《贺娄子干传》。

[3]《册府元龟》卷 106《帝王部・惠民二》；《新唐书》卷 223 下《卢杞传》。

[4] 有关问题的详细论说，可参见王利华：《中古时期的乳品生产与消费》，《中国农史》2000 年第 4 期，第 82-87 页。

游牧民族突破农牧文化的疆防、大举入侵内地提供了特殊政治机遇，原来被阻挡在塞北的众多游牧民族乘机长驱直入，蜂拥进入中原并且成为当地政治上的统治者，其所拥有的畜牧经济亦得以越过“农牧分界线”朝东南方向大举扩张。

其次，战乱造成的人口锐减使中原地区人地关系得到调整，为畜牧经济扩张提供了必要前提。马、牛、羊等单纯食草性牲畜大规模放牧必须具有广大牧场，两汉时期中原人口稠密，并不具备这样的环境条件。经历汉末以降数个世纪的战乱之后，当地人口密度大大下降，曾经禾麦被野的广袤农田，因人口急剧减少而废为蒿莱丛生的荒原。这种地广人稀、农耕萧条的局面，恰给大型放牧提供了客观条件。

最后，游牧民族大举内迁及其文化移入，为畜牧经济扩张和结构变动提供了强大经济动力。大规模的游牧民族内迁，并非简单的人口移入，而是同时带来了畜牧生产习惯、大量家畜品种和丰富的牧养经验，更带来了“食肉饮酪”生活习惯。畜产品需求量的显著扩大，为国营和私营大型畜牧业发展提供了强大动力，而草原民族对“羊肉酪浆”的崇尚，则使得养羊取代了养猪的主导地位。

上述这些因素的背后，还有更深层的环境因素。东汉以降，中国东部气候渐转寒冷，进入了一个显著的气候寒冷期（见前述）。由于气候转冷，草原地区的植物产量降低，导致游牧民族畜产量相应下降，生活资源渐趋匮乏；寒冷期的冬季频繁出现的异常酷寒天气更造成牧区人畜大量冻死，给游牧民族造成了极大生存危机，迫使他们逐渐向气候比较温暖的南方地区移动，畜牧区域随之南移。此时适值中原丧乱之际，游牧民族铁骑未遭顽强抗御即得以驰骋中原大地，成为当地的主人。随着他们的到来，曾经耕耘稼穑的农田变成了驱马放羊的牧场。中古时期“农牧分界线”大幅南移，黄土高原退为牧区，甚至平原地区也一度由农耕独盛回转为农牧交错，都与气候转冷和由之引起的诸多环境和社会变化有着莫大的关联。

由环境与社会众多因素共同作用所导致的中古北方畜牧经济变动，需要解说的问题还不止于此。纵观该区域农牧经济消长的全部历史过程，我们还应该追问：既然当时畜牧经济在中古时代曾经一度振兴，何以并未能始终保持下去，而是在经历一段显著上升之后复转衰退？这一升降与兴衰过程具有怎样的生态学机制和环境史意义？

这个时代黄河中下游畜牧经济曾经大幅上扬，国家和私人经营畜牧业均呈现出兴旺局面，获得了改变战国以后“跛足农业”的良好机会。但是，黄河中下游地区并未从此走上农牧并重的发展道路，而是在这段插曲之后重新返回了农盛牧衰的老路，主要表现在两个方面：其一，一度向南大幅推进的游牧区域和农牧交错带，在北魏中期以后重新逐渐向西北退缩，中原地区一度沦为牧场的土地逐渐被复垦为农田；其二，隋唐时期，虽然官牧经济十分繁荣，但大型私营畜牧业复转衰退，农耕地区的家庭饲养规模亦渐呈缩小趋势，在唐代文献记载中，很难再找到像魏晋北朝时期那样动辄百千成群的私家大畜群。这意味着，在新一回合的生业方式竞争中，畜牧经济再次败阵，并且此后再也不曾获得中古那样显著发展上升的机会。

那么，如何解释这一耐人寻味的历史现象呢？由于问题过于复杂，涉及众多的自然与社会因素，难以简单作答，这里只能通过比较农耕与畜牧两种生产方式的能量转换效率，就人地关系（人口密度）变化之于农牧经济选择的影响略陈几点不太成熟的想法。

我们曾经反复指出：经济转型特别是农牧经济消长，与人口密度有着直接关系。先秦时代畜牧生产规模逐渐缩小，野外大型放牧经济被排挤出中原内地，是由于人口增长和农田垦辟占夺了畜牧业发展的空间；它在魏晋北朝时期能够明显回升，是由于人口锐减和农田荒废给畜群放养提供了广袤草场。反过来，该区域畜牧业重新走向衰退，农耕种植重新恢复绝对支配地位，虽有众多因素共同作用，但关键原因还是当地人口逐步恢复并且进一步增长。在这一历史起落的背后起着根本性作用的是生态学的规律。

我们知道，农耕主要是通过栽培植物来获得植物性产品，畜牧则是通过饲养家畜来获得动物性产品，两者获得食物能量的途径截然不同，根本区别在于：与种植者相比，畜牧者是从高一个营养级上获得食物能量。[1]以农耕种植为食物获得途径，食物消费者——人类乃是一种“食草者”，其获得食物能量的多寡决定于农田生态系统中的净“初级生产量”（或称“第一性生产量”，primary production）的大小；而以畜牧为食物获得途径，生产对象（主要是各种食草畜禽）则相当于农耕系统中人类的营养级，人却变成了更高一营养级上的“食肉

[1] 按：营养级（trophic levels），是生态学家为便于对生物之间复杂的营养关系进行简明分析和为了便于进行能流定量分析和物质循环研究，在“食物链”和“食物网”等概念的基础上所提出的一种概念。一个“营养级”指处于食物链某一环节上的所有生物物种的总和，营养级之间的关系是一类生物和处于不同营养层次上的另一类生物之间的关系。

者”。在这个生产系统中，人类食物获得量的多少已经不再直接与植物生产量有关，而是取决于系统之中的净“次级生产量”（或称“第二性生产量”，secondary production）亦即畜产品的多寡。

生态学告诉我们：生态系统中的食物能量传递受热力学第二定律支配，“当能量以食物的形式在生物之间传递时，食物中相当一部分能量被降解为热而消散掉，其余则用于合成新的组织作为潜能储存下来。所以一个动物在利用食物中的潜能时常把大部分转化成了热，只把一小部分转化为新的潜能。因此能量在生物之间每传递一次，一大部分的能量就被降解为热而损失掉”“因此，在生态系统能流过程中，能量从一个营养级到另一个营养级的转化效率大致是在5%～30%。平均说来，从植物到植食动物的转化效率大约是10%，从植食动物到肉食动物的转化效率大约是15%。”[1]美国生态学家史密斯更具体地指出：“当能量通过生态系统比植物层次更高的层次传递时，能量大量减少，只有1/10的能量从一个营养层次传递到另一个（更高）的营养层次。因此，假如食草动物所消耗的植物能量平均为1 000千卡，那么将只有100千卡左右的能量转变为食草动物的组织，10千卡的能量变成一级食肉动物的生产量，1千卡的能量传递到二级食肉动物。”[2]这些观点的依据就是生态学中著名的“林德曼效率”理论。[3]由于这一规律的支配，在一定的自然空间范围内，处于高一营养级上的生物量和能量生产力，总是要远低于下一营养级的生物量及能量生产力（如食草动物低于植物、食肉动物又低于食草动物），形成所谓“生态金字塔”。正因为如此，自然界中大型食肉动物如虎、狼等的种群数量，相对于鹿、兔之类食草动物总是少得多。

人类虽然拥有高度发达的文化，能够运用各种文化手段（在这里主要指农牧生产技术）来扩大其食物来源，但人毕竟仍是生态系统食物链中的一员，其食物生产与消费同样受到上述规律的支配：同一块土地，如以农耕种植和素食为主，就可以养活更多的人口；反之，如以畜牧业和肉食为主，并维持必需的热量摄取水平，则生活在这块土地上的人口数量必须大大减少。现代农业生态

[1] 孙泳儒、李博等编：《普通生态学》，高等教育出版社，1993年，第245、第253页。

[2]［美］R.L.史密斯著，李建东等译：《生态学原理和野外生物学》，科学出版社，1988年，第59-60页。

[3]“林德曼效率”，亦称“十分之一定律”，是由美国生态学家林德曼于1942年提出。参见孙泳儒、李博等编：《普通生态学》，高等教育出版社，1993年，第203-207、第230-237页；马传栋：《生态经济学》，山东人民出版社，1986年，第59页。

学者曾做过这样的估算："如以每人每天消耗 3 000 千卡的热量计算，每人一年需 109.5 万千卡，以平均亩产 400 千克粮食，每克粮食含 4.15 千卡能量计算，亩产能量是 166 万千卡，则每人只需 0.66 亩耕地。如再把种子和工业用粮的需要考虑在内，养活一个人的耕地面积还要大一些，需 1～1.5 亩。但如果把以粮食为食品改为以草食动物的肉为食品，按草食动物 10%的转化效率计算，那么，每人所需的耕地要扩大 10 倍。实际上因为人们不能把所有食草动物在一年内利用完，还需要保持草食动物的一定群体，因此，实际需要耕地面积还要大些。"[1]

为了使问题更加清晰明了，下面尝试对中古时代北方地区在农耕种植和家畜牧养两种不同生产方式下单位面积土地的食物能量生产水平及其可能养活的人口做一个假设性的（但却是合理的）测算和比较。时间假定在唐代，土地面积假定为 1 平方千米。

先来估算一下在当时的技术条件下采用农耕方式，1 平方千米土地可能提供多少食物能量和养活多少人。1 平方千米的土地，折合成市亩为 1 500 亩。如据《汉书·食货志》估计方法，其中 1 000 亩可以开垦为农田[2]，除去 15%的蔬菜及桑麻用地，剩余的 850 亩可做粮用耕地，折算成唐亩约 1 000 亩；取当时北方粮食亩产的低值即每亩收粟 1 石（均为唐计量）计算[3]，共可收粟约 1 000 石；其中除去 10%的种子、牲畜饲料及其他用粮，有 900 石可作粮用；以传统加工手段下粟的出米率约 50%计算，共可加工成米 450 石；当时少长相均每人日食米 2 升，人均年耗粮约 7 石 2 斗，450 石粟米可满足 62.5 人一年食用。这就是说，在唐代，1 平方千米农地在理论上可以供养 62.5 人，而且热量摄取水平还相当高，日均摄入热量达 3 100 千卡以上。[4]

[1] 杨怀霖主编：《农业生态学》，农业出版社，1992 年，第 73 页。

[2]《汉书》卷 24 上《食货志》上记载战国时期的李悝"尽地力之教"说："地方百里，提封九万顷，除山泽邑居叁分去一，为田六百万亩"；《商君书·徕民》则云："地方百里者，山陵处什一，薮泽处什一，溪谷流水处什一，都邑蹊道处什一，恶田处什二，良田处什四。"两书估算农田占全部土地的五分之三至三分之二。这些是春秋战国时人的估计，中古时代的情况与之相差不应太远；假如有差距，一般也是农田所占比例有所提高，故我们取李悝的估计数字进行测算。

[3] 关于唐代单位面积粮食产量，学者有不同的估计，但都不低于亩产粟 1 石。唐人估计当时粟的亩产量也都不下于亩产粟 1 石。如《通典》卷 7《食货典·历代盛衰户口》引开元中宇文融上疏论时事称："营公田一顷……计平收一年不减百石"，即亩收不少于一石；（唐）李翱：《李文公集》卷 3《平赋书》也称："一亩之田，以强并弱，水旱之不时，虽不能尽地力者，岁不下粟一石。"此类议论甚多，不一一具引。又，唐代粟麦两年三熟制种植及各种形式的套作、间作都有一定的发展，复种指数提高了，其单位面积粮食产量也有相应的提高，所以亩产 1 石粟（唐制）应是当时北方地区单位面积粮食产量的最低值。

[4] 按：唐代 2 升约合 1.2 市升，按小米每市升重约 1.5 市斤计算，则唐人日均食米约 1.8 市斤，即人均日食粟米约 900 克。根据中国医学科学院卫生研究所编制的《食物成分表》，每 100 克小米含热能约 351 千卡，则当时每人日均摄入热量达 3 100 千卡以上，高出 1980 年我国人均日摄入热量的 2450 千卡不少。本书唐亩、唐石与市亩、市石的换算，粟的出米率及粟米比重，均依据李伯重的意见，见李伯重：《唐代江南农业的发展·导论》，农业出版社，1990 年。

下面再来估算一下这 1 平方千米土地通过放牧能够获得多少能量和养活多少人口。从自然条件来说，黄河中下游地区西部为半湿润、半干旱典型草原，东部则是落叶阔叶林植被带。同样面积的土地，后者的净第一性生产总量要高于前者，但放牧条件则未必比前者优越。为了把问题简化，姑且假定这 1 平方千米土地是载畜能力较高的草甸草原，并且假定畜物全部都是能量转换效率较高的羊。由于游牧区域城郭道路甚少，而山陵泽薮溪谷亦可为牧场的一部分，故假定这 1 平方千米全部是有效放牧场。

根据现代养羊学家的研究，在自然放牧状态下，草甸草原放养一只羊约需 8 亩草地[1]，1 平方千米草地共可牧羊不到 190 只。现代北方养羊的年均出栏率为 28.5%，姑且假定中古时期略高于现代，以年均出栏率 30%计算，则每年出栏的羊约为 57 只；又，现代北方羊均肉产量约为 13 千克，57 只羊共产肉约为 741 千克。[2]根据中国医学科学院卫生研究所编制的《食物成分表》：羊肉肥瘦相均，每 100 克含热能 307 千卡，则这 1 平方千米土地所产羊肉共能提供热能 2 274 870 千卡，如果保持上述农耕条件下人日均摄入 3 100 千卡的水平，则可供一人消费约 734 天，亦即这块土地仅可养活 2 人。当然，这里尚未计算羊乳及其内脏、头脚等部分，即使假定这些部分所能提供的热能为羊肉的 2 倍，这 1 平方千米牧地也只能养活 6 人。显然，在同样面积的土地上，从事畜牧与从事农耕相比，人们所能获得的食物能量相差悬殊，前者所能养活的人口数量不到后者的 1/10。

由于采用农耕与畜牧两种不同生产方式，能量转换效率和人口供养能力存在如上悬殊的差距，故在一定的地区范围内，只要具备必要耕作技术与自然条件，在人口消费需求的压力之下，扩大耕地、增加谷物生产乃是一种优先合理的选择。只有这样，才能满足由于人口增长而不断增长的食物能量需求。必须具备地广人稀这一前提条件的典型放牧业，则由于食物能量转换效率和人口供养能力低下，在人口密度不断提高的情况下，必然要逐渐退缩到那些不适合发展农耕种植的地区。中古前期，在人口锐减、密度大幅下降的情况下曾经一度

[1] 李志农主编：《中国养羊学》，农业出版社，1993 年，第 373 页。

[2] 羊的出栏率和羊均产肉量，均据李志农：《中国养羊学》，农业出版社，1993 年，第 138 页。阳晔《膳夫经手录》称：其时“羊之大者不过五、六十斤，惟奚中所产者百余斤”。唐制 1 斤，约合 1.19 市斤，则当时羊之大者不过 30 余千克。奚人地区不在本书范围内，姑且置而不论，羊的平均重量肯定小于此数不少，肉用羊的平均屠宰率在 40%～60%。据此推算，当时北方每只羊的平均产肉量当不会超过现代水平。

扩展到内地的大型畜牧业，至北魏中期以后乃不得不再次退出内地，朝农业自然条件不佳的西北边地收缩，其根本原因乃在于黄河中下游人口逐渐恢复，蒿莱草地被复垦为农田，农耕区域又呈现扩展之势，发展大型畜牧业的土地空间再度逐渐减缩。

农耕地区家庭小饲养业的规模大小，同样与人口密度的高低和空闲地的多少直接相关：在魏晋北朝时期地多人少的情况下，村落周围空闲草地和能够提供饲料的农地较多，家庭小饲养业的发展余地也就比较大，故文献记载中不时出现数目颇大的家养畜群；但随着人口逐渐增加，土狭人众的问题渐趋突出，农区家畜饲养日益受到限制，畜群的数量逐渐缩小到边际草地、消费剩余的粮食等所能承受的范围内。因此之故，在隋唐文献中，再也找不到像《齐民要术》等书中那样关于内地家庭牧养大畜群的记载。

对于历史上这一地区畜产结构的改变，即猪、羊地位的升降，也可以用同样的原理加以解释。在中古时代，养羊曾一度居于主导地位，这一方面是由于民族构成和区域社会饮食习惯发生了显著变化，对羊肉的需求量远较猪肉要大，另一方面这两种家畜食性明显不同也是一个值得注意的因素。羊是一种典型的食草动物，对草料的要求较为严格，在人口密度不高、空闲草地较多的情况下，可以较大规模地发展养羊；而在人口密度和土地垦殖率高、草场严重缺少的情况下，发展养羊生产是很困难的。相比较而言，猪的食性很杂，对饲料的要求不甚严格，可以不需要有什么草场；特别是饲养方式由先前的放养改为圈养之后，猪在没有任何空闲草场的情况下仍可饲养，并且更有利于积粪肥田，与作物种植形成有机的配合。正因为如此，中古时代北方农区曾有相当发达的家庭养羊业，其经济地位甚至超过了养猪生产，在中国家畜饲养史上一度形成与战国秦汉和晚近时代颇不相同的以养羊为主、养猪为次的特殊局面。虽然隋唐以后猪并没有很快就夺回其作为主要肉畜的地位，但随着时代发展，这种局面在当地终究不能永久地维持下去，最终还是回到了中国农区家庭饲养业以养猪为主、养猪与耕种相配合的发展老路。

最后，我们还想把相关问题讨论再作一点延伸，考察一下中古北方胡汉民族融合与农牧经济变动之间的关系。前文曾解说：先秦时期，由于生计方式的不同选择，造成不同部族社会文化发展分道扬镳，在地域上也发生了意义深远的重大分野，长城南北分别形成了华夏与胡狄两大民族集团，他们所拥有的农耕和游牧两个经济文化类型，分别适应于各自所在的生态环境。中古时代，众多骑马牧畜和射猎的民族人口大量越过长城，涌入了中原内地，经过若干世纪的融合，逐渐接受了汉族文化，生计方式、生活习惯乃至思想观念都与中原汉族逐渐混同。我们隐隐感到：在这个已被众多史家反复论说过的重大历史问题背后，其实还隐藏着极其重要而且复杂的自然与文化（文明）关系的课题，环境史研究者应当试图做出新的解说。下面姑且斗胆一试。

毫无疑问，中古黄河中下游农牧经济消长和畜牧结构变动，并不是一个单纯的经济变化过程，而是当时社会整体变迁的一个重要组成部分，与北方声势浩大的民族迁徙和融合过程密切关联，与所谓“胡化”和“汉化”问题互为表里。

中古社会变迁的历史画卷色彩斑斓，规模空前的游牧民族内迁运动和胡汉文化交流，为之涂上了最为醒目的浓墨重彩。长期以来，游牧民族对内地社会文化的巨大影响备受史家关注，学者们将这种影响概括为“胡化”，语词虽极简约，所蕴含的社会历史内容却极其丰富，它包括游牧民族对内地种族血统、政治构造、经济生产、日常生活习俗、思想观念等众多方面的影响。由于游牧民族的内迁，游牧文化成分随之传入，逐渐融为中国文化的有机组成部分，在中古社会的许多方面，人们都能深切感受到浓重的游牧文化气息。

在我们看来，游牧民族对内地经济的影响最具有基础性意义。这种经济影响，可以具体化为畜牧生产在区域经济体系中的地位一度显著上升，以及当地畜产结构的改变。认真分析文献史料，不难发现：当时社会生活和文化风尚的“胡化”，有许多方面与畜牧生产的发展直接相关。如“食肉饮酪”风气盛行，乃是由于当时有相当发达的畜牧业为之提供物质基础；许多地方民风悍猛、尚武成风，固然由于世道动乱，也未尝不因当地居民素习骑射牧畜，有日常生产生活的锻炼；而被学者指认为“胡化”区域者，大抵正是当时畜牧生产比较发达的地区。应该特别指出的是：在当时，“食肉饮酪”、尚武骑射，并非内徙牧民及其子孙们的专利，与之共居杂处，一向“好儒学”“重礼文”，视“食肉饮酪”为异俗的汉族“粒食之民”，也曾经深受此类风习的熏染。在所谓“胡化”区域更是如此。

但是，就整个中古时代而言，一个显而易见的历史事实是：进入内地的少数民族更多地放弃了自己的传统，接受了汉族文化，包括学习农耕技术，弃牧畜而事耕稼，其结果是，这些民族逐渐与汉族人民融为一体，甚至连族名都消失得无影无踪。这就是通常所谓游牧民族的“汉化”。

所谓“汉化”，同“胡化”一样，也是一个非常综合的概念，其内涵比后者更为丰富，意义更加深远。它指少数民族在生业方式、政治制度、礼仪风俗、生活习惯乃至语言文字等各方面全面接受中原汉族的文化传统和文化模式，其中最重要的是接受农耕方式，由游牧民转变为农耕民。这是内迁游牧民族在“汉化”过程中具有决定性意义的方面。

关于中古北方游牧民族“汉化”问题，研究著述可谓篇牍众多，不少论著曾经关注到进入中原的游牧民族逐渐放弃游牧、改事农耕的历史事实，并肯定了其对于这些民族本身，对于北方民族大融合，以及对于中国社会经济发展的积极意义。同时我们也注意到：多数作者在探讨少数民族“汉化”问题时，习惯性地将游牧民族文化定性为“落后的文化”，而将中原汉族文化定性为“先进的文化”。于是，所谓“汉化”自然而然就被定义为：文化落后的（游牧民族）征服者为被征服者（汉族）的先进文化（或文明）所征服，其中包括接受汉族先进的农业生产方式。这似乎隐含着一个先验的判断：农耕文化是先进的，游牧文化则是落后的。

无论就中国还是世界历史来说，农耕世界的社会文化（或文明）所达到的复杂程度，确实比游牧世界要高得多，因此上述对于农耕和游牧两种经济文化的先进与落后的判断，就文化整体和一般意义上说也许是正确的。然而，当我们立足于文化与生态的交互关系来衡量所谓“先进”与“落后”，特别是其生计体系的“先进”与“落后”时，应该特别谨慎。

为什么进入黄河中下游地区，并且一度获得了当地政治统治权的游牧民族没有继续坚持其“逐水草而牧畜”“食肉饮酪”的固有传统，更没有将被统治的汉族人民改造为牧民，相反却是他们自己逐渐放弃甚至是主动放弃游牧而走向定居农耕生活？他们之所以做出这样的选择，果真是因为或者仅仅因为农耕文化比他们自己所拥有的游牧文化先进吗？

诚如上文所论证的那样，在食物能量生产效率方面，农耕方式确实比游牧方式要高得多，在一系列精耕细作的生产技术被发明和使用之后更是如此。但是，农耕与游牧是两种具有不同能量转换机制和生态环境适应性的生业方式和食物生产体系，我们并不能绝对地判定其优与劣、先进与落后，正如我们不能绝对判定使用筷子和使用刀叉两种进食方式哪一种更为先进一样。在中原内地，我们承认农耕比游牧“先进”，但在这里，“先进”的含义只是“更适应环境”，因此“具有更高的能量转换效率”：在当地自然生态条件下，从事农耕种植比起实行放牧所能养活的人口确实要多得多，也可以积累更多的物质财富。但是，一旦越过年均降水量为400毫米的等降水量线，农耕种植即不能显示出更高的食物生产和能量转换效率，其“先进性”也就无从谈起。在中原地区，游牧的能量生产效率诚然不能与农耕相比，但在长城以北地区，它却是一种经过长期选择而最终确立下来的最合适的生业方式，农耕经济则因为干旱少雨、无霜期短、活动积温低等因素共同限制而难以发展，很显然，在那里是游牧生产更具有“先进性”。这样看来，进入内地的游牧民族放弃逐水草而牧畜的游牧生活，转而接受定居的农耕生产和生活方式，尽管确实是因为农耕文化的“先进性”——具有更高的食物生产和能量效率，但亦与生存环境的变化有关。一个显而易见的事实是，历史上也曾有大量内地人口由于种种原因流落塞外，这些人口大多是掌握了先进农业生产技术的农民，但他们中的大多数也并没有凭借其所具有的“先进文化”，将草原大漠开垦为丰饶的农田，相反，许多人却逐渐在“胡风”的熏习下，接受了“逐水草而居处”和“食肉饮酪”的游牧生活方式，“胡化”为地地道道的游牧民。

因此，尽管将少数民族“汉化”笼统地理解为放弃“落后”游牧文化，转而接受“先进”的中原农耕文化并无不可，但更为确切的理解应当是：接受最适合这一地区生态环境，在这个地区的环境条件下具有更高能量转换效率的农耕生产方式，以及建立在农耕基础之上的一套文化体系。

游牧民族一旦采用了农耕生产方式，其必然的后果都将是他们逐渐舍弃其固有的文化传统，转而接受建立在农耕基础之上的汉族文化，包括汉族的生活方式、社会规范、伦理观念和儒家思想体系等——生业方式改变了，其他方面必然要发生相应的改变。因此，当我们认识北方少数民族“汉化”时，不仅应该注意汉文化对他们的典章制度、礼仪规范或生活习惯等方面的影响，而且应该特别注意考察这些民族接受农耕，转变为农业生产者的特殊经历，因为在其走向“汉化”的历程中，与统治者接受汉人的治国安邦之道相比，或者与某些社会上层人士放弃骑马射猎而改习吟风弄月相比，广大族众接受新的生产方式具有更为深远的历史意义。

进入中原内地的游牧民族放弃牧畜，转事农耕，并非随意做出的选择，而是基于现实经济利益的比较；过程也不是一帆风顺的，其间充满了利益冲突和思想斗争。在古代历史上，曾先后有几个北方游牧民族入主中原，由于历史传统的惯性作用，进入中原内地之初，他们仍试图延续原有的生产与生活习惯，广设牧苑，养马放羊，发展畜牧生产。在最高统治阶层中，关于选择何种经济发展方向以适应新的生存环境，曾经一再展开激烈的争论，顽固地主张保持游牧传统者也不乏其人，有的甚至认为“汉人无补于国，可悉空其人以为牧地”[1]。但是，面对人数众多的汉族农民和因农牧争地而不断尖锐的民族矛盾，最高统治者最终都选择了发展农业经济的道路，相继采取鼓励垦田种植、限制过度占地畜猎、实行新的土地制度等一系列措施，力图恢复和发展农业生产，并推动本民族生产生活方式的转变。他们做出这样的选择，正是基于农耕在内地所具有的“先进性”与优越性：在长城以南，农耕毕竟是最具效率的食物及其他生活资料的获得途径，发展农业有利于解决民众的衣食生计，缓解民族矛盾，恢复社会安定；有利于统治者更多地聚敛和更好地享受物质财富。就其民族内部来说，将习惯于马上生活、游徙不定而且桀骜难驯的牧民族众改造为附着于田宅园池、安守本分的农民，也更有利于巩固和加强自己的统治。在这方面，由鲜卑拓跋族建立的北魏，是一个非常成功的范例[2]；若干个世纪以后，蒙元王朝做得更加成功。[3]

总之，从中古黄河中下游地区畜牧生产的变动和农牧经济的消长着眼，考察当时社会的民族关系和文化变化，可以发现“胡化”与“汉化”原来具有不同的经济基础，在经济生产中有着不同的表现倾向：在“胡化”时期和“胡化”区域，畜牧生产较为发达，所占的经济比重也较高；反之，游牧民族“汉化”的过程，则是他们逐渐放弃畜牧和接受农耕的过程，就整体区域来说，实际上也是畜牧生产逐渐退缩和转衰，经济比重逐渐下降的过程。而在这一切变化之

[1]《元史》卷 146《耶律楚材传》，中华书局，1976 年，第 3458 页。

[2] 关于北魏社会经济的转变过程，可参见张维训：《论鲜卑拓跋族由游牧社会走向农业社会的历史转变》，《中国社会经济史研究》1985 年第 3 期。

[3] 实际上，在恢复和发展农业经济方面，北魏和元朝统治者甚至做出了比汉族王朝更卓有成效的努力：北魏通过制定和实行“均田制”，恢复了被长期战争动荡摧毁的北方经济，对北朝隋唐时期的社会经济发展产生了巨大而深远的影响。这个时期，出现了一部集北方旱作农学之大成的经典著作——贾思勰《齐民要术》；元朝在确立了以农为本的基本国策之后，设立司农司，积极编著农书、推广棉花等新作物、大力兴建水利工程，对农业经济发展起到了积极的推动作用。在这一时期，也涌现了《农桑辑要》、王祯《农书》等传统农学的经典著作。这些都是非常值得深入探讨的历史事实。

后，生态环境的差异和生态规律的支配作用，最具有最根本性的意义。由此，我们对历史时期轮番进入内地，甚至取得政治统治地位的游牧民族始终未能在文化上征服汉民族，而是被后者征服，似乎找到了一个区别于以往史家观点的另一个答案，而不再简单归因于汉族文化的“先进性”。

二、南方畜禽饲养与渔业生产

中古时代，南方地区的畜禽饲养业总体上远不及于黄河中下游，家禽家畜构成亦与北方地区颇不相同。这既与南北经济发展早晚不同有关，更是自然环境差异所致。

前卷曾经谈及：早期南方楚越地区“地热饶食”“果隋蠃蛤不待贾而足”，而“丈夫早夭”[1]，人口增长缓慢，直到汉代依然地广人稀，人无牛犊，缺乏发展农业生产的强大需求和动力，此为当地农业虽然起源甚早却长期落后于黄河中下游的主要原因。事实上，人口增长缓慢和天然物产丰盛，不仅显著延滞了南方农耕种植业发展，而且显著延滞了动物饲养经济——在广袤山林草泽飞禽走兽依然非常丰盛的时代，捕猎是一种比饲养经济效益更高的肉食获得方式，在野生鱼类水产几乎垂手可拾的情况下，人们养殖鱼类水产的积极性也不会很高。因此，直到中古时代，南方家畜家禽饲养虽有一些发展，少数地方也出现了人工养鱼，但具体情况与黄河中下游仍然存在较大差别。

首先表现在役畜饲养方面，与西北地区大规模牧养牛、马、驴、骡等相比，南方地区的陆畜饲养规模相当有限，文献偶尔记载当地饲养少量马、驴；养牛虽然普遍，但主要是适应于南方湿热环境的水牛，而非北方所习见的黄牛。

其次表现在肉畜饲养方面：养猪时见记载，但仍不能说非常普遍；当时北方地区最重要的肉畜——羊，在淮河以南很少见有饲养，南方大量养羊（如太湖流域饲养湖羊）乃是宋代以后的事情。

最后表现在家禽饲养方面，南北各有侧重和特色。鸡是南北都普遍饲养的家禽，《齐民要术》曾专篇讨论养鸡，而南方地区也培育出来一些地方良种，例如，《广志》记载：“鸡有胡髯、五指、金骹、反翅之种。大者蜀，小者荆。

[1]《史记》卷129《货殖列传》，中华书局，1959年，第3268、第3270页。

白鸡金骹者，鸣美。吴中送长鸣鸡，鸡鸣长，倍于常鸡。”《异物志》则云：“九真长鸣鸡最长，声甚好，清朗。鸣未必在曙时，潮水夜至，因之并鸣，或名曰‘伺潮鸡’。”[1]南北地区也都饲养鹅、鸭等水禽，西晋时期的富豪石崇称其金谷园中“鸡猪鹅鸭之属，莫不毕备”[2]；《齐民要术》也有专篇讨论鸭、鹅饲养，但无论从诗文咏颂还是关于饮食物品的记载来看，鹅、鸭应是中古南方水乡地区的主要家禽，其重要性可能要高于养鸡。晋人沈充写过一篇《鹅赋》，其《序》文称：“绿眼黄喙，家家有焉”[3]，反映了南方农家养鸭养鹅之普遍。这种情况显然是与南方“水乡泽国”的特殊生态环境相适应。及至唐代，一些地方鹅、鸭饲养规模相当可观，例如，扬州一带河湖众多，水域广阔，是放养水禽的好场所，因而处处鹅鸭成群，时人有“有地惟栽竹，无家不养鹅”的诗句描述[4]；日本访唐僧人圆仁曾于唐文宗开成年（836—840 年）道经扬州，看到这一带“白鹅白鸭，住住多有。……水路之侧，有人养水鸟，追集一处，不令外散，一处所养，数二千有余”。他还说：“如斯之类，江曲有之矣。”[5]说明这是南方水乡常见的情景。

然而，古代南方水乡人民获取动物性食料的主要途径，一直是鱼类水产的捕捞和养殖，而不是畜禽饲养。他们世世代代生活在鱼类水产丰饶的环境之中，对自然资源的长期利用，形成了农渔结合的独特经济生产结构，而古史反复提到的“饭稻羹鱼”这个南方饮食文化特色，正是基于特殊生态环境下所形成的生计模式。[6]对水乡人民来说，鱼类水产是他们赖以生息、繁衍的重要经济资源，捕鱼和食鱼则是其生命活动中不可缺少的组成部分，对此古人早就已经认识到了。张华《博物志》称：“东南之人食水产，西北之人食陆畜。食水产者，龟蛤螺蚌以为珍味，不觉其腥臊也；食陆畜者，狸兔鼠雀以为珍味，不觉其膻也。”[7]南北饮食口味的这种显著差别，正是不同水土环境和文化传统长期相互作用、逐渐驯化的结果。

事实上，对于南方许多地区的民众来说，鱼类水产并非偶然烹食的佐餐之

[1] 缪启愉：《齐民要术校释》卷 6《养鸡第五十九》，中国农业出版社，1998 年，第 447 页。
[2]（宋）李昉编：《太平御览》卷 919，引石崇《金谷诗序》，中华书局，1960 年影印宋本，第 4078 页。
[3]《艺文类聚》卷 91《鸟部中》，上海古籍出版社，1965 年，第 1581 页。
[4]（唐）姚合：《扬州春词》，收入《全唐诗》卷 498，中华书局，1960 年，第 5666 页。
[5]［日］圆仁撰，小野胜平校注：《入唐求法巡礼行记》卷 1，花山文艺出版社，1992 年，第 19 页。
[6] 按：如前所述，中古北方地区水环境仍然良好，鱼类水产众多，捕捞经济虽不及南方之盛，但傍湖滨湖地区也有不少民众以此为业。这里不作重复叙述。
[7]（晋）张华撰，范宁校证：《博物志校证》卷 1《五方人民》，中华书局，1980 年，第 12 页。

物，而是日日所需的常食，如同西北游牧民族不能缺少牛羊肉一样，唐人在反对朝廷实行“屠禁”的言论之中清楚地说明了这个事实。史载唐代武后、中宗之时，因崇佛而禁止天下屠宰、捕捞，导致百姓生计维艰，武后圣历三年（700年）凤阁舍人崔融上疏极陈其弊云：

春生秋杀，天之常道；冬狩夏苗，国之大事；豺祭兽，獭祭鱼，自然之理也。一乾豆、二宾客、不易之义也；上自天子，下至庶人，莫不挥其鸾刀，烹之鹤鼎，所以充庖厨，故能幽明感通，人只辑睦，万王千帝，殊途同归。今者禁屠宰、断弋猎，三驱莫行，一切不许，将恐违圣人之达训，紊明王之善经，一不可也；且江南诸州，乃以鱼为命；河西诸国，以肉为斋。一朝禁止，倍生劳弊，富者未革，贫者难堪，二不可也；加有贫贱之流，刲割为事，家业倘失，性命不全。虽复日戮一人，终虑未能总绝，但益恐吓，唯长奸欺，外有断屠之名，内诚鼓刀者众，势利倚依，请托纷纭，三不可也。虽好生恶杀是君子之小恩，而考古会今，非国家之大体。但使顺月令，奉天经，造次合礼仪，从容中刑典，自然人得其性，物遂其生，何必改革，方为尽善？[1]

在崔融看来，实行“屠禁”有“三不可”：一是违反礼制，二是断绝百姓生计，三是增长奸欺。其中第二点尤其重要，实行这种禁令，无疑导致百姓难以生存，《资治通鉴》记述此事，乃将其语改为“江南食鱼，河西食肉，一日不可无”[2]。中宗景龙元年（707年），朝廷又遣使者前往江淮“分道赎生，以所在官物充直”，动用官府钱财赎买百姓捕捞的鱼鳖放生。中书舍人李乂上疏劝止，他指出：

江淮水乡，采捕为业，鱼鳖之利，黎元所资，虽云雨之私，有沾于末类，而生成之惠，未洽于平人。何则？江湖之饶，生育无限，府库之内，支供易殚。费之若少，则所济何成？用之倘多，则常支有阙。与其拯物，岂若忧人？且鬻生之徒，惟利斯视，钱刀日至，网罟年滋，施之一朝，营之百倍，未若

[1]（唐）杜佑撰，王文锦、王永兴等点校：《通典》卷169《刑七》，《禁屠杀赎生》，中华书局，1988年，第4387-4388页。
[2]《资治通鉴》卷207《唐纪二十三》，中华书局，1956年，第6553页。

回救赎之钱物，减贫无之徭赋，治国爱人，其福胜彼。[1]

正如论者所言：南方民众离开了鱼类水产捕捞，生计就失去了保障，许多地区的百姓世代以捕捞为业，尤其是大江大湖附近和沿海地区，更是专以捕鱼为生，唐代诗人笔下“乡户半渔翁”[2]“户口半渔樵”[3]之类描述，正反映了这个事实。即便不是专事渔捕，亦往往是半耕半渔、耕渔结合。关于江南渔业和渔民的生活境况，唐代诗文多有记咏，例如，江南著名诗人陆龟蒙、皮日休都有不少专门咏诵渔事的诗歌，他们以诗唱酬，曾专门记咏了吴中常用的10多种渔具。[4]他们的记咏，展现了江南人民以渔为生，以舟为家，夫捕鱼、妇织网的独特生活面貌。陆龟蒙诗云：

烟树绿微微，春流浸竹扉。短蓑携稚去，孤艇载鱼归。
海俗芦编室，村娃练束衣。旧栽奴橘老，新刈女桑肥。
锦鲤冲风掷，丝禽掠浪飞。……[5]

又有诗称：

一艇轻撶看晓涛，接䍦抛下漉春醪。相逢便倚蒹葭泊，更唱菱歌擘蟹螯。
雨后沙虚古岸崩，鱼梁移入乱云层。归时月堕汀洲暗，认得妻儿结网灯。[6]

事实上，这种情形不独见于江南吴中地区，长江中下游各地亦莫不如此。张乔有诗记载今皖南一带的渔家生活面貌：“首戴圆荷发不梳，叶舟为宅水为居。沙头聚看人如市，钓得澄江一丈鱼。”[7]甚至在地处长江上游的巴蜀地区也有不少百姓以渔为生，杜甫曾经寓居当地多年，有不少诗歌生动地反映了当地渔民的捕鱼情况。其有诗云：

[1]（唐）杜佑撰，王文锦、王永兴等点校：《通典》卷169《刑七》，《禁屠杀赎生》，中华书局，1988年，第4388页。
[2]（唐）周繇：《送江州薛尚书》，收入《全唐诗》卷635，中华书局，1960年，第7293页。
[3]（唐）杜荀鹤：《寄益阳武灌明府》，收入《全唐诗》卷691，中华书局，1960年，第7944页。
[4] 详情可参见（唐）陆龟蒙：《松陵集》卷4，兹不具引。另参见张剑光：《唐代渔业生产的发展及其商品化问题》，《农业考古》1996年第3期，第195-204页。
[5]（唐）陆龟蒙：《甫里集》卷4《丹阳道中寄友生》，据《四库全书》本。
[6]（唐）陆龟蒙：《甫里集》卷11《和钓侣二章》，据《四库全书》本。
[7]（唐）张乔：《渔者》，收入《全唐诗》卷639，中华书局，1960年，第7328页。

绵州江水之东津，鲂鱼鲅鲅色胜银。渔人漾舟沉大网，截江一拥数百鳞。众鱼常才尽却弃，赤鲤腾出如有神。潜龙无声老蛟怒，回风飒飒吹沙尘。饔子左右挥双刀，脍飞金盘白雪高。徐州秃尾不足忆，汉阴槎头远遁逃。鲂鱼肥美知第一，既饱欢娱亦萧瑟。君不见朝来割素鳍，咫尺波涛永相失。

又云：

苍江鱼子清晨集，设网提纲万鱼急。能者操舟疾若风，撑突波涛挺叉入。小鱼脱漏不可记，半死半生犹戢戢。大鱼伤损皆垂头，屈强泥沙有时立。东津观鱼已再来，主人罢鲙还倾杯。日暮蛟龙改窟穴，山根鳣鲔随云雷。干戈兵革斗未止，凤凰麒麟安在哉？吾徒胡为纵此乐，暴殄天物圣所哀。[1]

儿童虽不能进入大江大河捕溪，亦于小溪、小沟之中作捕鱼之戏。[2]三峡地区的夔州，乃是“家家养乌鬼，顿顿食黄鱼”[3]。由于当地鱼类甚多，是一日三餐的常食，这让杜甫这位北方人士有些接受不了，在一首诗中他曾经抱怨“苦厌食鱼腥”[4]。

中古时代，南方人民不但捕捞江河湖海中的天然鱼类水产，有的地方已经开始人工凿池养鱼乃至实行稻田养鱼。[5]不过，现存最早的养鱼技术史料是由《齐民要术》保留下来的，该书专门设有“养鱼”一目，全部内容都是引自《陶朱公养鱼经》。《陶朱公养鱼经》显系托名而作，其真实作者究为何人，不得而知。《齐民要术》的作者贾思勰乃是北方人士，他专门设立“养鱼”一目，说明当时北方可能也有这个生产项目——至少他觉得可以成为一个专门生产项目。该篇是现存关于古代养鱼技术的最早记录，十分稀罕，我们不妨将其主要内容抄录下来。《齐民要术》引《陶朱公养鱼经》曰：

[1]（唐）杜甫：《观打鱼歌》，《又观打鱼》，收入《全唐诗》卷220，中华书局，1960年，第2314页。

[2]（唐）杜甫《泛溪》有云：“童戏左右岸，罟弋毕提携。翻倒荷芰乱，指挥径路迷。得鱼已割鳞，采藕不洗泥。”收入《全唐诗》卷219，中华书局，1960年，第2304页。

[3]（唐）杜甫：《戏作俳谐体遣闷二首》，收入《全唐诗》卷231，中华书局，1960年，第2539页。按诗中的“乌鬼”是鸬鹚鸟，古代南方人民多养以捕鱼。豢养水鸟捕鱼，乃是一幅颇为令人追怀的南方生态—文化景象，如今已经难得一见。

[4]（唐）杜甫：《奉酬薛十二丈判官见赠》，收入《全唐诗》卷222，中华书局，1960年，第2367页。

[5] 关于稻田养鱼的最早文献记载，出自唐代的岭南地区。前章已经提及，兹不重复。

夫治生之法有五，水畜第一。水畜，所谓鱼池也。以六亩地为池，池中有九洲。求怀子鲤鱼长三尺者二十头，牡鲤鱼长三尺者四头，以二月上庚日内池中，令水无声，鱼必生。至四月，内一神守；六月，内二神守；八月，内三神守。“神守”者，鳖也。所以内鳖者，鱼满三百六十，则蛟龙为之长，而将鱼飞去；内鳖，则鱼不复去，在池中，周绕九洲无穷，自谓江湖也。至来年二月，得鲤鱼长一尺者一万五千枚，三尺者四万五千枚，二尺者万枚。枚直五十，得钱一百二十五万。至明年，得长一尺者十万枚，长二尺者五万枚，长三尺者五万枚，长四尺者四万枚。留长二尺者二千枚作种。所余皆货，得钱五百一十五万钱。候至明年，不可胜计也。

又作鱼池法：三尺大鲤，非近江湖，仓卒难求；若养小鱼，积年不大。欲令生大鱼法：要须载取薮泽陂湖饶大鱼之处、近水际土十数载，以布池底，二年之内，即生大鱼。盖由土中先有大鱼子，得水即生也。[1]

从这篇记载来看，当时人们已知如何选地、掘池养鱼，注意鱼种的选留和搭配，重视养鱼的经济收益。不论它是关于南方抑或北方养鱼经验的记录，都反映中古时代已经开始积累养鱼的经验技术。根据皮日休和陆龟蒙的唱和诗，唐代吴中一带凿池养鱼已经常见，时称 “种鱼”——与种稻一样，是一项普通营生。皮日休诗云：

移土湖岸边，一半和鱼子。池中得春雨，点点活如蚁。
一月便翠鳞，终年必赪尾。借问两绶人，谁知种鱼利？[2]

陆龟蒙《种鱼》诗则谓：

凿池收赪鳞，疏疏置云屿。还同汗漫游，遂以江湖处。
如非一神守，潜被蛟龙主。蛟龙若无道，跛鳖亦可御。[3]

[1] 缪启愉：《齐民要术校释》卷 6《养鱼第六十一种莼、藕、莲、芡、芰附》，中国农业出版社，1998 年，第 460-461 页。
[2]（唐）皮日休：《奉和鲁望渔具十五咏》，收入《全唐诗》卷 611，中华书局，1960 年，第 7045 页。
[3] 皮、陆二诗，均引自（唐）陆龟蒙：《松陵集》卷 4，据《四库全书》本。

值得注意的是，陆龟蒙诗中所提到的“神守”“蛟龙”“鳖”“云屿”，与上引《陶朱公养鱼经》中的观念和做法相同，这让我们有理由推测：这本目前所知最早的养鱼专书，很可能乃是吴人作品。

最近1 000多年来，由于不断“围湖造田”，江南水域面积不断缩小，野生鱼类的栖息地不断遭到破坏，兼以长期过度捕捞，天然水产资源渐趋匮乏，南方人民被迫愈来愈倚重于人工养殖，以保障动物性食料供给和营养来源，并维持其“饭稻羹鱼”的生活传统。值得注意的是，号称“四大家鱼”的青、草、鲢、鳙，正是在唐代被人工驯化和养殖，它们一直是中国淡水养殖业的当家鱼种。这些情形，与北方人民专重饲养和食用陆畜的传统，形成了十分鲜明的对照，足见生态环境之于经济生产和物质生活的深刻影响。

这种影响还进一步延伸到商业领域。至晚在唐代，江河众多、湖泊广阔的长江中下游和东南沿海地区，由于渔业经济发展，已经出现了一种专门的特色市场，这就是“鱼市”[1]，在唐人诗歌中多有出现。张籍有诗记述泗州的鱼市云：

泗水流急石纂纂，鲤鱼上下红尾短。春冰消散日华满，
行舟往来浮桥断。城边鱼市人早行，水烟漠漠多棹声。[2]

元稹亦曾诗咏“鱼市”，有一首大约是作于元氏出任越州刺史期间的诗歌，其中有云：

暗澹洲烟白，篱筛日脚红。江喧过云雨，船泊打头风。
艇子收鱼市，鸦儿噪荻丛。不堪堤上立，满眼是蚊虫。[3]

事实上，关于越中地区的鱼市，唐人诗中屡有提到，例如，方干曾指越中

[1] 鱼类水产作为一种商品进入市场，应是很早就发生的事情，亦不局限于南方。北魏时期的洛阳，就在吴人比较集中的街区出现了鱼鳖市，唐代长安、洛阳都有卖鱼。但这与长江中下游的专门“鱼市”还是有所不同。特予说明。

[2]（唐）张籍：《泗水行》，收入《全唐诗》卷382，中华书局，1960年，第4291页。

[3]（唐）元稹：《闲二首》，收入《全唐诗》卷409，中华书局，1960年，第4547页。

某地“沙边贾客喧鱼市，岛上潜夫醉笋庄”[1]；罗邺自称在越中之时，“鱼市酒村相识遍”[2]。其他地区也有鱼市，如包何曾提到江阴“海鱼朝满市，江鸟夜喧城”[3]；僧人虚中称洞庭湖边“浪没货鱼市，帆高卖酒楼”[4]……至于“鱼盐聚为市”或“鱼盐市”之类的一般记述就更多了。曾宦游南方多年的白居易，虽不曾直接记咏“鱼市”，但其诗多次提到鱼类市场以及自家僮仆到市场买鱼的情况。在杭州为官时，他有诗提到城里“鱼盐聚为市”[5]；在江州（今江西九江市）时还把从市场上买来的鱼放生，还提到江州鱼产极丰，故“溢鱼贱如泥”[6]。

由于江南鱼类水产市场发达，鱼价高，能赚大钱，故出现了专以贩鱼为业者。《太平广记》记载：“宣城郡当涂民有刘成者、李晖者，俱不识农事，尝用巨舫载鱼蟹，鬻于吴越间。”[7]相信这在当时并非唯一个例。

第二节　粮食结构的重大调整变化

中古时代是我国粮食生产和消费结构发生重大调整的时期。就全国而言，由于南方经济崛起，稻米的地位持续上升，其上升幅度与南北人口比重的变化呈正相关，亦即南方人口在全国总人口中所占之比重，大致能够反映稻米在全国粮食生产和消费中所占之比重；在北方旱作农业区，主粮作物仍然是粟类、黍穄、麦类、豆类，但不同作物的地位或升或降，麦类不断取代粟类的地位而成为北方第一主粮作物，在一系列历史因素共同作用下，“饼食”不断流行和普及，通常所说的“南米北面”格局正在这个时代逐步形成。[8]这些重大变化对中华民族生存和发展无疑具有深远历史意义。在此我们要特别强调：在这些变化的背后，乃是经济与环境的互动演变。为了叙述方便，下面分别对若干主粮作物略作叙述，试图说明其与自然环境之间的关系。

[1]（唐）方干：《越中言事二首》之二，收入《全唐诗》卷651，中华书局，1960年，第7475页。
[2]（唐）罗邺：《南行》，收入《全唐诗》卷654，中华书局，1960年，第7526页。
[3]（唐）包何：《送王汶宰江阴》，收入《全唐诗》卷208，中华书局，1960年，第2171页。
[4]（唐）僧虚中：《泊洞庭》，收入《全唐诗》卷848，中华书局，1960年，第9604页。
[5]（唐）白居易：《东楼南望八韵》，收入《全唐诗》卷443，中华书局，1960年，第4960页。
[6] 分见（唐）白居易：《放鱼》，收入《全唐诗》卷424，中华书局，1960年，第4670页；（唐）白居易：《首夏》，收入《全唐诗》卷433，中华书局，1960年，第4792页。
[7]（宋）李昉编：《太平广记》卷470《水族七》，《刘成》，中华书局，1961年，第3872页。
[8] 有关问题的详细讨论，可参见王利华：《中古华北饮食文化的变迁》，中国社会科学出版社，2000年。

一、粟的主粮地位及其动摇

先秦文献关于粮食作物的记载往往都是黍、稷并提，两者都是在黄土地带最早被驯化和栽培的，黍曾经位列于稷之前。但在先秦以下的历史进程中，黍、稷的地位发生了戏剧性变化，战国以后，稷（即粟）乃成为第一主粮，黍则逐渐变得无足轻重。这个变化与两种作物的植物特性、潜在生产力和土地（土壤）变迁都有关系。

黍类具有耐干旱、对杂草的竞争能力强等优点，故古人常将它作为新垦荒地上的先锋作物加以种植。但黍的产量比粟低，并且不易加工处理，所以在与其他粮食作物的竞争中，黍不容易占据优势。经过多年耕作和改良变得肥熟并且草秽较少的土地，通常就不再用来种黍。

随着北方旱作农业发展，比较高产的粟类以及其他谷物种植发展较快，黍的地位则不断下降，在两汉时代就已经很少大面积种植。魏晋南北朝时期，由于北方长期战乱，土地时荒时垦，黍作为新垦和复垦农地先锋作物的意义曾经阶段性地显示出来，所以贾思勰在《齐民要术》中也专门设立一篇讨论黍穄种植，并且记载了近20个黍的品种，但该书记载也清楚地表明：黍仍然主要是作为新垦荒地先锋作物，其卷一《耕田第一》有云："耕荒毕……漫掷黍穄……明年，乃中为谷田。"种黍乃是为后茬种谷做准备。卷二《黍穄第四》又称："凡黍穄田，新开荒为上，大豆底为次，谷底为下。"因而，在北朝时期，黍在北方复垦土地粮食生产中仍然发挥了一定作用，皇帝在"藉田"中象征性地播种的作物中也有黍[1]，但这也许只是遵从礼制旧规，并不说明它在粮食生产中还具有多高的地位。总体上它远远不及粟重要，品种也比粟要少得多，没有发现关于大面积种黍的记载。

如前所言，粟是黄河中下游本土起源的作物，也是中古之前最主要的粮食来源。许多历史学家把早期黄土区域文明定性为"粟作文明"，是有充分理由的。汉唐之间，粟是无可争议的第一主粮，被誉为"五谷之长"[2]，在时俗

---

[1]《隋书》卷7《礼仪二》记载："北齐藉于帝城东南千亩内，种赤粱、白谷、大豆、赤黍、黑穄、麻子、小麦，色别一顷……"中华书局，1973年，第144页。

[2]（汉）应劭撰，王利器校注：《风俗通义校注》卷8《祀典·稷神》引《孝经》，中华书局，1981年，第356页。

语言中，粮食作物及其禾苗的通称——“谷”与“禾”，都常常被当作粟的代名词，就像如今南方人们习惯性地把“谷”和“米”指称稻谷和稻米一样。《齐民要术・种谷》云：“谷，稷也，名粟。谷者，五谷之总名，非止谓粟也。然今人专以稷为谷，望俗名之耳。”这一通俗叫法本身即已说明了粟类在时人心目中的地位。直到唐朝前期，粟类仍是当家粮食作物。

粟的第一主粮地位还由另外两个情况得到证明：一是当时粟类种植最广泛，品种最多。郭义恭《广志》记载了粟的品种名称 11 个，《齐民要术》又增加了 86 个，共计 97 个；如果加上优质粟类——粱的品种 4 个，黏性粟类——秫的品种 6 个，则当时北方地区的粟类品种名称有 107 个，远远多于其他粮食作物，甚至超过了诸书所载其他谷类品种数量的总和！二是北魏至唐朝前期实行“均田制”和租调制度，国家规定的地租征收数额都是以粟为基准。北魏制度规定：“其民调：一夫一妇帛一匹，粟二石”[1]；唐朝前期国家征收地租、地税，仍然以粟为正粮，其他粮食作物则被称为“杂种”。“租庸调法”规定：凡受田课户，丁男每年须纳粟二石；义仓征纳也是以粟为主，“乡土无粟，听纳杂种充”[2]。租税额计算亦以粟为准，例如，开元二十五年（737 年）定义仓式，每亩纳粟二升，“诸出给杂种，准粟者，稻谷一斗五升当粟一斗”[3]。说明那时稻谷乃在“杂种”之列。

中古粟类种植的主要区域仍在黄河中下游地区。综合各类文献的零星记载可以判断：那时西起河、陇，东至青、冀，北抵长城两侧，南到淮河沿岸，都有大面积粟类种植。南方一些地方也有种粟，谢灵运《山居赋》曾经提到其庄园中的粮食作物，除水田种稻外，陵陆之地则为旱作，其中包括种粟[4]，而燔林树粟在南方山民畬田经营中一直常见。但尚未发现关于南方大面积种植粟类的记载。

二、麦子地位的持续上升

但中古粟类种植愈来愈受到麦作的挑战，逐渐不得不与之平分天下并最

[1]《魏书》卷 110《食货志》，中华书局，1974 年，第 2855 页。
[2]（唐）李林甫等撰，陈仲夫点校：《唐六典》卷 3《仓部郎中员外郎》，中华书局，1992 年，第 84 页。
[3]（唐）杜佑撰，王文锦、王永兴等点校：《通典》卷 12《食货十二》，《轻重》，中华书局，1988 年，第 291 页。
[4]《宋书》卷 67《谢灵运传》引《山居赋》云：“……兼有陵陆，麻麦粟菽，候时觇节，递艺递熟。”中华书局，1974 年，第 1760 页。

终屈居其下。

提起麦子，通常首先想到的是小麦。实则中国古代麦类有大麦（古称麰）、小麦（古称麳）、燕麦（古称瞿麦，亦称雀麦）、稞大麦（亦称元麦，古称穬麦），以及荞麦（又称莜麦）等。从现代植物分类学上讲，有的其实并非禾本科麦类（如荞麦实为蓼科荞麦属）。当然，那时所种主要是小麦，大麦种植面积一向不大，其他麦类种植更少，并非主粮。

小麦并非中国原产，但在中国至少也有 4 000 多年的栽培历史，先秦文献已将其列入“五谷”之内。小麦又分为两类：一类头年种、次年收，汉代称为“宿麦”，亦即冬小麦，是主种的麦类；另一类当年种、当年即收，汉人叫作“旋麦”，即春小麦，种植规模不大，只在纬度较高的寒冷地区有些栽培。

秦汉时期是小麦在黄河中下游地区大面积推广的阶段。西汉时期，朝廷曾在关中、山东等地区大举“劝种宿麦”[1]；东汉时期麦作推广活动相当热烈，有学者统计：《后汉书》记载东汉皇帝针对粮食生产所下的十几次诏书中，有九次涉及种麦，说明那时北方地区大面积普遍种植麦类已经开始。[2]小麦得以普遍推广的原因有多个方面，最重要的原因有三：一是由于麦子成熟、收获季节与粟类不同，具有“接绝续乏”功能，故历代一直重视推广麦作；二是随着旋转石磨发明和广泛推广应用，面粉加工逐渐发展起来，麦子逐渐不再“粒食”（整粒蒸食），而用面粉制作的食品，比起麦饭、麦粥口味明显改善，对小麦的需求量显著增加；三是可能更重要的原因：与粟相比，小麦产量较高，在生长季节的需水量也明显较高[3]，黄河中下游低湿土地的不断垦辟，给小麦而非粟类提供了广阔空间，而水利灌溉事业发展和抗旱保墒技术提高，亦为发展小麦种植提供了支持。总之，它是物种、环境、技术和饮食习惯等诸多因素交相作用的结果。事实上，在中古前期，北方地区已经形成了高地和低地分种粟、麦的生产格局，这是环境适应和因地制宜进行生产选择的结果。

魏晋南北朝时期，小麦生产继续发展，《齐民要术》有专篇讨论大、小麦种

[1]《汉书》卷 24《食货志》，中华书局，1962 年，第 1137 页。

[2] 卫斯：《我国汉代大面积种植小麦的历史考证——兼与（日）西嶋定生先生商榷》，《中国农史》1988 年第 4 期，第 22-30 页。

[3] 麦类的需水量一般为粟类作物的两倍，故当时通常高田种粟类，低田种二麦（指大、小麦），当时民间流行的一首歌谣唱道：“高田种小麦，稴穇不成穗。男儿在他乡，那得不憔悴？”见缪启愉：《齐民要术校释》卷 2《大、小麦第十》，中国农业出版社，1998 年，第 127 页。这一歌谣说明：当时人们已经认识到：在高亢之地种植的小麦，如同游子在异乡，困苦而憔悴，禾穗空而不实。

植技术，还记载有十几个麦类品种。而史书中的相关记载表明：北方麦作特别是冬小麦的地位比前代有了明显提高。两汉文献很少将麦、粟并提，而此一时期则往往相提并论。南燕慕容超曾说：他所占据的五州之地（今山东半岛地区），“拥富庶之民，铁骑万群，麦禾布野”[1]，麦子位列粟子之前；北周武帝建德三年（574 年）正月，皇帝“诏以往岁年谷不登，民多乏绝，令公私道俗，凡有贮积粟麦者，皆准口听留，以外尽粜”[2]，亦将麦与粟并提。冬小麦一般在中、晚秋播种，次年初、中夏成熟收获，与粟类季节不同，当时文献常常提到“麦秋”，与粟类为主的秋收相提并论。这些事实都说明：麦类在当时主粮生产中的地位已经相当重要，仅次于粟。

魏晋北朝时期的灾情报告亦显示北方麦作分布广泛。《晋书》记载：太康九年（288 年）“郡国三十二大旱，伤麦”。虽然不能确知这 32 个郡国具体所指，但麦类栽培广泛是可以肯定的；该书还特别具体记载到：“三河、魏郡、弘农雨雹，伤宿麦”“齐国、天水陨霜，伤麦”“陇西陨霜，伤宿麦”，可见这些地区冬小麦种植颇多。[3]根据该书其他部分的记载可知：西晋麦类种植较多的地区还有：沛国，东海，任城，梁国，义阳，南阳，巨鹿，魏郡，汲郡，广平，陈留，荥阳，河东，高平，河南，河内，弘农，东平，平阳，上党，雁门，济南，琅邪，城阳，章武，齐郡临淄，长广郡的长广、不其等四县，乐安郡的梁、邹等八县，琅邪临沂等八县，河间易城等六县，高阳北新城等四县。[4]有些地区虽然不见该书记载，麦作规模也可能相当不小。例如，徐州一带，早在三国时期就已经是重要麦产区，西晋时期自当亦是。[5]到了北魏时期，青、齐、冀、殷、雍、河等州都有麦作分布，故时有小麦歉收的灾情记录。[6]大体上说，魏晋北朝时期，华北平原及黄土高原，西起陇西，东极于海，北起上党、雁门，南至淮河的广大地区，都有麦作。虽然难以估计当时的麦作面积，但既然相关资料多属农业灾情报告，可以想见种植面积是相当可观的。

值得特别注意的是，魏晋南北朝时期，麦作不仅在黄河中下游地区有显著

[1]《资治通鉴》卷 115《晋纪三十七》，“安帝义熙五年”，中华书局，1956 年，第 3616 页。
[2]《周书》卷 5《武帝纪上》，中华书局，1971 年，第 83 页。
[3]《晋书》卷 3《武帝纪》，中华书局，1974 年，第 72、第 77、第 78 页。
[4] 分见《晋书》卷 4《惠帝纪》；卷 26《食货志》；卷 29《五行志下》。
[5]《三国志》卷 1《魏书·武帝纪一》，“裴注”引《魏书》，中华书局，1959 年，第 12 页；卷 10《荀彧攸贾诩传》，中华书局，1959 年，第 309 页。
[6]《魏书》卷 112 上《灵征上》，中华书局，1974 年，第 2921-2922 页。

扩展，而且向淮河以南乃至江南地区大幅推广。东晋、南朝时期，徐、扬二州是推广麦作的重点地区。[1]历史文献和考古资料反映：麦类早在两汉时期就已传至长江中下游，三吴时期孙吴境内已有麦作，故吴主孙权在宴会之上能用饼食招待蜀汉使者费祎，费祎乃作《麦赋》，陪席的诸葛恪则作《磨赋》。[2]“永嘉之乱”以后，晋室播迁，中原士庶大量南逃，粮食极其匮乏成为当时最严重的社会经济问题，故司马氏政权抵达建康的第二年即下令推广种麦。太兴元年（318 年）晋元帝下诏说：“徐扬二州，土宜三麦，可督令熯地，投秋下种，至夏而熟，继新故之交，于以周济，所益甚大。”[3]是为古代王朝利用国家力量在南方大举推广麦作之始，从其后的灾情记录看，东晋时期今江苏、浙江和安徽等省境内许多地方都有麦作[4]，而《晋书·五行志》屡屡记载“三麦不登”“无麦禾，天下大饥”，说明麦子收成丰歉已是关乎天下饥饱的大事。

南朝时期，历代皇帝屡有推广麦作的诏令，麦类种植在南方地区持续扩展，尤以长江下游的淮南和三吴地区发展显著，中游的荆州地区亦有所推广。例如，刘宋朝廷持续采取措施在江淮地区推广和督促麦类生产，元嘉二十一年（444年），宋文帝下诏称：“比年谷稼伤损，淫亢成灾，亦由播殖之宜，尚有未尽。”因此要求“南徐、兖、豫及扬州、浙江西属郡，自今悉督种麦，以助阙乏。速运彭城、下邳郡见种，委刺史贷给……不得但奉行公文而已”[5]。大明七年（463年），孝武帝亦以“近炎精亢序，苗稼多伤”，而“二麦未晚，甘泽频降”，下诏：“可下东境郡勤课垦殖，尤弊之家，量贷麦种。”[6]均将推广种麦作为补救旱灾损失的重要措施。

由于国家力量推动，麦作在淮河以南、长江下游两岸不少地方取得了发展，尤其在淮南地区取得了显著成绩。晋安帝义熙十四年（418 年），三吴水灾，谷贵民饥，而缘淮地区则“邑富地穰，麦既已登，黍粟行就”。于是官府从江淮间

---

[1] 关于东晋南朝时期麦作向南方地区推广的事实，农业史和魏晋南北朝史学者已多有梳理和论述，这里尽量减少史料和史实，重点讨论这一过程中的经济与环境历史关系。

[2]《三国志》卷 64《吴书·诸葛恪传》“裴注”引《恪别传》云：“祎停食饼，索笔作《麦赋》，恪亦请笔作《磨赋》，咸称善焉。”中华书局，1959 年，第 1430 页。

[3]《晋书》卷 26《食货志》，中华书局，1974 年，第 791 页。

[4]《晋书》卷 27《五行上》记载：晋元帝太兴二年（319 年），“吴郡、吴兴、东阳无麦禾，大饥”；卷 29《五行下》载：太兴二年（319 年）五月，“淮陵、临淮、淮南、安丰、庐江等五郡蝗虫食秋麦”。其中所提到的八个郡，除安丰郡隶属于豫州之外，都属徐、扬二州境界。其中临淮治今江苏盱眙，吴郡治今苏州，吴兴郡治今浙江吴兴，东阳治今金华，庐江治今安徽舒城。

[5]《宋书》卷 5《文帝纪》，中华书局，1974 年，第 92 页。

[6]《宋书》卷 6《孝武帝纪》，中华书局，1974 年，第 133 页。

调集粮食赈济三吴，可以相信当时所调集的主要是麦子。[1]南齐时期徐孝嗣曾上表提到淮南的粮食生产情况，称："今水田虽晚，方事菽麦。菽麦二种，盖是北土所宜。彼人便之，不减粳稻。"[2]可见当时麦类种植在淮南地区是相当普遍的。

在我国粮食生产发展史上，麦作向南方地区推广是一件值得重视的大事，对当地农作制度的发展和主食结构的调整都具有深远意义。从此以后，种麦成为南方地区仅次于稻作的一个粮食生产项目，南方人民的食物结构因之发生了重大改变。

黎虎曾概括东晋南朝包括麦子在内的北方旱地作物南移在我国农业发展史上的重大意义。认为："它使江南地区的农业从原来比较单一的水田农业，向水陆兼营、稻麦兼济的农业结构转变。这一转变对于促进粮食生产具有重大作用。粟麦为耐旱耐寒作物，与水稻兼作，不仅可以充分利用土地，使低洼易灌、水利和土质条件较好的平原继续发展水稻生产，又使南方丘陵地区得到充分利用。种植粟、麦，起到水陆兼济的作用。而且由于水旱作物对于气候和节令有不同的要求，可以充分利用季节，达到早晚兼济、春秋互补的作用"[3]。这些意见大抵是正确的。我们还想特别补充指出：麦类特别是冬小麦扩展到南方以后，虽然起初还是水陆分种（水田种稻、陆地种麦），但由于这两种作物的生长季节大致可以前后相接，占地时间基本上没有冲突，这就为后世江南实行稻麦两熟轮作复种制创造了先决条件。

从环境史角度说，麦作由北向南扩展，也是一个意义重大而深远的历史事件。因为这不仅改变了南方地区的土地利用方式，也改变了当地农业生态系统结构乃至生态景观。而这一历史事件本身，亦是在特殊时代契机之下由于众多社会、经济与环境因素共同作用的结果。黎虎将北方旱地作物南移的主要原因概括为三个主要方面：一是"北方人口的南下，促进了北方旱田作物的南移"；二是"统治阶级的推动，加速了北方旱田作物的南移"；三是"气候条件的变化，促进了北方旱田农作物的南移"。前面两点有直接史料证明，自无问题；但将气候变冷作为主要促进因素之一，认为"粟麦为北方耐寒耐旱作物，魏晋南北朝

[1]《宋书》卷100《自序》，中华书局，1974年，第2450页。

[2]《南齐书》卷44《徐孝嗣传》，中华书局，1972年，第773-774页。

[3] 黎虎：《东晋南朝时期北方旱田作物的南移》，《北京师范大学学报》1988年第2期，第30-35页。

时期气温的降低，使高寒作物的南移有了适宜的气候条件”，则未必妥当。就麦类作物的生物学特性而言，魏晋南北朝时期虽属寒冷期，但气温变化并不足以对麦子的分布造成显著影响。[1]事实上，不仅麦作，粟、稻等作物的分布受气候冷暖变化的影响也都不像学者所说的那样显著，影响比较显著的自然因素是降水特征和土地（的水旱）性质。单就气温（包括最高气温、最低气温、年均气温、活动积温和无霜期等）而言，黄河中下游完全适宜种植水稻，长江流域则完全适宜种植冬小麦和粟、菽等旱地作物。只有更南方的岭南地区，由于冬季气温过高，小麦无法完成“春化”过程，所以不宜种植。

倒是黎虎发现的另外一种情况，可以更好地解释何以麦作在这个时期快速南移。他指出：在当时的历次人口南迁高潮中，第一次高潮之后未见促进北方旱田作物的南移，而是在第二次高潮之后才表现出来。原因是：第一次高潮中南迁的人口大多来自徐淮地区，那里的人民原本即习水田稻作，南迁之后可以延续原来的方式继续种稻，而无须大举种麦；而第二次高潮以后南迁的人口主要来自旱作农业区域，谙习粟麦菽豆栽培，而不熟悉江淮以南的水田稻作。这就促进他们抵达南方以后，首先开发和利用那些地势较为高仰的丘陵陆地种植麦菽，而非垦殖低湿沮洳的沼泽之地栽培水稻。前面已经提到：六朝时期，长江下游最早被开垦种植的地方是宁镇扬丘陵和浙东、浙西丘陵山地；太湖以东广大湖沼平原土地开发则要明显滞后，原因正在于从北方旱作区域南迁的人民，并不熟悉水田农作。不仅如此，六朝早期移民在南方开展的农田水利建设，也多是将两汉北方农民普遍采用的陂塘水利应用于南方。如此说来，当社会人群长期适应于所在区域的自然环境，并形成相应的生产结构、工具、技术、经验、知识……以后，由于各种原因迁出原地之后，往往并非立即放弃原有的传统和习惯，而是首先凭借原有的传统和习惯来适应新地区的自然环境。南迁人民首先选择丘陵高地、发展麦类等旱地作物种植，正是这样的一种历史表现。

隋唐时期，麦作在南北地区都继续发展。特别是到了中唐以后，麦子在北方地区进一步上升到与粟类相颉颃的地位。虽然当时文献并未留下完备的史料，诗文中的相关记载相当零散，但后唐时期的一条资料却可以帮助我们反推唐代

[1] 黎虎较早引用气候史家的成果讨论作物分布变化，在当时是一个进步。但近期以来不少研究者过度强调气候变化的作用，把森林（如竹林）和不少物种（包括农作物）分布的变化都归因于气候变冷，往往失之简单化。所以这里特别指出这一点。

的情况。长兴元年（930 年），后唐明宗下制，规定："河南府、华、耀、陕、绛、郑、孟、怀、陈、齐、棣、延、兖、沂、徐、宿、汶、申、安、滑、濮、澶、商、襄、均、房、雍、许、邢、邓、洛、磁、唐、隋、郢、蔡、同、郓、魏、汴、颍、复、曹、鄜、宋、亳、蒲等州四十七处，节候常早，大小麦、曲麦、豌豆取五月十五日起征，至八月一日纳足……幽、定、镇、沧、晋、隰、慈、密、青、登、淄、莱、邠、宁、庆、衍十六处，节候较晚，大小麦、曲麦、豌豆取六月一日起征，至八月十五日纳足……并、潞、泽、应、威塞军、大同军、振武军七处，节候更晚，大小麦、曲麦、豌豆取六月十日起征，至九月纳足……"[1]这条资料说明：后唐时期黄河中下游地区几乎无处不种麦。后唐去李唐覆亡时间很近，上述材料至少能够反映唐后期的麦作分布情况。

在南方，麦作乃进一步由高仰陵陆向平原地区推进。当年白居易离任苏州刺史时，曾有诗称"去年到郡时，麦穗黄离离。今年去郡日，稻花白霏霏。"[2]有学者认为：这些诗句反映了唐代江南已经出现了稻麦轮作复种制，这恐怕有些言过其实。以当时江南的人地关系状况，低湿沮洳之地垦殖还不充分，尚不具备发展稻麦轮作复种制的强劲动力；实行前茬种稻、后茬种麦，必须解决麦田水渍烂苗等问题，而稻田种麦开沟筑畴的排水防渍技术直到宋元时期才形成。此外，因作物生长具有生长期的限制，实行稻麦轮作复种还需具备早晚相接、能够充分利用生长期的稻、麦品种品系，并实行可缩短水稻在大田生长时间的秧苗培育和移栽技术。从唐诗关于水稻品种和插秧的吟咏来看（详见下节），唐代南方地区逐渐具足了这些技术条件，但在何种程度上采用了这些技术，还有待进一步考证。尽管如此，白居易的诗句可以反映麦类由陵陆向平原进一步推广的事实。

正是麦作不断推广，为中唐以后实行"两税法"提供了重要基础和依据。尤其值得注意的是：夏税即麦税的数额与秋税不相上下，有时甚至略高于秋税。例如，唐代宗大历四年（769 年）十月敕中规定："大历五年（770 年）夏麦所税特宜与减常年税，其地总分为两等，上等一切每亩税一斗，下等每亩税五升，其荒田如能开佃者，一切每亩税二升"；同年十二月敕则云："其京兆来年秋税宜分作两等，上下各半，上等每亩税一斗，下等每亩税六升，其荒田如能佃者，

[1]（宋）王钦若等编：《册府元龟》卷 488《邦计部·赋税二》，中华书局，1960 年，第 5840 页。
[2]（唐）白居易：《答刘禹锡白太守行》，收入《全唐诗》卷 444，中华书局，1960 年，第 4975 页。

宜准今年十月二十九日敕，一切每亩税二升。”至大历五年（770年）三月，又重新做出规定：京兆府税额是“夏税上田亩税六升，下田亩税四升；秋税上田亩税五升，下田亩税三升，荒田开佃者亩率二升”[1]。每当遇到灾荒，朝廷减轻或放免夏麦之税，亦成为皇帝德政的新内容。“两税法”既因麦作发展而得以出现和实施，其实施又反过来促进了唐中后期麦作进一步发展。至此，麦子终于摆脱了其在社会心理中的“杂种”地位，与粟不相上下，而以面粉制作的各种“饼”在社会各个阶层都成为每日常食。此一发展变化对于中华民族的意义，实在非同小可。

三、稻米主粮地位之确立

然而就全国来看，中古粮食生产和消费结构的最大调整是水稻上升为第一重要的主粮。各方面的资料都可以证明：稻作的显著发展是那个时代粮食经济的最大成就，稻米在全国粮食生产与消费中的地位持续上升。

中古尤其唐代是黄河流域水稻生产最兴旺的阶段。[2]由于其时水资源环境尚未恶化，黄河两岸许多地区都有规模可观的水稻栽培，其在黄淮之间的粮食生产中所占据的比重，可能超出目前所有的估计[3]；甚至西北内陆干旱地区，只要具备适宜的水资源条件，亦往往屯田种稻[4]，我们在讨论北方农田水利与盐碱改造和水稻种植的关系时，对各地稻作情况已经作过介绍，不再重复。

毫无疑问，稻米地位的显著攀升主要是由于南方稻作发展所致，而这又与当时社会经济的一系列发展进步有关。我们知道：长江流域是世界栽培水稻的起源中心，那里的农业从一开始就是稻作为主。但由于早期南方社会经济发展

[1]（宋）王钦若等编：《册府元龟》卷487《邦计部·赋税一》，中华书局，1960年，第5832页。

[2] 早年历史地理学家邹逸麟已经指出：古代黄河流域的水稻生产唐时达到鼎盛，这是一个符合史实的判断。邹逸麟：《历史时期黄河流域水稻生产的地域分布和环境制约》，《复旦学报》1985年第3期，第222-231页。

[3] 华林甫曾认为：唐代北方水稻的主要分布地带是关中平原、伊洛河流域、相卫怀和汴陈许地区，是有史料根据的。他还对关中和河南的稻田面积做了一个估计，认为：即使按最高估计，唐高宗永徽年关中雍州的水稻田面积也只占总耕地面积的13.44%；而唐玄宗开元时期河南道的水稻田更仅占总耕地面积的1.02%。前者差可接受，后者则明显过低。原因在于他将张九龄任河南稻田使时所开的水田107屯算作整个河南道的稻田面积。事实上，黄淮之间自汉代以后一直有大面积水稻种植，如说当地是以稻作为主有些言过其实，但比重绝不至于如此之低。我们估计：稻田面积应在粮用耕地总面积的20%～40%。有关问题尚需进一步考论。

[4] 早年华林甫梳理黄河流域水稻生产的相关史料，认为稻作分布区域广泛，北起幽州、并州，南达秦岭—淮河，西起兰州，东极大海，包括了唐代15道中的京畿、关内、都畿、河南、河北、河东、陇右7道。不过他也指出：虽然当时北方植稻地域相当辽阔，但总体情况是分布稀疏，“具有大分散、小集中的特点”，故他称黄河流域为稀疏种植区。华林甫：《唐代水稻生产的地理布局及其变迁初探》，《中国农史》1992年第2期，第27-39页。

迟缓，人口一直相当稀少，故水稻生产虽然普遍，却迟迟未能像北方粟作那样形成田畴弥望的广大稻作区；直到两汉时期，水稻在全国粮食生产和消费中所占的比重并不很高。六朝以降，由于屡次中原人口大南迁，兼以南方区域社会局势一直相对稳定，秦岭—淮河以南地区人口持续增长，全国人口分布重心逐渐南移。到了中古晚期，人口分布格局逐渐由“北重南轻”转变为“南重北轻”，这一新的格局，事实上意味着更多人口是以稻米作为主粮。

不仅如此，由于大运河全线贯通，在中国经济史上具有极其重要而深远意义的“南粮北调”格局亦在这个时代肇端并且常态化，在中唐以后愈来愈显示出重大战略意义。史书记载：唐初（太宗）贞观、（高宗）永徽时，“每年转运，不过一二十万石”，至玄宗开元、天宝时期，逐渐增至年运二三百万石，其中大部分是从南方转运过来的稻米。[1]虽然与北方粮食消费总量相比，南方漕转的稻米数额还不算很高，不足以满足普通百姓的日常消费，亦不足以动摇北方粮食市场上的粮价，稻米价格一般要高于粟米和面粉若干成甚至 1 倍以上[2]，但这种额外的食物能量补充，对于缓解北方人口密集地区粮食供应之不足，特别是对于解决“安史之乱”以后京师严重缺粮问题，乃至稳定国家政局，都发挥了至关重要的作用。

南重北轻的人口分布和“南粮北调”的粮食调剂，无疑都是关乎中国文明发展大格局的历史问题，这些延续了 1 000 多年的大格局，都是在中古时代逐步形成的。这个大格局的核心是稻米成为中华民族最重要的食物能量来源，与以稻作为主体的南方经济崛起是一种互为表里的历史关系——人口增长既是水田不断垦辟的主要驱动力，亦是稻作快速发展的必然结果，而稻作的显著发展又是以农业环境改善和一系列生产技术进步作为基础的。因此，它不仅仅是一个社会经济中问题，也是一个重大的环境史课题。六朝之前，南方水稻种植主要采用“火耕水耨”方式，这种方式是相当原始和粗放的。用于种植水稻的田地通常被称为“畬田”，既非经过精熟的耕作，更缺少水利灌溉设施作为保障，人们通常是将稻种撒播于“畬田”之中，禾苗生长期间亦缺少精细管理，单位面积土地的劳动投入甚少，产量较低（但并不意味着劳动收益也低）。这是与早

[1]《通典》卷 10《食货十》，《漕运》；《旧唐书》卷 49《食货志下》；《新唐书》卷 52《食货志三》。

[2] 日本僧人圆仁《入唐求法巡礼行记》卷 2 记载：唐文宗开成年（836—840 年），登州城内粮市上的粟米每斗 30 文，粳米 70 文；莱州粮市粟米每斗 50 文，粳米 90 文；青州粟米斗 80 文，粳米 100 文；禹城县粟米斗 45 文，面 70～80 文，粳米 100 文。

期南方人少地多状况相适应的一种农作方式。

六朝以降，南方水稻生产逐渐朝着精细化的方向发展，反映在水利建设和土地经营方面，基本表现是旸雨水旱听天由命的“瞟田”逐步减缩，而拥有良好灌溉条件的“良田”则稳步发展，牟发松把这一演变过程概括为：从“火耕水耨”到“以沟为天”[1]。“良田”自然是与“瞟田”相对而言的，“良田”并不仅指土地肥沃，更重要的是其灌溉条件良好，是伴随着官私农田水利工程建设而逐渐发展起来的。中古南方尤其是江南稻作经济发展的过程，既是水田垦殖面积不断扩大的过程，亦是水利设施不断完善、单位面积土地的劳动投入逐渐增加、田地耕作和田间管理走向集约化、精细的过程。

及至唐代，一系列新技术发展促进了南方稻作进一步向低湿平原和高亢山陵双向拓展，稻作经济逐渐发生质的变化。龙骨水车为代表的排灌工具的显著改进与推广使用，意味着平原稻田灌溉和排涝能力得到进一步增强，“水轮”（水转筒车）等多种提水机具则有利于丘陵山区稻田灌溉；灵活便巧、适用于水田运作的江东曲辕犁之出现以及耕—耙—耖技术体系的不断完善，推动了稻田耕作走向精细化；水稻育秧、移栽技术的出现和推广则为轮作复种制的出现创造了重要条件。尽管最早系统论说南方水稻生产的《陈旉农书》直到南宋初年方才问世，但上述这些发展进步，表明晚唐五代时期江南传统稻作技术体系正在臻于成熟。

当然，从经济与环境的关系来看，更具有根本性意义的乃是稻作区域水土环境之改善，其中又以太湖流域最为典型、突出。整个中古时代，该区以围湖造田作为主导方向的土地垦殖规模不断扩大，农田水利逐渐由零星、分散的陂塘兴筑和沟渠开凿，走向具有高度区域整体性及功能协调性的塘浦圩田系统建设。伴随着这一历史过程，太湖流域逐渐形成了生态环境优越、稻田辽阔千里的繁盛农区，其作为全国最发达经济区域的历史地位随之奠定。

根据中古文献记载特别是唐人诗歌记诵，当时的长江流域，上游的巴蜀、中游的荆湘和下游的淮南和江南都是“稻米之乡”。岭南和云南地区虽然人口稀少，却是长夏无冬的气候，文献不时记载当时一岁“再熟”“三熟”乃至更多熟的热带稻作生产面貌。

[1] 牟发松：《从“火耕水耨”到“以沟为天”——汉唐间江南的稻作农业与水利工程考论》，《中华文史论丛》2014年第1期，第31-68页。

在南方各个分区中，成都平原稻作发达早而持续，这有赖于都江堰水利枢纽工程的灌溉之功。三国时期，蜀汉政权能够北抗曹魏、东拒孙吴，正是凭借成都平原以稻作为主的经济生产。到了唐代，朝廷视剑南特别是成都平原为国家“后院”，平时多仰其资，内乱时期更是往往以剑南作为首选的奔逃避难之地。

但中古南方稻作发展最快的还是长江下游的三吴地区。南朝史家已盛赞吴、会地区多膏腴上地，认为可与关中的鄠、杜一带相媲美（见前引沈约之语）。到了唐代，太湖流域及周围地区稻作更是不断繁盛，不仅供给本地人日益密集人口的消费需求，而且大量北漕中原，西抵京师，杜甫诗中“云帆转辽海，粳稻来东吴”之句[1]，应是唐人的一般观念。“安史之乱”后，国家财赋供给特别是粮食保障几乎全仰江南，故韩愈称“当今赋出于天下，江南居十九。”[2]白居易谓“当今国用多出江南，江南诸州苏最为大，兵数不少，税额至多。”[3]这些自然都是以江南稻作繁盛为基础的。唐代这一地区不仅稻作规模最大，稻米品质亦最高。《新唐书·地理志》记载：中晚唐时期郢、扬、常、苏、湖、婺六州上贡稻米，其中仅有郢州是位于长江中游（今湖北钟祥、京山一带），扬州即今江苏扬州，其余常、苏、湖、婺四州尽在长江下游南岸的苏南、浙江地区。

自六朝以下，长江中游稻作生产亦持续发展，中唐以后乃成为仅次于长江下游江南的稻米产区，亦是唐朝最重要的粮食供给地之一。“安史之乱”后曾主管漕运多年的刘晏曾称自己一路考察漕运路线，“步步探讨，知昔人用心，则潭、衡、桂阳必多积谷，关辅汲汲，只缘兵粮。漕引潇、湘、洞庭，万里几日，沧波挂席，西指长安。三秦之人，待此而饱；六军之众，待此而强”[4]。此后该地区漕转北上的稻米数额动辄有十多万石甚至高达百余万石。唐德宗贞元初，“关辅宿兵，斗米千钱，太仓供天子六宫之膳不及十日……”粮食供应十分紧张，朝廷乃“增江淮之运”，浙江东、西岁运米 76 万石，复以两税易米 100 石，共计 175 万石，漕米数额仍然最高。但江西、湖南、鄂岳、福建、岭南等地漕米亦达 120 万石，其中的福建、岭南关山险阻而且遥远，水陆运输非常不便，相信这 120 万石大米主要产于今江西、湖南和湖北等省境内，足见长江中游稻米

[1]（唐）杜甫：《后出塞五首》之四，收入《全唐诗》卷 218，中华书局，1960 年，第 2293 页。
[2]（唐）韩愈：《送陆歙州诗序》，收入《唐文粹》卷 96，《四部丛刊》本。
[3]（唐）白居易：《白氏长庆集》卷 68《苏州刺史谢上表》，《四部丛刊》本。
[4]《旧唐书》卷 123《刘晏传》，中华书局，1975 年，第 3512 页。

对于保障唐朝粮食安全的重要性。[1]

综合中古前、后期人口分布的变化和文献所述各地稻作的景象，我们大致可以断定：至晚在晚唐时期，稻米已经成为中国多数人口的主粮——不仅是日益增长的南方人民的主粮，而且成为北方地区粮食的重要补充来源。换言之，从那时开始，稻米已然成为维持中华民族生存和中国文明发展的主要食物能量支撑。遗憾的是，尽管已有不少学者做过很艰苦的努力，但由于史料不足，对于中古南方各地水稻生产的实际规模（包括种植面积、单位面积产量和稻米总产量等）仍然难做出可靠的估计。即便如此，下面几点还是可以肯定的：

其一，在中国南方经济崛起、最终超迈北方而后来居上的历史变局中，水稻生产的持续发展具有基础性意义。

其二，围绕水稻生产这个中心，人们努力发明和改进各种技术手段，对南方水土环境改造的规模不断扩大、强度不断提高，这最突出体现于农田水利建设方面——包括低缓丘陵和山间谷地的陂塘工程、大平原上的塘浦圩田系统以及陆续出现的山田水利建设，它们与各地稻作发展乃是两位一体的关系。

其三，伴随着稻作经济的持续发展，南方各地自然环境逐步得到一定的改善，生态景观逐渐发生显著的变化。中古诗文有大量关于稻乡景色和风物的描绘。宦游南国多年的白居易曾有“稻水平漠漠”“稻花白霏霏”“碧毯线头抽早稻，青罗裙带展新蒲”“早禾黄错落，晚稻绿扶疏”“菡萏红涂粉，菰蒲绿泼油。鳞差渔户舍，绮错稻田沟”……众多佳句描写各地的稻田景象。[2]江南文人陆龟蒙、皮日休等曾有不少诗句描绘吴中稻乡之景，皮氏《崦里》诗有云：

崦里何幽奇，膏腴二十顷。风吹稻花香，直过龟山顶。青苗细腻卧，白羽悠溶静。

塍畔起鹧鸪，田中通舴艋。几家傍潭洞，孤戍当林岭。罢钓时煮菱，停缲或焙茗。[3]

[1]《新唐书》卷53《食货志》，中华书局，1975年，第1369页。更多情况，可参见牟发松：《唐代长江中游的经济与社会》，武汉大学出版社，1989年，第98-101页。

[2] 分见（唐）白居易：《白氏长庆集》卷21《和微之四月一日作》；卷21《答刘禹锡白太守行》；卷23《春题湖上》；卷26《太和戊申岁大有年诏赐百寮出城观稼谨书盛事以俟采诗》；卷27《想东游五十韵并序》，《四部丛刊》本。

[3]（唐）皮日休：《太湖诗·崦里（傍龟山下有良田二十顷）》，收入《全唐诗》卷610，中华书局，1960年，第7042页。

然而，由于自然环境的差异，各地稻乡的风物、景象因地而异，饶是以唐人的生花妙笔，亦难予尽行言状和描绘。今天的人们只能根据古贤诗咏，并放飞想象的翅膀，差可猜想一二。诵读他们的诗句中关于江南稻乡生态景观，或许这样的情景时常闪现在眼前：一片片平漠如镜的膏腴稻田，或碧绿如茵，或黄金若锦，镶嵌于平湖、泾浦、堤塘、山麓、竹树、荷池、菱荡等之间，环绕着错落有致的村舍人家，构成一个个风光旖旎、四季变换、富于生物多样性和充满勃勃生机的大、小生态系统，其中耕渔兼作，农桑并兴，渔樵互答，并不仅仅只是种植水稻。基于古人描绘所形成的这类选择性“历史记忆”，自然未免过于理想化，但无论如何，伴随着稻作生产的发展，原本古林幽蔽、蒹葭丛生的南方自然环境，不断走向人工化和宜居化的历史趋势还是可以肯定的——在那个时代，以稻作为中心的经济活动，尚未对南方地位的生态环境带来显著的负面影响。

其四，随着水稻主粮地位的不断提高，这种禾本科植物与中华民族相互依存、互利共生的关系亦不断深化，突出地表现在早、中、晚不同品系、众多水稻品种之出现，其中有不少优质良种在后世文献记载之中长期延续。这里不妨稍作展开叙述。

古籍记载稻有水稻、旱稻之分，主要是水稻，旱稻栽培极少。栽培水稻包括三大种类，即粳稻（古时亦多写作秔稻）、籼稻和糯稻（古时亦常称为秫稻），还有不种自生的稻，古称“秜稻”等多个异名。[1]两汉以前文献对水稻品种偶有记载，较多记述则出现于魏晋南北朝。其中《广志》已记载13个品种名称，《齐民要术》引该书云：稻“有虎掌稻、紫芒稻、赤芒稻、白米稻。南方有蝉鸣稻，七月熟。有盖下白稻，正月种，五月获；获讫，其茎根复生，九月熟。青芋稻，六月熟；累子稻，白汉稻，七月熟：此三稻，大而且长，米半寸，出益州。粳有乌粳、黑穬、青函、白夏之名”[2]。水稻史家游修龄认为：前9个为籼稻品种，后4个是粳稻品种。贾思勰在《广志》基础之上又增记了24个稻种品名，称：“按今世有黄瓮稻、黄陆稻、青稗稻、豫章青稻、尾紫稻、青杖稻、飞蜻稻、赤甲稻、乌陵稻、大香稻、小香稻、白地稻；菰灰稻，一年再熟。有秫稻。秫稻米，一名糯米，俗云‘乱米’，非也。有九秫、雉目秫、大黄秫、棠

[1] 缪启愉：《齐民要术校释》卷2《种稻第十一》引《字林》曰：“秜，稻今年死，来年自生曰‘秜’”，中国农业出版社，1998年，第137页。

[2] 缪启愉：《齐民要术校释》卷2《种稻第十一》引《广志》，中国农业出版社，1998年，第136页。

秫、马牙秫、长江秫、惠成秫、黄般秫、方满秫、虎皮秫、荟柰秫，皆米也。”[1]游修龄认为前 13 个是粳稻为主，但黄陆稻、豫章青稻、乌陵稻可能是籼稻；后 11 种乃是糯稻。[2]两书相加共记载了 37 个水稻品种名称，证明那时中国农民对水稻品种选育已是相当用心，这些品种来自不同地方，成熟早晚、颜色形态和品质味道各不相同，它们可能还主要是北方特别是黄淮流域的水稻品种，其中有多少是出自南方地区或在南方也有栽培，无法明确判断。我们推测：当时南方各地应已培育出了更多水稻品种。

唐人诗句频繁提到南方各地不同的水稻品种，其中有白稻、红粒稻、红莲稻、獐牙稻、香稻、罢亚等，其中有些在后世长期延种。一般来说，稻米壳黄而米白。然而唐人诗句中经常出现红稻或红米，这是很值得注意的情况。例如，陆龟蒙曾多次提到苏州一带的红莲稻，有“呼儿舂取红莲米，轻重相当加十倍”“遥为晚花吟白菊，近炊香稻识红莲”等诗句[3]，红莲稻被他如此看重，应属一个优质水稻品种。白居易诗中则更频繁地出现红稻，其有诗云：“昨卧不夕食，今起乃朝炊。贫厨何所有，炊稻烹秋葵。红粒香复软，绿英滑且肥。”又云：“水淥红粒稻，野茹紫花菁。”又云：“红粒陆浑稻，白鳞伊水鲂。”又云：“绿醅量盏饮，红稻约升炊。”又云：“鲂鳞白如雪，蒸炙加桂姜。稻饭红似花，调沃新酪浆。”[4]杜甫关于巴蜀地区的稻米亦多有类似描述，不能一一俱引。同今天一样，那个时代用于煮饭的主要是粳稻米，时人多称为香粳（香杭），或云粳稻香。谢灵运《山居赋》所谓“蔚蔚丰秫，苾苾香粳，送夏蚤秀，迎秋晚成”即是。唐代后期，长江下游江南地区香粳米出产最盛，多有上贡，故《新唐书》记载“常州晋陵郡……大小香粳”“苏州吴郡……大小香粳”“婺州东阳郡……赤松涧米、香粳”[5]。至于糯稻（秫稻），虽亦频繁见有记载，但多是用于酿酒。例如，嗜酒如命的陶渊明担任彭泽令时，曾将大部分田地用于种秫稻。[6]

这些具有不同特性的水稻品种都不仅仅是自然选择所致，而是人们不断进

[1] 缪启愉：《齐民要术校释》卷 2《种稻第十一》，中国农业出版社，1998 年，第 137 页。

[2] 关于唐宋以前中国水稻品种，游修龄曾有相当详细的考证。游修龄：《中国稻作史》，中国农业出版社，1995 年，第 78-86 页。

[3]（唐）陆龟蒙：《食鱼》，收入《全唐诗》卷 621，中华书局，1960 年，第 7149 页；（唐）陆龟蒙：《别墅怀归》，收入《全唐诗》卷 624，中华书局，1960 年，第 7173 页。

[4]（唐）白居易：《白氏长庆集》卷 7《烹葵》；卷 17《江州赴忠州至江陵以来舟中示舍弟五十韵》；卷 30《饱食闲坐》；卷 33《题小草亭》；卷 36《二年三月五日斋毕开素当食偶吟赠妻弘农郡君》，《四部丛刊》本。

[5]《新唐书》卷 41《地理志》，中华书局，1975 年，第 1058、第 1063 页。按：唐代湖州吴兴郡有上佳的糯米进贡朝廷。

[6]《宋书》卷 93《隐逸·陶潜传》云：“公田悉令吏种秫稻。妻子固请种粳，乃使二顷五十亩种秫，五十亩种粳。”中华书局，1974 年，第 2287 页。

行人工选择和培育的结果。为了获得更高产量和谋求具有特殊用途的产品，农民一方面努力改善水稻生长的生态环境，另一方面积极发现和选育优质的稻种。优质水稻品种之形成，固然是以特殊遗传基因作为基础的，但更有赖于人们对其生物性状、生长习性的主动认识和定向驯化，一旦脱离人工培育，优良稻种则将发生“野化”，成为不种自生的野稻。正因为如此，人与稻之间，不仅仅是人类依靠水稻将太阳能转换成为粮食，从中获得个体生存和种群延续的必要食物能量，栽培稻种亦依赖于人工栽培种植而不断“进化”，两者之间逐渐形成并且持续保持着亲密的互赖、共生关系，曾经发生过许许多多的历史故事。遗憾的是，自古历史研究者向来都将主要精力集中在帝王将相的政治、军事功业上，普通历史爱好者亦似乎对古人的风流逸事更感兴趣，对关乎人类衣食生计甚至生死存亡的那些最基本的问题，则并不是那么关心。关于小麦、水稻这样一些人人日日不可或缺的事物究竟如何起源、发展和演变，与自然环境和社会条件有何关联，还有太多故事从来不曾进入历史叙述，令人感慨！

四、麻、豆及其他粮食

麻在先秦时代亦曾被列为“五谷”之一，但在汉代已经丧失了主粮地位；《齐民要术》仍有专篇谈论其栽培技术，但种植范围和面积已经相当有限。《魏书》记载：蠕蠕首领阿那瓌曾“请给朔州麻子干饭二千斛”[1]，可见麻子尚未完全退出历史舞台，在西北局部地区仍有一些种植。

但从西域传入的胡麻（即芝麻，古代曾称巨胜、脂麻等），在中古时期种植范围越来越广，《齐民要术》为之设有专篇。胡麻籽或用于煮饭，中古诗文中时有所见，不过基本上都是服食养生家们的做派，普通民众极少食用胡麻饭。与普通民众生活关系密切的是用胡麻籽做饼，东汉以后，“胡饼”逐渐流行，胡饼上面撒些麻籽，“搏炉”烤炙后香气沁脾，令人垂涎欲滴。胡麻的更重要用途是压油，胡麻油曾经是古代食用植物油的主要来源之一，这一点值得稍予叙述。

我们知道，在两汉及其以前，食用油多来自动物脂肪，东汉崔寔《四民月令》虽然记载了胡麻和荏子种植，但前者主要作粮用，后者则种作调料，并未

[1]《魏书》卷 103《蠕蠕传》，中华书局，1974 年，第 2302 页。

大量取其籽实压油。魏晋南北朝时期，除了胡麻之外，荏苏、大麻和芜菁的籽实都被大量用于压油，《齐民要术》有明确记载。该书卷三《荏、蓼第二十六》说："收子压取油，可以煮饼。为帛，煎油弥佳。"作者自注云："荏油色绿可爱，其气香美，煮饼亚胡麻油，而胜麻子、脂膏。麻子、脂膏，并有腥气。然荏油不可为泽，焦人发……荏油性淳，涂帛胜麻油"。同卷《蔓菁第十八》又说："（芜菁）一顷收子二百石，输与压油家，三量成米，此为收粟米六百石，亦胜谷田十顷。"该书记载说明：中古植物油料并不局限于食用，它们还被用于"涂帛"作雨衣、作"车脂"（相当于润滑油）、调漆和作润发油（时称"泽发"）等。油料作物栽培和植物油料出现，是中国农业史、饮食史上的大事，不仅改变了古代的农作结构和食物营养结构，对烹饪方式也产生了重要影响——虽然油煎快炒技法出现和流行的主要动力是森林减少所引起的燃料变化，但正是因为有了植物油作为传热介质，油煎快炒法才逐渐流行开来。这一个细小历史变化的背后，亦牵连着重要的物质生活与自然环境关系的互动演变。

在植物界中，豆科植物是一个庞大家族，在我国分布有约 127 属，1 200 种，其中有不少种类被栽培食用或做其他用途[1]，曾经用作粮食的主要是原产于中国的大豆，其他种类如赤豆、绿豆、豌豆、蚕豆等，都远不及大豆的地位重要。大豆古称"菽"，在先秦至两汉时代一直是主粮之一，文献常常是粟、菽并提。中古时代栽培豆类的种类和品种都较此前有所增加。《齐民要术》记载：当时北方栽培有大豆和小豆。其中大豆品种有 11 个，小豆也有绿豆、赤豆、豌豆等 10 个品种。其中包括从朝鲜半岛引进的黄高丽豆、黑高丽豆和从西域引进的胡豆。[2]晚唐时代韩鄂所著《四时纂要》亦于不同月份下多处谈及大、小豆种植，反映出当时农学家对豆类生产相当重视。

史书记载反映：中古豆类种植在南北地区都很广泛，基本上是各州郡县都有所栽培；在灾害年份，豆类受损亦是地方官府向中央上报灾情的重要内容之一。[3]不过，豆类作为主粮之一的地位却逐渐下降，副食化和饲料化的趋势则日益明显。从《齐民要术》的记载可知：南北朝以后，豆类一般不再作为主种作物，而是在主谷栽培的间隙轮作、间作、混种和套种，这一点与汉代的情况

[1] 参见《辞海》（缩印本），上海辞书出版社，1980 年，第 1956 页。

[2] 缪启愉：《齐民要术校释》卷 2《大豆第六》，中国农业出版社，1998 年，第 109 页。

[3] 相关资料，可参见《晋书》卷 29《五行志》；《魏书》卷 112《灵征志》以及两《唐书》《册府元龟》相关部分的记载。

颇不相同。[1]有时播种豆类，并非为了收获籽实，而是不待其成熟即予收割，积为“青茭”或者“茭草”（即豆禾），用作家畜的饲料；有时则直接掩杀于地中，任其腐烂作为绿肥。[2]

从食用角度看，古人对豆类的态度是相当矛盾的：一方面，由于豆类作饭、煮糜口味不佳，多食引起腹胀，不易消化，除非迫不得已，人们不愿多食，所以它通常被视为粗粝的食物；另一方面，豆类所含蛋白质远远高于其他粮食，对于缺少肉食的粒食之民来说，豆类是人体所需蛋白质的重要来源。[3]故中古时代仍然常以豆糜、豆粥作为主食的是贫穷百姓，饥歉之年更是度荒之粮。为了改进豆类的口味，古人很早就酿制豆豉，《齐民要术》记载用于酿造豆豉、豆酱清（酱油）的豆子往往达到数石、数十石乃至百石；后来大豆还被大量用于制作豆腐，原本的主粮逐渐走向副食化。

总之，在中国粮食生产和消费，食物能量和营养摄取，以及农业生态系统有机物质循环之中，豆子是一类相当特殊的作物，有颇多的历史“故事”值得发掘和叙述。中古时代豆类历史地位的变化，与自然生态环境和社会物质生活的诸多方面联系密切。

除以上主粮或曾经的主粮作物外，块根、块茎植物也是重要的热量和营养来源，“芋”就是其中的一个大类，在特定地区和灾荒年份，常常显示出特殊的重要性。例如，蜀汉地区出产颇多种类的芋，是当时人民重要的资生之物，故《广志》称：

蜀汉既繁芋，民以为资。凡十四等：有君子芋，大如斗，魁如杵筥，有车毂芋，有锯子芋，有旁巨芋，有青边芋：此四芋多子。有谈善芋，魁大如瓶，少子；叶如散盖，绀色；紫茎，长丈余；易熟，长味，芋之最善者也；茎可作羹臛，肥涩，得饮乃下。有蔓芋，缘枝生，大者次二三升。有鸡子芋，色黄。有百果芋，魁大，子繁多，亩收百斛；种以百亩，以养彘。有早芋，七月熟。

[1] 梁家勉主编：《中国农业科学技术史稿》，农业出版社，1989年，第262-263页。

[2] 关于种豆类充作畜料，《齐民要术校释》卷6《养羊第五十七》云：“羊一千口者，三四月中，种大豆一顷杂谷，并草留之，不须锄治，八九月中，刈作青茭”；关于种豆作绿肥，同书卷1《耕田》第一云：“凡美田之法，绿豆为上，小豆、胡麻次之。悉皆五六月中（禾冀）种，七月、八月犁（禾奄）杀之，为春谷田，则亩收十石，其美与蚕矢、熟粪同。”

[3] 按豆类特别是大豆的蛋白质含量很高，一般在30%以上，且其氨基酸构成优良。由于经济条件的限制，普通百姓难得肉食，以蛋白质含量较高的豆类作饭、粥，以及加工成副食品，极大地弥补了中国人民蛋白质摄入量不足的问题，对中华民族体质具有不可估量的影响。

有九面芋，大而不美。有象空芋，大而弱，使人易饥。有青芋，有素芋，子皆不可食，茎可为菹。凡此诸芋，皆可干腊。又可藏至夏食之。

这些不同的芋种各具特点：有的高产，有的早熟，有的个儿大，有的味道美，有的可以制干贮藏备荒，有的则可为菹佐餐或者用于养猪……南北其他地区也分别出产不同的芋，“又百子芋，出叶俞县；有魁芋，旁无子，生永昌县；有大芋，二升，出范阳、新郑”[1]。周处《风土记》则记载江南地区有一种“博士芋，蔓生，根如鹅鸭卵”[2]。在贾思勰看来，芋是救灾度荒的重要作物，应该督促百姓多加种植。他说：“按芋可以救饥馑，度凶年。今中国多不以此为意，后至有耳目所不闻见者。及水、旱、风、虫、霜、雹之灾，便能饿死满道，白骨交横。知而不种，坐致泯灭，悲夫！人君者，安可不督课之哉？”[3]虽然芋从来不曾被列入主粮之列，但古代中国种植和食用一直都相当普遍，人们都很熟悉。明清以后甘薯（山芋、红芋）和洋芋（马铃薯）陆续传入，人们便用“芋”来命名这两种外来的作物。此是后话。

上述诸种作物，作为“粒食之民”的主食，是人体所需营养特别是碳水化合物的主要来源，成千上万年来，它们一直是中国人民生命维持和种族延续的根本。由于这些作物的淀粉、蛋白质、维生素和微量元素的含量各不相同，中古时代它们作为主粮地位之升降，必然对中国人民的营养结构和水平产生一定程度的影响，进而影响整个社会和民族的体质状况。可惜目前这方面的研究基础非常薄弱，我们对其影响程度之大小还无法做出具体评估。

第三节　蔬菜和果品：本土和外来的种类

在中国食物体系发展、演变的漫长历史上，中古蔬菜和果品的变化也值得特别关注。虽然蔬、果一向被列为副食，但副食并不意味着可有可无。相反，蔬菜和果品不仅是人体所需维生素和各种微量元素的重要来源，而且对于调节体液酸碱度，维持身体健康具有不可或缺的意义。故《黄帝内经》云：“五谷为

[1] 均据缪启愉：《齐民要术校释》卷2《种芋第十六》引郭义恭《广志》，中国农业出版社，1998年，第169页。
[2] 缪启愉：《齐民要术校释》卷2《种芋第十六》引周处《风土记》，中国农业出版社，1998年，第169页。
[3] 缪启愉：《齐民要术校释》卷2《种芋第十六》，中国农业出版社，1998年，第172页。

养，五果为助，五畜为益，五菜为充。”[1]与主食逐渐高度依赖于少数几种植物（主要是禾本科植物）不同，蔬菜和果品一向具有“广谱性”，人工栽培的种类呈不断增多的趋势。

中古时代是蔬、果发展、变化十分显著的一个时期。主要表现在以下几个方面：其一，许多原处于野生或半野生状态的蔬果，逐渐成为栽培种类，见于文献记载的南北蔬、果种类，较之前一历史时代明显增多；其二，涌现了一批品种颇多、种植地域广泛的重要当家蔬、果；其三，南北蔬、果不断交流，造成生产局面发生改变；而众多外来的种类不断传入、驯化和推广，融入中国的蔬、果系列而成为国人的重要生存资源。为了叙述方便，下面就蔬菜和果品分别稍作介绍。特别强调其背后的自然环境因素。

一、蔬菜种类的显著增加

在我国历史上，粮食种植和蔬菜栽培几乎是同时起步、并行发展的。根据《诗经》等文献记载：早在先秦时代，就已经开始出现了专种蔬果的“园圃”，蔬菜生产成为食物生产体系中的一个专门项目。但由于当时野外可供采集的野生蔬菜还很多，栽培蔬菜的种类相当有限，明确见于记载的仅有瓜、瓠（壶）、芸、韭、葑、葵、姜、葱、蒜等几种。[2]两汉时期蔬菜种类有了较大增加，《氾胜之书》《四民月令》及张衡《南都赋》等文献中记载了可以确定为人工栽培的蔬菜共20多种，其中包括葵、韭、瓜、瓠、芜菁、芥、大葱、小葱、胡葱、胡蒜、小蒜、杂蒜、薤、蓼、苏、蕺、荠、蘘荷、苜蓿、芋、蒲笋、芸苔及若干种豆类，已经远多于先秦时代。[3]

及至中古时代，见于文献记载的蔬菜种类显著增多，仅《齐民要术》一书即明确记载了30多种陆生和水生蔬菜的栽培方法，加上唐代《食疗本草》《四时纂要》两书的记载，当时北方地区的蔬菜已达70余种（其中若干种类可能仍以野生为主，或处在半栽培状态），豆类尚不计在内。常见的蔬菜有葵、冬瓜、越瓜、胡瓜（黄瓜）、落苏（茄子）、瓠（葫芦）、芋、蔓菁（芜菁）、菘菜、芦

[1]（唐）王冰注：《黄帝内经素问》卷7《藏气法时论篇第二十二》，《四库丛刊》本。
[2] 梁家勉主编：《中国农业科学技术史稿》，农业出版社，1989年，第142-143页。
[3] 梁家勉主编：《中国农业科学技术史稿》，农业出版社，1989年，第214页。

菔（萝卜）、蒜（包括胡蒜、小蒜、黄蒜、泽蒜等）、葱（包括胡葱、小葱等）、韭菜、薤菜、芸薹、蜀芥、小芥（芥子）、胡荽（芫荽）、兰香（罗勒）、荏蓼（白苏）、生姜、蘘荷、白苣、芹（水芹）、堇菜、胡葸（苍耳）、莼菜、荷藕、苜蓿、菰蒋（茭白）、荠菜、竹笋、雍菜、菠菜等。这些菜种，有的是经过长期人工培育，由野生植物驯化成为栽培蔬菜；有的则是在长期人工定向培育下，由一种产生出多个变种（如芜菁、芸苔、莱菔、菘菜即是同种变异的结果）；有的种类则是汉代以后陆续从异域传入中土（如苜蓿、胡瓜、胡荽、胡葱、胡蒜、莴苣、菠菜、甜菜等），逐渐推广种植，成为寻常百姓的佐餐之物。[1]

从环境史角度看，中古蔬菜种类之增加，有若干方面值得特别注意：

一是许多野生植物陆续被驯化成栽培蔬菜，表明人们对自然物种的认识水平和利用能力进一步得到了提高。举例来说，苦荬菜在先秦时代已被采食，当时称为“芑”，《诗经·小雅·采芑》曾经描述了采集这种野蔬的情形，直到两汉“芑”还没有被种植，而魏晋南北朝时期已经成为栽培菜种；再如，有多种水生植物在这个时期由野生走向了人工栽培，《齐民要术》记载了莲藕、菱、鸡头、莼菜的栽培方法。[2]

二是一些原有菜种经过不断人工栽培、选育，产生了新的变种。例如，在《齐民要术》中被列为第一的葵菜，古时又名滑菜、冬寒菜等，属锦葵科植物，很早就是当家菜蔬。在中古文献中，葵菜的出现频率仍然最高，新品种不断涌现，北朝时期已有紫茎、白茎两种，分别又有大、小之分；按照栽培季节分，又有春葵、秋葵和冬葵之别。还有一种鸭脚葵，大约因其叶形似鸭脚而得名。[3]

更典型的例子是十字花科的多种蔬菜。先秦文献所记载的“葑”，在人工不断培育下逐步分化出了蔓菁、芥和芦菔等多个变种，中古时代均为重要的栽培蔬菜。其中，蔓菁（又称芜菁）肉质根肥大，根和叶供鲜食，也可腌渍作干菜供食，在当时被大量栽培。据《广志》和《齐民要术》记载：当时芜菁有紫花、白花等不同品种，还有一种叶根粗大的“九英”芜菁。芜菁在当时在北方地区栽培面积颇广，既可干藏或作菹食用，亦作家畜饲料，此外还被认为是重要的救荒作物。《齐民要术》称芜菁“可以度凶年，救饥馑”“若值凶年，一顷乃活

[1] 详细情况，见王利华：《中古华北饮食文化的变迁》，中国社会科学出版社，2000 年，第 86 页列表。
[2] 缪启愉：《齐民要术校释》卷 6《养鱼第六十一》“种莼、藕、莲、芡、芰附”，中国农业出版社，1998 年。
[3] 缪启愉：《齐民要术校释》卷 3《种葵第十七》，中国农业出版社，1998 年，第 176-182 页。

百人耳”[1]。萝卜是蔓菁的同科别种，古时多称“芦菔”，俗名“雹突”，在当时也是相当普遍地种植，根、叶均可食用；又有芥菜（有蜀芥、小芥诸种）和芸苔，芥菜除茎叶供作菜蔬之外，还取籽加工芥子酱；芸苔在当时仍然主要作蔬菜，但其中的一种后世被定向选育，专供作榨油原料，即今之油菜。而长期作为我国特别是北方当家蔬菜的“菘”（即大白菜），也是“葑”的后代变种。瓜类之中也存在类似的情况，例如，从甜瓜中演变来的越瓜，不再像甜瓜那样一向只作水果生食，而是佐餐的蔬菜。

三是异地菜种不断传入，使当时蔬菜种类愈加丰富。自西汉张骞通西域，中亚各国的许多新奇农牧物产经由“丝绸之路”陆续传入中原，其中包括苜蓿、胡葱和胡蒜等多种蔬菜。它们在中古时代被更加普遍地种植。魏晋至隋唐时期，更多的异国菜种不断传入，其中重要种类有胡瓜（即黄瓜）、胡荽（又名芫荽）、莴苣、波菱菜（即今菠菜）、紫苏（即今茄子）等，其中黄瓜、莴苣、菠菜和茄子至今仍然是我国人民的家常菜，胡荽则是一种具有特殊香气的香菜，既可生吃，也煮食或腌食，种子则可作调味香料；苜蓿原本作为马饲料的，《齐民要术》亦将其列入菜类。[2]因此，中古蔬菜种类和品种的显著增多，一方面是由于广大农民不断辛勤培育本土的种类，另一方面是不断扩大的中外文化交流促进了外来物种的传入——在中国环境史研究中，这是一种十分值得重视但至今仍然探讨很少的课题。

中古蔬菜发展的地域差异，同样是一个具有重要环境史意义的历史现象。由于不同植物对自然生态环境的适应性有所不同，自古各地蔬菜种类的构成和特定菜种的分布地域都存在着诸多差异：有的蔬菜在南北各地广泛栽种[3]，另一些则仅局限于某些特殊地域。中古时代南北地区蔬菜生产和消费存在诸多差异，其中最主要的差异之一是：北方蔬菜大抵以陆生种类为主，亦有少量水生的种类；南方“水乡泽国”地区则是水生蔬菜众多。其时，南方盛产的莼菜、荷藕、菰蒋、水葵等一直备受称羡，时见于诗文记咏，名人典故颇为不少。以莼菜为例：西晋时期，在洛阳做官的吴人张翰，于秋风吹起之时思念家乡的菰

[1] 缪启愉：《齐民要术校释》卷3《蔓菁第十八》，中国农业出版社，1998年，第187页。

[2] 缪启愉：《齐民要术校释》卷3《种苜蓿第二十九》，中国农业出版社，1998年。

[3] 谢灵运《山居赋》描述其“山居”的蔬菜生产盛况称：“畦町所艺，含蕊藉芳。蓼蕺葱荠，葑菲苏姜。绿葵眷节以怀露，白薤感时而负霜。寒葱摽倩以陵阴，春藿吐苕以近阳。”其中所列蔬菜，都是南北皆种的菜种。见《宋书》卷67《谢灵运传》，中华书局，1974年，第1769页。

菜、莼羹和鲈鱼脍，居然弃官而归。[1]张翰此举或另有政治上的隐情，但本故事的确反映了江南佳蔬美食的魅力；另一个故事亦与莼菜有关：西晋官员王武子用数斛羊奶酪招待来访的吴郡人陆机，问南方有什么食物可与羊酪相比，陆机回答“有千里莼羹，但未下盐豉耳！”[2]可见陆机同样认为莼菜是南方蔬菜中之上珍；至于莲藕、菰蒋之类水生和湿生植物更是处处盛产，是南方平原地区人民常食之蔬。

南北蔬菜的另一个重要差别是：南方自古号称“竹子王国”，到处是广袤的竹林，竹笋出产极其丰富，向为南方蔬菜之大宗，自古至今皆然。唐代白居易曾有诗称赞江州（今江西九江一带）食笋云：

此州乃竹乡，春笋满山谷。山夫折盈抱，抱来早市鬻。
物以多为贱，双钱易一束。置之炊甑中，与饭同时熟。
紫箨坼故锦，素肌擘新玉。每日遂加餐，经时不思肉。
久为京洛客，此味常不足。且食勿踟躅，南风吹作竹。[3]

我们一再指出：“饭稻羹鱼”是南方食物体系的主要特色；如果单从副食角度来看，由于南方地区不仅盛产鱼类，而且盛产水生蔬菜（水乡）和竹笋（主要是山乡），故“鲈鲙莼羹”和“鱼笋”成为最鲜美而令人企羡的动、植物食料搭配，前者或许局限于吴越水乡地区，后者则是更具普遍性的南方珍馐嘉馔，与北方系统的菜肴存在着显著的地域差异，并一直延续至今。这确凿无疑是根源于南方自然环境和天然物产的独特性。关于这个方面，也还有很多故事值得细细讲述。

二、南北果品的种类和产区[4]

与自然环境之间关联同样密切甚至表现更加显著的是果品生产的发展。中

[1]（南朝宋）刘义庆著，（南朝梁）刘孝标注，（清）王先谦校订：《世说新语·识鉴》，上海古籍出版社，1982年影印本，第219页。
[2]（南朝宋）刘义庆著，（南朝梁）刘孝标注，（清）王先谦校订：《世说新语·言语》，上海古籍出版社，1982年影印本，第64-65页。
[3]（唐）白居易：《食笋》，收入《全唐诗》卷430，中华书局，1960年。
[4] 关于中古时代北方果品生产发展的详细情况，可参见王利华：《中古华北饮食文化的变迁》一书的相关部分。这里仅作概述，以便重点叙述南方的情况，更多地关注环境条件及其差异对果品生产和消费的影响。

古时代的果品，包括水果、干果和瓜果，不论在种类构成还是生产区域上，都发生了不少值得注意的新变化。有若干方面的发展变化令人印象十分突出。

其一，栽培果品种类及其品种显著增多，形成了众多著名产区。关于中古主要果品、品种及其著名产地，各类文献记载之丰富有些超乎寻常。郭义恭《广志》虽非果树专著，却记载南北果品多达40余种[1]，每种果品往往有众多的品种。

我国原产的传统果树，品种数量更是大幅度增加，涌现了一大批优质名产和著名产区。枣、栗、桃、李、梨、柿、杏等一直是北方地区的当家果品，品种都多达十余个乃至数十个。《齐民要术》专篇记载了其中多种果品的栽培技术方法。那时，果品往往以产地、人物或形态、品质命名，以产地命名者，大抵反映了其中优质品种的著名产区。例如，枣有河东安邑枣、东郡谷城紫枣、西王母枣、河内汲郡枣、东海蒸枣、洛阳夏白枣、安平信都大枣、梁国夫人枣、青州乐氏枣等20余个品种，著名产区一目了然。栗子盛产于燕、赵和关中等地丘陵山区，其中“中山好栗”名闻天下，幽州板栗曾为贡品，关中则有一种大如鸡蛋的栗子。枣和栗在中古之前还是重要甜品和树粮。品种最多的可能是李，据说汉武帝修上林苑时，群臣所献的李树佳种就有8个，而见于《广志》《齐民要术》等书的李子品种竟达40多个，其中房陵（今湖北房县）李最有名。中原一向盛产梨子，汉代皇家园囿中栽有不少良种梨树，见于《西京杂记》的就有紫梨、芳梨、青梨、大谷梨、细叶梨、紫条梨、瀚海梨、东王梨等品种；据郭义恭《广志》记载：今河南洛阳、商丘、登封、灵宝，河北正定、平乡，山东巨野、临淄，以及今山西东南部和关中一带都产好梨，其中广都梨重达十斤，含消梨入口即化，俱为名品。桃子亦为北方原产果树，《西京杂记》曾记载长安出产的多种名“桃”，包括并非桃子的樱桃和胡（核）桃。魏晋南北朝时期，邺城的勾鼻桃、洛阳华林园的“王母桃”均为名产。樱桃，一名含桃，又名楔桃，甚受古代文人夸赞，西晋和唐代的皇家苑囿中曾大量种植，皇帝每以樱桃赐予大臣，唐代进士新及第常举行所谓“樱桃宴”。其余如杏、柰、柿、甜瓜等亦各有著名的品种和产地。不过，屡见于《诗经》，在先秦时代曾作为重要调味品，特受重视的梅子，在中古时代的北方地区已经很少种植，究其原因，应是由于

[1] 王利华：《〈广志〉辑校（一）——果品部分》，《中国农史》1993年第4期，第75-86页。

环境变迁特别是气候转冷，不能大量栽培。

以上这些果品在南方地区亦颇多种植，但不及北方出产之盛。长江流域最引人注目的果品乃是芸香科果树，而岭南则盛产众多热带水果，也都是名品迭出。例如，在长江上游，成都一带的给客橙、平蒂柑、梅子、柚子均著名，南安等地则出产上好的枇杷；长江中游荆襄地区，宜都出大枇杷、江陵之橘自汉以后一直著名；长江下游吴中的橘柚和杨梅等均名冠天下；华南地区亦复如此。

其二，中古时代有些水果的分布区域，与现代相比差异明显。其中最典型的例证是荔枝。这种水果，如今仅分布在两广、海南、福建和云南等地，但中古时代在巴蜀地区曾有不少分布，前文讨论中古气候变迁之时已经引述了相关史料，兹不重复。由于荔枝甘美多汁，自汉代以后一直是中原人士羡叹追求的奇果，但这种水果极易腐烂，鲜果不能经时远途运输，所以历史上曾有人试图将其引种到北方。据《三辅黄图》卷三记载："汉武帝元鼎六年（公元前 111 年），破南越，起扶荔宫，以植所得奇草异木。"然而"上木南北异宜，岁时多枯瘁，荔枝自交趾移植百株于庭，无一生者，连年犹移植不息；后数岁，偶一株稍茂，终无华实，帝亦珍惜之，一旦萎死，守吏坐死者数十人，遂不复莳矣。其实则岁贡焉，邮传者疲毙于道，极为生民之患。至后汉安帝时，交趾郡守极陈其弊，遂罢其贡"。以帝王之尊，为了引植一种果树而不惜巨大耗费，迄未成功，说明生态规律终不可违，亦可叹也！

其三，陆续传入的众多异国水果，显著改变了中国果品生产和消费的结构。自张骞通西域以后，先经陆路、后由海路传入的果品，殆以十、百计。众多外来果品之中最著名的是葡萄，汉唐文献称为"蒲陶"、"蒲桃"或"蒲萄"，应是据译音而命名。葡萄原产于地中海及里海地区，汉代经由西域传入中国[1]，不仅生食滋味极佳，而且是酿酒的重要原料。《史记》称：大宛国盛产葡萄和葡萄酒，"富人藏酒至万余石，久者数十岁不败"。汉朝通过往来使节或商人引进其种，栽植于"离宫别观旁"[2]。魏晋南北朝时期，葡萄的藤蔓逐渐攀越皇家禁苑的围墙，进入普通百姓人家的庭院果园，所以《齐民要术》专门记载了葡萄的种植方法。到了唐代，陇西和河东地区已经成为葡萄和葡萄酒的著名产地，

[1] 相关问题可参见［美］劳费尔著，林筠因译：《中国伊朗编》之"葡萄树"一节，商务印书馆，1963 年。
[2]《史记》卷 123《大宛列传》，中华书局，1959 年，第 3173-3174 页。

唐初还从高昌引进了一个优质新品种——马乳葡萄，葡萄酒的酿造技术也逐渐内传。至此，葡萄这种充满神秘色彩的异域珍果，成为中原人家的寻常果品。

另一著名的外来果品是核桃，古称“胡桃”，或作“羌桃”，因从胡羌之地传入且形似桃子而得名，大约在汉代也传入了中国，但广泛种植是从中古开始。史书记载：西晋内苑华林园曾种有核桃 84 株；魏晋时期已有人将核桃作为礼物馈赠给朋友，还有人用核桃做祭品；北朝时期，陈仓和阴平两地（均在今陕西境内）所产的核桃以壳薄肉多而著名，反映它已在一些地区大量种植。[1]又有石榴，汉唐文献多称“安石榴”，因从西域的安国和石国传入而得名，亦或称为“涂林”。魏晋南北朝时期，安石榴在中原地区已经种植不少，南方只偶有所见。北朝时期，洛阳白马寺前的石榴，滋味甘美，价格昂贵，号称“白马甜榴，一实直牛”[2]。有趣的是，北朝时期，因为石榴“房中多子”，已被人们用作婚礼中的“喜物”，寓儿女众多、子孙满堂之意。[3]

随着东南地区逐渐开发，海上交通事业发展，中古时代还有多种外国水果经由海路传入，其中包括波斯枣、扁桃、阿月浑子、菠萝等，它们是在东南沿海特别是岭南地区开始种植的。如今盛夏消暑解渴的最重要果品——西瓜，也很可能在唐朝或五代时期传入了中国。

应当指出的是：上述这些种类可能并非中古外来果品的全部，而只是被成功引种、驯化和推广种植的那一部分，极可能还有更多种类的异域传入，但由于并不适宜中国的自然环境，不少种植未能成功驯化。

其四，长江流域和岭南形成了亚热带和热带两大果品产区以及多个重要亚区。中古以前历史文献记载的重点一直在北方，南方果品只是偶尔被提及，例如，《吕氏春秋》记载南方果之美者有“江浦之橘”“云梦之柚”；汉代司马迁称“蜀、汉、江陵千树橘”等，为“富给之资”，家有千树柑橘，富裕程度“与千户侯等”[4]。自六朝开始，伴随着经济、社会发展空间的南向扩展进程，果树生产作为一项重要的农业项目也受到高度重视，世家大族广占山泽，其山庄、田园之中往往开辟有大片果园，栽植着数量众多的果树。谢灵运的山居中有“北

[1]（唐）欧阳询编、汪绍楹校：《艺文类聚》卷 87 引《后汉孔融与诸卿书》《荀氏春秋祠制》和《晋宫阁名》；（宋）李昉等编：《太平御览》卷 971《果部八》引《广志》，中华书局，1960 年影印宋本。
[2]（北魏）杨衒之：《洛阳伽蓝记》卷 4《城西》，据范祥雍校注本，第 196 页。
[3]《北史》卷 56《魏收传》，中华书局，1972 年，第 2033 页。
[4]《史记》卷 129《货殖列传》，中华书局，1959 年，第 3272 页。

山二园，南山三苑”，其中“百果备列，乍近乍远”。有“杏坛柰园，橘林栗圃。桃李多品，梨枣殊所。枇杷林檎，带谷映渚。椹梅流芳于回峦，椑柿被实于长浦”[1]。普通农户亦以种植果树为重要的经济补充，某些地方有的农民甚至是果园经营作为主要生业。正是在这样的社会经济发展大背景下，南方长江流域和华南地区的果树生产取得了显著发展，果品种类较之北方地区尤显繁众，同样形成了众多著名果品及其著名产区。由于南北自然条件的差异，在果树种类构成方面，南北地区显著不同；同是南方地区，长江流域与华南地区亦迥然有别，果树生产体系各具特色。

那时，长江中下游各地的当家水果是橘、柚、柑、橙等芸香科种类，这些水果都属于亚热带种类，在淮河以北地区基本不能种植。在长江流域，不论是在巴蜀、荆楚还是在吴越地区，山丘、平原、江渚、湖滨处处都是橘柚成林，景致蔚然；枇杷、杨梅、甘蔗也是分布广泛的重要水果。这些在中古文献中都有相当丰富的记载。例如，巴蜀地区有“给客橙”（又名卢橘、金橙）、平蒂甘等盛名于世。张华《博物志》称：“成都、广都、郫、繁、江原、临邛六县，生金橙，似橘而非，若柚而芬香。夏秋冬，或华或实，大如樱桃，小者或如弹丸。或有年，春秋冬夏，华实竟岁。”[2]晋人郭璞亦称：“蜀中有给客橙，似橘而非，若柚而芳香。夏秋华实相继，或如弹丸，或如手指。通岁食之。亦名卢橘。”《广志》则记载成都出产一种平蒂甘，“大如升，色苍黄。”此外，犍为南安县也出好黄甘。同书又载“成都有柚，大如升。”[3]可见巴蜀西南在当时是芸香类果树的重要产区。

在长江中游，此类果树的种植也相当普遍。据《异苑》记载，当时南康（在今江西南部）有奚石山，山中“有甘、橘、橙、柚。就食其实，任意取足；持归家人啖，辄病，或颠仆失径”[4]。虽系传闻，而且有点迷信的味道，但当时这些果品出产较多是可以肯定的。今湖北枝江、宜都一带出产的甘子甚为有名，《荆州记》称：“枝江有名甘。宜都郡旧江北有甘园，名宜都甘。”[5]在一些地方，

[1]《宋书》卷67《谢灵运传》引《山居赋》，中华书局，1974年，第1768-1769页。
[2]（宋）李昉编：《太平御览》卷971《果部八》引《博物志》，中华书局，1960年影印宋本，第4303页。
[3]（宋）李昉编：《太平御览》卷973《果部十》引《广志》，中华书局，1960年影印宋本，第4314页。按《艺文类聚》卷87引《广志》此条作“大如斗”。
[4] 缪启愉：《齐民要术校释》卷10《五谷、果蓏、菜茹非中国物产者》，中国农业出版社，1998年，第712-713页。
[5] 缪启愉：《齐民要术校释》卷10《五谷、果蓏、菜茹非中国物产者》，中国农业出版社，1998年，第716-717页引。

有人大面积栽种柑橘以谋取利润，从事商品性果树生产。汉魏之际，李衡在武陵龙阳沙洲建宅，“种柑橘千树”，临死之时对其子说：“吾州里有千头木奴，不责汝衣食，岁上一匹绢，亦可足用矣。”到了东吴末年，柑橘成林，“岁得绢数千匹”[1]。李衡所经营的柑橘林，显然是商品生产性质。

至于长江下游的吴、会地区，柑橘之类的果树种植同样很普遍，专门记载江南风土物产的周处《风土记》曾多次提到了有关情况，如其中说：“甘橘之属，滋味甜美特异也。有黄者，有赪者，谓之壶甘。”又说：“柚，大橘也，色黄而味酢。”而缺名《广州记》在记载岭南“卢橘”时也称：“……其类有七八种，不如吴、会橘。”[2]可见这个地区所产的柑橘品种不少，品质佳美，为岭南所不及。

枇杷也是长江流域的重要果品。根据《广志》《荆州记》等书记载，当时南安（不详所指，应在秦岭以南的蜀汉地区）、犍为（今川南、黔西北、滇东北一带）、宜都（今湖北宜都）等地，是远近闻名的著名枇杷产地；而《风土记》等书的记载表明，长江下游地区也有不少枇杷。长江下游吴越地区的梅子、杨梅等也很有名。一些盛产于北方的果类如桃、李、杏、柰、栗、林檎、柿、枣、梨等，在长江中下游也颇有种植，前引谢灵运《山居赋》即有所反映，并且还形成了一些著名品种和重要产地。例如，魏晋南北朝时期最著名的李子是“房陵李”，即产于本区的房陵（今湖北房县）；宜都一带出产的椑（柿）也很有名。[3]

古代归入果品类的“瓜”，在中古之前通常指甜瓜，栽培区域十分广泛，南方的瓜类时见文献记载。郭义恭《广志》说：“瓜之所出，以辽东、庐江、敦煌之种为美。……蜀地温良，瓜至冬熟。有春白瓜，细小，小瓣，宜藏，正月种，三月成。有秋泉瓜，秋种，十月熟，形如羊角，色黄黑。”[4]可见，当时长江下游和巴蜀地区都栽培瓜类且各有嘉种。

另有一种植物，虽然古人往往归入果品，但并非食其果，而是食其茎，这就是甘蔗。这种禾本科植物，广泛分布于亚热带和热带地区，很早就被人工种植，长江以南出产尤盛，为时人所称。张载诗云：“江南都蔗，酿液丰沛；三巴

---

[1] 按：这一故事甚为有名，不少文献都有引述。兹据《齐民要术·序》。

[2] 缪启愉：《齐民要术校释》卷10《五谷、果蓏、菜茹非中国物产者》，中国农业出版社，1998年，第717、第714页。

[3]（宋）李昉编：《太平御览》卷971《果部八》引《荆州土地记》称：“宜都出大椑”。中华书局，1960年影印宋本，第4303页。

[4] 缪启愉：《齐民要术校释》卷2《种瓜第十四》引《广志》，中国农业出版社，1998年，第152页。

黄甘，瓜州秦柰。凡此数品，殊美绝快，渴者所思。”[1] 古代甘蔗有竹蔗、荻蔗两种，梁代陶弘景称：竹蔗“今出江东为胜，庐陵亦有好者。广州一种数年生，皆如大竹，长丈余，取汁以为沙糖，甚益人。又有荻蔗，节疏而细，亦可啖也。”[2]有的地方还出产带有采（彩）色的甘蔗，如雩都县（今江西于都一带）因“土壤肥沃，偏宜甘蔗”，成为当时著名甘蔗产区，所产“味及采色，余县所无，一节数寸长”。曾为上献朝廷的贡品。[3]长江中游的荆襄地区，自战国秦汉以降也一直是重要的甘蔗产区，巴蜀也颇多栽培。甘蔗甚至被试图引种北方，三国时期魏文帝曹丕南征还都，曾从荆州引种甘蔗植于庭中。[4]

但甘蔗对中国人民饮食生活的更重要意义，并非因为它是一种果品，而是作为制糖的主要原料。早先，甘蔗除直接啃食外，主要用于榨汁作浆，其甘冷汁液曾是古人最为称羡的甜美饮料，早在先秦时代已经见于记载。[5]进入中古以后，甘蔗逐渐被用于制糖。我国早期蔗糖生产可能是起源于岭南地区。《异物志》有云：“甘蔗，远近皆有。交趾所产甘蔗特醇好，本末无薄厚，其味至均。围数寸，长丈余，颇似竹。斩而食之，既甘；迮取汁为饴饧，名之曰‘糖’，益复珍也。又煎而曝之，既凝，如冰，破如博棋，食之，入口消释，时人谓之‘石蜜’者也。”[6]由此记载可知：最早的蔗糖应属饴糖之类。唐代以后，蔗糖生产技术经历了由“饴饧”“石蜜”到砂糖的发展演变。对此，宋代人王灼曾有如下概述，称：

自古食蔗者，始为蔗浆，宋玉作《招魂》所谓“胹鳖炮羔，有柘浆”是也。其后为蔗饧，孙亮使黄门就中藏吏取交州所献甘蔗饧是也。其后又为石蜜，《广志》云：“蔗饧为石蜜。”《南中八郡志》：“笮甘蔗汁曝成饧，谓之石蜜。”《本草》亦云：“炼糖和乳为石蜜”是也。唐史载太宗遣使至摩揭陀国，取熬糖法，即诏扬州上诸蔗，柞渖如其剂，色味愈西域远甚。[7]

[1]（宋）李昉编：《太平御览》卷974《果部十一》引张载诗，中华书局，1960年，第4318页。
[2]（宋）唐慎微：《证类本草》卷23引“陶隐居云”，华夏出版社，1993年，第565页。同书又引《图经》曰：“甘蔗，旧不著所出州土。”
[3] 缪启愉：《齐民要术校释》卷10《五谷、果蓏、菜茹非中国物产者》，中国农业出版社，1998年，第722页。按《要术》所引，当本于邓德明《南康记》。《初学记》卷20《政理部·贡献第三》引邓德明《南康记》云：“雩都县土壤肥沃，偏宜甘蔗，味及彩色，余县所出无。一节数十碎，郡以献御。”中华书局，1962年，第475页。
[4]《艺文类聚》卷34《人部十八》引曹丕《感物赋》，上海古籍出版社，1965年，第600页。
[5]（战国）宋玉《招魂》云：“濡鳖炮羔，有柘浆些。”“柘浆”即为蔗浆。收入《文选》卷33，上海古籍出版社，1986年，第1547页。
[6] 缪启愉：《齐民要术校释》卷10《五谷、果蓏、菜茹非中国物产者》，中国农业出版社，1998年，第722页。
[7]（宋）王灼：《糖霜谱第二》，《四库全书》本。

蔗糖的出现和技术改进，特别是沙（砂）糖的生产发展，不仅对古代饮食生活，而且对医疗和养生都造成了重大改变。古人获得甜食并非一件很容易的事情，在蔗糖出现以前，除直接食用含糖较多的果实（如枣、栗等）之外，人们只能通过采集蜂蜜（甚至蜂蛹）、制作果沙和把谷米熬浆干制成饴饧等方式获得少许甜食。中古时代，由于社会发展空间不断向南方甘蔗产区推进，特别是在砂糖熬制技术引进和推广以后，蔗糖的利用不断广泛，既作为众多食品的添加物以大大增进古人的饮食滋味和品质，亦作为药物进入许多药方，用于治疗诸多疾病，补充病人营养。[1]以糖入药虽不始于中古，早在《金匮要略》中就已经提到以饴糖、“硬糖”入药的情况[2]，但中古以后明显增多，从晋代葛洪的《肘后备急方》，至唐代孙思邈的《千金方》《千金翼方》和王焘的《外台秘要》，再到宋代唐慎微的《证类本草》以及众多医学著作，关于以糖入药治病的记载不断增多，甚至在《司牧安骥集》[3]这样的兽医学著作中也谈到糖入兽药。另一方面，社会对糖的需求量不断增加必然推动糖业生产和贸易发展，进而拉动甘蔗种植不断扩大并改变其生产区的生态景观。[4]通过这一案例，我们对于某个自然物种如何在特定历史情境之下不断融入社会物质生活，实可产生无尽的联想。

岭南长夏无冬，不但是甘蔗和蔗糖的重要产地，而且各种热带水果可谓名目众多，难以数计。在两汉及其以前，这些地区的热带水果即已声闻北土，甚至不断有人试图向北方引种，虽然均未能成功，却反映了北方人士对这些珍美果品的企求心理。自东汉末期杨孚著《异物志》以后，关于岭南水果生产的记载不断增多，当地众多名果愈来愈受到中原人士的关注，魏晋之际著名文学家左思夸赞道：“其果则丹橘、余甘，荔枝之林，槟榔无柯，椰叶无阴，龙眼、橄榄，棎榴御霜，结根比景之阴，列挺衡山之阳。”[5]在其后层出不穷的地记、地

[1]（宋）唐慎微：《证类本草》卷 23 云：甘蔗“取汁以为沙糖，甚益人”。又称：“今按别本注云：‘蔗有两种：赤色名昆仑蔗，白色名荻蔗，出蜀及岭南为胜，并煎为沙糖。今江东甚多，而劣于蜀者，亦甚甘美，时用煎为稀沙糖也，今会稽作乳糖，殆胜于蜀，去烦止渴，解酒毒。”又引《日华子》云：沙糖“冷利大小肠，下气痢，补脾，消痰止渴，除心烦热，作沙糖，润心肺，杀虫，解酒毒。腊月窨粪坑中，患天行热狂人绞汁服，甚良也”。古代医书中相关记载甚多，不能尽引。

[2]张仲景的《金匮要略方论》卷之下曾有 3 次提及糖。

[3] 按：《司牧安骥集》，是中国古代最重要的兽医学著作之一，撰于唐代，作者不详。

[4]《证类本草》卷 23 又谈到宋代的情况：“今江、浙、闽、广、蜀川所生大者亦高丈许，叶有二种：一种似荻，节疏而细短，谓之荻蔗；一种似竹，粗长，笮其汁以为沙糖，皆用竹蔗。泉、福、吉、广州多作之，炼沙糖；和牛乳为石蜜，即乳糖也，惟蜀川作之。荻蔗但堪啖。或云亦可煎稀糖。商人贩货至都下者，荻蔗多而竹蔗少也”。

[5]（西晋）左思：《吴都赋》，收入《文选》卷 5，上海古籍出版社，1986 年，第 213 页。

志和异物志书之中，更有很多关于岭南果品及其生产情况的记载。根据这些记载可知：盛产于长江流域的芸香科果树在岭南地区亦广泛分布，并且有一些本地的特产品种。见于当时文献记载的有橘、卢橘（壶橘）、雷柚、枸橼等。如裴渊《广州记》载："罗浮山有橘，夏熟，实大如李；剥皮啖则酢，合食极甘。又有壶橘，形色都是甘，但皮厚气臭，味亦不劣。"《南中八郡志》称："交趾特出好橘，大且甘；而不可多啖，令人下痢。"裴渊《广州记》亦称："广州别有柚，号曰雷柚，实如升大。"又称："枸橼，树似橘，实如柚大而倍长，味奇酢。皮以蜜煮为糁。"[1]郭义恭《广志》认为："荔枝、壶橘，南珍之上。"[2]又据上引缺名《广州记》：当时广州境内卢橘之类的果树品种，达七八种之多，反映出种植甚为普遍。

为数众多的岭南特有热带水果，此时亦大量种植并见诸文献记载。其中包括了许多至今仍为当时特产的许多种类，如椰子、槟榔、橄榄、龙眼、荔枝、益智、香蕉等。椰子是当时岭南地区最为广泛种植的名果之一。郭义恭《广志》称：交趾一带"家家种之"[3]。除《广志》之外，《异物志》《南方草物状》《南州异物志》《交州记》《南越志》等许多文献对其树、果形态和滋味品质都有详细记载。如《异物志》称：其"核内有肤，白如雪，厚半寸，如猪肤，食之美于胡桃味也。肤里有汁升余，其清如水，其味美于蜜。食其肤，可以不饥；食其汁，则愈渴"。槟榔是同样广泛种植并为当地人民所珍爱的果品，据称此果以扶留、古贲灰并食，有"下气及宿食、白虫、消谷"的功效，是人们饭后喜食的嘉果。[4]关于荔枝及其种植，《广志》有如下记载，称："荔支，树高五六丈，如桂树，绿叶蓬蓬，冬夏郁茂。青华朱实，实大如鸡子，核黄黑，似熟莲子，实白如肪，甘而多汁，似安石榴，有甜酢者。夏至日将已时，翕然俱赤，则可食也。一树下子百斛。犍为僰道、南广荔支熟时，百鸟肥。其名之曰'焦核'，小次曰'春花'，次曰'胡偈'：此三种为美。似'鳖卵'，大而酸，以为醢和。率生稻田间。"又称："荔支、壶橘，南珍之上。"[5]由此可见，当时岭南不少地

[1] 缪启愉：《齐民要术校释》卷 10《五谷、果蓏、菜茹非中国物产者》，中国农业出版社，1998 年，第 714 页。
[2]（宋）李昉编：《太平御览》卷 971《果部八》，中华书局，1960 年影印宋本，第 4306 页。
[3] 缪启愉：《齐民要术校释》卷 10《五谷、果蓏、菜茹非中国物产者》，中国农业出版社，1998 年，第 733 页。
[4] 缪启愉：《齐民要术校释》卷 10《五谷、果蓏、菜茹非中国物产者》引《与韩康伯笺》《南方草物状》《异物志》《南州八郡志》《广州记》等。
[5] 缪启愉：《齐民要术校释》卷 10《五谷、果蓏、菜茹非中国物产者》，中国农业出版社，1998 年，第 751 页；（宋）李昉编：《太平御览》卷 971《果部八》，中华书局，1960 年影印宋本，第 4306 页。

区荔枝种植甚盛，并培育了若干个良种。香蕉，当时文献又称“芭蕉”“芭苴”“甘蕉”等，也是当时文献频繁记载的热带水果，据《南方异物志》载：当时香蕉有三种，“一种子大如拇指，长而锐，有似羊角，名‘羊角蕉’，味最甘好；一种子大如鸡卵，有似牛乳，味微减羊角蕉。一种蕉大如藕，长六七寸，形正方，名‘方蕉’，少甘，味最弱”[1]。香蕉的种植区域相当广泛，据当时文献所反映的情况，在今福建、两广地区都有大量种植。不过，其时人们种植香蕉并不完全为了果实，取其茎叶纤维、纺绩“蕉葛”也是一个重要的生产目标。

除以上诸果之外，中古文献还记载有余甘、豆蔻、蒳子、桶子、鬼目、廉姜、刘等众多或知名或不知名，或栽培或野生的南方热带、亚热带水果，单是沈莹《临海水土异物志》一书，即记载有今浙东至福建沿海各地所产果树如多感子、多南子、蔗子、弥子……达数十种之多，反映出这些地区果树资源十分丰富。

总而言之，由于自然条件的差异，长江流域及其以南地区的果品构成一向不同于黄河中下游，中古时代，那里拥有亚热带两大水果产区以及多个亚区，其生产与消费状况在文献记述中逐渐变得翔实、清晰，经济地位不断凸显，与中国社会经济发展空间不断南向拓展和南方经济地位持续上升，乃是一个相伴随行的历史过程。那个时代，文人墨客所关注的，不仅仅是众多珍异果品的形态、品质和滋味，也不仅仅是它们怎样滋养着南方人民的身体、形成了怎样的饮食奇风异俗，他们还直观地注意到各地果林所形成的独特自然—文化景观，这些景观使他们形成了对不同地域的生态—文化“意象”。对比中古前后期文献可以发现：随着历史时间的推移，这些地域“意象”是逐渐发展变化的：汉魏时期，南方的许多果品及其食用方式（如嚼槟榔）往往被当作蛮夷风俗、甚或异国情调记录于“异物志”“地志”之类文献；到了唐代，人们逐渐不再视它们为异物、异俗，而是给予了愈来愈多的夸赞，这在众多唐诗中有突出反映，江南江北的橘林胜景，五岭以南的椰林之风，都是唐代文人墨客频繁吟咏的专门

[1] 缪启愉：《齐民要术校释》卷10《五谷、果蓏、菜茹非中国物产者》，中国农业出版社，1998年，第760页。

题材和地方风景。[1]这些转变，既反映了中国南北饮食文化不断交流与整合的历史趋势，也反映了由于经济发展而引起的地域生态景观变化。而人们关于南方各地的生态意象、文化感觉亦逐渐发生改变，则呈现出伴随文明空间移动和南方“华夏化”宏大进程，中国大地上人与自然关系演变的另一个侧面。

第四节 茶叶的兴起及其环境效应

南方植物给中古物质生活所带来的改变，远不局限于琳琅满目的水果让人们的果盘变得更加丰盛，还有更多物种和物产引起了更多方面的变化，这里不能不特别提到茶叶。

在现代植物学上，茶树属于山茶科植物，原本只是生长于气候温暖湿润的亚热带、热带的众多常绿灌木或小型乔木之一。然而这种植物的叶片中富含人体所需的众多营养成分和微量元素，包括多种维生素、蛋白质、氨基酸和钙、磷、铁、氟、碘、锰、钼、锌、硒、铜、锗、镁等多种矿物质，更有引起精神兴奋的咖啡碱、茶碱、可可碱、胆碱等营养成分，是大自然赐予人类的“灵草”、世界三大饮料植物之一。

中国是茶树的主要原产地和茶文化的故乡。根据现存历史文献，采食茶叶最早起源于西南地区。晋人常璩称西周初年巴蜀向周朝进贡茶叶[2]，这种说法恐难采信。不过，中国最早的辞典《尔雅》在《释木》篇中已有“槚，苦荼”一句，而“槚”与“苦荼”正是巴蜀地区的古茶名。西汉时期，巴蜀文人著述曾经多次提及茶，如司马相如《凡将篇》提到茶叶的别名——“荈”；扬雄《方言》则称“蜀西南人谓荼曰‘蔎’”[3]；王褒《僮约》则有“烹荼尽具”“武阳

[1] 唐诗关于南方橘树、橘林的吟诵很多，令人怀想。例如，关于长江中游巴、楚、荆、湘之间的橘树，岑参有“江城橘花发，满道香氛氲”，“庭树纯栽橘，园畦半种茶”之句，（唐）岑参：《岑嘉州诗》卷3《送蜀郡李掾》及《郡斋望江山》；刘禹锡有“鹧鸪惊鸣绕篱落，橘柚垂芳照窗户”，（唐）刘禹锡：《刘梦得文集》卷9《龙阳县歌》，按：龙阳在今湖南汉寿县；司空图有“橘岸舟间罾网挂，茶坡日暖鹧鸪啼”，（唐）司空图：《司空表圣诗集》卷4《武陵路》。关于长江下游吴越之地的橘园、橘林，（唐）杜荀鹤云：“去越从吴过，吴疆与越连。有园多种橘，无水不生莲。”（唐）杜荀鹤：《杜荀鹤文集》卷1《送友游吴越》；白居易赞太湖一带：“水天向晚碧沉沉，树影霞光重迭深。浸月冷波千顷练，苞霜新橘万株金”；又有诗云：“湖山处处好淹留，最爱东湾北坞头。掩映橘林千点火，泓澄潭水一盆油。龙头画舸衔明月，鹊脚红旗蘸碧流。为报茶山崔太守，与君各是一家游。”（唐）白居易：《白氏长庆集》卷24《宿湖中》及同卷《夜泛阳坞入明月湾即事寄崔湖州》。诸如此类，难以尽引。

[2]（晋）常璩撰，任乃强校注：《华阳国志校补图注》卷1《巴志》，上海古籍出版社，1987年。

[3]（唐）陆羽：《茶经译注 外3种》卷上《一之源》，上海古籍出版社，2017年。

买茶”等句[1]，似乎茶叶不仅已经成为家常烹煮之物，而且已经成为一种商品。大致说来，两汉时期吃茶的流行区域仍局限于巴蜀及其以南，长安、洛阳偶有见之。

六朝时期，吃茶在长江中下游不断流行，这与当时的仙道观念和服饵风气有着相当密切的关联。正是方士和医家首先发现茶叶具有醒酒、调神和内、消除疲倦、令人少眠、醒脑和助消化等妙用，他们甚至认为茶叶可使饮者身轻羽化。热衷于服食养生的士人很快接受了这些观念并且喜欢上了茶，饮茶逐渐成为“名士风流”的一种做派，流风余韵渐及普通百姓，“渴饮茗汁”于是成为南方饮食的一个重要特征。但饮茶风尚向北方地区传播，受到了由草原民族传入中原的“食肉饮酪”文化的严重阻碍。

北朝时期，一些南方人士由于各种原因投奔北方政权，此前他们已经深受饮茶风气熏染，故将饮茶习惯带到了中原地区，王肃就是其中最著名的一位。[2] 为了对南方士人进行笼络或者表示礼遇，北魏朝廷或达官贵族的宴会上或为之专备茶叶，有的北方人士（如刘缟）也仿效南人“专习茗饮”。然而，居于统治地位的鲜卑贵族素习“食肉饮酪”，对自己的饮食文化充满优越感，对起源和流行于南方地区的饮茶则持有强烈拒斥态度，有人甚至将茶贬称为“酪奴”，而把仿效南人饮茶者斥骂成“逐臭之夫”，导致饮茶在北方上流社会传播受阻，在很长时期里一直难以流行开来。《洛阳伽蓝记》对此有如下一段精彩记载：

彭城王谓肃曰：“卿不重齐、鲁大邦而爱邾、莒小国。”肃对曰：“乡曲所美，不得不好。”彭城王重谓曰：“卿明日顾我，为卿设邾、莒之食，亦有‘酪奴’。”因此复号茗饮为“酪奴”。时给事中刘缟慕肃之风，专习茗饮。彭城王谓缟曰：“卿不慕王侯八珍，好苍头水厄。海上有逐臭之夫，里内有学颦之妇，以卿言之，即是也。”其彭城王家有吴奴，以此言戏之，自是朝贵燕会虽设茗饮，皆耻不复食，唯江表残民远来降者好之。后萧衍子西丰侯萧正德归降，时元义欲为之设茗，先问卿于“水厄”多少？正德不晓义意，答曰：“下官生于水乡，而立身以来，未遭阳侯之难。”元义与举坐之客皆笑焉。[3]

[1]（唐）徐坚：《初学记》卷19《人部》引王褒《僮约》，中华书局，1962年，第467页。
[2]（北魏）杨衒之撰：《洛阳伽蓝记》卷3《城南》载：“（王）肃初入国，不食羊肉及酪浆等物，常饭鲫鱼羹，渴饮茗汁，京师士子道肃一饮一斗，号为‘漏卮’”。上海古籍出版社，1958年，第147页
[3]（北魏）杨衒之撰：《洛阳伽蓝记》卷3《城南》，上海古籍出版社，1958年，第148页。

茶与酪是两种截然不同的饮食物品，饮茶和饮酪为两种差异悬殊的饮食习惯，两者分别起源于不同的自然环境，依托于不同生态条件下的不同经济生产：前者源于南方亚热带地区，是蛮獠民族的创造，因社会精英阶层好尚而逐渐流行南国；后者则是草原民族的固有传统，在东汉以降的历史大变局中，随着游牧民族大量拥入中原和畜牧经济阶段性扩张，食肉饮酪也一度风行中原，两者在南北朝特定的历史时空中发生遭遇与冲突，是一个非常有趣的历史现象，其背后的生态—文化机制很是耐人寻味。从相关记载来看，是饮酪排抑饮茶暂时占据了上风，饮茶直至唐代初期仍未能在北方流行。此种阻滞，固因中原地区不能出产茶叶，更重要的原因却是南北政权分立和文化对抗：北朝政治上的统治者乃是饮酪文化持守者，自然不易接受南方蛮獠食俗；留守中原的汉族士人，虽然未必同化于饮酪，但对南方饮食抱有强烈的文化偏见与歧视心理却是显而易见的。

事实上，当时中原人士对南方的鄙视并不仅仅局限于饮茶，而是整个南方的自然环境及其社会文化。《洛阳伽蓝记》中的另一更加精彩的记载可以证明这个事实。北魏孝庄帝永安二年（529 年），陈庆之率兵护送元颢返回北魏，先已投靠北魏的故友张景仁为庆之设宴，萧彪等一干南北士人作陪，其中以南人居多，“唯有中大夫杨元慎、给事中大夫王眴是中原士族”，席间陈庆之蓄意挑事，招致杨元慎的猛烈反击。杨衒之是这样记载的：

（陈庆之）因醉谓萧、张等曰：“魏朝甚盛，犹曰五胡，正朔相承，当在江左。秦皇玉玺，今在梁朝。”元慎正色曰：“江左假息，僻居一隅，地多湿蛰，攒育虫蚁，壃土瘴疠，蛙龟共穴，人鸟同群。短发之君，无杼首之貌；文身之民，禀丛陋之质。浮于三江，棹于五湖，礼乐所不沾，宪章弗能革，虽复秦余、汉罪，杂以华音，复闽、楚难言，不可变改。虽立君臣，上慢下暴，是以刘劭杀父于前，休龙淫母于后，悖逆人伦，禽兽不异。加以山阴请婿、卖夫，朋淫于家，不顾讥笑。卿沐其遗风，未沾礼化，所谓阳翟之民，不知瘿之为丑。我魏膺箓受图，定鼎嵩洛，五山为镇，四海为家，移风易俗之典，与五帝而并迹；礼乐宪章之盛，凌百王而独高。岂卿鱼鳖之徒，慕义来朝，饮我池水，啄我稻粱，何为不逊，以至于此？！”庆之等见元慎清辞雅句，纵横奔发，杜口流汗，含声不言。

于后数日，庆之遇病，心上急痛，访人解治。元慎自云能解，庆之遂凭元慎。元慎即口含水，噀庆之曰："吴人之鬼，住居建康，小作冠帽，短制衣裳。自呼阿侬，语则阿傍。菰稗为饭，茗饮作浆，呷啜莼羹，唼嗍蟹黄，手把豆蔻，口嚼槟榔。乍至中土，思忆本乡，急手速去，还尔丹阳。若其寒门之鬼，□头犹修，网鱼漉鳖，在河之洲，咀嚼菱藕，捃拾鸡头，蛙羹蚌臛，以为膳羞。布袍芒履，倒骑水牛。沅湘江汉，鼓棹遨游，随波溯浪，噞喁沈浮，白苎起舞，扬波发讴。急手速去，还尔扬州。"庆之伏枕曰：杨君见辱深矣！自此后，吴儿更不敢解语。

这场"正统"之争虽由陈庆之挑起，但杨元慎对包括饮食在内的南方社会文化的极度贬斥，以及杨衒之如此绘声绘色的详细记载，无疑表明了当时北方士人的基本态度。他们对南方自然环境和社会文化的这种鄙视，并非单纯是意气之争的表现，而是普遍存在于当时社会并延续了相当长的一段时间。

隋唐时期，随着南北统一，黄河、长江两大流域的政治、经济和文化整合程度不断提高，天下风气混同，物类齐等，南北文化偏见逐渐减弱，而生活习俗的彼此影响不断加深，南方饮茶习惯亦不断北渐和流行于中原地区。封演《封氏闻见记》生动地记述了唐中期饮茶在北方传播和风行的情形，称：

茶……南人好饮之，北人初不多饮。开元中，泰山灵岩寺有降魔禅师大兴禅教。学禅务于不寐，又不夕食，皆许其饮茶，人自怀挟，到处煮饮。从此转相仿效，遂成风俗。自邹、齐、沧、棣，渐至京邑，城市多开铺煎茶卖之，不问道俗，投钱取饮。其茶自江淮而来，舟车相继，所在山积，色额甚多。楚人陆鸿渐为《茶论》，说茶之功效，并煎茶、炙茶之法，造茶具凡二十四事，以都统笼贮之，远近倾慕，好事者家藏一副。有常伯熊者，又因鸿渐之论广润色之，于是茶道大行，王公朝士无不饮者。……按此古人亦饮茶耳，但不如今人溺之甚，穷日尽夜，殆成风俗，始自中地，流于塞外，往年回鹘入朝，大驱名马市茶而归，亦足怪焉。[1]

[1]（唐）封演：《封氏闻见记》卷6《饮茶》，丛书集成本。

封氏的记载反映了几个重要史实：其一，饮茶习俗在北方广泛传播是唐玄宗开元以后的事情，此前中原人士很少饮茶；其二，饮茶在北方传播与佛教活动有着特殊关系，陆羽等的茶事活动，则对茶饮风气盛行起了重要推动作用；其三，中唐以后，不仅内地茶道大行，饮茶还“流于塞外”，蔓延到了游牧民族区域，并且导致茶马贸易的兴起。

茶饮在中原地区一旦流行，即迅速普及，势不可当，不再仅仅局限在僧侣、隐逸和方士之类特殊群体，也不仅仅流行于政治、经济条件优越的社会上层，而是连普通百姓都嗜饮成风。对此，李珏曾概括说：“茶为食物，无异米盐，人之所资，远近同俗，既祛渴乏，难舍斯须，田闾之间，嗜好尤切。”[1]（唐文宗）开成、（武宗）会昌年，日本僧人圆仁曾经游历今苏北、山东、河北、山西、陕西、河南等地，所撰《入唐求法巡礼行记》记载了他沿途居住、饮食生活的许多细节，其中提到吃茶达十余次（不包括赠茶等），虽然主要是在寺院及官家吃茶，但于村落民家吃茶亦有数次，具体反映了晚唐普通百姓饮茶的事实。由于社会上的茶叶消费需求不断增加，茶叶贸易在中唐以后迅速兴起，成为最活跃的一项跨区域商业活动，流通销售数额非常可观，各地城镇中出现了许多茶肆、茶铺，国家遂亦有税茶、榷茶之举，茶税逐渐成为唐后期的一项重要财政收入来源。

唐代南方有数十个州郡出产茶叶，以剑南的蒙顶茶、湖州顾渚的紫笋茶最称上品，时有“蒙顶第一、顾渚第二”的说法。不过前者正品产量极小，而后者则于大历以后设立“贡焙”，每年焙造“一万八千四百八斤”，专门供给朝廷。[2]上流社会追求茶叶名品，上好的茗茶常被当作馈赠亲友的礼品；普通百姓所饮用的茶叶自然品级较低、质量较差。据阳晔《膳夫经手录》记载：饶州浮梁茶、蕲州茶、鄂州茶、至德茶及婺源方茶等，均因产量巨大、品级较低，成为普遍民众的常饮，这些“大路货”茶叶经商贩之手，转输各地，销售于村落闾阎之间。随着饮茶在北方地区广泛传播和普及，茶与酒平分秋色成为一种“国饮”，酒茶并重的饮料结构最终得以确立。

从环境史角度，我们特别关注两个问题：一是饮茶习俗是如何突破自然环境限制由南向北、甚至由中而外广泛流行？二是饮茶作为一种重要物质生活现

[1]（宋）王溥：《唐会要》卷84《杂税》，中华书局，1955年，第1546页。
[2]（宋）钱易撰，黄寿成点校：《南部新书》，戊部，中华书局，2002年，第66页。

象反过来给生态环境带来了哪些影响？

这里不妨将茶叶与南方果品进行一个对比：由于自身特性所决定，兼以气候差异、交通限制等多方面的原因，除了蔗糖和那些被制成干果的种类外，南方多数水果难以远离其产地——尽管南北朝政权对峙时期偶有互赠水果的情况，唐代曾有一骑红尘千里驰送荔枝和商人将柑橘贩运到北方。从生产角度来说，茶叶同样受到自然条件的显著限制，一般情况下，它只能种植生长于湿热多雨的南方亚热带和热带地区，很难突破秦岭—淮河这一自然地理分界线。然而，自中唐以后，茶叶的消费区域和影响范围都远远超越了其他产品，它事实上是中国古代第一个真正突破了生态环境局限而广泛流通和消费的大宗饮食物品，这既与南北交通条件不断改善有关——大运河全线贯通在很大程度上突破了南北饮食物品流通的空间障碍，更是由于茶叶本身的特殊禀性：作为一种嗜好类的饮料，一旦被享用，就会使人们在一定程度上产生心理依赖，从而形成稳定而强烈的消费需求，此其一。其二，与水果等饮食产品不同，茶叶这种特殊灵草，经过采摘、焙制之后变得轻便和易于携带，作为一种商品，运输成本低，可以行销远方，并能带来很高的商业附加值。这些因素，都使饮茶不仅能够被中原社会所接受，而且能够相沿成俗、普及民间；其良好的助消化功效，则使之亦能够为北方草原游牧民族所喜好。

当茶叶不仅成为名士雅尚，而且成为天下百姓“比屋之饮”，随即便引起了一连串的生态—文化效应。[1]这里仅略陈其与生态环境的关系。

毫无疑问，饮茶习俗广泛流行，首先形成了一股强大的经济动力，推动南方茶叶种植快速发展，进而引起适宜种茶的南方丘陵山区发生一系列经济和生态改变。从此之后，南方产茶地区生态环境变化的社会驱动力就不再局限于本地的经济消费需求，而是在愈来愈大的程度上来自千万里之外的茶市、茶肆和人家。这种物质产品生产地与消费地的远距离、跨区域生态关联，是值得环境史家特别注意的。

唐代文献反映：社会消费需求的影响确实不可小觑。关于南方特别是山区丘陵的茶叶生产，唐人诗文有大量的记诵。例如，关于越地的茶叶生产，孟郊

[1] 关于中国茶文化史的论著甚多，关于饮茶习俗兴起所引起社会生活、文化风尚、商业贸易甚至中外关系等诸多方面的连锁变化，前人已经做了大量探讨。兹向读者推荐关剑平：《茶与中国文化》，人民出版社，2001年。王利华关于中古饮茶亦有比较详细的论说，参见王利华：《中古华北饮食文化的变迁》，中国社会科学出版社，2000年，第262-286页。

《越中山水》一诗称：“菱湖有余翠，茗圃无荒畴。”[1]位于今浙江湖州的顾渚，是唐代主要的贡茶地，袁高有《茶山诗》描述当地茶农的生活称：“我来顾渚源，得与茶事亲。甿辍耕农耒，采采实苦辛。一夫旦当役，尽室皆同臻。扪葛上欹壁，蓬头入荒榛。终朝不盈掬，手足皆鳞皴。”[2]以歙州婺源为中心的今皖南、赣北地区，更是唐代后期大宗茶叶产销之地，时人称：“国之东裔，熬天池以为盐。国之南偏，擷地利以为茗”，而“太和中，以婺源、浮梁、祁门、德兴四县，茶货实多”[3]。这自然是因为那里多为山地、丘陵，水土条件适宜大量垦辟茶园、广栽茶树。唐人对此已经有很直接的记述，例如，关于祁门（今安徽祁门）的自然环境和茶业发展状况，张途称：“（祁门）山多而田少，水清而地沃。山且植茗，高下无遗土。千里之内，业于茶者七八矣。由是给衣食，供赋役，悉恃此祁之茗。色黄而香，贾客咸议，愈于诸方。每岁二三月，赍银缗缯素求市，将货他郡者，摩肩接迹而至。”[4]

另一方面，饮茶习俗之流行，不仅促进古人对这种特殊植物本身的认识不断深化，而且引起人们对其他自然事物和因素的关注，例如，唐人对各地水质的特殊重视，就与烹茶直接相关。陆羽《茶经》问世不久，唐人张又新即撰写了《煎茶水记》。根据这篇专记可知：那时僧俗好茶者很用心地体察各地河流、泉水的水质，比较、品第其高下，多有特殊心得。张又新的“丈人行”刘伯刍曾比较各地适宜煮茶之水，将它们划分为七等，即“扬子江南零水第一，无锡惠山寺石水第二，苏州虎丘寺石水第三，丹阳县观音寺水第四，扬州大明寺水第五，吴松江水第六，淮水最下第七”。张氏本人也亲自进行过比较，对两浙诸处溪流、瀑布的水质甚是夸赞，《煎茶水记》称：

斯七水，余尝俱瓶于舟中，亲挹而比之，诚如其说也。客有熟于两浙者，言搜访未尽，余尝志之。及刺永嘉，过桐庐江，至严子濑，溪色至清，水味甚冷，家人辈用陈黑坏茶泼之，皆至芳香。又以煎佳茶，不可名其鲜馥也，又愈于扬子南零殊远。及至永嘉，取仙岩瀑布用之，亦不下南零。以是知客之说，

[1]（唐）孟郊：《越中山水》，收入《全唐诗》卷375，中华书局，1960年，第4213-4214页。
[2]（唐）袁高：《茶山诗》，收入《全唐诗》卷314，中华书局，1960年，第3536-3537页。
[3]（唐）刘津：《婺源诸县都制置新城记》，收入《全唐文》卷871，中华书局，1983年，第9116页。
[4]（唐）张途：《祈（祁）门县新修阊门溪记》，收入《文苑英华》卷813《河渠》，中华书局，1966年，第4296页。

诚哉信矣！

茶圣陆羽游历广泛，对天下诸水了解甚多，认为烹茶“楚水第一，晋水最下”。陆羽对各地水质还进行了更细致的分辨，根据《煎茶水记》的罗列，共有20种，排名如下：

> 庐山康王谷水廉水第一；无锡县惠山寺石泉水第二；蕲州兰溪石下水第三；峡州扇子山下有石突然泄水，独清冷，状如龟形，俗云“虾蟆口”水第四；苏州虎丘寺石泉水第五；庐山招贤寺下方桥潭水第六；扬子江南零水第七；洪州西山西东瀑布水第八；唐州柏岩县淮水源第九（淮水亦佳）；庐州龙池山顾水第十；丹阳县观音寺水第十一；扬州大明寺水第十二；汉江金州上游中零水第十三（水苦）；归州玉虚洞下香溪水第十四；商州武关西洛水第十五（未尝，泥）；吴松江水第十六；天台山西南峰千丈瀑布水第十七；郴州圆泉水第十八；桐庐严陵滩水第十九；雪水第二十（用雪不可太冷）。[1]

由于时代久远，我们无法知晓陆羽、张又新之辈品鉴各地水质高下采用了哪些具体标准。他们恐怕并不清楚如今电视广告所宣传的那些有益于人体健康的矿物质和微量元素，但对于水的清泠程度、煮茶口感等还是能够经验地品味出来。

事实上，饮茶习俗流行，还造成一些意想不到的环境影响和生态后果。举例来说，饮茶的普遍流行给古已有之的陶瓷业带来了新的发展动力，而大量挖掘陶瓷土烧制茶器，不仅在一定程度上改变陶瓷产区的地貌，对周围地区森林植被的影响可能更加显著。

由此看来，一种新的物种或物产注入人类生活，往往不仅在社会层面影响经济生产、物质消费和文化习俗，而且进一步延伸到自然生态环境，引起人与自然关系发生新的改变，在相隔千万里之遥的不同国家和地区之间，亦可能发生不易察见的生态关联。这种关联可能发生在地球上的任何国家与地区之间。茶叶正是如此。随着饮茶习惯在远邦异国不断流行和世界茶叶贸易不断发展，推动中国茶区经济发展和生态变化之手，可能来自遥远的伦敦或纽约茶馆。只是在其中发挥作用的自然和社会因素众多，机制复杂，难以一概而论。

[1]（唐）张又新：《煎茶水记》，《四库全书》本。

第五节 养生与果腹：野味的生态意义

前卷曾经论说：采捕、农耕和畜牧作为三种不同的资源利用方式和生业体系，相互之间存在着此消彼长的“生态竞争”关系。一般来说，农耕越是发达，自然环境的人工化程度就越高，可给人们提供食料的野生动、植物资源相应地愈趋萎缩。然而采集和渔猎活动并未随着农牧时代的到来而很快消失，相反它们长期并存直至晚近之世。只不过，前者在人类食物体系中的地位渐趋下降，而后者则愈来愈取得显著的支配地位。

按照今天的分类，凡取诸天然生长而非人工饲养和栽培的食料，不论禽兽、鱼鳖还是蔬茹、果蓏，统统都可以归为“野味”。自从农耕、畜牧出现以后，人类饮食逐渐减少对天然物产的依赖，但是人类对“野味”的兴趣从未减少。

两汉时期，汉族人民的经济生产和生活已是“以农为本”，但上流社会饮食物品中的“野味”种类之多，让我们无法为之开列一份详细的清单，只能以举例方式说明其丰富程度。湖南长沙马王堆汉墓出土的大量随葬食品，是当时南方野味食料极其丰富的一个很好例证。根据考古发掘报告：准备给墓主死后享用的食物，光是动物就有24种，经鉴定有兽类6种、鸟类12种、鱼类6种，除猪、绵羊、黄牛、家犬和家鸡之外，其余都是野味食料，包括梅花鹿、华南兔、竹鸡、鹤、环颈雉、斑鸠、鸳鸯、火斑鸠、鸮、喜鹊、麻雀、雁、鲫鱼、银鲴鱼、鳡鱼、鳜鱼、鲤鱼、刺鳊鱼等。[1]这种情形自可用《史记》所谓“楚越之地，地广人稀……果隋蠃蛤，不待贾而足”来做解释。那时南方自然环境仍然接近原始状态，野生动植物资源极其丰富，马王堆汉墓墓主生前和死后都是野味盈案，并不值得奇怪。事实上，诸多文献记载和出土汉墓画像砖上所描绘的弋猎情景与肉类悬满厨房食架的情形，令人猜想当时北方富贵之家的野味食料也是相当丰富。

中古时代，农耕区域进一步拓展，但各地经济发展严重不平衡，采集、渔猎在不少地区仍然是主要的谋食方式；即使在以农耕为本业的汉族地区，野生

[1] 中国科学院动物研究所脊椎动物分类区系研究室、北京师范大学生物系：《动物骨骼鉴定报告》，《长沙马王堆一号汉墓出土动植物标本的研究》，文物出版社，1978年，第43-46页。并参阅王子今：《马王堆一号汉墓出土梅花鹿标本的生态史意义》，收入北京大学中国考古学研究中心编：《古代文明》（第2卷），文物出版社，2003年。

动植物对于补充和维持食物供应依然具有相当重要的意义，不论在达官贵人的宴席上，还是在普通百姓的食钵中，都还有不少荤素食品是取诸野生动物和植物，若干古籍所反映的野味食料种类之多，足以让热衷于野味的当代食客啧啧称羡。最典型的事例，是《齐民要术》记载了很多取诸野生动物的食料加工与烹饪技法，其中反复出现的有獐、鹿、兔、熊、野猪、雁、雉、凫、鹌鹑等野兽、野禽以及种类众多的鱼类水产，它们似乎是当时厨房中和餐桌上的常见食料，远不像现在这样珍贵稀有。取自野生植物的食料同样繁多，从低等植物中的地衣、蘑菇，到高等植物的根、茎、叶、花、果实甚至某些树木的汁液，都是时人的采食对象，该书各篇时常有所提及，而末篇《五谷、果蓏、菜茹非中国物产者》所载数百种非中原所产植物，绝大部分都是野生，可以称得上是一篇野味食料谱。唐代前期孟诜著、张鼎增补的《食疗本草》也记载了许多亦食亦药、兼具滋补治疗功效的材料，据近人尚志钧的辑本统计有将近 300 种，其中来源于野生动植物的约占半数以上。唐末五代成书的《四时纂要》也专门讨论了獐、鹿和兔等许多野生动物肉料加工，而采集野生植物仍然是其相当重视的家庭生计内容。由这些记载可以概见“野味”在中古食物体系中的重要意义。

中古食物中的丰富“野味”，从多个层面呈现出那个时代经济生产、食物消费与自然资源紧密关联的历史面相。首先，自然环境差异导致不同地区野味食料构成存在很大差别，华北与华南、山林与草泽、沿海与内陆，动植物种分布各不相同，可供人们获取的野味食料自然也彼此迥异。其次，长期的自然适应造成不同地区和民族形成了不同的饮食传统：有些动植物在一个地区被当作美味佳肴，而另一地区的人民则可能感到不可思议。岭南人食象鼻炙、孔雀肉、生吸猴脑汁和咀嚼槟榔等，被中原人士视作奇风异俗；而在江南水乡，自晋人张翰之后，食料取诸野生动植物的“鲈鲙莼羹”[1]一直被当作吴越地区特有的饮食风味，历代文人雅士吟咏不歇。[2]

由于社会经济发展进程和水平亦存在显著地区差异，“野味”对各地饮食生活的影响程度亦非等同：在人口稀少、农业落后的僻远边地，野生动植物是主要的食料来源，而在人口众多、农业繁荣地区则只是一种补充。文献记载反映

[1]《世说新语》卷中之上《识鉴》：“张季鹰（张翰）辟齐王东曹掾，在洛，见秋风起，因思吴中菰菜羹、鲈鱼脍，曰：‘人生贵得适意尔，何能羁宦数千里以要名爵？’遂命驾归。”上海古籍出版社，1982 年影印本，第 219 页。按《晋书》卷 92《张翰传》作“翰因见秋风起，乃思吴中菰菜、莼羹、鲈鱼脍”。中华书局，1974 年，第 2384 页。

[2] 唐人诗文有大量关于鲈鱼、菰菜羹和莼菜羹的吟咏，它们是古代江南饮食美味的标识。不作具体引述。

出，直到唐代中后期，陕南、豫西地区还有不少专事射猎的“山棚”[1]；长江以南更有许多土著人民以采集、射猎作为主要生业。散居在今湖南西部的莫徭即是如此。常建有诗云：

湖南无村落，山舍多黄茆。淳朴如太古，其人居鸟巢。
牧童唱巴歌，野老亦献嘲。泊舟问溪口，言语皆哑咬。
土俗不尚农，岂暇论肥墝。莫徭射禽兽，浮客烹鱼鲛。
余亦罘罝人，获麋今尚苞。敬君中国来，愿以充其庖。
日入闻虎斗，空山满咆哮。怀人虽共安，异域终难交。
白水可洗心，采薇可为肴。拽策皆落日，江风鸣梢梢。[2]

在唐代广大南方的众多少数民族中，此类情形相当普遍。

即使在同一个区域，不同社会阶层寻求“野味”的目的也是迥然不同：对富裕阶层特别是那些达官显贵来说，“野味”是满足其奢侈生活的山珍海味，这从唐代大量上贡食料可以清楚地看出，无须罗列史料。那些人即使偶尔食用野蔬，也只不过是在厌倦了膏粱肥鲜之后想调剂一下口味罢了。对热衷于长生不老之术的医家、方士来说，“野味”多是服饵养生之物，他们认为有些野生动植物具有神奇功效，采获食用可以强身健体、修仙通神。对千家万户普通百姓而言，则采集野蔬野果、捕捞蚌蛤鱼虾、弋猎鸟雀昆虫，在平常年份是为了弥补完粮纳税后的粮食欠缺，补充动物蛋白来源的欠缺；在饥荒岁月则是聊以果腹充饥、苟延残命的替代食物，哪里还能讲究美味或神效？中古时代由于天灾人祸所导致的饥荒不比任何一个时代少，每有饥馑发生，无数饥民依然只能采用自古惯常的方式：流亡到山林薮泽之中寻找一切可以疗饥保命的食物。

由于分布区域和丰富程度不同，各种野生动植物资源之于中古饮食的意义自然存在很大的差异。有些种类因为分布广泛，成为人们经常和主要的采捕对象。中古史料显示：水陆野生动物中的鱼类和鹿类，是分布广泛并且被大量获取的野味食料，前已述及，兹不重复。在野生植物之中也有一些种类显示出特

[1]《资治通鉴》卷 239《唐纪五十五》云：“东都西南接邓、虢，皆高山深林，民不耕种，专以射猎为生，人皆趫勇，谓之‘山棚’”；《新唐书》卷 163《吕元膺传》亦谓：“东畿西南通邓、虢，川谷旷深，多麋鹿，人业射猎而不事农，迁徙无常，皆趫悍善斗，号曰‘山棚’。”

[2]（唐）常建：《常建集》卷 2《空灵山应田叟》，据《四库全书》本。

殊重要性。为了说明可食野生植物对古代饮食的不同意义，下面不妨从水生和陆生植物中各选一两种作为典型略加叙述。

水生植物以雕胡为例。我们知道：历史上长江中下游和黄河中下游都曾经拥有广袤的湖沼湿地，生长着种类众多的植物和动物，除鱼类和水禽为人们提供肉食外，许多水生植物的根、茎、叶和籽实自古即被大量采食，常见种类有莲子、莲藕、菱角、芡实、莼菜、菰蒋等。其中菰蒋属于禾本科水生植物，主要分布在比较温暖的长江中下游水域，北方亦有分布，但不如南方盛产。菰蒋下茎部因菰黑粉菌寄生而畸形膨大，形成肉质茎，嫩者可供食用，甚为鲜美，如今称为茭白，很早即采作蔬菜，前文提到的“菰羹”就是用它烹饪。频繁见诸文献记载并且多少具有一些神秘色彩的是雕胡米，又称菰米，是菰蒋所结的籽实，米粒甘滑，用以煮饭，气味芬芳，一向被医家、方士视为养生食品。

以雕胡米做饭，早在先秦时代就有记载，此后历代文献一直经常提及。[1]虽然文献所载多是社会上层食用雕胡饭的情况，但由于这种水生禾本科植物分布广泛，资源曾经非常丰富，故普通百姓和贫寒人士亦常采食。《西京杂记》卷五记载：会稽人顾翱幼年丧父，侍母至孝。其母好食雕胡饭，翱常率子女采集菰米，后来干脆引水凿渠种植菰米供养老母。顾翱至孝感应自然，附近湖泽中雕胡自生，不长杂草，连虫鸟都不敢侵害，他因此得到地方官表彰。类似的孝感故事自汉魏以降层出不穷，对顾翱采集雕胡米供养母亲的故事不必执以为实。但这一故事之所以产生，乃是基于湖泽附近人民采集雕胡米煮饭这个社会生活背景。

中古时期，以雕胡米做饭仍然频繁见于记载。曹植《七启》有“芳菰精稗”[2]之句，《齐民要术》专记“菰米饭法”[3]。唐诗关于雕胡饭的吟咏更多，从中既可感受到文人雅士对它的喜爱和称赏，还可发现其流行区域主要在南方。信手拈来，如王维的“楚人菰米肥”“蔗浆菰米饭”“香饭青菰米”[4]；储光羲的“夏

[1]《周礼》和《礼记》就曾多次提到，此后，屈原《大招》有“设菰粱只”、宋玉《讽赋》有“炊雕胡之饭”之句。汉代文献中亦时常见之，例如，如司马相如《子虚赋》有“东蔷雕胡”，枚乘《七发》有“安胡之饭”，均指雕胡米和雕胡饭。相关材料，可以集中参阅《御定佩文斋广群芳谱》卷90的钞录。

[2]（三国）曹植：《曹子建集》卷9《七启》，据《四部丛刊》本。

[3]《齐民要术》卷9《飧、饭》称“菰谷，盛韦囊中，捣瓷器为屑，勿令作末，内韦囊中令满，板上揉之取米。一作可用升半。炊如稻米”。

[4] 分见（唐）王维：《送友人南归》，收入《全唐诗》卷126，中华书局，1960年，第1272页；《春过贺遂员外药园》，收入《全唐诗》卷127，中华书局，1960年，第1291页；《游化感寺》，收入《全唐诗》卷127，中华书局，1960年，第1292页。

来菰米饭，秋至菊花酒”[1]；李白的“跪进雕胡饭，月光明素盘”[2]；杜甫的“滑忆雕胡饭，香闻锦带羹”[3]；皮日休的“雕胡饭熟醍醐软，不是高人不合尝”[4]；郑谷的“闲烹芦笋炊菰米”[5]等难以尽引。经过1 000多年的历史变迁，如今雕胡饭已经退隐到了历史记忆的深处，但今人读诵相关诗文，对古代中国特别是南方地区湖沼辽阔、菰蒲弥望无际的生态景象，以及野村老媪和江湖逸士的香滑菰饭，仍然不免产生几缕幽幽怀想。

与雕胡不同，主要生长在山林之中的橡实，则主要传载了贫穷百姓和灾荒岁月饥馑乏食的苦难生活经验。《齐民要术》说：“橡子俭岁可食，以为饭；丰年放猪食之，可以致肥也。”[6]古史时或提到贫寒之士在发迹之前，或去官以后因为经济困顿而不得不采食橡实的情况，例如，东汉李恂、晋代孔衍、唐代崔从兄弟和杜甫都曾经有过以橡实充饥的经历。孔衍《在穷记》称自己穷困之时曾蒙“彭城王送橡饭十斛”[7]，看起来王公贵族亦贮积橡实，以备不测。

但古代靠橡实饭度日的，主要还是广大贫苦百姓。由于统治阶级的残酷剥削，人民终年辛苦劳碌，耕种几亩薄田，打下的粮食在交纳租赋之后所剩无几，只能采集橡实之类野生蔬果勉强度日，唐人对此屡有记咏。张籍有诗云：

老翁家贫在山住，耕种山田三四亩。苗疏税多不得食，输入官仓化为土。
岁暮锄犁倚空室，呼儿登山收橡实。西江贾客珠百斛，船中养犬长食肉。[8]

皮日休更记咏了一位老妇在官府横征暴敛后靠采集橡子充饥的悲惨生活，其诗云：

秋深橡子熟，散落榛芜冈。伛偻黄发媪，拾之践晨霜。
移时始盈掬，尽日方满筐。几曝复几蒸，用作三冬粮。
山前有熟稻，紫穗袭人香。细获又精舂，粒粒如玉珰。

[1]（唐）储光羲：《田家杂兴八首》，收入《全唐诗》卷137，中华书局，1960年，第1387页。
[2]（唐）李白：《宿五松山下荀媪家》，收入《全唐诗》卷181，中华书局，1960年，第1844页。
[3]（唐）杜甫：《江阁卧病走笔寄呈崔卢两侍御》，收入《全唐诗》卷233，中华书局，1960年，第2570页。
[4]（唐）皮日休：《鲁望以躬掇野蔬兼示雅什用以酬谢》，收入《全唐诗》卷613，中华书局，1960年，第7073页。
[5]（唐）郑谷：《倦客》，收入《全唐诗》卷676，中华书局，1960年，第7750页。
[6] 缪启愉：《齐民要术校释》卷5《种槐、柳、楸、梓、梧、柞第五十》，中国农业出版社，1998年，第358页。
[7]（宋）李昉编：《太平御览》卷850《饮食部》，中华书局，1960年影印宋本，第3801页。
[8]（唐）张籍：《张司业集》卷2《野老歌》，据《四库全书》本。

持之纳于官，私室无仓箱。如何一石余，只作五斗量？
狡吏不畏刑，贪官不避赃。农时作私债，农毕归官仓。
自冬及于春，橡实诳饥肠。吾闻田成子，诈仁犹自王。
吁嗟逢橡媪，不觉泪沾裳。[1]

一旦遭逢水旱灾害，橡实更成为贫穷饥民赖以苟延残命的主粮，有时连橡实都是很难得的食物。唐文宗开成年间（836—840 年），山东蝗灾造成了大饥荒，日本僧人圆仁经过登州一带时，发现当地“百姓饥穷，吃橡为饭”，甚至“专吃橡子为饭”[2]。圆仁所看到的情况在中国古代上乃是相当常见的。

概要言之，“野味”背后蕴藏着丰富的历史内涵，它不仅指示着一个时代和区域的生态环境和动植物产分布状况，亦反映了这个区域和时代不同阶层的经济能力、生活追求和饮食营养观念，是生态、经济和文化共同作用的结果。对中古社会的大多数人来说，谋食“野味”实属迫不得已，这是他们解决饥饿的必要方式，有时甚至是唯一途径。所幸那时山林薮泽荒野仍然相当广阔，野生食物资源丰富，可为贫穷百姓应对统治者的赋税盘剥和自然灾害所造成的饥歉提供必要的“生态缓冲”。

事实上，采集野蔬野果也并不总是一派悲催的惨象，其中也有劳作生活之趣和自然生态之美。这一方面因为中华民族从不缺少苦中作乐的天性，另一方面也因采集活动往往是在相当“原生态”的自然环境之中展开。在中古时代人与自然交往的历史图景之中，颇有一些特殊地域文化—生态景象一直为文人雅士们所津津乐道，其中令人印象最为深刻的是水乡女子采莲、采菱的情景。

由于气候条件限制，北方水生植物分布和采集向来不如南方，但中古华北地区仍有不少。故郦道元《水经注》记述黄河中下游的湖沼陂池，往往称其“佳饶鱼苇”“佳饶鱼笋”“至丰鱼笋”，不少湖沼之中也是菱花布满、荷香弥漫，位于今河北省清苑、满城、望都一带的阳城淀就是其中之一，《水经注》所载其中的菱藕丰饶与风光旖旎，以及青年女子的采集情情，皆宛若江南。[3]

中古时代，南方大小湖泊、沼泽、陂塘、渊池不可胜数，水体生态景观远

[1]（唐）皮日休：《皮日休文集》卷 10《橡媪叹》，据《四部丛刊》本。
[2]［日］圆仁：《入唐求法巡礼行记》卷 2，花山文艺出版社，1992 年，第 223 页。
[3] 陈桥驿：《水经注校证》卷 11《滱水注》，中华书局，2007 年，第 290-291 页。

非今日之情形。芰、荷、菰、蒲、莼、芡、萍、芹等众多水生植物处处茂长，它们的根、茎、叶、花、果自远古以来都是人们采食的对象。其中荷与菱尤为古人所重视：青翠莲子、肥白荷藕以及多种形状的菱角，既为粮食，亦为果品，又是佳蔬，还可入药；不仅日常随时可充口食甚至用来招待客人[1]，饥荒之年还是重要的粮食补充[2]，诚可谓天赐资生之灵物。不仅如此，作为水生之灵物，菱、荷花叶可玩，香色可餐，还构成水乡地区特有的生态胜景，令人流连忘返；而从事菱、荷采集活动的，又通常都是青年女子——水乡女儿三五成群，摇曳兰舟，荡漾于平湖绿水之上，流连在碧莲香菱之间，褰素衣，扬玉臂，动纤指，采掇不歇，笑靥盈盈，歌语如莺，其情其景不知曾让多少诗人墨客心旷神怡！

南方水乡人民的菱、荷采集，早在《楚辞》之中就有所记咏，如宋玉《招魂》即有“涉江采菱，发扬荷些”之句。[3]汉末以降，南迁的士人和宦游的诗客，愈来愈深受南方文化滋养，对各地民间歌谣不断进行采集、加工和提炼，写下了难以数计的作品，采莲、采菱等水上活动因之成为中古文学的一大题材，以《江南曲》《采莲曲》《采菱曲》《采莲女》《采菱女》等为题名的诗歌遍满各类诗集，风格灵活，情韵盎然，充满着民俗情韵和地方风情，同时极富区域生态之美。

南朝（特别是萧梁以后）是此类文学体裁兴起、发展的第一阶段。[4]那时上自皇帝、下至普通文人都喜好以采菱、采莲为题材进行诗歌创作，留下了不少作品。例如，梁武帝萧衍有《采莲曲》云：

> 游戏五湖采莲归，发花田叶芳袭衣，为君侬歌世所希。
> 世所希，有如玉，江南弄，采莲曲。

---

[1]钱起有诗云：“喜来邀客坐，分与折腰菱。”见（唐）钱起：《钱考功集》卷 9《江行无题一百首》。按：折腰菱是江南著名的菱角品种，（唐）段成式：《酉阳杂俎》前集卷 19 称：“芰，今人但言菱。芰，诸解草木书亦不分别，惟王安贫《武陵记》言四角、三角曰芰，两角曰菱。今苏州折腰菱多两角。成式曾于荆州，有僧遗一斗郢城菱，三角而无芒，一曰刺，可以接莎。”

[2] 关于莲子、菱角的救荒等多种作用，古人多有讨论，《艺文类聚》卷 82 引《广志》曰：“巨野之菱，大于常菱。淮汉以南，凶年以菱为蔬，犹以橡为资也”；《太平御览》卷 999 引《毛诗疏义》曰：“芙蕖为荷，其华未发为菡萏，已发为芙蕖，其实莲。莲青皮，里白子为的，的有青，长三分，如钩为薏。语曰：‘苦如薏也’。的五月中生，生啖脆，其秋表皮黑，的成实，亦可磨以为散，轻身益气，令人强健。幽、荆、杨、豫取备饥年。”魏晋南北朝史书曾多次记载以菱角充粮的事实，如《太平御览》卷 999 引又引《三国典略》曰：“齐师伐梁，梁以粮运不继，调市人馈军。建康令孔奂以菱屑为饭，用荷叶裹之，一宿之间得数万裹。”《南史》卷 55《夏侯祥传附鱼弘传》云：鱼弘“为湘东王镇西司马，述职西上，道中乏食，缘路采菱，作菱米饭给所部”。

[3]（汉）王逸编：《楚辞》卷 9《招魂章句》，据《四部丛刊》本。

[4] 按：以此为题材，可能起源于汉乐府之《江南》，但其大发展是自梁朝开始。

又有《采菱曲》云：

江南稚女珠腕绳，金翠摇首红颜兴，桂棹容与歌采菱。
歌采菱，心未怡，翳罗袖，望所思。[1]

梁简文帝萧纲亦有《采莲》诗云：

采莲归，绿水好沾衣。桂舟兰桡浮江花，江花玉面两相似，
莲疏藕折香风起。香风起，白日低，采莲曲，使君迷。[2]

文人士子们的作品更多，如江淹《采菱曲》吟唱道：

秋日心容与，涉水望碧莲。紫菱亦可采，试以缓愁年。
参差万叶下，泛漾百流前。高彩隘通壑，香氛丽黄川。
歌出棹女曲，僻入江南弦。乘鼋非逐俗，驾鲤乃怀仙。
众美信如此，无恨在清泉。

文字清新且更加怡人心神的，还是那些佚名诗人的作品。其中有一首《采莲曲》，自古国人都是耳熟能详：

江南可采莲，莲叶何田田。鱼戏莲叶间：
鱼戏莲叶东，鱼戏莲叶西，鱼戏莲叶南，鱼戏莲叶北。[3]

就是这样简单几句白描，让充满自然美感与生命情趣的画面跃然眼前，那么真切！还有一首佚名者的《西洲曲》，令人面对采莲伊人，不由得心生怜爱。诗云：

[1]（宋）郭茂倩编：《乐府诗集》卷50《清商曲辞》，梁武帝：《江南弄七首》之三、之五，中华书局，1979年。
[2]（南朝梁）萧纲：《采莲》，收入《文苑英华》卷208，中华书局，1966年，第1032页。
[3]《宋书》卷21《乐志三》，引古乐府：《采莲曲》，中华书局，1974年，第605页。

忆梅下西洲，折梅寄江北。单衫杏子红，双鬓鸦雏色。
西洲在何处？西桨桥头渡。日暮伯劳飞，风吹乌臼树。
树下即门前，门中露翠钿。开门郎不至，出门采红莲。
采莲南塘秋，莲花过人头。低头弄莲子，莲子清如水。
置莲怀袖中，莲心彻底红。忆郎郎不至，仰首望飞鸿。
鸿飞满西洲，望郎上青楼。楼高望不见，尽日栏杆头。
栏杆十二曲，垂手明如玉。卷帘天自高，海水摇空绿。
海水梦悠悠，君愁我亦愁。南风知我意，吹梦到西洲。

当今世界，科技高度发达，艺术表现手段不断翻新，自非一千五六百年之前可比。然而，我们的文字语言表现力似乎正在严重退化，而遍满网络的无数视频镜像又能否呈现出诗中这般心物俱动的“情”与“境”呢？西洲之地，南塘之秋，“莲子清如水”，女子亦是清纯如水、清雅如莲。清水、清莲和愁思缕缕的采莲女儿，与日暮伯劳、风里乌臼、霜秋飞鸿等共同构成了一幅清新、淡雅的江南水乡风景，是那样令人心神往之！

自南朝文人以采菱、采莲入诗，此后历代流风不替，而唐代臻于极盛。翻开唐人诗集，以“采菱”“采莲”为题的诗歌比比皆是，仅对《全唐诗》进行检索，“采莲”一词出现 120 次（剔除卷二一的重复）；“采菱”一词也出现 30 余次。诗中涉及莲、荷、藕、芙蓉、芰、菱者，不计其数。察其地域，则以吴越和荆湘两地最多。信手拈来，以“采莲”为题者，如李白诗云：

若耶溪边采莲女，笑隔荷花共人语。日照新妆水底明，风飘香袂空中举。
岸上谁家游冶郎，三三五五映垂杨。紫骝嘶入落花去，见此踟蹰空断肠。

徐彦伯诗云：

妾家越水边，摇艇入江烟。既觅同心侣，复采同心莲。
折藕丝能脆，开花叶正圆。春歌弄明月，归棹落花前。

王昌龄诗云：

吴姬越艳楚王妃，争弄莲舟水湿衣。来时浦口花迎入，采罢江头月送归。
荷叶罗裙一色裁，芙蓉向脸两边开。乱入池中看不见，闻歌始觉有人来。

戎昱诗云：

虽听采莲曲，讵识采莲心。漾楫爱花远，回船愁浪深。
烟生极浦色，日落半江阴。同侣怜波静，看妆堕玉簪。

储光羲吟唱道：

浅渚荷花繁，深塘菱叶疏。独往方自得，耻邀淇上姝。广江无衢阡，大泽绝方隅。
浪中海童语，流下鲛人居。春雁时隐舟，新荷复满湖。采采乘日暮，不思贤与愚。

鲍溶诗则云：

弄舟朅来南塘水，荷叶映身摘莲子。暑衣清净鸳鸯喜，作浪舞花惊不起。
殷勤护惜纤纤指，水菱初熟多新刺。采莲朅来水无风，莲潭如镜松如龙。
夏衫短袖交斜红，艳歌笑斗新芙蓉，戏鱼住听莲花东。

张籍诗称：

秋江岸边莲子多，采莲女儿凭船歌。青房圆实齐戢戢，争前竞折荡漾波。
试牵绿茎下寻藕，断处丝多刺伤手。白练束腰袖半卷，不插玉钗妆梳浅。
船中未满度前洲，借问谁家家住远。归时共待暮潮上，自弄芙蓉还荡桨。

甚至僧人亦参与其间做此类吟唱，如僧齐已诗云：

越江女，越江莲，齐菡萏，双婵娟。嬉游向何处，采摘且同船。
浩唱发容与，清波生漪涟。时逢岛屿泊，几共鸳鸯眠。
襟袖既盈溢，馨香亦相传。薄暮归去来，苎罗生碧烟。

专门吟咏“采菱”者，则如戎昱有诗云：

涔阳女儿花满头，毵毵同泛木兰舟。春风日暮南湖里，争唱菱歌不肯休。

白居易诗称：

菱叶萦波荷飐风，荷花深处小船通。逢郎欲语低头笑，碧玉搔头落水中。[1]

深受湘楚风情感染的刘禹锡专门作有《采菱曲并序》，称“武陵俗嗜芰菱，岁秋矣，有女郎盛游于马湖，薄言采之，归以御客。古有《采菱曲》，罕传其词，故赋之以俟采诗者”。其诗云：

白马湖平秋日光，紫菱如锦彩鸳翔。荡舟游女满中央，采菱不顾马上郎。
争多逐胜纷相向，时转兰桡破轻浪。长鬟弱袂动参差，钗影钏文浮荡漾。
笑语哇咬顾晚晖，蓼花缘岸扣舷归。归来共到市桥步，野蔓系船萍满衣。
家家竹楼临广陌，下有连樯多估客。携觞荐芰夜经过，醉踏大堤相应歌。
屈平祠下沅江水，月照寒波白烟起。一曲南音此地闻，长安北望三千里。
……[2]

以上所罗列，只是同类作品之中很小的一部分。这里需要特别请求读者宽恕：由于我们才疏学浅，上述作品乃是随意抄录而来，并未基于某个特定问题认真挑择，更无力进行最起码的环境史学解说。但我们隐隐感觉到：其中蕴含着非常丰富的历史生态—文化信息，不论从文学史还是环境史而言，都十分值

[1] 以上所引唐人“采莲”“采菱”诗，均出自《全唐诗》卷 21，中华书局，1960 年，第 277-279 页。
[2] 此据《全唐诗》卷 356 引，中华书局，1960 年，第 4007 页。

得进行系统发掘和深入解读。

粗读这些诗歌，我们很自然地联想到《诗经》中“采蘩”“采苹”“采葛”“采薇”之类篇章，并且不自觉地想进行一些对比。原因有多个方面，仅就本书的主题而言，一方面它们都是源于广大民众特别是女子的采集和感情生活——正如蘩、苹、葛、薇之类野生植物采集对《诗经》时代的中原社会经济具有重要补苴作用一样，莲、菱、芡、莼、蒲、苇之类野生植物采集在中古南方人民生计体系中仍然具有相当的重要性。两个不同历史时空中的人们都对野生植物采集予以高度重视，反映出虽是时过境迁，但两者的经济生产、物质生活及其与自然资源的关系，可能处于颇为相似的历史（逻辑）阶段或状态；另一方面，两者分别反映了南北地区自然物种与社会文化彼此渗透、互相交融的历史过程——虽然两个时代和地域的气候、地形、水文等都存在很大的差异，植物种类构成更是迥然不同，但不论是《诗经》所保留下来的中原采集歌谣，还是中古南方采莲曲、采菱曲之类的作品，都蕴含着关于地区植物的相当丰富的经验知识，字里行间都透露出不同植物与社会风俗、思想情感乃至审美意识之间愈趋紧密的生态—文化关联。[1]在自然物种不断融入中国文化系统的漫长历史过程之中，中古南方自然物种的“诗化”与《诗经》时代中原自然物种的“诗化”，具有某些相似或相近的历史意义，同样都十分重要。当然，由于时代和地域不同，两者之间也存在着诸多差别。例如，《诗经》的吟咏或许较多带有黄土地的敦厚与素朴，采莲曲和采菱曲之类作品则似乎更显“水乡泽国”的灵秀和旖旎。

总而言之，《诗经》时代中原地区的采集诗歌和中古南方《采莲曲》《采菱曲》之类作品，都是根植于相应地区的自然生态环境和物质经济生活，都具有深厚的地域社会生活基础和民间文化底蕴。如果说对中原民间歌谣的搜集与提炼成就了《诗经》（尤其是《国风》）的历史价值，那么我们或许也可以认为：南朝至唐代大量涌现并且弥漫着南方地域风情的《采莲曲》《采菱曲》以及其他不同体裁（如《竹枝词》）和主题（如渔猎诗、农事诗、田园诗等）的作品，则在某种程度上记录了南方的“《诗经》时代”。这个时代，辽阔的中国亚热带和热带地区正处于自然资源迅速开发、经济地位不断崛起的重要历史阶段，生态

[1]《诗经》和中古南方地区的渔猎诗歌，也可以按照同样的思路进行某些类比。由于行文不便，这里暂不做展开，留待将来再做专门讨论。

环境、物质生产和社会生活景象都富有鲜明的区域特色。通过一项项具体实证的研究逐渐重构这些景象，有朝一日，我们终将能够为中华大地上的人与自然关系演变拼绘出一幅比较完整的历史画卷。

参考文献

一、古籍（大致按照四部分类）

（清）阮元校刻：《十三经注疏》，中华书局，1980年影印本。
（汉）司马迁：《史记》，中华书局，1959年。
（汉）班固：《汉书》，中华书局，1962年。
（南朝宋）范晔：《后汉书》，中华书局，1965年。
（晋）陈寿：《三国志》，中华书局，1959年。
（唐）房玄龄：《晋书》，中华书局，1974年。
（梁）沈约：《宋书》，中华书局，1974年。
（北齐）魏收：《魏书》，中华书局，1974年。
（唐）令狐德棻：《周书》，中华书局，1971年。
（唐）李百药《北齐书》，中华书局，1972年。
（唐）李延寿：《南史》，中华书局，1975年。
（唐）李延寿：《北史》，中华书局，1972年。
（唐）魏徵：《隋书》，中华书局，1973年。
（五代）刘昫：《旧唐书》，中华书局，1975年。
（宋）欧阳修等：《新唐书》，中华书局，1975年。
（宋）薛居正：《旧五代史》，中华书局，1976年。
（元）脱脱：《宋史》，中华书局，1977年。
（元）脱脱：《金史》，中华书局，1975年。
（明）宋濂等：《元史》，中华书局，1976年。

（宋）司马光：《资治通鉴》，中华书局，1956 年。

（唐）刘知几撰，（清）浦起龙通释：《史通》，上海古籍出版社，1978 年。

（唐）李隆基撰，（唐）李林甫注：《大唐六典》，三秦出版社，1991 年。

（唐）李林甫等撰（原题著作人如此），陈仲夫点校：《唐六典》，中华书局，1992 年。

（唐）杜佑撰，王文锦、王永兴等点校：《通典》，中华书局，1988 年。

（唐）吴兢：《贞观政要》，上海古籍出版社，1978 年。

（唐）长孙无忌等撰，刘俊文点校：《唐律疏议》，中华书局，1983 年。

（宋）宋敏求编：《唐大诏令集》，中华书局，2008 年。

（宋）王溥：《唐会要》，中华书局，1955 年。

上海师范大学古籍整理研究所校勘：《国语》，上海古籍出版社，1978 年。

（汉）刘向集录，范祥雍笺证，范邦瑾协校：《战国策笺证》，上海古籍出版社，2006 年。

（汉）刘珍等撰，吴树平校注：《东观汉记校注》，中州古籍出版社，1987 年。

（汉）刘珍等撰，吴庆峰点校：《东观汉记》，齐鲁书社，2000 年。

（汉）袁康：《越绝书》，《四部丛刊》本。

（汉）赵煜撰，张觉校注：《吴越春秋》，岳麓书社，2006 年。

（北魏）崔鸿：《十六国春秋》，《丛书集成初编》本，中华书局，1985 年。

（南朝宋）刘义庆撰，（南朝梁）刘孝标注，（清）王先谦校订：《世说新语》，上海古籍出版社，1982 年影印本。

（南朝宋）刘义庆撰，（南朝梁）刘孝标注，余嘉锡笺疏：《世说新语笺疏》，中华书局，1983 年。

（唐）刘𫗧、（唐）张鷟撰，程毅中、赵守俨点校：《隋唐嘉话・朝野佥载》，中华书局，1979 年。

（唐）王谠：《唐语林》，中华书局，1985 年。

（唐）姚汝能：《安禄山事迹》，上海古籍出版社，1983 年。

（唐）张读：《宣室志》，中华书局，1988 年。

（唐）封演：《封氏闻见记》，丛书集成本。

（宋）孙光宪撰，贾二强点校：《北梦琐言》，中华书局，2002 年。

（宋）钱易撰，黄寿成点校：《南部新书》，中华书局，2002 年。

（宋）释赞宁撰，范祥雍点校：《宋高僧传》，中华书局，1982 年。

（宋）释普济撰，苏渊雷点校：《五灯会元》，中华书局，1984 年。

（宋）孔平仲：《续世说》，江苏古籍出版社，1988 年。

（宋）吴曾：《能改斋漫录》，中华书局，1960 年。

（宋）计有功：《唐诗纪事》，上海古籍出版社，1955 年。

（清）顾炎武：《日知录》，清乾隆年间刻本。

（清）吴任臣：《十国春秋》，中华书局，1983 年。

（战国）佚名氏撰，（晋）郭璞传：《山海经传》，中华书局，1983 年影印南宋刻本。

（战国）佚名氏撰，袁珂校注：《山海经校注》，上海古籍出版社，1980 年。

（三国吴）吴莹撰，张崇根辑校：《临海水土异物志辑校》，农业出版社，1981 年。

（晋）常璩撰，刘琳校注：《华阳国志校注》，巴蜀书社，1984 年。

（晋）常璩撰，任乃强校注：《华阳国志校补图注》，上海古籍出版社，1987 年。

（汉）桑钦（？）撰，（北魏）郦道元注，陈桥驿校证：《水经注校证》，中华书局，2007 年。

（汉）桑钦（？）撰，（北魏）郦道元注，杨守敬、熊会贞疏，段熙仲点校，陈桥驿复校：《水经注疏》，江苏古籍出版社，1989 年。

（北魏）杨衒之撰，范祥雍校注：《洛阳伽蓝记校注》，上海古籍出版社，1958 年。

（唐）李吉甫撰，贺次君点校：《元和郡县图志》，中华书局，1983 年。

（唐）樊绰撰，向达校注：《蛮书校注》，中华书局，1962 年。

（唐）刘恂：《岭表录异》，《四库全书》本。

（唐）刘恂：《岭表录异》，广陵书社，2003 年影印本。

[日]圆仁撰，[日]小野胜平校注：《入唐求法巡礼行记》，花山文艺出版社，1992 年。

（唐）许嵩撰，张忱石校注：《建康实录》，中华书局，1986 年。

（宋）乐史编：《太平寰宇记》，中华书局，2007 年。

（宋）宋敏求：《长安志》，成文出版社有限公司，1931 年。

（宋）范成大：《（绍定）吴郡志》，江苏古籍出版社，1999 年。

（宋）魏岘：《四明它山水利备览序》，《四库全书》本。

（宋）施宿等撰：《会稽志》，《四库全书》本。

（宋）周去非撰，杨武泉校注：《岭外代答校注》，中华书局，1999 年。

（宋）王应麟：《通鉴地理通释》，《四库全书》本。

（明）姚文灏：《浙西水利书》，《四库全书》本。

（明）陈道：《（弘治）八闽通志》，明弘治刻本。

（清）屈大均：《广东新语》，中华书局，1985 年。

（清）刘献廷：《广阳杂记》，清同治四年（1865 年）钞本。

（清）康基田《河渠纪闻》，清嘉庆霞荫堂刻本。

（清）顾祖禹：《读史方舆纪要》，中华书局，2005 年。

（清）江藩：《（道光）肇庆府志》，清光绪重刻道光本。

（清）穆彰阿：《（嘉庆）大清一统志》。

（汉）氾胜之撰，万国鼎辑释：《氾胜之书辑释》，农业出版社，1957 年。

（汉）崔寔撰，石声汉：《四民月令校注》，中华书局，1965 年。

（汉）崔寔撰，缪启愉辑释，万国鼎审订：《四民月令辑释》，农业出版社，1981 年。

（南朝宋）戴凯之：《竹谱》，宋《百川学海》本。

（北魏）贾思勰撰，缪启愉校释：《齐民要术校释》，中国农业出版社，1998 年。

（唐）韩鄂撰，缪启愉校释：《四时纂要校释》，农业出版社，1979 年。

（唐）王冰：《黄帝内经素问》，《四库丛刊》本。

（南朝梁）陶弘景撰，尚志钧辑校：《名医别录》（辑校本），人民卫生出版社，1986 年。

马继兴主编：《神农本草经辑注》，人民卫生出版社，1995 年。

（梁）陶弘景撰，尚志钧等辑校：《本草经集注》（辑校本），人民卫生出版社，1994 年。

（唐）孙思邈著，李景荣等校释：《千金翼方校释》，人民卫生出版社，1998 年。

（唐）孙思邈，朱邦贤等校注：《千金翼方》，上海古籍出版社，1999 年。

（唐）苏敬等撰，尚志钧辑校：《新修本草》（辑复本第二版），安徽科学技术出版社，2004年。

（唐）张又新：《煎茶水记》，《四库全书》本。

（宋）王灼：《糖霜谱》，《四库全书》本。

（宋）唐慎微：《经史证类备急本草》，《四库全书》本。

（晋）张华撰，范宁校证：《博物志校证》，中华书局，1980年。

（南朝宋）刘敬叔：《异苑》，中华书局，1991年。

（唐）段成式撰，方南生点校：《酉阳杂俎》中华书局，1981年。

（宋）庄季裕：《鸡肋编》，中华书局，1983年。

（宋）陆佃：《埤雅》，浙江大学出版社，2008年。

（宋）沈括撰，胡道静校证：《梦溪笔谈校证》，上海古籍出版社，1987年。

（宋）苏易简：《文房四谱》，《四库全书》本。

（宋）朱长文：《墨池编》，《四库全书》本。

（宋）彭乘：《墨客挥犀》，中华书局，2002年。

（明）宋应星：《天工开物》，世界书局，1936年。

（清）王先谦集解，沈啸寰、王星贤点校：《荀子集解》，中华书局，1988年。

（清）孙诒让撰，孙启治点校：《墨子闲诂》，中华书局，2001年。

吴毓江撰，孙启治点校：《墨子校注》，中华书局，1993年。

蒋礼鸿撰：《商君书锥指》，中华书局，1986年。

许维遹撰，梁运华整理：《吕氏春秋集释》（全二册），中华书局，2009年。

王利器：《吕氏春秋注疏》，巴蜀书社，2002年。

（汉）应劭撰，王利器校注：《风俗通义校注》（全二册），中华书局，1981年。

刘文典集解，冯逸、乔华点校：《淮南鸿烈集解》，中华书局，1988年。

（汉）桓谭：《新论》，上海人民出版社，1976年。

黄晖：《论衡校释》（附刘遂盼集解）（全四册），中华书局，1990年。

（晋）葛洪撰，王明校释：《抱朴子内篇校释》，中华书局，1985年。

（晋）葛洪：《抱朴子外篇》，中华书局，2013年。

（北齐）颜之推撰，王利器集解：《颜氏家训集解》，上海古籍出版社，1980年。

（唐）虞世南：《北堂书钞》，中国书店，1989年。

（唐）欧阳询，汪绍楹校：《艺文类聚》，上海古籍出版社，1965年。

（唐）徐坚等编：《初学记》，中华书局，1962年。

（宋）李昉编：《太平御览》，中华书局，1960年。

（宋）王钦若等编：《册府元龟》，中华书局，1960年。

（宋）曾慥编：《类说》，《四库全书》本。

（宋）王应麟：《玉海》，《四库全书》本。

（明）解缙等编：《永乐大典》，中华书局，1960年。

（明）陈耀文：《天中记》，广陵书社，2007年。

（汉）王逸编：《楚辞》，《四部丛刊》本。

黄灵庚疏证：《楚辞章句疏证》，中华书局，2007年。

（南朝梁）萧统编，（唐）李善注：《文选》（全六册），上海古籍出版社，1986年。

（南朝梁）刘勰撰，黄叔琳注，李详补注，杨明照校注拾遗：《增订文心雕龙校注》，中华书局，2000年。

（唐）释道宣编：《广弘明集》，《四部丛刊》本。

（宋）李昉编：《太平广记》，中华书局，1961年。

（宋）李昉编：《文苑英华》，中华书局，1966年影印本。

（宋）郭茂倩辑：《乐府诗集》，中华书局，1979年。

（宋）姚铉编：《唐文粹》，《四库全书》本。

（宋）郑虎臣编：《吴都文粹》，《四库全书》本。

（清）严可均辑：《全三国文》，商务印书馆，1999年。

（明）张溥编选：《汉魏六朝百三家集》，《四库全书》本。

逯钦立辑校：《先秦汉魏晋南北朝诗》，中华书局，1983年。

（清）董诰等编：《全唐文》，中华书局，1983年。

陕西省古籍整理办公室编，吴钢主编：《全唐文补遗》第三集，三秦出版社，1996年。

（清）彭定求等编：《全唐诗》，中华书局，1960年。

（清）陆心源编：《唐文拾遗》，清光绪刻本。

（汉）张衡著，张震泽校注：《张衡诗文集校注》，上海古籍出版社，1986年。

（东汉）蔡邕：《蔡中郎集》，《四部丛刊》影印明活字本。

（三国）曹植：《曹子建集》，《四部丛刊》本。
（北周）庾信：《庾子山集》，《四部丛刊》本。
（隋）王梵志著，张锡厚辑校：《王梵志诗校辑》，中华书局，1983年。
（唐）陈子昂：《陈子昂集》，中华书局，1960年。
（唐）宋之问著，陶敏、易淑琼校注：《宋之问集校注》，中华书局，2001年。
（唐）沈佺期著，陶敏、易淑琼校注：《沈佺期集校注》，中华书局，2001年。
（唐）张说：《张燕公集》，中华书局，1985年。
（唐）杜甫：《杜工部集》，中州古籍出版社，2008年。
（唐）李白：《李太白集》，岳麓书社，1989年。
（唐）李白著，（宋）杨齐贤补注：《分类补注李太白诗》，《四部丛刊》本。
（唐）张籍：《张司业集》，《四库全书》本。
（唐）储光羲：《储光羲诗集》，《四库全书》本。
（唐）高适：《高常侍集》，《四库全书》本。
（唐）杜甫著，（清）仇兆鳌注：《杜诗详注》，中华书局，1979年。
（唐）元结：《元次山集》，中华书局，1960年。
（唐）孟浩然：《孟浩然集》，《四部丛刊》本。
（唐）黄滔：《黄御史集》，《四库全书》本。
（唐）刘长卿：《刘随州集》，《四库全书》本。
（唐）刘禹锡：《刘宾客文集》，《四库全书》本。
（唐）柳宗元：《柳河东集》，《四库全书》本。
（唐）韩愈：《韩昌黎文集校注》，上海古籍出版社，1986年。
（唐）白居易：《白氏长庆集》，《四库全书》本。
（唐）元稹：《元氏长庆集》，《四部丛刊》本。
（唐）李德裕：《李文饶集》，《四部丛刊》本。
（唐）孙樵：《孙可之集》，《四库全书》本。
（唐）李翱：《李文公集》，《四部丛刊》本。
（唐）李贺：《李贺歌诗集》，《四部丛刊》本。
（唐）陆龟蒙：《甫里集》，《四部丛刊》本。
（唐）皮日休：《皮子文薮》，《四部丛刊》本。
（唐）陆龟蒙：《松陵集》，《四库全书》本。

（唐）皮日休：《皮日休文集》，《四部丛刊》本。

（唐）李商隐：《李义山诗集》，《四部丛刊》本。

（宋）苏轼著，（宋）王十朋纂集：《东坡诗集注》，《四库全书》本。

（宋）范仲淹：《范文正公全集》，《四部丛刊》本。

（宋）沈括：《长兴集》《四库全书》本。

（宋）胡寅：《斐然集》，《四库全书》本。

（宋）韩琦：《韩魏公集》，商务印书馆（上海），1936 年。

（明）胡维霖：《胡维霖集》，明崇祯年间刻本。

（清）戴震：《戴震集》，上海古籍出版社，1980 年。

（清）黄宗羲：《南雷文定五集》，上海古籍出版社，1995 版。

二、近人研究论著

1. 著作和论文集（以出版年为序）

中国农业科学院、南京农学院中国农业遗产研究室编著：《中国农学史》初稿（上册），科学出版社，1959 年。

中国科学院历史研究所翻译组：《宫崎市定论文选集》，商务印书馆，1963 年。

[美] 劳费尔著，林筠因译：《中国伊朗编》，商务印书馆，1963 年。

[英] 汤因比著，曹未风等译：《历史研究》，上海人民出版社，1964 年。

湖北省水生生物研究所鱼类研究室：《长江鱼类》，科学出版社，1976 年。

武汉水利电力学院、水力水电科学院《中国水利史稿》编写组：《中国水利史稿》（上册），水利电力出版社，1979 年。

《辞海》编辑委员会编：《辞海》（缩印本），上海辞书出版社，1980 年。

冀朝鼎著，朱诗鳌译：《中国历史上的基本经济区与水利事业的发展》，中国社会科学出版社，1981 年。

史念海：《河山集》（二集），生活·读书·新知三联书店，1981 年。

汪篯：《汪篯隋唐史论稿》，中国社会科学出版社，1981 年。

中国科学院《中国自然地理》编辑委员会：《中国自然地理·历史自然地理》，科学出版社，1982 年。

国家文物局古文献研究室、新疆维吾尔自治区博物馆、武汉大学历史系编：

《吐鲁番出土文书》，文物出版社，1983年。

翁独健主编：《中国民族关系史研究》，中国社会科学出版社，1984年。

[日]西嶋定生著，冯佐哲等译：《中国经济史研究》，农业出版社，1984年。

陈桥驿：《〈水经注〉研究》，天津古籍出版社，1985年。

唐启宇：《中国农史稿》，农业出版社，1985年。

吴慧：《中国历代粮食亩产研究》，农业出版社，1985年。

葛剑雄：《西汉人口地理》，人民出版社，1986年。

马传栋：《生态经济学》，山东人民出版社，1986年。

郭文韬等编：《中国传统农业与现代农业》，中国农业科技出版社，1986年。

谭其骧：《长水集》（下册），人民出版社，1987年。

武汉水力水电学院《中国水利史稿》编写组：《中国水利史稿》（中册），水力水电出版社，1987年。

潘镛：《隋唐时期的运河和漕运》，三秦出版社，1987年。

方国瑜：《中国西南历史地理考释》（上册），中华书局，1987年。

史念海：《河山集》（三集），人民出版社，1988年。

潘纪一：《人口生态学》，复旦大学出版社，1988年。

[美]R. L. 史密斯著，李建东等译：《生态学原理和野外生物学》，科学出版社，1988年。

[美]卡尔·A. 魏特夫著，徐氏谷译：《东方专制主义》，中国社会科学出版社，1989年。

梁家勉主编：《中国农业科学技术史稿》，农业出版社，1989年。

牟发松：《唐代长江中游的经济与社会》，武汉大学出版社，1989年。

郑炳林：《敦煌地理文书汇辑校注》，甘肃教育出版社，1989年。

中国农业科学院、南京农业大学中国农业遗产研究室太湖地区农业史研究课题组编著：《太湖地区农业史稿》，农业出版社，1990年。

李剑农：《中国古代经济史稿》，武汉大学出版社，1990年。

李伯重：《唐代江南农业的发展》，农业出版社，1990年。

袁清林：《中国环境保护史话》，中国环境科学出版社，1990年。

张泽咸等：《中国屯垦史》（中册），农业出版社，1990年。

汪家伦、张芳：《中国农田水利史》，农业出版社，1990年。

葛剑雄：《中国人口发展史》，福建人民出版社，1991 年。

任美锷主编：《中国自然地理纲要》，商务印书馆，1992 年。

刘俊文主编：《日本学者研究中国史论著选译》第四卷《六朝隋唐》，中华书局，1992 年。

史念海：《河山集》（五集），山西人民出版社，1991 年。

施雅风主编：《中国全新世大暖期气候与环境》，海洋出版社，1992 年。

盛和林：《中国鹿类动物》，华东师范大学出版社，1992 年。

李克让：《中国气候变化及其影响》，海洋出版社，1992 年。

王会昌：《中国文化地理》，华中师大出版社，1992 年。

张兰生：《环境演变研究》，科学出版社，1992 年。

唐长孺：《魏晋南北朝隋唐史三论》，武汉大学出版社，1992 年。

杨怀霖主编：《农业生态学》，农业出版社，1992 年。

刘绍民：《中国历史上气候之变迁》，商务印书馆（台北），1992 年修订版。

孙泳儒、李博等编：《普通生态学》，高等教育出版社，1993 年。

李志农主编：《中国养羊学》，农业出版社，1993 年。

何业恒：《中国珍稀兽类的历史变迁》，湖南科学技术出版社，1993 年。

叶青超：《黄河流域环境演变与水沙运行规律研究》，山东科学技术出版社，1994 年。

吴祥定、钮仲勋、王守春等主编：《历史时期黄河流域环境变迁与水沙变迁》，气象出版社，1994 年。

文焕然等：《中国历史时期植物与动物变迁研究》，重庆出版社，1995 年。

罗桂环等：《中国环境保护史稿》，中国环境科学出版社，1995 年。

刘翠溶、伊懋可主编：《积渐所至：中国环境史论文集》，“中央研究院”经济研究所 1995 年。

马俊民、王世平：《唐代马政》，西北大学出版社，1995 年。

游修龄：《中国稻作史》，中国农业出版社，1995 年。

王育民：《中国人口史》，江苏人民出版社，1995 年。

文焕然、文榕生：《中国历史时期冬半年气候冷暖变迁》，科学出版社，1996 年。

施雅风主编：《中国历史气候变化》，山东科学技术出版社，1996 年。

赵冈：《中国历史上生态环境之变迁》，中国环境科学出版社，1996 年。

牟重行：《中国五千年气候变迁的再考证》，气象出版社，1996 年。

高敏主编：《魏晋南北朝经济史》（上下），上海人民出版社，1996 年。

李浩：《唐代园林别业考论》，西北大学出版社，1996 年。

何业恒：《中国珍稀兽类（Ⅱ）的历史变迁》，湖南师范大学出版社，1997 年。

葛剑雄主编，吴松弟著：《中国移民史》第三卷《隋唐五代时期》，福建人民出版社，1997 年。

邹逸麟主编：《黄淮海平原历史地理》，安徽教育出版社，1997 年。

何业恒：《中国珍稀爬行类两栖类和鱼类的历史变迁》，湖南师范大学出版社，1997 年。

朱大渭：《六朝史论》，中华书局，1998 年。

许倬云：《历史分光镜》，上海文艺出版社，1998 年。

史念海：《河山集》（七集），陕西师范大学出版社，1999 年。

任美锷主编：《中国自然地理纲要》，商务印书馆，1999 年。

史念海：《黄河流域诸河流的演变与治理》，陕西人民出版社，1999 年。

史念海主编：《汉唐长安与关中平原》（中日历史地理合作研究论文集第二集），《中国历史地理论丛》1999 年增刊。

郭郛等：《中国动物学史》，科学出版社，1999 年。

韩昭庆：《黄淮关系及其演变过程研究——黄河长期夺淮期间淮北平原湖泊、水系的变迁和背景》，复旦大学出版社，1999 年。

王利华：《中古华北饮食文化的变迁》，中国社会科学出版社，2000 年。

谭其骧：《长水粹编》，河北教育出版社，2000 年。

［英］阿诺德·汤因比著，徐波等中译：《人类与大地母亲》，上海人民出版社，2001 年。

史念海：《黄土高原历史地理研究》，黄河水利出版社，2001 年。

关剑平：《茶与中国文化》，人民出版社，2001 年。

葛剑雄主编，葛剑雄著：《中国人口史》第一卷《导论、先秦至南北朝时期》，复旦大学出版社，2002 年。

葛剑雄主编，冻国栋著：《中国人口史》第二卷《隋唐五代时期》，复旦大学出版社，2002 年。

许倬云：《许倬云自选集》，上海教育出版社，2002 年。

陈桥驿：《水经注研究四集》，杭州出版社，2003 年。

李德辉：《唐代交通与文学》，湖南人民出版社，2003 年。

蓝勇：《中国历史地理学》，高等教育出版社，2004 年。

施雅风主编：《中国第四纪冰川与环境变化》，河北科学技术出版社，2005 年。

冻国栋：《中国中古经济与社会史论稿》，湖北教育出版社，2005 年。

梁方仲：《中国历代户口、田地、田赋统计》，中华书局，2008 年。

满志敏：《中国历史时期气候变化研究》，山东教育出版社，2009 年。

袁祖亮主编，焦培民等著：《中国灾害通史·秦汉卷》，郑州大学出版社，2009 年。

张新斌主编：《黄河流域史前聚落与城址研究》，科学出版社，2010 年。

王利华：《人竹共生的环境与文明》，生活 • 读书 • 新知三联书店 2013 年。

［英］伊懋可著，梅雪芹等译：《大象的退却》，江苏人民出版社，2014 年。

么振华：《唐代自然灾害及其社会应对》，上海古籍出版社，2014 年。

2. 研究论文（以发表年期为序）

胡立初：《〈齐民要术〉引用书目考证》，齐鲁大学文学院编：《国学汇编》（第二辑），1934 年。

陶希圣：《唐代管理水流的法令》，《食货》（半月刊）第 4 卷第 7 期，1936 年。

柳春藩：《关于于西晋田赋制度问题——对王天奖“西晋的土地和赋税制度”一文的意见》，《史学集刊》1956 年第 2 期。

谭其骧：《何以黄河在东汉以后会出现一个长期安流的局面——从历史上论证黄河中游的土地合理利用是消弥下游水害的决定性因素》，《学术月刊》1962 年第 2 期。

任伯平：《关于黄河在东汉以后长期安流的原因——兼与谭其骧先生商榷》，《学术月刊》1962 年第 9 期。

文焕然、林景亮：《周秦两汉时代华北平原与渭河平原盐碱土的分布及利用改良》，《土壤学报》1964 年第 1 期。

乌廷玉：《关于唐代屯田营田的几个问题——和郑学檬同志商榷》，《文史哲》1964 年第 2 期。

文焕然、汪安球：《北魏以来河北省南部盐碱土的分布和改良利用初探》，《土壤学报》1964 年第 3 期。

竺可桢：《中国近五千年来气候变迁的初步研究》，《考古学报》1972 年第 1 期。

［日］佐久间吉也：《关于曹操时漕运路线的形成》，《社会文化史学》，1976 年。

刘昌明、钟骏襄：《黄土高原森林对年径流影响的初步分析》，《地理学报》1978 年第 2 期。

唐耕耦：《唐代水车的使用与推广》，《文史哲》1978 年第 4 期。

中国科学院动物研究所脊椎动物分类区系研究室、北京师范大学生物系：《动物骨骼鉴定报告》，收入《长沙马王堆一号汉墓出土动植物标本的研究》，文物出版社，1978 年。

魏嵩山：《太湖水系的历史变迁》，《复旦学报》1979 年第 2 期。

文焕然等：《历史时期中国野象的初步研究》，《思想战线》1979 年第 6 期。

张修桂：《云梦泽的演变与下荆江河曲的形成》，《复旦学报》1980 年第 2 期。

曾昭璇：《试论珠江三角洲地区象、鳄、孔雀灭绝时期》，《华南师院学报（自然科学版）》1980 年第 1 期。

田世英：《历史时期山西水文的变迁及其与耕牧业更替的关系》，《山西大学学报》1981 年第 1 期。

黄秉维：《确切地估计森林的作用》，《地理知识》1981 年第 1 期。

［美］罗伯特·哈特威尔：《北宋时期中国铁煤工业的革命》，《中国史研究动态》1981 年第 5 期。

文焕然、何业恒：《中国野犀的地理分布及其演变》，《野生动物》1981 年第 1 期。

谭其骧：《西汉以前的黄河下游河道》，《历史地理》创刊号，上海人民出版社，1981 年。

缪启愉：《太湖地区塘浦圩田的形成和发展》，《中国农史》1982年第1期。

谭其骧、张修桂：《鄱阳湖演变的历史过程》，《复旦学报》1982年第2期。

张家诚：《气候变化对中国农业生产的影响初探》，《地理学报》1982年第2期。

黄秉维：《再谈森林的作用》，《地理知识》1982年第2-4期。

黄秉维：《森林对环境作用的几个问题》，《中国水利》1982年第4期。

吴于廑：《世界历史上的游牧世界与农耕世界》，《云南社会科学》1983年第1期。

凌大燮：《我国森林资源的变迁》，《中国农史》1983年第2期。

杨希义：《唐代的水车》，《西北大学学报》1983年第4期。

孙晓林：《唐西州高昌县的水渠及其使用、管理》，收入《敦煌吐鲁番文书初探》，武汉大学出版社，1983年。

马世骏、王如松：《社会－经济－自然复合生态系统》，《生态学报》1984年第1期。

黄正建：《唐代前期的屯田》，《人文杂志》1985年第3期。

李并成：《唐代敦煌绿洲水系考》，《中国史研究》1986年第1期。

邹逸麟：《历史时期黄河流域水稻生产的地域分布和环境制约》，《复旦学报》1985年第3期。

张维训：《论鲜卑拓跋族由游牧社会走向农业社会的历史转变》，《中国社会经济史研究》1985年第3期。

蓝勇：《四川荔枝种植分布的历史考证》，《西南师大学报（自然科学版）》1985年第4期。

周魁一：《唐代关中地区的农田水利和水资源》，《黄河史志资料》1986年第3-4期。

黄正建：《唐代后期的屯田》，《中国社会经济史研究》1986年第4期。

邱泽奇：《汉魏六朝岭南植物"志录"考略》，《中国农史》1986年4期。

周魁一：《我国现存最早的水利法规——〈水部式〉》，《水利天地》1987年第1期。

许惠民：《北宋时期煤炭的开发利用》，《中国史研究》1987年第2期。

童超：《东晋南朝时期的移民浪潮与土地开发》，《历史研究》1987年第4期。

王洪军：《唐代的茶叶生产——唐代茶业史研究之一》，《齐鲁学刊》1987年第6期。

李仲均：《中国古代用煤历史的几个问题考辨》，《地球科学——武汉地质学院学报》1987年第6期。

周源和：《珠江三角洲的成陆过程》，《历史地理》（第5辑），上海人民出版社，1987年。

邹逸麟：《历史时期华北大平原湖沼变迁述略》，《历史地理》（第5辑），上海人民出版社，1987年。

曾昭璇：《论韩江流域的鳄鱼分布情况》，《华南师范大学学报（自然科学版）》1988年第1期。

王利华（署名王乾）：《〈竹谱〉和我国早期竹文化》，《古今农业》1988年第1期。

朱士光：《全新世中期中国天然植被分布概况》，《中国历史地理论丛》1988年第1辑。

赵景波：《第四纪气候变化的旋回和周期》，《冰川冻土》1988年第2期。

黎虎：《东晋南朝时期北方旱田作物的南移》，《北京师范大学学报》1988年第2期。

张民服：《黄河下游段河南湖泽陂塘的形成及其变迁》，《中国农史》1988年第2期。

张芳：《六朝时期的农田水利》，《古今农业》1988年第2期。

蓝勇：《中国西南荔枝种植分布的历史考证》，《中国农史》1988年第3期。

卫斯：《我国汉代大面积种植小麦的历史考证——兼与（日）西嶋定生先生商榷》，《中国农史》1988年第4期。

李正宇：《唐宋时代敦煌县河渠泉泽简志（一）——附〈唐宋时代敦煌县诸乡位置及渠系分布示意图〉》，《敦煌研究》1988年第4期。

李正宇：《唐宋时代敦煌县河渠泉泽简志（二）——附〈唐宋时代敦煌县诸乡位置及渠系分布示意图〉》，《敦煌研究》1989年第1期。

郭豫庆：《黄河流域地理变迁的历史考察》，《中国社会科学》1989年第1期。

景存义：《太湖的形成与演变》，《地理科学》1989年第4期。

丁仲礼、刘东生等：《250 万年以来的 37 个气候旋回》，《科学通报》1989 年第 19 期。

王子今：《秦汉时期的内河航运》，《历史研究》1990 年 2 期。

文焕然、文榕生：《再探历史时期中国野象的变迁》，《西南师范大学学报（自然科学版）》1990 年第 2 期。

文焕然：《再探历史时期的中国野象分布》，《思想战线》1990 年第 5 期。

郑金生：《“道地药材”的形成与发展（Ⅰ）》，《中药材》1990 年第 6 期。

张芳：《夏商至唐代北方的农田水利和水稻种植》，《中国农史》1991 年第 3 期。

龚胜生：《唐长安城薪炭供销的初步研究》，《中国历史地理论丛》1991 年 3 辑。

芶萃华：《戴凯之〈竹谱〉探析》，《自然科学史研究》1991 年第 4 期。

王建：《世界第一部竹类专著——〈竹谱〉》，《古籍整理研究学刊》1992 年第 1 期。

黎虎：《北魏前期的狩猎经济》，《历史研究》1992 年第 1 期。

华林甫：《唐代水稻生产的地理布局及其变迁初探》，《中国农史》1992 年第 2 期。

侯旭东：《东晋南朝江南地区封山占水再研究》，《北京师范大学学报》1993 年第 3 期。

李鸿宾：《〈水部式〉与唐朝的水利管理》，《中国水利》1992 年第 3 期。

王利华：《〈广志〉辑校（一）——果品部分》，《中国农史》1993 年第 4 期。

张丕远等：《中国近 2000 年来气候演变的阶段性》，《中国科学》（B 辑）1994 年第 9 期。

蓝勇：《从天地生综合研究角度看中华文明东移南迁的原因》，《学术研究》1995 年第 6 期。

王会昌：《2000 年来中国北方游牧民族南迁与气候变化》，《地理科学》1996 年第 3 期。

龚胜生：《中国先秦两汉时期疟疾地理研究》，《华中师范大学学报（自然科学版）》1996 年第 4 期。

张剑光：《唐代渔业生产的发展及其商品化问题》，《农业考古》1996

年第 3 期。

王铮:《历史气候变化对中国社会发展的影响——兼论人地关系》,《地理学报》1996 年第 4 期。

胡世林:《道地药材与方志和贡品》,《中国药学杂志》1996 年第 8 期。

王利华:《连筒与筒车》,《农业考古》1997 年第 1 期。

冯培红:《唐五代敦煌的河渠水利与水司管理机构初探》,《敦煌学辑刊》1997 年第 2 期。

任伯平:《关于黄河在东汉以后长期安流问题的研究》,《人民黄河》1997 年第 8 期。

黄璐琦、张瑞贤:《“道地药材”的生物学探讨》,《中国药学杂志》1997 年第 9 期。

赵淑贞、任伯平:《关于黄河在东汉以后是否长期安流的初步探讨》,《土壤侵蚀与水土保持学报》1998 年第 1 期。

蓝勇:《近 2000 年来长江上游荔枝分布北界的推移与气温波动》,《第四纪研究》1998 年第 1 期。

满志敏:《关于唐代气候冷暖问题的讨论》,《第四纪研究》1998 年第 1 期。

吴宏歧、党安荣:《隋唐时期气候冷暖特征与气候波动》,《第四纪研究》1998 年第 1 期。

李宝通:《北魏太和十二年（488）李彪屯田史实略考》,《中国经济史研究》1998 年第 1 期。

朱士光、王元林、呼林贵:《历史时期关中地区气候变化的初步研究》,《第四纪研究》1998 年第 1 期。

赵淑贞、任伯平:《历史时期黄河中游环境变迁与下游水患问题的研究》,《中国沙漠》1998 年第 4 期。

钮仲勋:《魏晋南北朝时期新疆的水利开发》,《西域研究》1999 年第 1 期。

吴艳宏、项亮、王苏民、蒋雪中:《鄱阳湖 2000 年来的环境演化》,《海洋地质与第四纪地质》1999 年第 1 期。

王利华:《郭义恭〈广志〉成书年代考证》,《文史》1999 年第 3 辑。

周宏伟:《历史时期长江清浊变化的初步研究》,《中国历史地理论丛》1999 年第 4 辑。

杨振红：《汉代自然灾害初探》，《中国史研究》1999年第4期。

王利华：《中古北方地区的水环境与渔业生产》，《中国历史地理论丛》1999年第4辑。

吴忱：《华北平原河道变迁对土壤及土壤盐渍化的影响》，《地理学与国土研究》1999年第4期。

廖幼华：《史书所记唐代关中平原诸堰》，《中国历史地理论丛》1999年增刊。

王守春：《汉唐长安城的水文环境》，《中国历史地理论丛》1999年增刊。

戴建国：《唐〈开元二十五年令·田令〉研究》，《历史研究》2000年第2期。

满志敏等：《气候变化对历史上农牧过渡带影响的个例研究》，《地理研究》2000年第2期。

［日］大泽正昭撰，亿里译：《论唐宋时代的烧田（畬田）农业》，《中国历史地理论丛》2000年第2辑。

王利华：《中古时期的乳品生产与消费》，《中国农史》2000年第4期。

袁靖、唐际根：《河南安阳市洹北花园庄遗址出土动物骨骼研究报告》，《考古》2000年第11期。

蓝勇：《唐代气候变化与唐代历史兴衰》，《中国历史地理论丛》2001年第1辑。

奇格等：《古代蒙古生态保护法规》，《内蒙古社会科学》（汉文版）2001年第3期。

薛瑞泽：《北魏的内河航运》，《山西师大学报》2001年3期。

胡阿祥：《魏晋南北朝时期的生态环境》，《南京晓庄学院学报》2001年第3期。

王尚义、董靖保：《统万城的兴废与毛乌素沙地之变迁》，《地理研究》2001年第3期。

杨际平：《秦汉农业：精耕细作抑或粗放耕作》，《历史研究》2001年第4期。

王利华：《中古时期北方地区畜牧业的变动》，《历史研究》2001年第4期。

杨际平：《〈唐令·田令〉的完整复原与今后均田制的研究》，《中国史研究》2002年第2期。

王利华：《中古华北的鹿类动物与生态环境》，《中国社会科学》2002 年第 3 期。

曹文柱、李传军：《二十世纪魏晋南北朝史研究》，《历史研究》2002 年第 5 期。

王翠霞：《雁意象探析》，《淮北煤炭师范学院学报》2003 年第 6 期。

王子今：《马王堆一号汉墓出土梅花鹿标本的生态史意义》，北京大学中国考古学研究中心编：《古代文明》（第 2 卷），文物出版社，2003 年。

方修琦等：《环境演变对中华文明影响研究的进展与展望》，《古地理学报》2004 年第 1 期。

何德章：《魏晋南北朝时期南北水路交通的拓展》，《武汉大学学报》2004 年第 2 期。

何德亮：《山东新石器时代农业试论》，《农业考古》2004 年第 3 期。

章典等：《气候变化与中国的战争、社会动乱和朝代变迁》，《科学通报》2004 年第 23 期。

黄璐琦等：《中药材道地性研究的现代生物学基础及模式假说》，《中国中药杂志》2004 年第 6 期。

王利华：《古代华北水力加工兴衰的水环境背景》，《中国经济史研究》2005 年第 1 期。

郑景云、满志敏、方修琦、葛全胜：《魏晋南北朝时期的中国东部温度变化》，《第四纪研究》2005 年第 2 期。

曾雄生：《唐宋时期的畲田与畲田民族的历史走向》，《古今农业》2005 年第 4 期。

于赓哲：《蓄蛊之地——一项文化歧视符号的迁转流移》，《中国社会科学》2006 年第 2 期。

王利华：《生态环境史的学术界域与学科定位》，《学术月刊》2006 年第 9 期。

辛德勇：《西汉时期陕西航运之地理研究》，《历史地理》（第 21 辑），上海人民出版社，2006 年。

王利华：《中古华北水资源状况的初步考察》，《南开学报》2007 年第 3 期。

李令福：《论北魏艾山渠的引水技术与经济效益》，《中国农史》2007 年第 3 期。

[日] 伊藤敏雄：《日本学者关于占田课田制的研究的回顾与展望》，收入中国魏晋南北朝史学会编：《魏晋南北朝史研究：回顾与探索——中国魏晋南北朝史学会第九届年会论文集》（2007）。

张德二：《由中国历史气候记录对季风导致唐朝灭亡说的质疑》附件 1《丁仲礼院士点评》，《气候变化研究进展》2008 年第 2 期。

张德二：《由中国历史气候记录对季风导致唐朝灭亡说的质疑》附件 2《周力闰教授读 *NATURE* Yancheva 等和张德二等论文有感》，《气候变化研究进展》2008 年第 2 期。

王利华：《魏晋南北朝时期华北内河航运与军事活动的关系》，《社会科学战线》2008 年第 9 期。

张修桂：《太湖演变的历史过程》，《中国历史地理论丛》2009 年第 1 辑。

杨煜达、王美苏、满志敏：《近三十年来中国历史气候研究方法的进展——以文献资料为中心》，《中国历史地理论丛》2009 年第 2 辑。

刘禹等：《青藏高原中东部过去 2485 年以来温度变化的树轮记录》，《中国科学》（D 辑：地球科学）2009 年第 2 期。

张锋、王志芬：《浅析环境因子对道地药材形成的影响》，《现代中药研究与实践》2009 年第 5 期。

肖小河等：《中国道地药材研究 20 年概论》，《中国中药杂志》2009 年第 5 期。

张登本等：《〈神农本草经〉的成书》，《中国中医药报》2010 年 1 月 6 日第 4 版。

于赓哲：《疾病、卑湿与中古族群边界》，《民族研究》2010 年第 1 期。

王星光、柴国生：《中国古代生物质能源的类型和利用略论》，《自然科学史研究》2010 年第 4 期。

王利华：《“生态认知系统”的概念及其环境史学意义——兼议中国环境史上的生态认知方式》，《鄱阳湖学刊》2010 年第 5 期。

侯旭东：《渔采狩猎与秦汉北方民众生计——兼论以农立国传统的形成与农民的普遍化》，《历史研究》2010 年第 5 期。

聂顺新：《再论唐代长江上游地区的荔枝分布北界及其与气温波动的关系》，

《中国历史地理论丛》2011 年第 1 辑。

蓝勇：《采用物候学研究历史气候方法问题的讨论——答〈再论唐代长江上游地区的荔枝分布北界及其与气温波动的关系〉》，《中国历史地理论丛》2011 年第 2 辑。

曹文宣：《长江鱼类资源的现状与保护对策》，《江西水产科技》2011 年第 2 期。

李文益、李少林：《唐代屯田研究综述》，《中国史研究动态》2011 年第 4 期。

辛德勇：《由元光河决与所谓王景治河重论东汉以后黄河长期安流的原因》，《文史》2012 年第 1 期。

［日］荒川正晴撰，沈玉凌、平劲松译：《唐代吐鲁番高昌城周边的水利开发与非汉人居民》，《吐鲁番学研究》2013 年第 2 期。

牟发松：《从“火耕水耨”到“以沟为天”——汉唐间江南的稻作农业与水利工程考论》，《中华文史论丛》2014 年第 1 期。

刘炳涛、满志敏：《中国历史气候研究述评》，《史学理论研究》2014 年第 1 期。

王利华：《〈月令〉中的自然节律与社会节奏》，《中国社会科学》2014 年第 2 期。

李荣华：《汉唐时期南方风土病研究述评》，《中国史研究动态》2014 年第 2 期。

李宝通：《北朝隋唐的屯田与均田》，博士学位论文，首都师范大学，2001 年。

李荣华：《适应与改造：环境史视野下的汉唐南方饮食和疾病研究》，博士学位论文，南开大学，2010 年。

赵仁龙：《唐代宦游文士之南方生态意象研究》，博士学位论文，南开大学，2012 年。

中国工程院“21 世纪中国可持续发展水资源战略研究”项目组：《中国可持续发展水资源战略研究综合报告》（www.chinawater.com.cn/CWR_Journal/200008/02.html）。

三、相关英文论著

Ellsworth Huntington，The pulse of Asia：a journey in Central Asia illustrating the geographic basis of history，Houghton-Mifflin Co.，1907.

Ellsworth Huntington，Changes of Climate and History，The American Historical Review，Vol. 18，No. 2（Jan.，1913）.

John E. Chappell，Society Climatic Change Reconsidered：Another Look at "The Pulse of Asia"，Geographical Review，Vol. 60，No. 3（Jul.，1970）.

Mark Elvin，The Retreat of the Elephants，An Environmental History of China，Yale University Press，New Haven and Landon，2004.

Yancheva G，et al.，Influence of the Intertropical Convergence zone on the East-Asian Monsoon，Nature，2007，445，doi：10.1038/nature 05431.

De'er Zhang & Longhua Lu，Anti-correlation of Summer/winter Monsoons? Yancheva et al.，Reply. Nature，Vol 450，15 November 2007.

Pingzhong Zhang，et al.，A Test of Climate，Sun，and Culture Relationships from an 1810-Year Chinese Cave Record，Science，Vol.322，7 Nov.，2008. Adopted from www.sciencemag.org.

Kawai Fan，Climatic change and dynastic cycles in Chinese history：a review essay，Climatic Change（2010）101.

Z-L Ding，et al.，Origins of domestic dog in Southern East Asia is supported by analysis of Y-chromosome DNA，Heredity（2012）108.